面向新工科高等院校大数据专业系列教材 · 新形态教材
信息技术新工科产学研联盟数据科学与大数据技术工作委员会 推荐教材

Linux Application Fundamentals Tutorial

# Linux 应用基础教程

## 基于CentOS 7

梁如军　李晓丽 / 等编著

机械工业出版社
CHINA MACHINE PRESS

本书以 CentOS 7 为蓝本，分 3 篇介绍了 Linux 操作系统的使用和配置。操作基础篇介绍了 Linux 的基础知识、Linux 系统的安装、Shell 和字符操作界面的使用；系统与安全篇依次介绍了账户管理、权限管理、进程管理、本地存储管理、网络配置、网络工具、RPM 包管理、基础架构服务、系统日常维护、服务器安全和防火墙、Shell 脚本编程；网络服务篇依次介绍了 DHCP 和 DNS 服务、FTP 和 NFS 服务、Samba 服务、基于 Apache 的 WWW 服务、LAMP 动态网站环境部署以及 Tomcat 服务、基于 Postfix 和 Dovecot 实现的 E-mail 服务等。本书内容详尽，结构清晰，通俗易懂，使用了大量的图表对内容进行表述和归纳，并对重点内容给出了详细的操作步骤，便于读者理解及查阅，具有很强的实用性和指导性。

本书通过网盘（获取方式请见封底）提供电子课件、知识点视频、参考视频、教学大纲、实验指导、试题库（含答案）等资源。

本书可以作为大中专院校相关专业、Linux 短期培训班的教材，同时也可供广大 Linux 爱好者自学使用。

本书配有学习资源，需要的教师可登录 www.cmpedu.com 免费注册，审核通过后下载，或联系编辑索取（微信：13146070618，电话：010-88379739）。


**图书在版编目（CIP）数据**

Linux 应用基础教程：基于 CentOS 7 / 梁如军等编著. —北京：机械工业出版社，2024.2

面向新工科高等院校大数据专业系列教材

ISBN 978-7-111-74876-2

Ⅰ. ①L… Ⅱ. ①梁… Ⅲ. ①Linux 操作系统-高等学校-教材 Ⅳ. ①TP316.89

中国国家版本馆 CIP 数据核字（2024）第 013283 号

机械工业出版社（北京市百万庄大街 22 号　邮政编码 100037）

策划编辑：郝建伟　　责任编辑：郝建伟

责任校对：樊钟英　　责任印制：刘　媛

唐山三艺印务有限公司印刷

2024 年 4 月第 1 版第 1 次印刷

184mm×260mm・27.5 印张・718 千字

标准书号：ISBN 978-7-111-74876-2

定价：99.00 元

| 电话服务 | 网络服务 |
| --- | --- |
| 客服电话：010-88361066 | 机　工　官　网：www.cmpbook.com |
| 010-88379833 | 机　工　官　博：weibo.com/cmp1952 |
| 010-68326294 | 金　书　网：www.golden-book.com |
| 封底无防伪标均为盗版 | 机工教育服务网：www.cmpedu.com |

# 面向新工科高等院校大数据专业系列教材
# 编委会成员名单

（按姓氏拼音排序）

# 出版说明

党的二十大报告指出“加快发展数字经济，促进数字经济和实体经济深度融合，打造具有国际竞争力的数字产业集群。”当前，我国数字经济建设加速推进，作为数字经济建设的主力军，大数据专业人才需求迫切，高校大数据专业建设的重要性日益凸显，并呈现出以下四个特点：实用性、交叉性较强，专业设立日趋精细化、融合化；专业建设上高度重视产学合作协同育人，产教融合发展迅猛；信息技术新工科产学研联盟制定的《大数据技术专业建设方案》，使得人才培养体系、专业知识体系及课程体系的建设有章可循，人才培养日益规范化、标准化；大数据人才是具备编程能力、数据分析及算法设计等专业技能的专业化、复合型人才。

作为一个高速发展中的新兴专业，大数据专业的内涵和外延不断丰富和延伸，广大高校亟需能够系统体现大数据专业上述四个特点的教材。基于此，机械工业出版社联合信息技术新工科产学研联盟，汇集国内专家名师，共同成立教材编写委员会，组织出版了这套“面向新工科高等院校大数据专业系列教材”，全面助力高校新工科大数据专业建设和人才培养。

这套教材依照《大数据技术专业建设方案》组织编写，体现了国内大数据相关专业教学的先进理念和思想；覆盖大数据技术专业主干课程的同时，延伸上下游，涵盖云计算、人工智能等专业的核心课程，能够更好地满足高校大数据相关专业多样化的教学需求；引入优质合作企业的技术、产品及平台，体现产学合作、协同育人的理念；教学配套资源丰富，便于高校开展教学实践；系列教材主要参编者皆是身处教学一线、教学实践经验丰富的名师，教材内容贴合教学实际。

我们希望这套教材能够充分满足国内众多高校大数据相关专业的教学需求，为培养优质的大数据专业人才提供强有力的支撑。并希望有更多的志士仁人加入到我们的行列中来，集智汇力，共同推进系列教材建设，在建设数字社会的宏大愿景中，贡献出自己的一份力量！

面向新工科高等院校大数据专业系列教材编委会

# 前　言

科技兴则民族兴，科技强则国家强。党的二十大报告指出，“必须坚持科技是第一生产力、人才是第一资源、创新是第一动力”，“开辟发展新领域新赛道，不断塑造发展新动能新优势。”

当今世界已经进入信息时代，信息生产力属于新兴的社会生产力，信息社会代表着社会进步的必然趋势，而使用信息技术来改造企业已经成为一个全球性的趋势。

随着企业信息化建设的深入，许多大型公司都在使用 Red Hat Enterprise Linux（简称 RHEL）或 CentOS 构建开源应用平台。作为教材，本书选择使用与 RHEL 完全兼容的社区企业发行版本 CentOS。如今 CentOS 发行版已成为许多公司的首选，如新浪等。

本书以 CentOS 7 为蓝本，分 3 部分讲述 Linux 操作系统的使用和配置。

第 1 篇　操作基础篇。首先介绍了 Linux 的基础知识，然后分别介绍了 CentOS 系统的安装、Shell 和命令基础、常用操作命令等。

第 2 篇　系统与安全篇。首先介绍了基本的系统管理（账户管理、权限管理、进程管理、网络配置、RPM 包管理等），然后介绍了服务管理以及常用的基础架构服务（crond、rsyslogd、OpenSSH 等），随后介绍了系统日常维护（系统性能监视工具、systemd 与系统启动过程、系统备份与同步、系统故障排查等），之后介绍了服务器安全基础知识（基本的系统安全、账户安全和访问控制、SSL 协议与 OpenSSL 及证书管理、基于 TCP Wrappers 的主机访问控制等），接着介绍了 Linux 防火墙及配置（防火墙的相关概念、Linux 防火墙的组成及工作原理、firewalld 守护进程及其配置工具 firewall-cmd、iptables 服务及其配置工具 lokkit、iptables 命令等），最后介绍了 Shell 脚本编程（Shell 编程的基础知识、变量替换扩展、变量字符串操作、变量的数值计算以及变量的交互输入、位置变量及参数传递、条件测试、分支结构、循环结构、函数的定义和调用等）。

第 3 篇　网络服务篇。首先介绍了 DHCP 服务和 DNS 服务，然后介绍了 Linux 下的几种文件服务（FTP 服务、NFS 服务、Samba 服务），之后介绍了基于 Apache 和 Tomcat 软件实现的 Web 服务以及 LAMP 平台的搭建，最后介绍了以 Postfix 和 Dovecot 软件实现的 E-mail 服务。

本书涉及从 Linux 基本操作、系统管理到网络服务和安全的诸多内容。为了节省篇幅并涵盖更多应知应会内容，全书以字符操作界面为主。书中使用了大量图表对内容进行表述和归纳，便于读者理解及查阅。读者可以通过扫描书中二维码，观看知识点微课视频。同时，提供了大量配置案例，引导读者进行实际配置操作。每章结尾均设有思考（部分需要课外思考）与实验（提供部分实验指导视频）以及进一步学习的指导，以便有兴趣的读者深入学习。

本书适合作为高等院校、高职高专院校的教材使用，也可以作为广大 Linux 爱好者的入门与提高教材或参考工具书。

使用本书作为计算机与大数据相关专业的 Linux 课程教材，建议授课学时为 64 学时

（每周 4 学时）或 80 学时（每周 5 学时）。作为一门实践性很强的课程，建议实验学时不少于总课时的一半，并强烈建议采用以实验考试为主的课程评测机制。

本书通过网盘（获取方式请见封底）提供电子课件、知识点视频、参考视频、一些举例的操作步骤、教学大纲、实验指导、试题库（含答案）等资源。

1．本课程的操作性和实用性很强，开设本课程不需要太多的理论课作为基础。学生只要掌握计算机的基本使用方法，熟悉 Internet 基本使用方法，具有初步的 TCP/IP 网络知识即可。

2．如果学生在学习本课程前学习过“Windows Server 配置与管理”等类似的课程，将有助于学习和理解本课程的教学内容，但不是必需。

3．本课程可以作为“操作系统原理”课程的先修课开设，也可作为“操作系统原理”课程的同步选修课开设。

4．若本课程在“操作系统原理”“计算机网络技术”“网络安全技术”等理论课程之后开设，将有利于学生对课程的理解，甚至可以缩短学时。

5．对于计算机软件专业或计算机应用专业的学生，本课程的后续课程可以是“脚本语言编程”“基于 MVC 框架的 Web 应用开发”“嵌入式 Linux 编程”等。

本书由梁如军、李晓丽等编著，参与本书编写工作的还有王宇昕、车亚年、金洁珩、丛日权、商宏图、王建新、周涛、张伟、路远、安宁、梁川、李红、李昕、娄焱、经纬、刘佳、邹鹏等。

由于编者水平有限，书中难免有疏漏之处，希望广大学生、Linux 爱好者和 Linux 业界资深人士批评指正。

编者以诚挚的心情期望使用本书的教师提出意见和建议，让我们共同研究 Linux 和自由软件教学，为促进自由软件在我国的发展尽绵薄之力。

编　者

# 目　录

## 第 3 篇 网络服务篇

# 第1篇　操作基础篇



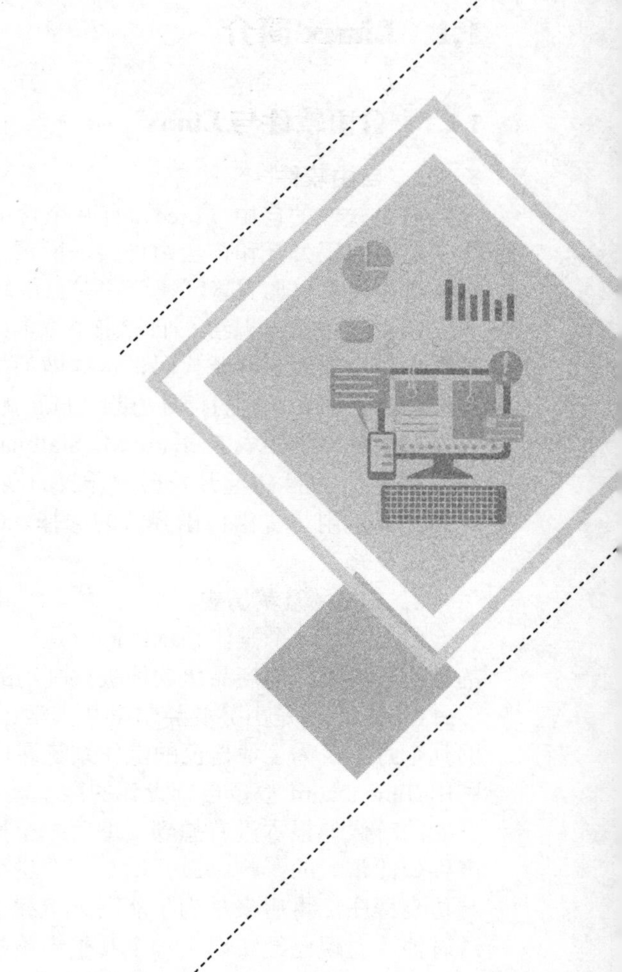

# 第1章 Linux 简介与安装

本章首先介绍 Linux 的历史、特点、组成及发行版本，然后介绍 CentOS 7.1 的安装方法，最后介绍安装后的基本配置以及用户登录与注销、开机与重启等基本操作。

## 1.1 Linux 简介

### 1.1.1 自由软件与 Linux

**1. 自由软件**

自由软件的自由（Free）有两个含义：第一，是可免费提供给任何用户使用；第二，是指它的源代码公开和可自由修改。所谓可自由修改是指用户可以对公开的源代码进行修改，以使自由软件更加完善，还可在对自由软件进行修改的基础上开发上层软件。

自由软件的出现给人们带来了很多好处。首先，免费的软件可给使用者节省一笔费用。其次，自由软件公开源代码，这样做的好处之一是可吸引尽可能多的开发者参与软件的查错与改进，正如 Linux 的指导思想“bug 就像影子一样，只会出现在阳光照不到的角落中”。

自由软件创始人 Richard M. Stallman 是黑客历史上最著名的黑客，是 GNU Project 的创始人。他于 1984 年起开发自由开放的操作系统 GNU（Gun is Not UNIX 的首字母缩写），以此向计算机用户提供自由开放的选择。GNU 是自由软件，任何用户都可以免费复制和重新分发以及修改。

**2. Linux 及其历史**

Linux 是一个操作系统，同时是一个自由软件，是免费的、源代码开放的，编制它的目的是建立不受任何商品化软件版权制约的、全世界都能自由使用的 UNIX 兼容产品。

Linux 最初是由芬兰赫尔辛基大学计算机系大学生 Linus Torvalds 在 1990 年底到 1991 年的几个月中，为了他自己的操作系统课程和后来的上网用途而编写的，在 Intel 386 PC 上，利用 Tanenbaum 教授自行设计的微型类 UNIX 操作系统 Minix 作为开发平台。Linus 说，刚开始的时候他根本没有想到要编写一个操作系统的内核，更没有想到这一举动会在计算机界产生如此重大的影响。最开始是一个进程切换器，然后是为了自己上网需要而自行编写的终端仿真程序，再后来是为了从网上下载文件的需要而自行编写的硬盘驱动程序和文件系统，这时他才发现已经实现了一个几乎完整的操作系统内核，出于对这个内核的信心和美好的奉献精神与发展希望，Linus 希望这个内核能够免费扩散使用，但出于谨慎，他并没有在 Minix 新闻组中公布它，而只是于 1991 年底在赫尔辛基大学的一台 FTP 服务器上发了一则消息，说用户可以下载 Linux 的公开版本（基于 Intel 386 体系结构）和源代码。从此以后，奇迹开始发生。

Linux 的兴起可以说是 Internet 创造的一个奇迹。到 1992 年 1 月止，全世界大约只有 100 个人在使用 Linux，但由于它是在 Internet 上发布的，网上的任何人在任何地方都可以得到 Linux 的基本文件，并可通过电子邮件发表评论或者提供修正代码，这些 Linux 的爱好者有将之作为学习和研究对象的大专院校的学生以及科研机构的科研人员，也有网络黑客等，他们所提供的所有初期上载代码和评论，后来证明对 Linux 的发展至关重要。正是在众多爱好者的努力下，Linux 在不到 3 年的时间里成为一个功能完善、稳定可靠的操作系统。

### 1.1.2 Linux 系统的特点和组成

**1．Linux 系统的特点**

Linux 操作系统在短短的几年之内得到了迅猛的发展，与 Linux 具有的良好特性是分不开的。Linux 包含了 UNIX 的全部功能和特性。简单地说，Linux 具有以下主要特性。

**开放性：**是指系统遵循世界标准规范，特别是遵循开放系统互连（OSI）国际标准。凡遵循国际标准所开发的硬件和软件，都能彼此兼容，可方便地实现互连。另外，源代码开放的 Linux 是免费的，使得获得 Linux 非常方便，而且使用 Linux 可节省费用。Linux 开放源代码，使用者能控制源代码，按照需要对部件混合搭配，建立自定义扩展。

**多用户：**是指系统资源可以被不同用户各自拥有使用，即每个用户对自己的资源（如文件、设备）有特定的权限，互不影响。Linux 和 UNIX 都具有多用户的特性。

**多任务：**多任务是现代计算机一个最主要的特点，是指计算机同时执行多个程序，而且各个程序的运行互相独立。Linux 系统调度每一个进程平等地访问微处理器。

**出色的速度性能：**Linux 可以连续运行数月、数年而无须重新启动，与 NT（经常死机）相比，这一点尤其突出。即使作为一种台式机操作系统，与许多用户非常熟悉的 UNIX 相比，它的性能也显得更为优越。Linux 不太在意 CPU 的速度，它可以把处理器的性能发挥到极限，用户会发现，影响系统性能提高的限制因素主要是其总线和磁盘 I/O 的性能。

**良好的用户界面：**Linux 向用户提供了两种界面，即用户命令界面和图形用户界面。

**丰富的网络功能：**Linux 是在 Internet 基础上产生并发展起来的，因此，完善的内置网络是 Linux 的一大特点。Linux 在通信和网络功能方面优于其他操作系统。

**可靠的系统安全：**Linux 采取了许多安全技术措施，包括对读/写进行权限控制、带保护的子系统、审计跟踪、核心授权等，这为网络多用户环境中的用户提供了必要的安全保障。

**良好的可移植性：**可移植性是指将操作系统从一个平台转移到另一个平台后仍然能按其自身方式运行的能力。Linux 是一种可移植的操作系统，能够在从微型计算机到大型计算机的任何环境中和任何平台上运行。可移植性为运行 Linux 的不同计算机平台与其他任何机器进行准确而有效的通信提供了手段，不需要另外增加特殊和昂贵的通信接口。

**具有标准兼容性：**Linux 是一个与可移植操作系统接口（Portable Operating System Interface，POSIX）相兼容的操作系统，它所构成的子系统支持所有相关的 ANSI、ISO、IETF 和 W3C 业界标准。为了使 UNIX system V 和 BSD 上的程序能直接在 Linux 上运行，

Linux 还增加了部分 system V 和 BSD 的系统接口，使 Linux 成为一个完善的 UNIX 程序开发系统。Linux 也符合 X/Open 标准，具有完全自由的 X Window 实现。虽然 Linux 在对工业标准的支持上做得非常好，但是由于各 Linux 发布厂商都能自由获取和接触 Linux 的源代码，所以各厂家发布的 Linux 仍然存在细微的差别。其差异主要存在于所捆绑应用软件的版本、安装工具的版本和各种系统文件所处的目录结构等。

**2. Linux 系统的组成**

Linux 一般有 4 个主要部分：内核、Shell、文件系统和应用程序。内核、Shell 和文件系统一起形成了基本的操作系统结构。它们使得用户可以运行程序、管理文件并使用系统。

**Linux 内核：** 内核是系统的“心脏”，是运行程序和管理硬件设备（如磁盘及打印机等）的核心程序。

**Linux Shell：** Shell 是系统的用户界面，提供了用户与内核进行交互操作的一种接口。它接收用户输入的命令并送入内核中执行。实际上 Shell 是一个命令解释器，解释由用户输入的命令并且把它们送到内核。另外，Shell 编程语言具有普通编程语言的很多特点，用这种编程语言编写的 Shell 程序与其他应用程序具有同样的效果。

**Linux 文件系统：** 文件系统是文件存放在磁盘等存储设备上的组织方法。Linux 能支持多种目前流行的文件系统，如 XFS、EXT2/3/4、FAT、VFAT、ISO9660、NFS、CIFS 等。

**Linux 应用程序：** 标准的 Linux 系统都有一套称为应用程序的程序集，包括文本编辑器、编程语言、X Window、办公套件、Internet 工具、数据库等。

### 1.1.3 Linux 的内核版本与发行版本

Linux 有内核（Kernel）版本和发行（Distribution）版本之分。

**1. Linux 的内核版本**

内核版本是 Linus 领导下的开发小组开发出的系统内核的版本号。

内核版本号由 3 个数字组成，即 r.x.y。

- r：目前发布的 Kernel 主版本。
- x：偶数表示稳定版本；奇数表示开发中的版本。
- y：错误修补的次数。

在 2.x 版本时代，x 为偶数的版本表明这是一个可以使用的稳定版本，如 2.6.18；x 为奇数的版本一般加入了一些新的内容，不一定很稳定，是测试版本，如 2.5.111。

RHEL/CentOS 7 使用的内核版本是 3.10.0。在 3.x 版本时代，也存在基于奇数版本号的稳定版。例如 Linux Mint 17.1 使用的内核版本是 3.13.0。

可以访问 http:// www.kernel.org 获得最新的内核信息。

**2. Linux 的发行版本**

发行版本是一些组织或厂家将 Linux 系统内核与应用软件和文档包装起来，并提供一些安装界面和系统设定管理工具的一个软件包的集合。目前已经有 300 余种发行版本，而且还在不断增加。相对于内核版本，发行版本的版本号随发布者的不同而不同，与系统内核的版本号是相对独立的。

表 1-1 中列出了一些常见的发行版本。有关更多的 Linux 发行版本的信息，可访问 http://www.distrowatch.com获得。

表 1-1　常见的 Linux 发行版本

| 类　型 | 发行版本 | 官方网址 |
| --- | --- | --- |
| 商业支持版本 | Red Hat Enterprise Linux | http://www.redhat.com/ |
| | Mandrake Linux | http://www.mandrivalinux.com/ |
| | SUSE Enterprise Linux | http://www.novell.com/products/ |
| 社区发布版本 | CentOS Linux | http://www.centos.org/ |
| | Ubuntu Linux | http://www.ubuntu.com/ |
| | Debian Linux | http://www.debian.org/ |
| | openSUSE Linux | http://www.opensuse.org/ |
| | Fedora Linux | http://www.fedoraproject.org/ |
| | Gentoo Linux | http://www.gentoo.org/ |

### 1.1.4　Red Hat Linux 及其相关产品

**1．Red Hat Linux 系列发行版**

Red Hat 公司在开源软件界鼎鼎大名，该公司发布了最早的（之一）Linux 商业版本 Red Hat Linux。所有人都可以获得软件的源代码，使用该软件的开发人员可以自由地对其进行改进。Red Hat 解决方案包括 Red Hat Linux、开发人员和嵌入式技术，以及培训、管理和技术支持。这项开源革新通过称为 Red Hat Network 的 Internet 平台传递给客户们。

Red Hat 一直领导着 Linux 的开发、部署和经营，从嵌入式设备到安全网页服务器，都是用开源软件作为 Internet 基础设施解决方案的领头羊，一度被作为 Linux 发行版本的事实标准。Red Hat 公司在发布 Red Hat Linux 系列版本的同时，还发布了 Red Hat Enterprise Linux，即 Red Hat Linux 企业版，简写为 RHEL。RHEL 系列版本面向企业级客户，主要应用在 Linux 服务器领域。Red Hat 公司对 RHEL 系列产品采用了收费使用的策略，即用户需要付费才能够使用 RHEL 产品并获得技术服务。

**2．Red Hat 与 Fedora Project**

Red Hat 公司于 2003 年 9 月底宣布，将原有的 Red Hat Linux 开发计划与 Fedora Linux 计划整合成新的 Fedora Project。Fedora Project 由 Red Hat 公司赞助，以社群主导、支持的方式，开发 Linux 发行版 Fedora Core。Fedora Core 是一份由 Red Hat 策划的开放开发项目，它向普通参与者开放并由精英管理者领导，沿着一系列项目目标而前进。Fedora 项目的目标是与 Linux 社区协作，只从开放源码软件来创建一份完整的、通用的操作系统。其开发过程是以公开论坛的形式进行的。

由于 Red Hat 公司不再继续开发免费版 Red Hat Linux，而由合并产生的 Fedora Core 接手后续新发行版本的开发工作，因此 Fedora Core 被 Red Hat 公司视为一个新技术的研究园地，其所开发的各项技术有可能在未来被纳入 Red Hat Enterprise Linux（企业版）中使用。正因为如此，Fedora Core 不断引入自由软件的新技术，从而导致其发行版本缺乏足够的稳定性。Fedora Core 很快更名为 Fedora。

**3．CentOS 与 RHEL**

CentOS 是一个开源软件贡献者和用户的社区。它对 RHEL 源代码进行重新编译，成为众多发布新发行版本的社区当中的一个，并且在不断的发展过程中，CentOS 社区不断与其他的同类社区合并，使 CentOS Linux 逐渐成为使用最广泛的 RHEL 兼容版本。CentOS Linux 的稳定性不比 RHEL 差，唯一的不足就是缺乏技术支持，因为它是由社区发布的免费版。

CentOS 社区的 Linux 发行版本被称为 CentOS Linux，由于使用了由 RHEL 的源代码重新编译生成新的发行版本，CentOS Linux 具有与 RHEL 产品非常好的兼容性，并且与生俱来地拥有 RHEL 的诸多优秀特性。虽然 CentOS Linux 使用了 RHEL 的源代码，但是由于这些源代码是 Red Hat 公司自由发布的，因此 CentOS Linux 的发布是完全合法的，CentOS Linux 的使用者也不会遇到任何的版权问题。CentOS 面向那些需要企业级操作系统稳定性的用户，而且并不存在认证和支持方面的开销。

CentOS Linux 与 RHEL 产品有着严格的版本对应关系，例如使用 RHEL 6 源代码重新编译发布的是 CentOS Linux 6，与 RHEL 7.1 对应的是 CentOS Linux 7.1。

## 1.2 安装 Linux

### 1.2.1 准备安装 Linux

**1．获取 CentOS 7 的 ISO 文件**

在 http://isoredirect.centos.org/centos/7/isos/x86_64/ 中选择国内的镜像站点，并选择下载 CentOS 7 的 ISO 文件。以 64 位的 CentOS 7.1 为例，可用的 ISO 文件及其说明如表 1-2 所示。

**表 1-2　64 位 CentOS 7.1 可用的 ISO 文件及说明**

| ISO 文件 | 说　明 |
|---|---|
| **CentOS-7-x86_64-Minimal-1503-01.iso** | 包含 CentOS 7 最基本的软件包，用于最小化安装 |
| CentOS-7-x86_64-NetInstall-1503.iso | 用于网络安装 CentOS 7 并提供了援救（Rescue）模式 |
| CentOS-7-x86_64-DVD-1503-01.iso | 包含 CentOS 7 发布的常用软件包（4.7GB 容量的 DVD 光盘） |
| CentOS-7-x86_64-Everything-1503-01.iso | 包含 CentOS 7 发布的所有软件包（8.5GB 容量的 DVD 光盘） |
| CentOS-7-x86_64-LiveCD-1503.iso | 直接 CD 启动运行的 CentOS 7 系统（GNOME 桌面环境） |
| CentOS-7-x86_64-LiveGNOME-1503.iso | 直接 DVD 启动运行的 CentOS 7 系统（GNOME 桌面环境） |
| CentOS-7-x86_64-LiveKDE-1503.iso | 直接 DVD 启动运行的 CentOS 7 系统（KDE 桌面环境） |

作为服务器使用的 Linux 系统，通常无须安装图形工作界面，采用最小化安装即可。为此，笔者下载了最小化系统的 ISO 文件 CentOS-7-x86_64-Minimal-1503-01.iso。

为了确保已下载 ISO 文件的正确性，需同时下载同目录下的校验文件 sha256sum.txt。在 Windows 环境下可以使用 **Quick Hash GUI**（http://sourceforge.net/projects/quickhash）生成 ISO 文件的 sha256 散列算法的校验码，将其与 sha256sum.txt 文件中对应文件的校验码进行比对，若两者一致则表示 ISO 文件正确。确认下载的 ISO 文件正确之后，便可将 ISO 文件刻入光盘或写入 U 盘了。

提示

1. 请查看安装光盘中的发行注记（RELEASE-NOTES）文件，获知有价值的功能摘要和已知的问题。

2. 请到 https://hardware.redhat.com/ 查看相应版本的硬件支持情况。

3. 请到 https://wiki.centos.org/About/Product 查看不同版本的比较。

4. 若在阅读本书时，无法下载到 CentOS 7.1 的 ISO 文件，那么下载 CentOS 7.X 的 ISO 文件即可。因为即使下载了 CentOS 7.1 的 ISO 文件，一旦安装完毕执行了 yum update 命令后，系统也会升级成最新版的 CentOS 7.X。

**2．多种安装方式**

RHEL/CentOS 提供了方便的多种安装方式。

（1）本地安装和网络安装

- 本地安装：安装程序要安装的源文件（RPM 文件）保存在本地光盘或本地硬盘中。
- 网络安装：安装程序要安装的源文件（RPM 文件）保存在网络服务器中并以 HTTP/FTP/NFS 协议提供。

（2）手动安装和自动安装

- 手动安装：在安装过程中逐一回答安装程序所提出的问题。
- 自动安装：以应答文件（Kickstart 文件）自动回答安装程序所提出的问题。

**3．安装程序 Anaconda**

Anaconda 是由 Python 语言编写的 Linux 安装程序，被许多 Linux 发行使用。

（1）RHEL/CentOS 的 Anaconda 提供了 3 种模式

- Install 模式：用于安装系统。
- Kickstart 模式：用于实现自动应答安装。
- Rescue 模式：使用安装介质（CD/DVD）修复无法引导的系统。

（2）Anaconda 为用户提供了 4 种访问界面

1）图形安装界面，也是默认界面。

2）文本安装界面，通过 inst.text 启用。

3）VNC 安装界面。

- 通过 VNC 进行远程安装。
- 通过 inst.vnc 启用。
- 使用 inst.vncconnect=<HOST>:<PORT>指定主动连接的 VNC 客户端的主机名或 IP 地址以及端口号。
- 使用 inst.vncpassword=<PASSWORD>指定 VNC 的联机口令。

4）串口安装界面。

- 通过 COM 口所连接的串行控制台安装。
- 用于未安装显示适配器的计算机。
- 通过 console=<device> 启用，如 console=/dev/ttyS0。
- 应与 inst.text 选项一同使用。

**4．安装程序引导方式**

Anaconda 是基于 Linux 平台的应用程序，因此必须先启动一个 Linux 内核才可以运行。有如下几种安装程序引导方式。

- 光盘（DVD 安装光盘或 minimal/netinstall CD 光盘）。
- USB 设备（将 ISO 文件写入 U 盘）。
- 引导装载程序，如 GRUB。
- 网络（PXE）。

### 1.2.2 最小化安装 CentOS 7.1

**1．安装引导配置**

将使用 CentOS-7-x86_64-Minimal-1503-01.iso 文件刻录的光盘插入光驱，设置计算机 BIOS 为 CD-ROM 优先启动。引导计算机，进入光驱引导界面，如图 1-1 所示。

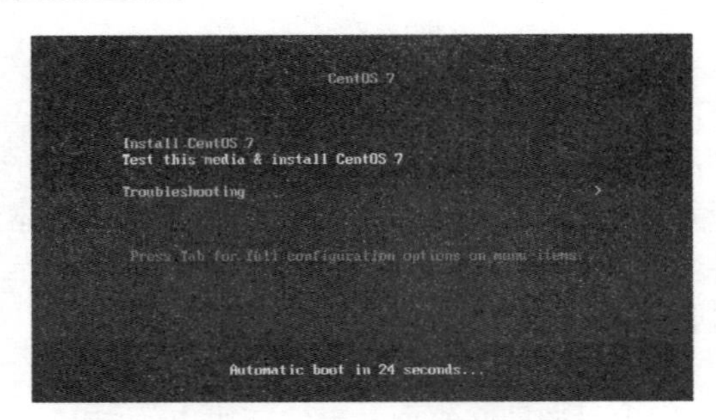


图 1-1　使用安装光盘启动系统

在图 1-1 所示的界面中有两个选项和一个子菜单，分别为：

1）安装新系统或更新现有系统。

2）先检测安装介质再安装新系统或更新现有系统。

3）Troubleshooting（故障排除）子菜单。

- 在安装程序无法为显卡载入正确驱动程序的情况下使用图形模式安装。
- 进入系统救援模式。
- 检测内存。
- 从本地硬盘启动系统。

要安装一个新的 CentOS 系统，直接按〈Enter〉键后将出现图 1-2 所示的 CentOS 欢迎界面。

**2．选择安装过程使用的语言**

在 CentOS 的欢迎界面中可以选择安装过程所使用的语言。选择“中文 Chinese”之后，单击“继续”按钮进入“安装信息摘要”界面，如图 1-3 所示。

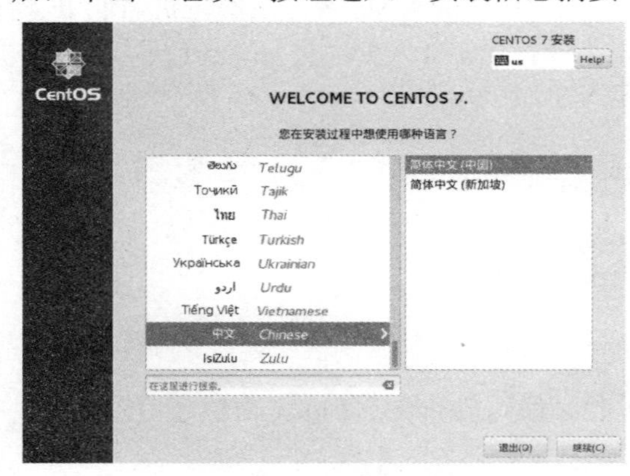


图 1-2　选择安装过程使用的语言

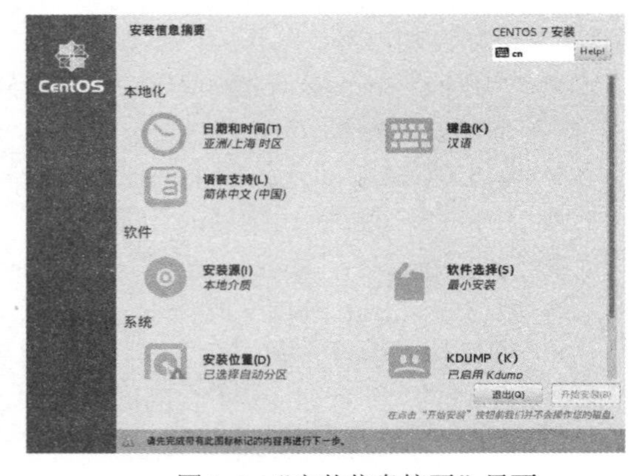


图 1-3　“安装信息摘要”界面

**3．“安装信息摘要”界面**

在“安装信息摘要”界面中可以为将来运行的 Linux 系统配置各种参数，如表 1-3 所示。

表 1-3　CentOS 7.1 的安装配置

| 分　类 | 项　目 | 说　明 |
|---|---|---|
| 本地化 | 日期和时间 | 配置安装后系统的日期和时间 |
| | 语言支持 | 配置安装后的系统的语言支持 |
| | 键盘 | 配置安装后的系统的键盘布局 |

（续）

| 分　类 | 项　目 | 说　明 |
|---|---|---|
| 软件 | 安装源 | 配置安装系统时使用的安装源 |
| | 软件选择 | 选择要安装的软件组（最小化安装光盘无须选择） |
| 系统 | 安装位置 | 选择要安装的硬盘并配置分区/逻辑卷布局 |
| | KDUMP | 选择是否启用 KDUMP（当系统崩溃时将内存内容导出为磁盘文件） |
| | 网络和主机名 | 配置安装后的系统的主机名和网络参数 |

**4．配置键盘布局**

在图 1-3 所示的界面中选择“键盘”进入如图 1-4 所示的界面。单击“+”按钮，在随后的界面中选择“英语（美国）”键盘布局并单击“添加”按钮。

切换了键盘布局后，单击屏幕左上角的“完成”按钮回到如图 1-3 所示的“安装信息摘要”界面。

**5．选择安装设备并分区**

在图 1-3 所示的界面中，选择“安装位置”进入如图 1-5 所示的界面，在此界面中可进行如下操作。

- 选择安装设备：选择本地存储设备（将 CentOS 安装到本地磁盘中）或添加远程存储设备（将 CentOS 安装到远程存储设备中，如 SAN 或者 NAS）。
- 设备分区：自动分区或手动分区。
- 启用分区加密保护数据。
- 配置启动加载器。

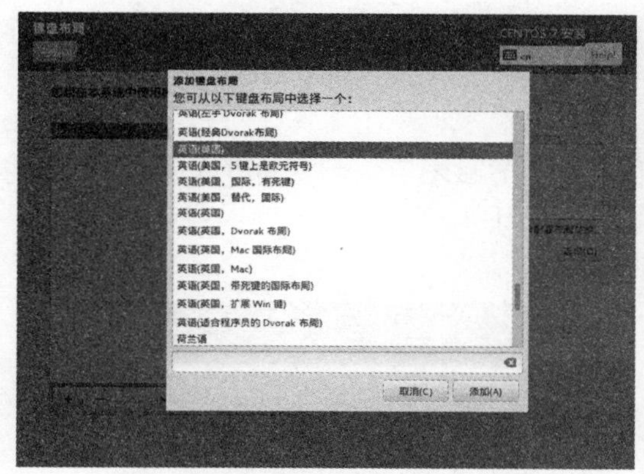


图 1-4　选择键盘布局

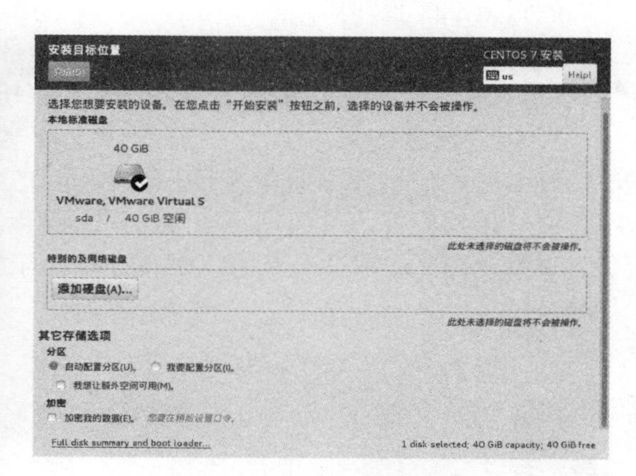


图 1-5　选择安装设备并分区

这里将 CentOS 系统安装到本地硬盘且使用自动分区，所以保持默认选项即可。单击屏幕左上角的“完成”按钮回到如图 1-3 所示的“安装信息摘要”界面。

**6．配置网络和主机名**

在图 1-3 所示的界面中，选择“网络和主机名”进入如图 1-6 所示的界面。在此界面中可进行如下操作。

- 设置主机名：在界面左下方的文本框中输入主机名（FQDN）。
- 启用网络接口设备：选择某个网络接口设备之后，单击“开启|关闭”按钮即可启用或禁用指定的网络接口设备（默认均未启用）。
- 配置网络接口设备：选择某个网络接口设备之后，单击界面右下方的“配置”按钮。

首先在安装程序自动发现的网络设备列表里选中一个网络设备，单击“配置”按钮进入如图 1-7 所示的网络连接配置界面。

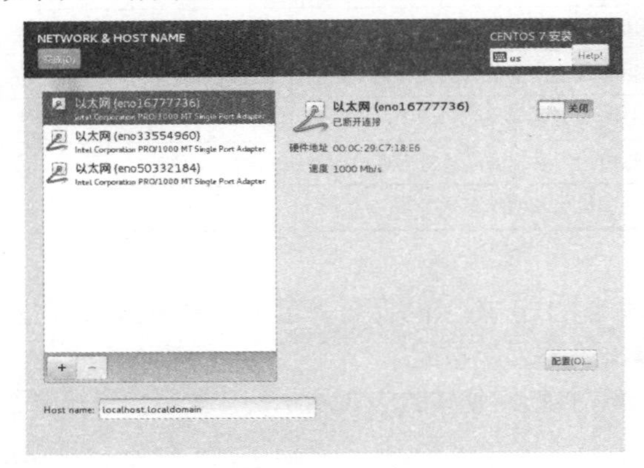


图 1-6　网络和主机名配置界面

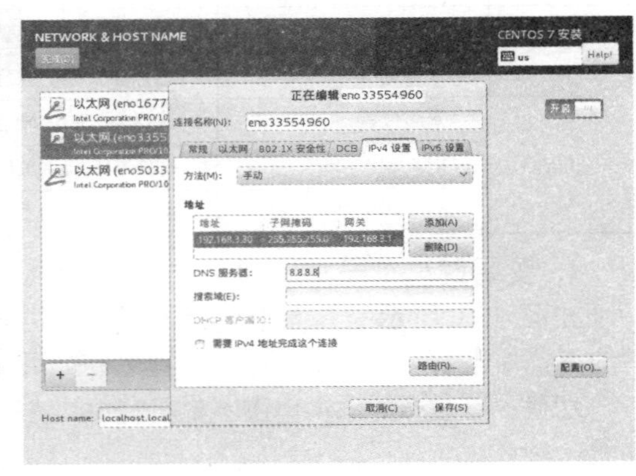


图 1-7　网络连接配置界面

选择“IPv4 设置”选项卡，首先选择 IP 地址的获取“方法”，若网络中有 DHCP 服务器，选择默认的“自动（DHCP）”即可，不过通常作为服务器使用的 CentOS 系统需要配置静态 IP 地址及相关网络参数，为此，在“方法”右面的下拉列表框中选择“手动”，然后单击“添加”按钮之后，分别输入 IP 地址、子网掩码和网关。之后在“DNS 服务器”右边的文本框中输入 DNS 服务器的 IP 地址。

单击“保存”按钮即可保存当前网络接口的配置。若有多个网络接口需要配置，使用上述的配置方法配置即可。

完成所有的网络接口配置之后，单击屏幕左上角的“完成”按钮回到如图 1-3 所示的“安装信息摘要”界面，单击“开始安装”按钮继续安装。

**7. 用户设置**

安装开始后进入如图 1-8 所示的界面。在该界面下方显示了一个安装进度条，同时提示用户进行用户配置：包括设置超级用户密码和创建普通用户。

选择“ROOT 密码”后进入如图 1-9 所示的界面。

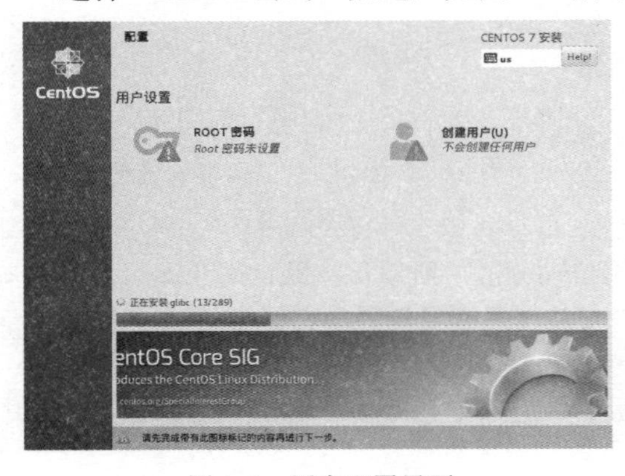


图 1-8　用户配置界面

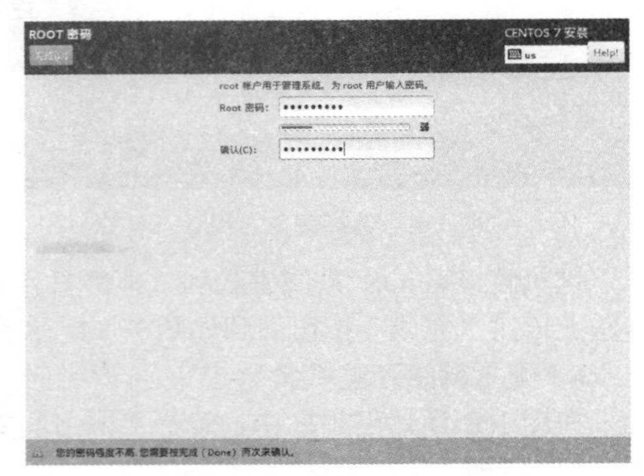


图 1-9　设置 root 用户口令

在该界面中输入两次 root 用户口令，然后单击屏幕左上角的“完成”按钮回到如图 1-8 所示界面。选择“创建用户”进入如图 1-10 所示的界面。

在该界面中依次输入用户全名、用户（登录）名、两次相同的口令，然后单击屏幕左上角的“完成”按钮进入如图 1-11 所示界面，单击“结束配置”按钮继续安装。

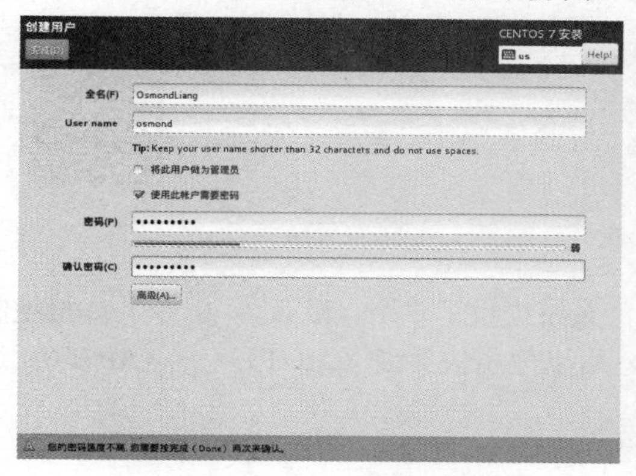


图 1-10　创建用户界面

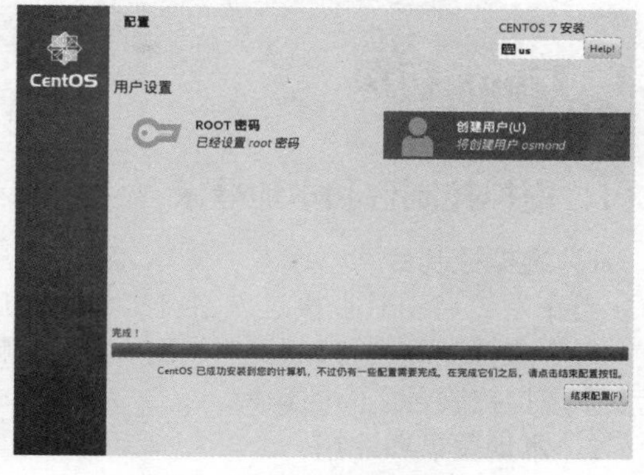


图 1-11　结束用户配置界面

**8. 安装结束**

当系统安装结束，将出现如图 1-12 所示的结束安装界面。

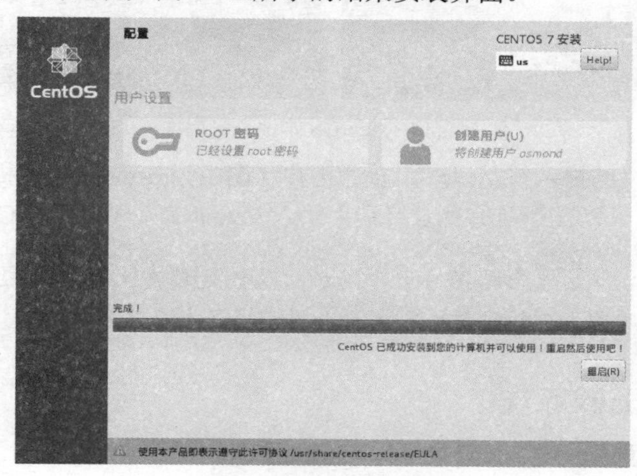


图 1-12　结束安装界面

单击“重启”按钮结束安装并重新启动系统。

**9. 首次启动**

重新启动系统后，首先进入如图 1-13 所示的 GRUB 启动界面。按〈Enter〉键继续。

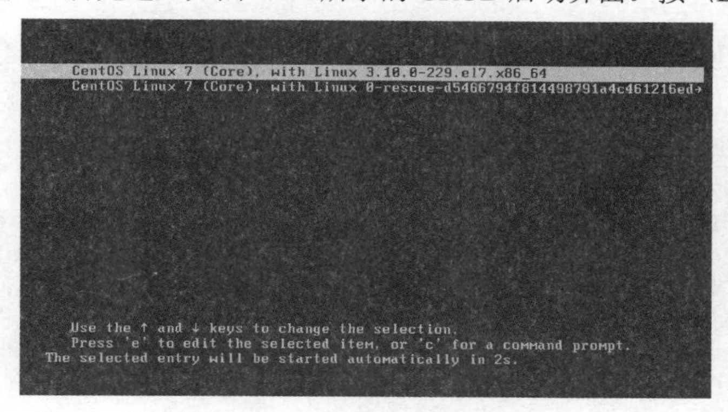


图 1-13　GRUB 启动界面

引导 Linux 系统后，经过一系列的启动过程，将进入 CentOS 的本地登录界面。

## 1.3 Linux 初探

### 1.3.1 虚拟控制台和本地登录

**1. 虚拟控制台**

当在系统启动时直接进入字符工作方式后，系统提供了多个（默认为 6 个）虚拟控制台。每个虚拟控制台可以独立使用，互不影响。可以使用快捷键〈Alt+F1〉～〈Alt+F6〉进行多个虚拟控制台之间的切换。

**2. 本地登录和注销**

若用户在系统启动后直接进入字符工作方式，或者从图形界面使用组合键〈Ctrl+Alt+F1〉～〈Ctrl+Alt+F6〉切换字符虚拟终端进入字符界面，就会看到如图 1-14 所示的登录界面。

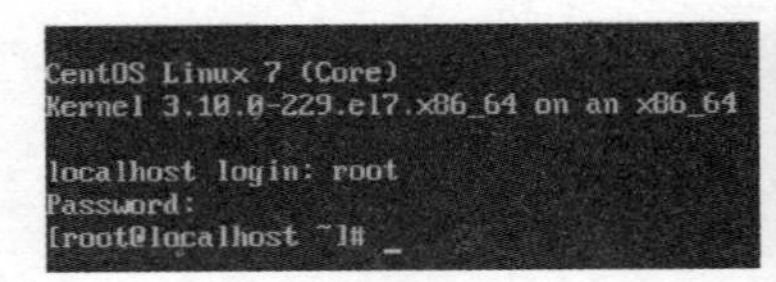


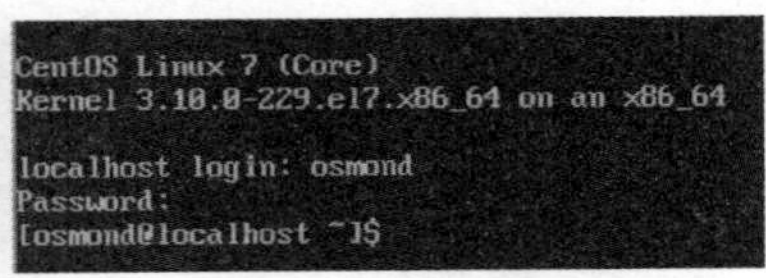


图 1-14 CentOS 本地登录界面

超级用户（root）的提示符是“#”，普通用户（图中为 osmond）的提示符是“$”。

若要注销登录，可以在当前的登录终端上输入 logout 命令或使用〈Ctrl+D〉快捷键。

注意

Linux 系统是严格区分大小写的，无论是用户名，还是文件名、设备名都是如此，即 ABC、Abc、abc 是 3 个不同的用户名或文件名。

### 1.3.2 远程登录 Linux 系统

**1. 在 Linux 环境下使用 ssh 登录远程 Linux 系统**

Linux 下的 ssh 命令是 OpenSSH 的客户端程序。要登录远程 Linux 系统，必须保证远程 Linux 系统上启动了名为 sshd 的服务，CentOS 的默认配置是开启这项服务的。使用 ssh 命令登录远程 OpenSSH 服务的命令格式是：

```
$ ssh  远程主机上的用户名@远程主机的 IP 地址或 FQDN
```

下面给出一个使用 ssh 命令登录远程 Linux 系统的操作步骤。

**操作步骤 1.1** 在 Linux 环境下使用 ssh 命令登录远程 Linux 系统

```
// 以 root 身份登录 IP 地址为 192.168.0.19 的 Linux 系统
# ssh root@192.168.0.19
The authenticity of host '192.168.0.19 (192.168.0.19)' can't be established.
RSA key fingerprint is 51:11:9c:e3:fa:d5:c7:e5:fc:0b:76:f1:c4:9e:03:fd.
Are you sure you want to continue connecting (yes/no)? yes
// 如果第一次使用该账号进行 ssh 登录需确认密钥，选择 yes 才可继续登录过程
Warning: Permanently added '192.168.0.19' (RSA) to the list of known hosts.
root@192.168.0.19's password:
// 在此输入用户口令，口令输入过程中没有回显
```

```
Last login: Wed Apr 30 02:15:08 2010 from 192.168.0.19
// 正确登录后出现 Shell 提示符
#
```

提示　由于 SSH 协议采取加密数据传输，相对比较安全，所以 SSH 服务器的默认配置允许 root 用户直接进行登录，这与传统的 Telnet 登录方式不同。

**2. 在 Windows 环境下使用 PuTTY 登录远程 Linux 系统**

在 Windows 下，用户可以使用 PuTTY 来远程登录 Linux 系统。下面给出一个使用 PuTTY 登录远程 Linux 系统的操作步骤。

**操作步骤 1.2**　在 Windows 环境下使用 PuTTY 登录远程 Linux 系统

```
// 1. 双击 Windows 桌面上的 PuTTY 图标，启动 PuTTY
// 2. 在 Session 设置中：选择连接会话的类型，如 ssh；然后在 Host Name 一栏中添入远程主机的主机名或 IP 地址；然后单击 Open 按钮启动连接
// 3. 在 Window 设置中：选择 Appearance 页中的 Font Settings，单击 Change 按钮设置字体。在 Translation 页中的 Received data assumed to be in which character set 下的下拉列表框中选择 UTF-8
// 4. 保存会话：在 Session 页中 Saved Sessions 下的文本框中起一个名字，如 CentOS，单击右边的“Save”按钮。保存会话之后就可以用双击会话名的方法登录远程主机了，如双击会话名 CentOS，如图 1-15 所示
// 5. 如果是第一次连接远程系统，PuTTY 会提示在本地主机上没有远程系统的公共密钥，询问用户是否要继续连接。单击“是”按钮继续，如图 1-16 所示
// 6. 建立与远程主机的连接之后，输入用户名和密码登录系统，如图 1-17 所示
// 7. 至此用户已经通过 PuTTY 成功登录至服务器，接着用户就可以如同在服务器控制终端上一样执行各种命令进行系统管理了
```

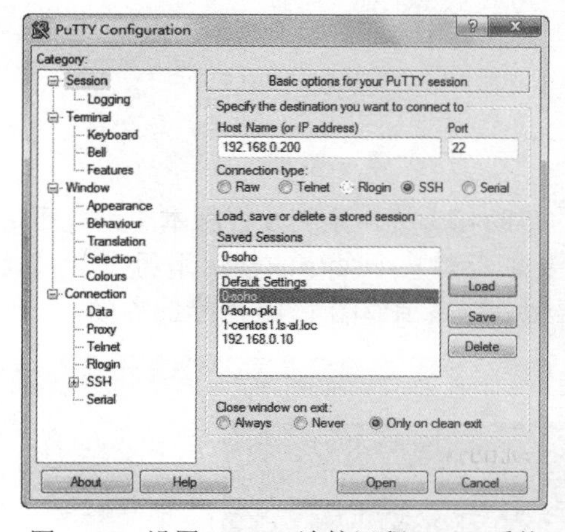


图 1-15　设置 PuTTY 连接远程 Linux 系统

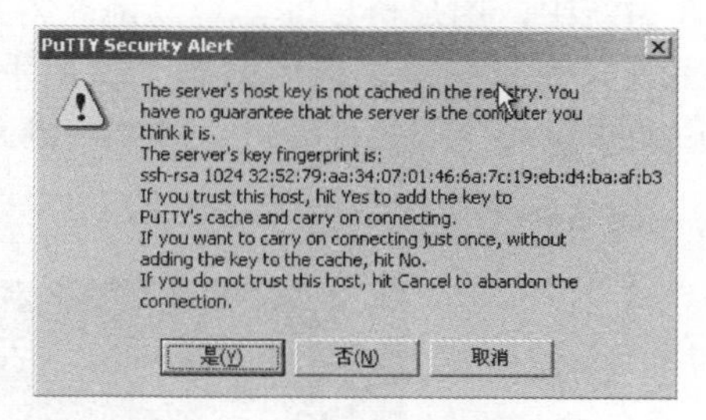


图 1-16　确认与远程系统建立连接

图 1-17　使用 PuTTY 登录远程系统

注意

Linux 系统中有两类用户：普通用户和超级用户（root）。基于安全的考虑不建议直接使用 root 用户登录，建议首先以一个普通用户身份登录系统，当需要执行系统管理类命令时，可以：

- 使用 su -命令（-表示同时切换用户工作环境）切换为超级用户身份，当执行完系统管理类命令时再使用 exit 命令退回到普通用户身份。
- 使用 sudo 命令前缀执行系统管理命令，参见本书 8.1.2 节。

### 1.3.3 获得命令帮助

**1．获得命令帮助的方法**

表 1-4 中列出了获得命令帮助的方法。

**表 1-4　获得命令帮助的方法**

| 命　令 | 说　明 | 举　例 |
|---|---|---|
| help 内置命令 | 使用 help 命令查看指定的 Shell 内置命令的使用方法 | help history |
| 命令名 --help | 使用--help 命令查看指定命令的用法摘要和参数列表 | ls --help |
| whatis 命令名 | 使用 whatis 命令获得指定命令的简要功能描述 | whatis ls |
| man 命令名 | 使用 man 命令查看指定命令的手册 | man ls |
| info/pinfo 命令名 | 使用 info 或 pinfo 命令查看指定命令的 GNU 项目文档 | info ls |
| man -k <关键字><br>apropos <关键字> | 列出所有与<关键字>匹配的手册页 | man -k selinux<br>apropos systemd |

命令帮助的输出语法格式如下。

- [] 内的参数是可选的。
- 大写的参数或 <> 中的参数是变量。
- … 表示一个列表。
- x|y|z 表示“x 或 y 或 z”。
- -abc 表示“-a -b -c”或其任意组合。

**2．使用 man 命令获得帮助**

在系统中，用户可以非常容易地获得系统的帮助和支持，系统发行版本中为几乎每个程序、工具、命令或系统调用编制了使用手册。要想查看某个命令的使用手册页，只要输入 man 后面跟该命令的名称即可。例如，输入如下命令将显示如图 1-18 所示的界面。

```
$ man ls
```

```
LS(1)                          FSF                          LS(1)

NAME
       ls - list directory contents

SYNOPSIS
       ls [OPTION]... [FILE]...

DESCRIPTION
       List information about the FILEs (the current directory by
       default).  Sort entries alphabetically if none of -cftuSUX
       nor --sort.

       -a, --all
              do not hide entries starting with .

       -A, --almost-all
              do not list implied . and ..

       -b, --escape
              print octal escapes for nongraphic characters

       --block-size=SIZE
              use SIZE-byte blocks
```

图 1-18　使用 man 获得命令帮助

在此界面中可以查看有关 ls 命令的详细使用说明。用户可以使用上下箭头键和〈PgDn〉、〈PgUp〉键进行翻阅；使用/加搜索文本在手册页中搜索，使用 n/N 做向后/向前的继续搜索；按〈Q〉键退出。

根据内容的不同可将手册页分为不同的类型，不同类型用一个数字（或字母）代表，各种类型的含义如表 1-5 所示。

**表 1-5　man 手册页的类型**

| 类　型 | 说　明 |
| --- | --- |
| man1 | 普通用户的可执行命令手册 |
| man2 | 系统调用手册，内核函数的说明 |
| man3 | 子程序手册，库函数的说明 |
| man4 | 系统设备手册，/dev 目录中设备文件的参考说明 |
| man5 | 配置文件格式手册，大多为/etc 目录下各种配置文件的格式描述 |
| man6 | 游戏和趣味小程序的说明手册 |
| man7 | 协议转换手册，也包括一些杂项 |
| man8 | 系统管理工具手册，这些命令只有超级用户才可以执行 |
| man9 | Linux 系统例程手册 |

手册页按照不同的类型被存放在系统不同的目录下（/usr/share/man/man[1..9]）。表 1-6 中给出了一些使用 man 命令的例子。

**表 1-6　man 命令使用举例**

| 举　例 | 说　明 |
| --- | --- |
| man　passwd | 查看 passwd 命令的使用方法，等同于 man 1 passwd |
| man 5 passwd | 查看 passwd 配置文件的描述信息 |
| man 7 glob regex | 查看通配符和正则表达式的使用说明信息 |
| man -k passwd | 查找与 passwd 相关的手册页 |

## 1.3.4　获取系统基本信息

### 1. 获取 Linux 系统信息

被系统管理员管理的 Linux 系统可能是由其亲自安装的，更有可能是已经安装好的系统（如阿里云服务器）或从其他管理员那里接手的系统。因此，全面地了解系统信息是首要任务，表 1-7 中列出了获取 Linux 系统信息的常用命令。

**表 1-7　获取 Linux 系统信息的常用命令**

| 分　类 | 功　能 | 命　令 |
| --- | --- | --- |
| 硬件 | 通过 DMI 获取系统硬件信息 | dmidecode 或 lshw |
| | 显示 PCI/USB 接口信息 | lspci/lsusb |
| | 显示 CPU 信息 | lscpu 或 cat /proc/cpuinfo |
| | 检查硬件虚拟化的支持 | egrep --color "vmx\|svm" /proc/cpuinfo |
| | 显示物理内存大小 | free -m 或 cat /proc/meminfo \|grep MemTotal |
| 系统 | 查看系统发行版本 | cat /etc/system-release |
| | 查看系统内核版本 | uname -r |
| | 显示机器的体系结构 | arch |
| | 显示系统加载的内核模块 | lsmod |
| | 查看系统启动信息 | dmesg |

（续）

| 分　类 | 功　能 | 命　令 |
| --- | --- | --- |
| 存储 | 显示系统中的块设备 | lsblk |
| | 显示磁盘分区 | fdisk -l 或 gdisk -l 或 parted -l |
| | 显示物理卷/卷组/逻辑卷 信息 | pvs/vgs/lvs |
| | 查看已经挂装的文件系统 | findmnt |
| | 显示磁盘剩余空间 | df -Ph |
| | 查看所有交换空间 | swapon -s |
| 本地化 | 查看日期和时间 | timedatectl 或 date |
| | 查看语言支持与键盘设置 | localectl |
| 软件 | 查看已启用的软件更新源 | yum repolist |
| | 查看已安装的所有软件 | rpm -qa 或 yum list installed |
| | 检查是否有可用的软件包更新 | yum check-update 或 yum list updates |
| 网络 | 显示主机名 | hostnamectl 或 hostname |
| | 显示网络接口参数 | ip addr show 或 ifconfig |
| | 显示路由信息 | ip route show 或 route |
| | 显示网络状态信息 | ss 或 netstat |
| | 显示防火墙规则 | firewall-cmd --list-all 或 iptables -nvL |

提示

Dmidecode 工具遵循 SMBIOS/DMI 标准，其输出的信息包括 BIOS（-t bios）、系统（-t system）、主板（-t baseboard）、处理器（-t processor）、物理内存（-t memory）、缓存（-t cache）、主板插槽（-t slot）等。

DMI（Desktop Management Interface）充当了管理工具和系统层之间接口的角色，它建立了标准格式（Management Information Format，MIF）的数据库，这个数据库包括了所有有关计算机系统和配件的信息。通过 DMI，用户可以获取序列号、计算机厂商、串口信息以及其他系统配件信息。DMI 信息的收集必须在严格遵照 SMBIOS 规范的前提下进行。

SMBIOS（System Management BIOS）是主板或系统制造者以标准格式显示产品管理信息所需遵循的统一规范。

SMBIOS 和 DMI 是由行业指导机构 DMTF（Desktop Management Task Force）起草的开放性的技术标准，其中 DMI 的设计适用于任何平台和操作系统。

有关 dmidecode 命令的详细使用信息，可参见其手册 man dmidecode。

**2. 获取 Linux 系统信息举例**

**操作步骤 1.3**　获取 Linux 系统信息举例

请见下载文档“获取 Linux 系统信息举例”。

## 1.3.5　安装后的基本配置

**1. 配置语言支持**

使用如下命令可以查看系统支持的语言环境。

```
# localectl list-locales | egrep "zh_CN|en_US"
```

使用如下命令可以设置语言环境。

```
// 更改为英文，下次登录时生效
# localectl set-locale LANG="en_US.UTF-8"
```

或

```
// 更改为中文，下次登录时生效
# localectl set-locale LANG="zh_CN.UTF-8"
```

使用如下命令可以查看语言环境的全局配置文件。

```
# cat /etc/locale.conf
```

**2. 配置日期、时间和时区**

在 Linux 中有硬件时钟（Real Time Clock，RTC）与系统时钟（System Clock）两种时钟。硬件时钟是指主机板上的由电池供电的硬件时钟设备，也就是通常可在 BIOS 中设定的时钟；系统时钟则是指 Linux Kernel 中的时钟。当 Linux 启动时，系统时钟会去读取硬件时钟的设定，之后系统时钟即独立运作。所有 Linux 相关指令与函数均读取系统时钟的设定。系统时钟使用世界标准时间（Coordinated Universal Time，UTC），且在需要时由应用程序根据当前的时区设置和是否启用了日光节约时间（Daylight Saving Time，DST）来转换成本地时间。硬件时钟既可以使用世界标准时间也可以使用本地时间，建议使用世界标准时间作为硬件时钟。

提示

世界标准时间（UTC）也称世界统一时间、世界协调时间。UTC 是以格林尼治时间（Greenwich Mean Time，GMT）为基准经过平均太阳时、地轴运动修正以及以“秒”为单位的国际原子时综合精算而成的新时间标准，因此 UTC 比 GMT 更加精准。

日光节约时间（DST）也称夏令时。全球以欧洲和北美为主的约 70 个国家使用夏令时。

使用如下命令可以查看日期、时间及时区。

```
# timedatectl
      Local time: Thu 2015-10-15 21:55:30 CST
  Universal time:Thu 2015-10-15 13:55:30 UTC
        RTC time:  Thu 2015-10-15 13:55:30
        Timezone:  Asia/Shanghai (CST, +0800)
     NTP enabled:  n/a
NTP synchronized: no
 RTC in local TZ: no
      DST active: n/a
```

使用如下命令可以设置日期和/或时间。

```
# timedatectl set-time 23:05:00
# timedatectl set-time 2015-10-15
# timedatectl set-time '2015-10-15 23:06:00'
```

使用如下命令可以查看系统支持的时区。

```
# timedatectl list-timezones | grep Asia
```

使用如下命令可以设置时区。

```
// 更改为欧洲巴黎，立即生效
# timedatectl set-timezone Europe/Paris
# date
```

```
Thu Oct 15 17:27:07 CEST 2015
```

或

```
// 更改为中国上海，立即生效
# timedatectl set-timezone Asia/Shanghai
```

使用如下命令可以查看时区的全局配置文件。

```
# ls -l /etc/localtime
lrwxrwxrwx. 1 root root 35 Oct 15 23:13 /etc/localtime -> ../usr/share/zoneinfo/
Asia/Shanghai
```

使用如下命令可以使用远程时间服务器同步本机系统时钟。

```
# yum -y install ntp
# timedatectl set-ntp yes
```

**3. 配置防火墙**

使用 Minimal 安装介质的最小化安装（core）默认未安装防火墙，使用 DVD 安装介质的最小化安装（base）会自动安装并启用 firewalld 防火墙，且允许外界访问本机的 ssh 服务（端口号 22）。

若系统已经启用了 firewalld 防火墙，可以输入如下命令关闭防火墙（不推荐，仅用于实验环境）。

```
# systemctl stop firewalld
# systemctl disable firewalld
```

提示　有关防火墙配置的详情，参见第 9 章。

**4. 配置 SELinux**

RHEL/CentOS 从版本 5 开始支持 SELinux 安全机制，且默认是开启的。由于 SELinux 的配置相对复杂且很少在生产环境中使用。限于篇幅本书不涉及 SELinux 的内容。可使用如下命令将其关闭（重新启动后生效）。

```
// 将配置文件 /etc/selinux/config 中的 SELINUX=enforcing 行改为 SELINUX=disabled
# sed -i 's/SELINUX=.*/SELINUX=disabled/' /etc/selinux/config
```

**5. 安装必要的软件并更新系统**

最小化安装只提供了日常应用软件的最小子集，为了方便日常操作和管理，可输入如下命令安装必要的软件。

```
# yum -y install  lshw pciutils usbutils gdisk system-storage-manager
# yum -y install  bash-completion zip unzip bzip2 tree tmpwatch pinfo man-pages
# yum -y install  nano vim-enhanced tmux screen
# yum -y install  net-tools psmisc lsof sysstat
# yum -y install  yum-plugin-security yum-utils createrepo
# yum -y install  git wget curl elinks lynx lftp mailx mutt rsync
```

提示　若网络配置正确且能访问 Internet，可以直接执行上面的 yum 命令。若不能访问 Internet 且局域网中也没有 CentOS 的软件仓库镜像可用，可以将预先下载的 CentOS-7-x86_64-**Everything**-1503-01.iso 作为软件安装源，具体使用方法参见 5.4.4 节的操作步骤 5.9。

使用如下命令更新系统。

```
# yum -y update
```

提示　系统更新操作需要使用 CentOS 的 update 软件仓库，update 软件仓库只存在于 CentOS 的镜像站点中。因此执行系统更新操作时必须联网，不能使用安装光盘执行系统更新操作。

执行了系统更新之后通常要重新启动系统。

**6. 关机与重新启动**

表 1-8 中列出了系统的关机、停机和重新启动命令。

表 1-8　关机、停机与重启命令

| 关　机 | 停　机 | 重　启 |
|---|---|---|
| systemctl poweroff<br>poweroff<br>shutdown -h now | systemctl halt<br>halt<br>shutdown -H now | systemctl reboot<br>reboot<br>shutdown -r now |

提示　在 CentOS 7 中，halt、poweroff、reboot 和 shutdown 命令都是 systemctl 命令的符号链接，即真正执行的是 systemctl 命令。可以使用如下命令验证:

```
# ls -l /usr/sbin/{halt,poweroff,reboot,shutdown}
```

在多用户系统中，若要给已登录用户发送自定义的关机/停机/重启警告信息，以便各个用户完成自己的工作并注销登录，则可以使用如下的 shutdown 命令。

```
// 警告所有登录用户系统将在 5 分钟后重新启动（-r）系统
# shutdown  -r  +5  " System will be reboot in 5 minites, Please save your work."
```

## 1.4　思考与实验

**1. 思考**

（1）什么是自由软件、开放源代码软件？其与共享软件有何区别？

（2）自由软件的创始人是谁？GNU 和 GPL 为何意？

（3）什么是 Linux？其创始人是谁？ Linux 与 UNIX 有何异同？

（4）Linux 系统有何特点？Linux 系统组成如何？

（5）什么是 Linux 的内核版本？什么是 Linux 的发行版本？常见的发行版本有哪些？

（6）Red Hat 和 Fedora 是何关系？RHEL 与 CentOS 是何关系？

（7）如何使用本地虚拟控制台？如何进行本地登录和注销？如何进行远程登录？

（8）如何获得命令帮助？help 命令和--help 命令选项的作用分别是什么？

（9）常用的 Linux 信息获取命令有哪些？各自的功能是什么？

（10）如何正确地关闭和重新启动 Linux 系统？

**2. 实验**

（1）使用 CD/DVD 光盘启动，以图形界面安装 CentOS 系统。

（2）使用 CentOS-7-x86_64-NetInstall-1503.iso 启动，从网络安装 CentOS 系统。

（3）掌握本地和远程登录与注销的方法，学会使用命令帮助，获取系统基本信息。

（4）学会配置语言支持、日期、时间和时区。

（5）学会在实验环境中关闭防火墙和 SELinux 支持。

（6）学会更新系统、关机和重启。

**3．进一步学习**

（1）参考《Red Hat Enterprise Linux 7 Migration Planning Guide》（https://access.redhat.com/documentation/en-US/Red_Hat_Enterprise_Linux/7/html/Migration_Planning_Guide/）学习将 RHEL/CentOS 6 升级到 RHEL/CentOS 7 的方法。

（2）使用 ISO 文件制作启动 U 盘，在 Windows 下可以使用 pendrivelinux。

- http://www.pendrivelinux.com/universal-usb-installer-easy-as-1-2-3/。
- http://www.pendrivelinux.com/yumi-multiboot-usb-creator/。

（3）选择使用你偏爱的 Windows 环境下的 SSH 远程登录工具。

| 软　件 | 网　址 |
|---|---|
| PuTTY | http://www.chiark.greenend.org.uk/~sgtatham/putty/download.html |
| MobaXterm | http://mobaxterm.mobatek.net/download.html |
| Bitvise SSH Client | https://www.bitvise.com/ssh-client-download |
| Xshell | http://www.netsarang.com/products/xsh_detail.html |
| SecureCRT | https://www.vandyke.com/download/securecrt/download.html |

（4）下载并使用跨平台的自由软件（可以在 Windows 平台下试用这些软件）。

| 功　能 | 软　件 | 网　址 |
|---|---|---|
| 办公套件 | LibreOffice.org | http://www.libreoffice.org |
| 图形编辑器 | GIMP | http://www.gimp.org |
| 矢量图形编辑器 | Inkscape | https://inkscape.org/zh/ |
| 原型图设计工具 | Pencil | http://pencil.evolus.vn/ |
| 文本和程序编辑器 | Atom | http://atom.io |
| 文件备份与同步 | FreeFileSync | http://sourceforge.net/projects/freefilesync/ |
| 集成开发环境 | Eclipse | http://www.eclipse.org |
| 版本控制工具 | Git | http://git-scm.com |
| 浏览器 | Firefox | http://firefox.com.cn |
| 邮件客户 | Thunderbird | http://www.mozilla.org/zh-CN/thunderbird/ |
| FTP 工具 | Filezilla | http://filezilla-project.org |
| 即时通信 | Pidgin | http://www.pidgin.im |
| 网络协议分析 | Wireshark | http://www.wireshark.org |
| 网络扫描和嗅探工具 | Nmap 与 Zenmap | https://nmap.org/ |

# 第 2 章 Linux 操作基础

本章首先介绍 Shell 的相关概念、命令格式、通配符的使用方法，然后分别介绍各类 Linux 常用命令的使用以及文本编辑器 vi 的使用，最后介绍 Shell 的重定向、管道、命令替换等功能以及 Shell 变量的定义与 Shell 环境的配置等。

## 2.1 Shell 和命令基础

### 2.1.1 Shell 简介

**1．什么是 Shell**

Shell 是系统的用户界面，提供了用户与内核进行交互操作的一种接口（命令解释器），Shell 接收用户输入的命令并把它送入内核执行，在用户与系统之间进行交互。Shell 在 Linux 系统中具有极其重要的地位，如图 2-1 所示。

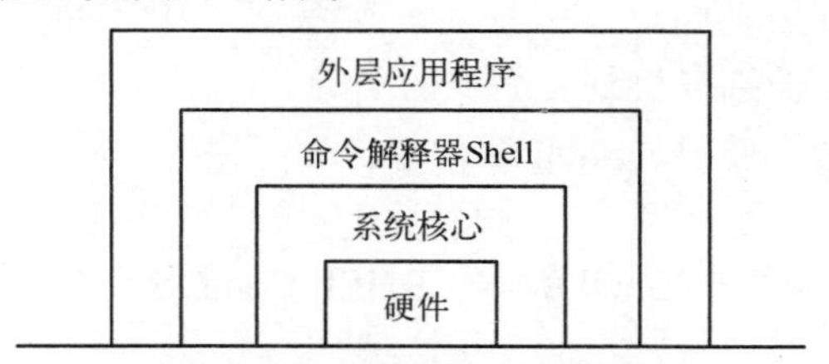


图 2-1　Shell 在 Linux 系统中的地位

**2．Shell 的功能**

命令解释器是 Shell 最重要的功能。Linux 系统中的所有可执行文件都可以作为 Shell 命令来执行。将 Linux 的可执行文件进行分类，如表 2-1 所示。

表 2-1　Linux 系统上可执行文件的分类

| 类　别 | 说　明 |
|---|---|
| Linux 命令 | 存放在/bin、/sbin 目录下的命令 |
| 内置命令 | 出于效率的考虑，将一些常用命令的解释程序构造在 Shell 内部 |
| 实用程序 | 存放在/usr/bin、/usr/sbin、/usrlocal/bin、/usr/local/sbin 等目录下的实用程序 |
| 用户程序 | 用户程序经过编译生成可执行文件后可作为 Shell 命令运行 |
| Shell 脚本 | 由 Shell 语言编写的批处理文件 |

图 2-2 描述了 Shell 是如何完成命令解释的。

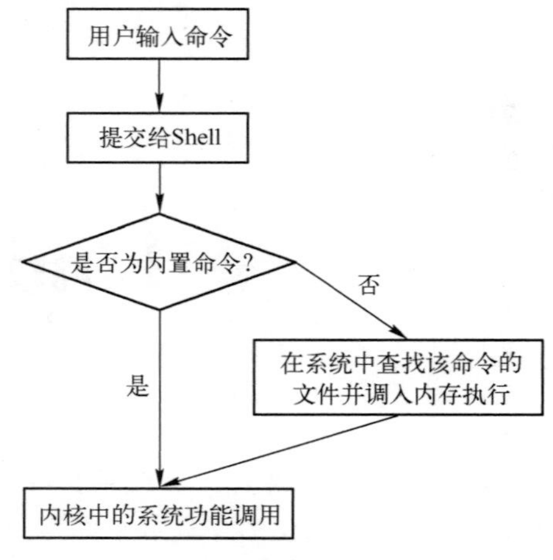


图 2-2　命令解释过程

当用户提交了一个命令后，Shell 首先判断是否为内置命令（由 Shell 自身负责解释），如果是就通过 Shell 的解释器将其解释为系统功能调用并转交给内核执行；若是外部命令或实用程序，就试图在硬盘中查找该命令并将其调入内存，再将其解释为系统功能调用并转交给内核执行。在查找该命令时分为两种情况：

（1）用户给出了命令的路径，Shell 就沿着用户给出的路径进行查找，若找到则调入内存，若没找到则输出提示信息。

（2）用户没有给出命令的路径，Shell 就在环境变量 PATH 所制定的路径中依次进行查找，若找到则调入内存，若没找到则输出提示信息。

此外，Shell 还具有如下功能。

- 通配符、命令补全、别名机制、命令历史等。
- 重定向、管道、命令替换、Shell 编程等。

**3．Shell 的主要版本**

表 2-2 中列出了几种常见的 Shell 版本。RHEL/CentOS 下默认的 Shell 是 bash。

**表 2-2　Shell 的不同版本**

| 版　　本 | 说　　明 |
|---|---|
| Bourne Again Shell（bash，bsh 的扩展） | bash 是大多数 Linux 系统的默认 Shell。bash 与 bsh 完全向后兼容，并且在 bsh 的基础上增加和增强了很多特性。bash 也包含了很多 C Shell 和 Korn Shell 中的优点。bash 有很灵活和强大的编程接口，同时又有很友好的用户界面 |
| Korn Shell（ksh） | Korn Shell（ksh）由 Dave Korn 所写，是 UNIX 系统上的标准 Shell。另外，在 Linux 环境下有一个专门为 Linux 系统编写的 Korn Shell 的扩展版本，即 Public Domain Korn Shell（pdksh） |
| tcsh（csh 的扩展） | tcsh 是 C Shell 的扩展。tcsh 与 csh 完全向后兼容，但它包含了更多的使用户感觉方便的新特性，其最大的提高是在命令行编辑和历史浏览方面 |

**4．Shell 的元字符**

在 Shell 中有一些具有特殊意义的字符，称为 Shell 元字符（Shell Metacharacters）。若不以特殊方式指明，Shell 并不会把它们当作普通文字符使用。

表 2-3 中简单介绍了常用的 Shell 元字符及含义。

表 2-3　常用的 Shell 元字符及含义

| 元　字　符 | 含　　义 |
|---|---|
| * | 代表任意字符串 |
| ? | 代表任意字符 |
| / | 代表根目录或作为路径间隔符使用 |
| \ | 转义字符。当命令的参数要用到保留字时，要在保留字前面加上转义字符 |
| \<Enter> | 续行符。可以使用续行符将一个命令行分写在多行上 |
| $ | 变量值置换，如$PATH 表示环境变量 PATH 的值 |
| ' | 在'...'中间的字符均被当作文字处理，指令、文件名、保留字等都不再具有原来的意义 |
| " | 在"..."中间的字符会被当作文字处理并允许变量值置换 |
| ` | 命令替换，置换`...`中命令的执行结果 |
| < | 输入重定向字符 |
| > | 输出重定向字符 |
| \| | 管道字符 |
| & | 后台执行字符。在一个命令之后加上字符“&”，该命令就会以后台方式执行 |
| ; | 分割顺序执行的多个命令 |
| () | 在子 Shell 中执行一组命令 |
| {} | 在当前 Shell 中执行一组命令 |
| ! | 执行命令历史记录中的命令 |
| ~ | 代表登录用户的宿主目录（自家目录） |

## 2.1.2　命令格式和通配符

### 1．命令格式

Shell 命令的一般格式为：

```
cmd  [-options]       [arguments]
```

其中，cmd 是命令名；options 是选项；arguments 是参数，即操作对象。

说明：

- 最简单的 Shell 命令只有命令名，复杂的 Shell 命令可以有多个选项和参数。
- 选项和参数都作为 Shell 命令执行时的输入，它们之间用空格分隔开。
- 单字符参数前使用一个减号（-），单词参数前使用两个减号（--）。
- 多个单字符参数前可以只使用一个减号。
- 操作对象（arguments）可以是文件也可以是目录，有些命令必须使用多个操作对象，如 cp 命令必须指定源操作对象和目标操作对象。
- 并非所有命令的格式都遵从以上规则，如 dd、find 等。

例如：

```
$ ls
$ ls -lra  /home
$ ls --help
$ cat  /etc/passwd  ./myfile
```

具有以上格式的字符串习惯地称为命令行，命令行是用户与 Shell 间对话的基本单位。

### 2．目录和文件名的命名规则

在 Linux 下可以使用长文件或目录名，可以给目录和文件取任何名字，但必须遵循下列规则：

- 除了/之外，所有的字符都合法。
- 有些字符最好不用，如空格符、制表符、退格符和字符：？，@ # $ & () \ | ；‘ ’ “ ” <>等。
- 避免使用+、–或.来作为普通文件名的第一个字符。
- 大小写敏感。
- 以.开头的文件或目录是隐含的。

### 3．通配符

通配符主要用于用户方便描述目录或文件。表 2-4 中是常用的通配符及其说明。

表 2-4　常用的通配符

| 通配符 | 说明 | 通配符 | 说明 |
|---|---|---|---|
| * | 匹配任何字符和任何数目的字符 | [...] | 匹配任何包含在括号里的单字符 |
| ? | 匹配任何单字符 | [!...] | 匹配任何不包含在括号里的单字符 |

提示

*能匹配文件或目录名中的.，但不能匹配首字符是.的文件或目录名。要匹配隐含文件应该使用.*。

通配符在指定一系列的文件名时非常有用，表 2-5 中列举了一些使用通配符的例子。

表 2-5　通配符使用举例

| 举例 | 说明 |
|---|---|
| ls *.c | 列出当前目录下的所有 C 语言源文件 |
| ls /home/*/*.c | 列出/home 目录下所有子目录中的所有 C 语言源文件 |
| ls n*.conf | 列出当前目录下的所有以字母 n 开始的 conf 文件 |
| ls test?.dat | 列出当前目录下以 test 开始的，随后一个字符是任意的.dat 文件 |
| ls [abc]* | 列出当前目录下首字符是 a 或 b 或 c 的所有文件 |
| ls [!abc]* | 列出当前目录下首字符不是 a 或 b 或 c 的所有文件 |
| ls [a-zA-Z]* | 列出当前目录下首字符是字母的所有文件 |

## 2.1.3　文件及 Linux 目录结构

### 1．什么是文件

在 Linux 系统上，文件被看作是字节序列。这种概念使得所有的系统资源有了统一的标识，这些资源包括普通文件或目录、磁盘设备、控制台（键盘、显示器）、打印机等。对这些资源的访问和处理都是通过字节序列的方式实现的。Linux 系统下的文件类型包括：

- 普通文件（ - ）。
- 目录（ d ）。
- 符号链接（ l ）。
- 字符设备文件（ c ）。

- 块设备文件（ b ）。
- 套接字（ s ）。
- 命名管道（ p ）。

### 2．普通文件

普通文件就是字节序列，Linux 并没有对其内容规定任何的结构。普通文件可以是程序源代码（如 C、C++、Python、Perl 等）、可执行文件（如文件编辑器、数据库系统、出版工具、绘图工具等）、图片、声音、图像等。Linux 不会区别对待这些文件，只有处理这些文件的应用程序才会根据文件的内容为它们赋予相应的含义。

在 DOS 或 Windows 环境中，所有的文件扩展名就能表示该文件的类型，如*.exe 表示可执行文件，*.bat 表示批处理文件。在 Linux 环境下，只要是可执行的文件并具有可执行属性就能执行，无论其文件名后缀是什么。但是对一些数据文件一般也遵循一些文件名后缀规则，表 2-6 中列出了一些常用的文件后缀。

**表 2-6 常用的文件后缀举例**

| 举 例 | 说 明 |
| --- | --- |
| *.txt | 文本文件 |
| *.conf | 配置文件 |
| *html/*xml/*yml/*sql | HTML/XML/YAML/SQL 文件 |
| *.c/*.cpp | C /C++语言源程序文件 |
| *.so/*.ko/*.lib | 模块文件、库文件 |
| *.sh/*.php/*.py/*.pl/*.rb | Shell/PHP/Python/Perl/Ruby 脚本文件 |
| *.rpm | RPM 包文件 |
| *.tar | tar 存档文件 |
| *.gz/*.bz2/*.xz | 由 gzip/bzip2/xz 生成的压缩文件 |
| *.tar.gz/*.tgz/*.tar.bz2/*.tbz/*.tar.xz/*.txz | 压缩后的 tar 包文件 |
| *.lock | 用于表示某个程序或某种服务正在运行的锁文件 |
| *~ | 备份文件 |

### 3．目录和硬链接

目录文件是由一组目录项组成，目录项可以是对其他文件的指向，也可以是其下的子目录指向。

实际上，一个文件的名称是存储在其父目录中的，而并非同文件内容本身存储在一起。

将两个文件名（存储在其父目录的目录项中）指向硬盘上一个存储空间，对两个文件中的任何一个的内容进行修改都会影响到另一个文件，这种链接关系称为硬链接。硬链接文件实际上就是在某目录中创建目录项，从而使不止一个目录可以引用到同一个文件。它可以由 ln 命令建立。首先查看目录中的文件情况。

```
$ ls -l
-rwxr-xr-x  1 Mike   users      58 2006-07-01 10:05 file1
$ cat file1
This is file1.
```

使用 ln 命令建立文件 file1 的硬链接文件 file2。

```
$ ln file1 file2
```

该命令产生一个新的文件 file2，和已经存在的文件 file1 建立起硬链接关系：

```
$ cat file2
This is file1.
$ ls -l
-rwxr-xr-x  2 Mike   users      58 2006-07-01 10:05 file1
-rwxr-xr-x  2 Mike   users      58 2006-07-01 10:07 file2
```

可以看出，file2 和 file1 的大小相同、内容相同、再看详细信息的第 2 列，原来 file1 的链接数是 1，说明这一块硬盘存储空间只有 file1 一个文件指向它，而建立起 file1 和 file2 的硬链接关系之后，这块硬盘空间就有 file1 和 file2 两个文件同时指向它，所以 file1 和 file2 的链接数就都变为了 2。因为两个文件指向一块硬盘空间，所以如果现在修改 file2 的内容为 This is file2.，再查看 file1 的内容，就会有：

```
$ cat file1
This is file2.
```

如果删除其中的一个文件（无论是哪一个），就是删除了该文件和硬盘空间的指向关系，该硬盘空间不会释放，另外一个文件的内容也不会发生改变，但是目录详细信息中的链接数会减少，见如下信息。

```
$ rm -f file1
$ ls -l
-rwxr-xr-x  1 Mike   users      58 2006-07-01 10:07 file2
$ cat file2
This is file2.
```

硬链接并不是一种特殊类型的文件，只是在同一个文件系统中允许多个目录项指向同一个文件的一种机制。

**4．符号链接**

符号链接又称软链接，是指将一个文件指向另外一个文件的文件名。这种符号链接的关系由 ln -s 命令行建立。首先查看目录中的文件信息。

```
$ ls -l
-rwxr-xr-x  1 Mike   users      58 2006-07-01 10:05 file1
$ cat file1
This is file1.
```

使用 ln 命令和-s 选项建立文件 file1 的符号链接文件 file2。

```
$ ln -s file1 file2
```

该命令产生一个新的文件 file2，和已经存在的文件 file1 建立起符号链接关系。

```
$ cat file2
This is file1.
$ ls -l
-rwxr-xr-x      1 Mike   users      58 2006-07-01 10:15 file1
lrwxrwxrwx      1 Mike   users       5 2006-07-01 10:17 file2 -> file1
```

可以看出 file2 这个文件很小，因为它只是记录了要指向的文件名而已，请注意从文件 file2 指向文件 file1 的指针。

为什么 cat 命令显示的 file2 的内容与 file1 相同呢？因为 cat 命令在寻找 file2 的内容时，发现 file2 是一个符号链接文件，根据 file2 记录的文件名找到了 file1 文件，然后将 file1

的内容显示出来。

明白了 file1 和 file2 的符号链接关系，就可以理解为什么 file1 的链接数仍然为 1，这是因为 file1 指向的硬盘空间仍然只有 file1 一个文件在指向。

如果现在删除了 file2，对 file1 并不产生任何影响；而如果删除了 file1，那么 file2 就因无法找到文件名称为 file1 的文件而成为死链接。

```
$ rm -f file1
$ ls -l
lrwxrwxrwx  1 Mike   users       5 2006-07-01 10:17 file2 -> file1
$ cat file2
cat: file2: No such file or directory
```

**5．设备文件**

设备是指计算机中的外围硬件装置，即除了 CPU 和内存以外的所有设备。通常，设备中含有数据寄存器或数据缓存器、设备控制器，用于完成设备同 CPU 或内存的数据交换。

在 Linux 下，为了屏蔽用户对设备访问的复杂性，采用了设备文件，即可以通过像访问普通文件一样的方式对设备进行读写访问。

设备文件用来访问硬件设备，包括硬盘、光驱、打印机等。每个硬件设备至少与一个设备文件相关联。设备文件分为字符设备（如键盘）和块设备（如磁盘）。Linux 下设备名以文件系统中的设备文件的形式存在。所有的设备文件存放在/dev 目录下。

下面对常用设备文件说明，如表 2-7 所示。

表 2-7　常用设备文件说明

| 设备文件 | 说　明 |
|---|---|
| /dev/sd* | SCSI/SAS、PATA/SATA、USB 硬盘设备，如 sda1 表示第 1 块硬盘的第 1 个分区，sdb2 表示第 2 块硬盘的第 2 个分区 |
| /dev/sr0 | 光驱设备 |
| /dev/console | 系统控制台 |
| /dev/tty* | 本地终端设备 |
| /dev/pts/* | 伪终端设备 |
| /dev/ppp* | PPP（Point-to-Point）协议设备，用于传统的拨号上网 |
| /dev/lp* | 表示并口设备，如 lp0 表示第 1 个并口设备，lp1 表示第 2 个并口设备 |
| /dev/null | 空设备。可将其视为“黑洞”，所有写入它的内容都会丢失，通常用于屏蔽命令行输出 |
| /dev/zero | 零设备。可以产生连续不断的二进制的零流，通常用于创建指定长度的空文件 |

在/dev 目录下有许多链接文件，使用这些链接能够方便地使用系统中的设备。例如，可以通过/dev/cdrom 而不是/dev/sr0 来访问光驱。

**6．套接字和命名管道**

套接字和命名管道是 Linux 环境下实现进程间通信（IPC）的机制。

命名管道（FIFO）文件允许运行在同一台计算机上的两个进程之间进行通信。套接字（Socket）允许运行在不同计算机上的进程之间相互通信。

套接字和命名管道通常是在进程运行时创建或删除的，一般无需系统管理员干预。

**7．熟悉 Linux 的目录结构**

Linux 的目录结构遵从文件系统层次结构标准（File system Hierarchy Standard，FHS）。表 2-8 中解释了由 FHS 所规定的存放特定类型的文件位置。

表 2-8 由 FHS 所规定的 Linux 文件系统布局

| 目录名 | 内容说明 |
|---|---|
| bin | 存放二进制的可执行程序 |
| boot | 存放用于系统引导时使用的各种文件 |
| dev | 用于存放设备文件，用户可以通过这些文件访问外部设备 |
| etc | 存放系统的配置文件 |
| home | 存放所有用户文件的根目录，有一个用户在该目录下就有一个与该用户名相对应的子目录，当用户登录时就进入其用户名对应的子目录 |
| lib/lib64 | 存放根文件系统中的程序运行所需要的共享库及内核模块 |
| lost+found | 存放一些系统检查结果，发现不合法的文件或数据都存放在这里，通常此目录是空的，除非硬盘遭受了不明的损坏 |
| mnt | 临时文件系统的挂载点目录 |
| media | 即插即用型存储设备的挂载点自动在这个目录下创建，如 CD/DVD 等 |
| opt | 第三方软件的存放目录 |
| proc | 是一个虚拟文件系统，存放当前内存的映射，主要用于在不重启机器的情况下管理内核 |
| root | 超级用户目录 |
| sbin | 类似/bin 目录，也存放二进制可执行文件，但是只有 root 才能访问 |
| srv | 系统对外提供服务的目录，如 Web 虚拟主机等 |
| tmp | 用于放置各种临时文件 |
| usr | 用于存放系统应用程序 |
| var | 用于存放需要随时改变的文件，如系统日志、脱机工作目录等 |

提示

1. 在 Linux 环境下，文件是归类存放的。初学 Linux 的朋友应该熟悉特定类型的文件的存放位置。

2. 对于 Linux 的初学者而言，在不知道自己究竟在做什么的情况下，不要轻易操作系统目录，如/proc、/boot、/etc、/usr、/var 等。

3. 用户可以使用如下命令获得 Linux 文件层次结构的说明：

```
$ man hier
```

## 2.2 Linux 常用操作命令

### 2.2.1 文件目录操作命令

**1. 常用的文件目录操作命令**

表 2-9 中列出了一些常用的文件目录操作命令。

表 2-9 常用的文件目录操作命令

| 命令 | 功能 | 命令 | 功能 |
|---|---|---|---|
| ls | 显示文件和目录列表 | pwd | 显示当前工作目录 |
| touch | 生成一个空文件或更改文件的时间 | cd | 切换目录 |
| cp | 复制文件或目录 | find | 在文件系统中查找指定的文件 |
| mv | 移动文件或目录、文件或目录改名 | mkdir | 创建目录 |
| rm | 删除文件或目录 | rmdir | 删除空目录 |
| ln | 建立链接文件 | tree | 显示目录树 |

### 2. 文件目录操作命令举例

表 2-10 中列出了一些常用的文件目录操作命令的使用举例。

表 2-10　常用的文件目录操作命令使用举例

| 命　令 | 说　明 |
|---|---|
| ls | 列表显示当前目录下的文件和目录 |
| ls -a | 列表显示当前目录下的文件和目录（包括隐含文件和目录） |
| ls -l | 以长格式列表显示结果 |
| ls -R | 递归显示当前目录及其子目录下的文件和目录 |
| ls -dl /usr/share/ | 仅显示/usr/share/目录本身，而非/usr/share/目录中的内容 |
| pwd | 显示当前所在的工作路径 |
| mkdir /home/osmond/mybin | 以绝对路径创建一个空目录 |
| mkdir -p mydoc/FAQ | 以相对路径创建一个空目录树 |
| mkdir -p /srv/{abc,bcd}/html | 创建/srv/abc/html 和/srv/bcd/html 目录（注意{}的使用） |
| touch abc bcd | 创建两个 0 字节文件 |
| touch oldfile | 修改已存在文件的时间为当前时间 |
| touch -r oldfile newfile | 参考 oldfile 文件的时间属性设置 newfile 文件的时间 |
| cd | 切换到私有目录 |
| cd mybin | 进入 mybin 目录 |
| cd - | 切换到上一次使用 cd 命令前的目录 |
| cd .. | 返回当前目录的上一级目录 |
| cd ../.. | 返回当前目录的上两级目录 |
| tree | 显示当前目录下的目录结构 |
| tree -L 3 /usr/ | 显示/usr 目录下的三级目录树 |
| cp /bin/?sh . | 使用“?”通配符复制多个文件到当前目录（.） |
| cp http.conf{,.orig} | 将当前目录下的 http.conf 复制为 http.conf.orig |
| cp /bin/cpio mybin | 复制单个文件/bin/cpio 到 mybin 目录 |
| cp abc bcd mydoc | 将两个指定的文件复制到 mydoc 目录下 |
| cp abc bcd ~mydoc | 将两个指定的文件复制到自己目录的 mydoc 子目录下 |
| cp /usr/bin/[yz]* . | 使用通配符“[]”和“*”复制多个文件到当前目录（.） |
| cp -r /etc/skel . | 将/etc/skel 目录及其下面的所有内容复制到当前目录（.） |
| mv FAQ bash-FAQ | 将当前目录下的 FAQ 文件或目录改名为 bash-FAQ |
| mv [yz]* myusr/ | 将使用通配符“[]”和“*”指定的多个文件移动到 myusr 目录下 |
| rm myfile | 删除指定的文件 |
| rm .* | 删除当前目录下的所有隐含文件（隐含文件的文件名均以“.”开头） |
| rm -f file{1,3,5} | 强制删除文件 file1、file3 和 file5 |
| rm -r myusr/ | 删除 myusr 目录及其内容（有删除提示） |
| rm -rf myusr/ | 删除 myusr 目录及其内容（强制删除，无删除提示） |
| rmdir abc | 删除空目录 abc |
| ln cpio edit1 | 建立 cpio 的硬链接文件 edit1 |

（续）

| 命　令 | 说　明 |
|---|---|
| ln -s cpio edits1 | 建立 cpio 的符号链接文件 edits1 |
| ln -s mydoc/FAQ/　FAQ | 对指定的目录 mydoc/FAQ/创建符号链接文件 FAQ |
| find . -name 'my*' | 从当前目录下开始查找以 my 开头的文件 |
| find /home -user "osmond" | 从/home 目录下开始查找用户属主为 osmond 的文件 |
| find . -type d -exec chmod 755 {} \; | 将当前目录及其子目录下所有目录的权限改为 755（目录属主可读可写可进入，同组人和其他人可读可进入） |
| find . -type f -exec chmod 644 {} \; | 将当前目录及其子目录下所有文件的权限改为 644（文件属主可读可写可执行，同组人和其他人可读可执行） |

提示

GNU/Linux 的文件有如下 3 种类型的时间戳。

- mtime：最后修改时间（ls　-lt）。
- ctime：状态改变时间（ls　-lc）。
- atime：最后访问时间（ls　-lu）。

说明：

（1）ctime 并非文件创建时间。

（2）覆盖一个文件会改变所有 3 类时间：mtime、ctime 和 atime。

（3）改变文件的访问权限或拥有者会改变文件的 ctime 和 atime。

（4）读文件会改变文件的 atime。

### 2.2.2　文本文件操作命令

#### 1．常用的文本文件操作命令

表 2-11 中列出了一些常用的文本文件操作命令。

表 2-11　常用的文本文件操作命令

| 命　令 | 功　能 | 命　令 | 功　能 |
|---|---|---|---|
| cat、tac | 显示文本文件内容 | diff | 显示两个文本文件的差异 |
| more、less | 分页显示文本文件内容 | expand | 将文件中的制表符转换为空格 |
| head、tail | 显示文本文件的前若干行或后若干行 | unexpand | 将文件中的空格转换为制表符 |
| cut | 纵向切割出文本指定的部分 | dos2unix | 将 DOS 格式的文本转换成 UNIX 格式 |
| paste | 纵向合并多个文本 | unix2dos | 将 UNIX 格式的文本转换成 DOS 格式 |
| grep | 按关键字抽取匹配的行 | iconv | 将文本从一种编码转换成另一种编码 |
| wc | 文本数据统计 | tr | 转换字符 |
| sort | 以行为单位对文本文件排序 | sed | 流编辑器，通常用于非交互式的字符串替换 |
| uniq | 删除文本文件中连续重复的行 | awk | awk 是一种用于处理文本的编程语言工具，通常用于处理有格式的文本 |

#### 2．正则表达式

在许多文本处理工具（如 grep、sed、awk、vi 等）中都可以使用正则表达式。正则表达式是使用某种模式（Pattern）来匹配（Matching）一类字符串的一个公式。通常使用正则表达式进行查找、替换等操作。虽然复杂的正则表达式对于初学者来说晦涩难懂，但对于 Linux 使用者来说，学会使用正则表达式是非常必要的。在适当的情况下使用正则表达式可以极大地提高工作效率。POSIX 风格的正则表达式有两种：基本的正则表达式（Basic Regular Expression，BRE）和扩展的正则表达式（Extended Regular Expression，ERE）。

正则表达式由一些普通字符和一些元字符（Metacharacters）组成。普通字符包括大小写的字母、数字（即所有非元字符），而元字符则具有特殊的含义。表 2-12 和表 2-13 中列出了 POSIX RE 的元字符及其含义。

**表 2-12　POSIX RE 用于方括号之外的元字符**

| 特殊字符 | 含　义 | 类　型 | 举　例 | 说　明 |
|---|---|---|---|---|
| ^ | 匹配首字符 | BRE | ^x | 以字符 x 开始的字符串 |
| $ | 匹配尾字符 | BRE | x$ | 以字符 x 结尾的字符串 |
| . | 匹配任意一个字符 | BRE | l..e | love，life，live，… |
| ? | 匹配任意一个可选字符 | ERE | xy? | x，xy |
| * | 匹配零次或多次重复 | BRE | xy* | x，xy，xyy，xyyy，… |
| + | 匹配一次或多次重复 | ERE | xy+ | xy，xyy，xyyy，… |
| [⋯] | 匹配任意一个字符 | BRE | [xyz] | x，y，z |
| ( ) | 对正则表达式分组 | ERE | (xy)+ | xy，xyxy，xyxyxy，… |
| \{*n*\} | 匹配 *n* 次 | BRE | co\{2\}gle | coogle |
| \{*n*,\} | 匹配最少 *n* 次 | BRE | co\{2,\}gle | coogle，cooogle，coooogle，… |
| \{*n*,*m*\} | 匹配 *n*～*m* 次 | BRE | co\{2,4\}gle | coogle，cooogle，coooogle |
| {*n*} | 匹配 *n* 次 | ERE | co{2}gle | coogle |
| {*n*,} | 匹配最少 *n* 次 | ERE | co{2,}gle | coogle，cooogle，coooogle，… |
| {*n*,*m*} | 匹配 *n*～*m* 次 | ERE | co{2,4}gle | coogle，cooogle，coooogle |
| \| | 以或逻辑连接多个匹配 | ERE | good\|bon | 匹配 good 或 bon |
| \ | 转义字符 | BRE | * | * |

**表 2-13　POSIX RE 用于方括号之内的元字符**

| 特殊字符 | 含　义 | 类型 | 举例 | 说　明 |
|---|---|---|---|---|
| ^ | 非（仅用于起始字符） | BRE | [^xyz] | 匹配 xyz 之外的任意一个字符 |
| - | 用于指明字符范围（不能是首字符和尾字符） | BRE | [a-zA-Z] | 匹配任意一个字母 |
| \ | 转义字符 | BRE | [\.] | . |

### 3. 常用的文本文件操作命令举例

表 2-14 中列出了一些常用的文本文件操作命令的使用举例。

**表 2-14　常用的文本文件操作命令使用举例**

| 命　令 | 说　明 |
|---|---|
| cat /etc/passwd | 滚屏显示文件/etc/passwd 的内容 |
| cat -n /etc/passwd | 滚屏显示文件/etc/passwd 的内容并显示行号（等同于 nl /etc/passwd） |
| more /etc/passwd | 分屏显示文件/etc/passwd 的内容（注意〈Space〉键、〈Enter〉键和 q 的使用） |
| more +10 /etc/passwd | 从第 10 行起分屏显示文件/etc/passwd 的内容 |
| less /etc/passwd | 分屏显示文件/etc/passwd 的内容（注意〈Space〉键、〈Enter〉键、〈PgDn〉键、〈PgUp〉键和 q 的使用） |
| head -4 /etc/passwd | 显示文件/etc/passwd 前 4 行的内容 |

（续）

| 命　令 | 说　明 |
|---|---|
| tail -4 /etc/passwd | 显示文件/etc/passwd 后 4 行的内容 |
| tail -n +10 /etc/passwd | 显示文件/etc/passwd 从 10 行开始到文件尾的内容 |
| tail -f /var/log/messages | 跟踪显示不断增长的文件结尾内容（通常用于显示日志文件） |
| cut -f1,3-5 -d: /etc/passwd | 以冒号作为间隔符显示/etc/passwd 的第 1、3、4、5 列 |
| paste mytxt.en mytxt.cn | 纵向合并文件 mytxt.en 和 mytxt.cn |
| wc myalllist | 统计指定文本文件的行数、字数、字符数 |
| wc -l myalllist | 统计指定文本文件的行数 |
| tr 'A-Z' 'a-z' mytxt | 将 mytxt 文件中的所有大写字母转换为小写字母显示在屏幕上 |
| sort mytxt | 以行为单位对文本文件 mytxt 排序（以 ASCII 码顺序） |
| sort -u mytxt | 以行为单位对文本文件 mytxt 排序（对相同的行只输出一行） |
| sort -r mytxt | 以行为单位对文本文件 mytxt 排序（以 ASCII 码逆序） |
| sort -n mytxt | 以行为单位对文本文件 mytxt 排序（根据字符串的数值进行排序） |
| grep my mytxt | 在文件 mytxt 中查找字符串 my |
| grep -i my mylist myalllist | 在多个指定的文件中查找字符串 my（忽略大小写） |
| grep -v "^#" /etc/grub.conf | 显示文件/etc/grub.conf 除了以#开始行 |
| grep -l root /etc/* | 列出/etc 目录下所有的内容包含字符串 root 的文件名 |
| grep -lr root /etc/* | 列出/etc 目录包括子目录下所有的内容包含字符串 root 的文件名 |
| diff　httpd.conf httpd.conf.bak | 比较文件 httpd.conf 和 httpd.conf.bak 的差异 |
| dos2unix -k *.txt | 将当前目录下所有后缀为 txt 的文件转换为 UNIX 格式（不改变时间戳） |
| dos2unix -k -n dosfile linuxfile | 将 DOS 格式的 dosfile 文本文件转化成 UNIX 格式的 linuxfile |
| iconv -f GB2312 -t UTF-8 -o outputfile inputfile | 将编码为 GB2312 的 inputfile 文件转化为 UTF-8 编码的 outputfile |
| sed 's/Windows/Linux/g'　myfile | 将 myfile 中的所有 Windows 替换成 Linux |
| sed 's/cc*/c/g' myfile | 将 myfile 中所有连续出现的 c 都压缩成单个的 c |
| sed 's/^[ \t]*//' myfile | 删除 myfile 中每一行前导的连续“空白字符”（空格、制表符） |
| sed 's/ *$//' myfile | 删除 myfile 中每行结尾的所有空格 |
| sed 's/^/> /' myfile | 在每一行开头加上一个尖括号和空格（引用信息） |
| sed 's/^> //' myfile | 将每一行开头处的尖括号和空格删除（解除引用） |
| sed 's/.*\///' myfile | 删除路径前缀 |
| sed '/^$/d' myfile | 删除所有空白行 |
| awk -F\: '{print $1,$5}' /etc/passwd | 以分号为间隔符，列出/etc/passwd 的第 1 列和第 5 列 |

注意　上述例子中的 sed 命令仅将处理结果显示在屏幕上而未修改原始文件的内容。若希望修改原始文件的内容，可在 sed 命令后使用 -i 参数。

## 2.2.3　打包和压缩命令

### 1．常用的打包（归档）和压缩命令

用户经常需要把一组文件存储成一个文件以便备份或传输到另一个目录甚至另一台计算机。有时还需要把文件压缩成一个文件，使得其占用少量的磁盘空间并能更快地通过互联网传输。表 2-15 中列出了一些常用的打包和压缩命令。

表 2-15　常用的与打包和压缩相关命令

| 命　令 | 功　能 | 命　令 | 功　能 |
|---|---|---|---|
| gzip | 压缩（解压）文件或目录，压缩文件后缀为 gz | zcat/zmore/zless<br>zgrep | 不解压直接显示 .gz 文件的内容<br>不解压直接在.gz 文件中查找指定的字符串 |
| bzip2 | 压缩（解压）文件或目录，压缩文件后缀为 bz2 | bzcat/bzmore/bzless<br>bzgrep | 不解压直接显示 .bz2 文件的内容<br>不解压直接在. bz2 文件中查找指定的字符串 |
| xz | 压缩（解压）文件或目录，压缩文件后缀为 xz | xzcat/xzmore/xzless<br>xzgrep | 不解压直接显示 .xz 文件的内容<br>不解压直接在.xz 文件中查找指定的字符串 |
| tar | 文件、目录打（解）包 | | |

提示

正确使用 zcat/zmore/zless/zgrep、bzcat/bzmore/bzless/bzgrep、xzcat/xzmore/xzless/xzgrep 命令的前提是压缩前的文件是纯文本文件。

**2. 常用的打包和压缩命令操作举例**

表 2-16 中列出了一些常用的压缩命令操作举例。

表 2-16　常用的压缩命令操作举例

| 命　令 | 说　明 |
|---|---|
| gzip myfile | 压缩 myfile 文件生成 myfile.gz 并删除原始文件 myfile |
| gzip -l myfile.gz | 显示压缩文件 myfile.gz 的压缩信息 |
| zless myfile.gz | 若 myfile 是文本文件，直接显示 myfile.gz 的内容 |
| zgrep STRING myfile.gz | 在文件 myfile.gz 中查找包含 STRING 的行 |
| gzip -d myfile.gz | 解压缩 myfile.gz 文件为 myfile 并删除压缩文件 myfile.gz |
| bzip2 myfile | 压缩 myfile 文件生成 myfile.bz2 并删除原始文件 myfile |
| bzip2 -k myfile | 压缩 myfile 文件生成 myfile.bz2 并保留原始文件 myfile |
| bzless myfile.bz2 | 若 myfile 是文本文件，直接显示 myfile.bz2 的内容 |
| bzgrep STRING myfile.bz2 | 在文件 myfile.bz2 中查找包含 STRING 的行 |
| bzip2 -d myfile.bz2 | 解压缩 myfile.bz2 文件为 myfile 并删除压缩文件 myfile.bz2 |
| bzip2 -dk myfile.bz2 | 解压缩 myfile.bz2 文件为 myfile 并保留压缩文件 myfile .bz2 |
| xz myfile | 压缩 myfile 文件生成 myfile.xz 并删除原始文件 myfile |
| xz -k myfile | 压缩 myfile 文件生成 myfile.xz 并保留原始文件 myfile |
| xz -l myfile.xz | 显示压缩文件 myfile.xz 的压缩信息 |
| xzless myfile.xz | 若 myfile 是文本文件，直接显示 myfile.xz 的内容 |
| xzgrep STRING myfile.xz | 在文件 myfile.xz 中查找包含 STRING 的行 |
| xz -d myfile.xz | 解压缩 myfile.xz 文件为 myfile 并删除压缩文件 myfile.xz |
| xz -dk myfile.xz | 解压缩 myfile.xz 文件为 myfile 并保留压缩文件 myfile.xz |

在 Linux 环境下，通常使用 GNU 的 tar 命令调用各个压缩软件实现打包后压缩和解压缩。表 2-17 中列出了 tar 命令和压缩命令的操作举例。

表 2-17　tar 打包与压缩命令操作举例

| 命　令 | 说　明 |
|---|---|
| tar -cvf myball.tar mydir | 将 mydir 目录打包为 myball.tar 文件 |
| tar -tf myball.tar | 查看 myball.tar 包中的内容 |
| tar -xvf myball.tar | 将 myball.tar 在当前目录下解包 |

（续）

| 命　令 | 说　明 |
|---|---|
| tar -zcvf myball.tar.gz mydir | 将 mydir 目录打包后压缩（调用 gzip 压缩工具） |
| tar -ztf myball.tar.gz | 查看 myball.tar.gz 包中的内容 |
| tar -zxvf myball.tar.gz | 解压缩（调用 gzip 压缩工具） |
| tar -jcvf myball.tar.bz2 mydir | 将 mydir 目录打包后压缩（调用 bzip2 压缩工具） |
| tar -jtf myball.tar.bz2 | 查看 myball.tar.bz2 包中的内容 |
| tar -jxvf myball.tar.bz2 | 解压缩（调用 bzip2 压缩工具） |
| tar -Jcvf myball.tar.xz mydir | 将 mydir 目录打包后压缩（调用 xz 压缩工具） |
| tar -Jtf myball.tar.xz | 查看 myball.tar.xz 包中的内容 |
| tar -Jxvf myball.tar.xz | 解压缩（调用 xz 压缩工具） |

## 2.2.4 信息显示命令

### 1. 常用的信息显示命令

表 2-18 中列出了一些常用的信息显示命令。

**表 2-18　常用的信息显示命令**

| 命　令 | 功　能 | 命　令 | 功　能 |
|---|---|---|---|
| stat | 显示指定文件的相关信息 | ps | 显示进程 |
| file | 显示指定文件的类型 | pstree | 显示进程树 |
| whereis | 查找系统文件所在路径 | top | 显示当前系统中耗费资源最多的进程 |
| locale | 显示当前的语言环境 | uptime | 显示系统运行时间、用户数、平均负载 |
| locate | 在 updatedb 库中查找文件名 | free | 显示当前内存和交换空间的使用情况 |
| find | 在文件系统中查找匹配的文件 | du | 显示指定的文件或目录已占用的磁盘空间 |
| who | 显示在线的登录用户 | df | 显示文件系统磁盘空间的使用情况 |
| whoami | 显示用户自己的身份 | ifconfig | 显示网络接口信息 |
| tty | 显示用户当前使用的终端 | route | 显示系统路由表 |
| id | 显示当前用户的 ID 信息 | netstat | 显示网络状态信息 |
| groups | 显示当前用户属于哪些组 | date | 显示当前日期 |
| env | 显示当前用户可用的环境变量 | cal | 显示日历 |

### 2. 常用的信息显示命令操作举例

表 2-19 中列出了一些常用的信息显示命令的操作举例。大多数的信息显示命令无须使用任何参数，表 2-19 中仅举例说明需要带参数的命令。

**表 2-19　常用的信息显示命令操作举例**

| 命　令 | 说　明 |
|---|---|
| whereis ls | 查找程序 ls 的位置 |
| file /etc/passwd /bin/bash /dev/console | 显示指定文件的类型 |
| stat　/etc/passwd | 显示文件/etc/passwd 的相关属性信息 |
| ps aux | 查看所有进程（ps -ef） |
| du　-sh | 显示当前目录总的使用量（不显示目录中每个文件的使用量） |
| date　+%F_%H-%M | 以特定格式显示日期时间（2015-04-01_20-50） |

（续）

| 命　令 | 说　明 |
| --- | --- |
| TZ=Europe/Paris date | 显示巴黎的当前时间 |
| date -d "@2147483647" | 将 UNIX 纪元时间（从 1970 年 1 月 1 日开始的秒数）转换为 date 命令默认的输出格式 |
| cal 2015 | 显示 2015 年的日历 |
| cal 9 1752 | 显示 1752 年 9 月的日历（新历换旧历，有 11 天被去除） |
| ifconfig eth0 | 显示网络接口 eth0 的信息 |
| netstat -luntp | 查看所有监听端口 |
| netstat -antp | 查看所有已经建立的连接 |
| netstat -s | 查看网络统计信息 |
| netstat -nr | 显示内核路由表信息（route -n） |
| cut -d: -f1 /etc/passwd | 查看系统所有用户（awk -F: '{print $1}' /etc/passwd） |
| cut -d: -f1 /etc/group | 查看系统所有组（awk -F: '{print $1}' /etc/group） |

### 2.2.5　文本编辑器 vi

**1．vi 的简介**

vi 是 visual interface 的简称，可以执行输出、删除、查找、替换、块操作等众多文本操作，而且用户可以根据自己的需要对其进行定制，这是其他编辑程序所没有的功能。

vi 不是一个排版程序，不像 MS Word 或 WPS 那样可以对字体、格式、段落等其他属性进行编排，它只是一个文本编辑程序。

**2．进入 vi**

表 2-20 中列出了进入 vi 文本编辑器的方式及说明。

**表 2-20　进入 vi 文本编辑器的方式及说明**

| 方　式 | 说　明 |
| --- | --- |
| vi | 进入 vi 的默认模式 |
| vi filename | 打开新建文件 filename，并将光标置于第一行首 |
| vi +n filename | 打开文件 filename，并将光标置于第 n 行首 |
| vi + filename | 打开文件 filename，并将光标置于最后一行首 |
| vi +/pattern filename | 打开文件 filename，并将光标置于第一个与 pattern 匹配的串处 |
| vi -r filename | 打开上次用 vi 编辑时发生系统崩溃的文件 filename，并恢复它 |

**3．vi 的 3 种运行模式**

vi 有 3 种基本工作模式：普通（Normal）模式、插入（Insert）模式和命令行（Command-line 或 Cmdline）模式，如图 2-3 所示。

进入 vi 之后，首先进入的就是普通模式。进入普通模式后 vi 等待编辑命令输入而不是文本输入，也就是说这时输入的字母都将作为命令来解释。在普通（Normal）模式里，可以输入所有的普通编辑命令。普通模式亦称为命令（Command）模式。

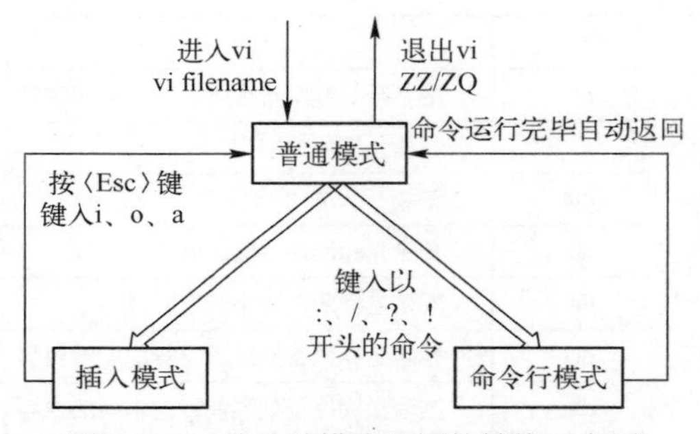


图 2-3　vi 的 3 种模式之间的转换示意图

进入普通模式后光标停在屏幕第一行首位上（用_表示），其余各行的行首均有一个“~”符号，表示该行为空行。最后一行是状态行，显示出当前正在编辑的文件名及其状态。如果是［New File］，则表示该文件是一个新建的文件。如果输入 vi 之后带有文件名参数，文件已在系统中存在，则在屏幕上显示出该文件的内容，并且光标停在第一行的首位，在状态行显示出该文件的文件名、行数和字符数。

在普通模式下输入插入命令 i、附加命令 a、打开命令 o、修改命令 c、取代命令 r 或替换命令 s 都可以进入插入模式。在插入模式下，用户输入的任何字符都被 vi 当作文件内容保存起来，并将其显示在屏幕上。在文本输入过程中，若想回到命令行模式下，按〈Esc〉键即可。

在普通模式下，执行 ex 命令使用“:”，查找使用“?”和“/”，调用 Shell 命令使用“!”。多数文件管理命令都是在此模式下执行的。末行命令执行完后，vi 自动回到普通模式。

若在命令行模式下输入命令过程中改变了主意，可用〈Backspace〉键将输入的命令全部删除，之后再按〈Backspace〉键，即可使 vi 回到普通模式。关于这 3 个模式的转换如图 2-3 所示。

**4. 普通模式下的操作**

表 2-21 至表 2-27 列出了普通模式下的几类命令。

表 2-21　普通模式下进入插入模式

| 命　令 | 说　明 |
|---|---|
| i | 从光标所在位置前开始插入文本 |
| I | 将光标移到当前行的行首，然后在其前插入文本 |
| a | 用于在光标当前所在位置之后追加新文本 |
| A | 将光标挪到所在行的行尾，从那里开始插入新文本 |
| o | 将在光标所在行的下面新插入一行，并将光标置于该行的行首，等待输入文本 |
| O | 在光标所在行的上面插入一行，并将光标置于该行的行首，等待输入文本 |

表 2-22　普通模式下的光标定位

| 命　令 | 说　明 | 命　令 | 说　明 |
|---|---|---|---|
| G | 将光标移至最后一行行首 | $ | 移动到光标所在行的行尾 |
| *n*G | 光标移至第 *n* 行首 | ^ | 移动到光标所在行的第一个字符（非空格） |
| *n*+ | 光标下移 *n* 行 | h，j，k，l | 分别用于光标左移、下移、上移、右移一个字符 |
| *n*- | 光标上移 *n* 行 | H | 将光标移至当前屏幕首行的行首（即左上角） |
| *n*$ | 光标移至第 *n* 行尾 | M | 将光标移至屏幕显示文件的中间行的行首 |
| 0 | 移动到光标所在行的行首 | L | 将光标移至当前屏幕的最底行的行首 |

表 2-23　普通模式下的替换和删除

| 命　令 | 说　明 | 命　令 | 说　明 |
|---|---|---|---|
| r*c* | 用字符 *c* 替换光标所指向的当前字符 | *n*r*c* | 用字符 *c* 替换光标所指向的前 *n* 个字符 |
| x | 删除光标处的字符 | *n*x | 删除从光标位置开始向右的 *n* 个字符 |
| dw | 删除一个单词 | *n*dw | 删除 *n* 个指定的单词 |
| db | 删除光标所在位置之前的一个词 | *n*db | 删除光标所在位置之前的 *n* 个词 |
| dd | 删除光标所在的整行 | *n*dd | 删除当前行及其后 *n*-1 行的内容 |
| dG | 删除光标位置到最后一行的所有内容 | d1G | 删除光标所在位置到第一行的所有内容 |
| d$ | 删除光标位置到当前行的末尾的内容 | d0 | 删除光标位置到当前行的开始的内容 |

表 2-24　普通模式下的复制和粘贴

| 命　令 | 说　明 |
| --- | --- |
| yy | 将当前行的内容复制到缓冲区 |
| *n*yy | 将当前开始的 *n* 行内容复制到缓冲区 |
| yG | 将当前光标位置到最后一行的所有内容复制到缓冲区 |
| y1G | 将当前光标位置到第一行的所有内容复制到缓冲区 |
| y$ | 将当前光标位置到当前行末尾的内容复制到缓冲区 |
| y0 | 将当前光标位置到当前行开始的内容复制到缓冲区 |
| p | 将缓冲区的内容写出到光标所在的位置 |

表 2-25　普通模式下的字符串搜索

| 命　令 | 说　明 | 命　令 | 说　明 |
| --- | --- | --- | --- |
| /str | 向右移动到有 str 的地方 | n | 向相同的方向移动到有 str 的地方 |
| ?str | 向左移动到有 str 的地方 | N | 向相反的方向移动到有 str 的地方 |

表 2-26　普通模式下的撤销和重复

| 命　令 | 说　明 |
| --- | --- |
| u | 取消前一次的误操作或不合适的操作对文件造成的影响，使之恢复到这种误操作或不合适操作被执行之前的状态 |
| . | 再执行一次前面刚完成的某个命令 |

表 2-27　在普通模式下退出 vi

| 命　令 | 说　明 | 命　令 | 说　明 |
| --- | --- | --- | --- |
| ZZ | 存盘退出 | ZQ | 不保存退出 |

### 5. 命令模式下的操作

表 2-28 至表 2-34 列出了在命令模式下的常用命令。

表 2-28　在命令模式下跳行

| 命　令 | 说　明 |
| --- | --- |
| :*n* | 直接输入要移动到的行号即可实现跳行 |

表 2-29　在命令模式下搜索和替换字符串

| 命　令 | 说　明 |
| --- | --- |
| :/str/ | 从当前光标开始往右移动到有 str 的地方 |
| :?str? | 从当前光标开始往左移动到有 str 的地方 |
| :/str/w file | 将包含有 str 的行写到文件 file 中 |
| :/str1/,/str2/w file | 将从 str1 开始到 str2 结束的内容写入 file 文件中 |
| :s/str1/str2/ | 将找到的第 1 个 str1 替换为 str2 |
| :s/str1/str2/g | 将找到的所有 str1 替换为 str2 |
| :n1,n2s/str1/str2/g | 将从 n1 行到 n2 行找到的所有的 str1 替换为 str2 |
| :1,.s/str1/str2/g | 将从第 1 行到当前位置的所有的 str1 替换为 str2 |
| :.,$s/str1/str2/g | 将从当前位置到结尾的所有的 str1 替换为 str2 |
| :1,$s/str1/str2/gc | 将从第 1 行到最后一行的所有的 str1 替换为 str2，并在替换前询问 |

表 2-30　在命令模式下复制、移动和删除文件行（块）

| 命　　令 | 说　　明 |
| --- | --- |
| :n1,n2 co n3 | 将从 n1 开始到 n2 为止的所有内容复制到 n3 后面 |
| :n1,n2 m n3 | 将从 n1 开始到 n2 为止的所有内容移动到 n3 后面 |
| :d | 删除当前行 |
| :*n*d | 删除从当前行开始的 *n* 行 |
| :n1,n2 d | 删除从 n1 开始到 n2 为止的所有内容 |
| :.,$d | 删除从当前行到结尾的所有内容 |
| :/str1/,/str2/d | 删除从 str1 开始到 str2 为止的所有内容 |

表 2-31　在命令模式下的文件相关命令

| 命　　令 | 说　　明 |
| --- | --- |
| :w | 将当前编辑的内容存盘 |
| :w file | 将当前编辑的内容写到 file 文件中 |
| :n1,n2w file | 将从 n1 开始到 n2 结束的行写到 file 文件中 |
| :*n*w file | 将第 *n* 行写到 file 文件中 |
| :1,.w file | 将从第 1 行起到光标当前位置的所有内容写到 file 文件中 |
| :.,$w file | 将从光标当前位置起到文件结尾的所有内容写到 file 文件中 |
| :r file | 打开另一个文件 file |
| :e file | 新建 file 文件 |
| :f file | 把当前文件改名为 file 文件 |

表 2-32　在命令模式下执行 Shell 命令

| 命　　令 | 说　　明 |
| --- | --- |
| :!Cmd | 运行 Shell 命令 Cmd |
| :n1,n2 w ! Cmd | 将 n1 到 n2 行的内容作为 Cmd 命令的输入，如果不指定 n1 和 n2，则将整个文件的内容作为命令 Cmd 的输入 |
| :r ! Cmd | 将命令运行的结果写入当前行位置 |

表 2-33　在命令模式下设置 vi 环境

| 命　　令 | 说　　明 |
| --- | --- |
| :set autoindent | 缩进每一行，使之与前一行相同。常用于程序的编写 |
| :set noautoindent | 取消缩进 |
| :set number | 在编辑文件时显示行号 |
| :set nonumber | 不显示行号 |
| :set ruler | 在屏幕底部显示光标所在的行、列位置 |
| :set noruler | 不显示光标所在的行、列位置 |
| :set tabstop=value | 设置显示制表符的空格字符个数 |
| :set wrapmargin=value | 设置显示器的右页边。当输入进入所设置的页边时，编辑器自动回车换行 |
| :set | 显示设置的所有选项 |
| :set all | 显示所有可以设置的选项 |

表 2-34　在命令模式下退出 vi

| 命　　令 | 说　　明 |
| --- | --- |
| :q | 退出 vi |
| :wq | 保存退出 vi |
| :q! | 不保存退出 vi |

# 2.3　使用 Shell

## 2.3.1　Shell 变量和 Shell 环境

**1．Shell 变量的分类**

Shell 变量大致可以分为以下 3 类。

- 内部变量：由系统提供，用户只能使用，不能修改。
- 环境变量：这些变量决定了用户工作的环境，不需要用户定义，可以直接在 Shell 中使用，其中某些变量用户可以修改。
- 用户变量：由用户建立和修改，也称用户自定义变量。在 Shell 脚本编写中会经常用到。

**2．Shell 变量的定义和输出**

Shell 支持具有字符串值的变量。Shell 变量不需要专门的定义和初始化语句。一个没有初始化的 Shell 变量被认为是空字符串。通常通过赋值语句完成变量说明并予以赋值，并且可以给一个变量多次赋值以改变其值。

在 Shell 中，变量的赋值使用如下语法格式。

```
name=string
```

其中：

- name 是变量名，变量名是以字母或下画线开头的字母、数字和下画线字符序列。用户自定义变量按照惯例使用小写字母命名。
- “=”是赋值符号。两边不能有空格，否则 Shell 将视为命令。
- string 是被赋予的变量值。若 string 中包含空格、制表符和换行符，则 string 必须用'string'或"string"的形式，即用单（双）引号将其括起来。双引号内允许变量替换，而单引号则不可以。

通过在变量名（name）前加$字符，即用$name 的形式引用变量的值，引用的结果就是用字符串 string 代替$name。此过程也称为变量替换。在字符串连接过程中为了界定变量名、避免混淆，变量替换也可以使用${name}的形式。

变量输出可使用 Shell 的内置命令 echo（常用）或 printf（用于格式化输出，类似 C 语言的 printf()）。

下面给出一个定义和使用 Shell 变量的例子。

**操作步骤 2.1**　定义和使用 Shell 变量举例

```
// 显示字符串常量
$ echo I love you
I love you
$ echo 'I love you'
I love you
$ echo "I love you"
I love you
$
// 由于要输出的字符串中没有特殊字符（Shell 的保留字），所以""和''的效果一致
// 不用""，相当于使用""
$ echo Je t'aime
>
```

```
// 由于要输出的字符串中有特殊字符（'）
// 由于'不匹配，Shell 认为命令行没有结束，按〈Enter〉键后出现系统第二个提示符
// 让用户继续输入命令行。按〈Ctrl+C〉键结束
$
// 为了解决这个问题，可以使用下面的两种方法
$ echo "Je t'aime"
Je t'aime
//或
$ echo Je t\'aime
Je t'aime
$
//定义变量
$ v1=CentOS
$ echo $v1
CentOS
// 中间有空格，用'括起来
$ v2='CentOS 7'
$ echo $v2
CentOS 7
// 要置换 HOSTTYPE 环境变量的值使用""括起来
$ v3="CentOS 7 $HOSTTYPE"
$ echo $v3
// $HOSTTYPE 在双引号内，置换了其值
CentOS 7 x86_64
// 同样地，单、双引号规则在字符串连接时也适用
$ echo I love $v1.
I love CentOS.
$ echo "I love $v1."
I love CentOS.
$ echo 'I love $v1.'
// 单引号中的内容被原样输出
I love $v1.
$ echo "I love \$v1."
// 在双引号中使用转义字符\，转义字符将其后的字符还原为字面本身
I love $v1.
$ echo "I love \$$v1."
I love $CentOS.
// 可以使用 unset 命令取消 Shell 变量的声明
$ unset v1
$ echo $v1

$
```

### 3. Shell 变量的作用域

Shell 变量有其规定的作用范围。Shell 变量分为局部变量和全局变量。所有自定义变量默认都是局部变量；环境变量则是全局变量。

- 局部变量的作用范围仅限制在其命令行所在的 Shell 或当前 Shell 脚本执行过程中。
- 全局变量的作用范围则包括定义该变量的 Shell 及其所有子 Shell。

可以使用 export 内置命令将局部变量设置为全局变量。export 的常用格式为：

```
# 将指定的一个或多个局部变量设置为全局变量
```

```
export <变量名 1> [<变量名 2> ...]
# 将指定的一个或多个全局变量设置为局部变量
export -n <变量名 1> [<变量名 2> ...]
# 直接对一个或多个全局变量赋值
export <变量名 1=值 1>  [<变量名 2=值 2> ...]
```

下面给出一个 Shell 变量作用域的例子。

**操作步骤 2.2**　Shell 变量作用域举例

```
// 1-为 var1 赋值
$ var1=UNIX
// 1-为 var2 赋值
$ var2=Linux
// 1-将变量 var2 的作用范围设置为全局
$ export var2
// 1-直接为全局变量 var3、var4 赋值
$ export var3=centos var4=ubuntu
// 1-在当前 Shell 中显示 4 个变量的值
$ echo $var1 $var2 $var3 $var4
UNIX Linux centos ubuntu
// 1-进入子 Shell
$ bash
// 2-显示 var1 的值
// 2-由于 var1 在上一级 Shell 中没有被声明为全局，所以在子 Shell 里没有值
$ echo $var1

// 2-显示 var2、var3、var4 的值
// 2-由于这 3 个变量在上一级 Shell 中被声明为全局变量，所以在子 Shell 里仍有值
$ echo $var2 $var3 $var4
Linux centos ubuntu
// 2-在当前 Shell 中将 var2 设置为局部变量
$ export -n var2
// 2-在当前 Shell 中 var2 仍有值
$ echo $var2
Linux
// 2-进入孙子 Shell
$ bash
// 3-由于 var2 在当前 Shell 的父 Shell 中已经设置为局部变量，所以在孙子 Shell 里没有值
// 3-当然，var1 在当前 Shell 的祖父 Shell 中就是局部变量，所以在当前 Shell 里没有值
$ echo $var1 $var2

// 3-由于 var3 和 var4 在当前 Shell 的祖父 Shell 中设置为全局变量
// 3-在当前 Shell 的父 Shell 中又没有变更，所以在当前 Shell 里仍有值
$ echo $var3 $var4
centos ubuntu
// 3-返回父 Shell
$ exit
// 2-显示当前 Shell 中变量的值
```

```
$ echo $var2 $var3 $var4
Linux centos ubuntu
// 2-修改变量 var3 的值
$ var3=centos7.1
// 2-显示变量 var3 的值
$ echo $var3
Centos7.1
// 2-返回父 Shell
$ exit
// 1-已在父 Shell 中
$ echo $var1 $var2 $var3 $var4
UNIX Linux centos ubuntu
$
```

重点

（1）在当前 Shell 中要想使用父 Shell 中的变量，至少要在当前 Shell 的父 Shell 中设置为全局变量。

（2）变量在子 Shell 中值的修改不会传回父 Shell。

**4．Shell 环境变量**

环境变量定义 Shell 的运行环境，保证 Shell 命令的正确执行。Shell 用环境变量来确定查找路径、注册目录、终端类型、终端名称、用户名等。所有环境变量都是全局变量（即可以传递给子 Shell），并可以由用户重新设置。表 2-35 列出了一些系统中常用的环境变量。

**表 2-35　Shell 中常用的环境变量**

| 环境变量名 | 说　明 | 环境变量名 | 说　明 |
|---|---|---|---|
| BASH | bash 的完整路径名 | PATH | bash 寻找可执行文件的搜索路径 |
| EDITOR | 应用程序中默认使用的编辑器 | ENV | Linux 查找配置文件的路径 |
| HISTFILE | 用于储存历史命令的文件 | PS1 | 命令行的一级提示符 |
| HISTSIZE | 历史命令列表的大小 | PS2 | 命令行的二级提示符 |
| HOME | 当前用户的用户目录 | PWD | 当前工作目录 |
| OLDPWD | 前一个工作目录 | OLDPWD | 前一个工作目录 |
| USER | 当前用户名 | IFS | 用于分割命令行参数的分隔符 |
| UID | 当前用户的 UID | SECONDS | 当前 Shell 开始后所流逝的秒数 |
| TERM | 当前用户的终端类型 | LANG | 当前用户的主语言环境 |

这些变量都是可写的，用户可以为它们赋任何值。如要使用自己的环境变量，则应该使用前面介绍的 export 命令。

提示

1. 用户还可以使用不带任何参数的 env、printenv 或 export 命令，显示当前定义的所有环境变量。

2. 要取消一个环境变量的声明或赋值，也可以使用 unset 命令。

**5．设置用户工作环境**

用户登录系统时，Shell 为用户自动定义唯一的工作环境，并对该环境进行维护直至用户注销。该环境将定义如身份、工作场所和正在运行的进程等特性。这些特性由指定的环境变量值定义。

Shell 环境与办公环境相似，在办公室中每个人所处环境的物理特性，有些是相同的，如灯光和温度，但又有许多因素是个人特有的，如日常工作和个人工作空间，因此用户自己的工作环境就有别于其他用户的工作环境。正如一个用户的 Shell 环境不同于其他用户的 Shell 环境。

用户工作环境还有登录环境和非登录环境之分。登录环境是指用户登录系统时的工作环境，此时的 Shell 对登录用户而言是主 Shell。非登录环境是指用户在调用子 Shell 时所使用的用户环境。

用户并不需要每次登录后都对各种环境变量进行手工设置，通过环境设置文件，用户的工作环境的设置可以在登录的时候自动由系统来完成。环境设置文件有两种，一种是系统环境设置文件，另一种是个人环境设置文件。

（1）系统中的用户工作环境设置文件（对所有用户均生效）

- 登录环境设置文件：/etc/profile。
- 非登录环境设置文件：/etc/bashrc。

（2）用户设置的环境设置文件（只对用户自身生效）

- 登录环境设置文件：$HOME/.bash_profile。
- 非登录环境设置文件：$HOME/.bashrc。

> 提示
>
> 1. 工作环境设置文件是 Shell 脚本文件。
> 2. 用户可以修改自己的用户环境设置文件，来覆盖在系统环境设置文件中的全局设置。例如：
>
> （1）用户可以将自定义的环境变量存放在$HOME/.bash_profile 中。
>
> （2）用户可以将自定义的别名存放在$HOME/.bashrc 中，以便在每次登录和调用子 Shell 时生效。

### 2.3.2　几种提高工作效率的方法

**1. 自动补全命令行**

为了减少键盘输入次数，bash 提供了命令行自动补全功能，随时按下〈Tab〉键，bash 就能判断出用户所要自动补全的对象。可以自动补全的对象有：

- 命令名（包括命令别名、Shell 函数名）。
- Shell 变量（bash 将以$开头的补全对象视为 Shell 变量）。
- 用户名（bash 将以~开头的补全对象视为用户名，并解析为用户的家目录）。
- 主机名（bash 将以@开头的补全对象视为主机名，并从/etc/hosts 中查找补全对象）。

下面给出一些命令行补全的例子。

**操作步骤 2.3**　命令行补全的例子

```
$ ls<tab><tab>    // 连续输入两个〈Tab〉键，可列出所有以字母 ls 开头的命令
ls         lsblk     lsinitrd  lsof
lsattr   lscpu     lsmod      lspci
$ lsb<tab>        // 再输入一个字母 b ，按〈Tab〉键
$ lsblk           // 由于以 lsb 开头的命令只此一个，此时便补全了命令
NAME                        MAJ:MIN   RM  SIZE RO TYPE MOUNTPOINT
sr0                           11:0     1  398M  0 rom
sda                            8:0     0   20G  0 disk
├─sda1                         8:1     0  500M  0 part /boot
└─sda2                         8:2     0 19.5G  0 part
```

```
    ├─vg_centos-lv_root (dm-0) 253:0   0     17.6G    0 lvm  /
    └─vg_centos-lv_swap (dm-1) 253:1   0     2G       0 lvm  [SWAP]
$ ls -d D*
Desktop  Documents  Downloads
$ ls D<tab><tab>       // 连续输入两个〈Tab〉键，可列出所有以字母 D 开头的文件名
Desktop/   Documents/  Downloads/
$ ls De<tab>           // 再输入一个字母 E，按〈Tab〉键
$ ls Desktop/          // 由于当前目录下以 De 开头的文件只此一个，此时便补全了文件名
Myfile1    Myfile2
$ echo $H<tab><tab>    // 连续输入两个〈Tab〉键，可列出所有以字母 H 开头的变量名
$HISTCMD         $HISTFILE       $HISTSIZE      $HOSTNAME
$HISTCONTROL    $HISTFILESIZE   $HOME          $HOSTTYPE
```

**2. 命令历史**

bash 可以记录一定数目的以前在 Shell 中输入的命令。可以记录历史命令的数目由环境变量 HISTSIZE 的值指定。记录历史命令的文本文件由环境变量 HISTFILE 来指定，默认的记录文件是.bash_history，这是一个隐含文件，位于用户的宿主目录下。

仅将先前的命令存在历史文件里是没有用的，将历史命令记录后，用户如何使用它们呢？有如下几种方式：

- 最简单的方法是用上下方向键、〈PgUp〉键和〈PgDn〉键来查看历史命令。
- 如果需要，可以使用键盘上的编辑功能键对显示在命令行上的命令进行编辑。
- 用 history 命令来显示和编辑历史命令。
- 用 !<命令事件号> 执行已经运行过的命令。
- 用 !<已经使用过的命令前面的部分>执行已经运行过的命令。

下面给出一个使用命令历史操作的例子。

**操作步骤 2.4** 使用命令历史操作的例子

```
// 显示命令历史
# history
（略）
1000  su - osmond
1001  clear
1002  whereis passwd
1003  ll /usr/bin/passwd
1004  ll -d /tmp
1005  clear
1006  history
#
// 执行命令历史中编号为 1003 的命令
# !1003
ll /usr/bin/passwd
-r-s--x--x    1 root     root        16336 Feb 14  2003 /usr/bin/passwd
// 执行最近一次执行的命令
# !!
ll /usr/bin/passwd
-r-s--x--x    1 root     root        16336 Feb 14  2003 /usr/bin/passwd
// 执行命令历史中最近一次以 s 开头的命令
# !s
su - osmond
$
```

### 3. 命令别名

命令别名是 bash 提供的另一个使用户的工作变得轻松的方法。命令别名通常是其他命令的缩写，用来减少键盘输入。同时也允许用户为命令另外取一个自己习惯使用的名字。

可以使用 alias 命令来达到上述目的。命令格式为：

```
alias [alias_name='original_command']
```

其中 alias_name 是用户给命令取的别名，original_command 是原来的命令和参数。不使用任何参数来使用 alias 命令，将显示当前的别名和其对应的原始命令。下面给出几个使用命令别名操作的例子。

**操作步骤 2.5** 使用命令别名操作的例子

```
// 1. 显示当前已定义的别名
# alias
alias cp='cp -i'
alias egrep='egrep --color=auto'
alias fgrep='fgrep --color=auto'
alias grep='grep --color=auto'
alias l.='ls -d .* --color=auto'
alias ll='ls -l --color=auto'
alias ls='ls --color=auto'
alias mv='mv -i'
alias rm='rm -i'
alias which='alias | /usr/bin/which --tty-only --read-alias --show-dot --show-
tilde'
// 2. 定义自己的别名
# alias lh='ls -lh --color=auto'
# alias tailf='tail -f'
# alias nload='nload -u H -U H -t 2000 -i 20480'
# alias ping='ping -c 4'
# alias type=cat
# alias cls='clear'
# alias cd..='cd ..'
// 当用户要取消别名的定义时，使用 unalias 命令
# unalias type
```

注意

1. 在定义别名时，等号两边不允许有空格存在，否则 bash 将不能确定用户的意图。若命令中包含空格或其他的特殊字符串，则必须使用引号。

2. 若系统中有一个命令，同时又定义了一个与之同名的别名（例如，系统中有 ls 命令，且又定义了 ls 的别名），则别名将优先于系统中原有命令的执行。要想临时使用系统中的命令而非别名，应该在命令前添加转义符“\”，例如，\ls 命令将运行系统中原来的 ls 命令而不是 ls 别名，它不区分文件类型和颜色。

3. 如果用户需要别名的定义在每次登录时均有效，应该将其写入用户私有目录下的.bashrc 文件中。

### 2.3.3 进一步使用 Shell

#### 1. 重定向

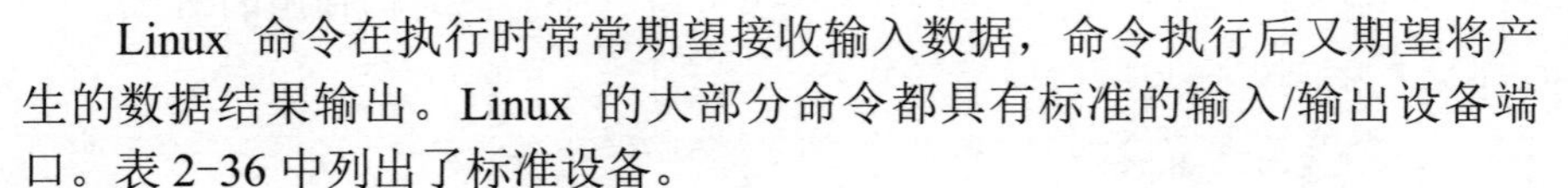
Linux 命令在执行时常常期望接收输入数据，命令执行后又期望将产生的数据结果输出。Linux 的大部分命令都具有标准的输入/输出设备端口。表 2-36 中列出了标准设备。

**表 2-36 标准设备**

| 名 称 | 代 号 | 代表意思 | 设 备 | 说 明 |
|---|---|---|---|---|
| STDIN | 0 | 标准输入 | 键盘 | 命令在执行时所要的输入数据通过它来取得 |
| STDOUT | 1 | 标准输出 | 显示器 | 命令执行后的输出结果从该端口送出 |
| STDERR | 2 | 标准错误 | 显示器 | 命令执行时的错误信息通过该端口送出 |

所谓重定向，就是不使用系统的标准输入端口、标准输出端口或标准错误端口，而进行重新的指定，所以重定向分为输入重定向、输出重定向和错误重定向。通常情况下重定向到一个文件。在 Shell 中，要实现重定向主要依靠重定向符实现，即 Shell 是检查命令行中有无重定向符来决定是否需要实施重定向。表 2-37 中列出了常用的重定向符。

**表 2-37 常用的重定向符**

| 重定向符 | 说 明 |
|---|---|
| < | 实现输入重定向。输入重定向并不经常使用，因为大多数命令都以参数的形式在命令行上指定输入文件的文件名。尽管如此，当使用一个不接受文件名为输入参数的命令，而需要的输入又是在一个已存在的文件里时，就能用输入重定向解决问题 |
| <<!……! | 实现输入重定向的特例，即 Here 文件。两个!可以换成任意字符串，只要一致即可 |
| >或>> | 实现输出重定向。输出重定向比输入重定向更常用。输出重定向使用户能把一个命令的输出重定向到一个文件里，而不是显示在屏幕上。很多情况下都可以使用这种功能。>实现“覆盖式”输出重定向；>>实现“追加式”输出重定向 |
| 2>或 2>> | 实现错误重定向。类似地，2>是“覆盖式”的；2>>是“追加式”的 |
| &> | 同时实现输出重定向和错误重定向 |

下面给出几个使用重定向操作的例子。

**操作步骤 2.6** 使用重定向操作的例子

```
// 快速建立 MP3 播放列表
# find  ~  -name *.mp3 > ~/cd.play.list
// 使用输入重定向显示文件 ~/cd.play.list 的行数
# wc -l < ~/cd.play.list
// 在用户自己的环境配置文件中追加定义 HISTIGNORE 和 HISTCONTROL 环境变量
// 忽略 ls 和 ll 命令的命令历史记录，且不记录首字符为空格的命令
# echo 'export HISTIGNORE="ls:ll"' >> ~/.bash_profile
# echo 'export HISTCONTROL=ignorespace' >> ~/.bash_profile
// 使用 Here 文件在主机表文件后追加记录
# cat >> /etc/hosts <<_END
192.168.0.77   web1
192.168.0.88   db1
192.168.0.99   win1
_END
// 将 ls 命令的错误信息保存在 err_file 文件中（RANDOM 是一个环境变量，其值是一个随机数）
# ls anaconda-ks.cfg $RANDOM 2> err_file
# cat err_file
```

```
// 将 ls 命令的输出和错误信息保存在 output_file 中
# ls anaconda-ks.cfg $RANDOM &> output_file
# cat output_file
// 屏蔽命令 program 的标准输出和错误输出（常用于 Shell 脚本）
# program &> /dev/null
// 因为屏蔽了命令输出，可以通过显示特殊变量 $? 的值来判断上面的命令是否正确执行
// $? 的值为 0 表示执行正确；而非 0 表示执行错误
# echo $?
0
```

**2. 管道**

许多 Linux 命令具有过滤特性，即一条命令通过标准输入端口接收一个文件中的数据，命令执行后产生的结果数据又通过标准输出端口送给后一条命令，作为该命令的输入数据。后一条命令也是通过标准输入端口而接收输入数据。

Shell 提供管道命令“|”将这些命令前后衔接在一起，形成一个管道线，格式为：

```
命令 1 | 命令 2 | …|命令 n
```

管道线中的每一条命令都作为一个单独的进程运行，每一条命令的输出作为下一条命令的输入。由于管道线中的命令总是从左到右顺序执行的，因此管道线是单向的。

管道线的实现创建了 Linux 系统管道文件并进行重定向，但是管道不同于 I/O 重定向，输入重定向导致一个程序的标准输入来自某个文件，输出重定向是将一个程序的标准输出写到一个文件中，而管道是直接将一个程序的标准输出与另一个程序的标准输入相连接，不需要经过任何中间文件。下面给出几个使用管道操作的例子。

**操作步骤 2.7**　使用管道操作的例子

```
// 1. 以长格式递归的方式分屏显示/etc 目录下的文件和目录列表
$ ls -Rl /etc | less
// 2. 只列子目录
$ ls -F | grep /$              # 或 ls -l | grep "^d"
// 3. 将 man 的信息存为纯文本文件
$ man bash | col -b > bash.txt
// 4. 将 myfile 中的字符转化成大写字母并输出到文件 MYFILE
$ cat myfile |tr 'a-z' 'A-Z' > MYFILE
// 5. 查看系统中是否存在名为 osmond 用户账号
$ cat /etc/passwd | grep ^osmond
// 6. 为用户发送一个测试邮件
$ echo "test email" | mail -s "test" user@example.com
// 7. 统计当前目录下磁盘占用最多的 10 个一级子目录
$ du . --max-depth=1 | sort -rn | head -11
// 8. 以降序方式显示使用磁盘空间最多的普通用户的前 10 名
# du -cks /home/*|sort -rn |head -11
// 9. 按内存使用从大到小排列输出进程
# ps -e -o "%C : %p : %z : %a"|sort -k5 -nr
// 10. 按 CPU 使用从大到小排列输出进程
# ps -e -o "%C : %p : %z : %a"|sort -nr
// 11. 查看系统中的某项服务（如 sshd）是否正在监听客户的请求（即服务是否已启动）
# netstat -anp | grep "LISTEN" | grep "sshd"
```

```
// 12. 查看 TCP 连接的各种连接状态的连接数
# netstat -n | awk '/^tcp/ {++S[$NF]} END {for(a in S) print a, S[a]}'
// 13. 从 uptime 的输出过滤出时间和 3 个平均负载字段
# uptime
13:23:16 up 48 days, 14:34,  1 user,  load average: 0.11, 0.17, 0.10
# uptime |awk -F '[ ,]+' '{print $2" - "$11,$12,$13}'
13:22:26 - 0.12 0.16 0.11
// 14. 从ifconfig 命令的输出过滤出 eth0 网络接口当前的 IPv4 地址（4 种方法达到同样的目的）
# ifconfig eth0 | grep 'inet addr' | cut -d':' -f2 | cut -d' ' -f1
# ifconfig eth0 | grep 'inet ' | awk -F '[ :]+' '{print $4}'
# ifconfig eth0 | awk -F\: '/inet / {print $2}' | awk '{print $1}'
# ifconfig eth0 | grep 'inet ' | sed 's/[a-zA-Z:]//g' | awk '{print $1}'
// 15. 从 ip 命令的输出过滤出 eno16777736 网络接口当前的 IPv4 地址
# ip a s eno16777736|grep 'inet '| awk -F '[ /]+' '{print $3}'
// 16. 检查系统是否支持硬件虚拟化
# fmt -3 /proc/cpuinfo|sort -u|egrep "vmx|svm"
```

### 3. 命令替换

Shell 中的命令参数可以由另一个命令执行的结果来替代。使用的格式如下：

```
$ cmd1 `cmd2  arguments`
//或
$ cmd1 $(cmd2  arguments)
```

其中，cmd2　arguments 的输出作为 cmd1 的参数。

注意

cmd2 要放在反引号 "`" 里。请注意反引号 "`" 和单引号 "'" 的区别，它们在功能上并不相同。

下面给出几个使用命令替换的例子。

**操作步骤 2.8**　使用命令替换的例子

```
// 压缩当前目录下的所有不是以 .gz 为后缀的文件
$ gzip `find . \! -name '*.gz' -print`
$ gzip $(find . \! -name '*.gz' -print)
// 在输出命令中，双引号 "" 中的命令替换将被解析
$ echo "You have `ls | wc -l` files in `pwd`"
$ echo "You have $(ls | wc -l) files in $(pwd)"
// 查看包含 date 命令的 RPM 包的信息（命令替换可以嵌套使用，嵌套时只能使用 $() 的形式）
# rpm -qi $(rpm -qf $(which date))
// 生成带有日期和时间的文件名后缀
$ touch backup_$(date +"%Y")
$ touch backup_$(date +"%F")
$ touch backup_$(date +"%F_%H%M")
$ ll
-rw-r--r-- 1 root root 0 12月 21 12:57 backup_2013
-rw-r--r-- 1 root root 0 12月 21 12:57 backup_2013-12-21
-rw-r--r-- 1 root root 0 12月 21 12:58 backup_2013-12-21_1258
```

### 4. 命令组合

除了可以使用管道连接若干命令之外，还可以在一个命令行上使用若干 Shell 的元字符将若干命令组合在一起，表 2-38 中列出了这些命令组合的方法及其说明。

表 2-38 命令组合

| 命令行形式 | 说 明 |
| --- | --- |
| CMD1 ; CMD2 | 顺序执行一组命令序列 |
| { MD1 ; CMD2 ; } | 在当前 Shell 中执行一组命令序列 |
| (CMD1 ; CMD2) | 在子 Shell 中执行一组命令序列 |
| CMD1 && CMD2 | 与逻辑，当 CMD1 运行成功时才运行 CMD2。这是一个“短路”操作，若 CMD1 执行失败则 CMD2 永远不会被执行 |
| CMD1 \|\| CMD2 | 或逻辑，当 CMD1 运行失败时才运行 CMD2。这是一个“短路”操作，若 CMD1 执行成功则 CMD2 永远不会被执行 |

下面给出几个使用命令组合的例子。

**操作步骤 2.9** 使用命令组合的例子

```
// 顺序执行一组命令
$ date; pwd; ls
// 将一组命令的所有输出存入日志文件（不使用命令组合时，仅将最后一个命令的输出进行重定向）
$ (date; who | wc -l) > ~/login-users.log
$ (date; pwd; ls) > ~/logfile
// 若 osmond 用户在线，则发送内容为 ~/logfile 的在线消息，否则为其发送邮件
# write osmond < ~/logfile || mail -s test osmond < ~/logfile
// 若 /etc 目录下有文件的内容包含 security，就显示 Found
# grep -lr 'security' /etc/* > /dev/null && echo "Found."
// 若 /etc 目录下有文件的内容包含 security，就显示 Found，否则显示 Not Found
# grep -lr 'security' /etc/* > /dev/null && echo "Found." \
                                         || echo "Not Found."
// 从 /proc/loadavg 的输出生成时间和 3 个平均负载字段
# echo -n "$(date +%T) - "; cat /proc/loadavg | cut -d' ' -f1-3
13:31:07 - 0.04 0.09 0.08
// 生成一个脚本用于将系统的平均负载记录于日期命名的文件（文件名为 MMDD 的形式）
# mkdir /root/bin
# cat <<_END_> /root/bin/uptimelog
DIR=/root/uptimelogs/\$(date +"%Y")
[ -d \$DIR ] ||  mkdir -p \$DIR                        // 若目录不存在就创建
(echo -n "\$(date +%T) - "; cat /proc/loadavg  | cut -d' ' -f1-3) \\
   >> \$DIR/\$(date +"%m%d")
_END_
# cat /root/bin/uptimelog
DIR=/root/uptimelogs/$(date +"%Y")
[ -d $DIR ] ||  mkdir -p $DIR
(echo -n "$(date +%T) - "; cat /proc/loadavg  | cut -d' ' -f1-3) \
   >> $DIR/$(date +"%m%d")
```

注意 当 Here 文件的内容包含变量替换和命令替换时，必须对$使用转义符\$，否则会将变量替换和命令替换的结果存入输出重定向的文件。行尾的续行符\，也应该使用转义的 \\，在使用 Here 文件形式生成 Shell 脚本时特别有用。

## 2.4 思考与实验

**1．思考**

（1）什么是 Shell？具有什么功能？Linux 默认使用什么 Shell？

（2）简述文件的类型。硬链接和软链接有何区别？
（3）简述 Linux 的标准目录结构及其存放内容。
（4）Linux 的基本命令格式如何？Linux 下经常使用的通配符有哪些？
（5）在 Linux 下如何使用设备？常用的设备名有哪些？
（6）常用的文件和目录操作命令有哪些？各自的功能是什么？
（7）常用的信息显示命令有哪些？各自的功能是什么？
（8）打包和压缩有何不同？常用的打包和压缩命令有哪些？
（9）简述在 Shell 中可以使用哪几种方法提高工作效率。
（10）Linux 下的隐含文件如何标识？如何显示？
（11）Linux 下经常使用-f 和-r 参数，它们的含义是什么？
（12）vi 的 3 种运行模式是什么？如何切换？
（13）什么是重定向？什么是管道？什么是命令替换？
（14）Shell 变量有哪两种？分别如何定义？
（15）如何设置用户自己的工作环境？
（16）比较下面命令的含义。

| （1） | （2） | （3） | （4） | （5） | （6） | （7） | （8） | （9） | （10） |
|---|---|---|---|---|---|---|---|---|---|
| cd | cp | rm | touch | alias | logout | whoami | cat | locale | find |
| cd - | ln | rm -r | mkdir | history | exit | who am i | more | locate | grep |
| cd .. | ln -s | rmdir | | | | who | less | | |
| cd ~ | | | | | | uname | head | | |
| pwd | | | | | | hostname | tail | | |

（17）比较下面的特殊字符和操作热键的含义。

<table>
<tr><th>（1）</th><th>（2）</th><th>（3）</th><th>（4）</th><th>（5）</th><th>（6）</th><th>（7）</th><th>（8）</th><th>（9）</th></tr>
<tr><td>></td><td>2></td><td><</td><td>/</td><td>^</td><td>;</td><td>‘’</td><td>^d</td><td>( )</td></tr>
<tr><td>>></td><td>2>></td><td><!.....!</td><td>\</td><td>$</td><td>||</td><td>“”</td><td>^c</td><td>[ ]</td></tr>
<tr><td></td><td>&></td><td></td><td>|</td><td></td><td>&&</td><td>``</td><td>^z</td><td>[[ ]]</td></tr>
<tr><td></td><td>&>></td><td></td><td></td><td></td><td></td><td>$( )</td><td></td><td>(( ))</td></tr>
</table>

**2．实验**

（1）浏览并熟悉 Linux 目录结构。
（2）学会使用命令帮助。
（3）熟悉各种常用命令的使用。
（4）熟悉文本编辑器 vi 的使用。
（5）熟悉并使用 Shell 的命令补全、命令历史、命令别名。
（6）熟悉并使用 Shell 的重定向、管道、命令替换、命令组合。
（7）学会定义和输出 Shell 变量。
（8）学会设置用户自己的工作环境。

**3．进一步学习**

（1）学习使用 Vundle（https://github.com/VundleVim/Vundle.vim）管理 vim 插件。
（2）学习使用 tmux 或 screen。

# 第 2 篇　系统与安全篇

第 3 章　多用户多任务管理

第 4 章　本地存储管理

第 5 章　网络配置与包管理

第 6 章　基础架构服务

第 7 章　系统日常维护

第 8 章　服务器安全基础

第 9 章　防火墙

第 10 章　Shell 脚本编程

# 第3章 多用户多任务管理

本章首先介绍账户管理的相关概念、账户管理工具的使用以及用户口令管理，然后介绍权限的相关概念及其命令工具的使用。最后介绍进程的相关概念、查看进程、杀死进程以及作业控制等。

## 3.1 账户管理

### 3.1.1 账户管理概述

**1．账户实质**

Linux 操作系统是多用户的操作系统，它允许多个用户同时登录到系统上，使用系统资源。当多个用户能同时使用系统时，为了使所有用户的工作都能顺利进行，保护每个用户的文件和进程，也为了系统自身的安全和稳定，必须建立起一种秩序，使每个用户的权限都能得到规范。为此，首先需要区分不同的用户，这样就产生了用户账户。

账户实质上就是一个用户在系统上的标识，系统依据账户 ID 来区分每个用户的文件、进程、任务，给每个用户提供特定的工作环境（如用户的工作目录、Shell 版本以及 X Window 环境的配置等），使每个用户的工作都能独立、不受干扰地进行。

**2．用户和组**

广义上讲，Linux 的账户包括用户账户和组账户两种。

Linux 系统下的用户账户（简称用户）有两种，普通用户账户和超级用户账户（或管理员账户）。普通用户在系统上的任务是进行日常工作，管理员在系统上的任务是对普通用户和整个系统进行管理。管理员账户对系统具有绝对的控制权，能够对系统进行一切操作，如操作不当很容易对系统造成损坏。因此即使系统只有一个用户使用，也应该在管理员账户之外建立一个普通用户账户，在用户进行日常工作的时候以普通用户账户登录系统。

除了用户账户之外，在 Linux 下还存在组账户（简称组）。组是用户的集合。在 RHEL/CentOS 中组有两种类型：私有组和标准组。当创建一个新用户时，若没有指定其所属的组，RHEL/CentOS 就建立一个和该用户同名的私有组，此私有组中只包含这个用户自己。标准组可以包含多个用户，若使用标准组，在创建一个新的用户时就应该指定其所属的组。

从另一方面讲，同一个用户可以同属于多个组，如某单位有领导组和技术组等，Tom 是该单位的技术主管，所以他既应该属于领导组又应该属于技术组。当一个用户属于多个组时，其登录后所属的组称为主组，其他的组称为附加组。

**3．Linux 环境下的账户系统文件**

Linux 下的账户系统文件主要有/etc/passwd、/etc/shadow、/etc/group 和/etc/gshadow 这 4 个文件。

1）/etc/passwd 文件中每行定义一个用户账号，一行中又划分为多个字段定义用户账号的不同属性，各字段间用“:”分隔。例如：

```
root:x:0:0:root:/root:/bin/bash
bin:x:1:1:bin:/bin:/sbin/nologin
（略）
osmond:x:500:500::/home/osmond:/bin/bash
（略）
```

表 3-1 中描述了这些字段的意义。

**表 3-1 /etc/passwd 文件中各字段的含义**

| 字　段 | 说　明 |
| --- | --- |
| 用户名 | 这是用户登录系统时使用的用户名，在系统中是唯一的 |
| 口令 | 此字段存放加密的口令。在此文件中的口令是 X，表示用户的口令是被/etc/shadow 文件保护的，所有加密的口令以及和口令有关的设置都保存在/etc/shadow 中 |
| 用户标识号 | 是一个整数，系统内部用它来标识用户。每个用户的 UID 都是唯一的。root 用户的 UID 是 0，从 1 到 499 是系统的标准账户。普通用户的 UID 从 500 开始 |
| 组标识号 | 是一个整数，系统内部用它来标识用户所属的组。每个用户账户在建立好后都会有一个主组。主组相同的账户其 GID 相同。在默认情况下，每一个账户建立好后系统都会建立一个和账户名同名的组，作为该账户的主组，这个组只有用户本人这一个成员，即此组是私有组 |
| GECOS | 例如存放用户全名、地理位置等信息 |
| 宿主目录 | 用户登录系统后所进入的目录 |
| 命令解释器 | 指示该用户使用的 Shell，默认为 bash |

2）/etc/passwd 文件对任何用户均可读，为了增加系统的安全性，CentOS 默认使用 shadow passwords 保护，将经过加密的用户口令保存在 /etc/shadow 文件里，它只对 root 用户可读且提供了一些口令时效字段。/etc/shadow 文件的内容形式如下：

```
root:$6$ZN6sdbz/jLRN9rmm$DH09zirThESridmI52F2esb9OrWmjl2CkVlsDD7pFzDCvyGqZirdAshX
msGIdDDg6Wt0hHdXM8g9k8kkfVw4M1:16043:0:99999:7:::
bin:*:15980:0:99999:7:::
（略）
osmond:$6$Np6GOfdW$sYX9NBXrv4650EejGsgSWS/K/sskXsfNx5jQDA2yX6zfOxD1MdK6lXKrbcVgbl
kdIImggQZ4kIO9IMGYSYJaF.:16056:0:99999:7:::
（略）
```

其中各字段的含义如表 3-2 所示。

**表 3-2 /etc/shadow 文件中各字段的含义**

| 栏　位 | 说　明 |
| --- | --- |
| 用户名 | 用户的账户名 |
| 口令 | 用户的口令，是 SHA512 加密过的 |
| 最后一次修改的时间 | 从 1970 年 1 月 1 日起，到用户最后一次更改口令的天数 |
| 最小时间间隔 | 从 1970 年 1 月 1 日起，到用户可以更改口令的天数 |

（续）

| 栏　　位 | 说　　明 |
|---|---|
| 最大时间间隔 | 从 1970 年 1 月 1 日起，到用户必须更改口令的天数 |
| 警告时间 | 在用户口令过期之前多少天提醒用户更新 |
| 不活动时间 | 在用户口令过期之后到禁用账户的天数 |
| 失效时间 | 从 1970 年 1 月 1 日起，到账户被禁用的天数 |
| 标志 | 保留位 |

3）/etc/group 文件，将用户分组是 Linux 中对用户进行管理及控制访问权限的一种手段。每个用户都属于某一个组；一个组中可以有多个用户，一个用户也可以属于不同的组。当一个用户同时是多个组的成员时，在/etc/passwd 文件中记录的是用户所属的主组，也就是登录时所属的主组，而其他组称为附加组。用户要访问附加组的文件时，必须首先使用 newgrp 命令使自己成为所要访问的组的成员。组的所有属性都存放在/etc/group 文件中。/etc/group 文件对任何用户均可读。下面是一个/etc/group 文件的例子。

```
root:x:0:root
bin:x:1:root,bin,daemon
（略）
osmond:x:500:
（略）
```

与/etc/passwd 文件类似，其中每一行记录了一个组的信息。每行包括 4 个字段，不同字段之间用冒号隔开。各字段说明如表 3-3 所示。

**表 3-3　/etc/group 文件中各字段说明**

| 栏　　位 | 说　　明 |
|---|---|
| 组名 | 该组的名称 |
| 组口令 | 组口令，由于安全性原因，已不使用该字段保存口令，用 x 占位 |
| GID | 组的识别号，和 UID 类似，每个组都有自己独有的识别号，不同组的 GID 不会相同 |
| 组成员 | 属于这个组的成员，多个成员间用“,”分隔 |

4）/etc/gshadow 文件用于定义用户组口令、组管理员等信息，该文件只有 root 用户可以读取。下面是一个/etc/gshadow 文件的例子：

```
root:::root
bin:::root,bin,daemon
（略）
osmond:!::user5
（略）
```

与/etc/group 文件类似，其中每一行记录了一个组的信息。每行包括 4 个字段，不同字段之间用冒号隔开。其中各字段说明如表 3-4 所示。

表 3-4　/etc/gshadow 文件中各字段说明

| 栏　位 | 说　明 |
|---|---|
| 组名 | 组名称，该字段与 group 文件中的组名称对应 |
| 组口令 | 组口令，该字段用于保存已加密的口令 |
| 组的管理员账号 | 组的管理员账号，管理员有权对该组添加、删除账号 |
| 组成员 | 属于该组的用户成员列表，列表中多个用户间用“,”分隔 |

提示　账户管理的实质就是管理上述的 4 个账户系统文件。可以使用图形界面工具进行，也可以使用命令行工具进行，甚至还可以使用 Web 工具进行。

## 3.1.2　使用命令行工具管理账户

### 1．管理账户的命令行工具

表 3-5 中列出了管理账户的命令行工具的功能。

表 3-5　管理账户的命令行工具的功能

| 命　令 | 说　明 |
|---|---|
| useradd [<选项>] <用户名> | 添加新的用户 |
| usermod [<选项>] <用户名> | 修改已经存在的指定用户 |
| userdel [-r] <用户名> | 删除已经存在的指定用户，-r 参数用于删除用户自己的目录 |
| groupadd [<选项>] <组名> | 添加新的组 |
| groupmod [<选项>] <组名> | 修改已经存在的指定组 |
| groupdel <组名> | 删除已经存在的指定组 |

### 2．命令行账户管理工具使用举例

**操作步骤 3.1**　命令行账户管理工具使用举例

```
// 创建一个新用户 jjh
# useradd jjh
// 创建一个新组 staff
# groupadd staff
// 创建一个新用户 tom，同时加入 staff 附加组中
# useradd -G staff tom
// 创建一个新用户 webmaster，指定登录目录/www，不创建用户宿主目录（-M）
# mkdir /www; useradd -d /www -M webmaster
// 将 jjh 添加到附加组 staff 中
# usermod -G staff jjh
// 将 jjh 用户修改为 jjheng，jjh 组修改为 jjheng，宿主目录修改为 /home/jjheng
# usermod -l jjheng -d /home/jjheng -m jjh
# groupmod -n jjheng jjh
// 删除用户 webmaster
# userdel webmaster
// 删除用户 jjheng，同时删除其自己的目录
# userdel -r jjheng
// 删除组 staff
# groupdel staff
```

### 3.1.3 口令管理和口令时效

**1．使用 passwd 命令进行口令管理**

创建用户账户之后，还要给新用户设置口令。为此需使用命令 passwd，其格式是：

```
passwd [<选项>] [<登录用户名>]
```

常用选项如表 3-6 所示。

**表 3-6 passwd 命令的常用选项**

| 选　项 | 说　明 | 选　项 | 说　明 |
|---|---|---|---|
| -S | 列出口令的状态信息 | -d | 删除口令 |
| -l | 锁定用户账户 | -k | 保持口令不变，直到口令过期失效后方能更改 |
| -u | 解除已锁定账户 | --stdin | 从标准输入读取口令（非交互模式） |

注意

（1）在输入口令时，屏幕上不会回显。口令的选取至少用 8 个字符，最好大小写字母和数字及特殊字符搭配使用，尽量不要用英文单词作为口令。

（2）只有管理员账户（root）可以更改其他用户的口令，普通用户只能更改自己的口令，且在更改口令之前，系统会要求用户输入旧的口令。

下面给出几个 passwd 命令的使用示例。

**操作步骤 3.2**　passwd 命令的使用示例

```
// 1. 创建新用户 jason，显示口令状态，为其设置口令
# useradd jason
# passwd -S jason
jason LK 2013-12-25 0 99999 7 -1 (Password locked.)
# passwd jason
Changing password for user jason.
New password:
Retype new password:
passwd: all authentication tokens updated successfully.
// 2. 用户 jason 要更改自己的口令
# su - jason                        // 切换到 jason 用户
$ passwd
Changing password for user jason.
Changing password for jason.
(current) UNIX password:
New password:
Retype new password:
passwd: all authentication tokens updated successfully.
$ exit                              // 返回 root 的 Shell
logout
#
// 3. 超级用户可以使用如下命令进行用户口令管理
#  passwd -S jason                  // 显示口令状态
 jason PS 2013-12-25 0 99999 7 -1 (Password set, SHA512 crypt.)
#  passwd -l jason                  // 锁定用户 jason
```

```
 Locking password for user jason.
 passwd: Success
#  passwd -S jason          // 显示口令状态
 jason LK 2013-12-25 0 99999 7 -1 (Password locked.)
#  passwd -u jason          // 解除对用户 jason 的锁定
 Unlocking password for user jason.
 passwd: Success.
#  passwd -S jason          // 显示口令状态
 jason PS 2013-12-25 0 99999 7 -1 (Password set, SHA512 crypt.)
#  passwd -d jason          // 清空 jason 的口令
 Removing password for user jason.
 passwd: Success
#  passwd -S jason          // 显示口令状态
 jason NP 2013-12-25 0 99999 7 -1 (Empty password.)
#  passwd jason            // 重新设置用户 jason 的口令
 Changing password for user jason.
 New UNIX password:
 Retype new UNIX password:
 passwd: all authentication tokens updated successfully.
#  passwd -S jason          // 显示口令状态
 jason PS 2013-12-25 0 99999 7 -1 (Password set, SHA512 crypt.)
#
```

**2．chage 命令**

硬件计算能力如今已经非常强大，这大大地缩短了利用自动运行的程序来猜测口令的时间。口令时效是系统管理员用来防止机构内不良口令的一种技术。防止口令被攻击的方法就是经常改变口令。为安全起见，要求用户定期改变用户口令是明智之举。

口令时效意味着过了一段预先设定的时间后，用户会被提示创建一个新口令。它所根据的理论是，如果用户被强制定期改变口令，某个口令的破译对入侵者来说就只有有限的利用机会。这种用来强制用户在一段时间之后更改口令的机制称为口令时效。

在 Linux 系统上，修改口令时效分为：

- 对于未来要创建的所有用户的口令时效，需修改/etc/login.defs 文件的相关参数。
- 对已存在的用户修改口令时效是通过 chage 命令来管理。

（1）设置新添用户的口令时效

编辑/etc/login.defs，通过指定表 3-7 中描述的几个参数来设置口令时效的默认设定。

**表 3-7　/etc/login.defs 中与口令时效相关的参数**

| 参　数 | 说　明 |
| --- | --- |
| PASS_MAX_DAYS | 设定在多少天后要求用户修改口令。默认口令时效的天数为 99999，即关闭了口令时效。明智的设定一般是 60 天（2 个月）强制更改一次口令 |
| PASS_MIN_DAYS | 设定在本次口令修改后，至少要经过多少天后才允许更改口令 |
| PASS_WARN_AGE | 设定在口令失效前多少天开始通知用户更改口令（一般在用户刚刚登录系统时就会收到警告通知） |

（2）设置已存在用户的口令时效

chage 命令的格式是：

```
chage [<选项>] <用户登录名>
```

表 3-8 中列出了 chage 命令的选项说明。

表 3-8　chage 命令的选项说明

| 选　项 | 描　述 |
|---|---|
| -m days | 指定用户必须改变口令所间隔的最少天数。如果值为 0，口令就不会过期（PASS_MIN_DAYS） |
| -M days | 指定口令有效的最多天数。当该选项指定的天数加上-d 选项指定的天数小于当前的日期时，用户在使用该账号前就必须改变口令（PASS_MAX_DAYS） |
| -d days | 指定自从 1970 年 1 月 1 日起，口令被改变的天数 |
| -I days | 指定口令过期后，账号被锁前不活跃的天数。如果值为 0，账号在口令过期后就不会被锁 |
| -E date | 指定账号被锁的日期，日期格式为 YYYY-MM-DD。若不使用日期，也可以使用自 1970 年 1 月 1 日后经过的天数 |
| -W days | 指定口令过期前要警告用户的天数（PASS_WARN_AGE） |
| -l | 列出指定用户当前的口令时效信息，以确定账号何时过期 |

下面给出几个使用 chage 命令的例子。

**操作步骤 3.3**　使用 chage 命令的例子

```
// 1. 使用户下次登录之后修改口令
# chage -d 0 jason
// 2. 用户 jason 两天内不能更改口令，并且口令最长的存活期为 30 天
// 并在口令过期前 5 天通知 jason
#  chage -m 2 -M 30 -W 5 jason
// 3. 查看用户 jason 当前的口令时效信息
# chage -l jason
Last password change                                    : Dec 25, 2013
Password expires                                        : Jan 24, 2014
Password inactive                                       : never
Account expires                                         : never
Minimum number of days between password change          : 2
Maximum number of days between password change          : 30
Number of days of warning before password expires       : 5
```

提示

1. 也可以使用 chage <用户名>进入交互模式修改用户的口令时效。
2. 使用 chage 命令实质上是修改影子口令文件/etc/shadow 中的与口令时效相关的字段值。
3. chage 命令仅适用于本地系统账户，对 LDAP 账户和数据库账户不起作用。

注意

制定一项策略，定义多长时间后一个口令必须进行更改，然后强制执行该策略，是非常不错的一个做法。在解雇了某个雇员后，口令时效策略会保证该雇员不可能在被解雇 3 个月后发现他的口令依然可用。即使系统管理员忘了删除该雇员的账号，该账号也会因口令时效策略而被自动锁定。当然，这一点并不能成为不及时删除该雇员账号的理由，但是这个策略的确提供了一层额外的安全防护，尤其是在过去常常忽视及时清理账号的情况下。

### 3.1.4　用户和组状态

**1．用户和组状态命令**

表 3-9 中列出了一些常用的用户和组状态命令。

表 3-9　常用的用户和组状态命令

| 命　令 | 功　能 |
| --- | --- |
| whoami | 用于显示当前用户的名称 |
| id | 用于显示用户身份 |
| groups | 用于显示指定用户所属的组 |
| newgrp | 用于将用户从当前组转换到指定的附加组，用户必须属于该组才可以使用 |

### 2．用户和组状态命令举例

下面给出用户和组状态命令的使用示例。

**操作步骤 3.4**　用户和组状态命令的示例

```
// 创建一个新组 staff
[root@centos71 ~]# groupadd -g 3001 staff
// 将用户 crq 加入 staff 附加组，并为其设置口令
[root@centos71 ~]# usermod -G staff crq
// 显示当前用户的名称
[root@centos71 ~]# whoami
root
// 显示当前用户所属的组
[root@centos71 ~]# groups
root
// 显示指定用户所属的组
[root@centos71 ~]# groups crq
crq : crq staff
// 显示用户当前的 uid、gid 和用户所属的组列表
[root@centos71 ~]# id
uid=0(root) gid=0(root) groups=0(root)
// 切换当前用户到 crq（超级用户切换到普通用户无须口令），同时切换用户工作环境（-）
[root@centos71 ~]# su - crq
[crq@centos71~]$
// 显示用户当前的 uid、gid 和用户所属的组列表
[crq@centos71 ~]$ id
uid=504(crq) gid=504(crq) groups=504(crq),3001(staff)
// 创建一个新文件，并查看其用户和组
[crq@centos71 ~]$ touch abc
[crq@centos71 ~]$ ll abc
-rw-rw-r-- 1 crq crq 0 Dec 19 02:13 abc
// 切换用户的当前组到指定的附加组 staff
[crq@centos71 ~]$ newgrp staff
// 显示用户当前的 uid、gid 和用户所属的组列表
[crq@centos71 ~]$ id
uid=504(crq) gid=3001(staff) groups=504(crq),3001(staff)
// 创建一个新文件，并查看其用户和组（比较 abc 和 xyz 的组）
[crq@centos71 ~]$ touch xyz
[crq@centos71 ~]$ ll
total 0
-rw-rw-r-- 1 crq crq   0 Dec 19 02:13 abc
-rw-r--r-- 1 crq staff 0 Dec 19 02:14 xyz
// 返回上一次 crq 的登录
[crq@centos71 ~]$ exit
exit
```

```
// 返回上一次 root 的登录
[crq@centos71 ~]$ exit
logout
[root@centos71 ~]#
```

# 3.2 权限管理

## 3.2.1 操作权限概述

### 1．操作权限简介

Linux 是多用户的操作系统，允许多个用户同时在系统上登录和工作。为了确保系统和用户的安全，Linux 采取了很多的安全措施。用户在登入系统时需要输入用户名和口令，这样，就使系统可以通过用户的识别号（UID）来分别确定每个用户在登录系统后都做了些什么，也可以用来区别不同用户所建立的文件或目录。

普通用户在系统上受到权限的制约，一个普通用户若要切换至其他的普通用户甚至超级用户的工作目录，将会收到拒绝提示信息，例如：

```
$ whoami
$ osmond
$ cd /root
bash: /root: Permission denied
$ cd /home/jason
bash: /home/jason: Permission denied
$
```

### 2．3 种基本的权限

在 Linux 中，将使用系统资源的人员分为 4 类：超级用户、文件或目录的属主、属主的同组人和世界上的其他人员。由于超级用户具有操作 Linux 系统的一切权限，所以不用指定超级用户对文件和目录的访问权限。对于其他 3 类用户都要指定对文件和目录的访问权限，对每一类用户都有如表 3-10 所示的 3 种基本的权限需要说明。

表 3-10　文件或目录的 3 种基本的权限

| 代表字符 | 权　限 | 对文件的含义 | 对目录的含义 |
|---|---|---|---|
| r | 读权限 | 可以读文件的内容 | 可以列出目录中的文件列表 |
| w | 写权限 | 可以修改该文件 | 可以在该目录中创建、删除文件 |
| x | 执行权限 | 可以执行该文件 | 可以使用 cd 命令进入该目录 |

提示

1. 目录上只有执行权限，表示可以进入或穿越该目录进入更深层次的子目录。
2. 目录上只有执行权限，要访问该目录下的有读权限的文件，必须知道文件名。
3. 目录上只有执行权限，不能列出目录列表也不能删除该目录。
4. 目录上执行权限和读权限的组合，表示可以进入目录并列出目录列表。
5. 目录上执行权限和写权限的组合，表示可以在目录中创建、删除和重命名文件。

### 3. 查看文件和目录的权限

在 Linux 中通过给 3 类用户分配 3 种基本权限，就产生了文件或目录的 9 个基本权限位。可以使用带 l 参数的 ls 命令查看文件或目录的权限，例如：

```
# cd; ls -l
-rw-r--r--    1 root     root          452 May  2 17:44 addusers
-rw-r--r--    1 root     root          399 May  2 18:14 addusers1
-rw-r--r--    1 root     root           42 May  2 18:07 users
-rw-r--r--    1 root     root           24 May  2 18:15 users1
```

每一行显示一个文件或目录的信息，这些信息包括文件的类型、文件的权限、文件的属主（第 3 列）、文件的所属组（第 4 列），还有文件的大小以及创建时间和文件名。

输出列表中每一行的第一列的第一个字母指示了该文件的类型。第一列的其余 9 个字母可分成 3 组，3 个字母一组。这 3 组分别代表文件属主的权限、文件所属组的权限、其他用户的权限。每组中的 3 个栏位分别表示了读取权限（r）、写入权限（w）、执行权限（x）或没有相应的权限（-）。

提示

当某用户访问系统中的某文件时：
（1）若访问者的 UID 与文件的 UID 匹配，就应用用户（user）权限。
（2）否则，若访问者的 GID 与文件的 GID 匹配，就应用群组（group）权限。
（3）如果都不匹配，就应用其他用户（other）权限。

通常将由 ls -l 命令输出的第一列称为文件或目录的权限字符串。表 3-11 中列出了几个权限字符串的说明。

表 3-11　权限字符串举例

| 字　符 | 数　值 | 说　明 |
|---|---|---|
| -rw------- | 600 | 只有属主才有读取和写入的权限 |
| -rw-r--r-- | 644 | 只有属主才有读取和写入的权限，同组人和其他人只有读取的权限 |
| -rwx------ | 700 | 只有属主才有读取、写入和执行的权限 |
| -rwxr-xr-x | 755 | 属主有读取、写入和执行的权限，同组人和其他人只有读取和执行的权限 |
| -rwx--x--x | 711 | 属主有读取、写入和执行权限，同组人和其他人只有执行权限 |
| -rw-rw-rw- | 666 | 每个人都能够读取和写入文件 |
| -rwxrwxrwx | 777 | 每个人都能够读取、写入和执行 |
| drwx------ | 700 | 只有属主能在目录中读取、写入 |
| drwxr-xr-x | 755 | 每个人都能够读取目录，但是其中的内容却只能被属主改变 |

注意

把权限设为 666 会允许每个人对文件或目录都有读取和写入的权限。把权限设为 777 允许每个人都有读取、写入和执行的权限。这些权限可能会允许对机密文件的篡改，因此，一般来说，使用这类设置是不明智的。

## 3.2.2　更改操作权限

系统管理员和文件的属主可以根据需要来更改文件的权限。更改文件和目录的操作权限使用 chmod 命令进行，有两种设置方法：文字设定法和数值设定法。

**1．文字设定法**

chmod 命令的文字设定法格式如下：

```
chmod [ugoa][+-=][rwxugo] <文件名或目录名>
```

其中第 1 个选项表示要赋予权限的用户，具体说明如表 3-12 所示。

**表 3-12　用户选项说明**

| 选　项 | 说　明 | 选　项 | 说　明 |
| --- | --- | --- | --- |
| u | 表示属主（user） | o | 表示其他用户（other） |
| g | 表示所属组用户（group） | a | 表示所有用户（all） |

第 2 个选项表示要进行的操作，具体说明如表 3-13 所示。

**表 3-13　权限操作选项说明**

| 选　项 | 说　明 | 选　项 | 说　明 |
| --- | --- | --- | --- |
| + | 增加权限 | = | 分配权限，同时将原有权限删除 |
| - | 删除权限 | — | — |

第 3 个选项是要分配的权限，具体说明如表 3-14 所示。

**表 3-14　分配权限选项说明**

| 选　项 | 说　明 | 选　项 | 说　明 |
| --- | --- | --- | --- |
| r | 允许读取 | u | 和属主的权限相同 |
| w | 允许写入 | g | 和所属组用户的权限相同 |
| x | 允许执行 | o | 和其他用户的权限相同 |

**操作步骤 3.5**　chmod 命令的文字设定法举例

```
// 取消组用户和其他用户对文件 users 的读取权限
# cd; ls -l users
-rw-r--r--        1 root   root        42 May   2 18:07 users
# chmod go-r users
# ll users
-rw-------        1 root   root        42 May   2 18:07 users
#
// 对文件 addusers 的属主添加执行权限
#
-rw-r--r--        1 root   root        452 May  2 17:44 addusers
# chmod u+x addusers
# ll addusers
-rwxr--r--        1 root   root        452 May  2 17:44 addusers
#
// 对文件 addusers1 的属主添加执行权限
// 同时取消组用户和其他用户对文件的读取权限
# ll addusers
-rw-r--r--        1 root   root        399 May  2 18:14 addusers1
# chmod u+x,go-r addusers1
# ll addusers1
-rwx------        1 root   root        399 May  2 18:14 addusers1
```

**2．数值设定法**

chmod 命令的数值设定法格式如下：

```
chmod n1n2n3 <文件名或目录名>
```

其中，n1 代表属主的权限，n2 代表组用户的权限，n3 代表其他用户的权限，这 3 个选项都是八进制数，其意义如表 3-15 所示。

**表 3-15　权限字符说明**

| 权　限 | | | 数值表示 | | 说　明 |
|---|---|---|---|---|---|
| 读 | 写 | 执行 | 二进制 | 八进制 | |
| - | - | - | 000 | 0 | 没有权限 |
| - | - | x | 001 | 1 | 允许执行 |
| - | w | - | 010 | 2 | 允许写入 |
| - | w | x | 011 | 3 | 允许执行和写入 |
| r | - | - | 100 | 4 | 允许读取 |
| r | - | x | 101 | 5 | 允许执行和读取 |
| r | w | - | 110 | 6 | 允许写入和读取 |
| r | w | x | 111 | 7 | 允许执行、写入和读取 |

**操作步骤 3.6**　chmod 命令的数值设定法举例

```
// 对文件 addusers 的属主设置可读、写和执行权限
// 所属组用户和其他用户只设置读和执行的权限，没有写的权限
# ll addusers
-rwxr--r--        1 root   root          452 May  2 17:44 addusers
# chmod 755 addusers
# ll addusers
-rwxr-xr-x   1 root   root               452 May  2 17:44 addusers
#
// 取消组用户和其他用户对文件 users1 的一切权限
# ll users1
-rw-r--r--        1 root   root          24 May   2 18:15 users1
# chmod 600 users1
# ll users1
-rw-------        1 root   root          24 May   2 18:15 users1
```

### 3.2.3　更改属主和同组人

管理员有时还需要更改文件的属主和所属的组。除了 root 用户之外，只有文件的属主才有权更改其属主和所属组，即用户可以把属于自己的文件转让给他人。改变文件的属主和组可以用 chown 命令，命令格式如下：

```
chown [-R] <用户[:组]> <文件或目录>
```

**操作步骤 3.7**　chown 命令使用举例

```
// 将文件 users1 的属主改成 osmond
# chown osmond users1
// 将文件 users 的属主和组都改成 osmond
```

```
# chown osmond:osmond users
// 将 mydir 目录及其子目录下的所有文件或目录的属主和组都改成 osmond
# chown -R osmond:osmond mydir
#
```

### 3.2.4 设置文件和目录的生成掩码

用户可以使用 umask 命令设置文件的默认生成掩码。默认的生成掩码告诉系统当创建一个文件或目录时不应该赋予其哪些权限。如果用户将 umask 命令放在环境文件（.bash_profile）中，就可以控制所有新建的文件或目录的访问权限。

umask 命令的格式如下：

```
umask [-S] [u1u2u3]
```

其中，u1 表示的是不允许属主有的权限；u2 表示的是不允许同组人有的权限；u3 表示的是不允许其他人有的权限。

**操作步骤 3.8** umask 命令使用举例

```
// 1. 查看当前用户的文件默认生成掩码
$ umask
0022
$ umask -S
u=rwx,g=rx,o=rx
// 下面显示了在默认的文件生成掩码为 022 的情况下（创建文件和目录的权限情况）
$ touch testfile1
$ ll testfile1
-rw-r--r-- 1 osmond osmond 0 2012-03-17 17:16 testfile1
$ mkdir testdir2
$ ll -d testdir2
drwxr-xr-x 2 osmond osmond 48 2012-03-17 17:18 testdir2
// 2. 设置当前用户的文件默认生成掩码（设置允许同组用户有写权限）
$ umask 002
$ touch testfile3
$ ll testfile3
-rw-rw-r-- 1 osmond osmond 0 2012-03-17 17:15 testfile3
$ mkdir testdir4
$ ll -d testdir4
drwxrwxr-x 2 osmond osmond 48 2012-03-17 17:20 testdir4
$
// 注意对比 testfile1 和 testfile3 以及 testdir2 和 testdir4 的权限的不同
```

### 3.2.5 特殊权限设置

#### 1. SUID、SGID 和 sticky-bit

除了上述的基本权限之外，还有特殊权限存在。由于特殊权限会拥有一些“特权”，因而用户若无特殊需要，不应该去打开这些权限，避免安全方面出现严重漏洞，甚至摧毁系统。3 个特殊权限位是对可执行文件或目录进行的，使用了特殊权限将影响执行者的操作权限。对文件可以设置 SUID 和 SGID 特殊权限；对目录可以设置 SGID 和 sticky-bit 特殊权限。表 3-16 和表 3-17 中分别列出了文件和目录特殊权限的说明。

表 3-16　文件的特殊权限说明

| 特殊权限 | 说　明 |
| --- | --- |
| SUID | 当一个设置了 SUID 位的可执行文件被执行时，该文件将以其所有者的身份运行，而不是命令执行者的权限。也就是说无论谁来执行这个文件，都有文件所有者的特权，任意存取该文件拥有者能使用的全部系统资源。如果所有者是 root，那么执行人就有超级用户的特权 |
| SGID | 当一个设置了 SGID 位的可执行文件执行时，该文件将以其所属组的身份运行，而不是命令执行者的权限。也就是说无论谁来执行这个文件，都有文件所属组的特权，任意存取整个组所能使用的系统资源 |

表 3-17　目录的特殊权限说明

| 特殊权限 | 说　明 |
| --- | --- |
| SGID | 在目录中创建的所有文件将与该目录的所属组一致。所有被复制到这个目录下的文件，其所属的组都会被重设为和这个目录一致，除非在复制文件时加上-p（preserve，保留文件属性）的参数，才能保留原来所属的群组设置 |
| sticky-bit | 存放在该目录的文件仅准许其属主执行删除、移动等操作 |

一个设置了 SUID 的典型例子是 passwd 程序，它允许普通用户改变自己的口令，这是通过改变/etc/shadow 文件的口令字段实现的。然而系统管理员决不允许普通用户拥有直接改变/etc/shadow 文件的权利，因为这绝对不是个好主意。解决方法是将 passwd 程序设置 SUID，当 passwd 程序被执行时将拥有超级用户的权限，而 passwd 程序运行结束后又回到普通用户的权限。下面显示 passwd 程序的权限。

```
# ll /usr/bin/passwd
-rwsr-xr-x.    1   root   root       30768    Feb 22  2012     /usr/bin/passwd
```

一个设置了 sticky-bit 的典型例子是系统临时文件目录/tmp，这样就避免了不法用户存心破坏，恣意乱删其他用户放置的文件。下面显示/tmp 目录的权限：

```
# ll -d /tmp
drwxrwxrwt.   3    root   root        4096   Dec 25  22:07     /tmp
```

**2．SUID、SGID 和 sticky-bit 的表示**

从上面的显示可以看出：SUID 是占用属主的 x 位置来表示的；SGID 是占用组的 x 位置来表示的；sticky-bit 是占用其他人的 x 位置来表示的。

SUID、SGID 和 sticky-bit 也可用 1 位八进制数（3 位二进制数）表示，如表 3-18 所示。

表 3-18　特殊权限的数值表示

| 权　限 | | | 数值表示 | | 说　明 |
| --- | --- | --- | --- | --- | --- |
| SUID | SGID | sticky | 二进制 | 八进制 | |
| - | - | - | 000 | 0 | 不设置特殊权限 |
| - | - | t | 001 | 1 | 只设置 sticky |
| - | s | - | 010 | 2 | 只设置 SGID |
| - | s | t | 011 | 3 | 只设置 SGID 和 sticky |
| s | - | - | 100 | 4 | 只设置 SUID |
| s | - | t | 101 | 5 | 只设置 SUID 和 sticky |
| s | s | - | 110 | 6 | 只设置 SUID 和 SGID |
| s | s | t | 111 | 7 | 设置 3 种特殊权限 |

### 3．设置特殊权限

设置特殊权限仍旧使用 chmod 命令，并且依然有字符设定法和数值设定法之分。

- 使用 chmod 命令的字符设定法时，可以使用 s 和 t 权限字符。
- 使用 chmod 命令的数值设定法时，要使用 4 位八进制数，其中第 1 位八进制数用于设置特殊权限，后 3 位八进制数用于设置基本权限。

**操作步骤 3.9** 使用 chmod 命令设置特殊权限举例

```
// 1. 使用 chmod 命令的文字设定法
// 为程序/usr/bin/myapp 添加 SUID 权限
# chmod u+s /usr/bin/myapp
// 为目录/home/groupspace 添加 SGID 权限
# chmod g+s /home/groupspace
// 为目录/home/share 添加 sticky 权限
# chmod o+t /home/share
// 2. 使用 chmod 命令的数值设定法
// 为程序/usr/bin/myapp 添加 SUID 权限
# chmod 4755 /usr/bin/myapp
// 为目录/home/groupspace 添加 SGID 权限
# chmod 2755 /home/groupspace
// 为目录/home/share 添加 sticky 权限
# chmod 1755 /home/share
```

## 3.2.6 使用 ACL 权限

### 1．ACL 权限

传统的 UNIX/Linux 使用 UGO 方式设置权限，具体地说就是通过 user（用户）、group（组）、other（其他人）与 r（读）、w（写）、x（执行）的不同组合来实现的。随着应用的发展，这些权限组合已不能适应现时复杂的文件系统权限控制要求，具有一定的局限性。

例如，目录 /data 的权限如下：

```
drwxr-x---  13  root root  4096  01-12 21:05  /data
```

所有者与所属组均为 root，在不改变所有者的前提下，要求用户 tom 对该目录有完全访问权限（rwx）。只能考虑以下两种办法（这里假设 tom 不属于 root 组）。

（1）给 /data 的其他人增加 rwx 权限。由于 tom 被归为其他人，其将拥有 rwx 权限。

```
drwxr-xrwx 13 root root 4096 01-12 21:05 /data
```

（2）将 tom 加入到 root 组，并为 root 组分配 rwx 权限，那么其将拥有 rwx 权限。

```
drwxrwx--- 13 root root 4096 01-12 21:05 /data
```

以上两种方法其实都不合适：第一种方法将导致所有其他人都具有 rwx 权限而非 tom 一个人；第二种方法将导致所有 root 的同组人都具有 rwx 权限而非 tom 一个人。

因此传统的权限管理设置起来就力不从心了。为了解决这些复杂的权限控制问题，就有了 IEEE POSIX 1003.1e 这个 ACL 的标准，Linux 也开发出了一套符合该标准的文件系统权限管理方案。

所谓 ACL 就是访问控制列表（Access Control List），为了与其他的 ACL 相区别，有时也称文件访问控制列表（FACL）。一个文件/目录的访问控制列表，可以针对任意指定的用户/组分配 RWX 权限。

支持 ACL 需要内核和文件系统的支持。Linux 从 2.6 版内核开始支持 ACL。不是所有类型的文件系统均支持 ACL，但 Linux 2.6 内核配合常用的 ext2/ext3/ext4、jfs、xfs、ReiserFS 等文件系统，都可以支持 ACL。

有两种类型的 ACL：

- 一种是存取 ACL（access ACLs），针对文件和目录设置访问控制列表。
- 一种是默认 ACL（default ACLs），只能针对目录设置。如果目录中的文件没有设置 ACL，就会使用该目录的默认 ACL。

**2. CentOS 下的 ACL**

CentOS 7 默认支持 ACL。

- CentOS 7 的 Linux 内核版本 3.10.0 支持 ACL。
- 默认使用的 xfs 和 ext4 文件系统也支持 ACL。
- 软件包 acl 提供了用于查看和设置 ACL 的工具。

**3. 使用 setfacl 设置 ACL 权限**

setfacl 命令的语法如下：

```
setfacl [-R] {-m|-x} <rules> <files or directory>
```

表 3-19 中列出了 setfacl 命令的选项说明。

**表 3-19　setfacl 命令的选项说明**

| 选　项 | 说　明 |
| --- | --- |
| -R | 对目录进行递归操作 |
| -m | 修改 ACL 权限 |
| -x | 删除 ACL 权限 |
| <rules> | 指定 ACL 模式规则，可用如下形式。<br>● [d:]u:uid:perms：为指定的用户（使用 UID 或用户名）设置 ACL 权限。<br>● [d:]g:gid:perms：为指定的组（使用 GID 或组名）设置 ACL 权限。<br>● [d:]o:[:]perms：为其他用户设置 ACL 权限。<br>● [d:]m:[:]perms：设置有效的访问掩码。<br>其中：<br>● 使用 d: 前缀时用于设置默认 ACL（d:前缀仅能对目录设置）。<br>● perms 为 r、w、x、-或其组合 |

**操作步骤 3.10**　使用 setfacl 命令设置 ACL 权限

```
// 允许 osmond 用户对 myfile 文件进行读、写、执行
# setfacl  -m  u:osmond:rwx  myfile
// 允许 osmond 用户对 mydir 目录进行读、写、执行
# setfacl  -m  u:osmond:rwx  mydir
// 允许 market 组对/share/project/marketdir 目录进行读、写
# setfacl  -m  g:market:rw /share/project/marketdir
// 允许 lrj 用户对/share/docs 目录进行读、写
# setfacl  -m  d:u:lrj:rw  /share/docs
// 删除 osmond 用户对 /share/project 目录操作的 ACL
# setfacl  -x  u:osmond    /share/project
// 对/share/data/目录设置默认 ACL：允许 doc 组读、写、执行
```

```
// 同时对/share/data/目录及其所有子目录递归地设置存取 ACL
// 允许 doc 组读、写、执行并禁止 staff 组读、写、执行
# setfacl  -R  -m  g:doc:rwx,d:g:doc:rwx,g:staff:---  /share/data/
// 对所有用户和所有组撤销对 myfile 的写权限
# setfacl -m m::rx myfile
```

**4．使用 getfacl 查看 ACL 权限**

getfacl 命令用于查看文件或目录的 ACL 设置，其格式如下：

```
getfacl  <files or directory>
```

**操作步骤 3.11**　使用 getfacl 命令查看 ACL 权限

```
// 查看 /share/project 目录的 ACL 权限
# getfacl  /share/project
# file: share/project
# owner: root
# group: root
user::rwx
user:osmond:rwx
group::r-x
mask::rwx
other::r-x
default:user::rwx
default:group::r-x
default:group:projects:rwx
default:mask::rwx
default:other::r-x
```

提示

1. 若目录已设置了默认 ACL，则新创建的文件将从其目录继承默认 ACL 设置。
2. 使用 mv 命令和 cp -p 命令操作文件时将保持 ACL 设置。

### 3.2.7　权限设置举例

下面的例子用于创建用户和组并为不同目录设置不同的权限。

**操作步骤 3.12**　创建用户和组并为不同目录设置不同的权限

```
// 1. 添加用户和组
// （所有新建用户的口令均为 centos）
// 1.1 添加组 admin，指定其 GID 为 8000
# groupadd -g 8000 admin
// 1.2 添加用户 tom，其附属组为 admin，且其用户主目录为/home/tommy
# useradd -G admin -d /home/tommy tom
# echo "centos"|passwd --stdin tom
// 1.3 添加用户 alex，其主组为 admin
# useradd -g admin alex
# echo "centos"|passwd --stdin alex
// 1.4 添加用户 mike，其 UID 为 888，不允许该用户登录系统
# useradd -u 888 -s /sbin/nologin mike
```

```
# echo "centos"|passwd --stdin mike
// 1.5 添加用户 selina，该账户第一次登录系统时即被系统要求修改密码
# useradd selina
# echo "centos"|passwd --stdin selina
# chage -d 0  selina
// 1.6 添加用户 fanny，该账户会在 2016 年 12 月 21 号被禁用，其 umask 值为 0022
# useradd -e 2016-12-21 fanny
# echo "centos"|passwd --stdin fanny
# echo "umask 0022" >> /home/fanny/.bashrc
#
// 2. 分配对不同目录的访问权限
// 2.1 创建目录/admin/sales、/admin/devel
// /admin/training、/admin/other、/admin/default
# mkdir /admin/{sales,devel,training,other,default}
// 2.2 目录/admin/sales 的所有者为 root，所属组为 admin
//      隶属于 admin 组的所有用户均可在此目录下创建文件
//      但新建文件和目录的所属组自动是 admin，所有者是创建者自身，其他用户无任何权限
# chown :admin /admin/sales/
# chmod 2770 /admin/sales/
// 2.3 目录/admin/devel 的所有者和所属组为 root，所有人均可在此目录下创建文件
//       但不能删除其他用户创建的文件
# chown root:root /admin/devel
# chmod 1777 /admin/devel
// 2.4 目录 /admin/training 的所有者和所属组为 root，用户 root 拥有所有权限
//       组 root 只能读和执行，其他人无任何权限
//      但是用户 alex 对此目录具有一切权限，而用户 tom 可以读取该目录下的文件
# chmod 750 /admin/training/
# setfacl -m u:alex:rwx,u:tom:rx /admin/training/
// 2.5 在目录/admin/default 下的文件（已经存在的和将来要创建的）
//       对于 selina 用户都具有一切权限
# setfacl -R -m u:selina:rwx /admin/default/
# setfacl -R -m d:u:selina:rwx /admin/default/
// 2.6 所有人在目录/admin/other 下均可创建和删除文件
//       以 root 身份创建文件/admin/other/nodelete
//       但文件 /admin/other/nodelete 不能被任何人（包括 root）删除和重命名
# chmod 777 /admin/other
# touch /admin/other/nodelete
# chattr +i /admin/other/nodelete
```

## 3.3　进程管理

### 3.3.1　进程概述

**1．进程的概念**

进程（Process）是一个程序在其自身的虚拟地址空间中的一次执行活动。之所以要创建进程，就是为了使多个程序可以并发地执行，从而提高系统的资源利用率和吞吐量。

进程和程序的概念不同，下面是对这两个概念的比较。

- 程序只是一个静态的指令集合；而进程是一个程序的动态执行过程，具有生命期，是动态地产生和消亡的。
- 进程是资源申请、调度和独立运行的单位，因此使用系统中的运行资源；而程序不能申请系统资源，不能被系统调度，也不能作为独立运行的单位，因此不占用系统的运行资源。
- 程序和进程无一一对应的关系。一方面一个程序可以由多个进程所共用，即一个程序在运行过程中可以产生多个进程；另一方面，一个进程在生命期内可以顺序地执行若干个程序。

Linux 操作系统是多任务的，如果一个应用程序需要几个进程并发地协调运行来完成相关工作，系统会安排这些进程并发运行，同时完成对这些进程的调度和管理任务，包括 CPU、内存、存储器等系统资源的分配。

**2．Linux 中的进程**

在 Linux 系统中总是有很多进程同时在运行，每一个进程都有一个识别号，叫作 PID（Process ID），用于与其他进程区别。系统启动后的第一个进程是 systemd，其 PID 是 1。systemd 是唯一一个由系统内核直接运行的进程。新的进程可以用系统调用 fork 来产生，就是从一个已经存在的进程中派生出一个新进程，旧的进程是新产生的进程的父进程，新进程是产生它的进程的子进程。

当系统启动以后，systemd 进程会创建 login 进程等待用户登录系统，login 进程是 systemd 进程的子进程。当用户登录系统后，login 进程就会为用户启动 Shell 进程，Shell 进程就是 login 进程的子进程，而此后用户运行的进程都是由 Shell 衍生出来的。

在多用户多任务的 Linux 系统里，每个进程都与运行的用户和组相关联。除了进程识别号（PID）外，在进程控制块（PCB）中每个进程还有另外 4 个与用户和组相关的识别号。它们是实际用户识别号（real user ID，RUID）、实际组识别号（real group ID，RGID）、有效用户识别号（effect user ID，EUID）和有效组识别号（effect group ID，EGID）。

RUID 和 RGID 的作用是识别正在运行此进程的用户和组。一个进程的 RUID 和 RGID 就是运行此进程的用户的 UID 和 GID。

EUID 和 EGID 的作用是确定一个进程对其访问的文件的权限和优先权。除非产生进程的程序被设置了 SUID 和 SGID 权限之外，一般，EUID、EGID 与 RUID、RGID 相同。若程序被设置了 SUID 或 SGID 权限，则此进程相应的 EUID 和 EGID，将与运行此进程文件的所属用户的 UID 或所属组的 GID 相同。例如，一个可执行文件 /usr/bin/passwd，其所属用户是 root（UID 为 0），此文件被设置了 SUID 权限。当一个 UID 为 500、GID 为 501 的用户执行此命令时，产生的进程的 RUID 和 RGID 分别是 500 和 501，而其 EUID 是 0，EGID 是 501。

尽管看上去有些烦琐，但是所有这些设计都是为了在一个多用户、多任务的操作系统中，所有用户的工作都能够安全可靠地进行，而这也是 Linux 操作系统的优势所在。

**3．进程的类型**

可以将运行在 Linux 系统中的进程分为 3 种不同的类型。

- 交互进程：由一个 Shell 启动的进程。交互进程既可以在前台运行，也可以在后台运行。
- 批处理进程：不与特定的终端相关联，提交到等待队列中顺序执行的进程。
- 守护进程：在 Linux 启动时初始化，需要时运行于后台的进程。

以上 3 种进程有各自的特点、作用和使用场合。

**4．进程的启动方式**

启动一个进程有两个主要途径：手工启动和调度启动。

（1）手工启动

由用户输入命令，直接启动一个进程便是手工启动进程。手工启动进程又可以分为前台启动和后台启动。

前台启动：手工启动一个进程的最常用方式。一般地，用户输入一个命令“ls -l”，这就已经启动了一个进程，而且是一个前台的进程。

后台启动：直接从后台手工启动一个进程用得比较少一些，除非是该进程甚为耗时，且用户也不急需要结果的时候。假设用户要启动一个需要长时间运行的格式化文本文件的进程，为了不使整个 Shell 在耗时进程的运行过程中都处于“瘫痪”状态，从后台启动这个进程是明智的选择。

在后台启动一个进程，可以在命令行后使用&命令，例如：

```
# ls -R / >list &
```

（2）调度启动

这种启动方式是事先进行设置，根据用户要求让进程自行启动运行，参见 6.2 节。

### 3.3.2　查看进程

**1．获取进程信息的命令**

通过命令可以查看进程状态，获取有关进程的相关信息。例如：

- 显示哪些进程正在执行和执行的状态。
- 进程是否结束、进程有没有僵死。
- 哪些进程占用了过多的系统资源等。

表 3-20 中列出了常用的获取进程信息的命令。

**表 3-20　常用的获取进程信息的命令**

| 命　令 | 说　明 |
|---|---|
| ps | 查看进程的详细信息 |
| pgrep | 通过模式（使用与 grep 相同的匹配模式）匹配查找进程的 PID |
| pidof | 通过进程名获取进程的 PID |

**2．ps 命令**

在 Linux 中，可使用 ps 命令对进程进行查看。ps 是一个功能非常强大的进程查看命令。使用该命令使用户可以确定有哪些进程正在执行和执行的状态、进程是否结束、进程有没有僵死、哪些进程占用了过多的系统资源等。总之，大部分信息都可以通过运行 ps 命令来获得。下面介绍 ps 命令的格式和常用选项。ps 命令的格式如下：

```
$ ps [选项]
```

由于 ps 命令的功能相当强大，所以该命令有大量的选项参数，这里只介绍几个最常用的选项，如表 3-21 所示。

表 3-21　ps 命令的常用选项

| 选　项 | 说　明 | 选　项 | 说　明 |
|---|---|---|---|
| a | 显示所有进程 | f/-H | 显示进程树，等价于 --forest |
| e | 在命令后显示环境变量 | w/-w | 宽行输出。通常用于显示完整的命令行 |
| u | 显示用户名和启动时间等信息 | -e | 显示所有进程，等价于 --A |
| x | 显示没有控制终端的进程 | -f | 完全显示。增加用户名、PPID、进程起始时间 |
| o/-o <list> | 由用户自定义输出列，list 是一个以逗号间隔的输出项列表 | --sort <order> | 指定按哪/哪些列排序，order 格式为：[+\|-]key[,[+\|-]key[,...]] |

表 3-22 中列出了 ps 命令输出的重要信息的含义。

表 3-22　ps 命令输出的重要信息的含义

| 输 出 项 | 说　明 | 输 出 项 | 说　明 |
|---|---|---|---|
| PID | 进程号 | TIME | 进程自从启动以来占用 CPU 的总时间 |
| PPID | 父进程的进程号 | USER | 用户名、 |
| TTY | 进程从哪个终端启动 | %CPU | 占用 CPU 时间与总时间的百分比 |
| STAT | 进程当前状态 | %MEM | 占用内存与系统内存总量的百分比 |
| START | 进程开始执行的时间 | SIZE | 进程代码大小+数据大小+栈空间大小，单位 KB |
| VSZ | 进程占用的虚拟内存空间，单位 KB | COMMAND/CMD | 进程的命令名 |
| RSS | 进程所占用的内存的空间，单位 KB | | |

其中，在进程状态（STAT）一栏中表示状态的字符含义如表 3-23 所示。

表 3-23　进程状态的字符含义

| 状　态 | 说　明 |
|---|---|
| R | 进程正在执行中（进程排在执行队列里，随时都会被执行） |
| S | 进程处于睡眠状态（sleeping） |
| T | 追踪或停止 |
| Z | 僵尸进程（zombie），进程已经被终止，但其父进程并不知道，没有妥善处理 |
| W | 进程没有固定的 pages |
| < | 高优先级的进程 |
| N | 低优先级的进程 |

### 3．进程显示命令举例

下面给出一些显示进程信息的例子。

**操作步骤 3.13**　显示进程信息的例子

```
// 显示出当前用户在 Shell 下所运行的进程信息
$ ps
// 只查看用户 osmond 的进程信息
# ps -u osmond
// 列出系统中正在运行的所有进程的详细信息
$ ps aux
$ ps -ef
// 想看清所运行的进程的完整命令行，可以使用 w 参数
$ ps auxw
$ ps -efw
```

```
// 显示系统进程树
$ ps axf
$ ps -efH
// 显示指定进程的详细信息
# ps aux|grep httpd
# ps -fp $(pgrep -d, -x httpd)
// 因为ps命令的-p参数需要一个以逗号间隔的PID列表，所以
// 命令替换中的pgrep命令使用参数-d，表示以逗号间隔进行输出而非默认的换行
// 命令替换中pgrep的参数-x表示精确匹配
# pgrep -x httpd | xargs ps -fp
// xargs 命令的含义是将管道获取的输入作为其后 ps -fp 命令的参数
// 对指定的输出项进行排序
$ ps -ef --sort user,-time
$ ps aux --sort -pcpu
$ ps aux --sort -pmem
// 列出 httpd 进程的PID
# ps -C httpd -o pid
# pidof httpd
# pgrep httpd
// 查找符合条件的进程PID
# pgrep -u root sshd              // 列出root用户运行的sshd进程的PID
# pgrep -u root,daemon            // 列出root用户或daemon用户运行的所有进程的PID
# pgrep -G student                // 列出student组运行的所有进程的PID
// 注意 pgrep 中精确匹配与默认匹配的区别
# pgrep http
# pgrep -x http
# pgrep -x httpd
```

提示

不加“-l”参数的 pgrep 命令的输出仅是符合条件进程的 PID。若要显示这些进程更详细的信息，还需要使用如下形式之一：

- $ps -fp $(pgrep -d, XXXXX)。
- $pgrep -x XXXXX | xargs ps -fp。

### 3.3.3　杀死进程

#### 1．为什么要杀死进程

在系统运行期间，若发生了如下情况，就需要将这些进程杀死。

- 进程占用了过多的 CPU 时间。
- 进程锁住了一个终端，使其他前台进程无法运行。
- 进程运行时间过长，但没有预期效果或无法正常退出。
- 进程产生了过多的到屏幕或磁盘文件的输出。

#### 2．进程信号

进程信号是在软件层次上对中断机制的一种模拟，在原理上，一个进程收到一个信号与处理器收到一个中断请求可以说是一样的。进程信号是最基本的进程间通信方式：可以在进程之间直接发送，而不需要用户界面；可以在 Shell 中通过 kill 命令发送给进程。

Linux 对每种进程信号都规定了默认关联动作。可以使用如下命令查看可用的进程信号及其详细信息。

```
$ kill  -l
$ man 7 signal
```

表 3-24 中列出了一些常用进程信号的说明。

**表 3-24　常用进程信号说明**

| 信　号 | 数　值 | 用　途 |
|---|---|---|
| SIGHUP | 1 | 重读配置文件 |
| SIGINT | 2 | 从键盘上发出的强行终止信号（Ctrl+C） |
| SIGKILL | 9 | 结束接收信号的进程（强行杀死进程） |
| SIGTERM | 15 | 正常的终止信号（默认） |

### 3. 可以发送进程信号的命令

表 3-25 中列出了常用的发送进程信号的命令。

**表 3-25　常用的发送进程信号的命令**

| 命　令 | 说　明 |
|---|---|
| kill | 通过指定进程的 PID 为进程发送进程信号 |
| killall | 通过指定进程的名称为进程发送进程信号 |
| pkill | 通过模式匹配为指定的进程发送进程信号 |

可以使用上述命令为进程发送 SIGTERM(15)或 SIGKILL(9)信号杀死进程。

### 4. 杀死进程举例

下面给出一些杀死进程的例子。

**操作步骤 3.14**　杀死进程的例子

```
// 杀死指定 PID 的进程（若已知进程的 PID 为 12345）
# kill 12345
# kill -9 12345                  // 强行杀死
// 杀死指定进程名的所有进程
$ killall myprogram
$ pkill myprogram
// 强行杀死指定进程名的所有进程
# killall -9 rsync
# pkill  -9 rsync
// 杀死通过模式匹配指定的所有进程
# pkill -9 -u osmond             // 强行杀死 osmond 用户的所有进程
# pkill -u root sshd             // 杀死 root 用户运行的所有 sshd 进程
# pkill -u root,daemon           // 杀死 root 用户或 daemon 用户运行的所有进程
# pkill -G student               // 杀死 student 组运行的所有进程
// 通过 pidof/pgrep 命令获取进程 PID，并组合使用 kill 命令将其杀死
# kill -9 $(pidof wget)
# kill -9 $(pgrep wget)
# kill -9 $(pgrep -u apache httpd)
# pgrep -u apache httpd | xargs kill -9
```

提示

1. killall 使用进程名称而不是 PID，所以所有的同名进程都将被杀死。
2. pkill/pgrep 在杀死进程时应使用精确匹配（-x），以免殃及池鱼。

### 3.3.4 作业控制

**1．作业控制的含义**

作业控制是指控制当前正在运行的进程的行为，也称为进程控制。作业控制是 Shell 的一个特性，使用户能在多个独立进程间进行切换。例如，用户可以挂起一个正在运行的进程，稍后再恢复其运行。bash 记录所有启动的进程并保持对所有已启动的进程的跟踪，在每一个正在运行的进程生命期内的任何时候，用户可以任意地挂起进程或重新启动进程恢复运行。

例如，当用户使用 vi 编辑一个文本文件，并需要中止编辑做其他事情时，利用作业控制，可以让编辑器暂时挂起，返回 Shell 提示符开始做其他的事情。其他事情做完以后，用户可以重新启动挂起的编辑器，返回到刚才中止的地方，就像用户从来没有离开编辑器一样。这只是一个例子，作业控制还有许多实际的用途。

**2．实施作业控制的常用命令**

表 3-26 中列出了作业控制的常用命令或操作快捷键。

**表 3-26 作业控制的常用命令或操作快捷键**

| 命令或快捷键 | 功 能 说 明 |
|---|---|
| cmd & | 命令后的&符号表示将该命令放到后台运行，以免霸占终端 |
| nohup cmd & | 将该命令放到后台运行，以免霸占终端，且用户注销后命令依然继续执行 |
| 〈Ctrl+D〉 | 终止一个正在前台运行的进程（含有正常含义） |
| 〈Ctrl+C〉 | 终止一个正在前台运行的进程（含有强行含义） |
| 〈Ctrl+Z〉 | 挂起一个正在前台运行的进程 |
| jobs | 显示后台作业和被挂起的进程 |
| bg | 在后台恢复运行一个被挂起的进程 |
| fg | 在前台恢复运行一个被挂起的进程 |

这些命令常用于用户需要在后台运行却意外地放到了前台启动运行的时候。当一个命令在前台被启动运行时，会禁止用户与 Shell 的交互，直到该命令结束。由于大多数命令的执行都能很快完成，所以一般情况下不会有什么问题。但如果要运行的命令要花费很长时间的话，通常会把它放到后台，以便能在前台继续输入其他命令。此时，上面的命令就会派上用场了。

**3．作业控制举例**

下面给出一个例子说明作业控制命令的使用。

**操作步骤 3.15** 作业控制命令的使用

```
// 列出所有正在运行的作业
 $ jobs
// 在前台运行睡眠进程
$ sleep 100000
// 使用〈Ctrl+Z〉键挂起过程
 [1]+  Stopped                 sleep 100000
// 在前台运行睡眠进程
 $ sleep 200000
 # 使用〈Ctrl+Z〉键挂起过程
 [2]+  Stopped                 sleep 200000
```

```
//  在后台运行睡眠进程
 $ sleep 300000 &
 [3] 8941
//  运行 cat 命令
 $ cat >example
 This is a example.
//  使用〈Ctrl+Z〉键挂起过程
 [4]+  Stopped                    cat >example
//  列出所有正在运行的作业

//  第 1 列是作业号，第 2 列中的+表示默认作业；-表示第二默认作业
//  第 3 列是作业状态
 $ jobs
 [1]   Stopped                    sleep 100000
 [2]-  Stopped                    sleep 200000
 [3]   Running                    sleep 300000 &
 [4]+  Stopped                    cat >example
//  列出所有正在运行的作业，同时列出进程 PID
 $ jobs -l
 [1]   8939 Stopped               sleep 100000
 [2]-  8940 Stopped               sleep 200000
 [3]   8941 Running               sleep 300000 &
 [4]+  8942 Stopped               cat >example
//  将第二默认作业（以-标识）在后台继续运行
 $ bg %-
 [2]- sleep 200000 &
 $ jobs -l
 [1]-  8939 Stopped               sleep 100000
 [2]   8940 Running               sleep 200000 &
 [3]   8941 Running               sleep 300000 &
 [4]+  8942 Stopped               cat >example
//  将 1 号作业在后台继续运行
 $ bg %1
 [1]- sleep 100000 &
 $ jobs -l
 [1]   8939 Running               sleep 100000 &
 [2]   8940 Running               sleep 200000 &
 [3]-  8941 Running               sleep 300000 &
 [4]+  8942 Stopped               cat >example
//  将默认作业（以+标识）在前台继续运行
 #  fg 等同于 fg %+; bg 等同于 bg %+
 $ fg
 cat >example
//  使用〈Ctrl+D〉键结束进程
 $ jobs -l
 [1]   8939 Running               sleep 100000 &
 [2]-  8940 Running               sleep 200000 &
 [3]+  8941 Running               sleep 300000 &
//  杀死 1 号作业
 $ kill %1
 $ jobs -l
 [1]   8939 Terminated            sleep 100000
 [2]-  8940 Running               sleep 200000 &
```

```
 [3]+  8941 Running              sleep 300000 &
//  杀死默认作业（以+标识）
 $ kill %+
 $ jobs -l
 [2]-  8940 Running              sleep 200000 &
 [3]+  8941 Terminated           sleep 300000
// 在后台执行脚本，且注销后仍然继续执行
 $ nohup ./my_sync_repo.sh &
```

提示

Windows 用户通常有随时按快捷键〈Ctrl+S〉进行保存的习惯，但在 Linux 的终端上按快捷键〈Ctrl+S〉表示挂起终端，要解除挂起需按快捷键〈Ctrl+Q〉。

## 3.4　思考与实验

**1．思考**

（1）Linux 系统是如何标识用户和组的？
（2）什么是标准组？什么是私有组？为什么使用了私有组？
（3）什么是主组？什么是附加组？以主组登录后如何切换到附加组？
（4）简述私有组和主组的关系，简述标准组和附加组的关系。
（5）简述 Linux 的 4 个账户系统文件及其各个字段的含义。
（6）举例说明使用 useradd 命令创建一个用户账号的具体执行过程。
（7）举例说明如何将一个用户账号添加到一个当前还不存在的组中。
（8）如何设置用户口令？如何锁定用户账号？如何设置用户口令时效？
（9）Linux 文件系统的 3 种基本权限是什么？
（10）Linux 文件系统的 3 种特殊权限是什么？何时使用它们？
（11）简述 chmod 命令的两种设置权限的方法。
（12）如何更改文件或目录的属主和/或同组人？
（13）为什么使用 ACL？简述 ACL 的两种类型及其作用。
（14）什么是进程？它与程序有何关系？进程有哪些类型和启动方式？
（15）如何查看进程？如何删除进程？
（16）什么是作业控制？什么是前台进程？什么是后台进程？

**2．实验**

（1）学会使用字符工具创建用户与组账号。
（2）学会设置用户口令并管理用户口令时效。
（3）学会设置文件和目录的操作权限。
（4）学会设置和使用 ACL 权限。
（5）学会显示和杀死进程。学会实施作业控制。

**3．进一步学习**

（1）学习 SUN 的集中式的账户系统 NIS 服务的配置和使用。
（2）学习使用 OpenLDAP 实现的集中式账户管理和应用。

# 第 4 章 本地存储管理

本章首先介绍磁盘的相关概念和分区工具的使用，然后介绍逻辑卷管理的相关概念和LVM 工具的使用，接着介绍创建文件系统的方法、手工挂载和卸载文件系统的方法以及如何在启动时挂载文件系统，最后介绍磁盘限额的相关概念及配置方法。

## 4.1 存储管理与磁盘分区

### 4.1.1 存储管理工具简介

#### 1. 本地存储管理的任务和工具

本地存储管理的任务主要包括磁盘分区、逻辑卷管理和文件系统管理。

表 4-1 中列出了本地存储管理的常用工具。

表 4-1 本地存储管理的常用工具

| 任务 | 工具 | 软件包 | 说 明 |
| --- | --- | --- | --- |
| 分区 | fdisk | util-linux | 磁盘分区工具，仅支持 Master boot record（MBR），最大分区大小为 2TB |
| | gdisk | gdisk | 磁盘分区工具，仅支持 GUID Partition Table（GPT） |
| | parted | parted | 磁盘分区工具，同时支持 MBR 和 GPT |
| 逻辑卷 | lvm | lvm2 | 逻辑卷管理工具（包括物理卷、卷组、逻辑卷的管理） |
| 文件系统 | mount | util-linux | 挂装文件系统 |
| | umount | util-linux | 卸装文件系统 |
| | mkfs.ext{2,3,4} | e2fsprogs | 创建 ext2/ext3/ext4 类型的文件系统 |
| | mkfs.xfs | xfsprogs | 创建 xfs 类型的文件系统 |
| | fsck.ext{2,3,4} | e2fsprogs | 检查并修复 ext2/ext3/ext4 类型的文件系统 |
| | xfs_repair | xfsprogs | 检查并修复 xfs 类型的文件系统 |
| | tune2fs | e2fsprogs | 调整 ext2/ext3/ext4 类型的文件系统属性 |
| | xfs_admin | xfsprogs | 设置 xfs 类型的文件系统的参数 |
| | resize2fs | e2fsprogs | 调整 ext2/ext3/ext4 类型的文件系统尺寸 |
| | xfs_growfs | xfsprogs | 扩展 xfs 类型的文件系统尺寸 |
| | fsadm | lvm2 | 检查 ext2/ext3/ext4/xfs 等类型的文件系统，调整 ext2/ext3/ext4/xfs 等类型的文件系统尺寸 |
| 交换区 | mkswap | util-linux | 创建交换空间 |
| | swapon | util-linux | 启用交换空间 |
| | swapoff | util-linux | 禁用交换空间 |

提示

RHEL/CentOS 7 中还提供了一个新的存储管理工具 SSM（System Storage Manager），由 system-storage-manager 软件包提供。SSM 集成多种存储技术（lvm、btrfs、加密卷等），通过单一命令可同时管理逻辑卷、文件系统等。

**2．使用文件系统的一般方法**

系统和用户的所有数据都存储在文件系统上，使用文件系统的前提是先创建分区和/或逻辑卷，然后将其挂装到文件系统目录树上，被挂装的目录称为挂装点。Linux 中使用的文件系统通常是在安装时创建的。对于实际运行的系统，经常还会需要对现有的分区进行调整或建立新的分区和 LVM 的情况。

要使用文件系统，一般要遵循如下步骤。

1）在硬盘上创建分区或逻辑卷。

2）在分区或逻辑卷上创建文件系统。类似于在 Windows 下进行格式化操作。

3）挂装文件系统到系统中。在分区或逻辑卷上创建好文件系统后，可以将该分区或逻辑卷上的文件系统，挂装到系统中的相应目录下以便使用。

- 手工挂装文件系统可以使用 mount 命令。
- 若需要系统每次启动时都自动挂装该文件系统，则需要在文件/etc/fstab 中添加相应的配置行。

4）卸载文件系统。对于可移动介质上的文件系统，当使用完毕后，需要使用 umount 命令实施卸载操作或执行 eject 命令直接弹出光盘。

**3．Linux 支持的文件系统**

Linux 的内核采用了称为虚拟文件系统（VFS）的技术，因此 Linux 可以支持多种不同的文件系统类型。每一种类型的文件系统都提供一个公共的软件接口给 VFS。Linux 文件系统的所有细节由软件进行转换，因而从 Linux 的内核以及在 Linux 中运行的程序来看，所有类型的文件系统都没有差别，Linux 的 VFS 允许用户同时不受干扰地安装和使用多种不同类型的文件系统。

CentOS 7 支持多种类型的文件系统，不仅可以很好地支持 Linux 标准的文件系统，甚至还支持 Microsoft 等其他多种平台操作系统的文件类型。表 4-2 中列出了 CentOS 7 支持的常见文件系统。可以使用 man 5 fs 命令查看多种文件系统类型的信息。

**表 4-2　CentOS 7 支持的常见文件系统**

| 文件系统 | 软件包 | 说　明 |
|---|---|---|
| ext2 | e2fsprogs | Linux 的标准文件系统，是 ext 文件系统的后续版本 |
| ext3、ext4 | e2fsprogs | 由 ext2 扩展的日志文件系统 |
| xfs | xfsprogs | 由 SGI 开发的一种日志文件系统，RHEL/CentOS7 默认使用的文件系统 |
| btrfs | btrfs-progs | 有望成为下一代 Linux 标准文件系统，支持可写的磁盘快照（snapshots）、内建的磁盘阵列（RAID）和子卷（Subvolumes）等功能 |
| vfat | dosfstools | Windows 95 和 Windows NT 上使用的支持长文件名的 DOS 文件系统扩展 |
| ntfs-3g | ntfs-3g | Windows 的 NTFS 系统 |
| ISO9660 | genisoimage | 标准 CD-ROM 文件系统类型 |
| swap | util-linux | 在 Linux 中作为交换分区使用，交换分区用于操作系统管理内存的交换空间 |

## 4.1.2　硬盘及分区

**1．硬盘及其分类**

硬盘（Hard Disk）是计算机配置的大容量外存储器。随着技术的进步，磁盘可以分为以下两类。

- 机械硬盘：机械硬盘主要由盘片、磁头、盘片转轴及控制电机、磁头控制器、数据转换器、接口、缓存等几个部分组成。
- 固态硬盘（Solid State Disk，SSD）：是由固态电子存储芯片阵列而制成的，无机械部件。固态硬盘具有读写速度很快、更加抗震、无噪声且工作温度范围大等优点，但现在的固态硬盘都有固定的读写次数限制且价格较机械硬盘昂贵。

**2．硬盘接口方式**

硬盘的接口方式主要有 PATA（俗称 IDE）接口、SATA 接口、SCSI 接口、SAS 接口和 FC-AL 接口。个人桌面多采用 SATA 接口；服务器多采用 SCSI、SAS 和 FC-AL 接口。

如果说服务器是网络数据的核心，那么服务器硬盘就是这个核心的数据仓库，所有的软件和用户数据都存储在这里。服务器一般需要 7×24 小时不间断运行，其硬盘也要 24 小时不停地运转。因此，选择服务器硬盘应从如下几方面考虑：

- 较高的稳定性和可靠性。
- 支持热插拔。
- 较快的硬盘速度。

为了使硬盘能够适应大数据量、超长工作时间的工作环境，服务器一般采用高速、稳定、安全的 SAS、SCSI 和 FC-AL 接口硬盘。

- FC-AL 接口主要应用于任务级的关键数据的大容量实时存储。可以满足高性能、高可靠和高扩展性的存储需要。
- SCSI 接口主要应用于商业级的关键数据的大容量存储。
- SAS 接口是个全才，可以支持 SAS 和 SATA 磁盘，很方便地满足不同性价比的存储需求，是具有高性能、高可靠和高扩展性的解决方案，因而被业界公认为取代并行 SCSI 的不二之选。
- SATA 接口主要应用于非关键数据的大容量存储，近线存储和非关键性应用（如替代以前使用磁带的数据备份）。

确定了硬盘的接口和类型后，就要重点考察影响硬盘性能的技术指标，根据转速、单碟容量、平均寻道时间、缓存等因素，并结合资金预算，选定性价比最合适的硬盘方案。

**3．使用 fdisk 分区**

Linux 环境下通常使用 fdisk 工具对磁盘进行分区。fdisk 命令的常用格式如下：

```
# fdisk <硬盘设备名>  // 进入 fdisk 的交互操作方式，对指定的硬盘进行分区操作。
# fdisk -l <硬盘设备名>  // 在命令行方式下显示指定硬盘的分区表信息。
```

在 fdisk 的交互操作方式下可以使用若干子命令，如表 4-3 所示。

**表 4-3　fdisk 的子命令**

| 命　令 | 说　　明 | 命　令 | 说　　明 |
|---|---|---|---|
| a | 为分区设置可启动标志 | p | 列出硬盘分区表 |
| d | 删除一个硬盘分区 | q | 退出 fdisk，不保存更改 |
| l | 列出所有支持的分区类型 | t | 更改分区类型 |
| m | 列出所有命令说明 | u | 切换所显示的分区大小的单位 |
| n | 创建一个新的分区 | w | 把设置写入硬盘分区表，然后退出 |
| o | 创建 DOS 类型的空分区表 | g | 创建 GPT 类型的空分区表 |

提示

当前 fdisk 还不能完全支持 GUID 分区表（GUID Partition Table，GPT），因此在创建大于 2TB 的分区时应使用完全支持 GPT 的 gdisk 工具，其使用方法与 fdisk 完全一致。

**操作步骤 4.1**　使用 fdisk 分区工具

请见下载文档“使用 fdisk 分区工具”。

**4．静态分区的缺点**

在安装 Linux 的过程中，如何正确地评估各分区大小是一个难题，因为系统管理员不但要考虑到当前某个分区需要的容量，还要预见该分区以后可能需要的容量的最大值。如果估计不准确，当遇到某个分区不够用时，系统管理员甚至可能要备份整个系统、清除硬盘、重新对硬盘分区，然后恢复数据到新分区。

某个分区空间耗尽时，通常的解决方法如下。

- 使用符号链接。将破坏 Linux 文件系统的标准结构。
- 使用调整分区大小的工具。必须停机一段时间。
- 备份整个系统、清除硬盘、重新对硬盘分区，然后恢复数据到新分区。必须停机一段时间进行恢复操作。

提示

使用静态分区，当某个分区空间耗尽时，只能暂时解决问题，而没有从根本上解决问题。使用 Linux 的逻辑卷管理可以从根本上解决这个问题，使用户在无须停机的情况下方便地调整各个逻辑卷的大小。

## 4.2　逻辑卷管理

### 4.2.1　LVM 相关概念

**1．什么是 LVM**

LVM 是逻辑卷管理（Logical Volume Manager）的简称，是 Linux 环境下对磁盘分区进行管理的一种机制。LVM 是建立在硬盘或分区之上的一个逻辑层，为文件系统屏蔽下层磁盘分区布局，从而提高磁盘分区管理的灵活性。通过 LVM 系统，管理员可以轻松管理磁盘分区，如将若干个磁盘分区连接为一个整块的卷组（Volume Group），形成一个存储池。管理员可以在卷组上随意创建逻辑卷（Logical Volume），并进一步在逻辑卷上创建文件系统。管理员通过 LVM 可以方便地调整卷组的大小，并且可以对磁盘存储按照组的方式进行命名、管理和分配，例如，按照使用用途命名为 development 和 sales，而不是使用物理磁盘名 sda 和 sdb。当系统添加了新的磁盘后，管理员不必将磁盘的文件移动到新的磁盘上以充分利用新的存储空间，而是通过 LVM 直接扩展文件系统跨越磁盘即可。

**2．LVM 基本术语**

（1）物理卷（Physical Volume，PV）

- 物理卷在 LVM 系统中处于最底层。
- 物理卷可以是整个硬盘、硬盘上的分区，或从逻辑上与磁盘分区具有同样功能的设备（如 RAID）。
- 物理卷是 LVM 的基本存储逻辑块，但和基本的物理存储介质（如分区、磁盘等）比较，却包含与 LVM 相关的管理参数。

（2）卷组（Volume Group，VG）

- 卷组建立在物理卷之上，由一个或多个物理卷组成。
- 卷组创建之后，可以动态地添加物理卷到卷组中，在卷组上可以创建一个或多个 LVM 分区（逻辑卷）。
- 一个 LVM 系统中可以只有一个卷组，也可以包含多个卷组。
- LVM 管理的卷组类似于非 LVM 系统中的物理硬盘。

（3）逻辑卷（Logical Volume，LV）

- 逻辑卷建立在卷组之上，是从卷组中“切出”的一块空间。
- 逻辑卷创建之后，其大小可以伸缩。
- LVM 的逻辑卷类似于非 LVM 系统中的硬盘分区，在逻辑卷之上可以建立文件系统（如/home 或者/usr 等）。

（4）物理区域（Physical Extent，PE）

- 每一个物理卷被划分为基本单元（称为 PE），具有唯一编号的 PE 是可以被 LVM 寻址的最小存储单元。
- PE 的大小可根据实际情况在创建物理卷时指定，默认为 4 MB。
- PE 的大小一旦确定将不能改变，同一个卷组中所有物理卷的 PE 大小一致。

（5）逻辑区域（Logical Extent，LE）

- 逻辑区域也被划分为可被寻址的基本单位（称为 LE）。
- 在同一个卷组中，LE 的大小和 PE 是相同的，并且一一对应。

和非 LVM 系统将包含分区信息的元数据（Metadata）保存在位于分区起始位置的分区表中一样，逻辑卷以及卷组相关的元数据也是保存在位于物理卷起始处的卷组描述符区域（Volume Group Descriptor Area，VGDA）中。VGDA 包括以下内容：PV 描述符、VG 描述符、LV 描述符和一些 PE 描述符。图 4-1 描述了它们之间的关系。

### 3．LVM 与文件系统之间的关系

图 4-2 描述了 LVM 与文件系统之间的关系。

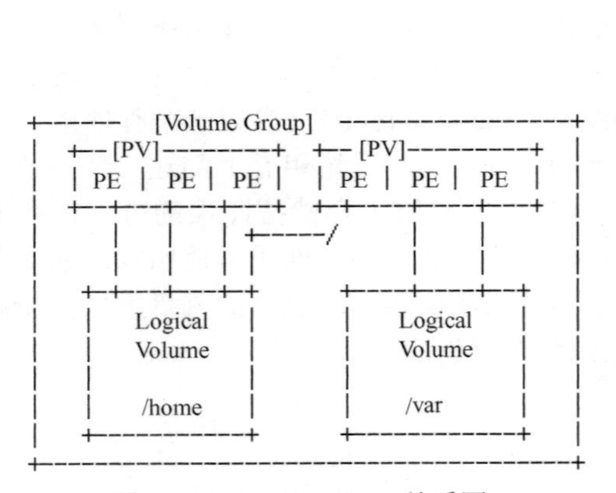


图 4-1　PV-VG-LV-PE 关系图

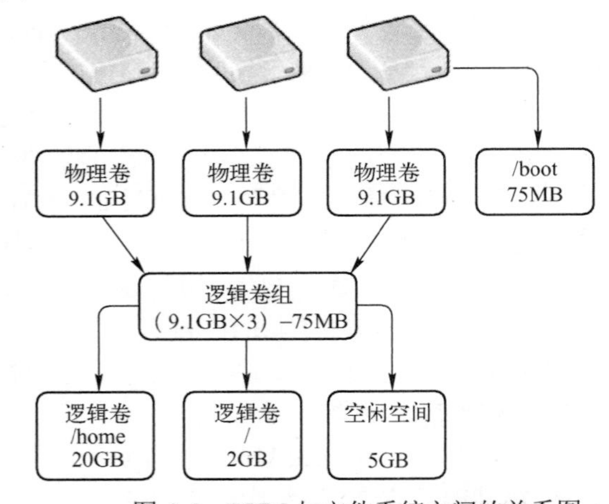


图 4-2　LVM 与文件系统之间的关系图

注意

/boot 分区不能位于卷组中，因为引导装载程序无法从逻辑卷中读取。如果想把分区放在逻辑卷上，则必须创建一个与卷组分离的/boot 分区。

**4．PV-VG-LV 的设备名**

PV-VG-LV 的含义及设备名如表 4-4 所示。

**表 4-4　PV-VG-LV 的含义及设备名**

| | 含　义 | 设 备 名 |
|---|---|---|
| PV | 物理卷：磁盘或分区 | /dev/sda? |
| VG | 卷组：一组磁盘和/或分区 | /dev/<VG name>/（目录） |
| LV | 逻辑卷：LVM 分区 | /dev/<VG name>/<LV name> |

**5．CentOS 7 下的 LVM**

CentOS 从版本 4 开始使用新一代的 LVM2。LVM2 比 LVM 提供了更多的功能：

- 在线调整卷的大小。
- 允许以可读和可写的模式建立卷快照（Volume Snapshot）。

CentOS 实现 LVM 的软件包名为 lvm2，且是被默认安装的。软件包 lvm2 中提供了一系列的 LVM 工具，其中 lvm 是一个交互式管理的命令行接口；同时提供了非交互的管理命令。表 4-5 中列出了常用的非交互命令。

**表 4-5　LVM 常用的非交互命令**

| 任　务 | PV | VG | LV |
|---|---|---|---|
| 创建 | pvcreate | vgcreate | lvcreate |
| 删除 | pvremove | vgremove | lvremove |
| 扫描列表 | pvscan | vgscan | lvscan |
| 显示属性 | pvdisplay | vgdisplay | lvdisplay |
| 扩展 | | vgextend | lvextend |
| 缩减 | | vgreduce | lvreduce |
| 显示信息 | pvs | vgs | lvs |
| 改变属性 | pvchange | vgchange | lvchange |
| 重命名 | | vgrename | lvrename |
| 改变容量 | pvresize | | lvresize |
| 检查一致性 | pvck | vgck | |

提示

用户可以使用如下命令显示上述命令的功能。

```
# lvm help
```

并可以使用命令参数-h 查看每个命令的使用方法，如：

```
# pvcreate -h
```

## 4.2.2　管理 LVM

**1．创建卷**

表 4-6 中列出了创建卷（物理卷、卷组、逻辑卷）的 LVM 命令。

表 4-6　创建卷的 LVM 命令

| 功　能 | 命　令 | 说　明 |
|---|---|---|
| 创建物理卷 | pvcreate <磁盘或分区设备名> | 创建物理卷的分区类型应为 8e |
| 创建卷组 | vgcreate <卷组名> <物理卷设备名> [...] | 将若干物理卷添加到卷组中 |
| 创建逻辑卷 | lvcreate <-L 逻辑卷大小> <-n 逻辑卷名> <卷组名><br>lvcreate <-l PE 值> <-n 逻辑卷名> <卷组名> | 指定逻辑卷大小时可以使用的单位有：k/K、m/M、g/G、t/T。默认为 M |

提示　在创建逻辑卷时可以使用选项<-l PE 值>指定逻辑卷的大小。PE 值可以通过使用命令 vgdisplay|grep "Free PE" 获得。

例 1：创建两个物理卷。

```
# pvcreate /dev/sdb2 /dev/sdb6
  Physical volume "/dev/sdb2" successfully created
  Physical volume "/dev/sdb6" successfully created
```

例 2：使用已创建的两个物理卷创建名为 data 的卷组。

```
#  vgcreate data/dev/sdb2 /dev/sdb6
   Volume group "data" successfully created
```

例 3：在 data 卷组中创建名字为 home 大小为 1GB 的逻辑卷，在 data 卷组中创建名字为 www 大小为 2GB 的逻辑卷。

```
#  lvcreate -L 1G -n home data
   Logical volume "home" created
#  lvcreate -L 2G -n www data
   Logical volume "www" created
```

### 2. 查看卷

表 4-7 中列出了查看卷（物理卷、卷组、逻辑卷）信息的 LVM 命令。

表 4-7　查看卷信息的 LVM 命令

| 功　能 | 命　令 | 说　明 |
|---|---|---|
| 查看物理卷 | pvdisplay [<物理卷设备名>] | 省略设备名将显示所有物理卷 |
| 查看卷组 | vgdisplay [<卷组名>] | 省略设备名将显示所有卷组 |
| 查看逻辑卷 | lvdisplay [<逻辑卷卷设备名>] | 省略设备名将显示所有逻辑卷名 |

### 3. 调整卷

表 4-8 中列出了调整（扩展、缩减）卷（卷组、逻辑卷）的 LVM 命令。

表 4-8　调整卷的 LVM 命令

| 功　能 | 命　令 | 说　明 |
|---|---|---|
| 扩展卷组 | vgextend <卷组名> <物理卷设备名> [...] | 将指定的物理卷添加到卷组中 |
| 缩减卷组 | vgreduce <卷组名> <物理卷设备名> [...] | 将指定的物理卷从卷组中移除 |
| 扩展逻辑卷 | lvextend <-L +逻辑卷增量> <逻辑卷设备名称><br>lvextend <-l +PE 值> <逻辑卷设备名称> | 扩展逻辑卷之后才能扩展逻辑卷上的文件系统的大小 |
| 缩减逻辑卷 | lvreduce <-L -逻辑卷增量> <逻辑卷设备名称><br>lvreduce <-l -PE 值> <逻辑卷设备名称> | 缩减逻辑卷之前一定要先缩减逻辑卷上的文件系统的大小 |

例 1：将两个物理卷扩展到已存在的 data 卷组中。

```
#  vgextend data /dev/sdc1 /dev/sdc2
   Volume group "data" successfully extended
```

例 2：在 data 卷组中扩展 home 逻辑卷，扩展 2GB 容量。

```
# lvextend -L +2G /dev/data/home
   Size of logical volume data/home changed from 1.00 GB (256 extents) to 3.00 GB
(768 extents).
   Logical volume home successfully resized
```

**4．扩展逻辑卷举例**

下面给出一个将 data 卷组中名为 www 的逻辑卷扩展 5GB 的应用实例。操作过程如下。

（1）首先查看当前的 data 卷组的剩余空间是否大于 5GB。

（2）若当前的 data 卷组的剩余空间大于 5GB，则：

- 将 data 卷组中的 www 逻辑卷扩展 5GB。
- 对 www 逻辑卷上的文件系统进行容量扩展。

（3）若当前的 data 卷组的剩余空间小于 5GB，则：

- 在系统中添加新硬盘并创建分区类型为 LVM 的分区。
- 在新硬盘上创建物理卷。
- 将新创建的物理卷扩展到 data 卷组。
- 将 data 卷组中的 www 逻辑卷扩展 5GB。
- 对 www 逻辑卷上的文件系统进行容量扩展。

**操作步骤 4.2**　将 data 卷组中的 www 逻辑卷扩展 5GB

请见下载文档“扩展逻辑卷举例”。

注意

1. 对文件系统调整大小是非常危险的操作，虽然技术上是可行的，但调整文件系统容量之前必须进行完整备份（尤其是缩减文件系统时）。

2. lvextend/lvreduce/lvresize 命令均支持-r|--resizefs 参数用于调整逻辑卷的同时调整文件系统的尺寸。

3. 对 ext3/4 文件系统可以单独使用 resize2fs 命令调整（扩展或缩减）文件系统的尺寸；对于 xfs 文件系统，可以单独使用 xfs_growfs 命令扩展文件系统的尺寸（当前 xfs 文件系统还不支持缩减文件系统的尺寸）。

# 4.3　文件系统管理

## 4.3.1　创建和挂装文件系统

**1．创建文件系统**

创建文件系统命令的格式如下：

```
# mkfs.ext4     <设备名>
# mkfs.xfs      <设备名>
```

例 1：在系统第二块 SATA 接口的硬盘第 5 个分区上创建 ext4 类型的文件系统。

```
# mkfs.ext4  /dev/sdb5
```

例 2：对 data 卷组的 home 逻辑卷创建 ext4 类型的文件系统。

```
# mkfs.ext4  /dev/data/home
```

例 3：对 data 卷组的 www 逻辑卷创建 xfs 类型的文件系统。

```
# mkfs.xfs  /dev/data/www
```

也可以使用带-t <fstype>选项的 mkfs 命令创建各种类型的文件系统，例如：

```
// 在系统第二块 SATA 接口的硬盘第 1 个分区上创建 ext3 类型的文件系统
# mkfs -t ext3 /dev/sdb1
// 在系统第二块 SATA 接口的硬盘第 5 个分区上创建 FAT32 类型的文件系统
# mkfs -t vfat /dev/sdb5
```

**2．使用 mount 命令挂装文件系统**

在磁盘分区或逻辑卷上创建了文件系统后，还需要把新建立的文件系统挂装到系统上才能使用。挂装是 Linux 文件系统中的概念，将所有的文件系统挂装到统一的目录树中。使用 mount 命令可以灵活地挂装系统可识别的所有文件系统。mount 的命令格式如下。

- 格式 1：# mount  [-t <文件系统类型>]  [-o <挂装选项>]  <设备名>  <挂装点>
- 格式 2：# mount  [-o <挂装选项>]  <设备名> 或 <挂装点>
- 格式 3：# mount  -a  [-t <文件系统类型>]  [-o <挂装选项>]

1）格式 1：用于挂装 /etc/fstab 中未列出的文件系统。

- 使用-t 选项可以指定文件系统类型。
- 若-t 选项省略，mount 命令将依次试探 /proc/filesystems 中不包含 nodev 的行。
- 必须同时指定<设备名>和<挂装点>。

2）格式 2：用于挂装 /etc/fstab 中已列出的文件系统。

- 选择使用<设备名>或<挂装点>之一即可。
- 若-o 省略，则使用/etc/fstab 中该文件系统的挂装选项。

3）格式 3：用于挂装/etc/fstab 中所有不包含 noauto（非自动挂装）挂装选项的文件系统。

- -t：若指定此参数，则只挂装 /etc/fstab 中指定类型的文件系统。
- -o：用于指定挂装 /etc/fstab 中包含指定挂装选项的文件系统。
- 若同时指定-t 和-o，则为“或者”的关系。

提示

1. 挂装点就是文件系统中的一个目录，必须把文件系统挂装在目录树中的某个目录中。
2. 挂装点目录在实施挂装操作之前必须存在，若其不存在则应该使用 mkdir 命令创建。
3. 通常挂装点目录必须是空的，否则目录中原有的文件将被系统隐藏。
4. 设备名也可以通过文件系统的 LABEL 或 UUID 来指定，即设备名可以用 LABEL=<label>（-L <label>）或 UUID=<uuid>（-U <uuid>）替换。

下面是几个使用 mount 命令的例子。

例 1：将/dev/sdb5 上的 ext4 文件系统挂装到 /backup。

```
# mkdir /backup
# mount -t ext4 /dev/sdb5 /backup
```

也可以通过 UUID 来指定设备。

```
# blkid /dev/sdb5
/dev/sdb5: UUID="645ecfe0-be72-494f-8771-eb550e9a614b" TYPE="ext4"
# mount -t ext4 -U "645ecfe0-be72-494f-8771-eb550e9a614b" /backup
```

例 2：将文件系统类型为 ext4 的逻辑卷 /dev/data/home 挂装到 /home。

```
# mount /dev/data/home /home
```

也可以通过 UUID 来指定设备。

```
# blkid /dev/data/home
/dev/data/home: UUID="17bc54ae-f2ba-4296-ae16-5f39c6926bbd" TYPE="ext4"
# mount -U "17bc54ae-f2ba-4296-ae16-5f39c6926bbd" /home
```

例 3：将文件系统类型为 xfs 的逻辑卷 /dev/data/www 挂装到 /srv/www。

```
# mkdir /srv/www
# mount /dev/data/www /srv/www
```

也可以通过 UUID 来指定设备。

```
# blkid /dev/data/www
/dev/data/www: UUID="5b62d725-08e1-47d9-8389-d87842e0a916" TYPE="xfs"
# mount -U "5b62d725-08e1-47d9-8389-d87842e0a916" /srv/www
```

例 4：将光盘 ISO 文件挂载到 /media。

```
# mount -t iso9660 -o loop CentOS-7-x86_64-Minimal-1503-01.iso /media
```

例 5：将 /dev/sdd1 上的 NTFS 类型的文件系统以读写方式挂装到 /mnt/win。

```
# yum -y install ntfs-3g
# mkdir /mnt/win
# mount.ntfs-3g /dev/sdd1 /mnt/win
```

例 6：显示当前已经挂装的文件系统。

```
$ mount      # 或 findmnt
```

**3．使用 umount 命令卸装文件系统**

文件系统可以被挂装，也可以被卸装。卸装文件系统的命令是 umount，该命令可以把文件系统从 Linux 系统中的挂装点分离。要卸装一个文件系统，可以指定要卸装的文件系统的目录名（挂装点）或设备名。umount 命令的格式如下。

```
# umount <设备名或挂装点>
```

例如：

```
# umount /dev/sdb5
# umount /srv/www
```

注意

如果一个文件系统处于 busy 状态，则不能卸装该文件系统。如下情况将导致文件系统处于 busy 状态：

（1）文件系统上面有打开的文件。

（2）某个进程的工作目录在此文件系统上。

（3）文件系统上面的缓存文件正在被使用。

最典型的错误是在挂装点目录下实施卸装操作，此时文件系统处于 busy 状态。

**4. fuser 命令**

fuser 命令可以根据文件（目录、设备）查找使用它的进程，同时也提供了杀死这些进程的方法。fuser 命令的详细用法可参考其 man 手册。下面仅介绍当文件系统处于 busy 状态时如何卸装文件系统的步骤。

1）查看挂接点有哪些进程需要杀掉。

```
# fuser  -cu  /mount_point
```

2）杀死这些进程（向其发送[SIGKILL, 9]信号）。

```
# fuser  -ck  /mount_point
```

3）查看是否还有进程在访问挂接点。

```
# fuser  -c  /mount_point
```

4）卸装挂接点上的设备。

```
# umount  /mount_point
```

**5. 在系统启动时自动挂装文件系统**

使用 mount 命令手动挂装的文件系统在关机时会被自动卸装，但系统再次启动后不会被自动挂装。要在启动时自动挂装文件系统，必须修改系统挂装表——配置文件/etc/fstab。系统启动所要挂装的文件系统、挂装点、文件系统类型等都记录在/etc/fstab 文件里，例如：

```
#<file system>                          <mount point>  <type>  <options>   <dump> <pass>
/dev/mapper/centos-root                       /         xfs    defaults      0      0
UUID=1e1abb88-f9c5-49f5-aeec-a942cb37b71d   /boot     xfs    defaults      0      0
/dev/mapper/centos-swap                      swap      swap   defaults      0      0
```

/etc/fstab 文件每一行书写一个文件系统的挂装情况，以#开头的行为注释行。文件中每一列的说明如表 4-9 所示。

**表 4-9　fstab 文件说明**

| 字　段 | 说　明 |
|---|---|
| file system | 要挂装的设备，可以使用设备名，也可以通过 UUID=<uuid> 或 LABEL=<label> 来指定 |
| mount point | 挂装点目录 |
| type | 挂装的文件系统类型 |
| options | 挂装选项。挂装设备时可以设置多选项，不同选项间用逗号隔开 |
| dump | 使用 dump 命令备份文件系统的频率，空白或者值为 0 时，系统认为不需要备份 |
| pass | 开机时 fsck 命令会自动检查文件系统，pass 规定了检查的顺序。挂装到/分区的文件系统，此字段应是 1，其余是 2，0 表示不需要检查 |

例如，要在系统启动过程中将分区 /dev/sdb5 上的 ext4 类型的文件系统挂装到 /backup 目录，将逻辑卷 /dev/data/www 上的 xfs 类型的文件系统挂装到 /srv/www 目录，将逻辑卷 /dev/data/home 上的 ext4 类型的文件系统挂装到 /home 目录，可以在/etc/fstab 文件中添加：

```
/dev/data/www     /srv/www          xfs      defaults        0  0
/dev/data/home    /home             ext4     defaults        0  1
/dev/sdb5         /backup           ext4     defaults        0  2
```

或者使用 UUID 指定设备。

```
UUID=5b62d725-08e1-47d9-8389-d87842e0a916   /srv/www     xfs   defaults   0  0
UUID=17bc54ae-f2ba-4296-ae16-5f39c6926bbd   /home       ext4   defaults   0  1
UUID=645ecfe0-be72-494f-8771-eb550e9a614b   /backup     ext4   defaults   0  2
```

修改/etc/fstab 文件后，执行如下命令使其在当前生效。

```
# mount -a
```

注意

若系统在安装过程中没有分配单独的挂载到/home 的分区或逻辑卷，那么/home 目录下很可能已包含用户数据，将单独的分区或逻辑卷挂载到/home 后，原来/home 目录的内容将被屏蔽，为此应先执行如下的命令将原来/home 目录下的内容同步到新的分区或逻辑卷，为了节省空间还可以删除原来/home 目录下的内容。

```
# umount /home
# mount /dev/data/home  /mnt
# rsync -avH /home/ /mnt/
# rm -rf /home/*
# umount /mnt
# mount /dev/data/home  /home
```

### 4.3.2 磁盘限额

#### 1. 什么是磁盘限额

在一个有很多用户的系统上，必须限制每个用户的磁盘使用空间，以免个别用户占用过多的磁盘空间影响系统运行和其他用户的使用。限制用户的磁盘使用空间就是给用户分配磁盘限额（Quota），用户只能使用额定的磁盘使用空间，超过之后就不能再存储文件。

磁盘限额是系统管理员用来监控和限制用户或组对磁盘使用的工具。磁盘限额可以从两方面限制：其一，限制用户或组可以拥有的 inode 数（文件数）；其二，限制分配给用户或组的磁盘块的数目（以千字节为单位的磁盘空间）。

另外，设置磁盘限额还涉及如下与限制策略相关的 3 个概念。

- 硬限制：超过此设定值后不能继续存储新的文件。
- 软限制：超过此设定值后仍旧可以继续存储新的文件，同时系统发出警告信息，建议用户清理自己的文件，释放出更多的空间。
- 宽限期：超过软限制多长时间之内（默认为 7 天）可以继续存储新的文件。

注意　磁盘限额是以每个使用者、每个文件系统为基础的。如果使用者可以在超过一个以上的文件系统上建立文件，那么必须在每个文件系统上分别设定。

**2．CentOS 下的磁盘限额支持**

磁盘限额由 Linux 的内核支持，CentOS 提供 vfsold（v1）、vfsv0（v2）和 xfs 共 3 种不同的配额支持。对于 ext3/4 文件系统，磁盘限额的配置和查看工具由 quota 软件包提供。quota 软件包提供了如表 4-10 中所示的常用磁盘限额管理工具。对于 xfs 文件系统，磁盘限额的配置和查看工具由 xfsprogs 软件包的 xfs_quota 提供。

**表 4-10　quota 提供的常用磁盘限额管理工具**

| 工　具 | 说　明 |
|---|---|
| quota | 查看磁盘的使用和限额 |
| repquota | 显示文件系统的磁盘限额汇总信息 |
| quotacheck | 从/etc/mtab 中扫描支持限额的文件系统，生成、检查、修复限额文件 |
| edquota | 使用编辑器编辑用户或组的限额 |
| setquota | 使用命令行设置用户或组的限额 |
| quotaon | 启用文件系统的磁盘限额 |
| quotaoff | 停用文件系统的磁盘限额 |
| convertquota | 转换旧版的磁盘限额文件为新版格式 |
| quotastats | 显示内核的限额统计信息 |

**3．配置磁盘限额**

在 CentOS 下配置磁盘限额需要经过如表 4-11 所示的步骤。

**表 4-11　磁盘限额的配置步骤**

| 配 置 步 骤 | ext 3/4 文件系统 | xfs 文件系统 |
|---|---|---|
| 编辑 /etc/fstab 文件<br>启用文件系统的 quota 挂装选项 | usrquota<br>grpquota | uquota<br>gquota |
| 创建 quota 数据库文件并<br>启用 quota | quotacheck -cmvug　<文件系统><br>quotaon -avug | xfs 文件系统的 quota 结构信息包含在元数据和日志中，无需此步骤 |
| 设置 quota | 使用 setquota 或 edquota 配置 | 使用 xfs_quota 配置 |

表 4-12 中列出了 setquota 命令设置磁盘限额的方法。

**表 4-12　使用 setquota 命令设置磁盘限额**

| 功　能 | 命　令 |
|---|---|
| 为指定用户的设置配额 | setquota [-u] <用户名> <块软限制 块硬限制 inode 软限制 inode 硬限制>　<-a\|文件系统> |
| 为指定组的设置配额 | setquota -g <组名> <块软限制 块硬限制 inode 软限制 inode 硬限制>　<-a\|文件系统> |
| 将参考用户的限额设置复制给待设置的新用户 | setquota [-u] -p <参考用户> <新用户> <-a\|文件系统> |
| 将参考组的限额设置复制给待设置的新组 | setquota -g -p <参考组> <新组>　<-a\|文件系统> |
| 为指定用户的设置配额宽限期 | setquota -t [-u] <块宽限期 inode 宽限期>　<-a\|文件系统> |
| 为指定组的设置配额时宽限期 | setquota -t -g　<块宽限期 inode 宽限期>　<-a\|文件系统> |

表 4-13 中列出了 xfs_quota 命令设置磁盘限额的方法。

**表 4-13　使用 xfs_quota 命令设置磁盘限额**

| 功　能 | 命　令 |
|---|---|
| 为指定用户的设置限额 | xfs_quota -x -c 'limit -u bsoft=N bhard=N isoft=N ihard=N <用户名>'　<文件系统> |
| 为指定组的设置限额 | xfs_quota -x -c 'limit -g bsoft=N bhard=N isoft=N ihard=N <组名>'　<文件系统> |
| 为指定用户的设置配额宽限期 | xfs_quota -x -c 'timer -u -b <块宽限期>' <文件系统><br>xfs_quota -x -c 'timer -u -i <inode 宽限期>' <文件系统> |
| 为指定组的设置配额时宽限期 | xfs_quota -x -c 'timer -g -b <块宽限期>' <文件系统><br>xfs_quota -x -c 'timer -g -i <inode 宽限期>' <文件系统> |

表 4-14 中列出了查看磁盘限额信息的命令使用方法。

**表 4-14　查看磁盘限额信息的命令**

| 功能 | ext 3/4 文件系统 | xfs 文件系统 |
|---|---|---|
| 查看指定用户的限额 | quota -uv <用户名> | xfs_quota -c 'quota -bi -uv <用户名>' <文件系统> |
| 查看指定组的限额 | quota -gv <组名> | xfs_quota -c 'quota -bi -gv <组名>' <文件系统> |
| 显示所有文件系统的磁盘限额汇总信息 | repquota -a<br>repquota -au<br>repquota -ag | xfs_quota -x -c 'report -a'<br>xfs_quota -x -c 'report -u -a'<br>xfs_quota -x -c 'report -g -a' |
| 显示指定文件系统的磁盘限额汇总信息 | repquota <文件系统><br>repquota -u <文件系统><br>repquota -g <文件系统> | xfs_quota -x -c report <文件系统><br>xfs_quota -x -c 'report -u' <文件系统><br>xfs_quota -x -c 'report -g' <文件系统> |

**4．ext4 文件系统磁盘限额配置举例**

**操作步骤 4.3**　在 ext4 文件系统上配置磁盘限额

请见下载文档“在 ext4 文件系统上配置磁盘限额”。

**5．xfs 文件系统磁盘限额配置举例**

**操作步骤 4.4**　在 xfs 文件系统上配置磁盘限额

请见下载文档“在 xfs 文件系统上配置磁盘限额”。

## 4.4　思考与实验

**1．思考**

（1）简述硬盘的技术指标。如何挑选服务器硬盘？

（2）fdisk 命令有哪些常用的子命令？含义是什么？

（3）什么是 MBR/GPT，它存放了什么信息？

（4）使用 LVM 比使用固定分区有哪些优点？

（5）简述 PV-VG-LV-PE 的逻辑关系。

（6）什么是 Linux 文件系统？ Linux 下常用的文件系统有哪些？

（7）非日志文件系统和日志文件系统有何区别？

（8）简述在 Linux 环境下使用文件系统的一般方法。

（9）如何创建文件系统？创建文件系统的操作类似于 Windows 下的什么操作？

（10）如何挂装和卸装文件系统？如何使用可移动存储介质（软盘、光盘、USB 盘）？

（11）如何在系统启动时自动挂装文件系统？简述/etc/fstab 文件各个字段的含义。

（12）简述添加新硬盘并扩展现有逻辑卷的步骤。

（13）什么是磁盘限额？为何要设置磁盘限额？什么是硬限制、软限制和宽限期？

（14）磁盘限额可以从哪两方面限制用户和/或组的使用？

**2．实验**

（1）学会挂装和卸装文件系统。学会使用可移动存储介质（软盘、光盘、USB 盘）。

（2）学会使用 fdisk、gdisk、parted 命令进行硬盘分区。

（3）学会创建不同类型的文件系统。

（4）学会扩展和缩减逻辑卷的大小。

（5）学会操作系统挂装表文件/etc/fstab。

（6）学会设置 ext4 文件系统和 xfs 文件系统基于用户和组的磁盘限额。

**3．进一步学习**

（1）学习 RAID、DRBD 的相关概念。

（2）学习在 Linux 下使用 mdadm 工具配置和管理软 RAID。

（3）熟悉并对比不同日志文件系统的优缺点，以便在实际工作中选择使用。

（4）学习使用 quotatool（EPEL 仓库提供）设置磁盘限额。

（5）学习配置 xfs 文件系统基于 project 的磁盘限额。

（6）学习使用 warnquota（由 RPM 包 quota-warnquota 提供）配置 E-mail 警告通知。

（7）了解 Red Hat 集群文件系统 GFS 和 MooseFS 分布式文件系统的应用和管理。

# 第 5 章 网络配置与包管理

本章首先介绍 Linux 环境下的网络配置方法，然后介绍 Linux 环境下网络检测工具、网络客户工具和 OpenSSH 客户工具的使用，接着介绍 RPM 软件包管理及其 rpm 命令的使用，最后介绍 YUM 更新系统的配置和 yum 命令的使用。

## 5.1 Linux 网络配置

### 5.1.1 Linux 网络基础

**1. 网络基础知识**

表 5-1 中列出了一些应知的网络基本知识。

**表 5-1 TCP/IP 网络的基本知识**

| OSI RM | TCP/IP RM | 网络协议 | | 互连设备 | 地址类型 | 数据单位 |
|---|---|---|---|---|---|---|
| 应用层 | 应用层 | Telnet、SSH、FTP、NFS(V4)、SMAP、POP3、IMAP、HTTP | DNS、TFTP、SNMP、NFS | 网关 | 主机名 | 数据（Data） |
| 表示层 | | | | | | |
| 会话层 | | | | | | |
| 传输层 | 传输层 | TCP | UDP | | 端口号 | 段（Segment） |
| 网络层 | 网间网层 | IP、ICMP | | 路由器 | IP 地址 | 包（Packet） |
| 数据链路层 | 接入网层 | Ethernet、Token Ring、ATM、PPP、FDDI、Frame Relay | | 网桥、交换机 | 物理地址 | 帧（Frame） |
| 物理层 | | | | 中继器、集线器 | | 位（bit） |

Linux 支持各种协议类型的网络，如 TCP/IP、NetBIOS/NetBEUI、IPX/SPX、AppleTalk 等。在网络底层也支持 Ethernet、Token Ring、ATM、PPP（PPPoE）、FDDI、Frame Relay 等网络协议。这些网络协议是 Linux 内核提供的功能，具体的支持情况由内核编译参数决定。RHEL/CentOS 的 Linux 内核默认支持上述的网络协议。

**2. 网络参数的获取**

在 TCP/IP 网络上，每台工作站要存取网络上的资源之前，都必须进行基本的网络配置，一些主要参数如 IP 地址、子网掩码、默认网关、DNS 等必不可少。配置这些参数有两种方法：静态手工配置和从 DHCP 服务动态获得。

手工配置静态网络参数就是直接配置网络接口的网络参数。在有些情况下，手工配置地址更可靠。一些管理员会创建一张详细的配置清单，并把它们放在机器上或机器附近以便手工分配 IP 地址，配置网关、子网掩码及 DNS 的 IP 地址，并且认为这种方法更简单。但是这种方法相当费时且容易出错或丢失信息，因此通常用于网络中计算机数目不多的情况下。

动态获得网络参数依赖于 BOOTP/DHCP 协议，以及支持这种协议的 C/S 机制。使用 DHCP 服务把 TCP/IP 网络设置集中起来，动态处理工作站的 IP 地址配置分配，用 DHCP 租约和预置的 IP 地址相联系，DHCP 租约提供了自动在 TCP/IP 网络上安全地分配和租用 IP 地址的机制，实现 IP 地址的集中式管理后，基本上不需要网络管理员的人为干预。

**3．网络接口设备**

Linux 可以支持众多类型的网络接口。网络接口设备的驱动程序是 Linux 内核的组成部分，RHEL/CentOS 默认采用内核模块（Module）的方式在系统引导时驱动网络接口，当然，如果清楚地知道自己的网络接口类型，也可以把相应的网卡驱动编译进内核。可以在 /lib/modules/$(uname -r)/kernel/drivers/net 目录下找到可以装入的驱动（即系统支持的网络接口驱动）。表 5-2 中列出了 Linux 下常见的网络接口及其说明。

表 5-2　Linux 下常见的网络接口及其说明

| 接口类型 | 接口名称 | 说明 |
|---|---|---|
| 以太网接口 | ethX | 是最常用的网络接口 |
| 无线网络接口 | wlanX | 无线局域网络接口 |
| 光纤分布式数据接口 | fddiX | FDDI 接口设备昂贵，通常用于核心网或高速网络中 |
| 点对点协议接口 | pppX | 用于 Modem/ADSL 拨号网络或基于 PPTP 协议的 VPN 等 |
| 本地回环接口 | lo | 用于支持 UNIX Domain Socket 技术的进程相互通信（IPC） |

如果选择了 Linux 支持的网卡，那么在 CentOS 安装过程中系统会自动检测用户的网卡并加载相应的内核驱动模块。每次启动系统时，将由 systemd 的 systemd-modules-load 加载当前系统硬件所需的内核模块。例如，如下命令可以查看到当前主机的以太网接口。

```
# dmesg|grep eth
[    3.905589] e1000 0000:02:01.0 eth0: (PCI:66MHz:32-bit) 00:0c:29:c7:18:e6
[    3.905595] e1000 0000:02:01.0 eth0: Intel(R) PRO/1000 Network Connection
[    4.297192] e1000 0000:02:02.0 eth1: (PCI:66MHz:32-bit) 00:0c:29:c7:18:f0
[    4.297199] e1000 0000:02:02.0 eth1: Intel(R) PRO/1000 Network Connection
[    4.791602] e1000 0000:02:03.0 eth2: (PCI:66MHz:32-bit) 00:0c:29:c7:18:fa
[    4.791608] e1000 0000:02:03.0 eth2: Intel(R) PRO/1000 Network Connection
[    4.809629] systemd-udevd[497]: renamed network interface eth1 to eno33554960
[    4.815616] systemd-udevd[495]: renamed network interface eth0 to eno16777736
[    4.828594] systemd-udevd[496]: renamed network interface eth2 to eno50332184
```

显示结果表明当前系统安装了 3 块网卡，分别被内核识别为 eth0、eth1 和 eth2，且每个网卡的内核驱动模块均为 e1000。

通过最后 3 行输出可知，eth0/1/2 被 systemd-udevd 重新命名为一致的网络设备命名。

**4．一致的网络设备命名**

传统情况下，Linux 使用由内核鉴别的网络接口设备名（eth0、eth1 等）。在具有多块网卡的主机中，使用这种网络设备名可能遇到不确定性和不能直接反映硬件信息的缺点。为了避免任何 eth0 设备成为 eth1（反之亦然）的可能性，并从网络接口名上反映更多的硬件信息（设备损坏时更换新设备更方便），CentOS 7 使用了一致的网络设备命名（Consistent Network Device Naming）。一致的网络设备命名是基于固件、硬件拓扑和设备位置信息分配的固定名称。使用一致的网络设备命名的优点是，命名是与物理设备本身相关的，并保持一致的和可预测的，即使出现故障的硬件被替换后，设备名仍然保持不变；其缺点是网络接口名可能会更长且不易记忆。

一致的网络设备名以双字符前缀开始。

- **en**：表示以太网设备（EtherNet）。
- **wl**：表示无线局域网设备（Wireless LAN）。
- **ww**：表示无线广域网设备（Wireless WAN）。

随后的第3个字符用于区分不同的硬件类型。

- **o**：表示主板板载设备（Onboard device）。
- **s**：表示热插拔插槽上的设备（Hot-plug Slot）。
- **p**：表示PCI总线或USB接口上的设备（PCI Device）。

例如，下面是几个一致的网络设备名及其说明。

- **eno16777736**：板载的以太网设备（板载设备索引编号为16777736）。
- **enp0s8**：PCI接口的以太网设备（PCI总线地址0，插槽编号为8）。
- **wlp12s0**：PCI接口的无线以太网设备（PCI总线地址12，插槽编号为0）。

提示

因为一致的网络设备名是基于系统硬件的，所以不同系统上的网络接口名称可能不同。例如，VMWare Workstion 11.1.2上CentOS 7.1虚拟机的第一块网卡的一致网络设备名为eno16777736；Oracle VirtualBox 5.0.6上CentOS 7.1虚拟机的第一块网卡的一致网络设备名为enp0s3。

从RHEL/CentOS 7开始，动态设备管理器udev支持对网络设备的多种命名方案。

- 一致的网络设备名（默认，由systemd-udev重命名）。
- 基于biosdevname设置网络设备名（通常用于Dell服务器）。
- 通过MAC地址识别网络设备名（在网络接口配置文件ifcfg-*中使用HWADDR指令指定MAC地址，对应的设备名由DEVICE指令指定）。
- 传统的内核识别的网络设备名（eth0、eth1等）。

若要禁用一致的网络设备名而使用传统的网络设备名，可以使用如下两种方法之一。

- 方法1：在GRUB2的配置中添加内核参数 **"net.ifnames=0"**。

```
# grubby --update-kernel=ALL --args=net.ifnames=0
```

- 方法2：禁用systemd-udev的规则文件/usr/lib/udev/rules.d/80-net-name-slot.rules。

```
# ln -s  /dev/null  /etc/udev/rules.d/80-net-name-slot.rules
```

无论使用哪种方法，执行上面的命令之后需要重新启动系统。

**5. CentOS下的网络配置方法**

网络配置分为临时性网络配置和持久性网络配置。

（1）临时性网络配置

- 使用 ip 命名配置。
- 立即生效，但重新启动系统后失效。

（2）持久性网络配置

- 使用nmtui/nmcli配置工具修改网络配置文件。

- 使用文本编辑器直接修改网络配置文件。
- 重新启动系统后仍然生效。
- 若希望立即生效，需要重新加载配置文件并重启网络连接。

## 5.1.2 使用 ip 命令显示和配置网络参数

### 1. 使用 ip 命令显示网络参数

表 5-3 中列出了使用 ip 命令显示网络参数的常用命令。

表 5-3 使用 ip 命令显示网络参数

| 功　　能 | 命 令 举 例 |
| --- | --- |
| 显示全部接口的 IP 地址 | ip address show 或 ip addr show 或 ip a s 或 ip a |
| 显示指定接口的 IP 地址 | ip a s eno1677736 （ip -4 a s eno1677736 仅显示 IPv4 地址） |
| 显示全部接口的传输统计信息 | ip -s link show 或 ip -s l s 或 ip -s l |
| 显示指定接口的传输统计信息 | ip -s l s eno1677736 |
| 显示路由信息 | ip route show 或 ip r s 或 ip r |
| 显示 ARP 缓存信息 | ip neighbor show 或 ip n s 或 ip n |

### 2. 使用 ip 命令更改网络地址

使用 ip 命令更改 IP 地址的命令格式如下：

```
# ip addr  [ add | del ]  <CIDR 形式的 IP 地址>  dev <网络设备接口>
```

例 1：为 eth1 接口设置 IP 地址为 192.168.140.3，子网掩码为 24 位（255.255.255.0）。

```
# ip addr add 192.168.140.3/24 dev eth1
# ip -4 a s eth1
3: eth1: <BROADCAST,MULTICAST,UP,LOWER_UP> mtu 1500 qdisc pfifo_fast state UP
qlen 1000
    inet 192.168.140.3/24 scope global eth1
       valid_lft forever preferred_lft forever
```

例 2：为 eth1 接口重新设置 IP 地址为 192.168.1.3，子网掩码为 24 位。

```
# ip addr del 192.168.140.3/24 dev eth1
# ip addr add 192.168.1.3/24 dev eth1
# ip -4 a s eth1
3: eth1: <BROADCAST,MULTICAST,UP,LOWER_UP> mtu 1500 qdisc pfifo_fast state UP
qlen 1000
    inet 192.168.1.3/24 scope global eth1
       valid_lft forever preferred_lft forever
```

例 3：为 eth1 接口绑定另外两个 IP 地址。

```
# ip addr add 192.168.10.3/24 dev eth1
# ip addr add 192.168.100.3/24 dev eth1
# ip a s eth1 |grep 'inet '
    inet 192.168.1.3/24 scope global eth1
    inet 192.168.10.3/24 scope global eth1
    inet 192.168.100.3/24 scope global eth1
```

**3．使用 ip 命令设置静态路由**

使用 ip route 命令设置静态路由的命令格式如下：

```
ip route [add|del] default|<主机地址>|<网络地址> via <网关地址> [dev <流出设备接口>]
```

例 1：添加/删除到主机的路由 （10.0.0.1 是 192.0.2.1 的下一条路由地址）。

```
# ip route add 192.0.2.1 via 10.0.0.1 dev eth0
# ip route del 192.0.2.1 via 10.0.0.1 dev eth0
```

例 2：添加/删除到网络的路由（10.0.0.1 是 192.0.2.0/24 的下一条路由地址）。

```
# ip route add 192.0.2.0/24 via 10.0.0.1 dev eth0
# ip route del 192.0.2.0/24 via 10.0.0.1 dev eth0
```

例 3：添加/删除默认路由（192.168.1.1 是默认路由地址）。

```
# ip route add default via 192.168.1.1 dev eth0
# ip route del default via 192.168.1.1 dev eth0
```

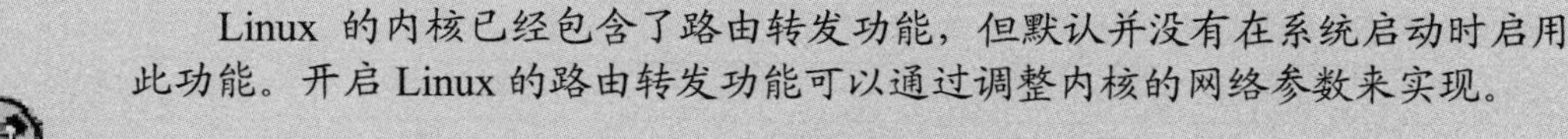

Linux 的内核已经包含了路由转发功能，但默认并没有在系统启动时启用此功能。开启 Linux 的路由转发功能可以通过调整内核的网络参数来实现。

注意

```
# echo "1" > /proc/sys/net/ipv4/ip_forward
```

或

```
# sysctl -w net.ipv4.ip_forward=1
```

## 5.1.3　手工修改网络配置

**1．CentOS 中的 TCP/IP 配置文件**

表 5-4 中列出了 RHEL/CentOS 中配置 TCP/IP 网络使用的配置文件。

**表 5-4　TCP/IP 配置文件**

| 配置文件名 | 功　能 |
| --- | --- |
| /etc/sysconfig/network-scripts/ifcfg-* | 网络接口配置文件 |
| /etc/sysconfig/network-scripts/route-* | 网络接口路由配置文件 |
| /etc/hostname | 本地主机名配置文件 |
| /etc/hosts | 完成主机名映射为 IP 地址的解析功能 |
| /etc/networks | 完成域名与网络地址（网络 ID）的映射 |
| /etc/host.conf | 配置域名服务客户端的控制文件 |
| /etc/resolv.conf | 配置域名服务客户端的配置文件，用于指定域名服务器的位置 |

提示

查看/etc/protocols 文件可获知 Linux 支持的协议以及各个协议的协议号。
查看/etc/services 文件可获知 Linux 支持的网络服务及其端口号。

**2．网络接口配置文件**

所有的网络接口配置文件均存放在/etc/sysconfig/network-scripts 目录下，例如，系统的第一个以太网接口的配置文件名为 ifcfg-eth0；使用一致的网络设备命名的配置文件名为 ifcfg-eno16777736（VMWare 11 下的 Linux 虚拟机）。表 5-5 中分别列出了静态或动态获取网络参数时，网络接口配置文件的内容及其常用参数说明。

表 5-5　网络接口配置文件的内容及其常用参数说明

| 静态配置 | 动态配置 | 说明 |
|---|---|---|
| **Type**=Ethernet | | 指定网络接口类型 |
| **DEVICE**=eno16777736 | | 指定设备名 |
| **UUID**=8efea5fc-390e-4572-87fb-22621e6cb3a6 | | 指定设备的 UUID |
| **ONBOOT**=yes | | 指定是否在启动时启用设备 |
| **DEFROUTE**=yes | | 指定是否基于此接口设置默认路由 |
| **IPV4_FAILURE_FATAL**=yes | | 同时配置了 IPv4 和 IPv6 时，若 IPv4 配置失败，则禁用该设备，即使 IPv6 正确 |
| **IPV6INIT**=no | | 是否为此接口启用 IPv6 |
| **USERCTL**=no | | 是否允许非 root 用户控制该设备 |
| **BOOTPROTO**=static 或 none | **BOOTPROTO**=dhcp | 指定获取网络参数的方式 |
| **IPADDR**=192.168.0.123 | | 指定静态 IP 地址 |
| **PREFIX**=24 | | 设置 CIDR 网络前缀（子网掩码中 1 的个数） |
| **BROADCAST**=192.168.0.255 | | 设置网络广播地址 |
| **GATEWAY**=192.168.0.1 | | 指定设备的网关 |
| **DNS1**=8.8.8.8 | | 指定首选 DNS |
| **DNS2**=8.8.4.4 | | 指定次选 DNS |

提示

1. PREFIX 与 NETMASK

PREFIX 用于除了别名设备和 ippp 设备之外的所有设备类型；NETMASK 仅用于别名设备和 ippp 设备。

若 PREFIX 和 NETMASK 同时存在，则 PREFIX 的配置优先。

2. PEERDNS 与 DNS{1,2}

PEERDNS 的默认值为 yes。其值为 yes 时，

（1）会使用 DHCP 服务器分配的 DNS 值配置/etc/resolv.conf 文件。

（2）会根据 DNS{1,2}的值配置 /etc/resolv.conf 文件。

3. 为当前网络接口绑定多个 IP 地址，可以使用带数字编号的 IPADDR 和 PREFIX 指令，例如

```
IPADDR1=192.168.99.1
PREFIX1=24
IPADDR2=192.168.199.1
PREFIX2=24
```

4. NetworkMamager 与 network 服务

RHEL/CentOS 7 默认使用 NetworkMamager 提供网络服务，若用户已降级使用传统的 network 网络服务，则在接口配置文件中可以使用 NM_CONTROLLED= no，指定不使用 NetworkMamager 服务控制此设备。

**3．网络接口的静态路由配置文件**

在/etc/sysconfig/network-scripts 目录下，每个网络接口均可有其静态路由配置文件。例

如，第一块以太网接口的静态路由配置文件名为 route-eth0；使用一致的网络设备命名的配置文件名为 route-eno16777736（VMWare 11 下的 Linux 虚拟机）。在该文件中可以设置针对 eth0 接口的静态路由。例如：

```
# vi /etc/sysconfig/network-scripts/route-eno16777736
192.168.2.0/24  via  172.16.10.88
```

提示

修改了网络接口配置文件/静态路由配置文件之后，需使配置立即生效。

1. 若当前运行着 **NetworkManager** 服务

（1）执行如下命令重新缓存网络配置文件。

```
# nmcli connection reload
```

（2）执行如下命令重新启用指定网络接口 eno16777736 设备上的连接。

```
# nmcli dev disconnect eno16777736
# nmcli con up ifname eno16777736
```

2. 若当前运行着 **network** 服务

（1）执行如下命令重新读取网络配置文件并重启所有网络接口。

```
# systemctl restart network.service
```

（2）或者执行如下命令重新读取网络配置文件并重启指定的网络接口。

```
# ifdown eno16777736
# ifup eno16777736
```

**4．本地域名解析配置文件**

本地域名解析数据库文件为/etc/hosts，通常也称 Host 表文件。例如：

```
127.0.0.1       localhost.localdomain   localhost
::1             localhost6.localdomain6 localhost6

192.168.1.200    centos71.ls-al.lan   centos71
192.168.0.200    soho.mylabs.me      soho
```

**5．配置远程域名解析器**

若网络接口配置文件中的 PEERDNS 指令设置成 no，则不会自动设置远程域名解析器。为了手工设置 Linux 的远程域名解析器（DNS 客户配置），可以编辑/etc/resolv.conf 文件，此文件的内容形式如下。

```
nameserver      192.168.1.1
nameverver      208.67.222.222
nameverver      208.67.220.220
domain          ls-al.lan
search          ls-al.lan
```

其中：

- 关键字 nameserver 用于指定 DNS 服务器，最多指定 3 个 DNS 服务器，每个 DNS 服务器占一行，行的顺序决定了 DNS 查询顺序。
- 关键字 domain 用于指定当前主机所在域的域名。
- 关键字 search 用于指定默认的搜索域。

在上面的配置中指定了当前域和默认搜索域为 ls-al.lan，如果用户连接远程主机时，没有输入远程主机的完整域名，而只输入了主机名，则系统会自动在主机名后加上此默认搜索域的域名，例如：

```
# telnet debian81
```

如用户要用 telnet 命令连接主机名为 debian81 的远程主机，此时系统首先会在主机名后面加上域名 ls-al.lan，然后由 DNS 解析 debian81.ls-al.lan 的 IP 地址。通常，默认的搜索域都是本地局域网的域名。

**6. 配置域名解析顺序**

域名解析的优先顺序，由配置文件/etc/host.conf 决定。例如：

```
order hosts,bind
```

表示先查找 /etc/hosts 文件进行域名解析，然后使用/etc/resolv.conf 文件中指定的域名服务器进行域名解析。

提示

还可以修改 /etc/nsswitch.conf 文件的 hosts 指令来决定域名解析优先顺序。

**7. 设置包转发**

永久性配置包转发，需要修改要配置的文件/etc/sysctl.conf，确保如下配置行存在：

```
net.ipv4.ip_forward = 1
```

用户还可以使用如下命令查看当前系统是否支持包转发。

```
# sysctl  net.ipv4.ip_forward
```

为了使对配置文件的修改在当前环境下生效，需要执行如下命令：

```
# sysctl  -p
```

提示

1. 本节的所有网络配置文件均是纯文本文件，可以使用 vi 直接编辑。
2. 网络配置文件（ifcfg-*和 route-*）中可用的参数请参考 /usr/share/doc/initscripts-*/sysconfig.txt 以及手册 man nm-settings-ifcfg-rh。

**8. 设置主机名**

在 CentOS 7 中主机名是由 systemd 管理的，名为 systemd-hostnamed.service 的静态服务在开机后运行。使用 hostnamectl 命令可以修改主机名，主机名被写在配置文件/etc/hostname 中，systemd-hostnamed.service 服务会自动感知主机名的改变。例如：

```
# hostname
localhost.localdomain
# hostnamectl set-hostname cent7h1.olabs.lan
# hostnamectl
   Static hostname: cent7h1.olabs.lan
         Icon name: computer-vm
           Chassis: vm
        Machine ID: d5466794f814498791a4c461216ed44c
           Boot ID: c6d020d95bab42359a49622bf44837e5
    Virtualization: vmware
  Operating System: CentOS Linux 7 (Core)
```

```
        CPE OS Name: cpe:/o:centos:centos:7
             Kernel: Linux 3.10.0-229.20.1.el7.x86_64
       Architecture: x86_64
    # journalctl -u systemd-hostnamed
    -- Logs begin at 五 2015-11-13 10:59:56 CST, end at 六 2015-11-14 17:45:30 CST. --
    11 月 14 17:28:45 localhost.localdomain systemd[1]: Starting Hostname Service...
    11 月 14 17:28:45 localhost.localdomain systemd[1]: Started Hostname Service.
    11 月 14 17:28:45 localhost.localdomain systemd-hostnamed[9862]: Changed static
host name to 'cent7h1.olabs.lan'
    11 月 14 17:28:45 cent7h1.olabs.lan systemd-hostnamed[9862]: Changed host name to
'cent7h1.olabs.lan'
```

### 5.1.4　使用 nmcli 管理网络

**1．NetworkManager 服务简介**

NetworkManager 是一项管理网络接口和配置网络连接的系统服务，它由后台服务进程、感知网络状态变化的 D-BUS 以及控制管理工具组成。

从 RHEL/CentOS 6 开始，NetworkManager 服务就是其组成部分，以简单的方式允许用户连接各种网络（如以太网、WiFi 网络），这对于使用 CentOS/Fedora 系统的笔记本电脑用户是必要的。最新的 NetworkManager，除了支持常用的以太网、WiFi 网络之外，还支持网桥（Bridge）、网卡绑定（Bond）、虚拟局域网（VLAN）、手机卡（WWAN）、PPPoE 和 VPN 等连接。NetworkManager 简化了网络连接的工作，让桌面本身和其他应用程序都能感知网络。NetworkManager 不仅可以应用在 GUI 桌面环境，并且已扩展应用到未安装图形界面的服务器上。

RHEL/CentOS 7 默认的安装在开机后便启动了 NetworkManager 服务，而不是传统的 network 服务。NetworkManager 不仅通过其 ifcfg-rh 插件支持传统 ifcfg 类型的网络接口配置文件的读写，同时还支持附加的配置（profile）方式。在使用 profile 配置连接时，可以为同一个网络接口实施不同的配置（如在没有 DHCP 服务器的情况下，为不同的网络使用不同的 profile 用于配置不同的静态 IP 地址；还可以配置一个 profile 用于自动连接 DHCP 服务器获取 IP 地址）以方便不同连接的连接切换。

NetworkManager 支持动态的管理和配置方式，来保持网络接口激活和连接的可用性（与 CentOS 5/6 使用的传统 network 服务不同，NetworkManager 服务从来不需要重启），网络状态的变化通过 D-BUS 报告给后台的 NetworkManager 服务，用户可以使用 NetworkManager 的控制管理工具变更网络状态，从而实现网络管理。

提示

D-BUS 是一种为应用程序提供简单的互相通信（Inter-Process Communication，IPC）的自由软件项目，是 http://freedesktop.org 项目的一部分，基于 GPL 许可证发行。

NetworkManager 的控制管理工具包括 GUI 工具（如 GNOME 下的 nm-applet、KDE 下的 KNetworkManager 等）、TUI 工具（nmtui）和 CLI 工具（nmcli）。

在未安装图形界面的服务器上配置网络，通常使用交互界面的 nmtui 或非交互界面的 nmcli。除了直接修改网络配置文件（ifcfg-*、route-*等）之外，在命令行或在非交互的脚本中管理 NetworkManager，nmcli 是首选工具，本节将重点讲解命令行工具 nmcli 的使用。

**2．使用 nmcli 命令行工具**

表 5-6 中列出了使用 nmcli 工具管理网络设备和配置网络连接的常用命令。

表 5-6　使用 nmcli 工具管理网络设备和配置网络连接的常用命令

| 功　能 | 命令举例 | 说　明 |
| --- | --- | --- |
| 显示网络接口设备的状态 | nmcli [-p] device status 或<br>nmcli [-p] dev s 或<br>nmcli [-p] d s 或<br>nmcli [-p] d | 可选参数-p 表示以加表头和表格线的方式显示 |
| 显示指定网络接口设备的信息 | nmcli [-p] device show eno16777736 或<br>nmcli [-p] dev show eno16777736 或<br>nmcli [-p] d sh eno16777736 | ① 可选参数-p 表示以加表头和表格线的方式显示<br>② eno16777736 为设备名 |
| 断开指定设备的连接且置非自动连接状态 | nmcli device disconnect eno16777736 或<br>nmcli dev disc eno16777736 或<br>nmcli d d eno16777736 | eno16777736 为设备名 |
| 显示所有连接 | nmcli [-p] connection show [--active] 或<br>nmcli [-p] con s [--active] 或<br>nmcli [-p] c s [--active] 或<br>nmcli [-p] c | ① 可选参数-p 表示以加表头和表格线的方式显示<br>② 可选参数--active 表示只显示已激活的连接 |
| 显示指定连接的信息 | nmcli [-p] connection show eno16777736 或<br>nmcli [-p] con s eno16777736 或<br>nmcli [-p] c s eno16777736 | ① 可选参数-p 表示以加表头和表格线的方式显示<br>② eno16777736 为连接名 |
| 激活指定网络接口上的连接 | nmcli [-p] connection up ifname eno16777736 或<br>nmcli [-p] con up ifname eno16777736 或<br>nmcli [-p] c up ifname eno16777736 | ① 可选参数-p 表示显示连接过程<br>② eno16777736 为设备名 |
| 通过连接名激活连接 | nmcli [-p] connection up id eno16777736 或<br>nmcli [-p] con up id eno16777736 或<br>nmcli [-p] c up id eno16777736 或<br>nmcli [-p] c up eno16777736 | ① 可选参数-p 表示显示连接过程<br>② eno16777736 为连接名 |
| 激活指定接口上的连接配置 | nmcli [-p] con up "My connection" ifname eno16777736 或<br>nmcli [-p] c up "My connection" ifname eno16777736 | 用于一个网络设备上定义多个连接配置（profile）的情况 |
| 重新加载连接配置 | nmcli con reload 或<br>nmcli c reload | 手工修改网络配置文件之后需执行此命令，以便重新缓存网络配置 |
| 修改 IP 地址获得方式 | nmcli con modify eno16777736 **ipv4.method manual**<br>nmcli c m eno16777736 **ipv4.method auto** | ① manual 表示手工设置 IP<br>② auto 表示从 DHCP 服务器自动获取 IP |
| 设置 IP 地址、网关和 DNS 解析 | nmcli c m eno16777736 **ipv4.addresses** 10.0.0.30/24<br>nmcli c m eno16777736 **ipv4.gateway** 10.0.0.1<br>nmcli c m eno16777736 **ipv4.dns** "10.0.0.1 8.8.8.8" | 也可以写在一个命令行里：<br>nmcli c m eno16777736 ipv4.method manual **ipv4.addresses** 10.0.0.30/24 **ipv4.gateway** 10.0.0.1 **ipv4.dns** "10.0.0.1 8.8.8.8" |
| 绑定 IP 地址 | nmcli c m eno16777736 **+ipv4.addr** "10.0.1.30/24" | +表示添加属性值 |
| 修改 DNS 解析 | nmcli c m eno16777736 **-ipv4.dns** "8.8.8.8"<br>nmcli c m eno16777736 **+ipv4.dns** "114.114.114.114" | -表示删除属性值 |

### 3．nmcli 命令使用举例

**操作步骤 5.1**　nmcli 命令使用举例

请见下载文档“nmcli 命令使用举例。”

提示

1．有关 NetworkManager 的更多信息请参考其项目主页 http://www.gnome.org/projects/NetworkManager/。

2．本书面向服务器的配置，未涉及无线网络设备管理及其连接配置。有关 nmcli 的更多使用帮助信息可参考其手册页：nmcli(1)、nmcli-examples(5) 和 nm-settings(5)。

# 5.2　Linux 网络工具

## 5.2.1　网络测试工具

### 1．ping 命令

可以使用 ping 命令来测试网络的连通性。例如：

```
$ ping www.sina.con.cn
$ ping -c 4 192.168.1.12        //-c 4 表示只发送 4 次 ICMP 请求包
```

**2．ss 命令**

可以使用 ss 命令来显示套接字统计信息（Socket Statistics），ss 是 netstat 的替代品。例如：

```
// 1. 显示所有类型的 Socket
$ ss               // 显示已建立连接的 Socket
$ ss -a            // 显示所有 Socket
$ ss -l            // 显示本地监听的 Socket
// 2. 显示 TCP Socket
$ ss -t            // 显示已建立连接的 TCP Socket
$ ss -ta           // 显示所有的 TCP Socket
$ ss -tl           // 显示本地监听的 TCP Socket
// 3. 显示 UDP Socket （将上面的 -t 换成 -u 即可）
// 4. 显示 TCP 和 UDP Socket（将上面的 -t 换成 -tu 即可）
//   提示 1：可以添加 -4 参数只显示基于 IPv4 的 Socket
//   提示 2：可以添加 -n 参数用于显示端口号而不是端口名
//   提示 3：可以添加 -p 参数用于显示使用此 Socket 的进程名
// 5. 使用状态过滤器
// 显示指定服务/端口的 TCP 状态为 established 的入站 Socket
$ ss state established sport = :ssh
// 显示指定服务/端口的 TCP 状态为 established 的所有 Socket
$ ss state established '( dport = :ssh or sport = :ssh )'
// 显示 TCP 状态为 fin-wait-1 的目标地址为 193.233.7/24 的 Web 服务的入站连接
$ ss state fin-wait-1 '( sport = :http or sport = :https )' dst 193.233.7/24
```

**3．lsof 命令**

可以使用 lsof 命令查看端口的进程。例如：

```
$ lsof -i :22                          // 查看指定端口运行的程序
$ lsof -i @192.168.0.200               // 查看指定 IP 使用的端口（包含进程的当前运行情况）
$ lsof -n -i UDP@192.168.0.200         // 查看指定 IP 使用的 UDP 端口
```

**4．traceroute 命令**

可以使用 traceroute 命令显示数据包到达目的主机所经过的路由。例如：

```
$ traceroute  www.sina.com.cn
```

**5．dig 命令**

使用 dig 命令可以测试 DNS 服务器是否能正常工作。例如：

```
$ dig ls-al.me             // 根据/etc/resolv.conf 查找 DNS 服务器查询 ls-al.me 的 IP 地址
$ dig @202.106.196.115  g.cn   // 向指定的 DNS 服务器查询 g.cn 的 IP 地址
$ dig -x 192.168.0.252         // 查询 192.168.0.252 所对应的域名
$ dig -t mx  ls-al.me          // 查询 ls-al.me 域的 MX 记录
```

### 5.2.2　Internet 网络客户

**1．lftp 命令**

lftp 是 Linux 下功能丰富的 FTP 工具。

（1）lftp 命令的常用格式

```
lftp [-p <port>] [-u <user>[,<pass>]] [-e <cmd>] [<site>]
lftp -help
```

其中：

- -p <port>：用于指定连接的端口。
- -u <user>[,<pass>]：使用指定的用户名或口令进行 FTP 身份验证。
- -e <cmd>：用于在非交互环境下指定要执行的 ftp 子命令。通常用在脚本中。
- <site>：指定主机名、URL。

例如：可以使用如下的命令登录 FTP 站点：

```
$ lftp ftp.ls-al.me                    // 以匿名用户身份连接 FTP 服务器
$ lftp -u osmond ftp.ls-al.me          // 以 osmond 用户身份连接 FTP 服务器
$ lftp ftp://osmond@ftp.ls-al.me       // 以 osmond 用户身份连接 FTP 服务器
```

（2）在交互模式下使用 lftp

lftp 是一个交互式的 FTP 客户端，在进入交互模式后有许多子命令可用。表 5-7 中列出了 lftp 支持的子命令。

**表 5-7　lftp 支持的子命令**

| 功能分类 | 命　令 | 说　明 |
|---|---|---|
| 远程文件目录操作 | cat [-b] <files> | 滚屏显示文件的内容 |
| | more <files> | 分屏显示文件的内容 |
| | zcat <files> | 滚屏显示.gz 文件的内容 |
| | zmore <files> | 分屏显示.gz 文件的内容 |
| | mv <file1> <file2> | 文件改名 |
| | rm [-r] [-f] <files> | 删除文件 |
| | mrm <files> | 删除文件（可用通配符） |
| | du [opts] <dirs> | 显示整个目录的容量 |
| | find　[directory] | 递归显示指定目录的所有文件（用于 ls –R 失效时） |
| 上传和下载 | get [opts] <rfile> [-o <lfile>] | 下载文件，可以改名存储在本地 |
| | mget [opts] <files> | 下载多个文件 |
| | pget [opts] <rfile> [-o <lfile>] | 多线程下载 |
| | reget rfile [-o lfile] | 下载续传 |
| | put [opts] <lfile> [-o <rfile>] | 上传文件，可以改名存储在远程 |
| | mput [opts] <files> | 上传多个文件 |
| | reput lfile [-o rfile] | 上传续传 |
| 站点镜像 | mirror [opts] [source] [target] | 用于实现站点镜像 |
| 环境参数设置 | set [opts] [<var> [<val>]] | 设置 lftp 的环境参数，lftp 环境文件为~/.lftp/rc |
| | set -a | 显示所有环境变量 |

（3）lftp 使用举例

**操作步骤 5.2**　lftp 交互命令使用举例

```
// 进入交互模式
$ lftp ftp.example.org
// 下载单个文件
# lftp ftp.example.org:~> get md5sum.txt
// 使用通配符下载多个文件
lftp ftp.example.org:~> mget *.txt
// 下载单个文件（-c 支持续传）
lftp ftp.example.org:~> get -c CentOS-6.5-x86_64-LiveCD.iso
// 使用多线程下载文件（-n 3）
lftp ftp.example.org:~> pget -c -n 3 CentOS-6.5-x86_64-LiveDVD.iso
// 镜像 incoming 目录到本地目录 localdir
lftp ftp.example.org:~> mirror  -c  incoming localdir
// 反向镜像 localdir 目录（即上传）
lftp ftp.example.org:~> mirror -R localdir
// 使用多线程（3 线程）进行镜像
lftp ftp.example.org:~> mirror --parallel=3 incoming localdir
// 使用多线程（-P）镜像，删除本地上远程已不存在的文件，仅镜像新文件
lftp ftp.example.org:~> mirror -P --delete --only-newer incoming localdir
// 退出交互模式
lftp ftp.example.org:~> quit
$
```

**2．wget 命令**

wget 是 Linux 下常用的下载和镜像工具。

（1）wget 命令格式

```
wget [option] [URL-list]
```

wget 有许多常用的选项，如表 5-8 所示。

**表 5-8　wget 的常用选项说明**

| 参　数 | 说　明 |
|---|---|
| -h | 显示 wget 的命令选项帮助 |
| -b | 启动后立刻进入后台。如果没有通过-o 指定结果文件，则将结果信息重定向到 wget-log |
| -t number | （--tries=number）设置重试的次数。最小可以为 0 或 inf（表示无限制）；在使用慢速或不稳定的网络下载时，该选项非常重要 |
| -c | （--continue）继续以前未能完成的下载任务 |
| -r | （--recursive）打开递归下载 |
| -l depth | （--level=depth）指定递归深度，默认深度为 5 层 |
| --delete-after | 下载后将已经下载的本地文件删除（保留目录） |
| -k | （--convert-links）链接转换。在下载完成后，转换文档中的链接，以便适于本地查看 |
| -m | 镜像选项。此选项将打开递归、时间戳、无限递归深度以及保持 FTP 目录列表等，相当于使用-r -N -l inf-nr |
| -p | （--page-requisites）这一选项用以确保所有用于显示被下载网页的元素都被下载。例如，图像、声音以及网页中用到的 CSS 样式表。这个选项的应用解决了下载单一 HTML 文件时必要的站内元素与链接的站外元素不被下载的问题 |
| -L | （--relative）关联选项。只下载链接所关联的内容。如果只希望下载某一特定网页，而不希望下载任何其他网页，即便是在同一主机也是如此时，此参数格外有用 |
| -I list | （--include-directories=list）指定一组以逗号分割的目录列表用以下载，在这个列表中可以使用通配符 |

（2）wget 命令使用举例

**操作步骤 5.3**　wget 命令使用举例

```
// 下载单个文件
$ wget http://ftp.example.com/pub/getme
// 下载单个文件（断点续传）、在后台运行（-b）
$ wget -cb\
 http://mirrors.163.com/centos/6.5/isos/x86_64/CentOS-6.5-x86_64-LiveCD.iso
// 只下载单一 HTML 文件，确保影响页面显示的所有元素均被下载，并重新建立链接
$ wget -p -k http://example.com/index.html
// 下载 http://example.com 网站上 packages 目录中的所有文件
// 其中，-np 的作用是不遍历父目录，-nd 表示不在本机重新创建目录结构
$ wget -r -np -nd http://example.com/packages/
// 使用 --accept=iso 选项仅下载 x86_64 目录中所有扩展名为 iso 的文件
$ wget -r -np -nd --accept=iso http://example.com/centos/6/x86_64/
// 镜像一个网站，wget 将链接转换成本地地址(-k)
// 如果网站中的图像是放在另外的站点，那么可以使用 -H 选项
$ wget -m -k -H http://www.example.com/
// 在本地镜像网站 http://www.xyz.edu.cn 的内容（-l 指定深度，-t0 一直重试）
$ wget -m  -l4  -t0  http://www.xyz.edu.cn
// 只下载网站指定的目录，避免向远程主机的其他目录扩散，并拒绝下载 gif 文件
$ wget -L --reject=gif  http://www.xyz.edu.cn/doc/
```

### 3．links/w3m 浏览器

links 和 w3m 是 Linux 下常用的字符界面浏览器。

**操作步骤 5.4**　links 和 w3m 命令使用举例

```
// 浏览指定的 URL
$ links http://www.example.com
$ w3m http://www.example.com
// 在标准输出显示 HTML 页面的 TXT 版本
$ links -dump http://www.example.com
$ w3m -dump http://www.example.com
// 在标准输出显示 HTML 页面的源代码
$ links -source http://www.example.com
$ w3m -dump_source http://www.example.com
```

### 4．rsync 工具

rsync（Remote Synchronize）是一个远程数据同步工具。可通过 LAN/WAN 快速同步不同主机上的文件或目录；也可以使用 rsync 同步本地硬盘中的不同文件或目录。无论是使用进行本地同步还是远程同步，rsync 首次运行时都会把全部文件复制一次，以后再运行时将只复制有变化的文件（对于新文件）或文件的变化部分（对于原有文件）。这正是 rsync 的优势所在。

在使用 rsync 进行远程同步时，可以使用如下两种方式。

- 远程 Shell 方式：可以使用 rsh、ssh 等。默认使用 ssh，即用户验证由 ssh 负责。
- C/S 方式：客户连接远程 rsync 服务器，用户验证由 rsync 服务器负责，rsync 服务器也可配置为匿名访问。访问 rsync 服务器时，可使用 URL（rsync://host）的形式。

下面重点介绍 rsync 客户命令的使用，有关 rsync 服务器的配置请参考相关资料。

rsync 的命令格式如下。

```
rsync [OPTION...] SRC... [DEST]                // 本地文件或目录的同步
rsync [OPTION...] [USER@]HOST:SRC... [DEST]    // 将远程文件或目录同步到本地（拉）
rsync [OPTION...] SRC... [USER@]HOST:DEST      // 将本地文件或目录同步到远程（推）
```

其中：

- SRC 是要复制的源位置；DEST 是复制目标位置。
- 若本地登录用户与远程主机上的用户一致，可以省略 USER@。
- 使用远程 Shell 同步时，主机名与资源之间使用单个冒号“:”作为分隔符。
- 当进行“拉”同步时，若指定一个 SRC 且省略 DEST，则只列出可同步的资源而不进行复制。

rsync 是一个功能非常强大的工具，其提供了丰富的功能选项。有关 rsyns 命令的详细选项说明可参考其手册页。表 5-9 中仅列出了 rsyns 命令的一些常用选项。

**表 5-9　rsyns 命令的常用选项**

| 选　项 | 说　明 |
| --- | --- |
| -a，--archive | 归档模式，等价于-rlptgoD（注意不包括-H） |
| -r，--recursive | 对子目录以递归模式处理 |
| -l，--links | 保持符号链接文件 |
| -H，--hard-links | 保持硬链接文件 |
| -p，--perms | 保持文件权限 |
| -t，--times | 保持文件时间信息 |
| -g，--group | 保持文件属组信息 |
| -o，--owner | 保持文件属主信息（仅 root 用户可用） |
| -D | 保持设备文件和特殊文件（仅 root 用户可用） |
| -z，--compress | 在传输文件时进行压缩处理 |
| --exclude=PATTERN | 指定排除一个不需要传输的文件匹配模式 |
| --include=PATTERN | 指定需要传输的文件匹配模式（在--exclude 之后执行） |
| --delete | 删除那些接收端还保留而发送端已经不存在的文件 |
| --delete-before | 接收者在传输之前进行删除操作（默认） |
| --delete-after | 接收者在传输之后才进行删除操作 |
| --delay-updates | 接收者在传输之后才进行更新操作 |
| -e，--rsh=COMMAND | 指定远程 Shell 程序，RHEL/CentOS 默认为 ssh |
| --partial | 保留那些因故没有完全传输的文件，以加快随后的再次传输 |
| --progress | 在传输时显示传输过程 |
| -P | 等价于--partial --progress |
| -v，--verbose | 详细输出模式 |
| -q，--quiet | 精简输出模式 |
| --help | 显示帮助信息 |

下面给出一些使用 rsync 命令的例子。

**操作步骤 5.5**　rsync 命令使用举例

```
// 1. 将整个 /home 目录及其子目录同步到/backups
# rsync -a --delete /home /backups
// 2. 将 /home 目录下的所有内容同步到/backups/home.0
# rsync -a --delete /home/ /backups/home.0
// 3. 执行“推”复制同步（centos5 是可解析的远程主机名）
[root@soho ~]# rsync /etc/hosts centos5:/etc/hosts
```

```
// 4. 执行“拉”复制同步（soho 是可解析的远程主机名）
[root@centos5 ~]# rsync soho:/etc/hosts /etc/hosts
// 5. 执行“推”复制同步用户的环境文件
[osmond@soho ~]$ rsync ~/.bash* centos5:
// 6. 执行“拉”复制同步用户的环境文件
[osmond@cnetos5 ~]$ rsync soho:~/.bash* .
// 7. 执行“推”复制同步站点根目录
[osmond@soho ~]$ rsync -avz --delete /var/www root@192.168.0.101:/var/www
// 8. 执行“拉”复制同步站点根目录
[osmond@cnetos5 ~]$ rsync -avz --delete root@192.168.0.55:/var/www /var/www
// 9. 连接匿名 rsync 服务器执行“拉”复制同步 CentOS 6.5 的 yum 仓库到本地
//   /var/ftp/mirrors/centos/目录
//   不同步 drpms、i386 和 isos 目录，即仅同步 x86_64 目录
# rsync -aqzH --delete-after --delay-updates \
    --exclude=i386/ --exclude=isos/ --exclude=drpms/\
    rsync://mirrors.yun-idc.com/centos/6.5  /var/ftp/mirrors/centos/
```

### 5.2.3 OpenSSH 客户

#### 1. ssh 命令

ssh 命令是使用 SSH 协议登录远程主机的客户端。其格式如下。

```
ssh [选项] [-l login_name] [hostname | [username@]hostname] [command]
```

常用选项如下。

- -p <port>：指定服务器端监听的端口。不用这个选项，默认为 22。
- -v：冗余模式。打印关于运行情况的调试信息。在调试连接、认证和配置问题时非常有用。
- -q：安静模式。抑制所有的警告和提示信息。只有严重的错误才会被显示。

使用举例：

```
// 以 osmnd 用户 ssh 登录 192.168.0.100
$ ssh -l osmond 192.168.0.100
$ ssh osmond@192.168.0.100
// 以 osmnd 用户 ssh 登录 192.168.0.100，并远程执行命令 ls ~
$ ssh osmond@192.168.0.100 "ls ~"
```

#### 2. scp 命令

scp 命令是基于 SSH 协议的在本地主机和远程主机之间复制文件的客户端。其格式如下。

```
scp [选项] [user@]host:rmtfile1 [...]   locfile1 [...]      // 将远程文件复制到本地
scp [选项] locfile1 [...]   [user@]host: rmtfile1 [...]    // 将本地文件复制到远程
```

常用选项如下。

- -r：用于递归复制子目录。
- -p：用于保留被复制文件的时间戳和权限。
- -c：用于压缩数据流。

使用举例：

```
// 将当前目录下的 id_rsa.pub 文件复制到 192.168.0.100（使用 osmond 用户的身份认证）
// /home/osmond/.ssh/authorized_keys
$ scp id_rsa.pub osmond@192.168.0.100:.ssh/authorized_keys
```

```
// 将 192.168.0.101（使用 osmond 用户的身份认证）上的远程文件/home/osmond/remotefile
// 复制到本地当前目录并更名为 localfile（若不希望更名，使用.替换 localfile 即可）
$ scp osmond@192.168.0.101:remotefile  localfile
// 将 backup.ls-al.me（使用 osmond 用户的身份认证）上的远程目录/data 下的所有内容
// 复制到本地当前目录（保留被复制文件的时间戳和权限并使用数据流压缩）
$ scp -rpC osmond@backup.ls-al.me:/data.
```

**3．sftp 命令**

sftp 命令是基于 SSH 协议的 FTP 的客户端。它类似于 FTP，但它进行加密传输，比 FTP 有更高的安全性。其格式如下。

```
sftp [user@]host
```

使用举例：

```
$ sftp osmond@192.168.0.101
```

进入 sftp 会话之后就可以使用 FTP 子命令上传和下载文件了。

## 5.3 RPM 包管理

### 5.3.1 RPM 概述

**1．什么是 RPM**

RPM 是一个开放的软件包管理系统，最初的全称是 Red Hat Package Manager。它工作于 Red Hat Linux 及其衍生系统，成为了重要的 Linux 软件包管理工具。红帽子软件公司鼓励其他厂商来了解 RPM 并在自己的产品中使用它。RPM 的发布基于 GPL 协议。随着 RPM 在各种发行版本的广泛使用，如今 RPM 的全称是 RPM Package Manager。RPM 由 RPM 社区负责维护，可以登录到 RPM 的官方站点（http://www.rpm.org/）查询最新的信息。

使用 RPM 最大的好处在于可提供快速的安装，减少编译安装的侦错困扰。

**2．RPM 的功能**

简言之，RPM 具有如下 5 大功能。

- 安装：将软件从包中解出来，并且安装到硬盘。
- 卸载：将软件从硬盘清除。
- 升级：替换软件的旧版本。
- 查询：查询软件包的信息。
- 验证：检验系统中的软件与包中软件的区别。

**3．RPM 包的名称格式**

RPM 包的名称有其特有的格式，如某软件的 RPM 包名称由如下部分组成。

```
name-version.type.rpm
```

其中

1）name：为软件的名称。

2）version：为软件的版本号。

3）type：为包的类型。

- i[3456]86：表示在 Intel x86 计算机平台上编译的。

- x86_64：表示在 64 位的 Intel x86 计算机平台上编译。
- noarch：表示已编译的代码与平台无关。
- src：表示软件源代码。

4）rpm：为文件扩展名。

例如：

- bind-9.2.1-16.i386.rpm 是 bind（9.2.1-16）的 Intel 386 平台编译版本包。
- bind-9.2.1-16.x86_64.rpm 是 bind（9.2.1-16）的 64 位 Intel 平台编译版本包。
- bind-9.2.1-16.src.rpm 是 bind（9.2.1-16）的源代码版本包。

因此，看到一个 RPM 包的文件名之后就可以获得该软件包的大致信息了。

## 5.3.2 RPM 命令的使用

### 1．RPM 命令格式

在 CentOS 中升级和安装系统通常使用 yum 命令（在 5.4 节讲述），因为它可以很好地解决包的依赖性问题，即自动安装/处理依赖的其他软件包。但是 rpm 命令在某些情况下还是用得上。比如，查询包信息，安装或卸载一个不在 CentOS 软件库中的 rpm 包等。

rpm 的完整语法参见 rpm 命令手册，下面只列出较常见的用法，如表 5-10 所示。

**表 5-10 RPM 命令的常见用法**

| 命　令 | 说　明 |
|---|---|
| rpm -i <.rpm file name> | 安装指定的.rpm 文件 |
| rpm -U <.rpm file name> | 用指定的.rpm 文件升级同名包 |
| rpm -e <package-name> | 删除指定的软件包 |
| rpm -q <package-name> | 查询指定的软件包在系统中是否安装 |
| rpm –qa | 查询系统中安装的所有 RPM 软件包 |
| rpm -qf </path/to/file> | 查询系统中指定文件所属的软件包 |
| rpm -qi <package-name> | 查询一个已安装软件包的描述信息 |
| rpm -ql <package-name> | 查询一个已安装软件包里所包含的文件 |
| rpm -qc <package-name> | 查看一个已安装软件包的配置文件位置 |
| rpm -qd <package-name> | 查看一个已安装软件包的文档安装位置 |
| rpm -q --whatrequires <package-name> | 查询依赖于一个已安装软件包的所有 RPM 包 |
| rpm -q --requires <package-name> | 查询一个已安装软件包的依赖要求 |
| rpm -q --scripts <package-name> | 查询一个已安装软件包的安装、删除脚本 |
| rpm -q --conflicts <package-name> | 查询与一个已安装软件包相冲突的 RPM 包 |
| rpm -q --obsoletes <package-name> | 查询一个已安装软件包安装时删除的被视为“废弃”的包 |
| rpm -q --changelog <package-name> | 查询一个已安装软件包的变更日志 |
| rpm -V <package-name> | 校验指定的软件包 |
| rpm -Vf </path/to/file> | 校验包含指定文件的软件包 |
| rpm -Vp <.rpm file name> | 校验指定的未安装的 RPM 文件 |
| rpm -Va | 校验所有已安装的软件包 |
| rpm --rebuilddb | 重建系统的 RPM 数据库，用于不能安装和查询的情况 |
| rpm --import <key file> | 导入指定的 RPM 包的签名文件 |
| rpm -Kv --nosignature <.rpm file name> | 检查指定的 RPM 文件是否已损坏或被恶意篡改（验证包的 MD5 校验和） |
| rpm -K <.rpm file name> | 检查指定 RPM 文件的 GnuPG 签名 |

提示

1. 在安装/升级时，还可以使用-vh 参数，其中：v 表示在安装过程中将显示较详细的信息；h 表示显示水平进度条。

2. 所有的<.rpm file name>既可以是本地文件，也可以是远程文件。

3. 除了可以对已安装的 RPM 包进行查询外，还可对未安装的 RPM 文件进行查询，格式如下：

```
rpm -qp[ilcd] <.rpm file name>
rpm -qp <--whatrequires>|<--requires>|<--scripts>|
        <--conflicts>|<--obsoletes>|<--changelog>  <.rpm file name>
```

4. 校验软件包将检查软件包中的所有文件与系统中所安装的是否一致，包括校验码文件大小，存取权限和属主属性都将根据数据库进行校验。在用户安装了新程序以后怀疑某些文件遭到破坏时也可使用该操作。

**2．RPM 命令使用举例**

**操作步骤 5.6**　RPM 命令使用举例

```
//1.1 安装本地软件包
# rpm -ivh /mnt/CentOS/Packages/zsh-5.0.2-7.el7.x86_64.rpm
Preparing...                ############################################# [100%]
   1:zsh                    ############################################# [100%]
//1.2 安装远程软件包
#  rpm -ivh http://mirrors.163.com/centos/7.1.1503/os/x86_64/Packages/ zsh-5.0.2-7.el7.x86_64.rpm
Preparing...                ########################################### [100%]
    1: zsh                  ########################################### [100%]
//2.1 从本地文件升级软件包
# rpm -Uvh zsh-5.0.2-7.el7_1.2.x86_64.rpm
Preparing...                ########################################### [100%]
    1: zsh                  ########################################### [100%]
//2.2 从远程文件升级软件包
#   rpm -Uvh http://mirrors.163.com/centos/7.1.1503/updates/x86_64/Packages/zsh-5.0.2-7.el7_1.2.x86_64.rpm
Preparing...                ########################################### [100%]
    1: zsh                  ########################################### [100%]
//3. 卸载软件包
#  rpm -e  zsh
//4.1 查询 elinks 软件包在系统中是否安装
$ rpm -q elinks
//4.2 查询系统中已安装的 elinks 软件包的描述信息
$ rpm -qi elinks
//4.3 查询系统中已安装的 elinks 软件包里所包含的文件
$ rpm -ql elinks
//4.4 查询系统中文件 /etc/passwd 所属的软件包
$ rpm -qf /etc/passwd
//4.5 查询 zsh-5.0.2-7.el7.x86_64.rpm 包文件中的信息
$ rpm -qip zsh-5.0.2-7.el7.x86_64.rpm
//4.6 查询系统中已经安装的所有名字中包含 php 的软件包
$ rpm -qa | grep php
//4.7 显示已安装的所有软件包（后安装的先显示）
```

```
$ rpm -qa --last
//4.8 从小到大的顺序显示所有已经安装的软件包
$ rpm -qa --qf "%{size} %{name}.%{arch}\n" | sort -n
//4.9 查询当前已安装的软件包由哪些供应商提供
$ rpm -qa --qf "%{vendor} \n"|sort|uniq
//4.10 查询已经安装的由 remi 供应商提供的软件包
$ rpm -qa --qf "%{vendor} \t->\t  %{name}.%{arch}\n"|grep -i remi
//4.11 查询 httpd 包的最低依赖要求
$ rpm -qR httpd
//4.12 查询所有的 GPG 公钥信息
# rpm -q gpg-pubkey --qf "%{summary} => %{version}-%{release}\n"
//5.1 验证 elinks 软件包
#  rpm -V elinks
//5.2 验证包含文件 /etc/passwd 的软件包
#  rpm -Vf  /etc/passwd
//5.3 验证 zsh-5.0.2-7.el7.x86_64.rpm 文件
#  rpm -Vp  zsh-5.0.2-7.el7.x86_64.rpm
//5.4 检查 rpmdb 数据库解决依赖关系以及包冲突
#  rpm -Va --nofiles --nomd5
//5.5 验证所有已安装的软件包
#  rpm -Va
```

注意

如果校验一切正常，将没有输出，反之则输出不一致结果，格式如下。

×××××××× 文件名

字段由 1～8 个字符组成，每个字符指明该文件与 RPM 数据库中一致或不一致的地方，单个点（.）说明没有异常，具体含义如下。

5 — 校验和　S — 文件大小　L — 符号链接　T — 文件修改时间

D — 设备　U — 用户　G — 组　M — 文件模式　? — 文件不可读

如果有任何输出显示，先判断是否真的有问题，然后决定删除或重安装异常的软件包，或者通过其他方式解决。

## 5.4 YUM 更新系统

### 5.4.1 YUM 概述

#### 1．为什么使用 YUM

Linux 系统维护中令管理员最头疼的就是软件包之间的依赖性了，往往是要安装 A 软件，但是编译的时候告诉你 A 软件安装之前需要 B 软件，而当安装 Y 软件的时候，又告诉你需要 Z 库了，好不容易安装好 Z 库，发现版本还有问题等。由于历史原因，RPM 软件包管理系统对软件之间的依存关系没有内部定义，造成安装 RPM 软件时经常出现令人无法理解的软件依赖问题。

其实开源社区早就对这个问题尝试进行解决了，不同的发行版推出了各自的工具，比如 Yellow Dog 的 YUM（Yellow dog Updater，Modified），Debian 的 APT（Advanced Packaging Tool）等。开发这些工具的目的都是要解决安装 RPM 时的依赖性问题，而不是额外再建立一套安装模式。这些软件也被开源软件爱好者们逐渐移植到了其他发行版上。目前 YUM 是 CentOS/Fedora 系统上默认安装的更新系统。有关 YUM 的详细使用信息可参考 http://www.centos.org/docs/5/html/yum/index.html。

**2．什么是 YUM**

YUM（http://yum.baseurl.org/），是“Yellow dog Updater，Modified”的简称，最早是由 Yellow dog 发行版的开发者 Terra Soft 研发，用 Python 写成，那时叫作 YUP（Yellow dog Updater），后经杜克大学的 Linux@Duke 开发团队进行改进，遂有此名。

YUM 的宗旨是自动化地升级，安装/移除 RPM 包，收集 RPM 包的相关信息，检查依赖性并自动提示用户解决。YUM 使用方便，具有如下特点：

- 自动解决包的依赖性问题，能更方便地添加/删除/更新 RPM 包。
- 便于管理大量系统的更新问题。
- 可以同时配置多个仓库（repository）。
- 简洁地配置文件（/etc/yum.conf）。
- 保持与 RPM 数据库的一致性。
- 有比较详细的日志，可以查看何时升级安装了什么软件包等。

**3．YUM 组件**

YUM 包含如下组件。

（1）yum 命令

- 通过 yum 命令使用 YUM 提供的众多功能。
- 由名为 yum 的软件包提供（默认已安装）。
- YUM 软件的主页为 http://linux.duke.edu/yum/。

（2）YUM 插件

- 由官方或第三方开发的 YUM 插件用于扩展 YUM 的功能。
- 通常由名为 yum -<pluginname>的软件包提供。

（3）YUM 仓库

- YUM 仓库（repository）亦称“更新源”。
- 一个 YUM 软件仓库就是一个包含了仓库数据的存放众多 RPM 文件的目录。
- YUM 仓库必须包含一个名为 repodata 的子目录用于存放仓库数据，仓库数据包含所有 RPM 包的各种信息，包括描述、功能、提供的文件、依赖性等信息。
- YUM 客户通过访问 YUM 仓库数据进行分析并完成查询、安装、更新等操作。
- YUM 客户可以使用 http://、ftp:// 或 file://（本地文件）协议访问 YUM 仓库。
- YUM 客户可以使用官方和第三方提供的众多 YUM 仓库更新系统。
- createrepo、yum-utils 等软件包（默认未安装）中提供了 YUM 仓库管理工具。

（4）YUM 缓存

- YUM 客户运行时会从软件仓库下载 YUM 仓库文件和 RPM 包文件。
- 下载的文件默认被缓存在/var/cache/yum 目录中。
- 可以修改 YUM 的配置文件配置 YUM 的缓存行为。

### 5.4.2　使用 yum 命令

**1．yum 命令语法**

yum 是 YUM 系统的字符界面管理工具。语法如下：

```
yum  [全局参数] 命令 [命令参数]
```

首先列出并解释一些常用的全局参数。

- -y：对 yum 命令的所有提问回答“是（yes）”。
- -C：只利用本地缓存，不从远程仓库下载文件。
- --enablerepo=REPO：临时启用指定的名为 REPO 的仓库。
- --disablerepo=REPO：临时禁用指定的名为 REPO 的仓库。
- --installlroot=PATH：指定安装软件时的根目录，主要用于为 chroot 环境安装软件。

**2．yum 命令的常见用法**

下面列出 yum 命令的常见用法，如表 5-11 所示。

**表 5-11　yum 命令的常见用法**

| 命　令 | 功　能 |
|---|---|
| yum check-update | 检查可更新的所有软件包 |
| yum update | 下载更新系统已安装的所有软件包 |
| yum upgrade | 大规模的版本升级，与 yum update 不同的是，连旧的被淘汰的包也升级 |
| yum install <packages> | 安装新软件包 |
| yum update <packages> | 更新指定的软件包 |
| yum remove <packages> | 移除指定的软件包 |
| yum localinstall <rpmfile> | 安装本地的 RPM 包（与 rpm -i 命令的不同在于同时安装依赖的包） |
| yum localupdate <rpmfile> | 更新本地的 RPM 包（与 rpm -U 命令的不同在于同时安装依赖的包） |
| yum groupinstall <groupnames> | 安装指定软件组中的软件包 |
| yum groupupdate <groupnames> | 更新指定软件组中的软件包 |
| yum groupremove <groupnames> | 卸载指定软件组中的软件包 |
| yum grouplist | 查看系统中已经安装的和可用的软件组 |
| yum list | 列出资源库中所有可以安装或更新的 rpm 包，以及已经安装的 rpm 包 |
| yum list <regex> | 列出资源库中与正则表达式匹配的，可以安装或更新的 rpm 包，以及已经安装的 rpm 包 |
| yum list available | 列出资源库中所有可以安装的 rpm 包 |
| yum list available <regex> | 列出资源库中与正则表达式匹配的所有可以安装的 rpm 包 |
| yum list updates | 列出资源库中所有可以更新的 rpm 包 |
| yum list updates <regex> | 列出资源库中与正则表达式匹配的所有可以更新的 rpm 包 |
| yum list installed | 列出资源库中所有已经安装的 rpm 包 |
| yum list installed <regex> | 列出资源库中与正则表达式匹配的所有已经安装的 rpm 包 |
| yum list extras | 列出已经安装的但是不包含在资源库中的 rpm 包 |
| yum list extras <regex> | 列出与正则表达式匹配的已经安装的但是不包含在资源库中的 rpm 包 |
| yum list recent | 列出最近被添加到资源库中的软件包 |
| yum search <regex> | 检测所有可用的软件的名称、描述、概述和已列出的维护者，查找与正则表达式匹配的值 |
| yum provides <regex> | 检测软件包中包含的文件以及软件提供的功能，查找与正则表达式匹配的值 |
| yum clean headers | 清除缓存中的 rpm 头文件 |
| yum clean packages | 清除缓存中 rpm 包文件 |
| yum clean all | 清除缓存中的 rpm 头文件和包文件 |
| yum deplist <packages> | 显示软件包的依赖信息 |

提示

1. 当第一次使用 yum 或 yum 资源库有更新时，yum 会自动下载所有所需的 headers 放置于/var/cache/yum 目录下，所需时间可能较长。

2. 可以使用 yum info 命令列出包信息，yum info 可用的参数与 yum list 相同。

**3. yum 命令工具使用举例**

**操作步骤 5.7**　yum 命令工具使用举例

```
//1. 升级系统
#  yum update
//2. 安装指定的软件包
#  yum install git lftp
//3. 升级指定的软件包
#  yum update git lftp
//4. 卸载指定的软件包
#  yum remore git lftp
//5. 安装本地的 percona-xtrabackup-2.3.2-1.el7.x86_64.rpm
#   wget https://www.percona.com/downloads/XtraBackup/Percona-XtraBackup-2.3.2/binary/
redhat/7/x86_64/percona-xtrabackup-2.3.2-1.el7.x86_64.rpm
# yum localinstall percona-xtrabackup-2.3.2-1.el7.x86_64.rpm
//6. 查看系统中已经安装的和可用的软件组
#  LANG=C yum grouplist
//7. 安装指定软件组中的软件包
#  yum groupinstall "Virtualization Host"
//8. 更新指定软件组中的软件包
#  yum groupupdate "Virtualization Host"
//9. 卸载指定软件组中的软件包
#  yum grouppremore "Virtualization Host"
//10. 清除缓存中的 rpm 头文件和包文件
#  yum clean all
//11. 重建 YUM 缓存
#  yum makecache
//12. 搜索相关的软件包
#  yum search python
#  yum search python rsync ssh
#  yum provides MTA
//13. 显示指定软件包的信息
#  yum info python
//14. 查询指定软件包的依赖信息
#  yum  deplist  python
//15. 使用通配符列出符合条件的软件包
#  yum  list  yum\*
#  yum  list \*.i686
//16. 列出指定版本的 rpm 包
#  yum list dovecot-2.2.10
//17. 列出 YUM 仓库中所有可用的 Apache 模块并按升序输出
# yum list | grep ^mod_ | cut -d'.' -f 1 | sort
# yum list | grep ^mod_ | awk -F\. '{print $1}' | sort
```

提示

在 yum-utils 包中还提供了一个功能更强大的名为 repoquery 的 YUM 仓库查询工具。例如，要以排序方式列出 YUM 仓库中在 /etc/httpd/conf.d/ 目录下生成配置文件的所有 Web 应用软件包（不包含 Apache 模块），可用命令：

```
# repoquery --queryformat="%{NAME}\n" \
--whatprovides "/etc/httpd/conf.d/*"|egrep -v "(^$|^mod)"|sort|uniq
```

注意

如果安装了并非来自 YUM 仓库的软件，当该软件有新版本时，yum update 将无法自动更新。为保证软件的安全更新或总是能用到软件的最新版本，可以订阅一份电子邮件或 RSS 服务，以便有新版本的软件时可以得到通知。

## 5.4.3 YUM 配置文件

### 1．主配置文件/etc/yum.conf

文件/etc/yum.conf 存放了 YUM 的基本配置参数，即“主配置”。下面列出默认的配置并进行说明。

```
[main]
cachedir=/var/cache/yum/$basearch/$releasever   # 指定 YUM 缓存目录
keepcache=0                       # 是否保持缓存（包括仓库数据和 RPM），1 保存，0 不保存
debuglevel=2                      # 设置日志记录等级(0～10)，数值越高记录的信息越多
logfile=/var/log/yum.log          # 设置日志文件路径
distroverpkg=centos-release       # 指定发行版本的软件包名称
exactarch=1                       # 更新时是否允许更新不同架构的 RPM 包
                                  # 比如是否在 i386 上更新 i686 的 RPM 包
                                  # 设置为 1 表示精确匹配，即不允许更新不同架构的 RPM 包
obsoletes=1                       # 相当于 upgrade，允许更新陈旧的 RPM 包
gpgcheck=1                        # 校验软件包的 GPG 签名
plugins=1                         # 默认开启 YUM 的插件使用
installonly_limit = 5             # 允许保留多少个内核包

metadata_expire=90m               # 设置仓库数据的失效时间为 90min

# PUT YOUR REPOS HERE OR IN separate files named file.repo
# in /etc/yum.repos.d
reposdir = /etc/yum.repos.d       # 指定仓库配置文件的目录，此为默认值默认被省略
```

此外，在主配置文件中可以设置 yum 命令使用的代理服务器，例如：

```
# 设置代理服务器及其端口号
proxy=http://mycache.mydomain.com:3128
# 设置用于 yum 连接的代理服务器的账户细节
proxy_username=your-yum-user
proxy_password=your-yum-password
```

### 2．仓库配置文件 /etc/yum.repos.d/*.repo

YUM 使用仓库配置文件（文件名以.repo 结尾文件）配置仓库的镜像站点地址等配置信息。默认情况下，CentOS 在/etc/yum.repos.d/目录下包含 6 个配置文件。主要的仓库配置文件为 CentOS-Base.repo，其余配置文件中的仓库默认均未启用。

所有的配置文件语法相同，采用分段形式，每一段配置一个软件仓库，配置语法如下。

```
[repositoryid]
name=Some name for this repository
baseurl=url://server1/path/to/repository/
       url://server2/path/to/repository/
       url://server3/path/to/repository/
mirrorlist=url://path/to/mirrorlist/repository/
enabled=0/1
gpgcheck=0/1
gpgkey=A URL pointing to the ASCII-armoured GPG key file for the repository
failovermethod=priority|roundrobin
```

其中：

1）文件中以“#”开头的行是注释行。

2）repositoryid：用于指定一个仓库，必须保证此值的唯一性。

3）name：用于指定易读的仓库名称。

4）baseurl：用于指定本仓库的 URL，可以是如下 3 种类型。

- http：用于指定远程 HTTP 协议的源。
- ftp：用于指定远程 FTP 协议的源。
- file：用于本地镜像或 NFS 挂装文件系统。

5）mirrorlist：用于指定仓库的镜像站点列表。

6）enabled：用于指定是否使用本仓库，默认值为 1，即可用。

7）gpgcheck：用于指定是否检查软件包的 GPG 签名。

8）gpgkey：用于指定 GPG 签名文件的 URL。

注意

在 name baseurl 和 mirrorlist 中经常使用如下变量。

- $releasever：当前系统的版本号。
- $basearch：当前系统的平台架构。

### 5.4.4　配置 YUM 仓库

#### 1. CentOS 的 YUM 仓库

仓库配置文件 /etc/yum.repos.d/*.repo 配置了 yum 命令在安装和查询软件时连接的 YUM 仓库地址，而 CentOS 的 YUM 仓库存放在 CentOS 的镜像站点中。

提示

http://www.centos.org/download/mirrors/ 提供了 CentOS 的镜像站点列表。并且可以在 http://mirror-status.centos.org/查看镜像站点的状态。

表 5-12 中列出了由 CentOS-Base.repo 配置的 CentOS 官方仓库。

表 5-12　CentOS 的官方仓库

| 仓库名称 | 说　明 | 默认是否启用 |
| --- | --- | --- |
| base | 包含一个发行版本的所有软件包 | 是 |
| updates | 包含基于 base 仓库的所有软件的升级包 | 是 |
| extras | 包含 CentOS 扩展 RHEL 的软件包 | 是 |
| centosplus | 用于增强一些现有软件包的功能，如新内核 | 否 |

提示

1. base 仓库对应镜像站点的 os 目录；其他仓库与镜像站点中的目录名一致。
2. 有关 CentOS 的附加仓库和第三方仓库的详细信息，可参考 https://wiki.centos.org/zh/AdditionalResources/Repositories/。

在 CentOS 7 版本的 CentOS 镜像站点中还提供了 sclo 仓库，sclo 仓库提供了软件的不同版本，如 python33、Python34、ruby193、ruby22 等。若需要使用这些仓库，只需安装 extras 仓库提供的仓库发行软件包即可安装好相应的仓库配置文件。

```
# yum install centos-release-scl
```

### 2. 仓库的启用与禁用

要启用或禁用一个仓库，除了直接修改仓库配置文件中的 enabled=0/1 之外，还可以使用 yum-config-manager 命令。

例如，要启用 centosplus 仓库，可以使用如下命令。

```
# yum-config-manager --enable centosplus
```

又如，要禁用 centosplus 仓库，可以使用如下命令。

```
# yum-config-manager --disable centosplus
```

### 3. 配置仓库镜像站点

在仓库配置文件 CentOS-Base.repo 中默认配置了 mirrorlist 的 URL 地址，且默认安装启用了 yum-plugin-fastestmirror 插件，因此执行 yum 命令时默认会从镜像地址列表中选择一个速度最快的镜像地址，并从此地址获取软件包。

提示

当使用 mirrorlist 指定镜像地址列表时，还可以通过 failovermethod 配置指令改变镜像仓库的选择方式：

（1）按镜像列表顺序选择镜像服务器地址，此为默认值。

```
failovermethod=priority
```

（2）从镜像列表中随机选择镜像服务器地址。

```
failovermethod=roundrobin
```

并非所有的国内镜像都在 CentOS 的镜像站点列表中，所以可以使用 baseurl 直接指定最近或最快的镜像仓库。为了加快更新，在确保更新服务器及线路良好的情况下，在 baseurl 中只指定一个 URL 即可。使用 baseurl 配置仓库地址还用于如下情况：

- 指定局域网中的一个本地镜像地址。
- 在 yum 客户配置了代理时，为了避免代理缓存更多的不同镜像站点的相同内容。

为了加快更新，国内用户可以修改仓库配置文件使用国内的镜像站点。表 5-13 中列出了国内常见的 CentOS 镜像站点。

表 5-13　国内常见的 CentOS 镜像站点（HTTP）

| 名　称 | 地　址 | 名　称 | 地　址 |
|---|---|---|---|
| 搜狐 | mirrors.sohu.com/centos/ | 北京理工大学 | mirror.bit.edu.cn/centos |
| 网易 | mirrors.163.com/centos/ | 中国科技大学 | mirrors.ustc.edu.cn/centos/ |
| 首都在线 | mirrors.yun-idc.com/centos/ | 华中科技大学 | mirrors.hustunique.com/centos/ |
| 盛大云 | mirrors.grandcloud.cn/centos/ | 电子科技大学 | mirrors.stuhome.net/centos/ |
| 中科院开源协会 | mirrors.opencas.cn/centos/ | 东北大学 | mirror.neu.edu.cn/centos/ |
| Linux 运维派 | mirrors.skyshe.cn/centos/ | 清华大学 | mirrors.tuna.tsinghua.edu.cn/centos/ |

下面给出一个修改仓库配置文件配置 CentOS 镜像地址的例子。

**操作步骤 5.8** 配置 CentOS 镜像地址

```
# cd /etc/yum.repos.d/
// 备份原始文件
# cp CentOS-Base.repo CentOS-Base.repo.orig
// 注释 mirrorlist 配置行
# sed -i "s/^mirrorlist/#mirrorlist/g" CentOS-Base.repo
// 启用 baseurl 配置行
# sed -i "s/^#baseurl/baseurl/g" CentOS-Base.repo
// 修改镜像站点的 URL
# sed -i "s/mirror.centos.org/mirrors.sohu.com/g" CentOS-Base.repo
```

**4．使用 DVD 光盘作为本地仓库**

若实验环境无法连接 Internet，但手中有 CentOS 的 DVD 安装光盘或 ISO 文件，那么可以使用 DVD 光盘中的仓库来安装软件。CentOS-7-x86_64-Everything-1503-01.iso 中提供的 rpm 包与 CentOS 的[base]仓库中的内容一致。

**操作步骤 5.9** 使用 DVD 光盘作为本地仓库

```
// 1. 创建光盘挂装点目录
# mkdir /mnt/CentOS/
// 2. 挂载光盘或 ISO 文件
# mount -r -t iso9660 /dev/dvd /mnt/CentOS/
# mount -r -t iso9660 -o loop CentOS-7-x86_64-Everything-1503-01.iso /mnt/CentOS/
// 3. 编辑仓库配置文件 /etc/yum.repos.d/CentOS-Media.repo
# vi /etc/yum.repos.d/CentOS-Media.repo
[c7-media]
name=CentOS-$releasever - Media
baseurl=file:///mnt/CentOS/
gpgcheck=1
enabled=1
gpgkey=file:///etc/pki/rpm-gpg/RPM-GPG-KEY-CentOS-7
// 4. 禁用 CentOS-Base.repo 配置的网络仓库
// 因为 YUM 默认配置会连接网络，若不能联网 yum 命令会报错，因此需要禁用网络仓库
// 方法 1: # mv CentOS-Base.repo CentOS-Base.repo.orig
// 方法 2: # yum-config-manager --disable base updates extras
// 方法 3: 若不想改变 CentOS-Base.repo 的配置，也可以设置 yum 的命令别名从而仅使用 c7-media 仓库
// # alias yum='yum --disablerepo=\* --enablerepo=c7-media'
// 5. 使用 yum 命令安装软件包
# yum list
# yum -y install vim-enhanced
// 6. 解挂 DVD 并弹出光盘或解挂 ISO 文件
# eject /dev/dvd
# umount /mnt/CentOS/
```

### 5.4.5 配置非官方 YUM 仓库

**1．为什么使用非官方仓库**

所谓官方仓库是指 CentOS 提供的仓库，而非官方仓库是指官方仓库之外的由其他社区

或某软件制作者提供的仓库。使用非官方仓库是为了：

- 安装官方仓库中不提供的软件包。
- 安装比官方仓库中版本更新的软件包。

提示

1. 应该选择使用知名的非官方仓库。
2. 应该使用具有 GPG 签名的非官方仓库。

**2. 如何使用非官方仓库**

表 5-14 中列出了一些常用的非官方仓库。

**表 5-14 常用的 YUM 非官方仓库**

| 仓 库 名 | 仓 库 地 址 | 说 明 |
|---|---|---|
| epel | http://fedoraproject.org/wiki/EPEL | 包含 Fedora 的大量软件（未收录到 RHEL 的） |
| repoforge | http://repoforge.org/use/ | 历史悠久的综合性仓库（原来的 RPMForge） |
| remi | http://blog.famillecollet.com/ | 提供多种 PHP 版本， php5[56] 、php70 |
| Nginx | http://nginx.org/en/linux_packages.html | Nginx 项目提供的软件仓库 |
| ownCloud | https://download.owncloud.org/download/repositories/stable/CentOS_7/ | ownCloud 项目的软件仓库 |
| oVirt | http://resources.ovirt.org/pub/yum-repo/ | oVirt 项目的软件仓库 |
| RDO | https://www.rdoproject.org/community/repositories/ | RDO 项目的仓库 |

要使用非官方仓库，通常需要安装这些仓库提供的仓库 release RPM 包。例如：

- http://mirrors.hustunique.com/remi/enterprise/remi-release-7.rpm。
- http://pkgs.repoforge.org/rpmforge-release/rpmforge-release-0.5.3-1.el7.rf.x86_64.rpm。

**3. 非官方仓库配置举例**

**操作步骤 5.10** 配置非官方仓库（epel、remi）

```
// 1. 安装 epel 仓库的 release 文件
// epel-release 文件在 CentOS7 的 extras 仓库里有提供，无须单独下载，可直接使用 yum 命令安装
# yum -y install epel-release
// 2. 安装 remi 仓库的 release 文件
# wget http://mirrors.hustunique.com/remi/enterprise/remi-release-7.rpm
# rpm -ivh remi-release-7.rpm
// 3. 导入第三方仓库的 GPG key
# rpm --import /etc/pki/rpm-gpg/RPM-GPG-KEY-*
// 4. 显示当前启用的 YUM 仓库
# yum repolist
源标识           源名称                                                     状态
base/7/x86_64    CentOS-7 - Base                                            8,652
epel/x86_64      Extra Packages for Enterprise Linux 7 - x86_64             8,791
extras/7/x86_64  CentOS-7 - Extras                                          275
remi-safe        Safe Remi's RPM repository for Enterprise Linux 7 - x86_64   645
updates/7/x86_64 CentOS-7 - Updates                                         1,707
repolist: 20,694
// 5. 启用第三方仓库
// epel、remi-safe 仓库是默认开启的， remi、remi-php55、remi-php56、remi-php70 仓库均未
```

```
默认启用
    // 可以根据需要，启用不同版本的 remi-php*仓库
    # yum-config-manager --enable remi remi-php56
    // 6. 配置第三方仓库的国内镜像
    # cd /etc/yum.repos.d/
    # sed -i "s/^mirrorlist/#mirrorlist/g" remi.repo
    # sed -i "s/^#baseurl/baseurl/g" remi.repo
    # sed -i "s/rpms.famillecollet.com/mirrors.hustunique.com\/remi/g" remi.repo
    # sed -i "s/^mirrorlist/#mirrorlist/g" epel.repo
    # sed -i "s/^#baseurl/baseurl/g" epel.repo
    # sed -i "s/download.fedoraproject.org\/pub/mirrors.yun-idc.com/g" epel.repo
    // 7. 安装第三方仓库提供的软件
    # yum install htop nload cockpit
```

提示

在操作步骤 5.8 和 5.10 中，配置仓库镜像时使用的是公网镜像地址。若局域网中有这些仓库的镜像，可适当修改 sed 命令使用本地域名或 IP。

注意

当本地局域网中有多台服务器同时需要安装软件和更新系统时，通常采用如下的方法实现加速：

（1）通过 rsync 或 lftp 工具从远程仓库镜像站点镜像 YUM 仓库到本地的一台 YUM 服务器，并在 YUM 服务器上开启 Web 服务，为本地局域网中的所有服务器提供仓库的 Web 访问。

（2）在本地局域网中配置一台服务器提供 Web 缓存代理服务（如 polipo、squid 等），由其缓存已下载过的 RPM 文件。局域网中其他的服务器通过配置 /etc/yum.conf 中的 proxy 选项指向局域网中的 Web 缓存服务器的地址和端口号，其他服务器通过共用一个 Web 缓存实现加速访问。

## 5.5 思考与实验

**1．思考**

（1）简述 TCP/IP 模型及协议栈。
（2）简述使用一致性网络设备名的优缺点。一致性网络设备名的命名规则？
（3）如何使用命令配置以太网接口？简述路由类型？
（4）简述 RHEL/CentOS 下的 TCP/IP 配置文件族。
（5）简述 Linux 下常用的网络服务和网络客户端。
（6）什么是 RPM？为什么使用 RPM？RPM 具有什么功能？
（7）举例说明使用 RPM 命令安装、升级、删除、查询、校验软件包的方法。
（8）为何使用 YUM？yum 常用命令及参数有哪些？

**2．实验**

（1）学会使用 ip 命令配置 IP 地址和静态路由。
（2）学会通过修改配置文件的方法配置网络参数。
（3）学会使用 nmtui 和 nmcli 配置网络。

（4）学会使用常用的网络测试工具。
（5）学会使用 lftp 命令、wget 命令和 links/w3m 命令。
（6）学会使用安全的网络客户工具 ssh、scp 和 sftp。
（7）学会使用 rsync 命令同步文件或目录。
（8）学会使用 rpm 命令和 yum 命令。
（9）学会使用 DVD 安装光盘作为本地仓库。
（10）学会配置使用第三方仓库。

**3．进一步学习**

（1）学习 IPv6 相关概念及 Linux 环境下的配置。
（2）学习 ethtool 工具的使用。
（3）学习使用 quagga 路由守护进程配置动态路由。
（4）学习使用 Windows 下的 sftp 工具 WinSCP（http://winscp.net/）。
（5）学习使用 Windows 下的 rsync 工具 cwRsync（http://www.itefix.no/i2/download）。
（6）阅读如下文档学习 RPM 包的制作方法。
1）使用 RPM 生成软件包（Packaging software with RPM）
- 第 1 部分：http://www.ibm.com/developerworks/library/l-rpm1/。
- 第 2 部分：http://www.ibm.com/developerworks/library/l-rpm2/。
- 第 3 部分：http://www.ibm.com/developerworks/library/l-rpm3/。

2）如何制作 RPM 包（How to create an RPM package）
http://fedoraproject.org/wiki/How_to_create_an_ RPM_package。
3）RPM 指南（RPM Guide）
http://docs.fedoraproject.org/en-US/Fedora_Draft_Documentation/0.1/html/ RPM_ Guide/。
（7）学习使用如下的 RPM 生成环境和跟踪管理工具。
- http://fedoraproject.org/wiki/Projects/Mock。
- http://fedoraproject.org/wiki/Projects/Koji。

（8）了解不同发行版本包管理工具的比较。
- https://wiki.archlinux.org/index.php/Pacman_Rosetta。
- http://www.pixelbeat.org/docs/packaging.html。

（9）学习安装和使用 extras 仓库提供的基于 Web 的系统管理工具 cockpit。

# 第6章 基础架构服务

本章首先介绍守护进程（服务）与初始化系统的概念以及管理工具 systemctl 的使用，接着介绍计划任务服务、系统日志服务的配置，最后介绍 SSH 服务的配置以及如何使用基于用户密钥的 ssh 登录。

## 6.1 管理守护进程

### 6.1.1 守护进程与初始化系统

**1．什么是守护进程**

Linux 服务器的主要任务就是为本地或远程用户提供各种服务。通常 Linux 系统上提供服务的程序是由运行在后台的守护程序（Daemon）来执行的。一个实际运行中的 Linux 系统一般会有多个这样的程序在运行。这些后台守护进程在系统开机后就运行了，并且在时刻地监听前台客户的服务请求，一旦客户发出了服务请求，守护进程便为它们提供服务。Windows 系统中的守护进程被称为“服务”。

按照服务类型，守护进程可以分为如下两类。

- 系统守护进程：如 dbus、crond、cups、rsyslogd 等。
- 网络守护进程：如 sshd、httpd、postfix、xinetd 等。

**2．系统初始化进程**

系统初始化进程是一个特殊的守护进程，其 PID 为 1，它是所有其他守护进程的父进程或祖先进程。也就是说，系统上所有的守护进程都是由系统初始化进程进行管理的（如启动、停止等）。

在 Linux 的发展历史过程中，使用过 3 种 Linux 初始化系统。

- **SysVinit**：这种传统的初始化系统最初是为 UNIX System V 系统创建的，直到几年前大多数 Linux 系统还在使用着 SysVinit。SysVinit 提供了一种易于理解的基于运行级别的方式来启动和停止服务。RHEL/CentOS 5 及之前的版本一直使用 SysVinit。
- **Upstart**：这种初始化系统最初是由 Ubuntu 创建的，随后推广在 Debian、Fedora/RHEL/CentOS 中使用。Upstart 改进了服务之间依赖关系的处理，可以大大提高系统的启动速度。RHEL/CentOS 6 使用 Upstart。
- **systemd**：是一种由 freedesktop.org 最初创建的先进的初始化系统。systemd 是最复杂的初始化系统，同时也提供了更多的灵活性。systemd 不仅提供了启动和停止服务的功能，而且也提供了管理套接字（Sockets）、设备（Devices）、挂载点（Mount Points）、交换区（Swap Areas）以及其他类型的系统管理单元。systemd 用在最近发布的大多数 Linux 发行版本中（如 Fedora/RHEL、Debian、openSUSE、Mageia、Gentoo），RHEL/CentOS 7 使用 systemd。

本章专注于使用 systemctl 命令工具管理基于 systemd 的服务，更多 systemd 的内容可参见第 7 章。

### 6.1.2 使用 systemctl 管理服务

#### 1．显示、启动和停止服务

在系统运行中，可以使用 systemctl 显示、启动、停止和重启指定的服务。表 6-1 中列出了管理指定服务使用的 systemctl 命令。

表 6-1 使用 systemctl 命令管理服务

| 命　令 | 说　明 |
|---|---|
| systemctl **start** <ServiceName>[.service] | 启动名为 ServiceName 的服务 |
| systemctl **stop** <ServiceName>[.service] | 停止名为 ServiceName 的服务 |
| systemctl **restart** <ServiceName>[.service] | 重启名为 ServiceName 的服务 |
| systemctl **try-restart** <ServiceName>[.service] | 仅当名为 ServiceName 的服务正在运行时才重新启动它 |
| systemctl **reload** <ServiceName>[.service] | 重新加载名为 ServiceName 服务的配置文件 |
| systemctl **status** <ServiceName>[.service] | 查看名为 ServiceName 服务的状态信息及日志信息 |
| systemctl **is-active** <ServiceName>[.service] | 查看名为 ServiceName 服务是否正在运行 |
| systemctl [list-units] **--type service** 或<br>systemctl [list-units] **-t service** | 显示当前已运行的所有服务 |
| systemctl [list-units] **--type service --all** 或<br>systemctl [list-units] **-at service** | 显示所有服务 |
| systemctl [list-units] **--type service --failed** 或<br>systemctl [list-units] **-t service --failed** | 显示已加载的但处于 failed 状态的服务 |

下面给出一个使用 systemctl 命令管理服务的例子。

**操作步骤 6.1** 使用 systemctl 命令管理服务

```
// 1. 显示 crond 服务的状态信息及日志信息
# systemctl status crond
crond.service - Command Scheduler
   Loaded: loaded (/usr/lib/systemd/system/crond.service; enabled)
   Active: active (running) since 六 2015-11-14 18:16:13 CST; 2s ago
 Main PID: 10124 (crond)
   CGroup: /system.slice/crond.service
           └─10124 /usr/sbin/crond -n

11 月 14 18:16:13 cent7h1.olabs.lan systemd[1]: Starting Command Scheduler...
11 月 14 18:16:13 cent7h1.olabs.lan systemd[1]: Started Command Scheduler.
…
// 2. 停止 crond 服务
# systemctl stop crond
# systemctl is-active crond
inactive
```

```
// 3. 启动 crond 服务
# systemctl start crond
# systemctl is-active crond
active
// 4. 重新启动 crond 服务
# systemctl restart crond
# systemctl is-active crond
active
// 5. 显示当前已运行的服务
# systemctl -t service
UNIT                                LOAD   ACTIVE   SUB     DESCRIPTION
auditd.service             loaded active running Security Auditing Service
crond.service              loaded active running Command Scheduler
dbus.service               loaded active running D-Bus System Message Bus
firewalld.service          loaded active running firewalld - dynamic firewall daemon
…
// 6. 显示所有服务
# systemctl -at service
UNIT                              LOAD   ACTIVE   SUB     DESCRIPTION
auditd.service             loaded  active   running Security Auditing Service
brandbot.service           loaded inactive dead   Flexible Branding Service
cpupower.service           loaded inactive dead   Configure CPU power related settings
crond.service              loaded active   running Command Scheduler
dbus.service               loaded active   running D-Bus System Message Bus
display-manager.service    not-found inactive dead    display-manager.service
…
// 7. 显示处于失败状态的服务并重新启动
# systemctl -t service --failed
UNIT            LOAD   ACTIVE SUB    DESCRIPTION
ntpd.service loaded failed failed Network Time Service
…
1 loaded units listed. Pass --all to see loaded but inactive units, too.
# systemctl restart ntpd.service
# systemctl -t service --failed
0 loaded units listed. Pass --all to see loaded but inactive units, too.
# systemctl is-active ntpd
active
```

**2．服务的持久化管理**

所谓持久化管理，就是管理某项服务是否在每次启动系统过程中启动，可以使用表 6-2 中列出的 systemctl 命令实现服务的持久化管理。

**表 6-2　使用 systemctl 命令实现服务的持久化管理**

| 命　令 | 说　明 |
|---|---|
| systemctl enable <ServiceName>[.service] | 在启动系统时启用名为 ServiceName 的服务 |
| systemctl disable <ServiceName>[.service] | 在启动系统时停用名为 ServiceName 的服务 |
| systemctl is-enabled <ServiceName>[.service] | 查看名为 ServiceName 的服务是否在启动系统时启用 |
| systemctl list-unit-files --type service 或<br>systemctl list-unit-files -t service | 查看所有服务是否在启动系统时启用 |

下面给出一个使用 systemctl 命令管理服务持久化的例子。

**操作步骤 6.2** 使用 systemctl 命令管理服务持久化

```
// 1. 显示 crond 服务是否在启动系统时启用
# systemctl is-enabled crond
enabled
// 2. 在启动系统时停用名为 crond 的服务
# systemctl disable crond
rm '/etc/systemd/system/multi-user.target.wants/crond.service'
# systemctl is-enabled crond
disabled
// 3. 在启动系统时启用名为 crond 的服务
# systemctl enable crond
ln -s '/usr/lib/systemd/system/crond.service' '/etc/systemd/system/multi-user.target.
wants/crond.service'
// 4. 查看所有服务是否在启动系统时启用
# systemctl list-unit-files -t service
UNIT FILE                                 STATE
arp-ethers.service                        disabled
auditd.service                            enabled
brandbot.service                          static
…
// 提示：状态为 static 的服务由 systemd 在开机时启动。这类服务不能使用
systemctl enable|disable 命令手工管理，即静态服务不能动态管理。
// 可以使用 |grep 屏蔽显示那些无须动态管理的服务
# systemctl list-unit-files -t service |grep -v static
```

## 6.2 计划任务服务（crond）

### 6.2.1 计划任务简介

**1. CentOS 下的计划任务**

计划任务是指在约定的时间执行已经预先安排好的进程任务，即可以在无须人工干预的情况下运行作业。在 Linux 系统中，计划任务由 at/batch、cron 承担。

- at/batch：用于安排一次性任务。at 任务在指定的时间执行一次；batch 任务在系统负载不重时执行一次。
- cron：用于安排周期性计划任务。例如，每天、每周都要执行的任务。

本书着重介绍 Linux 下常用的 cron 计划任务。

在 CentOS 7 中，周期性计划任务由 cronie（https://fedorahosted.org/cronie）软件提供，cronie 包含了标准的 UNIX 守护进程 crond 和相关工具。cronie 基于原始的 vixie-cron 软件，并做了安全性和配置方面的改进，如支持 PAM 和 SELinux 等。

CentOS 7 中，与 cronie 相关的软件包包括如下 3 个。

- cronie：提供 crond 守护进程及其配置目录/etc/cron.d 以及用户使用的 crontab 命令。
- cronie-anacron：提供由 crond 调用的 anacron 程序及其配置文件/etc/anacrontab。
- crontabs：提供 run-parts 脚本以及依赖于此脚本的系统计划任务配置文件/etc/crontab 和配置目录/etc/cron.{daily,weekly,monthly}。

**2．cron 与 anacron**

cron 假定服务器是 24×7 小时全天候运行的，当系统时间变化或有一段关机时间，就会遗漏这段时间应该执行的 cron 任务。

anacron（anachronistic cron）是针对非全天候运行而设计的，是 cron 的一个连续时间版本，当 anacron 发现时间不连续时，也会执行这一时间段内应该执行的任务，不会因为时间不连续而遗漏计划任务的执行。

在 CentOS 7 中，anacron 是 cronie 的一部分，且由 crond 调用的，仅用于运行系统常规计划任务，这些任务是/etc/cron.{daily,weekly,monthly}目录下的脚本文件。从而保证系统常规计划任务不会因为时间不连续而遗漏执行。

**3．cron 的工作过程**

cron 来源于希腊语 chronos（意为“时间”），是 Linux 系统下一个自动执行计划任务的程序。由 cronie 软件包提供的守护进程（crond）是由 systemd 启动的，因为它是系统中的一项基础服务，通常配置为开机启动。其管理方法参见 6.1.2 节，此处不再赘述。

守护进程 crond 启动以后，根据其内部计时器每分钟唤醒一次，检测如下文件的变化并将其加载到内存。

- /etc/crontab：是 crontab 格式（man 5 crontab）的文件。
- /etc/cron.d/*：是 crontab 格式（man 5 crontab）的文件。
- /var/spool/cron/*：是 crontab 格式（man 5 crontab）的文件。
- /etc/anacrontab：是 anacrontab 格式（man 5 anacrontab）的文件。

一旦发现上述配置文件中安排的 cron 任务的时间和日期与系统的当前时间和日期符合时，就执行相应的 cron 任务。当 cron 任务执行结束后，任何输出都将作为邮件发送给安排 cron 任务的所有者，或者是配置文件中指定的 MAILTO 环境变量中指定的用户。

守护进程 crond 搜索的 4 类配置文件中，/var/spool/cron 目录下的 crontab 文件是由用户使用 crontab 命令编辑创建的，当每个用户使用 crontab 命令安排了 cron 任务之后，在/var/spool/cron 目录下就会存在一个与用户同名的 crontab 文件。例如，一个用户名为 osmond 的用户，所对应的 crontab 文件就是 /var/spool/cron/osmond。

提示

由于守护进程 crond 每分钟都会唤醒一次，检测上述配置文件的变化并将其加载到内存，所以修改上述配置文件以及在目录/etc/cron.{hourly,daily,weekly,monthly} 下添加新的脚本均无须重新启动 crond 守护进程。

**4．crontab 文件格式**

crontab 文件是一种具有特定格式的文件，由守护进程 crond 加载到内存并根据其时间设定决定当前是否应该执行相应的 cron 任务。该文件可以出现如下行：

- 所有的空行、以#开始的行以及前导空格和制表符均被忽略。
- 所有的有效行可以是环境变量的定义也可以是一个任务描述行。

该文件中，每个任务描述行的格式如下：

```
minute hour  day-of-month  month-of-year  day-of-week  [username]  commands
```

每个任务描述行中都由用空格间隔的 7 个字段组成。表 6-3 中说明了各个字段的含义和取值范围。

表 6-3　crontab 字段的格式说明

| 字　段 | 说　明 | 取值范围 |
|---|---|---|
| minute | 一小时中的哪一分钟 | 0～59 |
| hour | 一天中的哪个小时 | 0～23 |
| day-of-month | 一月中的哪一天 | 1～31 |
| month-of-year | 一年中的哪一月 | 1～12 |
| day-of-week | 一周中的哪一天 | 0～7（0 和 7 均表示周日） |
| username | 以指定的用户身份执行 commands。只有在/etc/crontab 和/etc/cron.d/*中才能使用此字段；当普通用户使用 crontab 命令安排 cron 任务时不能使用此字段，因为普通用户不能以其他人的身份执行命令 | |
| commands | 执行的命令（可以是命令、命令组合或者是脚本调用） | |

下面重点说明前 5 个时间字段的语法。

- 不能为空，可以使用通配符*表示任何时间。
- 可以指定多个值，它们之间用逗号间隔，如 1,3,7。
- 可以指定时间段，用减号间隔，如 0-6。
- 可以用/n 表示步长。如 8-18/2 表示时间序列 8,10,12,14,16,18。

表 6-4 中给出了 crontab 文件的时间字段的例子及其说明。

表 6-4　crontab 文件的时间字段举例

| 5 个时间字段 | | | | | 说　明 |
|---|---|---|---|---|---|
| * | * | * | * | * | 每分钟 |
| */5 | * | * | * | * | 每隔 5 分钟 |
| 30 | 0 | * | * | * | 每天凌晨 0:30 |
| 0 | 4,8-18,22 | * | * | * | 每天 4:00，22:00 以及 8～18 的每个整点 |
| 10 | */6 | * | * | * | 每天从零点开始每隔 6 小时的 10 分（0:10，6:10，12:10，18:10） |
| 23 | 0-23/2 | * | * | * | 每天逢偶数小时的 23 分（0:23，2:23，4:23，…，22:23） |
| 30 | 1 | 1,15 | * | * | 每月 1 日和 15 日凌晨 1:30 |
| 5 | 1 | * | * | 7 | 每周日凌晨 1:05 |
| 0 | 22 | * | 1-5 | * | 每周一至周五晚 10 点 |
| 30 | 4 | 1,15 | 5 | * | 每月 1 日和 15 日以及每个周 5 的 4:30（注意：周和日是或的关系） |

### 5. 控制安排 cron 任务的人员

并非每个用户都可以安排 cron 任务，他们受两个文件的限制：/etc/cron.allow 和/etc/cron.deny。

1）当用户每次安排 cron 任务时，系统会先查找/etc/cron.allow 文件，若该文件存在，则只有包含在此文件中的用户允许使用 cron。

2）若/etc/cron.allow 文件不存在，系统继续查找/etc/cron.deny 文件，若该文件存在，则只有包含在此文件中的用户禁止使用 cron。

3）有一个例外：无论 root 是否包含在/etc/cron.allow 文件或/etc/cron.deny 文件中，root 都可以使用 cron。

/etc/cron.allow 文件和/etc/cron.deny 文件的格式很简单，每行只能包含一个用户名，且不能有空格字符。

**6．run-parts 与/etc/cron.{hourly,daily,weekly,monthly}目录**

名为 crontabs 的软件包创建了/etc/cron.{hourly,daily,weekly,monthly}目录，并提供了一个名为 run-parts 的工具。run-parts 命令的格式如下：

```
# run-parts <directory>
```

其功能是执行目录 directory 中的所有可执行文件。例如，由软件包 cronie 创建的默认配置文件 /etc/cron.d/0hourly 中有如下配置行：

```
01 * * * * root run-parts /etc/cron.hourly
```

表示每当整点零一分以 root 用户身份执行/etc/cron.hourly 目录下的所有可执行文件。

提示

1. /etc/cron.{hourly,daily,weekly,monthly}目录中存放了众多系统常规任务脚本，这些脚本需在系统 crontab 文件或 anacrontab 文件中使用 run-parts 的工具调用执行。

2. 可以使用 man 4 crontabs 命令查看 run-parts 的详细信息。

**7．anacron 的执行**

在 CentOS 7 中，/etc/cron.hourly 目录下的脚本由守护进程 crond 直接执行；/etc/cron.{daily,weekly,monthly}目录下的脚本由 crond 调用的 anacron 间接执行。

执行 anacron 的脚本文件为 /etc/cron.hourly/0anacron，此脚本中包含如下行：

```
/usr/sbin/anacron -s
```

参数-s 表示顺序执行任务，即前一个任务完成之前，anacron 不会开始新的任务，从而避免了计划任务的交叠执行。

当 anacron 执行时会读取其配置文件 /etc/anacrontab，内容如下：

```
SHELL=/bin/sh
PATH=/sbin:/bin:/usr/sbin:/usr/bin
MAILTO=root
# the maximal random delay added to the base delay of the jobs
RANDOM_DELAY=45
# the jobs will be started during the following hours only
START_HOURS_RANGE=3-22

#period in days  delay in minutes  job-identifier   command
1                5       cron.daily        nice run-parts /etc/cron.daily
7                25      cron.weekly       nice run-parts /etc/cron.weekly
@monthly         45      cron.monthly      nice run-parts /etc/cron.monthly
```

该文件可以出现如下行：

- 所有的空行、以#开始的行以及前导空格和制表符均被忽略。
- 所有的有效行可以是环境变量的定义，也可以是一个任务描述行。

在/etc/anacrontab 中除了常规的环境变量 SHELL、PATH、MAILTO 定义之外，还设置了两个环境变量用于为定义的任务计划时间。表 6-5 中说明了这两个环境变量的含义。

表 6-5 anacrontab 任务计划时间环境变量

| 环境变量 | 说明 |
| --- | --- |
| RANDOM_DELAY | 指定随机延时的最大值。anacron 会以一个任务描述行指定的 delay 值为基础，加上一个随机延时时间去执行各个作业。此环境变量用于为每个作业指定最大随机延时的分钟数。默认的最小随机延时的值为 6 分钟。默认配置中， RANDOM_DELAY 的值为 45，意为在一个任务描述行指定的 delay 值之上为每个作业再添加 6～45 分钟的随机延时。RANDOM_DELAY 的值也可以小于 6，甚至是 0。当其值为 0 时，不添加任何随机延时。为每个作业添加随机延时是很有必要的。例如，多台计算机共享一个网络连接需要每天下载相同的数据。在这种情况下，添加随机延时可以有效地分散网络的负载 |
| START_HOURS_RANGE | 指定计划任务在每天运行的时间段，以小时为单位。默认配置中，START_HOURS_RANGE 的值为 3-22，即每天 3～22 点才执行此配置文件中制定的计划任务。如果错过了这个时间段（例如，期间遭遇电源故障），那么当天将不会再执行这些计划任务。待明天继续执行 |

在/etc/anacrontab 文件中，每个任务描述行的格式如下：

```
period  delay  job-identifier  command
```

每个任务描述行中都由用空格间隔的 4 个字段组成。表 6-6 中说明了各个字段的含义。

表 6-6 anacrontab 文件的任务描述行格式说明

| 字段 | 说明 |
| --- | --- |
| period | 执行的时间间隔（天数）。可以使用整数也可以使用宏（@daily, @weekly, @monthly） |
| delay | 在作业符合运行条件之后，到实际运行它之前等待的时间（分钟）。可以使用这个设置防止在系统启动时集中执行作业。同时，为不同任务描述行指定不同的延迟时间也可以分散作业的执行 |
| job-identifier | 任务的标识符，用在 anacron 的消息中，并作为/var/spool/anacron/目录下的作业时间戳文件的名称，只能包括非空白的字符 |
| command | 实际执行的任务 |

anacron 在/var/spool/anacron 目录中保留时间戳（Timestamp）文件，记录作业的运行时间。当 anacron 运行时，对于配置的每项计划任务，anacron 先根据相应的时间戳文件判定该任务是否已在配置文件的 period 字段所指定的期间内被执行了。如果它在给定周期内还没有被执行，anacron 会等待 delay 字段所指定的时间再加上一个随机延时（6～RANDOM_DELAY），然后执行 command 字段中指定的命令。

当任务完成后，anacron 会将当前的日期（命令 date +%Y%m%d 的执行结果）记录在/var/spool/anacron 目录下以 job-identifier 字段命名的时间戳文件中。基于 CentOS 7 的默认配置，时间戳文件有 3 个：cron.daily，cron.monthly 和 cron.weekly。

### 6.2.2 安排计划任务

**1．计划任务的安排方法**

由守护进程 crond 调用执行的任务不需要用户干预。计划任务的安排方法如下：

- 管理员可在/etc/crontab 文件和/etc/cron.d/*目录的文件中书写 crontab 格式的文件。
- 管理员可在/etc/cron.{hourly,daily,weekly,monthly}目录下安排每小时、每天、每周、每月要执行的脚本。
- 管理员可以修改/etc/anacrontab 文件配置非每天、每周、每月要执行的计划任务。
- 每个用户都可以使用 crontab 命令安排自己的 cron 任务。

**2．修改系统 crontab 文件安排计划任务**

守护进程 crond 启动后会自动检查/etc/crontab 文件和/etc/cron.d/*目录下文件的变化并加载到内存。因此，管理员直接编辑这些文件即可安排系统的 cron 任务。这些文件的格式是上节描述的 crontab 文件格式。

CentOS 7 默认的 /etc/crontab 文件除了定义了几个环境变量和若干注释说明行，没有配置任何任务描述行。可以直接编辑这个文件为系统安排 cron 任务。但是为了使逻辑清晰，通常在/etc/cron.d/目录下创建单独的 crontab 文件来实现配置。例如，当安装了名为 denyhosts 的软件包之后，它会在/etc/cron.d/目录下自动创建一个名为 denyhosts 的 crontab 文件，用于实现 denyhosts 软件的计划任务。

下面给出一个通过修改这些文件安排 cron 任务的例子。

**操作步骤 6.3**　安排系统的计划任务举例

```
// 1. 为/etc/crontab 追加配置行安排 cron 任务
# cat >> /etc/crontab <<_END
## 每隔两小时将命令 netstat -a 的输出发送给 osmond@mydomain.com
0 */2 * * * netstat -a | mail osmond@mydomain.com
## 每星期日晚上 2 点查看/home 目录下使用量最大的前 10 名用户
0 2 * * 0 root du -sh /home/* | sort -nr | head -10
_END
// 2. 创建/etc/cron.d/ddns-update 文件安排 cron 任务
// 假如在 http://www.3322.org 注册了账号并配置了一个动态域名
// 可以安排如下的 cron 任务实现动态域名的更新
// 注意：crontab 文件的任务描述行不支持续行符“\”，必须写在一行里，此处是为了排版而换行
# cat <_END >/etc/cron.d/ddns-update
*/5 * * * * root /usr/bin/wget -O /dev/null --http-user=YOURNAME --http-passwd=
YOURPASSWORD http://www.3322.org/dyndns/update?system=dyndns&hostname=YOURHOSTNAME.f3322.org"
_END
```

### 3．直接编写任务脚本安排计划任务

软件包 crontabs 提供了/etc/cron.{hourly,daily,weekly,monthly}目录，守护进程 crond 通过在其配置文件中使用 run-parts 工具调用执行这些目录下的脚本。因此，只要将任务脚本存放在相应的目录中即可。例如，将每小时要执行的任务编写一个脚本放在/etc/cron.hourly 目录下。其他目录的使用类似，不再赘述。值得注意的是这些脚本要有可执行权限。

**操作步骤 6.4**　安排每日的计划任务举例

```
// 在/etc/cron.daily 目录下创建一个脚本，用于凌晨清理/backup 目录
// 删除该目录下 60 天内没有被修改过的文件，不包括 lost+found 目录
# echo'
find /backup -mtime +60 ! -name lost+found -exec /bin/rm -rf {} \;
' > /etc/cron.daily/cleanup-backups
# chmod +x /etc/cron.daily/cleanup-backups
```

### 4．修改系统 anacrontab 文件安排计划任务

由守护进程 crond 调用的 anacron，通过其配置文件/etc/anacrontab 以较低的进程优先级调用 run-parts 命令（即以 nice 命令运行 run-parts。默认运行一个命令的进程优先级是 0，而使用不带任何参数的 nice 命令运行的进程优先级是 10，进程优先级的数值越小其优先级越高），分别执行/etc/cron.{daily,weekly,monthly}目录下的系统脚本。

文件/etc/anacrontab 默认只提供了每日、每周和每月的配置，若希望以其他的时间间隔运行系统 cron 任务或一系列的任务脚本，可以通过编辑文件/etc/anacrontab 实现。

**操作步骤 6.5**　安排基于 anacron 的计划任务举例

```
// 创建基于 anacron 的时间周期为两周的计划任务
```

```
// 首先修改/etc/anacrontab 文件，添加新的配置行
# echo '
14 55 cron.weekly2 nice run-parts /etc/cron.weekly2
' >> /etc/anacrontab
// 然后创建 /etc/cron.weekly2 目录
# mkdir /etc/cron.weekly2
// 最后在 /etc/cron.weekly2 目录下创建相应的脚本文件即可
```

**5. 使用 crontab 命令安排用户自己的 cron 任务**

每个用户都可以设置自己的 crontab 文件（前提是其用户名未被列在/etc/cron.deny 文件中），以便执行用户自己需要的自动运行的任务。用户自己的 crontab 文件位于/var/spool/cron/目录下，但用户不能直接编辑这些文件，必须使用 crontab 命令编辑它。

crontab 命令用于安装、删除或者列出自己的 cron 任务。crontab 的命令格式如下：

```
crontab [-u user] file
crontab [-u user] [-l|-r|-e]
```

第一种格式是用于安装一个新的 crontab 文件，安装来源就是 file 指定的文件，如果使用"-"号作为文件名，那就意味着使用标准输入作为安装来源。表 6-7 中是 crontab 命令的选项说明。

**表 6-7　crontab 命令的选项说明**

| 选　项 | 说　明 |
|---|---|
| -u user | 指定具体哪个用户的 crontab 文件将被修改。如果不指定该选项，crontab 将默认为是操作者本人的 crontab，也就是执行该 crontab 命令的用户的 crontab 文件将被修改。当使用了 su 命令后，执行 crontab 命令就应该指定此参数，以免出现混乱 |
| -l | 在标准输出上显示当前的 crontab |
| -r | 删除当前的 crontab 任务 |
| -e | 使用 VISUAL 或 EDITOR 环境变量指定的编辑器编辑当前的 crontab 文件。当结束编辑离开时，编辑后的文件将自动安装 |

下面给出一个用户自己安排计划任务的例子。

**操作步骤 6.6**　安排用户自己的计划任务举例

```
// 1. 执行如下命令安排 osmond 用户的 crontab 任务
$ whoami
osmond
$ crontab -e
// 在 Vi 中编写 crontab 任务，添加如下行
// 每天凌晨的 2 点删除~/temp 目录下的所有文件
00 02 * * * rm -rf  ~/temp/*
// 编辑完毕存盘退出 vi，这样一个 crontab 任务就建立好了
// 2. 使用如下命令检查 crontab 任务
$ crontab -l
```

提示

虽然 root 用户也可以使用 crontab 命令安排自己的 cron 任务，但通常会采用直接编辑/etc/crontab、/etc/cron.d/*、/etc/anacrontab 配置文件或直接放置脚本到/etc/cron.{hourly,daily,weekly,monthly}目录的方法来实现。因为通常系统的/etc 目录都是有备份的，恢复起来比较快捷。

# 6.3　系统日志服务（rsyslogd）

## 6.3.1　日志系统

**1．什么是 syslog**

日志的主要用途是系统审计、监测追踪和分析统计。

为了保证 Linux 系统正常运行、准确解决遇到的各种系统问题，认真地读取日志文件是管理员一项非常重要的任务。

Linux 内核由很多子系统组成，包括网络、文件访问、内存管理等。子系统需要给用户传送一些消息，这些消息内容包括消息的来源及其重要性等。所有的子系统都要把消息送到一个可以维护的公用消息区，于是就有了 syslog。

syslog 是一个综合的日志记录系统，它广泛应用于各种类 UNIX 系统上。它的主要功能是方便日志管理和分类存放日志。

syslog 使程序设计者从繁重的、机械的编写日志文件代码的工作中解脱出来，使管理员更好地控制日志的记录过程。在 syslog 出现之前，每个程序都使用自己的日志记录策略。管理员对保存什么信息或是信息存放在哪里没有控制权。

syslog 能设置为根据输出信息的程序或重要程度将信息分类到不同的文件。例如，由于核心信息更重要且需要有规律地阅读以确定问题出在哪里，所以要把核心信息与其他信息分开，单独定向到一个分离的文件中。

syslog 以被动的方式工作，只等待设备或程序向其输入信息，从不主动地搜集信息。

当前主要的 syslog 系统有基本的 syslog 和较高级的 syslog-ng 以及 rsyslog。

**2．CentOS 7 的日志系统**

在 CentOS 7 中，默认的日志系统是 rsyslog（http://www.rsyslog.com/），rsyslog 是一个类 UNIX 计算机系统上使用的开源软件工具，用于在 IP 网络中转发日志信息。rsyslog 采用模块化设计，是 syslog 的替代品。rsyslog 具有如下特点：

- 实现了基本的 syslog 协议。
- 直接兼容 syslogd 的 syslog.conf 配置文件。
- 在同一台机器上支持多个 rsyslogd 进程。
- 丰富的过滤功能，可将消息过滤后再转发。
- 灵活的配置选项，配置文件中可以写简单的逻辑判断。
- 增加了重要的功能，如使用 TCP 进行消息传输。
- 有现成的前端 Web 展示程序。

默认安装的 rsyslog 软件包提供的守护进程是 rsyslogd，它是一项系统的基础服务，应该设置为开机运行。rsyslogd 是由 systemd 启动的，其管理方法参见 6.1.2 节，此处不再赘述。

守护进程 rsyslogd 在启动时会读取其配置文件。管理员可以通过编辑/etc/rsyslog.conf、/etc/rsyslog.d/*.conf 和/etc/sysconfig/rsyslog 来配置 rsyslog 的行为。/etc/sysconfig/rsyslog 文件用于配置守护进程的运行参数，/etc/rsyslog.conf 是 rsyslog 的主配置文件。

**3．rsyslog 的配置文件**

rsyslog 的配置文件/etc/rsyslog.conf 的结构如下。

- 全局指令（Global directives）：设置全局参数，如主消息队列尺寸、加载扩展模块等。

- 模板（Templates）：指定记录的消息格式，也用于动态文件名称生成。
- 输出通道（Output channels）：对用户期望的消息输出进行预定义。
- 规则（Rules）（selector + action）：指定消息规则。在规则中可以引用之前定义的模板和输出通道。
- 以 # 开始的行为注释，所有空行将被忽略。

有关模板和输出通道的配置请参考 rsyslog 的文档，下面重点说明与 syslog 配置兼容的规则配置语法，规则配置的每一行的格式如下：

```
facility.priority     action
设备.级别              动作
```

设备字段用来指定需要监视的事件，可取的值如表 6-8 所示。

**表 6-8 rsyslog.conf 的设备字段说明**

| 设备字段 | 说明 |
|---|---|
| authpriv | 报告认证活动。通常，口令等私有信息不会被记录 |
| cron | 报告与 cron 和 at 有关的信息 |
| daemon | 报告没有明确设备定义的守护进程的信息，如 xinetd 等 |
| ftp | 报告 FTP 守护进程的信息 |
| kern | 报告与内核有关的信息。通常这些信息首先通过 klogd 传送 |
| lpr | 报告与打印服务有关的信息 |
| mail | 报告与邮件服务有关的信息 |
| mark | 在默认情况下每隔 20 分钟就会生成一次表示系统还在正常运行的消息。mark 消息很像经常用来确认远程主机是否还在运行的“心跳信号”（Heartbeat）。mark 消息另外的一个用途是事后分析，能够帮助系统管理员确定系统死机发生的时间 |
| news | 报告与网络新闻服务有关的信息 |
| syslog | 由 syslog 生成的信息 |
| user | 报告由用户程序生成的任何信息，是可编程默认值 |
| uucp | 由 UUCP 子系统生成的信息 |
| local0-local7 | 保留给本地其他应用程序使用 |
| * | *代表除了 mark 之外的所有设备 |

级别字段用于指明与每一种功能有关的级别和优先级，可取的值如表 6-9 所示。

**表 6-9 rsyslog.conf 的级别字段说明**

| 级别字段 | 说明 |
|---|---|
| emerg | 出现紧急情况使得该系统不可用，有些情况需广播给所有用户 |
| alert | 需要立即引起注意的情况 |
| crit | 危险情况的警告 |
| err | 除了 emerg、alert、crit 的其他错误 |
| warning | 警告信息 |
| notice | 需要引起注意的情况，但不如 err、warning 重要 |
| info | 值得报告的消息 |
| debug | 由运行于 debug 模式的程序所产生的消息 |
| none | 用于禁止任何消息 |
| * | 所有级别，除了 none |

动作字段用于描述对应功能的动作，可取的值如表 6-10 所示。

表 6-10　rsyslog.conf 的动作字段说明

| 动作字段 | 说　明 |
| --- | --- |
| filename | 指定一个绝对路径的日志文件名来记录日志信息 |
| :omusrmsg:users | 发送信息到指定用户，users 可以是用逗号分隔的用户列表，*表示所有用户 |
| device | 将信息发送到指定的设备中，如/dev/console |
| \| named_pipe | 将日志记录到命名管道，用于日志调试非常方便<br>命名管道必须在 rsyslogd 启动之前使用 mkfifo 命令创建 |
| @hostname | 将信息发送到可解析的远程主机 hostname 或 IP，该主机必须正在运行 rsyslogd，并可以识别 rsyslog 的配置文件，rsyslog 使用 udp:514 端口传送日志信息 |
| @@hostname | 将信息发送到可解析的远程主机 hostname 或 IP，该主机必须正在运行 rsyslogd，并可以识别 rsyslog 的配置文件，rsyslog 使用 tcp:514 端口传送日志信息 |

rsyslog 可为某一事件指定多个动作，也可以同时指定多个设备和级别，它们之间用分号间隔。下面给出系统默认配置文件/etc/rsyslog.conf 的说明。

```
#### MODULES ####

$ModLoad imuxsock      # 提供本地系统日志支持（如通过 logger 命令）
$ModLoad imjournal     # 提供对 systemd journal 的访问
#$ModLoad imklog       # 提供内核日志支持（相当于 systemd 的 systemd-journald.service）
#$ModLoad immark       # 提供 --MARK-- 消息功能

#### GLOBAL DIRECTIVES ####

# 使用默认日志的时间戳格式
$ActionFileDefaultTemplate RSYSLOG_TraditionalFileFormat

# 包含 /etc/rsyslog.d/ 目录下的配置文件
$IncludeConfig /etc/rsyslog.d/*.conf

#### RULES ####

# 将所有内核消息记录到控制台
#kern.*                                          /dev/console

# 将 info 或更高级别的消息送到/var/log/messages，除了 mail/news/authpriv/cron 之外
# 其中*是通配符，代表任何设备；none 表示不对任何级别的信息进行记录
*.info;mail.none;authpriv.none;cron.none         /var/log/messages

# 将 authpirv 设备的任何级别的信息记录到 /var/log/secure 文件中
# 这主要是一些和认证、权限使用相关的信息
authpriv.*                                       /var/log/secure
```

```
# 将 mail 设备中的任何级别的信息记录到/var/log/maillog 文件中
# 这主要是和电子邮件相关的信息
# 文件名之前的减号（-）表示对文件的写入不立即同步到磁盘，这样可以加快日志写入速度
# 但是，一旦在日志写入过程中系统崩溃将极有可能丢失日志数据
mail.*                                                   /var/log/maillog

# 将 cron 设备中的任何级别的信息记录到 /var/log/cron 文件中
# 这主要是和系统中定期执行的任务相关的信息
cron.*                                                   /var/log/cron

# 将任何设备的 emerg 级别或更高级别的消息发送给所有正在系统上的用户
*.emerg                                                  :omusrmsg:*

# 将 uucp 和 news 设备的 crit 级别或更高级别的消息记录到 /var/log/spooler 文件中
uucp,news.crit                                           /var/log/spooler

# 将和本地系统启动相关的信息记录到 /var/log/boot.log 文件中
local7.*                                                 /var/log/boot.log
```

#### 4. 远程日志服务器

为了方便日志监控并防止日志被篡改，通常在工作网络中会架设中央日志服务器用于存储各个服务器的日志。Rsyslog 支持日志的远程发送与接收。

- Rsyslog 客户：负责发送日志到中央日志服务器，支持 UDP、TCP、RELP 协议。
- Rsyslog 服务器：负责接收从 Rsyslog 客户发送的日志并存储在 Rsyslog 服务器，支持日志文件存储、数据库存储（如 MySQL、PostgreSQL 等）。

表 6-11 中列出了 Rsyslog 客户与 Rsyslog 服务器使用到的模块和配置语法。

表 6-11　Rsyslog 客户与 Rsyslog 服务器

| 角　色 | 功　能 | RPM 包名 | 模　块 | 配 置 语 法 |
|---|---|---|---|---|
| 客户 | 使用 UDP 协议将日志发送到远程服务器 | rsyslog | - | *.*　@**hostname**:514 |
| | 使用 TCP 协议将日志发送到远程服务器 | rsyslog | - | *.*　@@**hostname**:514 |
| | 使用 RELP 协议将日志发送到远程服务器 | rsyslog-relp | omrelp | *.*　:omrelp: **hostname**:2514 |
| 服务器 | 使用 UDP 协议接收发到本机的日志 | rsyslog | imudp | $ModLoad imtcp<br>$InputTCPServerRun　514 |
| | 使用 TCP 协议接收发到本机的日志 | rsyslog | imtcp | $ModLoad imtcp<br>$InputTCPServerRun　514 |
| | 使用 RELP 协议接收发到本机的日志 | rsyslog-relp | imrelp | $ModLoad imrelp<br>$InputRELPServerRun　2514 |
| | 将日志记录到 MySQL | rsyslog-mysql | ommysql | $ModLoad ommysql<br>*.* :ommysql:**DBserver,DBname,DBuser,DBpasswd** |
| | 将日志记录到 PostgreSQL | rsyslog-pgsql | ompgsql | $ModLoad ompgsql<br>*.* :ompgsql: **DBserver,DBname,DBuser,DBpasswd** |

下面给出一个将服务器（cent7h1）日志传送到中央日志服务器（logserver）的例子。在此例中，使用 TCP 协议传输日志，日志的存储使用默认的文件格式。

**操作步骤 6.7**　将日志记录到远程主机

```
// 1. 配置中央日志服务器 logserver（192.168.3.254）上的 rsyslog
// 1.1 生成支持 TCP 日志接收的 imtcp 模块配置文件 /etc/rsyslog.d/imtcp.conf
# echo '$ModLoad imtcp' > /etc/rsyslog.d/imtcp.conf
# echo '$InputTCPServerRun 514' >> /etc/rsyslog.d/imtcp.conf
// 1.2 重启动 rsyslog 并测试监听端口
# systemctl restart rsyslog
# ss -ltn|grep 514
LISTEN     0      25                      *:514                       *:*
LISTEN     0      25                     :::514                      :::*
// 2. 配置服务器 logserver（192.168.3.30）上的 rsyslog
// 2.1 修改配置文件 /etc/rsyslog.conf 指定通过 TCP 传输的日志
# echo 'mail.info      @@192.168.3.254' >> /etc/rsyslog.conf
// 2.2 重启动 rsyslog
# systemctl restart rsyslog
// 3. 测试
// 3.1 在服务器 cent7h1 上执行 logger 命令进行测试
# logger -p mail.info "This is a test for remote log."
// 3.2 在服务器 cent7h1 上查看邮件日志
# tail /var/log/maillog
// 由于在服务器 cent7h1 上的/etc/rsyslog.conf 文件中保留了 mail.* 的配置行，所以在本机
上仍能看到邮件日志
// 3.3 在中央日志服务器 logserver 上查看邮件日志
# tail /var/log/maillog
// 由于在中央日志服务器 logserver 上的 /etc/rsyslog.conf 文件中有 mail.* 的配置行
// 所以当 logserver 收到与 mail 设备相关的日志时，将其也写入/var/log/maillog 文件
```

## 6.3.2　查看日志文件

### 1．常见的日志文件

从 rsyslog 的配置文件可知，日志文件存放在/var/log 目录下。为了查看日志文件的内容必须有 root 权限。日志文件中的信息很重要，只能让超级用户有访问这些文件的权限。

管理员可以使用下面的命令：

```
# ls /var/log/*
```

查看系统中使用的日志文件。常见的日志文件如表 6-12 所示。

**表 6-12　常见的日志文件**

| 日 志 文 件 | 说　明 |
| --- | --- |
| audit/ | 存储 auditd 审计守护进程的日志目录 |
| cups/ | 存储 CUPS 打印系统的日志目录 |
| httpd/ | 记录 Apache 的访问日志和错误日志目录 |
| nginx/ | 记录 Nginx 的访问日志和错误日志目录 |
| mail/ | 存储 mail 日志的目录 |
| ppp/ | 存储 pppd 的日志目录 |
| samba/ | 记录 Samba 的每个用户的日志目录 |

（续）

| 日志文件 | 说明 |
|---|---|
| squid/ | 记录 Squid 的日志目录 |
| acpid | 存储 acpid 高级电源管理守护进程的日志 |
| anaconda.* | 安装程序 anaconda 的日志 |
| boot.log | 记录系统启动日志 |
| btmp | 记录登录未成功的信息日志 |
| dmesg | 记录系统启动时的消息日志 |
| lastlog | 记录最近几次成功登录的时间和最后一次不成功的登录 |
| maillog | 记录邮件系统的日志 |
| messages | 由 rsyslogd 记录的 info 或更高级别的消息日志 |
| secure | 由 rsyslogd 记录的认证日志 |
| spooler | 由 rsyslogd 记录的 uucp 和 news 的日志 |
| vsftpd.log | 记录 vsftpd 的日志 |
| wtmp | 一个用户每次登录进入和退出时间的永久记录 |
| yum.log | 记录 yum 的日志 |

### 2. 查看文本日志文件

大多数日志文件是纯文本文件，每一行就是一个消息。只要是在 Linux 下能够处理纯文本的工具都能用来查看日志文件。可以使用 cat、tac、more、less、tail 和 grep 进行查看。

下面以/var/log/messages 为例，说明其日志文件的格式。该文件中每一行表示一个消息，而且都由 4 个域的固定格式组成。

- 时间标签（Timestamp）：表示消息发出的日期和时间。
- 主机名（Hostname）：表示生成消息的计算机的名字。
- 生成消息的子系统的名字：可以是 Kernel，表示消息来自内核；也可以是进程的名字，表示发出消息的程序的名字。若消息来自某个进程，则在进程名后使用方括号标明此进程的 PID。
- 消息（Message），即消息的内容。

例如，下面的日志输出说明了 rsyslog 服务已经在 Nov 15 19:37:07 被重启了。

```
    Nov 15 19:37:07  cent7h1  rsyslogd: [origin software="rsyslogd" swVersion="7.4.7" x-pid="31559" x-info
    ="http://www.rsyslog.com"] exiting on signal 15.
    Nov 15 19:37:07  cent7h1  rsyslogd: [origin software="rsyslogd" swVersion="7.4.7" x-pid="31601" x-info
    ="http://www.rsyslog.com"] start.
```

可以看出，实际上记录在 /var/log/message 文件中的消息不是特别重要或紧急。

### 3. 查看非文本日志文件

也有一些日志文件是二进制文件，需要使用相应的命令进行读取。

（1）lastlog 命令

使用 lastlog 命令来检查某特定用户上次登录的时间，并格式化输出上次登录日志/var/log/lastlog 的内容。例如：

```
# lastlog
用户名          端口      来自                最后登录时间
root            pts/0     192.168.85.1        日 11月 15 16:48:36 +0800 2015
bin                                           **从未登录过**…
osmond          pts/0                         六 10月 17 16:24:45 +0800 2015
…
```

（2）last 命令

last 命令往回搜索 wtmp 来显示自从文件第一次创建以来登录过的用户。例如：

```
# last
root     pts/0        192.168.3.20         Sun Oct  4 14:06 - 14:06  (00:00)
osmond  tty1                               Sat Oct  3 00:00 - 00:09  (00:09)
root     tty1                              Fri Oct  2 23:58 - 00:00  (00:01)
reboot   system boot  3.10.0-229.el7.x     Fri Oct  2 23:53 - 00:10  (00:17)

wtmp begins Fri Oct  2 23:51:30 2015
```

（3）who 命令

who 命令查询 wtmp 文件并报告当前登录的每个用户。who 命令的默认输出包括用户名、终端类型、登录日期及远程主机。例如：

```
# who
osmond   tty1         2015-11-15 20:23
root     pts/0        2015-11-15 16:48 (192.168.85.1)
```

### 6.3.3 日志工具

**1．logrotate 命令**

CentOS 提供了一个专门的日志滚动处理程序 logrotate，logrotate 能够自动完成日志的压缩、备份、删除工作。一般把它加入到系统每天执行的计划任务中，这样管理员就不需自己去处理了。logrotate 工具由 RPM 包 logrotate 提供，该软件包是默认安装的。

logrotate 的命令格式如下，其选项说明见表 6-13。

```
# logrotate [选项] <logrotate配置文件的路径>
```

表 6-13　logrotate 命令的选项说明

| 选　项 | 说　明 |
|---|---|
| -d | 详细显示指令执行过程，便于排错或了解程序执行的情况 |
| -v | 在执行日志滚动时显示详细信息 |
| -f | 强行实施日志滚动，即使根据配置文件的设置认为不需日志滚动 |
| -m command | 指定发送邮件的程序，默认为/usr/bin/mail |
| -s statefile | 使用指定的状态文件，默认为/var/lib/logrotate.status |

管理员可以在 logrotate 的配置文件中设置日志的滚动周期、日志的备份数目，以及如何备份日志等。logrotate 的主配置文件是/etc/logrotate.conf，此文件一般用于设置全局配置语句。另外，在默认的 CentOS 系统中还有一个名为/etc/logrotate.d 的目录。通常每一项服务在该目录下都有一个与服务同名的配置文件，如 syslog、samba、cron 等。此目录下的所有配置文件都被 include 到主配置文件/etc/logrotate.conf 中。管理员可以在此目录下添加其他文件

以滚动其他服务的日志。在这些文件中可以使用表 6-14 中的配置语句。

**表 6-14　logrotate.conf 的配置语句及功能**

| 配 置 语 句 | 功　　能 |
|---|---|
| compress | 对滚动的旧日志文件使用 gzip 压缩 |
| nocompress | 不压缩滚动的旧日志文件 |
| copytruncate | 用在处于打开状态的日志文件，将当前日志备份并截断 |
| nocopytruncate | 备份日志文件但是不截断 |
| create <mode> <owner> <group> | 滚动日志时使用指定的文件模式创建新的日志文件 |
| nocreate | 不创建新的日志文件 |
| delaycompress | 和 compress 一起使用，转储的日志文件到下一次滚动时才压缩 |
| nodelaycompress | 覆盖 delaycompress 选项，转储同时压缩 |
| ifempty | 即使是空文件也滚动日志，这是 logrotate 的默认选项 |
| notifempty | 如果是空文件的话，不滚动日志 |
| errors <address> | 将滚动日志时的错误信息发送到指定的 E-mail 地址 |
| mail <address> | 把转储的日志文件发送到指定的 E-mail 地址 |
| nomail | 转储时不使用 E-mail 发送日志文件 |
| olddir <directory> | 将滚动的旧日志文件存储到指定的目录，必须和当前日志文件在同一个文件系统 |
| noolddir | 将滚动的旧日志文件和当前日志文件放在同一个目录下 |
| prerotate/endscript | 在滚动日志以前需要执行的命令可以放入此语句括号内，这两个关键字必须单独成行 |
| postrotate/endscript | 在滚动日志以后需要执行的命令可以放入此语句括号内，这两个关键字必须单独成行 |
| daily | 指定日志滚动周期为每天 |
| weekly | 指定日志滚动周期为每周 |
| monthly | 指定日志滚动周期为每月 |
| rotate <*n*> | 指定日志文件删除之前日志滚动的备份次数，*n*=0 代表没有备份，*n*=5 代表保留 5 个备份 |
| tabootext [+] list | 让 logrotate 不转储指定扩展名的文件，默认的扩展名是：.rpmorig，.rpmsave，dpkg-dist，.dpkg-old，.dpkg-new，.disabled，.v，.swp，.rpmnew 和~ |
| size <*n*> | 当日志文件到达指定的大小时才进行日志滚动，*n* 可以指定为以 bytes 为单位（默认），或使用 G/M/k 后缀单位 |

在/etc/logrotate.conf 中可以使用以上的配置语句设置全局值；在/etc/logrotate.conf 用 include 语句所包含的配置文件中也可以使用上述的配置语句，被 include 的配置文件中的语句会覆盖/etc/logrotate.conf 中的配置。

下面是 CentOS 7 默认的 /etc/logrotate.conf 配置文件。

```
# see "man logrotate" for details
# 每周清理一次日志文件
weekly
# 保存过去四周的日志文件
rotate 4
# 清除旧日志文件的同时，创建新的空日志文件
create
# 使用日期作为被滚动文件的后缀
dateext
# 若使用压缩的日志文件，请删除下面行的注释符
#compress
# 包含 /etc/logrotate.d 目录下的所有配置文件
include /etc/logrotate.d
```

```
# 设置 /var/log/wtmp 和 /var/log/btmp 的日志滚动
/var/log/wtmp {
    monthly
    create 0664 root utmp
        minsize 1M
    rotate 1
}

/var/log/btmp {
    missingok
    monthly
    create 0600 root utmp
    rotate 1
}
# 对其他系统日志也可以在此配置
```

可以使用 ls 命令显示/etc/logrotate.d 目录。

```
# ls /etc/logrotate.d
cups  httpd  mysqld  named  rpm  samba  snmpd  syslog  up2date  vsftpd.log
```

其中，每个文件的基本格式均相同。语法格式如下：

```
# 注释
/full/path/to/logfile {
    配置语句 1
    …
    配置语句 n
}
```

下面以/etc/logrotate.d 目录下的 syslog 文件为例进行说明。

```
# 对在 rsyslog.conf 配置的日志文件中进行日志滚动
/var/log/cron
/var/log/maillog
/var/log/messages
/var/log/secure
/var/log/spooler
{
    # 调用日志滚动通用函数
    sharedscripts
    # 在日志滚动之后执行语句括号 postrotate 和 endscript 之间的命令
    postrotate
        # 重新读取 rsyslogd 的配置文件
        /bin/kill -HUP `cat /var/run/syslogd.pid 2> /dev/null` 2> /dev/null || true
    endscript
}
```

在 CentOS 7 中，logrotate 是由 crond 运行的。在默认配置中，可以发现在/etc/cron.daily 目录中有一个名为 logrotate 的文件，该文件内容如下：

```
#!/bin/sh
```

```
/usr/sbin/logrotate    /etc/logrotate.conf
EXITVALUE=$?
if [ $EXITVALUE != 0 ]; then
    /usr/bin/logger -t logrotate "ALERT exited abnormally with [$EXITVALUE]"
fi
exit 0
```

由于该脚本在/etc/cron.daily 目录下，所以 crond 每天执行一次 logrotate，执行时读取其配置文件/etc/logrotate.conf。执行后判断 logrotate 命令是否正确执行，若发生错误（$?<>0）则将 logrotate 的执行错误代码使用 logger 命令记入系统日志。

**2. logwatch 命令**

logwatch 是一个对历史日志进行分析的工具，由 Perl 语言编写，主页为http://www.logwatch.org/。在 RHEL/CentOS 中 LogWatch 工具由 RPM 包 logwatch 提供，且是默认安装的。默认情况下，logwatch 以 cron 任务方式每日运行一次。

管理员还可以在命令行上直接运行 logwatch，logwatch 的命令格式如下：

```
# logwatch [选项]
```

表 6-15 中列出了 logwatch 的常用命令选项。

**表 6-15　logwatch 的常用命令选项**

| 选　　项 | 说　　明 |
|---|---|
| --help | 显示命令帮助信息 |
| --print | 在标准输出显示日志分析结果 |
| --archives | 同时分析压缩过的日志文件 |
| --range <range> | 指定分析时间范围，Yesterday 是默认值，还可用 Today、All 等 |
| --service <name> | 指定要分析的服务 |
| --output <output_type> | 指定输出格式，mail、html、unformatted（默认值） |
| --mailto <addr> | 指定将分析结果以邮件发送的 E-mail 地址 |

例如，在屏幕上打印昨天的日志信息简要，如用户登录失败信息、SSH 登录信息、磁盘空间使用等。

```
# logwatch -print
```

又如，在屏幕上打印今天的 SSH 登录信息。

```
# logwatch --range Today --service sshd -print
```

logwatch 几乎不需要额外的配置即可正常运行，在/usr/share/logwatch/default.conf/目录下默认有 80 余种日志的分析配置文件。若要对自己的特殊日志做监控，请参考 /usr/share/doc/logwatch-7.*/HOWTO-Customize-LogWatch 文件进行配置。

## 6.4　OpenSSH 服务

### 6.4.1　SSH 与 OpenSSH

**1. SSH 简介**

管理员时常需要同时管理通过网络相连的分散于各处的多台主机，而类 UNIX 操作系统最大的特色就是可以进行远程登录并进行管理。UNIX 系统很早就有用于实现远程登录、远程命令执行、远程文件传输的功能（r 族命令：rlogin、rsh、rcp），但遗憾的是它们都不安全。

SSH 的英文全称为 Secure Shell，是 IETF（Internet Engineering Task Force）的网络工作组（Network Working Group）所制定的协议，SSH 是建立在应用层和传输层基础上的安全协议。SSH 的目的是要在非安全网络上提供安全的远程登录和其他安全网络服务。SSH 协议是 C/S 模式协议，即区分客户端和服务器端。一次成功的 SSH 会话需要两端通力合作来完成。所有使用 SSH 协议的通信，包括口令，都会被加密传输。传统的 Telnet 和 FTP 之所以不安全，就是因为它们使用纯文本口令，并用明文发送。这些信息可能会被截取，口令可能会被检索，未经授权的人员可能会使用截取的口令登录系统而对系统造成危害。

**2．SSH 协议体系结构**

SSH 协议是建立在应用层和传输层基础上的安全协议。SSH 协议目前有 SSH1（SSH protocol version 1）及 SSH2（SSH protocol version 2）两种版本，当然现在的主流是 SSH2，因为它提供了比 SSH1 更安全的数据传输能力。在 SSH 协议中，常见的密钥加密算法有 RSA、DSA 及 Diffie-Hellman 等。SSH1 主要是使用 RSA 的加密技术，而 SSH2 除了 RSA 以外，还使用 DSA 及 Diffie-Hellman 等算法。

SSH 协议的体系结构如图 6-1 所示。

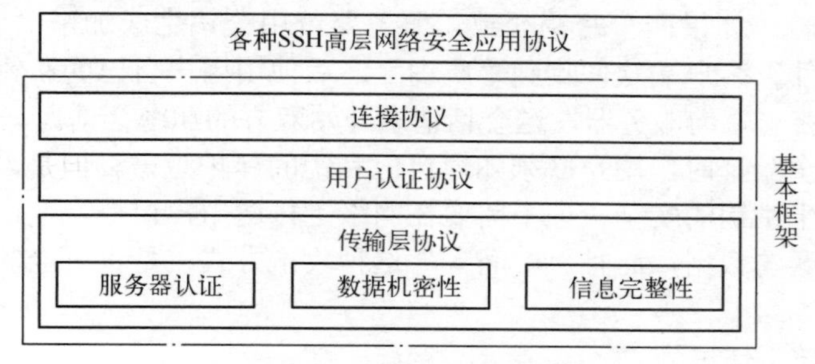


图 6-1　SSH 协议体系结构

SSH 协议主要由传输层协议、连接协议及用户认证协议三部分组成，共同实现 SSH 的安全保密机制。

传输层协议（The Transport Layer Protocol）：传输层协议提供服务器认证，数据机密性，信息完整性等的支持。

用户认证协议（The User Authentication Protocol）：用户认证协议为服务器提供客户端的身份鉴别。

连接协议（The Connection Protocol）：连接协议将加密的信息隧道复用成若干个逻辑通道，提供给更高层的应用协议使用。

同时 SSH 协议框架中还为许多高层的网络安全应用协议提供扩展的支持。各种高层应用协议可以相对地独立于 SSH 基本体系之外，并依靠这个基本框架，通过连接协议使用 SSH 的安全机制。

**3．SSH 基于主机的安全验证**

在 SSH 协议中每台主机都有一对或多对主机密钥对（首次启动 SSH 时会自动生成，一般无须变更）。SSH 通过严格的主机密钥检查，用户可以核对来自服务器的公钥同之前所定义的密钥是否一致。这样就防止了某个用户访问一个没有相应公钥的主机。由于 SSH

提供了主机身份认证，其利用主机的公钥而不是 IP 地址，所以使网络更加安全可靠，并且不容易受到 IP 地址欺骗的攻击。这有助于辨认连接到系统上的访问者身份，从而防止非法访问者登录到系统中。

**4．SSH 基于用户的安全验证**

SSH 提供两种级别的用户安全验证。

1）基于口令的安全验证：只要知道自己的用户账号和口令，就可以登录到远程主机。

与使用传统 r 族命令和 telnet 命令的不同之处是，SSH 对所有传输的数据进行加密传输，包括用户口令。对用户口令进行加密传输虽然在一定程度上提高了安全性，但是不能保证正在连接的服务器就是想连接的服务器。可能会有其他服务器在冒充真正的服务器，也就是受到“中间人”这种方式的攻击。

2）基于密钥的安全验证：需要依靠密钥，也就是必须为自己创建一对密钥，并把公用密钥放在需要访问的服务器上。

与使用传统 r 族命令和 telnet 命令最大的不同之处就是，SSH 添加了密钥认证机制。SSH 提供了通过网络进入某个特定账号的安全方法，这是通过密钥认证机制实现的。每个用户都拥有自己的一对或多对 RSA 或 DSA 密钥。用户个人的密钥需要用户自己生成。

当 ssh 客户连接 SSH 服务器时，客户端软件就会向服务器发出请求，请求使用用户的密钥进行安全验证。服务器收到此请求后，先在用户的家目录下寻找其公钥，然后和用户发送过来的公钥进行比较。如果两个密钥一致，服务器就用公钥生成加密“质询”（Challenge）并发送给客户端软件。客户端软件收到“质询”之后使用用户自己的私钥解密再送还给服务器。认证通过后，客户端向服务器发送会话请求开始双方的加密会话。

基于密钥的安全验证时，用户必须知道自己私钥的保护短语。但是，与基于用户口令的安全验证不同，基于密钥的安全验证不需要在网络上传送用户口令。使用基于密钥的安全验证不仅加密所有传送的数据，而且“中间人”这种攻击方式也是不可能的，因为“中间人”没有你的私钥。

**5．SSH 的简单工作过程**

在整个通信过程中，为实现 SSH 的安全连接，服务器端与客户端要经历如下 5 个阶段。

- 版本号协商阶段：SSH 目前包括 SSH1 和 SSH2 两个版本，双方通过版本协商确定使用的版本。
- 密钥和算法协商阶段：SSH 支持多种加密算法， 双方根据本端和对端支持的算法，协商出最终使用的算法。
- 认证阶段：SSH 客户端向服务器端发起认证请求， 服务器端对客户端进行认证。
- 会话请求阶段：认证通过后，客户端向服务器端发送会话请求。
- 交互会话阶段：会话请求通过后，服务器端和客户端进行信息的交互。

**6．OpenSSH 简介**

OpenSSH（http://www.openssh.org）是 SSH 协议的免费开源实现。它用安全、加密的网络连接工具（s 族命令：ssh、scp、sftp）代替了 telnet、rlogin、rsh、rcp 和 ftp 等工具。应该尽可能地使用 OpenSSH 的工具集合来避免传统命令工具的安全问题。

OpenSSH 具有如下特性：

- 强壮的加密算法（包括 3DES、Blowfish、AES 和 Arcfour 等）。
- 强壮的认证方法（Public Key、One-Time Password 和 Kerberos）。
- X11 转发（为 X Window 系统传输提供加密传输隧道）。

- 端口转发（为其他非加密协议提供加密传输隧道）。
- Agent 转发（Single-Sign-On）。
- 互操作性（兼容 SSH 1.3、1.5 和 2.0 协议标准）。
- 支持 SSH1 和 SSH2 协议的 SFTP 客户和服务器。
- 支持数据压缩。

CentOS 7 默认安装了 openssh 的客户端和服务器端软件包。CentOS 7 中的 OpenSSH 默认支持 SSH2 协议，该协议支持 RSA、DSA、ECDSA 和 ED25519 算法的密钥认证，默认使用 RSA 密钥认证。OpenSSH 既支持用户密钥认证，同时也支持基于 PAM 的用户口令认证。

## 6.4.2 配置 OpenSSH 服务

默认安装的 openssh-server 软件包提供的守护进程是 sshd，其是一项系统的基础服务，应该设置为开机运行。sshd 是由 systemd 启动的守护进程，其管理方法参见 6.1.2 节，此处不再赘述。

### 1. OpenSSH 的配置文件

守护进程 sshd 在启动时会读取其配置文件 /etc/ssh/sshd_config。表 6-16 中列出了常用配置选项的说明。

表 6-16　sshd_config 的常用配置选项说明

| 选　项 | 说　明 | 选　项 | 说　明 |
|---|---|---|---|
| Port | 指定 sshd 的监听端口，默认为 22 | SyslogFacility | 指定 rsyslog 的 Facility |
| ListenAddress | 指定 sshd 监听的网络地址，默认为 0.0.0.0 | LogLevel | 指定 rsyslog 的 Level |
| Protocol | 指定 SSH 协议的版本号，默认为 2 | UsePAM | 是否使用 PAM 用户认证 |
| HostKey | 指定主机密钥文件的位置 | UseDNS | 是否使用 DNS 反向解析 |
| AuthorizedKeysFile | 指定存放所有已知用户公钥的文件位置 | AllowUsers | 指定允许登录的用户列表 |
| PermitRootLogin | 指定是否允许 root 用户登录 | DenyGroups | 指定拒绝登录的组列表 |
| PasswordAuthentication | 指定是否允许使用口令登录 | AllowGroups | 指定允许登录的组列表 |
| StrictModes | 指定是否使用严格.ssh 目录权限模式，默认为 yes | DenyUsers | 指定拒绝登录的用户列表 |
| Subsystem　sftp | 指定 sftp 子系统的命令及可选参数 | | |

提示

1. 基于用户和组的访问控制指令的检测顺序依次为 DenyUsers、AllowUsers、DenyGroups 和 AllowGroups。
2. 若配置 sshd 基于主机的访问控制，参考 8.4 节。

### 2. SSH 服务配置举例

尽管默认的 SSH 服务配置即可运行良好，但通常会基于安全考虑实施一些配置。

**操作步骤 6.8**　加强 SSH 服务的安全配置

```
# cd /etc/ssh/
// 1. 控制 root 账号的登录
// 1.1 禁止 root 登录（需配置 sudo）
# sed -i 's/^#PermitRootLogin yes/PermitRootLogin no/' sshd_config
// 1.2 或者配置 root 仅可通过密钥登录而禁止口令登录（需先配置好 root 账号的访问密钥，参考
```

```
操作步骤 6.9）
    # sed -i 's/^#PermitRootLogin yes/PermitRootLogin without-password/' sshd_config
    // 2. 设置所有用户仅能通过密钥认证登录（需先配置好账号的访问密钥，参考操作步骤 6.9）
    # sed -i 's/^#PasswordAuthentication yes/PasswordAuthentication no/' sshd_config
    // 3. 限制登录会话
    // 3.1 设置用户登录会话空闲 5 分钟自动注销
    # sed -i 's/^#ClientAliveInterval 0/ClientAliveInterval 300/ sshd_config
    // 3.2 设置用户登录会话最大数为 5
    # sed -i 's/^#ClientAliveCountMax 3/ClientAliveCountMax 5/ sshd_config
    // 4. 限制用户访问（请根据需要修改）
    # cat >> sshd_config <<END
    DenyUsers   user1 user2 foo
    AllowUsers  root osmond vivek
    END
    // 5. 重新启动 sshd 服务
    # systemctl reload sshd
```

### 6.4.3 OpenSSH 的主机密钥管理

**1. OpenSSH 主机密钥相关文件**

- /etc/ssh/ssh_host_{rsa,ecdsa,ed25519}_key：本地主机的 RSA/ECDSA/ED25519 认证私钥。
- /etc/ssh/ssh_host_{rsa,ecdsa,ed25519}_key.pub：本地主机的 RSA/ECDSA/ED25519 认证公钥。
- /etc/ssh/ssh_known_hosts：已知的主机密钥的系统级列表。
- ~/.ssh/known_hosts：已知的主机密钥的用户级列表。

**2. 主机密钥生成**

从 ssh.service 的 systemd 服务单元配置文件 /usr/lib/systemd/system/sshd.service 可知，sshd.service 依赖 sshd-keygen.service。从 sshd-keygen.service 的配置文件/usr/lib/systemd/system/sshd-keygen.service 中可知，当主机密钥不存在时会运行 /usr/sbin/sshd-keygen 脚本生成 3 对主机密钥（SSH-2 RSA、SSH-2 ECDSA、SSH-2 ED25519）。因此管理员一般无须重新生成这 3 对主机密钥，但若系统是从一个旧系统复制而来（如硬盘对拷、复制的虚拟机文件等），则在复制的系统上应该重新生成这 3 对主机密钥。

在 CentOS 7 上要重新生成主机密钥很简单：首先删除/etc/ssh/ssh_host_*，然后运行 systemctl restart sshd 命令，sshd.service 依赖的 sshd-keygen.service 会自动生成主机密钥对。

**3. 搜集可信任主机的公钥**

在客户端，为了搜集可信任主机的公钥，可以使用 ssh-keyscan 命令，其基本格式如下。

```
ssh-keyscan -t <Type> <Hostname|IPaddress> [<Hostname|IPaddress> …]
```

其中：

- -t <Type>：用于指定密钥算法，可以是 rsa、dsa、ecdsa、ed25519。可同时指定多种算法（用逗号间隔）。
- Hostname|IPaddress：指定被信任主机的主机名或 IP 地址。

例如，如下命令将主机 soho（IP：192.168.0.200，FQDN：soho.ls-al.lan）的 rsa、ecdsa

和 ed25519 公钥导入用户自己的可信任主机文件（~/.ssh/known_hosts）。

```
$ ssh-keyscan  -t  rsa,ecdsa,ed25519  soho  soho.ls-al.lan  192.168.0.200  > ~/.
ssh/known_hosts
```

提示

若没有使用 ssh-keyscan 命令收集指定主机的公钥，使用 SSH 客户首次连接此服务器时就会显示用户是否信任此主机的交互提示信息。

### 6.4.4　OpenSSH 的用户密钥管理

**1．OpenSSH 用户密钥相关文件**

- ~/.ssh/id_{rsa,dsa,ecdsa}：默认的 RSA/DSA/ECDSA 身份认证私钥（SSH-2）。
- ~/.ssh/id_{rsa,dsa,ecdsa}.pub：默认的 RSA/DSA/ECDSA 身份认证公钥（SSH-2）。
- ~/.ssh/authorized_keys：用于存放所有已知用户的公钥。

**2．ssh-keygen 和 ssh-copy-id**

要使用用户密钥登录远程主机（ssh）或远程传输文件（scp/sftp），要经过两个步骤：

- 在客户端主机上生成 SSH 密钥对。对于 Linux/Mac 系统，可以使用 ssh-keygen 命令；对于 Windows 系统，可以使用 OpenSSH 的 ssh-keygen 命令，也可以使用图形界面工具（如 PuTTY 提供的 PuttyGen）。
- 将生成的用户私钥文件在客户端妥善保存（仅自己可读），将用户的公钥文件上传到服务器（被登录的主机）指定用户的~/.ssh/authorized_keys 文件中（此文件可以存放所有可访问当前主机当前用户的所有已知的公钥，依次罗列在其中即可）。若用户使用的是 Linux 系统，这个工作可以在客户端主机上使用 ssh-copy-id 命令完成，若用户使用的是 Windows 系统，通常将其公钥发送给系统管理员，由系统管理员将其公钥以追加方式添加到指定用户的~/.ssh/authorized_keys 文件中。

下面以 Linux 客户为例，介绍用户密钥的生成和公钥传输过程。

**操作步骤 6.9**　用户密钥的生成和公钥传输

```
// 1. 确保用户账号在远程主机（被登录的主机）上已经存在，并为其设置用户口令
[root@soho ~]# useradd smart
[root@soho ~]# passwd smart
// 2. 在客户机上使用 ssh-keygen 命令生成密钥对
[smart@zbox ~]$ ssh-keygen -t rsa -C "smart@zbox-$(date '+%F')"
// -t rsa：表示使用 RSA 算法的密钥，-t 参数可以省略，省略时即 -t rsa
// 为了安全起见，还可以用-b 参数指定密钥算法位数，默认情况下是 2048 位（即： -b 2048）
// -C 参数用于为密钥添加一个注释信息，以便日后分辨，通常会加一个创建密钥的时间戳
Generating public/private rsa key pair.
Enter file in which to save the key (/home/smart/.ssh/id_rsa):
Created directory '/home/smart/.ssh'.
Enter passphrase (empty for no passphrase):      // 输入私钥保护密码
Enter same passphrase again:                     // 再次输入私钥保护密码
Your identification has been saved in /home/smart/.ssh/id_rsa.
Your public key has been saved in /home/smart/.ssh/id_rsa.pub.
The key fingerprint is:
9b:23:5a:65:10:0c:41:6e:07:11:ea:d8:21:0e:ed:ec smart@zbox-2014-05-31
The key's randomart image is:
```

```
+--[ RSA 2048]----+
|   .B*.          |
| . o ...         |
|o + o o          |
|oB o . .         |
|..=     S        |
| .     o o       |
|  E   o +        |
|     o . .       |
|    .            |
+-----------------+
// 查看已生成的密钥对
[smart@zbox ~]$ ll .ssh
-rw------- 1 smart smart 1743 5月  31 15:54 id_rsa
-rw-r--r-- 1 smart smart  403 5月  31 15:54 id_rsa.pub
// 3. 将公钥上传到服务器
[smart@zbox ~]$ ssh-copy-id -i smart@soho
// 参数 -i 表示传输默认的名为 .ssh/id_rsa.pub 的文件，若要传输其他名字的公钥文件需指定
The authenticity of host 'soho (192.168.0.252)' can't be established.
RSA key fingerprint is d3:ba:b7:f2:e9:0c:36:64:ab:ef:36:5a:4f:7a:bc:79.
Are you sure you want to continue connecting (yes/no)? yes
Warning: Permanently added 'soho,192.168.0.252' (RSA) to the list of known hosts.
smart@soho's password:                      // 输入 smart 用户在 soho 主机上的用户口令
// 使用 ssh-copy-id 命令传输公钥文件时，被登录的远程服务器必须接受口令登录
// 否则只能将公钥传给远程服务器的系统管理员
// 由它负责将公钥文件追加到用户的 ~/.ssh/authorized_keys 文件中
Now try logging into the machine, with "ssh 'smart@soho'", and check in:
  .ssh/authorized_keys
to make sure we haven't added extra keys that you weren't expecting.
// 4. 以密钥认证方式进行远程登录
[smart@zbox ~]$ ssh smart@soho
Enter passphrase for key '/home/smart/.ssh/id_rsa': // 输入私钥保护密码
[smart@soho ~]$ ll .ssh
-rw------- 1 smart smart 403 5月  31 15:07 authorized_keys
$ exit
logout
Connection to soho closed.
[smart@zbox ~]$
// 5. 修改私钥保护密码
[smart@zbox ~]$ ssh-keygen  -f  ~/.ssh/id_rsa  -p
// 基于安全考虑，每隔一段时间应该修改一次私钥保护密码
// 本命令还可以为无私钥保护短语的私钥设置保护密码，或为已设置了私钥保护密码的私钥清除私
// 钥保护密码
Enter old passphrase:                                 // 输入旧的私钥保护密码
Key has comment '/home/smart/.ssh/id_rsa'             // 输入新的私钥保护密码
Enter new passphrase (empty for no passphrase):       // 再次输入新的私钥保护密码
Enter same passphrase again:
Your identification has been saved with the new passphrase.
```

提示

1. 使用 ssh-copy-id 命令的前提是被登录的 SSH 服务器没有关闭用户口令认证。
2. 在没有提供 ssh-copy-id 命令的系统中，可以使用如下命令：

```
[smart@zbox ~]$ cat .ssh/id_rsa.pub | ssh smart@soho \
"cat - >> ~/.ssh/authorized_keys"
```

**3. 使用 ssh-agent 和 ssh-add**

若私钥使用了保护密码，那么每次执行 ssh/scp/sftp 命令时均需要输入该私钥保护密码，为了避免每次执行命令时均需重新输入私钥保护密码，OpenSSH 软件包中提供了 ssh-agent 和 ssh-add 两个工具。

ssh-agent 是一个用户级别的守护进程，用于设置一个对解密的私钥进行高速缓存的环境。而 ssh-add 用于向这个高速缓冲添加私钥。ssh/scp/sftp 命令内置支持了同 ssh-agent 通信的机制，不必每次新连接时都提示输入私钥保护密码才能获取解密的私钥。ssh-agent 环境的启用和 ssh-add 向高速缓冲添加私钥是个一次性过程，添加之后便不会再提示输入私钥保护密码了。

直接执行 ssh-agent 会启动一个守护进程并在标准输出上打印设置两个环境变量：SSH_AUTH_SOCK（ssh/scp/sftp 可以用来同 ssh-agent 建立对话的 UNIX 套接字的路径）和 SSH_AGENT_PID 的信息。

为了在当前 Shell 及其子 Shell 中使用这个高速缓存，应该执行由 ssh-agent 输出的环境变量设置。为了在启动 ssh-agent 守护进程的同时执行这些环境变量的设置，应该使用 eval $(ssh-agent)命令。

下面是一个使用 ssh-agent 和 ssh-add 以及 ssh 登录的过程。

```
[smart@zbox ~]$ eval $(ssh-agent)
[smart@zbox ~]$ ssh-add
Enter passphrase for key '/home/smart/.ssh/id_dsa':        # 输入私钥保护密码
Identity added: /home/smart/.ssh/id_dsa (/home/smart/.ssh/id_dsa)
[smart@zbox ~]$ ssh-add -l
1024 2a:8b:f2:64:f7:e5:41:74:ef:f5:8f:99:37:9c:30:f8 /home/smart/.ssh/id_dsa (DSA)
[smart@zbox ~]$ ssh soho                            # 不用再输入私钥保护密码
[smart@soho ~]$
```

启动 ssh-agent 的最佳方式，就是把如下行添加到 ~/.bash_profile 中。

```
eval $(ssh-agent)
```

## 6.5 思考与实验

**1. 思考**

（1）什么是守护进程？什么是系统初始化进程？
（2）如何使用 systemctl 管理服务？
（3）什么是 cron 任务？简述 crontab 文件中各个字段的含义。
（4）什么是 rsyslog？rsyslog 功能？如何配置日志服务器？
（5）可以使用哪些命令查看非文本日志文件？

（6）为什么要进行日志滚动？ CentOS 如何实现日志滚动？

（7）简述 SSH 协议的工作过程。

**2．实验**

（1）学会安排 cron 任务。

（2）学会查看系统日志文件。

（3）学会配置日志滚动。

（4）学会配置远程日志传输。

（5）配置 SSH 服务以加强安全性。

（6）配置 ssh/scp/sftp/rsync 的用户密钥访问，并使用 ssh-agent 和 ssh-add。

**3．进一步学习**

（1）学习基于 SysVinit 的服务管理工具（chkconfig 和 service）的使用方法。

（2）学习配置基于 rsyslog+loganalyzer 的集中日志服务器并监视服务器日志。

（3）学习时间同步服务（ntpdate、ntpd 和 chronyd）的配置和使用。

（4）学习使用 SSH 隧道（Tunnel）实现端口转发（Port forward）的方法。

（5）学习使用基于 SSH 隧道的 VPN 工具 sshuttle（EPEL 仓库提供了 RPM 包）。

（6）学习使用 denyhost 或 fail2ban 保护 SSH 服务。

（7）在 Windows 系统上安装 Git（http://msysgit.github.io/），学习使用 git 命令操作本地仓库。

（8）使用 Git 同时安装的 OpenSSH 创建自己的密钥对，在 GitHub（https://github.com）上注册自己的账号并添加自己的公钥，学习操作远程 Git 仓库。有关 Github 的使用，可参考蒋鑫所著的开源书《GotGitHub》（http://www.worldhello.net/gotgithub/）。

（9）架设自己的基于 GitHub 仓库的 BLOG 系统，并学习如下软件的使用：

- Pelican（http://blog.getpelican.com）。
- Octopress（http://octopress.org）。
- Hexo（https://hexo.io）。

（10）学习使用基于 Git 仓库存储的图书写作工具 Asciidoctor（http://asciidoctor.org）。

（11）学习使用 etckeeper（EPEL 仓库有提供）以 Git 方式管理系统的 /etc 目录。

# 第 7 章 系统日常维护

本章首先介绍 Linux 环境下常用的系统性能监视工具，然后分别介绍 top、mpstat、vmstat、iostat 等工具的使用，以及性能分析的经验准则，最后介绍 Linux 内核参数的修改方法、systemd 与系统启动过程以及系统故障排查、备份与同步等。

## 7.1 监视系统性能

### 7.1.1 系统监视概述

为了更好地维护系统，管理员经常要收集一些系统信息，如进程、内存、文件系统、硬件等使用信息。然后通过这些信息判断系统是否正常，并通过这些信息对系统故障做出正确判断。

在 2.2.4 节中介绍了一些常用的信息显示命令及其使用，下面再列出一些与系统性能监视相关的常用工具，如表 7-1 所示，这些工具涉及的软件包也一并列出，若系统中没有这些工具可以使用 yum install 命令进行安装。

表 7-1 系统性能监视的常用工具

| 分 类 | 工 具 | 软 件 包 | 说 明 |
| --- | --- | --- | --- |
| 实时 | /usr/bin/htop | htop | 动态显示系统进程任务 |
| | /usr/bin/top | procps | 动态显示系统进程任务 |
| | /usr/bin/uptime | | 显示系统的运行时间和平均负载 |
| | /usr/bin/free | | 显示系统内存的使用 |
| | /usr/bin/vmstat | | 显示进程队列、内存、交换空间、块 I/O、CPU 活动信息 |
| | /usr/bin/nload | nload | 显示当前的网络流量 |
| | /usr/sbin/iotop | iotop | 显示进程的磁盘 I/O 信息（iostat 和 top 的结合体） |
| | /usr/bin/iostat | sysstat | 输出 CPU、I/O 系统和磁盘分区的统计信息。可以用来分析磁盘 I/O、带宽等信息 |
| | /usr/bin/mpstat | | 输出 CPU 的各种统计信息。可以用来分析程序运行时在内核态和用户态的工作情况 |
| 统计 | /usr/bin/sar | | 定时搜集系统的各种状态信息，然后对系统各个时间点的状态进行监控 |

### 7.1.2 top 命令

#### 1. top 的功能

top 命令显示了当前正运行的进程及其重要信息，包括其内存和 CPU 用量。该列表既是实时的（默认每 1.5 秒刷新一次）也是互动的。以下是一个 top 的输出示例：

```
$  top
top - 20:49:38 up 1 day,  7:48,  1 user,  load average: 0.00, 0.01, 0.05
Tasks: 416 total,   1 running, 415 sleeping,   0 stopped,   0 zombie
%Cpu(s):  0.2 us,  0.2 sy,  0.0 ni,  99.7 id,  0.0 wa,  0.0 hi,  0.0 si,   0.0 st
KiB Mem :  1870516 total,   912216 free,   174152 used,   784148 buff/cache
KiB Swap:  2097148 total,  2097148 free,        0 used.  1516704 avail Mem

   PID USER      PR  NI    VIRT    RES   SHR  S  %CPU %MEM     TIME+    COMMAND
 10709 root      20   0       0      0     0  S   0.3  0.0   0:01.13   kworker/0:1
 10711 root      20   0  130292   2088  1268  R   0.3  0.1   0:00.84   top
     1 root      20   0  136272   4296  2476  S   0.0  0.2   0:04.13   systemd
     2 root      20   0       0      0     0  S   0.0  0.0   0:00.21   kthreadd
…
```

**2．top 的交互命令**

表 7-2 中列出了 top 可使用的交互命令。更详细的信息可查看 top 命令的手册。

表 7-2　top 的交互命令

| 分　类 | 交 互 命 令 | 说　明 |
|---|---|---|
| 全局命令 | <Space>或<Enter> | 立即刷新显示 |
| | ?或 h | 显示帮助信息屏幕 |
| | g[1234] | 默认提供了 4 种字段方案的窗口，分别为 1:Def、2:Job、3:Mem、4:Usr。可以用 G1～G4 切换 |
| | A | 是否在一个界面中同时显示 4 种字段方案，显示窗口的乒乓切换开关 |
| | a 和 w | 在 4 种字段方案的显示窗口中移动以确认当前窗口，a 表示下一个窗口；w 表示上一个窗口 |
| | Z | 设置不同窗口的颜色配置方案 |
| | u | 显示指定用户的进程（仅匹配 EUID） |
| | U | 显示指定用户的进程（匹配 RUID、EUID、SUID 和 UID） |
| | k | 杀死指定的进程 |
| | r | 重新设置一个进程的优先级别 |
| | d 或 s | 改变两次刷新显示之间的时间间隔，单位为秒 |
| | W | 将当前的 top 设置写入~/.toprc 文件中 |
| | q | 退出 top |
| 统计信息区命令 | l（小写字母） | 是否显示系统平均负载信息的乒乓切换开关 |
| | m | 是否显示系统内存和交换空间信息的切换开关（可以切换数字显示和使用比例图示显示） |
| | t | 是否显示进程的 CPU 使用信息的切换开关（可以切换数字显示和使用比例图示显示） |
| | 1（数字） | 显示所有 CPU 的平均状态还是每个 CPU 状态的乒乓切换开关 |
| 进程信息区命令 | x | 是否对当前排序字段进行加亮显示的乒乓切换开关 |
| | y | 是否对当前正在运行进程进行加亮显示的乒乓切换开关 |
| | c | 是否显示完整命令行的乒乓切换开关 |
| | f | 在当前显示窗口中添加或者删除字段 |
| | o | 调整当前显示窗口中字段的显示先后顺序 |
| | F 或 O | 在当前显示窗口中指定排序字段 |
| | R | 是否进行逆向排序的乒乓切换开关 |
| | < 或 > | 移动排序字段。<为向左移动，>为向右移动 |

（续）

| 分　类 | 交互命令 | 说　明 |
|---|---|---|
| 进程信息区命令 | M | 按 %MEM 字段排序 |
| | N | 按 PID 字段排序 |
| | P | 按 %CPU 字段排序 |
| | T | 按 TIME+字段排序 |
| | H | 是否显示所有线程的乒乓切换开关 |
| | i | 是否显示闲置（Idled）进程和僵死（Zombied）进程的乒乓切换开关 |

### 3．top 命令的输出

top 命令的输出分为两个区域：上部分为统计信息区，下部分为进程信息区。

（1）统计信息

第 1 行：在“top –”之后显示的是 uptime 命令的输出，它从 /proc/loadavg 中获得平均负载信息。依次显示的信息有当前时间、系统已经运行的时间、当前有多少登录用户、1 分钟系统平均负载、5 分钟系统平均负载、15 分钟系统平均负载。

第 2、3 行：显示的是进程和 CPU 的汇总信息。

- 第 2 行显示当前的任务统计信息。依次分别为进程总数（total）、正在运行的进程数（running）、睡眠的进程数（sleeping）、停止的进程数（stopped）和僵尸进程数（zombie）。
- 第 3 行显示当前的 CPU 统计信息（与 vmstat 命令的输出类似）。依次分别为用户态进程占用 CPU 百分比（%us）、核心态进程占用 CPU 百分比（%sy）、调整过优先级的用户态进程占用 CPU 时间的百分比（%ni）、空闲 CPU 百分比（%id）、等待系统 I/O 的 CPU 时间百分比（%wa）、CPU 用于处理硬件中断的时间百分比（%hi）、CPU 用于处理软中断的时间百分比（%si）和被虚拟机偷掉的 CPU 时间百分比，仅用于运行虚拟机的情况（%st）。

第 4、5 行：显示的是物理内存和交换空间的汇总信息（与 free 命令的输出类似）。其中，buffers 指的是块设备的读写缓冲区，cached 指的是文件系统本身的页面缓存。它们都是 Linux 操作系统底层的机制，目的是加速对磁盘的访问。

（2）进程信息

表 7-3 中列出了 top 命令显示的输出项，使用 top 的 f 交互命令可以查看所有输出项的信息。

**表 7-3　top 命令显示的输出项**

| 输出项 | 含　义 |
|---|---|
| PID | 进程 ID |
| USER | 进程所有者的用户 ID |
| PR | 进程优先执行顺序，值越小越早执行 |
| NI | 进程 nice 值。负值表示高优先级，正值表示低优先级 |
| VIRT | 进程使用的虚拟内存总量，单位 KB（VIRT=SWAP+RES） |
| RES | 进程使用的、未被换出的物理内存大小，单位 KB（RES=CODE+DATA） |
| SHR | SHR 共享内存大小，单位 KB |
| S | 进程状态。D=不可中断的睡眠状态；R=运行；S=睡眠；T=跟踪/停止；Z=僵尸进程 |

（续）

| 输 出 项 | 含 义 |
| --- | --- |
| %CPU | 进程自上次更新到现在的 CPU 时间占用百分比 |
| %MEM | 进程使用的物理内存百分比 |
| TIME+ | 进程使用的 CPU 时间总计，单位 1/100 秒 |
| COMMAND | 执行的命令 |
| PPID | 父进程的 PID |
| RUSER | 实际用户名（Real User Name） |
| UID | 用户 ID |
| GROUP | 组名（Group Name） |
| TTY | 控制终端 |
| P | 在 SMP 环境中，最近使用的 CPU |
| SWAP | 交换的大小（KB） |
| TIME | 进程自启动以来使用的 CPU 时间 |
| CODE | 执行代码使用的物理内存大小（KB），也称 TRS |
| DATA | 数据（Data）和栈（Stack）使用的物理内存大小（KB），也称 DRS |
| nFLT | 一个任务发生的主页面错误的数量。当一个进程试图读写当前未在其地址空间中的虚拟页面时，将发生一个页面故障。主页面故障发生时，为了获取可用的页面将导致一次磁盘访问 |
| nDRT | 自上次写入磁盘后已被修改的页面数。必须将这些页面写入磁盘后，与其对应的物理内存位置才能被其他的虚拟页面使用 |
| WCHAN | 根据内核链接的地图（System.map）显示当前睡眠任务的内核函数的名称或地址 |
| Flags | 进程任务调度标志，这些标志记录在<linux/sched.h>中 |

### 7.1.3 mpstat 命令

**1. mpstat 的功能**

mpstat 通过分析 /proc/stat 文件报告与 CPU 相关的统计信息。在多 CPU 系统里，不但能查看所有 CPU 的平均状况信息，而且能够查看指定 CPU 的信息。

**2. mpstat 的命令格式**

```
mpstat [ -P { cpu | ALL } ] [ interval [ count ] ]
```

其中：

- -P {cpu|ALL}：用 CPU-ID 指定 CPU，CPU-ID 是从 0 开始的，即第一个 CPU 为 0。ALL 表示所有 CPU。
- interval：为取样时间间隔。指定 0 则输出系统自启动以来到当前时间的所有信息的平均值。
- count：为输出次数。若指定了取样时间间隔且省略此项，将不断产生统计信息。

**3. mpstat 使用示例**

下面给出几个使用 mpstat 命令的例子。

```
// 输出所有 CPU 使用情况的统计信息
# mpstat
10:39:06 AM  CPU   %user  %nice   %sys  %iowait   %irq   %soft  %steal  %idle   intr/s
10:39:06 AM  all   0.10   0.04    0.31  0.06      0.04   0.01   0.00    99.45   1012.99
// 输出第一个 CPU 使用情况的统计信息
# mpstat -P 0
```

```
10:41:03 AM  CPU   %user   %nice   %sys   %iowait   %irq   %soft  %steal   %idle    intr/s
10:41:03 AM   0    0.09    0.02    0.40   0.09       0.08   0.01   0.00     99.32    1012.79
// 每隔 2 秒输出所有 CPU 的统计信息，共输出 5 次
# mpstat 2 5
// 每隔 2 秒输出一次所有 CPU 的统计信息，共输出 5 次
# mpstat -P ALL 2 5
// 每隔 2 秒输出一次第二个 CPU 的统计信息，共输出 5 次
# mpstat -P 1 2 5
```

**4．mpstat 输出项说明**

mpstat 的输出项如表 7-4 所示。

表 7-4　mpstat 命令的输出项

| 输　出　项 | 说　　明 |
|---|---|
| CPU | 在多 CPU 系统里，每个 CPU 有一个 ID 号，第一个 CPU 为 0。all 表示统计信息为所有 CPU 的平均值 |
| %user | 显示在用户级别运行所占用 CPU 总时间的百分比 |
| %nice | 显示在用户级别，nice 值为负数的进程的 CPU 时间所占用 CPU 总时间的百分比 |
| %sys | 显示在 kernel 级别运行所占用 CPU 总时间的百分比。注意：这个值并不包括服务中断和 softirq |
| %iowait | 显示用于等待 I/O 操作时，占用 CPU 总时间的百分比 |
| %irq | 显示用于中断操作占用 CPU 总时间的百分比 |
| %soft | 显示用于 softirq 操作占用 CPU 总时间的百分比 |
| %steal | 管理程序（hypervisor）为另一个虚拟进程提供服务而等待虚拟 CPU 的百分比 |
| %idle | 显示 CPU 在空闲状态，占用 CPU 总时间的百分比 |
| intr/s | 显示 CPU 每秒接收到的中断总数 |

### 7.1.4　vmstat 命令

**1．vmstat 的功能**

显示进程队列、内存、交换空间、块 I/O 和 CPU 活动信息。

**2．vmstat 的命令格式**

```
vmstat [-s] [-n] [-S k|K|m|M]
vmstat [-a] [-n] [-S k|K|m|M] [Interval [ Count ]]
vmstat [-m] [-n] [Interval [ Count ]]
```

其中：interval 和 count 的含义与 mpstat 一致。常用选项如表 7-5 所示。

表 7-5　vmstat 命令的常用选项

| 选　项 | 说　　明 |
|---|---|
| -n | 只在开始时显示一次各字段名称 |
| -a | 显示活跃和非活跃内存 |
| -m | 显示/proc/slabinfo |
| -s | 显示内存相关统计信息 |
| -S | 使用指定单位显示。k(1000)、K(1024)、m(1000000)、M(1048576) 字节，默认单位为 K |

**3．vmstat 的使用示例**

```
//每隔 5 秒显示一次进程、内存、交换空间、块 I/O 和 CPU 活动信息，显示 3 次
# vmstat 5 3
```

```
procs -----------memory--------- ----swap-------io-----system--- ------cpu--------
 r b swpd  free  buff  cache   si   so   bi   bo   in   cs     us   sy  id  wa  st
0 0 112 14360 93056 765920     0    0    27   38   91   67      1    0  98   1   0
0 0  112 14208 93072 766140    0    0     8  322 1444  247      3    1  96   0   0
0 0  112 14148 93080 766480    0    0    10  325 1459  249      6    1  93   0   0
//显示活跃和非活跃内存
# vmstat -a
procs ----------memory--------- ----swap-- ----io-- --system--- ------cpu--------
 r  b  swpd  free   inact  active    si    so    bi    bo  in  cs  us  sy  id  wa  st
 0  0   112 14684 426720 504168    0     0     27    38  92  67  1   0   98   1   0
//以 M 为单位显示活跃和非活跃内存
# vmstat -a -S M
procs ----------memory--------- ----swap-------io-- --system--- ------cpu--------
r  b   swpd  free  inact   active  si   so   bi   bo   in   cs   us  sy   id  wa   st
0  0     0    14    415     494    0    0    27   38   92   67   1   0    98   1   0
//以 M 为单位显示内存相关统计信息
# vmstat -s -S M
```

**4．vmstat 的输出项说明**

vmstat 的输出项如表 7-6 所示。

表 7-6　vmstat 的输出项说明

| 分　类 | 输 出 项 | 说　明 |
| --- | --- | --- |
| procs | r | 在运行队列中等待运行的进程数 |
| | b | 等待 I/O 的进程数 |
| memory（默认单位为 KB） | swpd | 当前使用的交换空间 |
| | free | 当前空闲的物理内存 |
| | buff | 用作缓冲的内存大小 |
| | cache | 用作缓存的内存大小 |
| | inact | 非活跃的内存大小（当使用-a 选项时显示） |
| | active | 活跃的内存大小（当使用-a 选项时显示） |
| swap | si | 每秒从交换区写到内存的大小 |
| | so | 每秒写入交换区的内存大小 |
| io | bi | 每秒读取块设备的块数 |
| | bo | 每秒写入块设备的块数 |
| system | in | 每秒的中断数，包括时钟中断 |
| | cs | 每秒的环境（上下文）切换次数 |
| cpu | us | 用户进程执行时间的百分比 |
| | sy | 系统进程执行时间的百分比 |
| | id | 空闲时间（包括等待 I/O 时间）的百分比 |
| | wa | 等待 I/O 时间的百分比 |
| | st | 管理程序（hypervisor）为另一个虚拟进程提供服务而等待虚拟 CPU 的百分比 |

## 7.1.5　iostat 命令

**1．iostat 的功能**

用于输出 CPU 和磁盘 I/O 相关的统计信息。

**2．iostat 命令的格式**

```
iostat [ -c | -d ] [ -k | -m ] [ -t ] [ -x ] [ device [ ... ]  | ALL ]
       [ -p [ device | ALL ] ] [ interval [ count ] ]
```

其中：interval 和 count 的含义与 mpstat 一致。常用选项如表 7-7 所示。

表 7-7　iostat 命令的常用选项

| 选　项 | 说　明 |
|---|---|
| -c | 仅显示 CPU 统计信息。与-d 选项互斥 |
| -d | 仅显示磁盘统计信息。与-c 选项互斥 |
| -k | 以 KB 为单位显示每秒的磁盘请求数。默认单位为块 |
| -m | 以 MB 为单位显示每秒的磁盘请求数。默认单位为块 |
| -p {device\|ALL} | 用于显示块设备及系统分区的统计信息。与-x 选项互斥 |
| -t | 在输出数据时，打印搜集数据的时间 |
| -x | 输出扩展信息 |

**3．iostat 使用示例**

下面给出几个使用 iostat 命令的例子。

```
// 显示一条包括所有的 CPU 和设备吞吐率的统计信息
# iostat
avg-cpu:  %user   %nice %system %iowait  %steal   %idle
           0.10    0.04    0.37    0.07    0.00   99.42

Device:            tps   Blk_read/s   Blk_wrtn/s   Blk_read   Blk_wrtn
sda               1.44    16.79         10.58       800430     504340
sdb               0.01    0.07          0.00        3314          8
sdc               0.86    8.56          0.00        407892        24
// 每隔 5 秒显示一次设备吞吐率的统计信息（单位为：块/s）
# iostat -d 5
// 每隔 5 秒显示一次设备吞吐率的统计信息（单位为：KB/s），共输出 3 次
# iostat -dk 5 3
// 每隔 2 秒显示一次 sda 及上面所有分区的统计信息，共输出 5 次
# iostat -p sda 2 5
// 每隔 2 秒显示一次 sda 和 sdb 两个设备的扩展统计信息，共输出 6 次
# iostat -x sda sdb 2 6
avg-cpu:  %user   %nice %system %iowait  %steal   %idle
           0.10   0.04    0.37    0.07    0.00    99.42

Device: rrqm/s wrqm/s r/s  w/s   rsec/s  wsec/s  avgrq-sz  avgqu-sz  await  svctm  %util
sda       0.17  0.84  0.96 0.47  16.67   10.56   19.01     0.01      7.11   1.25   0.18
sdb       0.00  0.00  0.01 0.00  0.07    0.00    5.16      0.00      0.22   0.19   0.00
...
```

**4．iostat 的输出项说明**

iostat 的输出项如表 7-8～表 7-10 所示。

表 7-8　avg-cpu 部分输出项说明

| 输　出　项 | 含　　义 |
|---|---|
| %user | 在用户级别运行所使用的 CPU 的百分比 |
| %nice | 高优先级进程（nice<0）使用的 CPU 的百分比 |
| %system | 在核心级别（kernel）运行所使用 CPU 的百分比 |
| %iowait | CPU 等待硬件 I/O 所占用 CPU 的百分比 |
| %steal | 当管理程序（hypervisor）为另一个虚拟进程提供服务而等待虚拟 CPU 的百分比 |
| %idle | CPU 空闲时间的百分比 |

表 7-9　Device 部分基本输出项说明

| 输　出　项 | 含　　义 | 输　出　项 | 含　　义 |
|---|---|---|---|
| Blk_read | 读入的数据总量，单位为块 | Blk_read/s | 每秒从驱动器读入的数据量，单位为块/s |
| Blk_wrtn | 写入的数据总量，单位为块 | Blk_wrtn/s | 每秒向驱动器写入的数据量，单位为块/s |
| kB_read | 读入的数据总量，单位为 KB | kB_read/s | 每秒从驱动器读入的数据量，单位为 KB/s |
| kB_wrtn | 写入的数据总量，单位为 KB | kB_wrtn/s | 每秒向驱动器写入的数据量，单位为 KB/s |
| MB_read | 读入的数据总量，单位为 MB | MB_read/s | 每秒从驱动器读入的数据量，单位为 MB/s |
| MB_wrtn | 写入的数据总量，单位为 MB | MB_wrtn/s | 每秒向驱动器写入的数据量，单位为 MB/s |
| | | tps | 每秒钟物理设备的 I/O 传输总量 |

表 7-10　Device 部分扩展输出项说明

| 输　出　项 | 含　　义 | 输　出　项 | 含　　义 |
|---|---|---|---|
| rrqm/s | 将读入请求合并后，每秒发送到设备的读入请求数 | r/s | 每秒发送到设备的读入请求数 |
| wrqm/s | 将写入请求合并后，每秒发送到设备的写入请求数 | w/s | 每秒发送到设备的写入请求数 |
| rkB/s | 每秒从设备读入的数据量，单位为 KB/s | rsec/s | 每秒从设备读入的扇区数 |
| wkB/s | 每秒向设备写入的数据量，单位为 KB/s | wsec/s | 每秒向设备写入的扇区数 |
| await | I/O 请求平均执行时间。包括发送请求和执行的时间，单位为毫秒 | rMB/s | 每秒从设备读入的数据量，单位为 MB/s |
| svctm | 发送到设备的 I/O 请求的平均执行时间，单位为毫秒 | wMB/s | 每秒向设备写入的数据量，单位为 MB/s |
| avgrq-sz | 发送到设备的请求的平均大小，单位为扇区 | %util | 在 I/O 请求发送到设备期间，占用 CPU 时间的百分比。用于显示设备的带宽利用率。当这个值接近 100%时，表示设备带宽已经占满 |
| avgqu-sz | 发送到设备的请求的平均队列长度 | | |

提示

在 mpstat、vmstat 和 iostat 命令中，若不指定[interval [count]]参数，则显示系统自启动以来到当前时间的所有信息的平均值。

## 7.1.6　性能分析标准的经验准则

### 1. CPU 性能

（1）平均负载：通过 top 或 uptime 命令可以显示系统平均负载。

在一段时间之内，若系统有 *n* 个 CPU 且平均负载小于 *n*，则说明某些 CPU 还有空闲的时间片处理任务；反之则说明 CPU 工作繁忙。

（2）核心态和用户态进程：通过 top 或 vmstat 命令可以显示核心态和用户态进程。

在一段时间之内，当 sy%+us%<70% 表示系统良好；若 sy%+us%>90% 表示系统负荷很重，CPU 资源短缺。

在一段时间之内，若持续地 id%<10%，则系统的 CPU 处理能力相对较低，表明系统中最需要改善的资源是 CPU。

在一段时间之内，若 id%=0%且 sy%>2 us%，表示 CPU 资源短缺。

（3）进程等待队列：通过 vmstat 命令可以显示进程等待队列。

在一段时间之内，若进程执行等待队列（procs r）持续地大于系统中 CPU 的个数，表示系统运行比较慢，有多数的进程正在等待 CPU。

在一段时间之内，若进程执行等待队列（procs r）持续地大于系统中可用 CPU 个数的 4 倍，且持续地 id%<30%，则系统面临着 CPU 短缺或者是 CPU 速率过低的问题。

在一段时间之内，若进程等待设备队列（procs b）持续地大于 3，则表示磁盘 I/O 性能不好。

**2．内存性能**

在一段时间之内，若交换空间的 si 和 so 持续地大于 0，可能存在内存的瓶颈，这表示有大量数据在物理内存和磁盘交换空间进行换入换出，此时应加大物理内存容量。

在一段时间之内，若 id%的值高但系统响应慢时，有可能是 CPU 等待分配内存，此时应加大物理内存容量。

在一段时间之内，若内存的占用率比较高，但 CPU 的占用很低时，可以考虑是有很多的应用程序占用了内存没有释放。

**3．I/O 性能**

在一段时间之内，当 avgqu-sz 的值较低时，设备的利用率较高。

在一段时间之内，当%iowait 的值大于 40%时，表示硬盘存在严重的 I/O 瓶颈。

在一段时间之内，当%util 的值接近 100%时，表示设备带宽已经占满。

## 7.2　内核管理

### 7.2.1　Linux 内核简介

**1．Linux 内核的功能**

1）进程调度：负责控制进程对 CPU 的使用，决定进程的启动和运行时间。

2）内存管理：负责管理多个进程对内存的使用。必要时使用虚拟内存技术在磁盘和内存间交换数据。

3）文件系统：使用虚拟文件系统中间层支持多种不同类型的文件系统。虚拟文件系统隐藏了各种硬件的具体细节，为所有的设备提供了统一的接口。

4）设备管理：为设备提供缓冲和缓存以提高硬件的访问速度。

5）网络接口：提供了对各种网络标准的存取和各种网络硬件的支持。

6）进程通信：提供了进程之间的各种通信机制。

7）启动管理：负责在系统初始化过程中检测硬件资源、加载驱动并引导系统。

8）安全管理：检查、校验文件系统权限、SELinux 环境和防火墙规则。

**2．内核的重要组件**

RHEL/CentOS 下的内核以 RPM 包提供，kernel 软件包包含如下组件：

（1）内核映像文件

- 文件保存在 /boot/vmlinuz-$(uname -r)。
- 由启动引导器（GRUB）直接加载到内存以便启动内核。

（2）内核模块

- 内核的功能可以直接编译到内核映像文件，也可以编译为独立的模块。
- 可以在系统运行期间动态地加载或卸载内核模块以改变系统功能。
- 所有的内核模块保存在 /lib/modules/$(uname -r)目录中。
- /lib 存在根文件系统中，因此所有内核模块必须在根文件系统挂载后才能使用。

（3）初始化内存盘（Bootloader Initialized RAM Disk）

- 文件保存在 /boot/initramfs-$(uname -r).img。
- 由启动引导器（GRUB）直接加载到内存。
- 在引导初期，根文件系统挂载之前使用。
- 用于在加载内核映像文件中没有提供的其他设备的内核驱动模块。
- 是 Linux 安装盘、Linux 启动盘（CD、USB）、LiveCD 的必备部件。

### 7.2.2 修改内核参数（/proc 与 sysctl）

**1. 虚拟文件系统 /proc**

虚拟文件系统 /proc 是在 Linux 启动时挂载到根文件系统上的，它是内存的一部分，但并非真正存储在硬盘上。使用/proc 的目的就是将 Linux 的内核数据以目录或文件的形式呈现给用户或应用程序，以便查看内核信息或临时修改内核功能。

虚拟文件系统 /proc 上的信息分为两类：只读和读写。

1）大部分文件是只读的，用户可以使用 cat 命令查看这些文件，大多数系统信息显示命令都是从这个文件系统上读取相关文件内容经过格式化后显示给用户的。例如，uptime 命令就是从/proc/uptime 和 /proc/loadavg 中获得信息并呈现给用户的。如表 7-11 中列出了/proc 中一些重要的文件和目录。

表 7-11 /proc 中重要的文件和目录

| 文　件 | 说　明 |
|---|---|
| /proc/*n* | *n* 为 PID，每个进程在/proc 下有一个名为其进程号的目录 |
| /proc/cpuinfo | 处理器信息，如类型、制造商、型号和性能 |
| /proc/meminfo | 当前内存使用信息，包括物理内存和虚拟内存 |
| /proc/devices | 当前运行的核心配置的设备驱动列表 |
| /proc/dma | 当前使用的 DMA 通道 |
| /proc/filesystems | 当前配置的文件系统 |
| /proc/interrupts | 当前使用的中断 |
| /proc/ioports | 当前使用的 I/O 端口 |
| /proc/kcore | 系统物理内存映像。与物理内存大小完全一样，但不实际占用内存 |
| /proc/loadavg | 系统“平均负载”；3 个指示器指出系统当前的工作量 |
| /proc/modules | 当前加载了哪些核心模块 |
| /proc/net/ | 网络协议状态信息的目录 |
| /proc/stat | 系统状态 |
| /proc/uptime | 系统启动的时间长度 |
| /proc/version | 内核版本信息 |

2）只有/proc/sys 目录中的文件是可写的，通过改写这些文件的内容可以临时改变内核功能。例如，使用如下命令，管理员可以重写/proc/sys/kernel/hostname 文件的内容临时修改主机名。

```
# echo  "www.rm-rf.cn" > /proc/sys/kernel/hostname
```

提示　/proc/sys 目录/子目录中的每个文件都对应着一个内核参数。可以使用命令 rpm -ql kernel-doc|grep sysctl 查看相关的说明文件。

下面说明/proc/sys 中的一些目录，如表 7-12 所示。

**表 7-12　/proc/sys 中的目录**

| 目　录 | 说　明 | 目　录 | 说　明 |
|---|---|---|---|
| /proc/sys/debug | 内核的 debug 信息 | /proc/sys/kernel | 内核本身的相关信息 |
| /proc/sys/dev | 设备相关的信息 | /proc/sys/net | 网络相关的信息 |
| /proc/sys/fs | 文件系统相关的信息 | /proc/sys/vm | 虚拟内存的相关信息 |

**2．Sysctl 命令**

因为/proc 只是内存的一部分，对/proc/sys 中文件的修改在下次启动计算机后即会丢失。sysctl 使用配置文件/etc/sysctl.conf 或/etc/sysctl.d/*.conf，提供了一种对/proc/sys 的持久性配置方法。配置文件/etc/sysctl.conf 在启动引导时由 systemd 的静态服务 systemd-sysctl.service 读取并根据其中的配置设置/proc/sys。

配置文件/etc/sysctl.conf 每一行设置一个内核参数及其值。每个参数均与/proc/sys 有关。例如，/proc/sys/net/ipv4/ip_forward 文件对应配置文件/etc/sysctl.conf 中的参数 net.ipv4.ip_forward（即去掉/proc/sys/，并将目录间隔符“/”改为“.”）。

例如，设置 Linux 内核分配的文件句柄的最大数量，一般合理的设置是每 4MB 内存设置 256。如 8GB 内存的机器，可以设置成 524288（8×1024/4=2048, 2048×256=524288）。

若当前/proc/sys/fs/file-max 的值小于上面所述的一般合理值，可修改/etc/sysctl.conf，添加如下的配置行：

```
fs.file-max = 524288
```

使配置在当前生效，可以执行如下命令：

```
# sysctl -p
```

使用 sysctl 命令还可以显示当前的内核参数。例如：

```
// 显示所有的内核参数值
# sysctl -a
// 显示指定的参数值
# sysctl fs.file-max
```

# 7.3　systemd 与系统启动过程

## 7.3.1　systemd 特性及组件

**1．systemd 简介**

systemd 是 Linux 的系统引导器和服务管理器，其已取代了传统的 sysVinit。

sysVinit 使用基于运行级别的 init 启动脚本完成系统引导过程。sysVinit 的 init 启动脚本是 Shell 脚本且各个服务是按照顺序依次启动的，这严重地影响了系统的启动过程。

systemd 是 C 语言编写的经过编译的二进制程序（systemd 尽可能减少对 Shell 脚本的依赖）且提供优秀的框架，用以表示系统服务间的依赖关系，实现系统初始化时诸多服务的并行启动，从而大大加快了系统启动过程。

**2．systemd 的特性**

systemd 的先进性表现在：

- systemd 通过 Socket 缓存、DBus 缓存和建立临时挂载点等方法进一步解决了启动进程之间的依赖，实现了服务并发启动。
- systemd 提供了服务按需启动的能力，使得特定的服务只有在被真正请求的时候才启动。
- systemd 提供了基于依赖关系的服务控制逻辑，即启动一个单元之前先启动其依赖的单元。
- systemd 通过控制组（Controller group，Cgroup）跟踪和管理进程的生命周期。
- systemd 支持已启动的服务的监控同时支持重启已崩溃的服务。
- systemd 支持组件模块的加载和卸载。
- systemd 支持低内存使用痕迹以及任务调度能力。
- systemd 通过 systemd-journald 模块记录二进制日志。
- systemd 通过 systemd-login 模块用于控制用户登录。
- systemd 支持系统状态的快照和恢复。
- systemd 向下兼容 SysVinit。

**3．systemd 的组件**

systemd 的核心组件包括：

- 守护进程 **systemd** 负责 Linux 的系统和服务。命令行工具 **systectl** 用于控制 systemd 管理的系统和服务状态。
- systemd 使用内核的 **Cgroup** 子系统跟踪系统中的进程，并提供了 **systemd-cgls** 和 **systemd-cgtop** 用于显示 Cgroup 资源信息。
- 命令行工具 **systemd-analyze** 用于分析系统启动性能并检索其他状态和跟踪信息。

systemd 的附加组件包括：

- 由 systemd 启动的 **systemd-logind** 守护进程负责管理用户登录。
- 由 systemd 启动的 **systemd-journal** 守护进程负责记录事件的二进制日志。
- 由 systemd 启动的 **systemd-udevd** 守护进程负责监听内核的 udev 事件（kernel uevents）并根据相应的 udev 规则执行匹配的指令。

## 7.3.2 systemd 的单元

**1．单元及其类型**

systemd 将其管理的资源组织成各种类型的单元（Unit），表 7-13 中列出了 systemd 使用的各种单元类型。

表 7-13　systemd 的单元类型

| 单元类型 | 扩展名 | 说明 |
| --- | --- | --- |
| service | .service | 描述一个系统服务 |
| socket | .socket | 描述一个进程间通信的套接字 |
| device | .device | 描述一个由内核识别的设备文件 |
| mount | .mount | 描述一个文件系统的挂装点 |
| automount | .automount | 描述一个文件系统的自动挂装点 |
| swap | .swap | 描述一个内存交换设备或交换文件 |
| path | .path | 描述一个文件系统中文件或目录 |
| timer | .timer | 描述一个定时器（用于实现类似 cron 的调度任务） |
| snapshot | .snapshot | 用于保存一个 systemd 的状态 |
| scope | .scope | 使用 systemd 的总线接口以编程方式创建的外部进程 |
| slice | .slice | 描述基于 Cgroup 的一组通过层次组织的管理系统进程 |
| target | .target | 描述一组 systemd 的单元 |

提示

1. 可以使用 systemctl list-units 命令显示已加载的单元。
2. 可以使用 systemctl list-unit-files 命令显示已安装的单元。
3. 可以使用带有 --type <UnitType>参数的 systemctl 命令显示指定类型的单元。例如 systemctl --type mount 可以显示已加载的 mount 类型的单元。
4. 可以通过 man 5 systemd.unit、man 5 systemd.<UnitType>以及 man 7 systemd.special 了解更多有关 Systemd 单元的相关信息。

systemd 使用声明性语言取代传统的 sysVinit 使用每个守护进程 Shell 启动脚本。各种单元的配置文件位置如表 7-14 所示。

表 7-14　systemd 单元配置文件的位置

| 目录 | 描述 | 同名配置文件的应用优先级 |
| --- | --- | --- |
| /usr/lib/systemd/system/ | 由安装的 RPM 包发布的 systemd 单元 | 最低 |
| /run/systemd/system/ | 在运行时创建的 systemd 单元 | 高 |
| /etc/systemd/system/ | 由管理员创建和管理的 Systemd 单元 | 最高 |

**2. 单元的依赖关系**

systemd 使用如表 7-15 所示的激活机制以提高系统启动的并行性。

表 7-15　systemd 的激活机制

| 激活机制 | 说明 |
| --- | --- |
| 基于 Socket 激活 | systemd 为所有支持 Socket 激活的服务在服务启动之前先创建其 Socket 监听，一旦服务启动就将已创建的 Socket 传递给相应服务的 exec() 。这不仅能使服务并行启动，同时确保重新启动服务时不丢失发送给它的任何消息，因为相应的 Socket 仍然可以访问，所有的消息都会排队 |
| 基于 D-Bus 激活 | 使用 D-BUS 进行进程间通信的系统服务能按需启动，即客户端应用程序试图与支持 D-Bus 激活的服务进行首次通信时相应的服务才会启动 |
| 基于 Device 激活 | 支持 Device 激活的系统服务能按需启动，即当一个特定类型的硬件被插入或成为可用时相应的服务才会启动 |
| 基于 Path 激活 | 支持 Path 激活的系统服务能按需启动，即当特定的文件或目录更改其状态时相应的服务才会启动 |

尽管 systemd 使用多种激活机制将大量启动任务解除了依赖，使各项任务可以尽可能地并行启动，但是仍然存在一些任务，它们之间存在天然的依赖关系。

systemd 用单元配置文件中的配置语句来描述配置单元之间的依赖关系。systemd 将依赖关系分为如下几种。

- 需求依赖（Requirement Dependence）：使用 Requires 或 Wants 配置语句来描述。
- 顺序依赖（Ordering Dependence）：使用 After 或 Before 配置语句来描述。
- 冲突依赖（Conflict Dependence）：使用 Conflicts 配置语句来描述。

如果要启动的两个单元之间存在需求依赖（如 foo.service Requires bar.service）但不存在顺序依赖（如 foo.service After bar.service），则它们会并行启动。更普通的情况是两个单元同时存在需求依赖和顺序依赖，systemd 会自动处理这些依赖关系。值得一提的是大多数的依赖关系是由 systemd 隐式创建和维护的。

systemd 支持基于依赖关系的事务单元激活逻辑。在激活或去激活一个单元之前，systemd 要评估单元间的依赖关系，创建一个临时事务并验证此事务的一致性。若此事务不一致（比如配置单元之间存在环形引用等），systemd 会自动尝试纠正它并从之前的错误报告中移除一项非必需的单元任务。如何获知某项单元任务是非必需的呢？systemd 将需求依赖分为强依赖（Requires）和弱依赖（Wants），systemd 将弱依赖单元视为非必需。

可以使用 systemctl show 命令查看指定单元的依赖关系。例如：

```
// 1. 显示 boot.mount 要求的强依赖
# systemctl show --property "Requires" boot.mount
Requires=-.mount
// 2. 显示 sshd.mount 要求的弱依赖
# systemctl show --property "Wants" boot.mount
Wants=system.slice
// 3. 显示 crond.service 的顺序依赖
# systemctl show --property "Before" crond.service
Before=shutdown.target multi-user.target
# systemctl show --property "After" crond.service | fmt -10 | sed 's/After=//g' | sort
auditd.service
basic.target
systemd-journald.socket
systemd-user-sessions.service
system.slice
time-sync.target
// 4. 显示 postfix.service 的冲突依赖
# systemctl show --property "Conflicts" postfix.service
Conflicts=sendmail.service exim.service shutdown.target
```

### 3. 单元的配置文件语法

systemd 使用描述性语言书写单元的配置文件，单元配置文件通常包括如下 3 节内容：

- 用于描述本单元的相关信息的[Unit]。
- 用于描述本单元的[Install]。
- 用于描述特定单元类型信息的[Service]、[Socket]、[Mount]、[Automount]、[Swap]、[Path]、[Timer]、[Slice]。

表 7-16 中列出了 systemd 单元配置文件 [Unit] 配置段的常用指令。

表 7-16　systemd 单元配置文件 [Unit] 配置段的常用指令

| 指　令 | 说　明 |
| --- | --- |
| Description | 对当前单元的描述 |
| Documentation | 说明当前单元的手册和文档 |
| Requires | 说明启动当前单元同时“必须（强依赖）”启动的单元 |
| Requisite | Requires 的强势版本，若同时需要启动的单元不成功，systemd 将报错 |
| Wants | 说明启动当前单元同时“需要（弱依赖）”启动的单元 |
| Conflicts | 当前单元不能与哪些单元同时启动，启动当前单元会停止与其冲突的单元 |
| Before | 说明当前单元在哪些单元启动之前就启动 |
| After | 说明当前单元在哪些单元启动之后才启动 |
| AllowIsolate | 若其值为 true（默认为 false），则当前单元可以用于 systemctl isolate |

表 7-17 中列出了 systemd 单元配置文件 [Install] 配置段的常用指令。

表 7-17　systemd 单元配置文件 [Install] 配置段的常用指令

| 指　令 | 说　明 |
| --- | --- |
| Alias | 为当前单元指定别名 |
| WantedBy | 指定哪个或哪些单元需要启用当前单元 |
| RequiredBy | 指定哪个或哪些单元必须启用当前单元 |

表 7-18 中列出了 systemd 单元配置文件 [Service] 配置段的常用指令。

表 7-18　systemd 单元配置文件 [Service] 配置段的常用指令

| 指　令 | 说　明 |
| --- | --- |
| ExecStart | 指定启动服务时执行的命令 |
| ExecStartPre | 指定启动服务之前执行的命令 |
| ExecStop | 指定停止服务时执行的命令 |
| ExecReload | 指定重新加载服务配置文件时执行的命令 |
| KillMode | 指定服务进程杀死模式。默认值 control-group 表示当前单元 Cgroup 维护的所有进程；process 表示仅主进程 |
| Restart | 指定当前服务需要重新启动的情况。默认值 no 表示不重启当前服务；on-success 表示仅当当前服务进程正常退出（退出码为 0）时才会重新启动；on-failure 表示仅当当前服务进程异常退出（退出码为非 0）时才会重新启动 |
| RestartSec | 指定重启当前服务之前休眠的时间 |
| EnvironmentFile | 指定当前服务的环境配置文件 |

例 1：sshd.service 的单元配置文件。

```
# cat /etc/systemd/system/multi-user.target.wants/sshd.service
[Unit]
Description=OpenSSH server daemon
After=network.target sshd-keygen.service
Wants=sshd-keygen.service

[Service]
EnvironmentFile=/etc/sysconfig/sshd
ExecStart=/usr/sbin/sshd -D $OPTIONS
ExecReload=/bin/kill -HUP $MAINPID
```

```
KillMode=process
Restart=on-failure
RestartSec=42s

[Install]
WantedBy=multi-user.target
```

例 2：default.target 的单元配置文件。

```
# cat /etc/systemd/system/default.target
[Unit]
Description=Multi-User System
Documentation=man:systemd.special(7)
Requires=basic.target
Conflicts=rescue.service rescue.target
After=basic.target rescue.service rescue.target
AllowIsolate=yes

[Install]
Alias=default.target
```

提示

用户可以通过 man 7 systemd.directives、man 5 systemd.unit 以及 man 5 systemd.<UnitType>了解更多有关 systemd 单元配置指令的用法。

### 7.3.3 systemd 的目标

#### 1. 目标

systemd 的目标（target）是一种特殊类型的单元，其单元配置文件的扩展名为.target。systemd 的目标代表一组单元，其目的是通过一个依赖关系链组织其他的系统单元。一个目标的启动代表了一种运行状态，即此目标包含依赖关系的一组单元均已被启动。例如，**graphical.target** 目标单元用于启动图形界面会话的一组服务，包括 GNOME 显示管理器（gdm.service）或账号服务（accounts-daemon.service）等，它同时激活 muiti-user.target 目标单元。类似地，**muiti-user.target** 目标单元启动其他必要的系统服务，包括网络管理服务（NetworkManager.service）、D-Bus 服务（dbus.service）等，它同时激活 **basic.target** 以及 **getty.target** 等目标单元。表 7-19 中列出了查看目标所使用的 systemctl 命令。

表 7-19　使用 systemctl 命令查看目标

| 命　　令 | 说　　明 |
| --- | --- |
| systemctl [**list-units**] **--type target** 或 systemctl [list-units] **-t target** | 显示当前已激活的目标 |
| systemctl [**list-units**] **--type target --all** 或 systemctl [list-units] **-at target** | 显示当前已加载的所有目标 |
| systemctl **list-unit-files --type target** 或 systemctl list-unit-files **-t target** | 显示 systemd 的 RPM 包安装的所有目标 |
| systemctl [--all|-a] **list-dependencies** <TargetName>**.target** | 显示指定目标的依赖关系 |

例 1：查看系统当前已激活的目标。

```
# systemctl -t target --no-pager
UNIT                  LOAD     ACTIVE   SUB       DESCRIPTION
basic.target          loaded   active   active    Basic System
bluetooth.target      loaded   active   active    Bluetooth
```

```
cryptsetup.target     loaded   active  active    Encrypted Volumes
…
17 loaded units listed. Pass --all to see loaded but inactive units, too.
```

例 2：查看 local-fs.target 目标依赖的所有单元。

```
# systemctl list-dependencies local-fs.target
local-fs.target
├──-.mount
├──boot.mount
├──rhel-import-state.service
├──rhel-readonly.service
└──systemd-remount-fs.service
```

例 3：查看默认目标（default.target）依赖的所有单元。

```
# systemctl list-dependencies
```

**2．目标与运行级别**

为了向下兼容 sysVinit 系统，systemd 使用相应的目标模拟了 sysVinit 的运行级别。表 7-20 中比较了 systemd 使用的目标以及 sysVinit 的运行级别。

**表 7-20　systemd 的目标与 sysVinit 的运行级别**

| 运行级别 | systemd 的目标 | systemd 模拟 sysVinit 的目标 | 说　明 |
|---|---|---|---|
| 0 | poweroff.target | runlevel0.target | 关机并断电 |
| 1 | rescue.target | runlevel1.target | 单用户或救援 Shell 模式 |
| 2 | multi-user.target | runlevel2.target | 非图形界面多用户系统 |
| 3 | multi-user.target | runlevel3.target | 非图形界面多用户系统 |
| 4 | multi-user.target | runlevel4.target | 非图形界面多用户系统 |
| 5 | graphical.target | runlevel5.target | 图形界面多用户系统 |
| 6 | reboot.target | runlevel6.target | 重新启动 |

systemd 为了模拟 sysVinit 的运行级别，将 runlevel[0..6].target 链接到了相应的目标。

```
# ls -l /lib/systemd/system/runlevel?.target
lrwxrwxrwx 1 root root 15 11 月  5 22:42 /lib/systemd/system/runlevel0.target ->
poweroff.target
lrwxrwxrwx 1 root root 13 11 月  5 22:42 /lib/systemd/system/runlevel1.target ->
rescue.target
lrwxrwxrwx 1 root root 17 11 月  5 22:42 /lib/systemd/system/runlevel2.target ->
multi-user.target
lrwxrwxrwx 1 root root 17 11 月  5 22:42 /lib/systemd/system/runlevel3.target ->
multi-user.target
lrwxrwxrwx 1 root root 17 11 月  5 22:42 /lib/systemd/system/runlevel4.target ->
multi-user.target
lrwxrwxrwx 1 root root 16 11 月  5 22:42 /lib/systemd/system/runlevel5.target ->
graphical.target
lrwxrwxrwx 1 root root 13 11 月  5 22:42 /lib/systemd/system/runlevel6.target ->
reboot.target
```

**3．目标的管理**

systemd 在启动时会执行 **default.target** 目标及其依赖的所有单元。表 7-21 中列出了使用 systemctl 管理目标的常用命令。

表 7-21　使用 systemctl 管理目标的常用命令

| 命　　令 | 说　　明 | 举　　例 |
|---|---|---|
| systemctl **get-default** | 显示默认的目标 | systemctl **get-default** |
| systemctl **set-default** <TargetName>.target | 设置默认的目标（下次启动时生效） | systemctl **set-default** graphical.target |
| systemctl **isolate** <TargetName>.target | 更改当前的目标（立即生效） | systemctl **isolate** multi-user.target |

使用 isolate（隔离）子命令可以在当前运行环境下切换到其他目标，隔离某个目标会停止该目标（及其依赖单元）不需要的所有单元并激活尚未启动的单元。

提示

并非所有的目标都能使用 isolate 子命令进行隔离，只有单元配置文件中设置了 AllowIsolate=yes 的目标才可以。可以使用如下命令查看指定的目标是否能进行隔离：

```
# systemctl show --property "AllowIsolate" <TargetName>.target
```

对于字符界面启动应该使用 set-default 子命令，将 default.target 链接到 **muiti-user.target** 目标；对于图形界面的启动，应该将 default.target 链接到 **graphical.target** 目标。

## 7.3.4　系统启动过程

**1．系统固件初始化**

1）计算机加电，系统固件（BIOS/UEFI）执行开机自检。

2）系统固件搜索可启动设备。

3）系统固件从磁盘加载启动引导器，然后将系统控制权交给启动引导器。

**2．启动引导器 GRUB2**

1）启动引导器从磁盘加载其配置。

2）启动引导器向用户显示 GRUB 菜单。

3）当用户选择了启动项或自动超时后，启动引导器从磁盘加载 kernel 和 initramfs 到内存（initramfs 是以 gzip 压缩的 cpio 归档文件，其中包含启动时所需的所有必要硬件的内核模块以及初始化脚本等）。

4）启动引导器将系统控制权交给内核，并为其传递启动引导器的内核命令行中指定的选项以及 initramfs 在内存中的位置。

**3．Linux 内核初始化**

1）kernel 从 initramfs 启动 systemd 的工作副本 /sbin/init （PID=0）。

2）initramfs 的 systemd 执行 **initrd.target** 目标的所有单元（包括其依赖的单元）。

- 内核在 initramfs 中查找所有硬件的驱动程序，随后内核初始化这些硬件。
- initrd-root-fs.target 以只读形式将系统实际的 root 文件系统挂载到 /sysroot。
- 执行 initrd.target 目标的其他相关单元。
- initrd-switch-root.target 切换 root 文件系统（从 initramfs 的 root 文件系统切换到系统实际 root 文件系统），并将控制权交给实际 root 文件系统上的 systemd 实例。

提示

1. 可以使用如下命令查看 initrd.target 依赖的单元：

```
# systemctl list-dependencies initrd.target
```

2. 内核初始化的详细过程可参考 man 7 **dracut.bootup**。

**4．执行本地系统的第一个进程 systemd**

1）systemd 使用系统中安装的 systemd 副本（PID=1）自行重新执行。

2）systemd 查找系统配置的默认目标或从内核命令行传递的默认目标。

3）systemd 启动默认目标 **default.target** 的所有单元并自动解决单元间的依赖关系。

- 若默认目标为 multi-user.target，则最终启用文本登录屏幕。
- 若默认目标为 graphical.target，则最终启用图形登录屏幕。

提示

1. 使用如下命令查看 default.target 依赖的单元：

```
# systemctl list-dependencies
# systemctl list-dependencies | fgrep .target
```

2. systemd 初始化的详细过程可参考 man 7 **bootup**。

### 7.3.5　systemd 的相关工具

**1．启动过程性能分析**

systemd 提供了系统工具 systemd-analyze 用于识别和定位引导相关的问题或性能影响。使用 systemd-analyze 可以检测引导过程，找出在启动过程中出错的单元，然后跟踪并改正引导组件的问题。表 7-22 中列出了 systemd-analyze 命令的使用方法。

表 7-22　启动过程性能分析命令

| 命　令 | 说　明 |
| --- | --- |
| systemd-analyze **time** | 显示内核和普通用户空间启动时所花的时间 |
| systemd-analyze **blame** | 列出所有正在运行的单元，按从初始化开始到当前所花的时间排序，从而获知哪些服务在引导过程中要花费较长时间 |
| systemd-analyze **verify** | 显示在所有系统单元中是否有语法错误 |
| systemd-analyze **plot** > boot.svg | 将整个引导过程写入一个 SVG 格式文件 |

**2．查看单元的资源使用情况**

systemd 使用内核的 Cgroup 子系统跟踪系统中的进程，表 7-23 中列出了 systemd-cgls 和 systemd-cgtop 命令的使用方法。

表 7-23　利用 Cgroup 查看单元的资源使用情况

| 命　令 | 说　明 |
| --- | --- |
| systemd-cgls | 以递归形式显示 systemd 利用的 Cgroup 结构层次 |
| systemd-cgtop | 显示每个 Cgroup 中的 systemd 单元的资源使用情况（包括 CPU、内存、I/O 等） |

**3．systemd 的日志工具**

systemd 内置了 **systemd-journald** 守护进程负责记录事件的二进制日志，同时提供了

journalctl 命令用于查看 journal 的日志。表 7-24 中列出了 journalctl 命令的使用方法。

表 7-24　使用 journalctl 命令查看日志

| 命　令 | 说　明 |
| --- | --- |
| journalctl | 显示 journal 记录的所有日志 |
| journalctl --since yesterday | 显示自昨天以来记录的日志（类似地可以使用 today 表示今天） |
| journalctl -f | 动态跟踪显示最新日志信息 |
| journalctl -p err | 显示日志级别为 err 的日志 |
| journalctl -k | 显示内核日志 |
| journalctl -b | 显示最近一次的启动日志 |
| journalctl -b-1 -p err | 显示上次启动时的错误日志 |
| journalctl -u sshd.service | 显示 systemd 指定单元的日志 |
| journalctl _COMM=sshd | 显示进程名为 sshd 的相关日志 |
| journalctl _COMM=sudo --since "00:00" --until "08:00" | 显示指定时间之内的进程名 sudo 的日志 |

提示

1. 在 journalctl 中可以使用日志记录字段名筛选（如_COMM 等）日志，可用的日志字段名可参考 man 7 systemd.journal-fields。

2. systemd 的 systemd-journald 默认将日志记录到 tmpfs 文件系统的/run/log/journal/目录，也就是说 systemd-journald 仅记录从开机以来的日志。若要配置其持久化存储需执行如下命令：

```
# mkdir -p -m2775 /var/log/journal
# chgrp systemd-journal /var/log/journal
# systemctl restart systemd-journald
```

## 7.4　备份与同步

### 7.4.1　备份

**1．什么是备份**

硬件故障、软件损坏、病毒侵袭、黑客骚扰、错误操作以及其他意想不到的原因时时都在威胁着服务器，随时可能使系统崩溃而无法工作。要想避免损失，行之有效的有时甚至是唯一的办法就是备份。备份是系统管理工作中十分重要的一个环节。

备份就是把一个文件系统或其部分文件存储到另外的介质中，使得通过这些介质中的记录信息可以恢复原有的文件系统或其中的某些文件。

备份数据的过程就是复制重要的数据到其他的介质之上，以保证在原始数据丢失的情况下可以恢复数据。一次备份可能是简单的 cp 命令，将一个文件复制到其他目录下，也可能是使用特定的程序将数据流写进一个特定的设备中的复杂过程。

在 Linux 环境下可以通过各种各样的方法来执行备份，所涉及的技术有从非常简单的脚本驱动的方法，到精心设计的商业化软件。备份可以保存到远程网络设备、磁带驱动器和其他可移动存储介质上。备份可以是基于文件或基于映像的。可用的选项很多，可以混合使用这些技术，为环境设计理想的备份计划。

要实施备份，系统管理员要考虑如下几个因素：

- 选择备份介质。
- 选择备份策略。
- 选择要备份的数据。
- 选择合适的备份工具。
- 选择是否进行远程备份或网络备份。
- 备份的自动化（备份周期和备份文件的存放周期）。

**2．备份介质的选择**

备份离不开存储设备和介质。当前可用来备份的设备很多，除软盘、本地硬盘外，CD-R、CD-RW 光盘、Zip 磁盘、活动硬盘、移动存储设备以及磁带机等都可以很方便地买到。

随着 SATA 接口硬盘价格的不断下跌，使用硬盘备份逐渐成为中小型企业、个人的最佳选择。对于硬盘备份来说，以下方式的备份安全性按顺序降低，应该尽量选择靠前的备份方式。

不同建筑中另一台计算机中的硬盘。

同一建筑中另一台计算机中的硬盘。

同一房间中另一台计算机中的硬盘。

本计算机中的另一块专用于备份的硬盘。

本计算机中与系统同在一块硬盘中的另一个用于备份的分区。

**3．备份策略**

一般可以采取 3 种可用的备份策略。

（1）完全（Full）备份

每隔一段时间对系统进行一次完全的备份，这样在备份时间间隔内，一旦系统发生故障使得数据丢失，就可以用上一次的备份数据恢复到上一次备份时的情况。

（2）增量（Incremental）备份

首先进行一次完全备份，然后每隔一个较短时间进行一次备份，但仅备份在这个期间更改的内容。这样一旦发生数据丢失，首先恢复到前一个完全备份，然后按日期逐个恢复每天的备份，就能恢复到前一天的情况。这种备份方法比较经济。

（3）差分（Differential）备份

差分备份也称累计备份。这种备份方法与增量备份相似，首先每月进行一次完全备份，然后备份从上次进行完全备份后更改的全部数据文件。一旦发生数据丢失，使用一个完全备份和一个差分备份就可以恢复到故障以前的状态。差分备份只需两次恢复，因此它的恢复工作相对简单。

增量备份和差分备份都能以比较经济的方式对系统进行备份。如果系统数据更新不是太频繁，可以选用差分备份。如果系统数据更新太快，使每个备份周期后的几次差分备份的数据量相当大，这时候可以考虑增量备份或混用差分备份和增量备份的方式，或者缩短备份周期。

表 7-25 中对这 3 种备份策略进行了比较。

**表 7-25　3 种备份策略的比较**

| 备份方式 | 备份内容 | 工作量 | 恢复步骤 | 备份速度 | 恢复速度 | 优缺点 |
|---|---|---|---|---|---|---|
| 完全备份 | 全部内容 | 大 | 一次操作 | 慢 | 很快 | 占用空间大，恢复快 |
| 增量备份 | 每次修改后的单个内容 | 小 | 多次操作 | 很快 | 中 | 占用空间小，恢复麻烦 |
| 差分备份 | 每次修改后的所有内容 | 中 | 二次操作 | 快 | 快 | 占用空间较小，恢复快 |

**4．确定要备份的数据**

Linux 区别于其他大多数操作系统的一个方面是操作系统和大多数应用程序一次同时被安装，而 Windows 或者其他 UNIX 系统则是应用程序与操作系统分开安装，首先安装操作系统，然后才逐渐安装各个应用程序。对于这样的系统，备份整个系统才是必要的，这些操作系统在初次安装时需要花费大量的时间和精力。而对于 Linux 来说，初次或再次安装一个基本系统（包括绝大多数应用程序）是非常简单和快速的。

系统中的大部分内容都是非常稳定的，而不稳定部分主要有以下几方面。

- /etc：包含所有配置文件。
- /var：包含系统守护进程（服务）所使用的信息，包括 DNS 配置、DHCP 租期、邮件缓冲文件、默认 HTTP 服务器文件等。
- /srv：包含本地服务文件。
- /usr/local：包含那些相对系统来说“本地化”的内容。
- /root：根用户的主目录。
- /opt：是安装许多非系统文件的地方。
- /home：包含所有普通用户的用户主目录。

一般只要备份这几部分就可以了，其余的系统内容可以通过安装盘获得。由于系统数据并不经常发生改变，所以一般只有当系统内容发生变化时才进行备份。

以上只是粗略地列出了要备份的目录，当然还可以进行更详细的筛选，如 Apache 的配置、postfix 的配置、vsftpd 的配置、MySQL 的配置；网站数据、邮件数据、FTP 站点数据等。

管理员应该针对所选定的要备份的数据实施备份策略、安排备份计划。例如，每月进行一次完全备份，每周进行一次差分备份，每天做一次增量备份。

**5．常用的备份工具**

表 7-26 中列出了 Linux 环境下常用的备份工具。

**表 7-26　Linux 环境下常用的备份工具**

| 分　类 | 工　具 | RPM 软件包 | YUM 仓库 | 主　页 |
|---|---|---|---|---|
| GNU 传统工具 | tar | tar | 官方 | http://www.gnu.org/software/tar/ |
| | cpio | cpio | 官方 | http://www.gnu.org/software/cpio/ |
| | cp 和 dd | coreutils | 官方 | http://www.gnu.org/software/coreutils/ |
| 文件系统工具 | dump/restore | dump | 官方 | http://dump.sourceforge.net/ |
| | xfsdump/xfsrestore | xfsdump | 官方 | http://oss.sgi.com/projects/xfs/ |
| 分区镜像工具 | clonezilla | - | - | http://clonezilla.org/ |
| | Partimage | partimage<br>partimage-server | EPEL | http://www.partimage.org/ |
| 同步/镜像/快照工具 | rsync | rsync | 官方 | http://rsync.samba.org/ |
| | unison | unison240 | EPEL | http://www.cis.upenn.edu/～bcpierce/unison/ |
| | rdiff-backup | rdiff-backup | EPEL | http://www.nongnu.org/rdiff-backup/ |
| | duplicity | duplicity | EPEL | http://www.nongnu.org/duplicity/ |
| | rsnapshot | rsnapshot | EPEL | http://www.rsnapshot.org/ |
| 网络备份工具 | Amanda | amanda<br>amanda-server | 官方 | http://www.amanda.org |
| | BackupPC | BackupPC | EPEL | http://backuppc.sourceforge.net/ |
| | Bacula | bacula-* | 官方 | http://www.bacula.org |

### 6．备份、同步与快照

备份是为了在系统出现故障后能恢复到之前正确的状态。这可以使用 3 种备份策略通过保留备份历史归档文件来完成。可以使用 tar 命令保存归档文件。为了提高备份效率，也可以使用 rsync 结合 tar 来完成。

另一种是无须保留备份历史归档的情况。若无须从历史备份恢复到正确状态，而只备份系统最“新鲜”的状态（通常称为同步或镜像），这时可以简单地使用 rsync 命令或基于 librsync 库的同步工具来完成。这里的同步/镜像是软件级别的，还有其他基于设备级别的同步/镜像技术，如 RAID1 设备、DRBD 设备等。

使用 rsync 命令还可以做快照（Snapshot）型增量备份。其核心思想是：对有变化的文件进行复制；对无变化的文件创建硬链接以减少磁盘占用。因为每一个快照都相当于一个完全备份，因此只需要一次操作即可恢复一个快照（使用一个 rsync 命令即可恢复）。快照型增量备份创建硬链接来减少磁盘占用，而不像 tar 归档那样使用压缩技术来减少磁盘占用，因此要恢复快照型增量备份比经过压缩的 tar 归档文件要快。虽然可以编写使用 rsync 命令的 Shell 脚本实现快照，但通常会使用更方便的 rsnapshot 工具来实现。

### 7．备份注意事项

（1）记录系统的更改

记录对系统的修改最好的工具是一杆笔和一个记录本。记录下对系统进行了哪些修改的详细描述及为什么要进行修改是非常必要的。不要自以为是地认为经过 6 个月后仍然能记得如何编译安装了某个应用程序，或为什么要修改某个配置，而实际情况是往往会忘记。即使在一个单独的目录下安装了一个新的软件（比较容易查找修改），也应详细地记录如何安装的程序，什么时候安装的及是否有任何还不清楚的事情。总之，记录系统的更改将对系统的备份和恢复起到重要的作用。

（2）建立备份日志

在系统管理员对用户数据进行增量备份或差分备份的恢复时，常常会出现这样的情况：当需要恢复几天前的数据时，却不知道那些文件保存在哪一个备份介质上了。因此，建立备份日志是相当重要的。系统管理员可以制作并印制一些备份日志表格用于记录。表格中应该填写如下内容：

- 机器名称、IP 地址、存放位置。
- 备份时间。
- 备份介质及其编号。
- 备份的文件系统。
- 备份的目录或文件。
- 使用的备份命令。
- 备份人员及其他。

注意

1. 备份是在发生了问题时才会被使用的，此时会依赖于备份，因此管理员必须经常验证所做的备份。一个没有验证的备份甚至比没有备份更糟。

2. 保持至少一个备份远离源机器，最好完全放在另外一栋大楼里。这是为了防止源机器所在地发生灾难，如火灾等。

**8．使用 rsnapshot 工具实施备份**

**操作步骤 7.1**　使用 rsnapshot 工具实施备份

```
// 1. 安装 rsnapshot（EPEL 仓库）
# yum install rsnapshot
// 2. 编辑 rsnapshot 的配置文件
# cp /etc/rsnapshot.conf{,.orig}
# vi /etc/rsnapshot.conf
// 确定备份目录
snapshot_root   /.snapshots/
// 确定备份间隔
interval    hourly  6  // 保留 6 个基于小时的备份快照（配合 cron 任务，每隔 4 小时 1 次）
interval    daily   7  // 保留 7 个基于天的备份快照（配合 cron 任务，每天 1 次）
interval    weekly  4  // 保留 4 个基于周的备份快照（配合 cron 任务，每周 1 次）
interval    monthly 3  // 保留 3 个基于月的备份快照（配合 cron 任务，每月 1 次）
// 确定备份内容
backup  /etc/         localhost/
backup  /home/        localhost/
backup  /var/www/     localhost/
backup  /usr/local/   localhost/
backup  /root/        localhost/
// 保存并退出 vi
// 3. 安排 cron 任务
# vi /etc/cron.d/rsnapshot
0 */4        * * *          root    /usr/bin/rsnapshot hourly
30 3         * * *          root    /usr/bin/rsnapshot daily
0  3         * * 1          root    /usr/bin/rsnapshot weekly
30 2         1 * *          root    /usr/bin/rsnapshot monthly
// 保存并退出 vi
// 4. 手工执行测试
# /usr/bin/rsnapshot hourly
# cat /var/log/rsnapshot
[26/Jun/2014:07:16:56] /usr/bin/rsnapshot hourly: started
[26/Jun/2014:07:16:56] echo 21778 > /var/run/rsnapshot.pid
[26/Jun/2014:07:16:56] mkdir -m 0700 -p /.snapshots/
[26/Jun/2014:07:16:56] mkdir -m 0755 -p /.snapshots/hourly.0/
[26/Jun/2014:07:16:56]  /usr/bin/rsync  -a  --delete  --numeric-ids  --relative  --
delete-excluded /etc
/.snapshots/hourly.0/localhost/
…
[26/Jun/2014:07:16:58] touch /.snapshots/hourly.0/
[26/Jun/2014:07:16:58] rm -f /var/run/rsnapshot.pid
[26/Jun/2014:07:16:58] /usr/bin/rsnapshot hourly: completed successfully
```

### 7.4.2　实时同步

**1．周期性同步与实时同步**

对于备份而言，安排 cron 任务实施周期性同步便足够了，如操作步骤 7.1 所示。而有些情况则需要实时同步，即一旦发现文件有变化就立即同步。这通常用于小型负载均衡系统中的 Web 应用服务器的数据同步。

**2．监控文件系统变化**

Inotify 是一种基于内核的文件变化通知机制，Linux 内核从 2.6.13 开始引入了 Inotify API 编程接口，用于监控文件系统事件，如文件存取、删除、移动、修改等。自 CentOS 5 开始，默认的内核已经编入了 Inotify 机制，执行如下命令可以检测当前的内核是否支持 Inotify 机制。

```
# grep INOTIFY_USER /boot/config-$(uname -r)
CONFIG_INOTIFY_USER=y
```

inotify-tools（EPEL 仓库提供）是在 Shell 环境中使用 inotify 功能的一套辅助工具。使用 inotify-tools 提供的 inotifywait、inotifywatch 工具，编写合适的 Shell 脚本程序，可以完成许多触发式的系统管理任务。通过监控本地源目录中的文件修改、删除、新建等变化，可以实时触发 rsync 命令，与远程的目标主机保持同步。

使用 inotify 功能的更方便的工具是 lsyncd（EPEL 仓库提供）。lsyncd（Live Syncing（Mirror）Daemon）是一个使用 Lua 语言编写的轻量级的在线镜像解决方案。它安装方便，不需要用于同步的新的文件系统和设备，也不妨碍本地文件系统的性能。守护进程 lsyncd 收集几秒钟内的 inotify 事件，然后创建一个或多个进程将本地文件系统上的变化同步到远程（或本地的其他目录）。默认是以 rsync 方式同步，同时支持 rsync+ssh 方式。

**3．使用 lsyncd 实现实时同步**

**操作步骤 7.2**　使用 lsyncd 实现实时同步

```
// 1. 安装 lsyncd（EPEL 仓库）
# yum install lsyncd
// 2. 配置基于 SSH 用户密钥访问的 rsync
// 为了避免在目标服务器上配置 rsyncd 服务器，可以采用 rsync+ssh 的方式
// 参考操作步骤 6.9 配置无私钥保护短语的 ssh 密钥登录目标服务器（192.168.0.252）
// 确保可以无需口令能直接登录远程主机 192.168.0.252
# ssh 192.168.0.252
Last login: Thu Jun 26 17:34:21 2014 from 192.168.0.192
// 并确保 192.168.0.252 上安装了 rsync
# rsync --version
# logout
// 3. 修改 lsyncd 配置文件
# vi /etc/lsyncd.conf
// 添加如下的配置行
// 使用 rsync+ssh 的方式将本地目录/var/www 的变化同步到主机 192.168.0.252 的/var/www/
sync{default.rsyncssh, source="/var/www", host="192.168.0.252",
 targetdir="/var/www/"}
// 使用 rsync+ssh 的方式将本地目录/var/lib/tomcat/webapps 的变化同步到主机
// 192.168.0.252 的/var/lib/tomcat/webapps/
sync{default.rsyncssh, source="/var/lib/tomcat/webapps", host="192.168.0.252",
targetdir="/var/lib/tomcat/webapps/"}
// 修改后，保存退出 vi
// 4. 启动 lsyncd 服务并保证开机启动
# systemctl enable lsyncd
# systemctl start lsyncd
```

## 7.5 故障排查

### 7.5.1 故障排查概述

**1．主机故障排查**

（1）系统启动故障

熟悉系统的启动过程，当故障出现时首先要判断故障发生时的启动阶段，然后再根据具体情况进行修复。修复系统启动故障，分为如下情况。

- 若 systemd 管理的单元出现故障，可以切换 Systemd 的 rescue.target 或 emergency.target。
- 若 systemd 本身出现故障，可以在 Linux 内核初始化阶段启用 debug shell。
- 若安装在本机上的 GRUB 出现故障，可以使用安装光盘或 LiveCD 启动系统进行修复。

（2）文件系统故障

- 使用 Systemd 的 emergency.target 启动系统。
- 检查/etc/fstab 配置文件的正确性。
- 使用 fsck.ext4 或 xfs_repair 命令检查文件系统。

（3）用户登录故障

- 若普通用户口令丢失，超级用户可以使用 passwd 命令为用户重新设置；若超级用户口令丢失，可以参考操作步骤 7.5 重新设置超级用户口令。
- 若用户账号过期，超级用户可以使用 chage 命令为用户重新设置期限。
- 进一步检查 PAM 的登录配置（/etc/pam.d/{login,system-auth}）。

**2．网络故障排查**

（1）排除非自身因素

首先需要排除的是非自身因素，即是否由于所登录的站点停机或互联网中的网络故障造成的不能正常访问某站点。可以检测互联网中的其他知名站点是否可以访问（所有的商业站点不可能都同时停机）。

（2）查看本机 IP 地址

如确定不是互联网出现了问题就可以从自身找原因了。

- 使用 ip addr 命令查询本机的 IP 地址是否设置正确。
- 使用 ip route 命令查询系统路由表是否正确，尤其是默认网关地址是否正确。
- 检测本机 IP 地址是否与所设定的网关在同一网段。

（3）检测与网关的连接

上面的步骤如果都正确，则进行下面的测试：

- 使用 ping 命令测试与网关的网络连接是否正确，如果不正确，可能是与网关主机的连接出现了问题。
- 使用 ping 命令测试与同一局域网中的其他主机的网络连接是否正确，如果也不正确，说明当前主机与局域网连接有问题。

（4）检测与互联网的连接

如果主机与网关的连接正确，可进行测试：使用 ping 命令测试与互联网中主机的网络连接，如果不正确，可能是网关接入互联网出现了问题。

通常情况下可以 ping 互联网中 DNS 服务器的 IP 地址，因为在不能正常进行域名解析时，DNS 服务器的 IP 地址是最容易获得的，并且测试与 DNS 服务器的网络连接也很必要。

只有确定与 DNS 服务器的网络连接正确，才有可能正常地解析域名。

（5）测试域名解析

如果本机与互联网中的主机连接正常，并且能够与 DNS 服务器正常连接，则需要使用 nslookup/dig/host 命令测试当前主机使用的 DNS 服务器是否能够正确进行域名解析。

如果该 DNS 服务器不能正常解析域名，则可以更换其他的 DNS 服务器并进行测试。

（6）测试与特定站点的连接

确认 DNS 服务器的域名解析没有问题后，可以使用 ping 命令测试与指定域名主机的连接。

（7）若本机的服务无法被访问

首先确定服务是否已经启动。若已经启动可以依次检查与此服务相关的访问控制机制：

- 服务的主配置文件中的访问控制配置。
- xinetd 的访问控制配置（若此服务以 xinetd 启动）。
- TCP Wappers（若此服务支持 TCP Wappers 访问控制）。
- IPTABLES 防火墙规则。
- PAM 配置（与系统账户相关的服务，如 SSH 服务、基于本地用户的 FTP 服务等）。
- SELinux 配置（若系统启用了 SELinux）。

当然网络中出现的故障大都是不可预见的，还需要根据实际的情况分析并加以解决，上面的描述只是最常见的步骤。

（8）网络监视与故障排查常用工具

网络监视与故障排查常用工具如表 7-27 所示。

表 7-27　网络监视与故障排查常用工具

| 软件包 | 工具 | 说明 |
| --- | --- | --- |
| iproute | /usr/sbin/ss | 显示套接字 |
| lsof | /usr/sbin/lsof | 查看正在运行中的进程打开了哪些文件、目录和套接字 |
| mtr | /usr/sbin/mtr | 是一个将 ping 和 traceroute 并入一个程序的网络诊断工具 |
| iptraf | /usr/bin/iptraf | 基于控制台的实时网络状态监视工具（http://iptraf.seul.org/） |
| nmap | /usr/bin/nmap | 网络探索或安全评测的工具，经常用于扫描服务器开启的端口 |
| nmap-ncat | /usr/bin/nc | 使用 TCP 或 UDP 在网络连接中读取并写入数据 |
| tcpdump | /usr/sbin/tcpdump | 监视分析网络流量（http://www.tcpdump.org） |

## 7.5.2　GRUB 系统引导器

### 1．GRUB 简介

CentOS 7 使用 GRUB（GRand Unified Bootloader）第二版作为系统引导器。

- GRUB 可以自动搜索可用的 Linux 内核和硬盘中的可用系统。
- GRUB 支持使用模块化的配置文件对启动菜单的设置进行永久性保存，通过修改 GRUB 的配置文件，管理员可以自行定义系统启动菜单的功能。
- GRUB 提供了多系统启动的支持，除了可以引导各种版本的 Linux，还可以引导硬盘中的 DOS、Windows 和 Mac OS X 系统，实现真正的多系统启动管理。
- GRUB 提供了命令行交互界面，用户能够灵活地使用各种命令引导操作系统并收集系统信息，命令行交互界面支持强大的命令补全功能。

### 2. GRUB 的操作界面

在安装有 CentOS 系统的主机启动过程中，管理员可以通过 GRUB 交互界面对当前的启动过程进行干预，以实现不同于默认启动的效果。

在 CentOS 系统启动过程中，会出现 GRUB 启动延迟画面。该界面默认会持续显示 5 秒的时间，如果用户没有任何按键操作，5 秒后 GRUB 会按照默认的启动项设置引导系统启动；如果在该界面显示过程中用户有任何的键盘按键动作，将显示 GRUB 的启动菜单。

（1）GRUB 的启动菜单界面

CentOS 安装后默认的 GRUB 启动菜单如图 7-1 所示。在该界面中，用户可以按相应的操作键对启动菜单进行操作，表 7-28 中列出了 GRUB 启动菜单的按键说明。

表 7-28　GRUB 启动菜单的按键说明

| 按　键 | 说　明 | 按　键 | 说　明 |
|---|---|---|---|
| ↑、↓ | 使用上下箭头键在菜单项间移动 | e | 按〈E〉键编辑当前的启动菜单项 |
| Enter | 按〈Enter〉键启动当前的菜单项 | c | 按〈C〉键进入 GRUB 的命令行方式 |

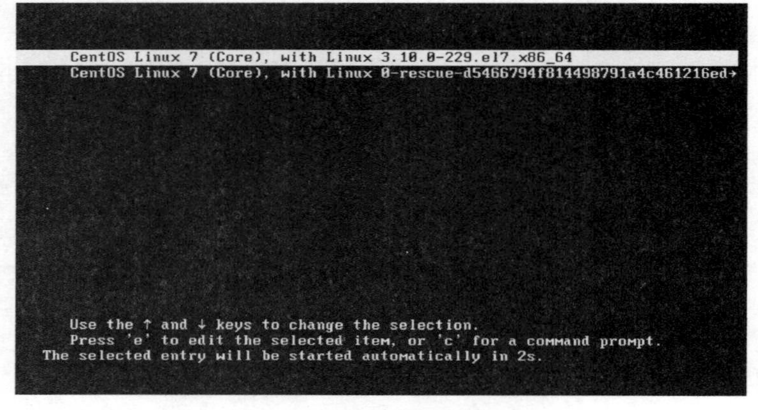


图 7-1　GRUB 启动菜单界面

在 GRUB 启动菜单界面中按〈E〉键可以进入菜单项编辑界面。

（2）GRUB 启动菜单项编辑界面

进入 GRUB 启动菜单项的编辑界面后，会显示该启动菜单项所包括的启动配置行，如图 7-2 所示。

```
        insmod part_msdos
        insmod xfs
        set root='hd0,msdos1'
        if [ x$feature_platform_search_hint = xy ]; then
          search --no-floppy --fs-uuid --set=root --hint-bios=hd0,msdos1 --hin\
t-efi=hd0,msdos1 --hint-baremetal=ahci0,msdos1 --hint='hd0,msdos1'  1e1abb88-f\
9c5-49f5-aeec-a942cb37b71d
        else
          search --no-floppy --fs-uuid --set=root 1e1abb88-f9c5-49f5-aeec-a942\
cb37b71d
        fi
        linux16 /vmlinuz-3.10.0-229.20.1.el7.x86_64 root=/dev/mapper/centos-ro\
ot ro rd.lvm.lv=centos/root rd.lvm.lv=centos/swap crashkernel=auto rhgb quiet \
LANG=zh_CN.UTF-8
        initrd16 /initramfs-3.10.0-229.20.1.el7.x86_64.img

      Press Ctrl-x to start, Ctrl-c for a command prompt or Escape to
      discard edits and return to the menu. Pressing Tab lists
      possible completions.
```

图 7-2　GRUB 启动项编辑界面

在该界面中按相应的按键可以对配置行内容进行相应的操作，表 7-29 中列出了 GRUB 菜单项编辑界面的按键说明。

**表 7-29　GRUB 菜单项编辑界面的按键说明**

| 按　键 | 说　明 | 按　键 | 说　明 |
| --- | --- | --- | --- |
| ↑、↓ | 使用上下箭头键，选择菜单项中的行 | Esc | 取消修改返回 GRUB 启动菜单界面 |
| Home | 将光标定位到行首（也可按〈Ctrl-A〉） | Ctrl+X | 用编辑好的内容启动本菜单项 |
| End | 将光标定位到行尾（也可按〈Ctrl-E〉） | Ctrl+C | 进入 GRUB 的命令行方式 |

注意

在 GRUB 交互界面中对启动菜单项进行的修改只会对本次启动有效，并不会将已修改的内容自动保存到系统中，因此如果需要永久性地更改启动项的配置，需要修改并重新生成 GRUB 配置文件。

（3）GRUB 命令行界面

GRUB 交互界面除了可以提供友好的菜单界面供用户选择配置，还提供了功能全面的命令行界面，供熟悉命令的管理员对 GRUB 启动项进行配置管理。在 GRUB 启动菜单中按〈E〉键或在菜单项编辑界面按〈Ctrl+C〉键将进入 GRUB 的命令行界面。

GRUB 命令行界面的提示符是 grub>，在该提示符下可输入 GRUB 支持的交互命令，而且按〈Enter〉键后就立即执行命令。

GRUB 命令行界面提供了方便友好的命令行交互方式，其主要特点包括：

- 提供在线帮助命令 help，并且可以获得每条命令的详细帮助。
- 可使用左右方向键编辑行命令。
- 可使用上下方向键滚动历史命令。
- 可使用〈Tab〉键补全命令和路径。

**3．GRUB 的配置文件**

GRUB 在加载时会读取其配置文件。

- 对于 BIOS 固件系统：/boot/grub2/grub.cfg。
- 对于 UEFI 固件系统：/boot/EFI/redhat/grub2/grub.cfg。

此配置文件不能手工编辑，而是由 grub2-mkconfig 工具生成的，生成时会参考：

- 位于/boot 目录中的 kernel 和 initramfs 文件。
- 位于/etc/default/grub 的自定义设置文件。
- 位于/etc/grub.d/目录下的模板文件。

提示

1．CentOS 每次升级内核时都会自动更新配置文件 grub.cfg。

2．对/etc/default/grub 和/etc/grub.d/*的任何修改，都需要使用 grub2-mkconfig 工具更新配置文件 grub.cfg。

3．若硬盘引导扇区上的 GRUB 出现故障，可使用 grub2-install 重新安装。

下面给出两个 GRUB 配置举例。

**操作步骤 7.3**　通过 GRUB 调整内核启动参数

```
// 使用传统的网络设备名（如 eth0）而不是一致的网络设备命名（如 eno16777736）
// 1. 编辑 /etc/default/grub
//    修改 GRUB_CMDLINE_LINUX= 一行
```

```
    GRUB_CMDLINE_LINUX= "rd.lvm.lv=centos/root rd.lvm.lv=centos/swap crashkernel=auto
rhgb quiet"
    //    在""中添加 net.ifnames=0
    GRUB_CMDLINE_LINUX= "rd.lvm.lv=centos/root rd.lvm.lv=centos/swap crashkernel=auto
rhgb quiet
    net.ifnames=0"
    // 2. 更新配置文件 grub.cfg
    # grub2-mkconfig -o /boot/grub2/grub.cfg
```

**操作步骤 7.4** 为 GRUB 设置修改保护口令

```
// 1. 使用 grub2-mkpasswd-pbkdf2 命令生成口令
# grub2-mkpasswd-pbkdf2
输入口令:
Reenter password:
PBKDF2 hash of your password is grub.pbkdf2.sha512.10000.016088B35F8C0326EC214BD06C42B500
39AE144EA311DFD1011029E598FA87B585B1E12323D86C84CE7CB635254F010D0C1B3BCBF647
8AF4C235C826205BA62A.CFA807484702FA7A6FF52A7D3DB66E7D2D2E17D583AA8BDC108DF
3BA075079AA4B4140AD5166E3AF276F7F0B92D491D6F242F5DB79B3C9FFB3358A2734B27A86
// 2. 编辑/etc/grub.d/00_header,在其尾部添加如下行
cat <<EOF
set superusers="YourName"
password_pbkdf2 YourName grub.pbkdf2.sha512.10000.016088B35F8C0326EC214BD06C42B50039AE14
4EA311DFD1011029E598FA87B585B1E12323D86C84CE7CB635254F010D0C1B3BCBF6478AF4C2
35C826205BA62A.CFA807484702FA7A6FF52A7D3DB66E7D2D2E17D583AA8BDC108DF3BA0750
79AA4B4140AD5166E3AF276F7F0B92D491D6F242F5DB79B3C9FFB3358A2734B27A86
EOF
// 3. 更新配置文件 grub.cfg
# grub2-mkconfig -o /boot/grub2/grub.cfg
// 4. 重新启动系统并测试
// 在 GRUB 启动菜单中按〈E〉键，会提示输入用户名及其口令
```

## 7.5.3 系统修复

### 1. Systemd 用于系统修复的目标

Systemd 提供了两种用于系统修复的目标：rescue.target 和 emergency.target。表 7-30 中列出了 rescue.target 和 emergency.target。

**表 7-30 Systemd 的 rescue.target 和 emergency.target**

| 项目 | rescue.target | emergency.target |
| --- | --- | --- |
| 启动目标 | rescue.target<br>├─**rescue.service**<br>└─**sysinit.target**<br>    ├─cryptsetup.target<br>    ├─local-fs.target<br>    └─swap.target | emergency.target<br>└─**emergency.service** |
| Shell | rescue.service 提供 sulogin | emergency.service 提供 sulogin |
| root 文件系统 | 以读写方式挂装 root 文件系统 | 以只读方式挂装 root 文件系统 |
| 从当前环境切换进入 | **systemctl isolate rescue.target** 或<br>**systemctl rescue** | **systemctl isolate emergency.target** 或<br>**systemctl emergency** |
| 通过 GRUB 编辑启动项进入 | 在图 7-2 所示的界面中 linux16 一行的行末添加 **systemd.unit=rescue. target**，并按〈Ctrl-X〉启动 | 在图 7-2 所示的界面中 linux16 一行的行末添加 **systemd.unit=emergency. target**，并按〈Ctrl-X〉启动 |

提示　与 CentOS5/6 的单用户模式不同，启用 rescue.target 和 emergency.target 都会执行 sulogin，也就是说需要 root 的口令才能登录（更安全）。

**2．中断内核初始化**

可以为内核传递 rd.break 参数在内核初始化后中断系统 systemd 的执行，并提供一个无须 root 口令登录的调试 Shell。在这种状态下，可以修复系统 systemd 的错误，也可以用来重置 root 口令。

**操作步骤 7.5**　丢失 root 口令的解决方法

```
// 1. 开机进入 GRUB
// 在图 7-2 所示的界面中 linux16 一行的行末添加 rd.break,按〈Ctrl+X〉启动
// 2. 以读写方式重新挂载 /sysroot
switch_root:/# mount -o remount,rw /sysroot
// 3. 切换 root 文件系统
switch_root:/# chroot /sysroot
// 4. 设置 root 口令
sh-4.2# passwd root
// 5. 重新标记 SELinux 上下文
// 此时 SELinux 还未启用，在 systemd 启动过程中才会启用
// 更新/.autorelabel 文件可以重新为所有文件（包括/etc/shadow）设置正确的 SELinux 安全上下文
sh-4.2# touch /.autorelabel
// 6. 退出
sh-4.2# exit                   // 退出 chroot shell
switch_root:/# exit            // 退出 initramfs 调试 Shell，继续启动过程
```

## 7.6　思考与实验

**1．思考**

（1）常用的系统监视工具有哪些？如何判断系统性能的优劣？
（2）使用系统监视工具如何判断 CPU、内存和磁盘 I/O 的瓶颈？
（3）内核的功能是什么？内核的主要组件有哪些？什么是内核模块？
（4）如何显示系统装载的内核模块、显示指定模块的信息、动态装载/卸载内核模块？
（5）如何修改内核参数？sysctl 的功能？
（6）简述 Linux 的启动过程。比较 systemd 的目标与 sysVinit 的运行级别。
（7）什么是备份？简述 3 种备份策略的不同。常用的备份工具有哪些？
（8）简述 Inotify 机制的作用？如何利用 Inotify 机制实现实时同步？
（9）简述系统故障排查的方法和步骤。
（10）什么是 GRUB？其功能如何？GRUB 有哪几种操作界面？
（11）如何进入 rescue.target 和 emergency.target？能实施哪些故障修复？
（12）如何进入 initramfs 调试 shell？能实施哪些故障修复？

**2．实验**

（1）学会使用 top、mpstat、vmstst、iostat 工具分析系统性能。
（2）学会设置内核支持的最大文件句柄数并开启包转发功能。

（3）学会显示和管理 systemd 的目标。

（4）学会使用 rsnapshot 实现备份，学会使用 lsyncd 实现实时同步。

（5）学会使用 GRUB 的操作界面，设置 GRUB 口令保护。

（6）学会进入 initramfs 调试 Shell 并重新设置 root 口令。

**3．进一步学习**

（1）添加自己的 USB 驱动，使用 dracut 命令重新生成 initramfs 文件。

（2）学习类 top 在线监控命令（htop、ftop、iftop、iotop、nettop 等）的使用。

（3）学习 sar 的运行机理及其命令的使用。

（4）学习单机监视工具 Monitorix 和 Monit 的配置和使用（EPEL 仓库有提供）。

（5）学习监视工具 Cacti、Nagios 和 Zabbix 的配置和使用（EPEL 仓库有提供）。

# 第 8 章 服务器安全基础

本章首先介绍基本的系统安全配置、sudo 的配置及使用、基于 PAM 的口令安全配置以及基于 PAM 的访问控制，接着介绍 SSL/TLS 的相关概念、OpenSSL 的密钥和证书管理，最后介绍基于主机的访问控制 TCP Wrappers 的配置。

## 8.1 系统安全基础

### 8.1.1 基本的系统安全

**1．设置计算机 BIOS**

为了确保服务器的物理安全，在必要的情况下应该设置 BIOS：

- 禁止附加存储介质（如光驱、USB 等）启动系统。
- 设置 BIOS 修改口令。

**2．正确选择安装类型**

与 Windows 操作系统不同，Linux 的发行版不仅包括核心的操作系统还包含了大量的应用程序。基于安全的考虑，Linux 系统中安装的软件越少就越安全。因此，作为服务器使用的 Linux 系统，强烈建议采用最小化安装方式安装 CentOS 系统。安装之后，在系统运行过程中，再使用 yum 命令安装要使用的软件包。

**3．正确选择磁盘布局**

在安装系统时就应该考虑使用合理的磁盘布局。由于使用默认的磁盘布局所有的数据（包括系统程序和用户数据）都存在于/分区中，所以这样的布局很不安全。

下面是磁盘布局（无论使用物理分区还是逻辑卷）的一些建议：

- /目录中必须包括/etc、/lib、/bin、/sbin，即不能在此 4 个目录上使用独立的分区或逻辑卷。
- 除了/、/boot 和/swap 之外应该根据自己的需要尽量分离数据到不同的分区或逻辑卷。
- 建议创建独立的 /usr、/var、/tmp、/var/tmp 文件系统。
- 根据日志管理需要，可能应该创建独立的 /var/log、/var/log/audit 文件系统。
- 若所有普通用户数据存储在本机，还应该创建独立的 /home 文件系统。

**4．保持系统更新**

当 CentOS 开发组发现软件的漏洞之后，会对软件重新打包并将修复后的软件包保存到相应的 YUM 仓库中，因此保持系统中软件包的更新极为重要。

在命令行上，手动更新涉及如下 3 个命令：

```
# yum check-update                // 检查可用更新
# yum -y update                   // 更新所有软件包
# yum -y update-minimal           // 最小化更新（仅安全更新而非功能更新）
```

若希望实现自动更新，应该安装 yum-cron 并启动 yum-cron 服务。

```
# yum -y install yum-cron
# systemctl enable yum-cron.service
# systemctl start yum-cron.service
```

提示　与常规的服务要启动守护进程不同的是，yum-cron 服务仅用于控制每日更新脚本 /etc/cron.daily/0yum.cron 和每小时更新脚本 /etc/cron.hourly/0yum-hourly.cron 的执行，只有运行了 yum-cron 服务才执行相应的 cron 任务。

yum-cron 服务还通过配置文件 /etc/yum/yum-cron.conf 控制每日更新行为；通过配置文件/etc/yum/yum-cron-hourly.conf 控制每小时更新行为。例如，要实施每日更新可以修改配置文件/etc/yum/yum-cron.conf。

```
// 将 update_cmd 设置为 security 表示仅执行安全更新
update_cmd = security
// 若仅下载更新而非执行更新，保持如下默认配置即可
download_updates = yes
apply_updates = no
// 默认每日更新的执行结果发送给 cron 中 E-mail 环境变量所指定的用户，通常是 root
// 若希望将结果发往其他邮箱，可以如下设置
emit_via = email
email_to = 13912345678@139.com
```

修改配置文件 /etc/sysconfig/yum-cron 之后需要重新启动 yum-cron 服务。

```
# systemctl restart yum-cron.service
```

**5. 关闭不必要的服务**

免受攻击的最好的保护措施就是安装尽量少的服务软件，至少要尽可能地关闭不必要的服务守护进程。

首先可以使用如下命令查看已启动的服务：

```
# systemctl list-unit-files |grep enabled|grep .service
```

然后可以使用 systemctl disable 命令关闭不必要的服务。

要成批地停止已启动的服务，可以使用如下命令生成一个停止服务的脚本。

```
# systemctl list-unit-files |grep enabled |grep .service | awk '{print "systemctl disable "$1""}' > / root/bin/disable_services.sh
```

之后编辑文件 disable_services.sh，删除要启动服务的行，然后执行脚本即可。

提示　可以使用如下命令查看本机已监听的网络端口：

```
# ss -ltu
# nmap -sT -O <ServerIP>
```

通过显示的结果，可以采取关闭服务或配置防火墙等操作。

**6．禁用重启热键**

默认地，任何能物理访问服务器的用户在无须登录的情况下就可以通过键盘热键〈Ctrl+Alt+Delete〉重启系统。为了避免这种情况的发生，可以执行如下命令。

```
# systemctl mask control-alt-delete.servie
```

**7．设置超时自动注销**

为 bash 设置超时自动注销，可创建 /etc/profile.d/autologout.sh 文件，添加如下内容。

```
TMOUT=300  # 5 分钟后超时
readonly TMOUT
export TMOUT
```

之后为该文件添加可执行权限。

```
# chmod +x /etc/profile.d/autologout.sh
```

### 8.1.2　禁止 root 账号登录

**1．关于 sudo**

为了提高系统安全性，应该禁止 root 账号登录。系统管理员在任何情况下应以一个普通用户登录系统，当需要使用管理类命令时可以使用 sudo 命令前缀执行，执行时无须知道超级用户的口令，使用普通用户自己的口令即可。当然，并非所有普通用户都能执行 sudo 命令，需要修改 sudo 的配置文件/etc/sudoers 设置哪个普通用户或组可以执行。

sudo 具有以下特点：

- sudo 的宗旨是给用户尽可能少的权限但能保证完成他们的工作。
- sudo 是设置了 SUID 位的执行文件。
- sudo 能够限制指定用户在指定主机上运行某些命令。
- sudo 可以提供日志（/var/log/secure），忠实地记录每个用户使用 sudo 做了些什么，并且能将日志传到中心主机或者日志服务器。
- sudo 为系统管理员提供配置文件，允许系统管理员集中地管理用户的使用权限和使用的主机。默认的存放位置是/etc/sudoers。
- sudo 使用时间戳文件来完成类似“检票”的系统。当用户执行 sudo 并且输入口令后，就获得了一张默认存活期为 5 分钟的“入场券”（默认值可以在编译的时候改变）。超时以后，用户必须重新输入口令。

**2．快速配置 sudo**

默认情况下，只有 root 用户可以使用 sudo 命令。要分派其他用户使用 sudo 命令，需要修改配置文件/etc/sudoers。要修改 sudo 的配置文件应该使用 visudo 命令，使用 visudo 有两个原因：一是它能够防止两个用户同时进行修改；二是它也能进行有限的语法检查。

最简单地分派其他用户使用 sudo 的方法如下。

1）将所有需要使用 sudo 的普通用户添加到 wheel 组中。

```
# usermod -G wheel  osmond
# usermod -G wheel  jason
```

2）配置允许 wheel 组可以执行 sudo 命令。

```
# visudo
```

```
// 删除如下行的注释符，之后保存退出
%wheel        ALL=(ALL)       ALL
```

**3. sudo 命令**

当配置好 sudo 的配置文件之后，授权用户就可以使用 sudo 命令执行管理类命令了。sudo 命令的格式如下：

```
sudo -V | -h | -k | -l | -v
sudo [-Hb] [-u username|#uid] { -i | -s | <command> }
```

表 8-1 中列出了 sodo 命令的常用选项及说明。

**表 8-1　sodo 命令的常用选项及说明**

| 选　　项 | 说　　明 |
|---|---|
| -V | 显示版本信息并退出 |
| -h | 显示帮助信息 |
| -l | 显示当前用户（执行 sudo 的使用者）的权限 |
| -v | 延长口令有效期限 5 分钟 |
| -k | 将会强迫使用者在下一次执行 sudo 时问口令（不论有没有超过 5 分钟） |
| -H | 将环境变量中的$HOME 指定为要变更身份的使用者的目录（如不加-u 参数就是/root） |
| -b | 在后台执行指令 |
| -u username | 以指定的用户作为新的身份。省略此参数表示以 root 的身份执行指令 |
| -i | 执行一个新用户身份的交互式 Shell，与 su-命令类似 |
| -s | 执行环境变量$SHELL 所指定的 Shell，或是/etc/passwd 里所指定的 Shell |

下面是一些使用 sudo 命令的例子。

**操作步骤 8.1**　sudo 命令举例

```
// 1. 显示当前 sudo 的软件版本
[crq@centos7 ~]$ sudo -V
Sudo version 1.8.6p7
// 2. 首次运行 sudo 命令
[crq@centos7 ~]$ groups
crq
[crq@centos7 ~]$ sudo tail /etc/shadow

We trust you have received the usual lecture from the local System
Administrator. It usually boils down to these three things:

    #1) Respect the privacy of others.
    #2) Think before you type.
    #3) With great power comes great responsibility.

Password:                               # 输入 crq 用户自己的口令
crq is not in the sudoers file.  This incident will be reported.
// 因为 crq 用户未配置在 /etc/sudoers 文件中也未在 wheel 组中，所以未能执行 tail 命令
// 3. 以 root 用户身份执行命令
[osmond@centos7 ~]$ groups
osmond wheel
```

```
// 因为 osmond 在 wheel 组中
[osmond@centos7 ~]$ sudo touch /root/sudotest
Password:                                   # 输入 osmond 用户自己的口令
[osmond@centos7 ~]$ ls /root/sudotest
ls: /root/sudotest: Permission denied
[osmond@centos7 ~]$ sudo ls -l /root/sudotest
// 在 5 分钟之内再使用 sudo 命令无须再输入口令
-rw-r--r-- 1 root root 0 Dec 19 01:51 /root/sudotest
// 4. 以其他用户身份执行命令
[osmond@centos7 ~]$ sudo -u crq touch /home/crq/sudotest
[osmond@centos7 ~]$ ls -l /home/crq/sudotest
ls: /home/crq/sudotest: Permission denied
[osmond@centos7 ~]$ sudo ls -l /home/crq/sudotest
-rw-r--r-- 1 crq crq 0 Dec 19 01:53 /home/crq/sudotest
// 5. 显示当前用户 osmond 的 sudo 权限
[osmond@centos7 ~]$ sudo -l
User osmond may run the following commands on this host:
    (ALL) ALL
// 6. 以 root 用户身份执行交互 Shell
[osmond@centos7 ~]$ sudo -i
[root@centos7 ~]#
[root@centos7 ~]# exit
[osmond@centos7 ~]$
```

注意

当配置好 sudo 的配置文件之后，就可以执行如下命令禁止 root 账号登录了:

```
# passwd -l root
```

## 8.2　账户安全和访问控制

### 8.2.1　可插拔认证模块（PAM）

**1. PAM 简介**

PAM（Pluggable Authentication Modules）是一个为 Linux 程序实现模块化的身份验证的系统。PAM 提供了系统的验证体系结构框架并且可以配置，以尽量减少系统的不必要的风险暴露。PAM 由 PAM 核心和 PAM 模块组成。

- PAM 的核心在 CentOS 系统中以一个共享链接库的形式存在，此链接库文件是/lib{,64}/libpam.so 和/lib{,64}/libpam_misc。
- PAM 模块是被 PAM 核心调用的用来真正实现验证的库，在 CentOS 系统中这些模块存放在/lib{,64}/security 目录中。由于可用的 PAM 模块众多，从而提供了丰富的验证方法和功能。

**2. PAM 的组成和运作机制**

一个应用程序调用 PAM 时将经过如下的过程。

1）需要验证的应用程序（如 login）通过接口调用 PAM 核心。

2）PAM 核心收到来自应用程序的请求后在/etc/pam.d 目录下查找与应用程序同名的配

置文件（如/etc/pam.d/login）。

3）PAM 核心根据配置文件的设置执行指定的 PAM 模块，在执行一些模块（如 pam_access）时，还会读取/etc/security 目录下相应的模块配置文件（如/etc/security/access.conf）。

4）PAM 核心接收每一个 PAM 模块的执行结果（或成功或失败），根据 PAM 模块的返回结果和配置文件的设置决定验证是否通过。

5）PAM 核心将最终结果返回给调用它的应用程序，应用程序根据返回结果决定验证是否通过。

**3．使用 PAM 的应用程序**

每个使用 PAM 功能的应用程序都必须链接 PAM 核心库文件，才能要求 PAM 实施验证。

要检查一个应用程序是否使用了 PAM 验证，可以使用 ldd 命令检查它是否链接了 PAM 的核心库（/lib{,64}/libpam.so 和/lib{,64}/libpam_misc.so），例如：

```
# ldd /bin/login|grep libpam
        libpam.so.0 => /lib64/libpam.so.0 (0x00007f6cfce5e000)
        libpam_misc.so.0 => /lib64/libpam_misc.so.0 (0x00007f6cfcc5a000)
```

若 ldd 命令的输出包含 libpam.so，则表示其支持 PAM 验证。

用户也可以使用如下 RPM 命令显示所有支持 PAM 验证的软件包。

```
# rpm -q --whatrequires pam
```

通常将使用 PAM 验证功能的应用程序称为 PAM 客户端。

**4．PAM 客户端配置文件**

PAM 的设计目标就是为系统管理者提供最大限度的灵活性。系统管理者可以通过/etc/pam.d/目录下的配置文件来设置应用程序（PAM 客户端）的验证。/etc/pam.d/目录下的配置文件均使用相同的语法。以#开头的行为注释，除注释之外每一行的配置语法如下：

```
模块类型        控制标记        模块路径        执行参数
```

下面对每个字段进行详细说明。

（1）模块类型（Module-type）

PAM 模块类型用于指定 PAM 模块的执行时机。每一种类型都可以定义多个模块，PAM 将依次执行每一种类型定义的每一个模块。表 8-2 中列出了模块类型的说明。

表 8-2　PAM 客户配置文件的模块类型说明

| 模 块 类 型 | 说　明 |
|---|---|
| auth | 用于对用户验证身份时。如提示用户输入密码或判断用户是否为 root 等 |
| account | 用于对账号的各项非验证属性进行检查。如用来限制/允许用户对某个 PAM 客户端的访问时间，当前可用的系统资源（用户的最大数量），或者限制用户的位置（如 root 用户只能从控制台登录）等 |
| session | 这类模块的主要用途是处理为用户提供服务之前/后需要做的一些事情，如记录打开/关闭交换数据的信息，挂载目录等 |
| password | 用于更新登录用户口令。如修改用户密码 |

（2）控制标记（Control-flag）

模块可以堆叠（同种类型的模块按先后顺序依次执行），控制标记用于控制同种类型的若干模块的执行方式，即决定执行一个模块返回成功或失败时如何处理同种类型的其他模块。表 8-3 中列出了控制标记的说明。

表 8-3　PAM 客户配置文件的控制标记说明

| 控制标记 | 说明 |
| --- | --- |
| required | 这个标记表示需要模块返回一个成功值。即使某个模块验证失败，也要等所有的模块都执行完毕，PAM 才返回错误信息。这样做是为了不让用户知道被哪个模块拒绝。如果对用户验证成功，所有的模块都会返回成功信息 |
| requisite | 如果当前的模块验证失败，PAM 核心立刻返回一个错误信息，把控制权交回应用程序，不再进行同类型后面的模块验证操作。返回值与第一个失败的模块有关 |
| sufficient | 如果通过当前模块的验证返回成功，PAM 核心立刻返回验证成功信息（即使前面有模块失败了，也会把失败的结果忽略掉），把控制权交回应用程序。后面的层叠模块即使使用 requisite 或者 required 控制标志，也不再执行。如果验证失败，sufficient 的作用和 optional 相同 |
| optional | 表示即使当前模块验证失败，也允许用户享受应用程序提供的服务。使用这个标志，PAM 核心会忽略当前模块产生的验证错误，继续顺序执行下一个层叠模块 |
| include | 用于包含另一个配置文件并执行其所指定的模块 |

表 8-4 中列出了控制标记的取值及其动作对比。

表 8-4　PAM 客户配置文件的控制标记的取值及其动作对比

| 控制标记 | 当前模块执行结果 | 动作 | 最终返回结果 |
| --- | --- | --- | --- |
| required | 成功 | 继续执行同类型的下一个模块 | 取决于其他模块的执行结果 |
| | 失败 | | 失败 |
| requisite | 成功 | 继续执行同类型的下一个模块 | 取决于其他模块的执行结果 |
| | 失败 | 停止同类型模块的执行 | 失败 |
| sufficient | 成功 | 停止同类型模块的执行 | 成功 |
| | 失败 | 继续执行同类型的下一个模块 | 取决于其他模块的执行结果 |
| include | 成功 | 继续执行同类型的下一个模块 | 取决于其他模块的执行结果 |
| | 失败 | | |
| optional | PAM_IGNORE | 执行同类型的模块 | 取决于其他模块的执行结果 |

（3）模块路径（Module-path）

本字段用来指定模块名。若所引用的模块在默认目录下（/lib{,64}/security/），则直接指定模块名称即可；若存放在非默认目录下，则应该书写模块的完整路径名。

（4）执行参数（Module-arguments）

本字段用来指定执行模块时使用的参数。执行参数是一组用空格分开的变量，用来改变当前 PAM 模块的行为。对于当前模块无效的参数将会被忽略，并把错误信息记录到 rsyslog 中。不同的模块使用的参数不同，请查阅如下文档获得更详细的信息。

- /usr/share/doc/pam/pam-VERSION/：存放内置模块的说明文件。
- /usr/share/doc/pam/pam_**moduleNAME**-VERSION/：存放第三方模块的说明文件。
- http://www.kernel.org/pub/linux/libs/pam/Linux-PAM-html/Linux-PAM_SAG.html。

注意　配置文件中任何一行语法错误都会引发认证过程失败，失败信息会记录到 rsyslog 中。

**5．配置文件 system-auth**

在/etc/pam.d 目录下的许多配置文件中都包含如下的配置行：

```
auth      include     system-auth
account   include     system-auth
password  include     system-auth
```

```
session     include     system-auth
```

许多 PAM 客户端进行验证时会包含/etc/pam.d/system-auth 配置文件的内容，即 system-auth 为许多 PAM 客户端提供了一个“通用的全局配置”，对标准系统验证进行简单、统一的管理，修改此配置文件可以同时影响多个 PAM 客户端的验证。

下面是 system-auth 配置文件的内容：

```
# cat /etc/pam.d/system-auth
#%PAM-1.0
# This file is auto-generated.
# User changes will be destroyed the next time authconfig is run.
auth        required      pam_env.so
auth        sufficient    pam_unix.so nullok try_first_pass
auth        requisite     pam_succeed_if.so uid >= 1000 quiet_success
auth        required      pam_deny.so

account     required      pam_unix.so
account     sufficient    pam_localuser.so
account     sufficient    pam_succeed_if.so uid < 1000 quiet
account     required      pam_permit.so

password    requisite     pam_pwquality.so try_first_pass local_users_only retry=3
authtok_type=
password    sufficient    pam_unix.so sha512 shadow nullok try_first_pass use_
authtok
password    required      pam_deny.so

session     optional      pam_keyinit.so revoke
session     required      pam_limits.so
-session    optional      pam_systemd.so
session     [success=1 default=ignore] pam_succeed_if.so service in crond quiet use_uid
session     required      pam_unix.so
```

### 6. 常用的 PAM 模块

表 8-5 中列出了几个常用的与口令安全和访问控制相关的 PAM 模块。

**表 8-5　常用的 PAM 模块**

| 分类 | 模 块 名 称 | 可 用 类 型 | 功 能 说 明 |
|---|---|---|---|
| 通用 | pam_deny.so | 所有 | 任何时候都返回失败 |
| | pam_permit.so | 所有 | 任何时候都返回成功 |
| 口令安全 | pam_unix.so | auth | 验证用户密码的有效性 |
| | | account | 检查密码是否过期，提示用户修改密码 |
| | | password | 完成让用户按要求更改密码的任务 |
| | | session | 将登录和注销事件记录到日志中 |
| | pam_pwquality.so | password | 用来检查密码的强度 |
| | pam_tally2.so | auth 和 account | 限制用户登录失败若干次之后禁止登录 |

（续）

| 分　类 | 模块名称 | 可用类型 | 功能说明 |
|---|---|---|---|
| 访问控制 | pam_wheel.so | auth 和 account | 仅允许 wheel 组成员访问 root |
| | pam_limits.so | session | 限制用户在会话过程中对系统资源的使用 |
| | pam_time.so | account | 对不同时间、日期、终端对特定程序访问时进行验证 |
| | pam_listfile.so | 所有 | 根据某个指定的文件允许/禁止用户访问某个服务 |
| | pam_access.so | 所有 | 提供 logdaemon 风格的登录访问控制 |

提示

1. 可以使用 man -k pam_ 命令查看已安装的 PAM 模块的手册页。
2. 更多模块细节可参考 PAM 文档。
3. 可以查找/etc/pam.d/目录的哪些配置文件使用了指定的模块，如

```
# grep -lr pam_pwquality /etc/pam.d/*
```

### 8.2.2 基于 PAM 的口令安全

**1. 口令策略**

为了保证信息安全，Linux 的系统用户也应该遵循信息世界通用的口令策略：

1）口令必须保持私有。

2）一个口令在使用 60 天后必须更换。

3）避免使用最近使用过的 5 个口令。

4）口令必须符合复杂性要求。

- 不包含用户的账户名、超过两个连续字符的用户全名。
- 至少 12 个字符的长度。
- 至少包含英文大写字符、英文小写字符、十进制数字和非字母字符（如!, $, #, %）4 类字符中的 3 类。

**2. 口令安全**

对于 Linux 系统而言，为了保证系统用户口令安全，应采取如下措施：

（1）散列存储机制

- 明文存储口令是极不安全的，系统账户的口令必须以散列（哈希）方式存储。
- CentOS 7 中默认使用带加盐的 sha512 哈希算法生成系统用户的口令。

（2）影子口令机制

- CentOS 7 默认将用户口令保存在只能被 root 查看的 /etc/shadow 文件中。
- 基于/etc/shadow 文件的时间字段实现了口令时效，关于口令时效的设置可参考 3.1.3 节。

（3）基于 PAM 的账号保护和口令策略实施

- 避免重复使用最近几次设置过的口令。
- 限制口令中可用的字符类别及数目、口令长度。
- 记录失败的登录并在 N 次失败后锁定。

**3. 基于 pam_unix.so 模块的口令安全配置**

验证类 UNIX 风格口令的 PAM 模块由 pam_unix.so 提供。表 8-6 中列出了 pam_unix.so 模块的常用参数说明。

表 8-6 pam_unix.so 模块常用参数说明

| 模块参数 | 可用类型 | 参数说明 |
| --- | --- | --- |
| try_first_pass | auth | 不会要求用户输入口令，而是从之前的 auth 类型来取得用户口令，若口令不符合或未输入则要求重新输入一次 |
| | password | 用来防止用户新设定的密码与以前的旧密码相同 |
| use_first_pass | auth | 与 try_first_pass 功能类似，但是口令不符合或未输入则认为认证失败 |
| | password | 用来防止用户新设定的密码与以前的旧密码相同 |
| nullok | auth | 允许口令为空的用户账号登录系统 |
| use_authtok | password | 强制用户使用前面堆叠验证模块提供的密码，如由 pam_pwquality.so 验证模块提供的新密码 |
| sha512/sha256/md5 | password | 采用 sha512/sha256/md5 算法生成散列口令 |
| shadow | password | 采用影子口令机制存储口令 |
| remember=*n* | password | 会将 *n* 个使用过的旧口令以散列方式保存到/etc/security/opasswd 文件中，以避免用户设置频繁使用的口令 |

**操作步骤 8.2** 避免重复使用最近几次设置过的口令

```
// 要避免用户重复使用最近 5 次设置过的口令，可以修改 /etc/pam.d/system-auth 配置文件
// 在如下行的行末添加 remember=5 选项的设置即可
password    sufficient    pam_unix.so sha512 shadow nullok try_first_pass use_authtok
remember=5
```

**4. 基于 pam_pwquality.so 模块的口令安全配置**

用户设置口令时应该尽可能地使用多种字符（如大写字母、小写字母、数字、特殊字符），为了避免用户设置易于猜测的简单口令，管理员可以通过设置 pam_pwquality.so 模块来限制口令的强壮性，它的工作方式就是先提示用户输入口令，然后使用一个系统字典和一套规则来检测输入的口令是否不能满足强壮性要求。

口令的强度检测分二次进行，第一次基于 cracklib 检测口令是否提供的“口令对比字典”中的一部分，如果检测结果是否定的，那么就会提供一些附加的检测进一步检测其强度，包括：检测新口令是否是旧口令的回文；检测新口令是否仅修改了旧口令的大小写；检测新口令是否与旧口令相似（difok）；检测新口令是否过于简单（minlen、maxclassrepeat、dcredit、ucredit、lcredit 和 ocredit）；检测新口令是否是曾经使用过的口令；检测新口令是否包含用户名和口令 GECOS 字段信息等。

pam_pwquality.so 模块类型为 password。表 8-7 中列出了其常用参数说明。

表 8-7 pam_pwquality.so 模块常用参数说明

| 模块参数 | 参数说明 |
| --- | --- |
| retry=*N* | 用户最多可以输入几次口令后报错，默认是 1 次 |
| difok=*N* | 新口令有几个字符不能和旧口令相同，默认是 5 个 |
| maxrepeat=*N* | 最多只能出现 *N* 个连续字符，默认 *N*=0（即不做此项检测） |
| minlen=*N* | 最小口令长度，默认 *N*=9 |
| minclass=*N* | 新口令要使用的最少字符类数为 N，默认 *N*=0（即不做此项检测）。共有 4 类字符可用，分别为大写字母、小写字母、数字和特殊字符 |
| maxclassrepeat=*N* | 最多只能出现 N 个连续的同类字符，默认 *N*=0（即不做此项检测） |
| dcredit=*N* | 当 *N*≥0 时，*N* 代表新口令最多可以有多少个阿拉伯数字。当 *N*<0 时，*N* 代表新口令最少要有多少个阿拉伯数字 |
| ucredit=*N* | 与 dcredit 书写规则类似，但此处指大写字母 |
| lcredit=*N* | 与 dcredit 书写规则类似，但此处指小写字母 |
| ocredit=*N* | 与 dcredit 书写规则类似，但此处指特殊字符 |

上述参数既可以写在模块参数部分，也可以写在 pam_pwquality.so 的模块配置文件/etc/security/pwquality.conf 中。

**操作步骤 8.3**　限制口令中可用的字符类别及数目、口令长度

```
// 要限制用户设置口令时至少使用 1 个大写字母、1 个小写字母、一个阿拉伯数字和一个特殊字符
// 且口令长度最少使用 12 个字符，可以修改 /etc/pam.d/system-auth 配置文件
// 在如下行之行末添加相应的模块参数即可
password      requisite        pam_pwquality.so  try_first_pass  local_users_only
retry=3 authtok_type=
minlen=12 dcredit= -1 ucredit= -1 ocredit= -1 lcredit= -1
// 或者写入模块配置文件/etc/security/pwquality.conf
# echo '
minlen=12
dcredit= -1
ucredit= -1
ocredit= -1
lcredit= -1
' >> /etc/security/pwquality.conf
```

**5. 基于 pam_tally2.so 模块的口令安全配置**

为了避免用户口令的暴力破解，应该设置在登录失败若干次之后锁定账户，这可以通过设置 pam_tally2 来实现。pam_tally2 由 pam_tally2.so 和 pam_tally2 命令行工具两部分组成。pam_tally2.so 模块将用户失败的登录次数记录于二进制文件/var/log/tallylog 中，可以使用 pam_tally2 命令查看，还可以使用 pam_tally2 命令将某用户的失败登录计数器清零从而解除账户锁定：

```
# /sbin/pam_tally2 --user <username> --reset
```

表 8-8 中列出了 pam_tally2.so 模块的常用参数说明。

**表 8-8　pam_tally2.so 模块常用参数说明**

| 模块参数 | 可用类型 | 参数说明 |
|---|---|---|
| onerr=[fail\| succeed] | auth，account | 当意外发生时（如无法打开/var/log/tallylog 文件）时，若 onerr=succeed，则返回 PAM_SUCCESS；否则返回相应的 PAM 错误代码 |
| deny=*n* | auth | 若用户的失败登录次数超过 *n* 则拒绝登录 |
| lock_time=*n* | auth | 每次失败登录后都锁定 *n* 秒 |
| unlock_time=*n* | auth | 当超出了最大允许尝试值，*n* 秒之后再解除锁定。若不指定此选项，则账户一直保持锁定直到管理员使用 pam_tally2 命令解除账户锁定 |
| even_deny_root | auth | root 账号也可以被锁定 |
| root_unlock_time=*n* | auth | 与 even_deny_root 选项配合，指定 root 账号的解锁时间（秒） |

**操作步骤 8.4**　记录失败的登录并在 *N* 次失败后锁定

```
// 例如，要设置用户（包括 root）在登录失败 5 次之后禁止登录， 并在 20 分钟后解锁
// 可以修改/etc/pam.d/system-auth 配置文件，在如下行之后
auth        required        pam_env.so
// 添加如下配置行
auth   required     pam_tally2.so deny=5 onerr=fail even_deny_root unlock_time=1200
```

提示

1. pam_tally2 模块将用户失败的登录次数记录于二进制文件/var/log/tallylog 中，可以使用/sbin/pam_tally2 命令查看。

2. 管理员可以使用如下命令将某用户的失败登录计数器清零，从而解除账户锁定：

```
# /sbin/pam_tally2 --user <username> --reset
```

### 8.2.3 基于 PAM 的访问控制

**1．使用 pam_wheel 模块限制用户使用 su 命令**

为了限制指定组 wheel 中的用户才能使用 su 命令。首先需要将用户添加到 wheel 组中，然后修改配置文件/etc/pam.d/su，去掉如下行的注释符（#）即可。

```
auth            required        pam_wheel.so use_uid
```

**2．使用 pam_time.so 模块限制登录时间**

pam_time.so 模块用于 account 类型的验证。它并不对用户提供验证服务，而是用来限制用户在指定的日期、时间及终端线路上对系统或特定应用程序进行访问。该模块使用配置文件/etc/security/time.conf 来设置用户登录时间。此配置文件中每一行的语法格式如下：

```
services;ttys;users;times
```

表 8-9 中列出了 pam_time.so 模块配置文件/etc/security/time.conf 的语法说明。

**表 8-9　pam_time.so 模块配置文件/etc/security/time.conf 的语法说明**

| 字　段 | 说　明 |
|---|---|
| services | 表示应用 PAM 功能的服务名称（即 PAM 客户） |
| ttys | 应用此规则的终端名，*表示任何终端，!表示非；\| 表示或；&表示与 |
| users | 应用此规则的用户名单或网络组名，*表示任何用户，!表示非；\| 表示或；&表示与 |
| times | 指定时间，通常使用日期/时间范围的格式来表示 |
| | 可以用星期几英文单词前两个字母来表示具体的日期，两个字母的组合有： Mo、Tu、We、Th、Fr、Sa、Su、Wk、Wd、Al， Mo 到 Su 分别指从星期一到星期天，Wk 指每一天，Wd 指周末，Al 也指每一天。例如，MoTuSa 就是指星期一星期二和星期六；AlFr 指除星期五外的每一天 |
| | 时间采用 24 小时制，即 HHMM（时分）的形式。用一连接指定的时间范围，如果结束时间小于开始时间，就表明时间持续到第二天的结束时间。例如，Al1800-0800 就是指每天下午 6 点整到第二天的早晨 8 点整 |
| | 日期/时间范围前可有!表示除此以外的所有日期/时间。例如，!Al0000-2400 表示所有时间都禁止。\| 表示或，例如，Wd0000-2400 \| Wk1800-0800 表示每天晚 6 点到次日早 8 点或周末全天 |

例如，要分别限制本地登录和 ssh 远程登录的登录时间，可以分别修改配置文件/etc/pam.d/{login,sshd}。

在如下的配置行：

```
account   include    system-auth
```

之后添加如下配置行。

```
account   required    pam_time.so
```

然后编辑/etc/security/time.conf，添加如下配置行：

```
# 允许 fanny 和 david 在周 1、3、5 早 9 点到晚 10 点登录本机
login  ; tty* ; fanny|david ; MoWeFr0900-2200
# 允许以 student 开始的用户（如 student1，student10）每天早 8 点到晚 6 点登录本机
login  ; tty* ; student*    ; Wk0800-1800
# 禁止所有普通用户登录本机
login  ; tty* ; !root       ; !Al0000-2400
# 允许用户 osmond 每天 0 点到晚 11 点 SSH 远程登录本机
sshd   ; *    ; osmond      ; Al0000-2300
# 允许所有以 student 开始的用户每天早 8 点到晚 6 点 SSH 远程登录本机
sshd   ; *    ; student*    ; Wk0800-1800
# 允许所有普通用户每天晚 6 点到次日早 8 点或周末全天 SSH 远程登录本机
sshd   ; *    ; !root       ; Wd0000-2400 | Wk1800-0800
```

**3．使用允许/禁止列表实现访问控制**

pam_listfile.so 模块提供根据某个指定的文件来允许或禁止用户访问某个应用程序或服务的功能，这些被指定的文件必须事先存在，然后通过 file 模块参数指定该文件。pam_listfile 模块可以根据用户名、tty、rhost、ruser、用户组、使用的 shell 对用户进行访问控制。表 8-10 中列出了 pam_listfile.so 模块可以使用的常用参数。

**表 8-10　pam_listfile.so 模块可用的常用参数**

| 参　　数 | 说　　明 |
|---|---|
| item=[tty\|user\|rhost\|ruser\|group\|shell] | 设置访问控制的对象类型 |
| sense=allow\|deny | 指定当在保存 item 对象的文件中找到 item 指定的对象时的动作方式，如果在文件中找不到相应的对象，则执行相反的动作 |
| onerr=succeed\|fail | 指定当某类事件（如无法打开配置文件）发生时的返回值 |
| file=filename | 指定保存有 item 对象的文件位置 |
| apply=[user\|@group] | 指定使用非用户和组类别时，这些规则所适用的对象。当 item=[user\|ruser\|group]时，这个选项没有任何意义，只有当 item=[tty\|rhost\|shell]时才有意思 |

例如，要使用一个用户列表指定禁止使用 sshd 的用户，可以进行如下配置。

首先编辑/etc/pam.d/sshd，在 auth 类型配置段后添加如下配置行。

```
auth required pam_listfile.so item=user sense=deny onerr=succeed file=/etc/ssh/sshd.deny
```

然后编辑/etc/ssh/sshd.deny，将所有禁止使用 SSH 的用户加入（一行一个用户名）。

```
user1
user2
```

最后重新启动 sshd 服务即可。

```
# systemctl restart sshd
```

类似地，若要配置允许用户列表文件，可以在/etc/pam.d/sshd 中使用如下的配置行。

```
auth required pam_listfile.so item=user sense=allow onerr=fail file=/etc/ssh/sshd.allow
```

**4．用户登录访问控制**

pam_access.so 模块主要用于对访问进入管理，提供基于登录名、主机名或域名、公网

IP 地址或网络，以及非网络登录时的 tty 名称的访问控制。该模块默认的配置文件为/etc/security/access.conf，也可以使用模块参数 accessfile=<filename>指定配置文件。配置文件的每一行设置一条访问控制规则，每一行由以分号间隔的 3 个字段组成，格式如下：

```
permission:users:origins
```

表 8-11 中列出了 pam_access.so 模块配置文件/etc/security/access.conf 的语法说明。

**表 8-11　pam_access.so 模块配置文件/etc/security/access.conf 的语法说明**

| 字　段 | 说　明 |
|---|---|
| 权限（**permission**） | +代表允许，-代表拒绝 |
| 用户（**users**） | 可以是用户名、组名及如 user@host 格式的用户名，ALL 表示任何人，具有多个值时可以用空格分开 |
| 来源（**origins**） | 可以是 tty 名称（本地登录时）、主机名、域名（以“.”开始）、主机 IP 地址、网络地址（以“.”结束）。ALL 表示任何主机，LOCAL 表示本地登录，EXCEPT 操作符表示除了…之外 |

例 1：禁止 root 用户从 tty2 上登录，用户 jjheng 可以在除 tty4 本地终端之外的所有终端登录系统。为了实现上述访问控制：

首先修改 login 的 PAM 配置文件/etc/pam.d/login，在如下的配置行

```
account    required     pam_nologin.so
```

之后添加如下的配置行。

```
account    required     pam_access.so
```

然后修改配置文件/etc/security/access.conf，添加如下的配置行。

```
- : root : tty2
- : jjheng : LOCAL EXCEPT tty4
```

例 2：限制 root 用户只能从 centos.ls-al.lan 主机上使用 SSH 登录本服务器并禁止所有除了 osmond 之外的用户登录。为了实现上述访问控制：

首先修改 sshd 的 PAM 配置文件/etc/pam.d/sshd，在如下的配置行

```
account    required     pam_nologin.so
```

之后添加如下的配置行。

```
account  required  pam_access.so  accessfile=/etc/ssh/sshd_access.conf
```

然后修改配置文件/etc/ssh/sshd_access.conf，添加如下的配置行。

```
- : root : ALL EXCEPT centos.ls-al.lan
- : ALL EXCEPT osmond : ALL
```

**5．限制用户在会话过程中对系统资源的使用**

配置使用 pam_limits.so 模块用来限制用户在会话过程中对 ulimit 系统资源的使用（即使 UID 为 0 的 root 用户也受限制）以及限制用户或组的同时登录数。

在/etc/pam.d/system-auth 配置文件中包含了如下配置行：

```
session     required      pam_limits.so
```

此模块使用一个独立的配置文件来设置限制，默认的配置文件是/etc/security/limits.conf，同时分离的/etc/security/limits.d/*.conf 文件也被读取。配置文件中每一行的语法格式如下：

```
<domain> <type>  <item>  <value>
```

表 8-12 中列出了 pam_limits.so 模块配置文件/etc/security/limits.conf 的语法说明。

**表 8-12　pam_limits.so 模块配置文件/etc/security/limits.conf 的语法说明**

| 字　段 | 取　值 | 说　明 |
|---|---|---|
| domain | < username> | 指定用户 |
| | @<groupname> | 指定组 |
| | * | 通配符，表示所有 |
| | % | 通配符，表示所有（仅用于 maxlogins 限制） |
| | <min_uid>:<max_uid> | 用 UID 范围指定若干用户 |
| | @<min_gid>:<max_gid> | 用 GID 范围指定若干组 |
| type | hard | 指定硬限制 |
| | soft | 指定软限制 |
| | - | 同时指定硬限制和软限制 |
| item | nofile | 能打开文件的最大数 |
| | nproc | 能运行的最大进程数 |
| | nice | 指定进程的最高优先级 |
| | maxlogins | 指定同时登录数 |
| value | <nubmer> | 根据不同的 item 指定相应范围的值 |

例 1：限制用户或组的同时登录数。如要限制 osmond 用户的同时登录数为 2、students 组的同时登录数为 20，可以修改配置文件/etc/security/limits.conf，添加如下行。

```
osmond          hard      maxlogins      2
@students       hard      maxlogins      20
```

例 2：为 apache 用户设置打开文件数的限制，可以修改配置文件/etc/security/limits.conf，添加如下行。

```
apache          -        nofile       65535
```

## 8.3　OpenSSL

### 8.3.1　SSL/TLS 概述

**1．SSL 简介**

SSL（Security Socket Layer，安全套接层）是一种为通信双方提供安全通道的协议。

SSL 在通信的双方协商加密算法和密钥，为其他应用层协议（如 HTTP、FTP、SMTP 等）建立加密通道。SSL 也可以通过使用数字证书验证通信双方身份的真实性。

SSL 的目的是确保通信安全，通过使用各种加密技术和加密算法，SSL 具备了保护信息的保密性、完整性、不可否认性等安全特征的功能，从而保证了主机之间在通信时免遭窃听、篡改和伪造。由于安全通道是透明的，即无须对传输的数据进行任何变更，因此使得几乎所有基于 TCP 的协议均可在 SSL 上运行，非常方便。

SSL 最早由网景公司（Netscape Communication）开发，主要针对 Web、电子邮件及新闻组通信的安全问题。1994 年 SSLv1 仅在网景公司内部流传，从来没有公开实现和广泛部署。SSLv2 在 1995 年推出，但其包含许多中等程度的安全缺陷。为此，1996 年末网景公司发布了 SSLv3。1999 年，互联网标准化组织 ISOC 接替 NetScape 公司。在 SSLv3 的基础上，1999 年 IETF（Internet Engineering Task Force，Internet 工程任务组）的传输层安全工作组完成了 TLS（Transport Layer Security，传输层安全）的标准化工作，发布了 RFC 2246。2006 年和 2008 年，TLS 进行了两次升级，分别为 TLS v1.1（RFC 4346）和 TLS v1.2（RFC 5246）。另外，IETF 在 2011 年发布了 TLSv2.0 的征求意见稿（RFC 6176）。当前广泛使用的版本是 TLS v1.0，其次是 SSLv3，但主流浏览器都已经支持了 TLS v1.1 和 TLS v1.2。

提示

通常，TLS 1.0 被标示为 SSL 3.1，TLS 1.1 被标示为 SSL 3.2，TLS 1.2 被标示为 SSL 3.3。

**2．SSL 协议体系结构**

SSL 协议基于 C/S 模式，由两层组成，分别为握手协议层和记录协议层。

- 握手协议（Handshake Protocol）层的主要功能是在双方传输加密的应用数据之前在客户端和服务器之间相互认证对方的身份、协商加密算法、生成密钥和初始化会话等操作，从而建立一条连接双方的安全通道。
- 记录协议（Record Protocol）层则具体实现数据的分割和加密等安全相关操作，将上层协议传来的应用数据封装成一系列经过保护的记录进行传输。

SSL 协议可以独立于应用层协议，因此可以保证一个建立在 SSL 协议之上的应用协议能透明地传输数据。SSL 协议在 TCP/IP 网络协议栈的位置如图 8-1 所示。

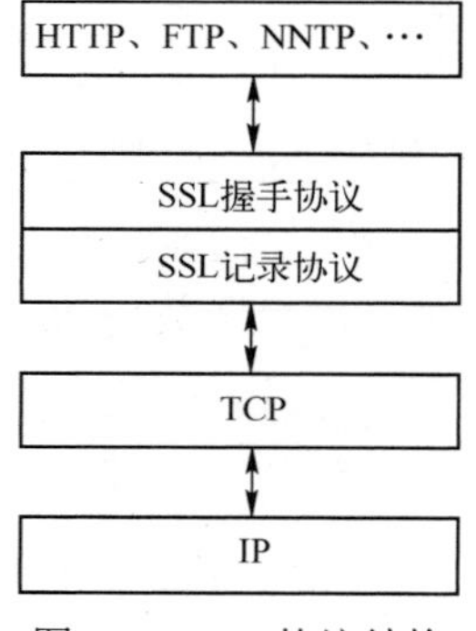

图 8-1　SSL 协议结构

**3．SSL/TLS 的握手过程和两种认证类型**

SSL 握手协议的功能之一是在客户端和服务器之间互相验证身份。通信双方需要通过数字证书（Digital Certificate）进行身份验证。这些数字证书基于 X.509 标准，数字证书不仅包含任何一方在互联网上的公共密钥，还包含一个数字签名（Digital Signature）用来保证公钥的真实性。

认证过程依赖于公共密钥加密，并使用证书来保护专有名称（Distinguished Name）与公用密钥。首先通过对方证书中的数字签名，来验证对方的证书是否有效。如果证书有效，则该证书中提取公钥，验证对方的签名以确定对方是否合法。如果两项验证均通过，则证明对方的身份是真实可信的。在 SSL 中，客户端对服务器的身份验证（即单向验证）是必须的，而服务器对客户端的身份验证（即双向验证）是可选的。

图 8-2 中描述了 SSL 建立通信的流程图。其中，步骤 1～13 是 SSL 的握手过程，握手过程需要通过握手消息来实现。表 8-13 中列出了 SSL 握手过程及各种握手消息的说明。

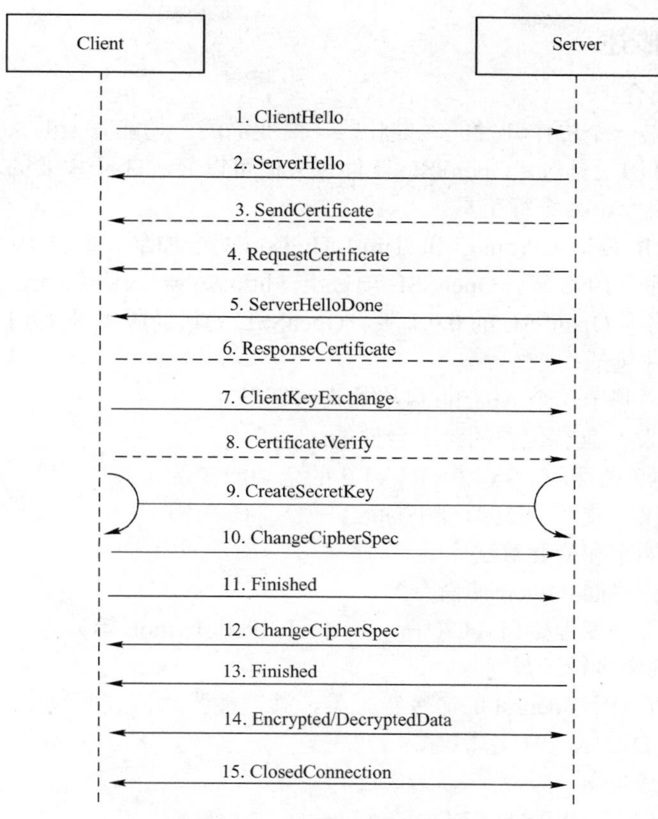


图 8-2　SSL 建立通信的流程图

**表 8-13　SSL 握手过程及各种握手消息的说明**

| 序号 | 可　选 | 握 手 消 息 | 简 单 说 明 |
|---|---|---|---|
| 1 | | ClientHello | 客户端明文发送所支持的 SSL/TLS 最高协议版本号和所支持的加密算法集合及压缩方法集合等信息给服务器端 |
| 2 | | ServerHello | 服务器收到客户端信息后，选定双方都能够支持的 SSL/TLS 协议版本和加密方法及压缩方法，返回给客户端 |
| 3 | 是 | SendCertificate | 服务器端发送服务器端证书给客户端 |
| 4 | 是 | RequestCertificate | 如果选择双向验证，服务器端向客户端请求客户端证书 |
| 5 | | ServerHelloDone | 服务器通知客户端初始协商结束 |
| 6 | 是 | ResponseCertificate | 如果选择双向验证，客户端向服务器端发送客户端证书 |
| 7 | | ClientKeyExchange | 客户端使用服务器的公钥，对客户端公钥和密钥种子进行加密，再发送给服务器 |
| 8 | 是 | CertificateVerify | 如果选择双向验证，客户端用本地私钥生成数字签名，并发送给服务器端，让其通过收到的客户端公钥进行身份验证 |
| 9 | | CreateSecretKey | 通信双方基于密钥种子等信息生成通信密钥 |
| 10 | | ChangeCipherSpec | 客户端通知服务器已将通信方式切换到加密模式 |
| 11 | | Finished | 客户端做好加密通信的准备 |
| 12 | | ChangeCipherSpec | 服务器通知客户端已将通信方式切换到加密模式 |
| 13 | | Finished | 服务器做好加密通信的准备 |
| 14 | | Encrypted/DecryptedData | 双方使用客户端密钥，通过对称加密算法对通信内容进行加密 |
| 15 | | ClosedConnection | 通信结束后，任何一方发出断开 SSL 连接的消息 |

## 8.3.2 OpenSSL 概述

### 1. OpenSSL 简介

OpenSSL 项目是一个协作开发的、健壮的、商业级的、功能齐全的、实现了 SSL v2/v3 和 TLS v1 协议的开源工具包。OpenSSL 软件包大概可以分成 3 个主要的功能部分：密码算法库、SSL/TLS 协议库、命令行工具。

OpenSSL 基于由 Eric A. Young 和 Tim J. Hudson 两个加拿大人自 1995 年开始开发的优秀的开源 SSLeay 库。1998 年，OpenSSL 项目组（http://www.openssl.org/）接管了 OpenSSL 的开发工作，并推出了 OpenSSL 的 0.9.1 版。OpenSSL 的最新版本是 1.0.1f。

OpenSSL 的特性包括：

- 开放源代码，基于一个 Apache 风格的许可证发布。
- 用 C 语言开发，具有优秀的跨平台性能。
- 提供了 SSL v2/v3 和 TLS v1.0/v1.1/v1.2 的全功能实现。
- 基于 PKI 标准，支持 X509 证书标准。
- 提供众多的加密和摘要算法库。
- 提供了命令行界面（openssl 命令）。
- 提供了应用程序编程接口（C/C++、Perl、PHP 和 Python 等）。

### 2. OpenSSL 的命令行工具

OpenSSL 提供了一个 openssl 的命令行工具，其功能强大，主要包括：

- 创建 RSA、DSA & DH 密钥对。
- 公共密钥加密操作。
- 创建 X509 证书，CSRs & CRLs。
- 生成消息摘要。
- 使用加密算法加密/解密。
- SSL/TLS 服务器端/客户端测试。
- 处理 S/MIME 签名或加密邮件。
- 时间戳记的请求，生成和验证。

### 3. CentOS 7 中的 OpenSSL

由于美国的加密算法出口限制，RHEL/CentOS 提供的 OpenSSL 不支持 IDEA、RC5 和 MDC2。若希望使用全功能的 OpenSSL，可以从源代码安装，但在一般情况下 CentOS 下的版本已经够用。若希望从源代码安装，请参考其官方文档的安装说明。在 CentOS 7 中，OpenSSL 软件包默认安装的版本为 openssl-1.0.1e。下面列出其配置文件 openssl.cnf 的位置以及默认的主要目录。

```
# rpm -ql openssl
# tree -F -L 2 /etc/pki
/etc/pki
├── CA/                                  # 本地 CA 部署目录
└── tls/
    ├── cert.pem -> certs/ca-bundle.crt  # 由 openssl 依赖的 ca-certificates 软件包
    │   安装的 CA 证书绑定（多个 CA 证书存储在单一文件中视为证书绑定）
    ├── certs/                           # 存放证书的目录
    ├── openssl.cnf                      # openssl 默认使用的配置文件
    └── private/                         # 存放私钥的目录
```

**4．使用 OpenSSL**

OpenSSL 实现的是传输层加密协议，只提供了协议库、加密算法库和命令行工具。因为它不是应用层程序，所以也没有自己的守护进程运行。

所有使用 OpenSSL 协议库和加密算法库的服务程序都需要配置各自服务的配置文件并运行自己的守护进程。例如，OpenSSH 使用了 OpenSSL 提供的加密算法库，并运行自己的 SSH 服务守护进程；又如，若要 Apache 支持 SSL 的 HTTPS 协议，需配置 Apache 的 mod_ssl 模块，并运行 Apache 的守护进程 httpd。

另外，用户还可以使用 openssl 命令行工具进行文件加解密、生成信息摘要等工作。openssl 命令行工具的命令格式和参数比较复杂。表 8-14 中仅列出了如何使用 openssl 命令对文件进行对称加/解密和创建信息摘要（Hash/Digest）的方法。

**表 8-14　使用 openssl 命令对文件进行对称加解密和创建信息摘要**

| 命　令 | 说　明 |
| --- | --- |
| openssl **enc** <算法名称> -k <加解密口令> **-e** -in <明文文件名> -out <加密文件名> | 对文件进行对称加密 |
| openssl **enc** <算法名称> -k <加解密口令> **-d** -in <加密文件名> -out <明文文件名> | 对文件进行对称解密 |
| openssl **dgst** <算法名称>　<文件名> | 对文件信息生成摘要 |

例 1：使用 openssl 命令对文件进行对称加解密。

```
# openssl enc -h                // 显示加密子命令的帮助信息
# openssl enc -des3 -k mypasswd -e -in install.log -out install.log.des3
# openssl enc -des3 -k mypasswd -d -in install.log.des3 -out install.log.1
# diff install.log install.log.1
# openssl enc -aes256 -k mypasswd -e -in install.log -out install.log.aes256
# openssl enc -aes256 -k mypasswd -d -in install.log.aes256 -out install.log.2
# diff install.log install.log.2
```

例 2：对文件生成摘要（Hash/Digest）。

```
// 下载 ISO 文件和包含原始摘要信息的文件
# wget  http://mirrors.sohu.com/centos/7.1.1503/isos/x86_64/CentOS-7-x86_64-Minimal-1503-01.iso
# wget http://mirrors.sohu.com/centos/7.1.1503/isos/x86_64/sha256sum.txt
# openssl dgst -h                   // 显示摘要命令的帮助信息
// 使用 openssl 生成 ISO 文件的摘要信息
# openssl dgst -sha256 CentOS-7-x86_64-Minimal-1503-01.iso
SHA256(CentOS-7-x86_64-Minimal-1503-01.iso)=
7cf1ac8da13f54d6be41e3ccf228dc5bb35792f515642755ff4780d5714d4278
# grep 'minimal' sha256sum.txt
7cf1ac8da13f54d6be41e3ccf228dc5bb35792f515642755ff4780d5714d4278
CentOS-7-x86_64-Minimal-1503-01.iso
# 提示：用户也可以使用
# md5sum|sha1sum|sha224sum|sha256sum|sha384sum|sha512sum 命令生成相应算法的文件摘要，例如
# sha256sum CentOS-7-x86_64-Minimal-1503-01.iso
```

## 8.3.3　密钥和证书管理

**1．PKI、CA 与证书管理**

PKI（Public Key lnfrastructure，公钥基础设施）是一个基于非对称加密技术实现并提供

安全服务的具有通用性的安全基础设施。PKI 通过一组组件和规程，支持利用数字证书管理密钥并建立信任关系。PKI 同时融合了 Hash 算法以及对称加密技术。支持 PKI 的应用标准可以保护信息的完整性、保密性和不可否认性等安全特征。

PKI 由多个组件构成，其中最基本的组件是数字证书（Digital Certificate），通常简称为证书（Certificate）。证书就是整个 PKI 的管理对象。证书是将持有者的身份信息和其所拥有的公钥进行绑定的文件。证书文件还包含颁发证书的权威机构（CA）对该证书的签名。通过签名保障了证书的合法性和有效性。当前，通常使用 X.509 v3 标准的证书，其主要内容如表 8-15 所示。

表 8-15　X.509 v3 证书的主要内容

| 字　段 | 说　明 |
| --- | --- |
| 版本（Certificate Fortmat Version） | 证书格式版本号，例如 V3 |
| 序列号（Certificate Serial Number） | 证书的序号列，是证书的唯一标识 |
| 签名算法（Signature and Hashing Algorithm for the CA） | CA 用于颁发证书所使用的签名和 Hash 算法，如 RSA 和 SHA-1 |
| 颁发者（Issuer Name） | CA 的唯一标识名 |
| 有效期（Validity Period） | 证书的有效时间段，包括证书生效和过期的时间 |
| 使用者（Subject Name） | 证书申请者的唯一标识信息。<br>在 RFC2253 中，也称 DN（Distinguish Name），包含必需的 CN（Common Name）和其他一些可选属性 |
| 公钥（Subject Public Key Information） | 证书申请者的公钥信息和加密算法 |
| 颁发者唯一标识符（Issuer Unique Identifier） | CA 的唯一标识符（可选项） |
| 使用者唯一标识符（Subject Unique Identifier） | 证书申请者的唯一标识符（可选项） |
| 扩展部分（Type Criticality Value Extension） | 可选的扩展属性，包括扩展项类型、关键标志和扩展项值 |
| CA 签名（CA Signature） | CA 对颁发证书的数字签名 |

按照证书签名者的身份不同，证书可以分为 3 类：

- 自签名证书（通常用于实验环境）。
- 由本地 CA 签署的证书（用于 Intranet 环境）。
- 由可信任的 CA 签署的证书（用于 Internet 环境）。

CA（Certificate Authority，证书权威机构）是 PKI 中受信任的第三方实体。它是信任的起点，各个实体必须对 CA 高度信任，因为要通过 CA 的担保来认证其他实体。

CA 是 PKI 的核心，其任务主要包括：

- 证书颁发、吊销、更新和续订等。
- CRL（Certificate Revocation List，证书吊销列表）的管理和发布。
- OCSP（Online Certificate Status Protocol，在线证书状态协议）的管理和发布。
- 证书存储以及事件日志记录等。

由可信任的 CA 签署的证书是需要付费的。在 Intranet 环境中可以创建机构自己的本地 CA，使用 openssl 命令工具可以管理维护一个小型 CA，也可以使用 OpenCA（https://pki.openca.org/）维护和管理一个集成了 OpenLDAP 和关系数据库存储的本地 CA。

要配置某项服务支持 SSL 协议，通常要经过如下的步骤：

1）在服务器上生成密钥对，生成证书签名请求文件并发送给 CA。

2）由 CA 签署证书签名请求文件并生成已签署的证书并将其发还给请求者。

3）使用已签署的证书配置某服务的 SSL 支持并启动服务。

限于篇幅，本书不再讲述 CA 的创建和部署，仅使用自签名证书。在使用自签名证书时，由于证书签署工作由自己完成，所以上述的步骤 1）和步骤 2）也可以合二为一。

提示

无论使用自签名证书还是使用 CA 签署的证书，为了使某服务支持 SSL 协议都需要两个文件：私钥文件（扩展名为.key）和证书文件（扩展名为.crt）。

**2．创建自签名证书和私钥**

**操作步骤 8.5**　创建自签名证书和私钥

请见下载文档“创建自签名证书和私钥”。

提示

上述操作详细地描述了私钥生成、CSR 生成和证书签署的过程，而对于自签名证书而言，无须 csr 文件，可以仅用一条命令从私钥生成自签名证书：

```
# openssl req -new -x509 -days 365 \
  -key private/ftp.olabs.lan.key -out certs/ftp.olabs.lan.crt
```

另外，还可以使用一条命令同时生成私钥和自签名证书：

```
# openssl req -new -x509 -days 365 -sha256 -nodes \
 -newkey rsa:2048 -keyout private/ftp.olabs.lan.key \
 -out certs/ftp.olabs.lan.crt -subj \
'/O=olabs/L=Beijing/C=CN/emailAddress=osmond@olabs.lan/CN= ftp.olabs.lan'
```

注意

若私钥设置了保护口令，在用于支持 SSL 的某项服务时，该服务的守护进程在启动时会提示输入私钥保护口令。为了方便守护进程自动在后台启动，可以使用如下命令去除一个已被私钥口令保护的私钥文件。

```
# cd /etc/pki/tls
# cp private/ftp.olabs.lan.key{,.enc}
# openssl rsa  -in private/ftp.olabs.lan.key.enc \
           -out private/ftp.olabs.lan.key
```

若在生成私钥时就决定不用私钥保护口令，则

（1）在 openssl genrsa 命令中不使用用于保护私钥口令的对称加密算法参数 -aes128|-aes192|-aes256 等即可。

（2）在 openssl req -newkey rsa:2048 命令中使用 -nodes 参数即可。

**3．生成自签名多域名证书和私钥**

多域名证书（SAN 证书）通常也称 UCC（Unified Communications Certificates，统一通信证书），即在一张证书里同时签署多个域名，是 X.509 扩展实现（RFC 2459），使用 subjectAltName 指定多个域名，既可以分别指定多个域名，也可以使用通配符的泛域名或两者混用。但是，通常认为使用通配符的泛域名是不安全的，因为一个证书可以验证整个域下面的所有服务器，一旦其被破解，则所有加密通信也同时失密了。

**操作步骤 8.6**　生成支持 SAN 扩展的 X509 证书

```
// 1. 生成服务器的私钥文件
# cd /etc/pki/tls
# openssl genrsa -out private/olabs.net.key 2048
# chmod 600 private/olabs.net.key
```

```
// 2. 生成证书签名请求文件
# openssl req -new -key private/olabs.net.key -out req/olabs.net.csr \
  -subj '/O=olabs/L=Beijing/C=CN/emailAddress=osmond@olabs.net/CN=olabs.net'
// 有了 CSR 文件，接下来的工作是将其发送给 CA，并等待其发还已经签署的证书
// 本例仅使用自签名证书，即使用刚创建的本机私钥而非 CA 的私钥签署证书
// 3. 签署证书（生成 SAN 证书文件）
// 3.1 生成扩展配置文件
# cd /etc/pki/tls
//使用 subjectAltName 指定多个域名
// 每个域名前使用 DNS：前缀，且各个域名之间使用逗号间隔（写在一行里，此处换行是为了排版）
# cat <<EOT> certs/olabs.net.ext
subjectAltName = DNS:olabs.net, DNS:www.olabs.net, DNS:wiki.olabs.net, DNS:docs.
olabs.net,
DNS:www.olabs.lan
# 若使用通配符，可以写成（基于安全考虑，不建议使用）
# subjectAltName = DNS:olabs.net, DNS:*.olabs.net, DNS:www.olabs.lan
EOT
// 3.2 生成自签名证书文件
// 对于自签名证书而言，直接使用私钥 olabs.net.key 签署证书 olabs.net.crt
# openssl x509 -req -days 365 -sha256 -in req/olabs.net.csr -signkey private/
olabs.net.key \
     -out certs/olabs.net.crt  -extfile certs/olabs.net.ext
// 4. 查看证书中的 SAN 扩展信息
# openssl x509 -text -in certs/olabs.net.crt | grep -A2 'X509v3 extensions'
        X509v3 extensions:
            X509v3 Subject Alternative Name:
                DNS:olabs.net, DNS:www.olabs.net, DNS:wiki.olabs.net, DNS:docs.olabs.net,
DNS:www.olabs.lan
```

## 8.4 TCP Wrappers

### 8.4.1 TCP Wrappers 概述

**1. 什么是 TCP Wrappers**

TCP Wrappers 是一个应用层的访问控制程序，其原理是在服务器向外提供的 TCP 服务上包裹一层安全检测机制。外来的连接请求首先要通过这层安全检测，获得认证之后才能被系统服务接收。TCP Wrappers 的功能有两种实现方式：一种是由 tcpd 守护进程实现的，常被用于 inetd+TCP Wrappers 的系统中（如 FreeBSD 等）；另一种是通过每种服务程序调用 libwrap.so 链接库实现的，即内置 libwrap.so 库支持的网络服务程序都能使用 TCP Wrappers 来实现访问控制，常被用于 xinetd+TCP Wrappers 的系统中（如 CentOS 等）。

在 CentOS 中，TCP Wrappers 一般是默认安装的。若未安装，可以使用如下命令安装。

```
# yum -y install tcp_wrappers
```

**2. 检查 TCP Wrappers 的支持**

要检查系统中的某项服务是否支持 TCP Wrappers，可以使用 ldd 命令，例如：

```
# ldd /usr/sbin/sshd | grep libwrap
        libwrap.so.0 => /lib64/libwrap.so.0 (0x00007fb2d39c6000)
# ldd /usr/sbin/httpd | grep libwrap
```

若 ldd 命令的输出包含 libwrap.so.0，则表示其支持 TCP Wrappers。

**3. TCP Wrappers 的访问控制配置文件**

TCP wrappers 使用/etc/hosts.allow 和/etc/hosts.deny 两个配置文件实现访问控制。

- /etc/hosts.allow 是一个许可表。
- /etc/hosts.deny 是一个拒绝表。

**4. TCP Wrappers 的访问控制规则**

TCP Wrappers 的访问控制规则如下：

1）TCP Wrappers 查找/etc/hosts.allow 和/etc/hosts.deny 文件，若没有这两个配置文件，或两个配置文件的内容均为空，则允许所有的访问。

2）TCP Wrappers 若发现这两个文件，首先读取/etc/hosts.allow，然后再读取/etc/hosts.deny，一旦在查询中发现主机与服务相匹配就会终止查询。

- 若在/etc/hosts.allow 中发现主机与服务相匹配，则允许访问并终止规则查询。
- 若在/etc/hosts.deny 中发现主机与服务相匹配，则禁止访问并终止规则查询。

3）若在两个文件中均未查找到匹配的项目，则允许访问。

提示

若守护进程支持 TCP Wrappers，对/etc/hosts.allow 和/etc/hosts.deny 配置文件的修改会立即生效，无须重启服务。

## 8.4.2 TCP Wrappers 配置

**1. 访问控制配置文件的基本语法**

/etc/hosts.allow 和/etc/hosts.deny 配置文件中，以#开头的行为注释行，其他的规则行均使用如下的语法。

```
daemon_list : client_list [ : shell_command ]
```

表 8-16 中列出了访问控制配置文件的基本语法说明。

**表 8-16 访问控制配置文件的基本语法说明**

| 项 目 | 说 明 |
|---|---|
| daemon_list | 是用逗号间隔的服务列表 |
| | ALL 表示所有的服务 |
| | <daemon>用于指定单个服务，如 in.telnetd 代表 telnet 服务 |
| | <daemon@host> 用于限定某网络接口上的服务，用于有多网卡的主机 |
| client_list | 用逗号间隔的主机表 |
| | ALL 表示所有的主机 |
| | LOCAL 表示本地主机 |
| | KNOW 表示可解析的域名；UNKNOW 表示不可解析的域名。 |
| | PARANOID 表示任何可能被伪造的 IP 地址的主机，即 IP 与其主机名不符的客户 |

（续）

| 项　　目 | 说　　明 |
|---|---|
| client_list | 使用 IP 地址，如 12.23.34.45 |
| | 使用主机名，如 www.abc.com |
| | 使用以句点“.”开始的域名表示该域下的所有主机，如.abc.com |
| | 使用 IP 地址段，如 12.23. |
| | 使用 CIDR，如 192.168.0.0/22 |
| | 使用 client@host，如 osmond@www.abc.com |
| shell_command | 执行 Shell 命令，为可选项 |

另外，在 daemon_list 和 client_list 中还可以使用 EXCEPT 操作符，语法如下。

```
list_1 EXCEPT list_2
```

例如：

```
// 除了 vsftpd 之外的所有服务
All EXCEPT vsftpd
// foobar.edu 域中除了 web.foobar.edu 之外的所有主机
foobar.edu EXCEPT web.foobar.edu
```

提示

1．使用通配符 KNOWN、UNKNOWN 和 PARANOID 依赖于 DNS 服务器的正确运行。域名解析时出现的任何失误都可能使合法用户无法访问某项服务。

2．可以使用 man 5 hosts_access 命令查看/etc/hosts.allow 和/etc/hosts.deny 基本语法的详细信息。

**2．访问控制配置文件的扩展语法**

/etc/hosts.allow 和/etc/hosts.deny 配置文件中，规则行可以使用如下的扩展语法。

```
daemon_list : client_list : option : option ...
```

其中，daemon_list 和 client_list 的语法与基本语法一致。表 8-17 中列出了访问控制配置文件的扩展语法选项说明。

**表 8-17　访问控制配置文件的扩展语法选项说明**

| 扩 展 选 项 | 说　　明 |
|---|---|
| allow | 仅用于/etc/hosts.deny，表示允许被请求的服务，该选项必须出现在规则的结尾处 |
| deny | 仅用于/etc/hosts.allow，表示拒绝被请求的服务，该选项必须出现在规则的结尾处 |
| spawn <shell_command> | 以子进程执行 Shell 命令。标准设备（stdin、stdout 和 stderr）均连接到空设备，不与客户端对话 |
| twist <shell_command> | 使用指定的 Shell 命令应答服务请求，且执行完后立即终止该次连接请求。标准设备（stdin、stdout 和 stderr）均连接到客户端进程。该选项必须出现在规则的结尾处 |
| setenv name value | 设置执行被请求的服务时的环境变量 |

在使用 spawn 和 twist 扩展选项时还可以使用表 8-18 中所列出的宏。

**表 8-18 spawn 和 twist 扩展选项中可用的宏**

| 宏 | 说明 | 宏 | 说明 | 宏 | 说明 | 宏 | 说明 |
|---|---|---|---|---|---|---|---|
| %a | 客户端 IP 地址 | %h | 客户端主机名 | %c | 客户端信息 | %d | 守护进程名 |
| %A | 服务器端 IP 地址 | %H | 服务器端主机名 | %s | 服务器端信息 | %p | 守护进程 PID |

其中，宏%c 和%s 可以是：用户名@主机名、用户名@IP 地址、主机名、IP 地址，取决于可获得信息的多少。

提示

1. 可以使用 man 5 hosts_options 命令查看/etc/hosts.allow 和/etc/hosts.deny 扩展语法的详细信息。最常用的扩展语法就是允许在/etc/hosts.allow 的配置行末尾使用“: deny”表示拒绝。

2. 由于扩展语法中支持 allow 和 deny 选项，因此使用扩展语法时可以将所有访问规则集中设置在一个配置文件中。

## 8.4.3 TCP Wrappers 配置举例

**1．TCP Wrappers 配置方法**

由于在/etc/hosts.allow 和/etc/hosts.deny 中没有相应的匹配规则时，默认是被允许访问的。所以需要预先明确默认的访问策略（两种方法择其一）。

方法 1：使用基本语法，通常

- 在/etc/hosts.deny 中先拒绝特定服务的所有主机访问。
- 在/etc/hosts.allow 中开放允许访问的特定服务的主机。

方法 2：使用扩展语法，通常

- 在/etc/hosts.allow 中开放允许访问的特定服务的主机。
- 在/etc/hosts.allow 的最后部分使用带有 deny 语句的配置行，拒绝所有主机访问特定的服务。

**2．TCP Wrappers 配置举例**

例 1：仅允许本地主机、192.168.0 网段和 mynet.com 域访问系统中的 telnet 和 vsftpd 服务，配置过程如下。

（1）使用基本语法

先编辑/etc/hosts.deny 拒绝所有主机访问，为此在/etc/hosts.deny 添加如下行。

```
in.telnetd,vsftpd:          ALL
```

再编辑/etc/hosts.allow 开放允许访问的主机，为此在/etc/hosts.allow 添加如下行。

```
in.telnetd,vsftpd:          LOCAL, 192.168.0., .mynet.com
```

（2）使用扩展语法

在/etc/hosts.allow 中添加如下两条访问控制规则。

```
in.telnetd,vsftpd:          LOCAL, 192.168.0., .mynet.com
in.telnetd,vsftpd:          ALL:         deny
```

例 2：拒绝来自 192.168.0.254 对本机 rsync 服务的访问，并将访问记录到日志文件。

编辑/etc/hosts.deny，添加如下行。

```
    rsync : 192.168.0.254 : spawn /bin/echo "$(/bin/date) - rsync access deny from
%h" >>
    /var/log/tcp_wappers.log
```

例 3：拒绝来自 192.168.0.254 对本机 rsync 服务的访问，并为访问者显示拒绝信息。

编辑/etc/hosts.deny，添加如下行。

```
    rsync : 192.168.0.254 : twist /bin/echo "go away!"
```

提示　由 TCP Wrappers 提供的一些额外的安全功能，不应被视为防火墙的替代品。应该结合防火墙或其他安全加强设施一并使用，为系统多提供一层安全防护。

## 8.5　思考与实验

**1．思考**

（1）简述 Linux 服务器的基本安全配置。

（2）简述 su 与 sudo 的不同及各自的使用方法。

（3）简述 PAM 的作用及其配置方法。

（4）与口令安全相关的 PAM 模块有哪些？如何使用这些模块？

（5）与访问控制相关的 PAM 模块有哪些？如何使用这些模块？

（6）简述 SSL 协议的握手过程。

（7）什么是 PKI？什么是 CA 证书的组成？

（8）如何使用 TCP Wappers 配置主机访问控制？

**2．实验**

（1）服务器的基本安全配置。

（2）配置 sudo 并禁止 root 直接登录。

（3）配置基于 PAM 的账号口令的安全保护。

（4）配置基于 PAM 的访问控制（登录/列表/时间/资源）。

（5）创建自签名证书和 SAN 自签名证书。

（6）配置 TCP Wappers 实施主机访问控制。

**3．进一步学习**

（1）学习 chkrootkit（http://www.chkrootkit.org/）和 aide（http://aide.sf.net/）的安装、配置和使用（EPEL 仓库提供了其 RPM 包）。

（2）学习使用遗产服务 xinetd（用于 CentOS 5/6，在 CentOS 7 中所有服务的启动已由 Systemd 统一管理）实现由其管理服务的访问控制。

（3）学习使用 Windows 环境下的 GUI 工具 xca（http://xca.sf.net）实现 CA 证书的管理。

（4）学习使用 StartSSL 公司（http://www.startssl.com/）提供的免费 SSL 证书。请参考 https://github.com/ioerror/duraconf/tree/master/startssl。

（5）学习安装和使用 gpg 命令行工具（由 gnupg2 包提供）实现加密/解密、签名/验证。

（6）学习安装和使用 Linux 下 GnuPG/OpenSSL 的 GUI 前端工具 pyrite（https://github.com/ryran/pyrite）实现加密/解密、签名/验证。

（7）学习安装和配置基于 SSL 协议的 OpenVPN 服务。

（8）学习安装和使用 FreeIPA（CentOS 7 提供了名为 ipa-server 的 RPM 包），它同时包含 CA、LDAP、KDC 服务以及一个基于 Web 的管理界面。

（9）阅读 Red Hat 的官方安全指南《Red Hat Enterprise Linux 7 Security Guide》，学习更多与安全相关的内容。

（10）阅读 Red Hat 的官方 SELinux 指南《Red Hat Enterprise Linux 7 SELinux Users and Administrators Guide》，学习 SELinux 的使用与管理。

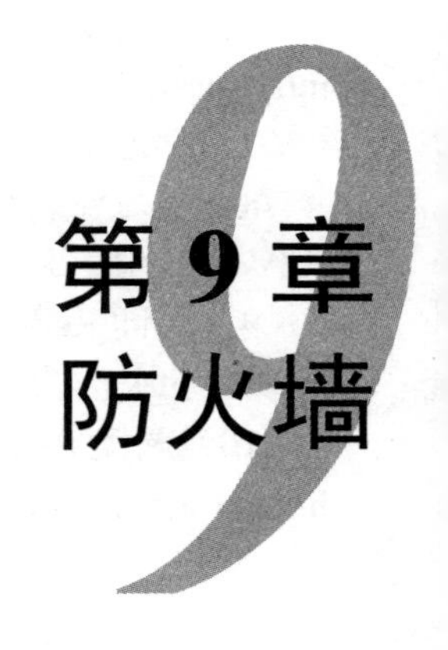

# 第 9 章 防火墙

本章首先介绍防火墙的相关概念，然后介绍 Linux 防火墙的组成及工作原理，接着介绍 CentOS 7 中的 firewalld 守护进程和配置工具 firewall-cmd 的使用，以及兼容于低版本的 iptables 服务和配置工具 lokkit 的使用，最后介绍如何使用底层 iptables 命令配置防火墙。

## 9.1 防火墙概述

### 9.1.1 防火墙的概念

**1. 什么是防火墙**

防火墙是架设在不同信任级别的计算机网络之间的一种检测和控制设备。它是一个控制和监测的阻流点（Choke Point），不同级别网络间的所有数据都必须经过检查，实现边界防护（Perimeter Defence），根据其配置的安全策略和规则允许、拒绝或代理数据的通过，必要时，可以同时提供 NAT、VPN 功能。

**2. 防火墙的功能**

（1）提供边界防护功能

- 内外网之间的所有网络数据流都必须经过防火墙。
- 控制内外网之间网络系统的访问。
- 提高内部网络的保密性和私有性。

（2）提供网络服务访问限制功能

只有符合安全策略的数据流才能通过防火墙，保护易受攻击的服务。

（3）提供审计和监控功能

- 记录网络的使用状态，实现对异常行为的报警。
- 集中管理内网的安全性，降低管理成本。

（4）防火墙自身应具有非常强的抗攻击免疫力。

**3. 防火墙的局限性**

（1）不能保护绕过防火墙的攻击

- 非授权的网络连接（Modem 拨号连接、Wireless 连接等）。
- 执行 CD/DVD/USB 等介质上的恶意软件。

（2）不能保护被防火墙信任的攻击

- 被防火墙信任的用户/组织的攻击。

● 被防火墙信任的服务（如 SSL / SSH）的攻击。

（3）不能防止内部威胁，如心怀不满的雇员的攻击。

（4）不能防止所有病毒感染的程序或文件的传输。由于病毒类型甚多，由防火墙检测它们将严重影响数据传输速度，应交由专业的病毒检测软件处理。

**4．防火墙的类型**

（1）按照是否使用专用设备划分，防火墙可分为以下两类。

● 硬件防火墙：专用的硬件或软硬件结合的实现。

● 软件防火墙：基于普通 PC 或 Server 硬件上的通用操作系统加防火墙软件实现。

如图 9-1 所示为 Linux 防火墙的基本应用，它建设在私有网和公共网之间实施防护。

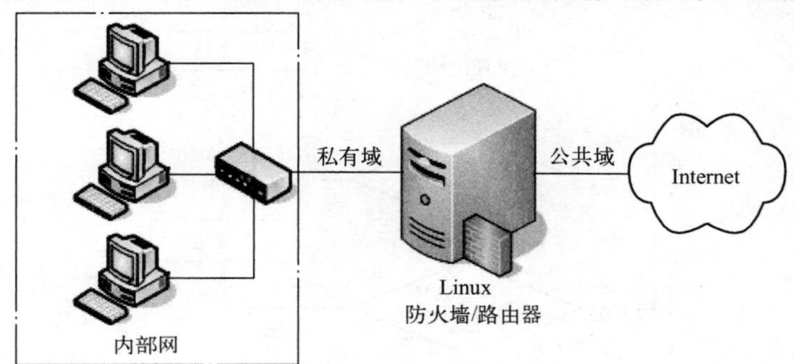


图 9-1　使用防火墙隔离私有网和公共网

（2）按照网络模型层次划分，防火墙可分为两类：

● 网络层包过滤防火墙。

● 应用层网关/代理。

## 9.1.2　包过滤防火墙

**1．什么是包过滤防火墙**

包过滤防火墙查看所流经的数据包的包头（header），由此决定整个数据包的命运。它可能会决定丢弃（DROP）这个包，可能会接受（ACCEPT）这个包（让这个包通过），也可能执行其他更复杂的动作。

传统的包过滤可以通过对数据包的 IP 头和 TCP 或 UDP 头的检查来实现，可检查的信息有：源或目标 IP 地址、协议（TCP、UDP 和 ICMP）、数据包的源或目标端口、ICMP 消息类型、TCP 包头中的控制标志位等。

传统的网络层包过滤器不检查更高层上下文，新型的状态包过滤器检查每个数据包的上下文，跟踪客户端/服务器的会话，检查每一个数据包属于哪个会话，检测哪些包是首次连接的新包；哪些是已建立连接的回应包；哪些是属于某个已经建立的连接所建立的新连接包；哪些是无效包。

**2．包过滤器的工作过程**

下面给出包过滤器的操作流程图，如图 9-2 所示。

几乎所有现有的包过滤器都遵循上述流程所示的工作过程，下面做个简单的叙述：

1）包过滤规则必须被包过滤设备端口存储起来。

2）当包到达端口时，对包头进行分析。

3）包过滤规则以特殊的方式存储。应用于包的规则的顺序与包过滤器规则存储顺序必须相同。

4）若一条规则阻止包传输或接收，则此包便不被允许。
5）若一条规则允许包传输或接收，则此包便可以被继续处理。
6）若包不满足任何一条规则，则此包便被阻塞。

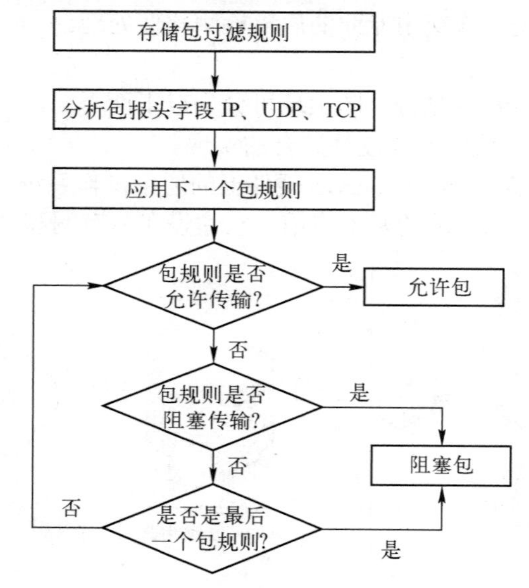


图 9-2　包过滤器的操作流程图

**3．包过滤技术的优缺点**

（1）优点

- 一个包过滤器可以保护整个网络。若过滤规则简单，则过滤路由器的效率会很高。
- 由于包过滤器工作在 IP 层和 TCP 层，所以处理包的速度比工作在应用层的代理服务器快。
- 包过滤器为用户提供了一种透明的服务，用户不需要改变客户端的任何应用程序，也不需要学习任何新的东西。过滤路由器有时也被称为“包过滤网关”。
- 获得广泛应用。几乎所有的路由器，甚至是 Linux 主机都支持。

（2）缺点

- 包过滤器不支持有效的用户认证。
- 规则表很快会变得很大而且复杂，规则很难测试。随着表的增大和复杂性的增加，规则结构出现漏洞的可能性也会增加。
- 包过滤防火墙只能阻止一种类型的 IP 欺骗，即外部主机伪装内部主机的 IP，对于外部主机伪装外部主机的 IP 欺骗却不可能被阻止，而且它不能防止 DNS 欺骗。

## 9.1.3　网络地址转换

**1．NAT 简介**

随着连网设备的数量不断地以指数级速度增长，珍贵的 IPv4 地址分配给专用网络被视作是一种对宝贵的 IP 地址的浪费。根据 RFC 1631（IP Network Address Translator）开发的 NAT 可以在多重的 Internet 子网中使用相同的 IP，用来减少注册 IP 地址的使用。而网络地址转换（NAT）标准的出现，就是将某些 IP 地址留出来供专用网络重复使用。这些 IP 地址是 10.0.0.0/8、172.16.0.0/12、192.168.0.0/16。

网络地址转换（Network Address Translation，NAT）主要提供了将一个地址域（如专用 Intranet）映射到另一个地址域（如 Internet）的标准方法。NAT 允许一个机构专用 Intranet 中的主机透明地连接到公共域中的主机，无须内部主机拥有注册的 Internet 地址。NAT 也可以应用到防火墙技术里，把个别 IP 地址隐藏起来不被外界发现，使外界无法直接访问内部网络设备。

**2．NAT 的 4 种功能**

静态地址转换（Static Translation）：实现两个网域内相同个数地址间的一一映射。

动态地址转换（Dynamic Translation）：大量的内部网络地址共享一个外部地址。

负载均衡（Load Balancing）：将一个外部传入的地址分发到内部的多个地址之一。

网络冗余（Network Redundancy）：多个互联网连接同时连接到 NAT 防火墙，防火墙根据使用带宽、拥塞度和可用性等选择连接。

**3．NAT 的分类**

NAT 是通过改写数据包的源 IP 地址、目的 IP 地址、源端口、目的端口来实现的。按照改写内容不同，NAT 分为两种不同的类型：

源 NAT（Source NAT，SNAT）。SNAT 是指修改包的源地址，即改变连接的来源地。NAT 防火墙会在包送出之前的最后一刻（出站路由之后）做好 SNAT 动作。Linux 世界里的 IP 伪装（IP Masquerading）非常出名，它是 SNAT 的一种特殊形式。

目的 NAT（Destination NAT，DNAT）。DNAT 是指修改包的目标地址，即改变连接的目的地。NAT 防火墙会在包进入之后（入站路由之前）立刻进行 DNAT 动作。端口转发（Port forwarding）、负载均衡和透明代理（Transparent Proxy）都属于 DNAT。

# 9.2　Linux 防火墙

## 9.2.1　Linux 防火墙简介

**1．Linux 防火墙的组成**

Linux 防火墙系统由内核空间的 Netfilter 框架（http://www.netfilter.org/）及内核模块和用户空间用于操作 Netfilter 的一系列管理工具两部分组成。表 9-1 中列出了内核空间的基于 Netfilter 框架的内核模块以及用户空间的管理工具。

**表 9-1　内核空间的 Netfilter 与用户空间的管理工具**

| 功　能 | 内核空间 Netfilter 框架中的模块 | | 用户空间的管理工具 |
|---|---|---|---|
| 检查以太网帧 | ebtables.ko<br>ebt_*.ko | ebtable_broute.ko<br>ebtable_filter.ko<br>ebtable_nat.ko | ebtables |
| 检查 IPv4 数据包 | ip_tables.ko<br>nf_conntrack_ipv4.ko<br>nf_nat_ipv4.ko | iptable_filter.ko<br>iptable_mangle.ko<br>iptable_nat.ko<br>iptable_raw.ko<br>iptable_security.ko | iptables |
| 检查 IPv6 数据包 | ip6_tables.ko<br>nf_conntrack_ipv6.ko<br>nf_nat_ipv6.ko | ip6table_filter.ko<br>ip6table_mangle.ko<br>ip6table_nat.ko<br>ip6table_raw.ko<br>ip6table_security.ko | ip6tables |
| 连接跟踪 | nf_conntrack.ko | nf_conntrack_*.ko | conntrack |
| 网络地址转换 | nf_nat.ko | nf_nat_*.ko | |

提示

在 CentOS 下，基于 Netfilter 框架实现的相关的内核模块保存在如下目录:
- /lib/modules/$(uname -r)/kernel/net/bridge/netfilter/。
- /lib/modules/$(uname -r)/kernel/net/ipv{4,6}/netfilter/。
- /lib/modules/$(uname -r)/kernel/net/netfilter/。

**2. Netfilter 框架防火墙**

Netfilter 是一个由 Linux 内核提供的框架，它以自定义的处理形式（不同的内核模块）实现各种网络相关的操作。基于 Netfilter 框架的各种 Linux 内核模块提供了包过滤、网络地址转换、端口重定向等各种功能和操作。

如图 9-3 所示，Netfilter 在 Linux 网络协议栈中插入 5 个钩子（检查点），允许特定的内核模块与内核的网络协议栈注册回调函数实现各种功能。这使数据包流入、流出、流经防火墙的不同阶段执行数据包处理（检查、修改、放行、丢弃或拒绝）成为可能。

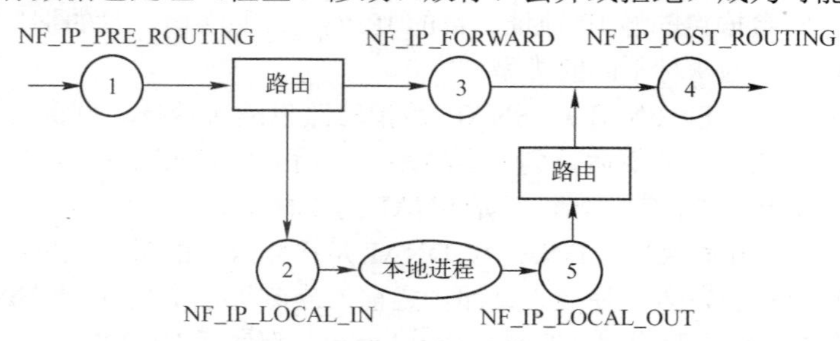


图 9-3　Netfilter 的 5 个钩子（检查点）

Netfilter 中的 5 个钩子（检查点）对应于用户空间的 5 个链，表 9-2 中列出了这 5 个链的说明。

**表 9-2　Netfilter 的钩子（hooks）/链（chains）**

| Netfilter 的钩子 | 用户空间的链 | 说　明 |
|---|---|---|
| PRE_ROUTING | PREROUTING | 所有数据包在入站路由之前会激活这个钩子。通过这个钩子可以实现 DNAT，包括端口地址转换（NAPT）、端口重定向（Port Redirection）等 |
| LOCAL_IN | INPUT | 所有到达防火墙本机的数据包都会激活这个钩子。这是数据包目的地为本机的传入路径上的最后一个钩子 |
| FORWARD | FORWARD | 目标地址不是本机（穿越防火墙）的数据包会激活这个钩子 |
| LOCAL_OUT | OUTPUT | 所有离开本机的数据包都会激活这个钩子。这是数据包在输出路径上的第一个钩子 |
| POST_ROUTING | POSTROUTING | 离开本机的所有数据包在出站路由之后会激活这个钩子。通过这个钩子可以实现 SNAT，包括 IP 伪装（IP Masquerading） |

可以模拟 3 种流量穿越 Netfilter 钩子（Hooks）的情况。
- 入站包（目标地址为防火墙）：PREROUTING→INPUT。
- 出站包（源地址为防火墙）：OUTPUT→POSTROUTING。
- 转发包（目标地址和源地址均不是防火墙）：PREROUTING → FORWARD → POSTROUTING。

名为 ip_tables、ip6_tables、ebtables 的内核模块是 Netfilter 钩子系统的重要组成部分。它们提供了一种基于表的系统，用于定义防火墙规则，可以过滤或改变数据包。表 9-3 中列出了 Netfilter 的表模块。这些表可以由用户空间工具 iptables、ip6tables 和 ebtables 来管理。

**表 9-3　Netfilter 的表模块**

| 模　　块 | 维 护 的 表 | 说　　明 |
|---|---|---|
| ip{,6}table_raw.ko | raw | 注册一个钩子，它在其他 Netfilter 表钩子之前调用。<br>raw 表用于在连接跟踪之前对数据包进行操作 |
| ip{,6}table_mangle.ko | mangle | 注册一个钩子，它在连接跟踪之后，其他 Netfilter 表钩子（除了 raw）之前调用。<br>mangle 表用于对数据包头进行改写 |
| ip{,6}table_nat.ko | nat | 注册两个钩子，基于 DNAT 的钩子在 filter 钩子之前调用；基于 SNAT 的钩子在 filter 钩子之后调用。nat 表用于配置 NAT 映射 |
| ip{,6}table_filter.ko | filter | 注册一个钩子和 filter 表用于实现包过滤 |
| ip{,6}table_security.ko | security | 注册一个钩子，它在 filter 钩子之后调用。filter 表中的自主访问控制（DAC）过滤规则在 MAC 规则之前生效<br>security 表可以配合 SELinux 实现强制访问控制（MAC）的网络规则 |

每个表都会在 Netfilter 中注册自己的钩子，且每个表都用于不同的目的。基于不同的钩子，表中的防火墙规则被组织成链（Chains），也称为链规则。

提示

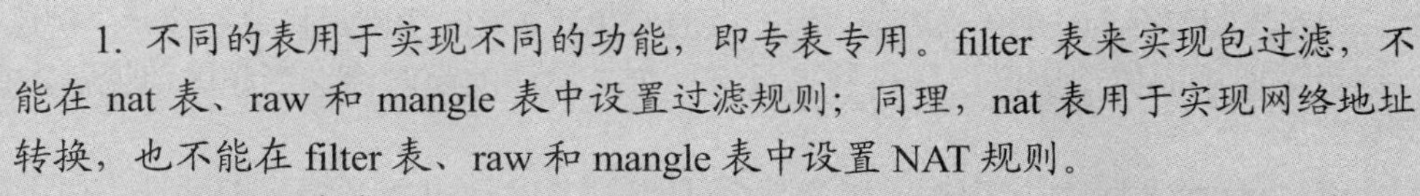

1. 不同的表用于实现不同的功能，即专表专用。filter 表来实现包过滤，不能在 nat 表、raw 和 mangle 表中设置过滤规则；同理，nat 表用于实现网络地址转换，也不能在 filter 表、raw 和 mangle 表中设置 NAT 规则。

2. Netfilter 在每个检查点上会以特定的顺序（raw→mangle→nat→filter→security）执行每个表中的规则。

3. 一般地，raw、mangle 和 security 表不经常使用。本书着重讲述 filter 表和 nat 表的使用。

使用用户空间工具 iptables、ip6tables 可以操作 Netfilter 中的表模块，每个表中可使用的链及常用目标（规则匹配后执行的动作）如表 9-4 所示。

**表 9-4　用户空间工具可操作的默认的表和链**

| 表　　名 | 链　　名 | 链　　述 | 常 用 目 标 |
|---|---|---|---|
| **filter**<br>用于包过滤 | INPUT | 过滤进入防火墙的数据包 | ACCEPT<br>DROP/ REJECT<br>LOG |
| | FORWARD | 过滤穿越防火墙的数据包 | |
| | OUTPUT | 过滤由防火墙生成的数据包 | |
| **nat**<br>用于网络地址转换 | PREROUTING | 网络地址转换发生在路由之前，用于转换数据包的目的 IP 地址或端口实现 DNAT | DNAT<br>REDIRECT |
| | OUTPUT | 用于转换本地防火墙生成的包的目的 IP 地址或端口 | |
| | POSTROUTING | 网络地址转换发生在路由之后，用于转换数据包的源 IP 地址或端口实现 SNAT | SNAT<br>MASQUERADE |
| **mangle**<br>用于改写包头 | PREROUTING<br>POSTROUTING<br>OUTPUT<br>INPUT<br>FORWARD | 在不同的时机（不同的链）上改变包头信息，如 TTL、 TOS 等，还常与 tc+iproute2 一起使用实现高级路由功能 | TTL<br>TOS<br>MARK |
| **raw**<br>用于连接跟踪处理 | PREROUTING | 对进入防火墙的数据包实现非连接跟踪功能 | NOTRACK<br>CT |
| | OUTPUT | 对防火墙生成的数据包实现非连接跟踪功能 | |
| **security**<br>用于配置强制访问控制（MAC）网络规则 | INPUT | 对进入防火墙的数据包实施 MAC 控制 | SECMARK<br>CONNSECMARK |
| | FORWARD | 对穿越防火墙的数据包实施 MAC 控制 | |
| | OUTPUT | 对由防火墙生成的数据包实施 MAC 控制 | |

## 9.2.2 连接跟踪和状态防火墙

### 1. 在内核空间使用连接跟踪

建在 Netfilter 框架上的一个重要特性是连接跟踪（Connection Tracking）。连接跟踪允许内核跟踪所有的逻辑网络连接或会话，从而将所有可能的数据包关联起来。

连接跟踪可以用于：

- NAT 依赖连接跟踪信息转换所有相关的数据包。
- 可以使用连接跟踪信息实现状态防火墙。

在内核空间中，由基于 Netfilter 的 nf_conntrack.ko 及其相关的模块 nf_conntrack_*.ko 实现连接跟踪功能，并且在内核所运行的内存中还维护着连接跟踪状态的表（/proc/net/nf_conntrack），此表记录了每一个连接的状态并根据当前情况及时修改状态。

连接跟踪可以轻松地跟踪有状态的连接协议，如对于 TCP 协议的连接能够在所有情况下检查 TCP 端口，数据包将被强制进行碎片整理。除此之外，连接跟踪还可以跟踪无连接的传输模式。如连接跟踪会为 UDP、IPSec 协议（AH/ESP）、GRE 等隧道协议创建一个伪连接状态。对于这种无连接的传输协议，往往预先设置一个去激活的超时值，当超时值期满则此连接将被丢弃。

nf_conntrack.ko 模块内置了用来处理 TCP、UDP 或 ICMP 协议的部件，用于处理一般的 TCP、UDP 或 ICMP 协议的连接跟踪。特别地，若需要基于某种协议的更详细的连接跟踪信息，则由 nf_conntrack_*.ko 模块实现，如用于 FTP 协议的连接跟踪模块 nf_conntrack_ftp.ko。这些模块从数据包中提取详细的、唯一的信息，从而能保持对每一个数据流的跟踪。这些信息也告知连接跟踪当前的状态。

### 2. 在用户空间使用状态

在用户空间里，命令工具 conntrack（由 EPEL 仓库的名为 conntrack-tools 的 RPM 包提供）为 Netfilter 连接跟踪系统提供了一个全功能的用户界面。用户可以使用 conntrack 工具搜索、列表、检查和维护内核的连接跟踪子系统。

在用户空间里，iptables/ip6tables 工具可以检查连接跟踪的状态信息，使数据包过滤规则更强大且更容易管理。在 iptables/ip6tables 中可以使用的状态为 NEW、ESTABLISHED、RELATED、INVALID 和 UNTRACKED。这些状态可以组合使用，以便按状态匹配数据包。表 9-5 中列出了这些状态的说明。

表 9-5 用户空间可以使用的数据包状态

| 状 态 | 说 明 |
|---|---|
| NEW | 该包想要开始一个连接（开始连接或将连接重定向）。这是连接跟踪模块看到的某个连接第一个包，它通常是一个 SYN 包。第一个包也可能不是 SYN 包，但仍会被认为是 NEW 状态。这样做有时会导致一些安全问题，但对某些情况（例如，在想恢复某条从其他的防火墙丢失的连接时，或者某个连接已经超时而实际上并未关闭时）是有非常大的帮助的 |
| ESTABLISHED | 该包是属于某个已经建立的连接的回应。一个连接要从 NEW 变为 ESTABLISHED，只需要接到应答包即可，不管这个包是发往防火墙，还是要由防火墙转发。ICMP 的错误和重定向等信息包也被看作是 ESTABLISHED，只要它们是所发出的信息的应答即可 |
| RELATED | 该包是属于某个已经建立的连接所建立的新连接。一个连接要想是 RELATED 状态，首先要有一个 ESTABLISHED 状态的连接。这个 ESTABLISHED 连接再生成一个主连接之外的连接，这个新的连接就是 RELATED 状态。例如，FTP 的数据传输连接和控制连接之间就是 RELATED 关系 |
| INVALID | 包不能被识别属于哪个连接或没有任何状态。通常这些包应该被丢弃 |
| UNTRACKED | 是一种非跟踪状态，用来匹配已经在 raw 表中被标记为非跟踪的数据包。当一个数据包在 raw 表中设置了 NOTRACK 目标后此包在状态机制中将被视为 UNTRACKED 状态。NOTRACK 目标将对属于一个连接中的每个数据包进行标记 |

连接跟踪的状态更新会在两个位置被触发，一个是 PREROUTING 链，另外一个是 OUTPUT 链，它们分别对应外来包和本机产生的包。例如，从本机发送一个数据流的初始包，那么在 OUTPUT 链里其状态会置成 NEW 状态，当接收到回应包时，连接状态就会在 PREROUTING 链处更改为 ESTABLISHED 状态。假如一个数据流的初始包不是本地产生的，那么在 PREROUTING 链处就置为 NEW 状态，然后当发送回应时，在 OUTPUT 链就会置为 ESTABLISHED 状态。

**3．连接跟踪的优缺点**

1）使用连接状态跟踪可以提高防火墙的效率和速度。

- 连接跟踪加快了已建立连接的后续数据包的放行。
- 为了减少规则的匹配数量，在书写规则时，一般将进行连接跟踪的状态匹配规则条目写在最前面，以提高效率。

2）使用连接状态跟踪可以简化规则设计。

- 不使用连接跟踪时，规则通常是成对出现的（进入和输出）。使用连接跟踪则可以使用一条规则跟踪所有连接的回应包。
- 不使用连接跟踪时，经常要打开 1024 以上的所有端口来放行应答的数据。有了状态机制，就不需再这样了。因为可以只开放那些有应答数据的端口，其他的都可以关闭，这样就安全多了。

3）使用连接跟踪的缺点是需要使用更多的物理内存。随着内存价格的不断下降，这似乎已经不成问题。连接状态表能够保存的最大连接数保存在 /proc/sys/net/netfilter/nf_conntrack_max 中。默认值取决于内存大小，一般 256MB 内存是 16376，1GB 内存是 65536。

提示

/proc/sys/net/netfilter/nf_conntrack_* 用于控制连接跟踪，如超时等。管理员可以使用 sysctl 系统管理与连接跟踪相关的内核参数的持久化。

**4．数据包在多表中的穿越流程**

当管理员用 iptables/ip6tables 命令向 Netfilter 的表和链中添加了规则之后，Linux 内核将接管工作。Linux 内核中基于 Netfilter 的相关模块在每个检查点上，通过查询 5 个表中的链规则，对数据包的包头进行分析或改写实现包过滤、NAT 等功能。

Netfilter 的相关模块在查询多个表和链的规则时有严格的顺序：

1）相同链上不同表的匹配顺序为 raw→mangle→nat→filter→security。

例如，如果 PREROUTING 链上既有 mangle 表也有 nat 表，那么先处理 mangle 表，然后再处理 nat 表。

2）链内的规则匹配顺序：自上而下按规则的出现顺序依次进行匹配检查。

- 一旦检测到完全匹配的规则，就按规则目标行事（或允许或拒绝或改写包头）并忽略链中后续规则的匹配（只有 LOG 目标仅用于记录日志并继续匹配后续规则）。
- 如果信息包与某条规则不匹配，那么将依次与链中的下一条规则进行比较。
- 最后，如果信息包与链中的任何规则都不匹配，那么内核将参考该链的策略来决定如何处理该信息包。理想的策略应该告诉内核 DROP 该信息包。

数据包是如何在多表中穿越的呢？下面以图 9-4 来说明数据包的穿越流程。

表 9-6 中列出了入站数据包在多表中的穿越流程说明。

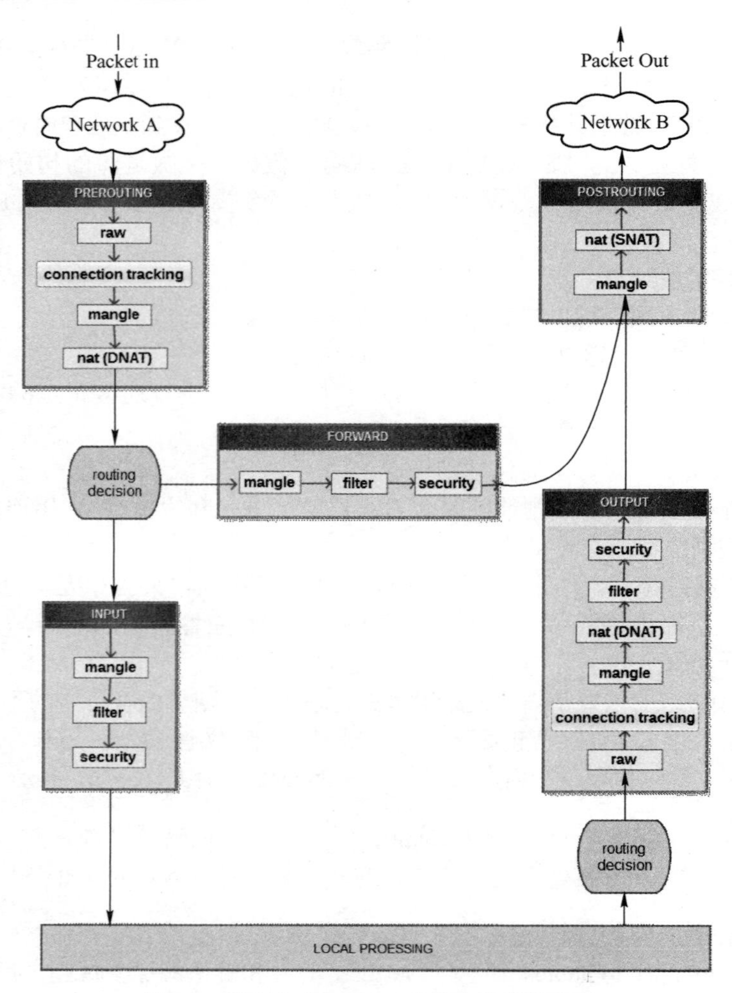


图 9-4　数据包在 Netfiter 多表中的穿越流程

**表 9-6　入站数据包在多表中的穿越流程说明**

| 序　号 | 说　明 |
| --- | --- |
| 0 | 数据包从网络 A 到达防火墙 |
| 1 | 与 raw 表的 PREROUTING 链进行规则匹配 |
| 2 | 内核的连接跟踪系统对入站数据包进行状态改写 |
| 3 | 与 mangle 表的 PREROUTING 链进行规则匹配，在此可以修改数据包头，如 TOS 等 |
| 4 | 与 nat 表的 PREROUTING 链进行规则匹配（可以在此做 DNAT） |
| 5 | 入站路由决定是交给防火墙本机还是转发给其他主机 |
| 6 | 与 mangle 表的 INPUT 链进行规则匹配，在入站路由之后交由本地应用程序之前进行数据包头的修改 |
| 7 | 与 filter 表的 INPUT 链进行规则匹配，在这里对流入的所有数据包进行过滤 |
| 8 | 与 security 表的 INPUT 链进行规则匹配，实现基于 MAC 的包过滤 |
| 9 | 交由本地主机的应用程序进行处理 |

表 9-7 中列出了转发数据包在多表中的穿越流程。

表 9-7　转发数据包在多表中的穿越流程

| 序　号 | 说　明 |
|---|---|
| 0～5 | 与入站包流程的 0～5 一致 |
| 6 | 与 mangle 表的 FORWARD 链进行规则匹配 |
| 7 | 与 filter 表的 FORWARD 链进行规则匹配，在这里可以对所有转发的数据包进行过滤 |
| 8 | 与 security 表的 FORWARD 链进行规则匹配，实现基于 MAC 的包过滤 |
| 9 | 与 mangle 表的 POSTROUTING 链进行规则匹配，实现路由后的数据包包头的某些修改 |
| 10 | 与 nat 表的 POSTROUTING 链进行规则匹配（可以在此做 SNAT） |
| 11 | 数据包从防火墙进入网络 B |

表 9-8 中列出了出站数据包在多表中的穿越流程。

表 9-8　出站数据包在多表中的穿越流程

| 序　号 | 说　明 |
|---|---|
| 0 | 本地主机的应用程序处理 |
| 1 | 进行出站路由，决定数据包该发往哪里 |
| 2 | 与 raw 表的 OUTPUT 链进行规则匹配 |
| 3 | 内核的连接跟踪系统对出站数据包进行状态改写 |
| 4 | 与 mangle 表的 OUTPUT 链进行规则匹配，在出站路由之后进行数据包头的修改 |
| 5 | 与 nat 表的 OUTPUT 链进行规则匹配，可以对防火墙自己发出的数据做 DNAT |
| 6 | 与 filter 表的 OUTPUT 链进行规则匹配，对出站数据包进行过滤 |
| 7 | 与 security 表的 OUTPUT 链进行规则匹配，实现基于 MAC 的包过滤 |
| 8～10 | 与转发包流程的 9～11 一致 |

### 9.2.3　CentOS 下的防火墙

**1．CentOS 7 的防火墙系统**

在 Linux 系统中，配置防火墙的核心任务是配置防火墙规则。配置防火墙规则的基础工具是使用 iptables 命令，使用 iptables 可以向 Netfilter 在内核中所维护的表和链中追加、插入或删除规则。它还可以用于清除规则、设置链策略等。实际上真正执行规则的是 Netfilter 及其相关模块。

遗憾的是 iptables 命令规则比较复杂。幸运的是 RHEL/CentOS 7 提供了两套基于 iptables 的前端配置工具以及与之协同工作的服务或守护进程使配置持久化，如图 9-5 所示。

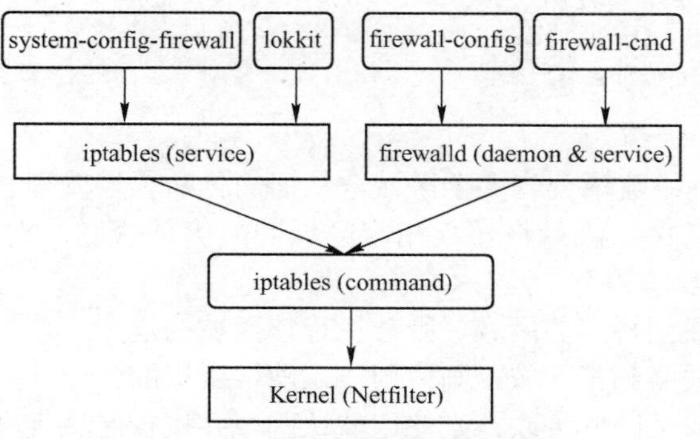


图 9-5　CentOS 7 的防火墙系统组成

CentOS 7 提供了动态防火墙配置系统，包括：

- firewalld 守护进程。
- 图形界面配置工具 firewall-config 和命令行界面配置工具 firewall-cmd。

为了兼容低版本，CentOS 7 仍旧支持静态防火墙配置系统，包括：

- iptables 服务。
- 图形界面配置工具 system-config-firewall 和命令行界面配置工具 lokkit。

这两种系统是互斥的，不能同时使用，只能择其一。

**2．CentOS 7 中 firewalld 守护进程与 iptables 服务的比较**

表 9-9 中列出了 firewalld 守护进程与 iptables 服务的比较。

**表 9-9 firewalld 守护进程与 iptables 服务的比较**

| | firewalld 守护进程 | iptables 服务 |
|---|---|---|
| 守护进程/服务 配置文件 | /etc/firewalld/firewalld.conf | /etc/sysconfig/iptables-config |
| 防火墙规则配置文件 | /etc/firewalld/*.xml 优先于 /usr/lib/firewalld/*.xml | /etc/sysconfig/iptables |
| 工作方式 | 对防火墙规则的每个改变不会重新生成所有规则，仅仅应用有差异的规则<br>使用 firewall-cmd 更改防火墙规则不会丢失已存在的连接 | 对防火墙规则的每个改变都会清除所有的旧规则，然后从 /etc/sysconfig/iptables 读取所有新规则<br>使用 lokkit 更改防火墙规则会丢失已存在的连接 |

## 9.3 firewalld 守护进程与 firewall-cmd

### 9.3.1 firewalld 守护进程

**1．firewalld 简介**

在 RHEL/CentOS 7 中引入了与 netfilter 交互的 firewalld 系统。firewalld 是一个可以配置和监控系统防火墙规则的守护进程。它可以涵盖 iptables、ip6tables 和 ebtables 的设置。

firewalld 系统的最大特点是它实现了动态防火墙功能，与守护进程交互的管理程序可以通过 DBus 消息系统与 firewalld 通信，以请求打开网络端口从而动态管理防火墙规则。

firewalld 使用 XML 文件存储防火墙规则，使防火墙规则配置支持持久化，即每次重启系统时都可以重新加载这些防火墙规则。

若系统还未安装 firewalld 防火墙，可以输入如下命令安装并开启。

```
# yum -y install firewalld
# systemctl start firewalld
# systemctl enable firewalld
```

**2．firewalld 区域**

firewalld 将所有网络流量分为多个区域，从而简化防火墙管理。根据数据包的源 IP 地址或传入网络接口等条件，流量将转入相应区域的防火墙规则。对于流入系统的每个数据包，将首先检查其源地址。

- 若此源地址关联到特定的区域，则会执行该区域的规则。
- 若此源地址未关联到某区域，则使用传入网络接口的区域并执行区域规则。
- 若网络接口未与某区域关联，则使用默认区域并执行区域规则。

提示　默认区域并非单独的区域，而是预定义区域之一，默认情况下默认区域是 public，但管理员可以更改。

每个区域都可以配置其要打开或关闭的一系列服务，firewalld 的每个预定义区域都设置了默认打开的服务。表 9-10 中列出了 firewalld 的预定义区域说明。

表 9-10　firewalld 的预定义区域说明

| 区　域 | 说　明 |
| --- | --- |
| trusted | 允许所有传入流量 |
| public | 除非与传出流量相关或与 ssh、dhcpv6-client 预定义服务匹配，否则拒绝传入流量。此为新网络接口的默认区域 |
| work | 除非与传出流量相关或与 ssh、ipp-client、dhcpv6-client 预定义服务匹配，否则拒绝传入流量 |
| home | 除非与传出流量相关或与 ssh、mdns、ipp-client、samba-client、dhcpv6-client 预定义服务匹配，否则拒绝传入流量 |
| internel | 初始状态与 home 区域相同 |
| external | 除非与传出流量相关或与 ssh 预定义服务匹配，否则拒绝传入流量。通过此区域转发的 IPv4 传出流量将进行伪装，使其看起来像来自传出网络接口的 IPv4 地址而不是主机的源 IP |
| dmz | 除非与传出流量相关或与 ssh 预定义服务匹配，否则拒绝传入流量 |
| block | 除非与传出流量相关，否则拒绝所有传入流量 |
| drop | 除非与传出流量相关，否则丢弃所有传入流量（不产生包含 ICMP 的错误响应） |

**3．firewalld 防火墙的配置方法**

可以使用 3 种方法配置 firewalld 防火墙。

- 使用图形工具 firewall-config。
- 使用命令行工具 firewall-cmd。
- 直接编辑 /etc/firewalld/ 目录中的配置文件。

本章重点讲述命令行工具 firewall-cmd 的使用。

## 9.3.2　firewall-cmd 命令

**1．检查 firwalld 服务是否正在运行**

用户可以使用如下命令查看 firewalld 是否在运行。

```
# systemctl status firewalld |grep 'Active: '
   Active: active (running) since 二 2015-12-15 01:32:16 CST; 4h 3min ago
# firewall-cmd --state
running
```

在 firewalld 运行的情况下，可以使用 firewall-cmd 命令配置和管理防火墙。

**2．获取预定义信息**

firewall-cmd 预定义信息包括可用的区、可用的服务名、可用的 ICMP 阻塞类型。表 9-11 中列出了 firewall-cmd 命令显示预定义信息的选项说明。

表 9-11　firewall-cmd 命令显示预定义信息的选项说明

| 选　项 | 说　明 |
| --- | --- |
| --get-zones | 显示预定义的区域 |
| --get-services | 显示预定义的服务 |
| --get-icmptypes | 显示预定义的 ICMP 阻塞类型 |

每个预定义的区域、服务、ICMP 阻塞类型都有一个与之对应的 XML 配置文件，这些配置文件存储在/usr/lib/firewalld/{zones, services, icmptypes}目录下。用户可以在/etc/firewalld/{zones, services, icmptypes}目录下生成相应的 XML 配置文件自定义自己的区域、服务、ICMP 阻塞类型，对于/etc/firewalld/与/usr/lib/firewalld/目录下的同名配置文件，将执行/etc/firewalld/目录下的配置。

**操作步骤 9.1** 使用 firewall-cmd 命令显示预定义信息

```
// 1. 显示预定义的区
# firewall-cmd --get-zones
block dmz drop external home internal public trusted work
// 2. 显示预定义的服务
# firewall-cmd --get-services
RH-Satellite-6 amanda-client bacula bacula-client cockpit dhcp dhcpv6 dhcpv6-client dns ftp
high-availability http https imaps ipp ipp-client ipsec kerberos kpasswd ldap ldaps libvirt
libvirt-tls mdns mountd ms-wbt mysql nfs ntp openvpn pmcd pmproxy pmwebapi pmwebapis
pop3s postgresql proxy-dhcp radius rpc-bind samba samba-client smtp ssh telnet tftp tftp-client
transmission-client vnc-server wbem-https
// 3. 显示预定义的 IMCP 类型
# firewall-cmd --get-icmptypes |fmt -5
destination-unreachable        # 目的地不可达
echo-reply                     # 应答回应（pong）
echo-request                   # 应答请求（ping）
parameter-problem              # 参数问题
redirect                       # 重新定向
router-advertisement           # 路由器通告
router-solicitation            # 路由器征询
source-quench                  # 源端抑制
time-exceeded                  # 超时
```

### 3. 区域管理

可以使用 firewall-cmd 命令获取和管理区域、为指定区域绑定网络接口等。表 9-12 中列出了 firewall-cmd 命令中区域管理的选项说明。

**表 9-12 firewall-cmd 命令中区域管理的选项说明**

| 选项 | 说明 |
|---|---|
| **--get-default-zone** | 显示网络连接或接口的默认区域 |
| **--set-default-zone**=<zone> | 设置网络连接或接口的默认区域 |
| **--get-active-zones** | 显示已激活的所有区域 |
| **--get-zone-of-interface**=<interface> | 显示指定接口绑定的区域 |
| --zone=<zone> **--add-interface**=<interface> | 为指定的区域绑定网络接口 |
| --zone=<zone> **--change-interface**=<interface> | 为指定的区域更改绑定的网络接口 |
| --zone=<zone> **--remove-interface**=<interface> | 为指定的区域解除绑定的网络接口 |

（续）

| 选　项 | 说　明 |
| --- | --- |
| **--list-all-zones** | 显示所有的区域及其规则 |
| [--zone=<zone>] **--list-all** | 显示指定区域的所有规则，省略时--zone=<zone>时表示对默认区域操作 |

**操作步骤 9.2**　使用 firewall-cmd 命令管理区域

```
// 1. 显示默认区域
# firewall-cmd --get-default-zone
public
// 2. 显示默认区域的所有规则
# firewall-cmd --list-all
public (default, active)
  interfaces: eno16777736 eno33554960 eno50332184
  sources:
  services: dhcpv6-client ssh
  ports:
  masquerade: no
  forward-ports:
  icmp-blocks:
  rich rules:
// 3. 显示网络接口 eno33554960 对应的区域
# firewall-cmd --get-zone-of-interface=eno33554960
public
// 4. 更改网络接口 eno33554960 对应的区域
# firewall-cmd --zone=internal --change-interface=eno33554960
success
# firewall-cmd --zone=internal --list-interfaces
eno33554960
# firewall-cmd --get-zone-of-interface=eno33554960
internal
// 5. 显示已激活的所有区域
# firewall-cmd --get-active-zones
internal
  interfaces: eno33554960
public
  interfaces: eno16777736 eno50332184
```

**4．管理区域中的服务**

对于每个区，可以配置允许访问的服务，对于预定义的服务（firewall-cmd --get-services），可以使用服务名或端口号配置，对于非预定义的服务只能使用端口号配置。表 9-13 中列出了 firewall-cmd 命令区域中服务管理的选项说明。

**表 9-13　firewall-cmd 命令区域中服务管理的选项说明**

| 选　项 | 说　明 |
| --- | --- |
| [--zone=<zone>] **--list-services** | 显示指定区域内允许访问的所有服务 |
| [--zone=<zone>] **--add-service**=<service> | 为指定区域设置允许访问的某项服务 |
| [--zone=<zone>] **--remove-service**=<service> | 删除指定区域已设置的允许访问的某项服务 |
| [--zone=<zone>] **--list-ports** | 显示指定区域内允许访问的所有端口号 |

（续）

| 选　　项 | 说　　明 |
| --- | --- |
| [--zone=<zone>] **--add-port**=<portid>[-<portid>]/<protocol> | 为指定区域设置允许访问的某个/某段端口号（包括协议名） |
| [--zone=<zone>] **--remove-port**=<portid>[-<portid>]/<protocol> | 删除指定区域已设置的允许访问的端口号（包括协议名） |
| [--zone=<zone>] **--list-icmp-blocks** | 显示指定区域内拒绝访问的所有 ICMP 类型 |
| [--zone=<zone>] **--add-icmp-block**=<icmptype> | 为指定区域设置拒绝访问的某项 ICMP 类型 |
| [--zone=<zone>] **--remove-icmp-block**=<icmptype> | 删除指定区域已设置的拒绝访问的某项 ICMP 类型 |

省略时--zone=<zone> 时表示对默认区域进行操作

**操作步骤 9.3**　使用 firewall-cmd 命令管理区域中的服务

```
// 1. 为默认区域设置允许访问的服务或端口号
# firewall-cmd --list-services
dhcpv6-client ssh
# firewall-cmd --add-service=http
# firewall-cmd --add-service=https
# firewall-cmd --list-services
dhcpv6-client http https ssh
// 2. 为 internal 区域设置允许访问的服务或端口号
# firewall-cmd --zone=internal --add-service=mysql
# firewall-cmd --zone=internal --remove-service=samba-client
# firewall-cmd --zone=internal --list-services
dhcpv6-client ipp-client mdns mysql ssh
# firewall-cmd --zone=internal --add-port=8080/tcp
# firewall-cmd --zone=internal --list-ports
8080/tcp
// 3. 为默认区域设置禁止访问的 ICMP 类型
# firewall-cmd --add-icmp-block=source-quench
# firewall-cmd --list-icmp-blocks
source-quench
```

### 5. IP 伪装与端口转发

firewalld 支持 SNAT 和 DNAT 配置。可以使用 firewall-cmd 方便地配置 IP 伪装（一种 SNAT）和端口转发（一种 DNAT）。表 9-14 中列出了 firewall-cmd 命令区域的 IP 伪装与端口转发选项说明。

**表 9-14　firewall-cmd 命令区域的 IP 伪装与端口转发选项说明**

| 选　　项 | 说　　明 |
| --- | --- |
| [--zone=<zone>] -- **list-forward-ports** | 显示指定区域内设置的 IPv4 端口转发 |
| [--zone=<zone>] **--add-forward-port**=port=<portid>[-<portid>]:proto=<protocol>[:toport=<portid>[-<portid>]][:toaddr=<address>[/<mask>]] | 为指定区域设置 IPv4 端口转发 |
| [--zone=<zone>] **--remove-forward-port**=port=<portid>[-<portid>]:proto= <protocol>[:toport=<portid>[-<portid>]][:toaddr=<address>[/<mask>]] | 为指定区域删除 IPv4 端口转发的设置 |
| [--zone=<zone>] **--query-masquerade** | 查看指定的区域是否启用了 IP 伪装（IPv4） |
| [--zone=<zone>] **--add-masquerade** | 为指定的区域启用 IP 伪装（IPv4） |
| [--zone=<zone>] **--remove-masquerade** | 为指定的区域禁用 IP 伪装（IPv4） |

**注：省略--zone=<zone> 时表示对默认区域进行操作。**

**操作步骤 9.4**　使用 firewall-cmd 命令设置 IP 伪装和端口转发

```
// 1. 为默认区域开启 IP 伪装
# firewall-cmd --add-masquerade
# firewall-cmd --query-masquerade
yes
// 2. 为默认区域设置端口转发
// 对 public 区域的 80 端口的访问重定向到 3128 端口
# firewall-cmd --add-forward-port=port=80:proto=tcp:toport=3128
// 对 public 区域的 21 端口的访问重定向到 192.0.2.155 的 21 端口
# firewall-cmd --add-forward-port=port=21:proto=tcp:toaddr=192.0.2.155
// 对 public 区域的 22155 端口的访问重定向到 192.0.2.155 的 22 端口
# firewall-cmd --add-forward-port=port=22155:proto=tcp:toport=22:toaddr=192.0.2.155
// 对 public 区域的 22166 端口的访问重定向到 192.0.2.166 的 22 端口
# firewall-cmd --add-forward-port=port=22166:proto=tcp:toport=22:toaddr=192.0.2.166
// 显示默认区域设置的转发端口
# firewall-cmd --list-forward-ports
port=80:proto=tcp:toport=3128:toaddr=
port=22166:proto=tcp:toport=22:toaddr=192.0.2.166
port=21:proto=tcp:toport=:toaddr=192.0.2.155
port=22155:proto=tcp:toport=22:toaddr=192.0.2.155
// 删除默认区域已设置的端口转发规则
# firewall-cmd --remove-forward-port=port=80:proto=tcp:toport=3128
# firewall-cmd --remove-forward-port=port=22166:proto=tcp:toport=22:toaddr=192.0.2.166
# firewall-cmd --list-forward-ports
port=21:proto=tcp:toport=:toaddr=192.0.2.155
port=22155:proto=tcp:toport=22:toaddr=192.0.2.155
```

### 6. 两种配置模式

firewall-cmd 分为两种配置模式：

- 运行时模式（Runtime mode）表示当前内存中运行的防火墙配置。
- 持久性模式（Permanent mode）表示重启防火墙或重新加载防火墙规则时的配置。

表 9-15 中列出了 firewall-cmd 命令与配置模式相关的选项说明。

**表 9-15　firewall-cmd 命令与配置模式相关的选项说明**

| 选　项 | 说　明 |
|---|---|
| --reload | 重新加载防火墙规则并保持状态信息，即将持久配置应用为运行时配置 |
| --permanent | 带有此选项的命令用于设置持久化规则，这些规则只有重新启动 firewalld 或重新加载防火墙规则时才会生效；不带此参数的命令用于设置运行时规则 |
| --runtime-to-permanent | 将当前的运行时配置写入规则配置文件使之成为持久性配置 |

若用户想同时配置运行时规则和持久性规则，有以下 3 种方法。

- 方法 1：独立设置运行时规则和持久性规则。例如：

```
# firewall-cmd --zone=public --add-service=https
# firewall-cmd --zone=public --add-service=https --permanent
```

- 方法 2：设置持久性规则，而后重新加载配置使之成为运行时规则。例如：

```
# firewall-cmd --zone=public --add-service=https --permanent
# firewall-cmd --reload
```

- 方法 3：设置运行时规则，而后将其写入配置文件使之成为持久化规则。例如：

```
# firewall-cmd --zone=public --add-service=https
# firewall-cmd --runtime-to-permanent
```

提示　上面的操作步骤 9.1～9.4 中配置的仅是运行时规则，要想配置持久性规则，可以使用上面的 3 种方法之一。

**7. 高级配置**

firewall-cmd 还支持两种高级配置方法。

（1）使用复杂规则（Rich Rule）

使用--add-rich-rule='rule'选项指定复杂规则，其中的 rule 需要使用特定的语法。例如：

```
// 添加一条复杂规则允许源自 192.166.0.0/24 网络访问本机的 MySQL 服务
# firewall-cmd --add-rich-rule='rule family="ipv4" source address="192.166.0.0/24"
service
name="mysql" accept'
// 显示复杂规则
# firewall-cmd --list-rich-rules
// 删除已定义的复杂规则
# firewall-cmd --remove-rich-rule='rule family="ipv4" source address="192.166.0.0/24"
service name="mysql" accept'
```

复杂规则的详细语法可参考手册 man 5 firewalld.richlanguage。

（2）使用直接接口（Direct Interface）

firewalld 提供了直接接口，使用 firewall-cmd 命令的--direct 选项可以直接使用 iptables、ip6tables 和 ebtables 的命令语法。例如：

```
// 在 filter 表的 IN_public_allow 链首插入一条规则允许访问本机的 666 端口
# firewall-cmd --direct --add-rule ipv4 filter IN_public_allow 0 -m tcp -p tcp --
dport 666 -j ACCEPT
// 显示 filter 表 IN_public_allow 的链规则
# firewall-cmd --direct --get-rules ipv4 filter IN_public_allow
// 删除 filter 表 IN_public_allow 链中已定义的规则
# firewall-cmd --direct --remove-rule ipv4 filter IN_public_allow 0 -m tcp -p tcp
--dport 666 -j ACCEPT
```

使用 firewall-cmd --permanent --direct 命令配置的规则将写入单独的配置文件 /etc/firewalld/ direct.xml。iptables 命令的语法参见 9.5.1 节。

**8. 使用恐慌（Panic）模式**

当服务器遭受严重的网络攻击时，可以启用 Panic 模式，进入此模式后会丢弃所有的入站和出站流量并丢弃已建立的连接包。

```
# firewall-cmd --panic-on
```

使用如下命令可以关闭 Panic 模式。

```
# firewall-cmd --panic-off
```

使用如下命令可以显示当前是否处于 Panic 模式。

```
# firewall-cmd --query-panic
```

# 9.4　iptables 服务与 lokkit

## 9.4.1　iptables 服务

**1．安装 iptables 服务**

熟悉 RHEL/CentOS 5、CentOS 6 的用户仍然可以使用原来的 iptables 服务及其配置工具。为了使用 iptables 遗留服务，需执行如下命令安装所需的软件包。

```
# yum -y install iptables-services
# yum -y install system-config-firewall-{base,tui}
```

由于 iptables 服务和 firewalld 服务是互斥的，所以需执行如下命令屏蔽 firewalld 服务并开启 iptables 服务。

```
# systemctl stop firewalld
# systemctl mask firewalld
# systemctl start iptables
# systemctl enable iptables
```

**2．iptables 服务的 INIT 脚本**

在 CentOS 7 中 iptables 服务已由 Systemd 管理，执行 systemctl 命令管理 iptables 服务时会调用 iptables 服务的 INIT 脚本 /usr/libexec/iptables/iptables.init。

与 firewalld 服务需要启动守护进程不同，iptables 服务不会运行守护进程，iptables 服务的 INIT 脚本/usr/libexec/iptables/iptables.init 实现如下任务：

- 加载防火墙配置文件 /etc/sysconfig/iptables-config。
- 在启用/停用时加载/卸载相关的内核模块。
- 使用 iptables-restore 命令通过规则集文件/etc/sysconfig/iptables 加载防火墙规则。
- 使用 iptables-save 命令存储当前的防火墙规则到规则集文件/etc/sysconfig/iptables。
- 清除防火墙规则，设置最严格的防火墙规则等。

管理员可以使用 systemctl 命令启动、停止、重启 iptables 服务。

```
# systemctl start iptables
# systemctl stop iptables
# systemctl restart iptables
```

管理员也可以直接调用 iptables 的 INIT 脚本：

```
// 1. 存储当前的防火墙规则到规则文件 /etc/sysconfig/iptables
// 当防火墙启用后，若用户使用 iptables 对当前的防火墙规则进行了修改
// 而所做的修改希望在下次启用时生效，就应该执行此操作
# /usr/libexec/iptables/iptables.init save
// 2. 应用恐慌（Panic）模式
# /usr/libexec/iptables/iptables.init panic
```

**3．防火墙配置文件/etc/sysconfig/iptables-config**

iptables 服务使用防火墙配置文件/etc/sysconfig/iptables-config 控制其行为。表 9-16 中列出了 iptables-config 的配置选项说明。

表 9-16 iptables-config 的配置选项说明

| 选　项 | 说　明 | 默认值 |
| --- | --- | --- |
| IPTABLES_MODULES | 在启动或重启服务时加载的 iptables 内核模块，多个模块以空格间隔 | 空 |
| IPTABLES_MODULES_UNLOAD | 在重启或停止服务时是否卸载已加载的 iptables 内核模块 | yes |
| IPTABLES_SAVE_ON_STOP | 在停止服务时是否保存当前的防火墙规则到 /etc/sysconfig/iptables | no |
| IPTABLES_SAVE_ON_RESTART | 在重启服务时是否保存当前的防火墙规则到 /etc/sysconfig/iptables | no |
| IPTABLES_SAVE_COUNTER | 在执行 service iptables save 或 SAVE_ON_STOP=yes 或 SAVE_ON_RESTART=yes 时，是否自动保存每个链的规则计数器 | no |
| IPTABLES_STATUS_NUMERIC | 在状态输出中是否使用 IP 地址和端口号而非主机名和服务名 | yes |
| IPTABLES_STATUS_VERBOSE | 是否使用冗余的状态输出（显示输入输出设备流量） | yes |
| IPTABLES_STATUS_LINENUMBERS | 是否在状态输出中使用规则行编号 | yes |
| IPTABLES_SYSCTL_LOAD_LIST | 在启动或重启服务时重新加载 sysctl 配置项，多个配置项以空格间隔 | 空 |

#### 4．基于 iptables 服务的防火墙的配置方法

可以使用 4 种方法配置基于 iptables 服务的防火墙。

- 使用 GUI 工具：system-config-firewall。
- 使用 TUI 工具：system-config-firewall-tui。
- 使用 CLI 工具：lokkit。
- 修改 iptables 的规则集文件 /etc/sysconfog/iptables。

下面重点介绍使用 lokkit 配置防火墙的方法。

### 9.4.2 使用 lokkit 配置防火墙

#### 1．lokkit 命令

lokkit 的命令格式如下：

```
lokkit [选项]
```

lokkit 命令的常用选项说明如表 9-17 所示。

表 9-17 lokkit 命令的常用选项说明

| 选　项 | 说　明 |
| --- | --- |
| -h, --help | 显示帮助信息 |
| -q, --quiet | 只处理命令行参数的安静执行模式 |
| --enabled | 启用防火墙（默认） |
| --disabled | 禁用防火墙 |
| -n, --nostart | 配置防火墙但不激活新的配置 |
| --update | 如果启用了防火墙，则以非交互方式更新 |
| --default=<类型> | 设置防火墙默认类型 server, desktop。会覆盖所有现存的配置 |
| -s <服务名> | 为某个服务（比如 ssh）打开防火墙，可用的服务名可使用--list-services 参数查看 |
| -p <port>[-<port>]:<protocol> | 打开防火墙中的特定端口（如 ssh:tcp、tftp:udp、8080:tcp、3000-3100:tcp 等） |
| --addmodule=<模块名> | 启用指定的 iptables 模块 |

（续）

| 选　项 | 说　明 |
| --- | --- |
| --removemodule=<模块名> | 禁用指定的 iptables 模块 |
| --block-icmp=<ICMP 类型> | 阻断指定的 ICMP 类型。默认设置时接受所有 ICMP 类型 |
| --list-icmp-types | 显示可用的 ICMP 类型 |

**2．使用 lokkit 配置防火墙**

**操作步骤 9.5**　使用 lokkit 配置服务器的防火墙

```
// 1. 启用防火墙
# lokkit --enabled
// 2. 设置防火墙默认类型
# lokkit --default=server
// 3. 为某个服务或端口打开防火墙
// 仅配置，不应用（-n）
# lokkit -s http -s https -s ftp -s dns -n
# lokkit -p 67:udp -p 69:udp -n
// 4. 添加 FTP 的连接跟踪模块
# grep IPTABLES_MODULES= /etc/sysconfig/iptables-config
IPTABLES_MODULES=""
# lokkit --addmodule=nf_conntrack_ftp -n
# grep IPTABLES_MODULES= /etc/sysconfig/iptables-config
IPTABLES_MODULES="nf_conntrack_ftp"
// 5. 更新防火墙
// 默认地，使用 lokkit 命令（不使用-n 参数）配置规则时，会立即应用此规则
// 若要启用已配置但尚未应用（lokkit -n）的防火墙规则，需执行
# lokkit --update
// 6. 查看防火墙状态
# systemctl status iptables
// 7. 查看 iptables 防火墙规则集文件
# cat /etc/sysconfig/iptables
```

# 9.5　使用 iptables 命令配置防火墙

## 9.5.1　iptables 命令语法

**1．使用 iptables 命令构建防火墙**

在使用 iptables 设置防火墙时，一般遵循以下 3 个步骤进行。

- 清除所有规则：为了避免新建的防火墙与系统中已经运行的防火墙相互干扰，一般应该先清除所有规则。
- 设置防火墙策略：设置当数据包没有匹配到链中的规则时应该如何对待（是拒绝还是放行）。
- 设置防火墙规则：设置数据包的匹配规则以及匹配后的处理动作（指定目标）。

**2．iptables 语法概要**

iptables 的语法通常可以简化为下面的形式：

```
iptables [-t table] CMD [option] [chain] [matcher] [-j target]
```

一般地，一条 iptables 命令基本上应该包含 5 个要素。

- 表（Table）：可以是 filter/nat/mangle/raw/security。filter 是默认表，无须显式说明。
- 操作命令（CMD）：包括添加、删除、更新链规则、创建自定义链和对内置链设置链策略等。
- 链（Chain）：针对不同用途指定要操作的链。可用的内置链有 INPUT、OUTPUT、FORWARD、PREROUTING、POSTROUTING。也可以是由用户定义的自定义链。
- 规则匹配器（Matcher）：可以指定各种规则匹配，如 IP 地址、端口、包类型等。
- 目标（Target）：当规则匹配一个包时，真正要执行的任务用目标标识，如接受或拒绝。目标是可选的，但是每条规则最多只能有一个目标，如没有目标，就默认使用链的策略。

iptables 命令严格区分大小写，所有的表名使用小写字母，所有的链名使用大写字母，所有的规则匹配使用小写字母。-h 或--help 参数用于显示帮助信息。iptables 的语法非常复杂，要查看该工具的完整语法，应该查看其手册页。

### 3．清除防火墙规则

语法：**iptables [-t table] [-FXZ] [chain]**

表 9-18 中列出了 iptables 用于清除规则的操作命令。

**表 9-18　iptables 用于清除规则的操作命令**

| 操作命令 | 说明 |
|---|---|
| -F 或--flush | 清除指定链和表中的所有规则。若没有指定链，则清空所有链 |
| -X 或--delete-chain | 删除指定的用户自定义链，必须保证链中的规则都不在使用时才能删除链<br>若没有指定链，则删除所有的用户自定义链 |
| -Z 或--zero | 对链中所有的包计数器和字节计数器清零 |

例如，如下的 for 循环将清除所有表的所有链中的规则及用户自定义链。

```
for  tables  in  filter nat mangle raw ; do
   for  CMD  in "-F" "-X" "-Z" ; do   iptables  -t $tables  $CMD ;  done
done
```

### 4．设置防火墙策略

语法：**iptables [-t table] -P [chain] ACCEPT|DROP**

一般地，配置链的默认策略有 3 种方法。

1）首先配置策略允许所有的包，然后再设置规则禁止有危险的包通过防火墙。即“没有被拒绝的都允许”。这种方法对用户而言比较灵活方便，但对系统而言，容易引起严重的安全问题。例如对 filter 表设置允许策略：

```
# iptables -P INPUT ACCEPT
# iptables -P OUTPUT ACCEPT
# iptables -P FORWARD ACCEPT
```

2）首先配置策略禁止所有的包，然后再根据需要的服务设置规则允许特定的包通过防火墙。即“没有明确允许的都被拒绝”。这种方法最安全，但不太方便。为了使得系统有足够的安全性，一般采用此种策略进行 iptables 防火墙的配置。例如对 filter 表设置拒绝策略：

```
# iptables -P INPUT DROP
# iptables -P OUTPUT DROP
```

```
# iptables -P FORWARD DROP
```

3）这是一种折中的方案，首先配置策略允许所有的包，之后根据需要的服务设置规则允许特定的包通过防火墙，最后在链中添加一条可捕捉一切的 DROP 规则。当最后的这条可捕捉一切的 DROP 规则存在时，其效果与第 2 种方法一致，一旦这条捕捉一切的 DROP 规则被误删除，将导致门户的全面开放（应特别注意这一点）。例如，对 filter 表设置允许策略和捕捉一切的 DROP 规则：

```
# iptables -P INPUT ACCEPT
# iptables -A INPUT -j  DROP   （应为 INPUT 链的最后一条规则）
# iptables -P OUTPUT ACCEPT
# iptables -A OUTPUT -j  DROP  （应为 OUTPUT 链的最后一条规则）
# iptables -P FORWARD ACCEPT
# iptables -A FORWARD -j  DROP（应为 FORWARD 链的最后一条规则）
```

提示

1. 通常设置防火墙策略应该在上述的方法 2 和 3 中选择其一，具体使用哪种方法由管理员决定。例如，使用 RHEL/CentOS 的防火墙配置工具配置的防火墙使用的是第 3 种方法。

2. 上面链中最后一条规则中的-j DROP 可以换成 -j REJECT --reject-with icmp-host-prohibited，用于为禁止的访问返回 ICMP 信息而不是直接丢弃。

### 5. 设置防火墙规则

语法：**iptables [-t table] <CMD> [<option>] <chain> <rules> -j <target>**

1）操作命令。表 9-19 中列出了 iptables 的链操作命令。

**表 9-19　iptables 的链操作命令**

| 操 作 命 令 | 说　明 |
|---|---|
| -A 或--append | 在所选链的链尾加入一条规则 |
| -I 或--insert [rulenum] | 以给出的规则号在所选链中插入一条规则 |
| -R 或--replace rulenum | 以给出的规则号在所选链中替换一条规则 |
| -D 或--delete rulenum | 以给出的规则号从所选链中删除一条规则 |
| -L 或--list [--line-numbers][-v][-n] | 列出指定链的所有规则。如果没有指定链，将列出所有链中的所有规则。选项--line-numbers 用于显示规则编号（Rulenum）；选项-v 使输出详细化，输出中包括网络接口的地址、规则的选项、TOS、字节和包计数器等（计数器是以 K、M、G 为单位的，是 10 的幂而不是 2 的幂）；选项-n 在输出中以 IP 地址和端口数值的形式显示，而不是默认的名字，比如主机名、端口名等 |
| -N 或--new-chain < chain-name > | 以给定的名字创建一条新的用户自定义链。不能与已有的链同名 |
| -E <old-chain-name> <new-chain-name> | 用于改变自定义链的名字 |

2）匹配规则。表 9-20 中列出了 iptables 常用的匹配规则。

**表 9-20　iptables 常用的匹配规则**

| 参　数 | 说　明 |
|---|---|
| -s [!] address[/mask] | 匹配数据包的源地址或地址范围，如-s 192.168.1.0/24 |
| -d [!] address[/mask] | 匹配目的地址或地址范围，如 192.168.0.254 |

（续）

| 参　数 | 说　明 |
|---|---|
| -i [!] interface name[+] | 匹配数据包从哪个网络接口（单独的接口或某种类型的接口）流入。此参数忽略时，默认为所有接口。接口可以使用否定符!来匹配不是指定接口来的包。参数 interfacename 是接口名，如 eth0、eth1、ppp0 等。指定一个目前不存在的接口是完全合法的。规则直到此接口工作时才起作用，这种指定对于 ppp 及其类似的连接是非常有用的。+表示匹配所有此类接口<br>该选项只有对 INPUT、FROWARD 和 PREROUTING 链是合法的 |
| -o [!] interface name[+] | 匹配数据包从哪个网络接口（单独的接口或某种类型的接口）流出。该选项只有对 OUTPUT、FROWARD 和 POSTROUTING 链是合法的 |
| -p [!]protocol | 指出要匹配的协议，可以是 tcp、udp、icmp、all（指 tcp、udp 和 icmp）。协议名前缀!为逻辑非，表示除去该协议之外的所有协议（all） |
| -m <match> | 实现扩展匹配，如状态匹配、MAC 地址匹配等 |

提示　写在一条命令中的多个匹配条件是“与”的关系，也就是说必须满足规则说明中的每个条件才算匹配。

表 9-21 中列出了协议参数（-p）的用法，表 9-22 中列出了扩展匹配（-m）的用法。

**表 9-21　协议参数（-p）的用法**

| 协　议 | 相关参数 | 说　明 | 举　例 |
|---|---|---|---|
| -p tcp 或<br>-p udp | --sport | 匹配规则的源端口或端口范围 | **-p udp --sport 1024:65535** |
| | --dport | 匹配规则的目的端口或端口范围 | **-p tcp --dport 80** |
| -p tcp | --tcp-flags | 匹配指定的 TCP 标记。该选项有两个参数，它们都是列表，列表内部用英文的逗号作分隔符，这两个列表之间用空格分开。第一个参数指定要检查的标记（作用就像掩码），第二个参数指定“在第一个列表中出现过的且必须被设为 1（即状态是打开的）的”标记（第一个列表中其他的标记必须置 0）。也就是说，第一个参数提供检查范围，第二个参数提供被设置的条件（就是哪些位置 1）。这个匹配操作可以识别以下标记：<br>URG（U: Urgent　紧急）；<br>ACK（A: Acknowledgement　回应）；<br>PSH（P: Push　推进）；<br>RST（R: Reset　重置）；<br>SYN（S: Synchronize　同步）；<br>FIN（F: Final　结束）。<br>另外还有两个词可使用，就是 ALL 和 NONE。ALL 是指选定所有的标记，NONE 是指未选定任何标记。这个匹配也可在参数前加英文的感叹号表示取反 | **-p tcp --tcp-flags SYN,FIN,ACK SYN**<br>匹配那些 SYN 标记被设置而 FIN 和 ACK 标记没有设置的包（这些包表示请求初始化的 TCP 连接，阻止从接口来的这样的包将会阻止外来的 TCP 连接请求，但输出的 TCP 连接请求将不受影响）；<br>**-p tcp --tcp-flags ! SYN,FIN, ACK SYN**<br>匹配那些 FIN 和 ACK 标记被设置而 SYN 标记没有设置的包（已存在连接的回应包，一般用于限制网络流量，即只允许现有的、向外发送的连接所返回的包）；<br>**-p tcp --tcp-flags ALL NONE**<br>匹配所有标记未置 1 的包 |
| | [!] --syn | 仅仅匹配设置了 SYN 位，清除了 ACK、FIN 位的 TCP 包。--syn 与--tcp-flags SYN,FIN,ACK SYN 等效 | **-p tcp --syn** |
| -p icmp | --icmp-type [!] typename | 匹配 ICMP 信息类型（可以使用 iptables -p icmp -h 查看有效的 icmp 类型名） | **-p icmp --icmp-type 8** |

**表 9-22　扩展匹配（-m）的用法**

| 扩　展 | 相关参数 | 说　明 | 举　例 |
|---|---|---|---|
| iprange | --src-range | 源地址范围内的任意 IP 均可匹配 | -m iprange --src-range 10.0.0.1-10.0.0.100 |
| | --dst-range | 目的地址范围内的任意 IP 均可匹配 | |
| multiport | --sports | 源端口范围内的任意端口均可匹配 | |
| | --dports | 目的端口范围内的任意端口均可匹配 | -m multiport --dports 111,2049,10001:10004 |
| | --ports | 端口范围内的任意端口均可匹配（无论源还是目的） | |

（续）

| 扩　展 | 相关参数 | 说　明 | 举　例 |
|---|---|---|---|
| state | --state | 使用连接跟踪进行状态匹配（CentOS 7 使用的内核版本认为此扩展已过时，请使用 conntrack 扩展替换 state 扩展） | -m state --state INVALID,NEW |
| conntrack | --ctstate | 使用连接跟踪进行状态匹配 | -m conntrack --ctstate INVALID,NEW |
| mac | --mac-source | 匹配包的源 MAC 地址，只用于 INPUT、PREROUTING 和 FORWARD 链 | -m mac --mac-source 00:21:97:30:51:2B |
| limit | --limit | 指定单位时间内允许通过的数据包的个数，单位时间可以是 /second、/minute、/hour、/day 或使用第一个字母 | -m limit --limit 3/hour --limit-burst 5 |
| | --limit-burst | 指定单位时间内最多可匹配数据包的个数。用来匹配瞬间大量数据包的数量 | |

3）规则目标。内置目标包括 ACCEPT 和 DROP。此外，还可以使用扩展的目标（使用扩展目标必须加载 iptables 相应的模块，通常当命令用到这些模块时会自动加载）。表 9-23 中列出了常用的规则目标。

**表 9-23　iptables 常用的规则目标**

| 目　标 | 目标说明 | 参　数 |
|---|---|---|
| -j ACCEPT | 允许数据包通过 | |
| -j DROP | 简单丢弃数据包 | |
| -j REJECT | 拒绝数据包并用 ICMP 错误信息予以回应 | --reject-with <type> |
| -j DNAT | 修改数据包的目的 socket | --to-destination ipaddr[-ipaddr][:port-port] |
| -j REDIRECT | 在防火墙上将数据包重定向至本机的另一个端口 | --to-ports port[-port] |
| -j SNAT | 修改数据包的源 socket | --to-source　ipaddr[-ipaddr][:port-port] |
| -j MASQUERADE | 与 SNAT 功能类似，只是无须指定--to-source，专门设计用于动态获取 IP 地址的连接 | --to-ports port[-port] |
| -j LOG | 使用 rsyslogd 记录日志，默认记录在/var/log/messages 中 | --log-prefix |
| | | --log-ip-options |
| | | --log-tcp-options |
| -j <custom chain> | 跳转到用户自定义链，执行后返回调用它的链 | |
| -g <custom chain> | 跳转到用户自定义链，执行后不再返回调用它的链 | |

提示

只有 LOG 和 REDIRECT 目标匹配后继续匹配链中下面的规则，其他的目标匹配后均退出链（不再匹配链中下面的规则）。

下面给出一些完整的使用 iptables 命令设置规则的例子。

例 1：拒绝主动联机的数据包。

```
# iptables -A INPUT -i eth0 -p tcp --syn -j DROP 或
# iptables -A INPUT -i eth0 -m conntrack --ctstate NEW,INVALID -j DROP
```

例 2：允许已建立连接或有关联的数据包通过。

```
# iptables -A INPUT -i eth0 -m conntrack --ctstate RELATED,ESTABLISHED -j ACCEPT
```

例 3：允许访问特定服务的数据包进入。

```
# iptables -A INPUT -i eth0 -p tcp --dport 22 -m conntrack --ctstate NEW -j
```

```
ACCEPT
    # iptables -A INPUT -i eth0 -p tcp -m multiport --dport 80,443 -m conntrack --
ctstate NEW -j ACCEPT
    # iptables -A INPUT -i eth0 -p udp -m multiport --dports 111,2049,10001:10004 -m
conntrack
    --ctstate NEW -j ACCEPT
```

例 4：允许、限制或拒绝对 PING 的访问。

```
    # iptables -A OUTPUT -p icmp --icmp-type echo-request -j ACCEPT
    # iptables -A INPUT -p icmp --icmp-type echo-reply   -j ACCEPT
    # iptables -A INPUT -p icmp --icmp-type echo-request -m limit --limit 1/s -i eth0
-j ACCEPT
    # iptables -A INPUT -p icmp --icmp-type echo-request -j DROP
```

例 5：允许数据包的转发。

```
    # iptables -A FORWARD -i eth0 -d 192.168.1.58 -o eth1 -p tcp --sport 1024:65535 -
-dport 22 \
     -j ACCEPT
    # iptables -A FORWARD -i eth0 -d 192.168.1.58 -o eth1 -p tcp --sport 1024:65535 \
     -m multiport --dports 80,443 -j ACCEPT
    # iptables -A FORWARD -o eth0 -s 192.168.1.58 -i eth1 -p tcp -m conntrack --
ctstate
    ESTABLISHED  -j ACCEPT
```

例 6：限制数据包的转发。

```
    # iptables -A FORWARD -i eth0 -s 192.168.5.0/24 -d 192.168.1.1 -p tcp \
    --sport 1024:65535 --dport 80 -j DROP
```

例 7：拒绝特定 MAC 地址主机访问防火墙。

```
    # iptables -A INPUT -i eth1 -m mac --mac-source 00:04:E2:19:02:0C -j DROP
```

例 8：使局域网用户能通过 NAT 访问公网。

```
    # echo "1" > /proc/sys/net/ipv4/ip_forward
    # 对于静态网络接口
    # iptables -t nat -A POSTROUTING -o eth0 -s 192.168.1.0/24 -j SNAT --to
201.201.201.201
    # 对于动态网络接口
    # iptables -t nat -A POSTROUTING -o ppp0 -s 192.168.1.0/24 -j MASQUERADE
```

例 9：在私有网址的局域网内对外发布服务。

```
    # 对于静态网络接口
    # iptables -t nat -A PREROUTING -i eth0 -d 201.201.201.201 -p tcp --dport 80 -j
DNAT --to
    192.168.1.200:80
    # 对于动态网络接口
    # iptables -t nat -A PREROUTING -i ppp0 -p tcp --dport 80 -j DNAT --to
192.168.1.200:80
```

例 10：将特定的数据包记入系统日志并拒绝访问。

```
    # iptables -A INPUT -m state --state INVALID \
    -j LOG --log-prefix "DROP INVALID " --log-ip-options --log-tcp-options
    # iptables -A INPUT -m state --state INVALID -j DROP
```

例 11：管理防火墙规则。

```
# iptables --line-numbers  -nL                  # 显示 filter 表规则（在规则前显示编号）
# iptables -I INPUT 1 -o lo -j ACCEPT           # 向 INPUT 链插入编号为 1 的规则
# iptables -R INPUT 1 -i lo -j ACCEPT           # 替换 INPUT 链中编号为 1 的规则
# iptables -D INPUT 1                           # 删除 INPUT 链中编号为 1 的规则
```

**6．使用自定义链**

使用自定义链的好处如下：

- 加快规则的匹配速度（相当于使用了分类查询而非线性查询）。
- 使规则的设计更加逻辑清晰（如可以将不同网段的规则分别放入不同的自定义链处理，又如可以将所有日志处理的功能放入特定的自定义链处理等）。
- 简化规则的设置（如当 INPUT 链和 FORWARD 链的规则相同时）。

例如，下面是一个定义和使用自定义链用于处理局域网数据包的例子。

```
# iptables -N LAN
# iptables -A INPUT -i ! ppp0 -j LAN
# iptables -A FORWARD -i ! ppp0 -j LAN
# iptables -A LAN -j ACCEPT
```

下面是一个定义和使用自定义链用于记录并删除无效数据包的例子。

```
# iptables -N LOGDENY
# iptables -A INPUT -m conntrack --ctstate INVALID -j LOGDENY
# iptables -A OUTPUT -m conntrack --ctstate INVALID -j LOG LOGDENY
# iptables -A FORWARD -m conntrack --ctstate INVALID -j LOG LOGDENY
# iptables -A LOGDENY -j LOG --log-prefix "DROP INVALID " --log-ip-options --log-
tcp-options
# iptables -A LOGDENY -j DROP
```

### 9.5.2　编写 Shell 脚本配置防火墙

下面的 Shell 脚本实现如下功能。

- 局域网内主机可以通过防火墙访问 Internet。
- 允许用户访问防火墙的 SSH 服务。
- 在局域网中有 3 台 WWW 服务器同时提供对外服务，实现简单的负载均衡。这 3 台 WWW 服务器的 IP 地址分别为 192.168.1.10、192.168.1.11 和 192.168.1.12。
- 在局域网中有一台 FTP 服务器提供对外服务，此 FTP 服务器的 IP 地址为 192.168.1.11。

**操作步骤 9.6**　编写防火墙脚本实现包过滤及 NAT

```
# touch /etc/rc.firewall
# chmod 700 /etc/rc.firewall
# echo "/etc/rc.firewall" >> /etc/rc.d/rc.local
# chmod +x /etc/rc.d/rc.local
# vi /etc/rc.firewall
# cat /etc/rc.firewall

#!/bin/bash
########################### 开启 IP 转发 #########################
echo "1" > /proc/sys/net/ipv4/ip_forward
########################### 定义相关的变量 #########################
```

```
    IPT="/sbin/iptables"
    MODPROBE="/sbin/modprobe"
    INET_IFACE="eth1"
    #INET_IFACE="ppp0"
    INET_IP="123.123.123.123"
    LAN_IFACE="eth0"
    LAN_IP=$( ifconfig $ LAN_IFACE | grep -i 'inet[^6]' | sed 's/[a-zA-Z:]//g' | awk
'{print $1}' )
    LAN_IP_RANGE="192.168.1.0/24"
    WWW_IP_RANGE="192.168.1.10-192.168.1.12"
    FTP_IP="192.168.1.11"
    HTTP="80"
    HTTPS="443"
    SSH="22"
    FTP="21"
    ##################### 加载 iptables 相关模块 ######################
    /sbin/depmod -a
    $MODPROBE ip_tables
    $MODPROBE nf_conntrack_ftp
    $MODPROBE nf_nat_ftp
    ############################## 清空防火墙规则 ######################
    for TABLE in filter nat mangle raw ; do
       $IPT -t $TABLE -F; $IPT -t $TABLE -X; $IPT -t $TABLE -Z
    done
    ############################## 设置链策略 ############################
    $IPT -P INPUT ACCEPT
    $IPT -P FORWARD ACCEPT
    $IPT -P OUTPUT ACCEPT
    $IPT -t nat -P PREROUTING ACCEPT
    $IPT -t nat -P POSTROUTING ACCEPT
    #################### 设置自定义链拒绝无效包并记录日志 ##################
    $IPT -N LOGDENY
    $IPT -A INPUT -i !lo -m conntrack --ctstate NEW,INVALID -j LOGDENY
    $IPT -A LOGDENY -j LOG --log-prefix "iptables:"
    $IPT -A LOGDENY -j DROP
    ############################## 设置过滤规则 ###########################
    for Chains in INPUT FORWARD ; do
      $IPT -A $Chains -m conntrack --ctstate ESTABLISHED,RELATED -j ACCEPT
      $IPT -A $Chains -i lo -j ACCEPT
      $IPT -A $Chains -p tcp -m tcp --dport $SSH -m conntrack --ctstate NEW -j ACCEPT
      $IPT -A $Chains -p tcp -m tcp --dport $FTP -m conntrack --ctstate NEW -j ACCEPT
      $IPT  -A  $Chains  -p  tcp  -m  tcp  --dport  $HTTP  -m  conntrack  --ctstate  NEW  -j
ACCEPT
      $IPT  -A  $Chains  -p  tcp  -m  tcp  --dport  $HTTPS  -m  conntrack  --ctstate  NEW  -j
ACCEPT
      $IPT -A $Chains -j REJECT --reject-with icmp-host-prohibited
    done
    ###################### 设置 SNAT 或 MASQUERADE ####################
    if [ "$INET_IFACE" = "ppp0" ] ; then
       $IPT -t nat -A POSTROUTING -o $INET_IFACE -j MASQUERADE
    else
       $IPT -t nat -A POSTROUTING -o $INET_IFACE -j SNAT --to $INET_IP
    fi
```

```
    ################ 对防火墙的服务请求重定向到局域网内部 ####################
    $IPT -t nat -A PREROUTING -p tcp -d $INET_IP --dport $HTTP -j DNAT --to $WWW_IP_
RANGE:$HTTP
    $IPT -t nat -A PREROUTING -p tcp -d $INET_IP --dport $HTTPS -j DNAT --to $WWW_IP_
RANGE:$HTTPS
    $IPT -t nat -A PREROUTING -p tcp -d $INET_IP --dport $FTP -j DNAT --to $FTP_
IP:$FTP
    ############################### END #################################
```

## 9.6 思考与实验

**1．思考**

（1）什么是防火墙？防火墙的种类及各自的特点如何？

（2）什么是 NAT？NAT 如何分类？有哪些用途？

（3）什么是 Netfilter？什么是连接跟踪？

（4）简述数据包在 Netfilter 多表中的穿越流程。

（5）比较 CentOS 7 提供的 firewalld 守护进程和 iptables 服务。二者如何切换？

**2．实验**

（1）学会使用 firewall-cmd 配置和管理 firewalld 防火墙。

（2）学会使用 lokkit 配置和管理 iptables 防火墙。

（3）学会编辑防火墙规则文件 /etc/sysconfig/iptables 配置 iptables 防火墙。

（4）学会使用 iptables 命令配置和管理防火墙。

（5）学会编写 Shell 脚本配置防火墙。

**3．进一步学习**

（1）进一步学习 firewall-cmd 命令的复杂规则配置和直接模式配置规则。

- https://fedoraproject.org/wiki/Firewalld
- https://oracle-base.com/articles/linux/linux-firewall-firewalld

（2）进一步学习 iptables 命令。

- Iptables-tutorial（http://www.frozentux.net/documents/iptables-tutorial/）
- Towards the perfect ruleset（http://inai.de/documents/Perfect_Ruleset.pdf）

（3）学习使用第三方防火墙配置工具的使用，如：

- Shorewall（http://www.shorewall.net/）。
- homeLANsecurity（http://homelansecurity.sf.net/）。
- Firewall Builder（http://www.fwbuilder.org/）。

（4）了解和使用专用的防火墙发行版本（https://en.wikipedia.org/wiki/List_of_router_and_firewall_distributions）。

（5）学习 Squid 代理服务（应用层防火墙）的安装和配置。

（6）本书未涉及 SELinux 方面的内容，请参考：

- NSA SELinux 网站主页（http://www.nsa.gov/selinux/）。
- Red Hat 官方文档《SELinux User's and Administrator's Guide》（https://access.redhat.com/site/documentation/en-US/Red_Hat_Enterprise_Linux/7/html/SELinux_Users_and_Administrators_Guide/）。

# 第10章 Shell 脚本编程

本章首先介绍 Shell 脚本编程的基础知识，然后介绍变量替换扩展、变量字符串操作、变量的数值计算以及变量的交互输入，接着介绍 Shell 的特殊变量、位置变量及参数传递方法，之后介绍条件测试、分支结构、循环结构的语句和编程方法，最后介绍函数的定义和调用方法。

## 10.1 Shell 编程基础

### 10.1.1 Shell 脚本简介

**1．什么是 Shell 脚本**

Shell 除了是命令解释器之外还是一种编程语言，用 Shell 编写的程序类似于 DOS 下的批处理程序。用户可以在文件中存放一系列的命令，通常将 Shell 编写的程序称为 Shell 脚本或 Shell 程序。

将命令、变量和流程控制有机地结合起来将会得到一个功能强大的编程工具。Shell 脚本语言非常擅长处理文本类型的数据，由于 Linux 系统中的所有配置文件都是纯文本的，所以 Shell 脚本语言在 Linux 系统管理中发挥了巨大作用。

**2．Shell 脚本中的成分**

Shell 脚本是以行为单位的，在执行脚本的时候会将其分解成一行一行依次执行。Shell 脚本中所包含的成分主要有注释、命令、Shell 变量和结构控制语句。

- 注释：用于对脚本进行说明，方便用户理解。在注释行的前面要加上符号#，这样在执行脚本的时候 Shell 就不会对该行进行解释。
- 命令：在 Shell 脚本中可以出现任何在交互方式下能使用的命令。
- 变量：Shell 支持字符串变量和整型变量。
- 结构控制语句：用于编写复杂脚本的流程控制语句。

**3．Shell 脚本的建立与执行**

用户可以使用任何文本编辑器编辑 Shell 脚本文件，如 nano、vim、gedit 等。

对 Shell 脚本文件的调用可以采用几种方式。

（1）在子 Shell 中执行

当执行一个脚本文件时，Shell 就会产生一个子 Shell（即一个子进程）去执行命令文件中的命令。因此，脚本文件中的变量值不能传递到当前 Shell（即父 Shell）。

1）将文件名作为 Shell 命令的参数，其调用格式如下：

```
$ bash script-file
```

当要被执行脚本文件没有可执行权限时，只能使用这种调用方式。

2）先将脚本文件的权限改为可执行，以便该文件可以作为执行文件调用。具体方法如下：

```
$ chmod u+x script-file
$ ./script-file
```

（2）在当前 Shell 中执行

为了使得脚本文件中的变量值传递到当前 Shell，必须在命令文件名前面加 source 或“.”命令。source 和“.”命令的功能是在当前 Shell 中执行脚本文件中的命令，而不是产生一个子 Shell 来执行脚本文件中的命令。即：

```
$ source  script-file
```

或

```
$ .  script-file
```

**操作步骤 10.1**　以不同方式执行 Shell 脚本举例

```
// 编写脚本 myset
$ cat > myset
mydir=`pwd`
export mydir
^d

// 显示脚本 myset 的内容
$ cat  myset
mydir=`pwd`
export mydir

// 为脚本添加执行权限并执行
$ chmod +x myset
$ ./myset
// 显示变量 mydir 的值
$ echo $mydir

// 由于这种执行脚本的方式是在子 Shell 中执行，所以当脚本执行结束返回主 Shell 后，变量已没
有值用
$ . myset
// 显示变量 mydir 的值
$ echo $mydir
/home/osmond
// 由于这种执行脚本的方式是在当前 Shell 中执行，当脚本执行结束变量依然有值
```

提示

1. 与 Windows 或 DOS 环境不同，在 Linux 下没有将当前目录列入 PATH 环境变量，所以，当用户执行当前目录下的命令或脚本时应该使用如下形式的命令行：

```
$ ./script
```

2. 可以将创建的并添加了可执行权限的脚本移动到 PATH 环境变量指定的目录（~/bin、/usr/local/bin、/usr/local/sbin）中，之后即可直接使用文件名执行脚本了。

#### 4. Shell 脚本的编码规范

一个 bash 脚本的正确的起始部分应该以#!开头，指明使用何种 Shell 解析该脚本。

```
#!/bin/bash
```

或

```
#!/usr/bin/env bash
```

良好的 Shell 编码规范还要求以注释形式说明如下的内容。

```
# 脚本名称
# 脚本功能
# 作者及联系方式
# 版本更新记录
# 版权声明
# 对算法做简要说明（如果是复杂脚本）
```

为了节省篇幅，本章给出的 Shell 脚本通常省略上述说明内容。

### 10.1.2 Shell 变量操作

#### 1. 变量替换扩展

在前面的 2.3.1 节中已经介绍了变量赋值和基本的变量替换，并且已经知道${var}与$var 的含义相同，下面介绍变量替换扩展，如表 10-1 所示。

表 10-1 变量替换扩展

| 功 能 | 表 达 式 | 说 明 |
|---|---|---|
| 使用默认值 | ${var:-word} | 若 var 存在且非空，则值为$var；<br>若 var 未定义或为空值，则值为 word，但 var 的值不变 |
| 赋予默认值 | ${var:= word} | 若 var 存在且非空，则值为$var；<br>若 var 未定义或为空值，则值为 word，且 var 被赋值 word |
| 非空或未定义报错 | ${var:? word} | 若 var 存在且非空，则值为$var；<br>若 var 未定义或为空值，则输出信息 word，并终止脚本 |
| 使用另外的值 | ${var:+ word} | 若 var 存在且非空，则值为 word；<br>若 var 未定义或为空值，则返回空值，但 var 的值不变 |

**操作步骤 10.2** 变量替换扩展使用举例

```
// 将变量 var1 的值赋为空，变量 var2 的值赋为 unix
$ var1= ;  var2=unix

$ echo '${var1:-linux}' = ${var1:-linux} , '${var1}' = ${var1}
// 因为 var1 值为空，所以${var1:-linux}返回 linux，而${var1}的值也未变
${var1:-linux} = linux , ${var1} =

$ echo '${var1:=linux}' = ${var1:=linux} , '${var1}' = ${var1}
// 因为 var1 值为空，所以${var1:=linux}返回 linux，而${var1}也赋值 linux
${var1:=linux} = linux , ${var1} = linux

$ echo '${var2:-linux}' = ${var2:-linux} , '${var2}' = ${var2}
// 因为 var2 值不为空，所以${var2:-linux}返回其原值 unix，而${var2}的值未变
${var2:-linux} = unix , ${var2} = unix
```

```
$ echo '${var2:=linux}' = ${var2:=linux} , '${var2}' = ${var2}
// 因为 var2 值不为空，所以${var2:-linux}返回其原值 unix，而${var2}的值未变
${var2:-linux} = unix , ${var2} = unix
// 删除变量 var1
$ unset var1
$ echo '${var1:+linux}' = ${var1:+linux} , '${var1}' = ${var1}
// 因为 var1 未定义，所以${var1:-linux}返回空，而${var1}的值未变
${var1:+linux} = , ${var1} =

$ echo '${var2:+linux}' = ${var2:+linux} , '${var2}' = ${var2}
// 因为 var2 值不为空，所以${var2:+linux}为置换成了 linux，而${var2}的值未变
${var2:+linux} = linux , ${var2} = unix

// 删除变量 var1
$ unset var1
$ echo ${var1:?"Error, Please define it."}
// 因为 var1 未定义，所以退出执行并显示用户给定的字符串
-bash: var1: Error, Please define it.

$ echo ${var2:?"Error, Please define it."} , ${var2}
// 因为 var2 值不为空，所以仍显示原值 unix，且${var2}的值也未变
unix , unix

// 变量的间接引用
$ linux=disto ; disto=centos
$ echo ${linux} , ${!linux}
disto , centos
$ eval echo \$$linux
centos
```

提示

1. 通常变量替换扩展作为赋值语句的右值使用，即将变量替换扩展再赋予另一个变量来使用。

2. 使用变量替换扩展可以将 Shell 脚本中的 if 语句简化为一个使用变量替换扩展的赋值语句。

**2. 变量的字符串操作**

Shell 变量的字符串操作如表 10-2 所示。

表 10-2　变量字符串操作

| 功　能 | 表 达 式 | 说　明 |
|---|---|---|
| 字符计数 | ${#var} | 返回字符串变量 var 的长度 |
| 截取子串 | ${var:m} | 返回${var}中从第 m 个字符到最后的部分 |
| | ${var:m:len} | 返回${var}中从第 m 个字符开始，长度为 len 的部分 |
| 删除子串 | ${var#pattern} | 删除${var}中开头部分与 pattern 匹配的最小部分 |
| | ${var##pattern} | 删除${var}中开头部分与 pattern 匹配的最大部分 |

（续）

| 功　能 | 表达式 | 说　明 |
|---|---|---|
| 删除子串 | ${var%pattern} | 删除${var}中结尾部分与 pattern 匹配的最小部分 |
| | ${var%%pattern} | 删除${var}中结尾部分与 pattern 匹配的最大部分 |
| 字符串替换 | ${var/old/new} | 用 new 替换${var}中第一次出现的 old |
| | ${var//old/new} | 用 new 替换${var}中所有的 old（全局替换） |
| | ${var/#old/new} | 用 new 替换${var}中开头部分与 old 匹配的部分 |
| | ${var/%old/new} | 用 new 替换${var}中结尾部分与 old 匹配的部分 |

**操作步骤 10.3**　变量字符串操作举例

```
$ str='I love linux. I love UNIX too.'
# 返回字符串 str 的长度
$ echo ${#str}
30
# 截取 str 从第 13 个字符到串尾
$ echo ${str:13}
I love UNIX too.
# 截取 str 从第 7 个字符开始的 5 个字符
$ echo ${str:7:5}
linux
# 删除开始的字符串 I love
$ echo ${str#I love}
linux. I love UNIX too.
# 删除开始的 I 到 . 的所有字符（最短匹配）
$ echo ${str#I*.}
I love UNIX too.
# 删除开始的 I 到 . 的所有字符（最长匹配）
$ echo ${str##I*}

# 替换开始的 I love 为 J'aime
$ echo ${str/I love/"J'aime"}
J'aime linux. I love UNIX too.
# 替换末尾的 too. 为 also.
$ echo ${str/%too./also.}
I love linux. I love UNIX also.
```

### 3. 变量的数值计算

若一个变量的值是纯数字的，不包含字母、小数点及其他字符，bash 可以将其视为长整型值，并可做整型运算。

提示　bash 不支持浮点数运算，可使用 bc 命令进行浮点运算，但通常很少用到。如 echo 3.14*2 | bc。

Chet Ramey 在 bash 2.04 版本之后引入了 Shell 算术运算符((...))，在此运算符中可以使用 C 语言风格的表达式结构。这为在 Shell 中进行运算提供了极大的方便。在此之前，如果要进行数值计算，必须使用 let 命令或更早出现的 expr 命令。

表 10-3 中列出了 Shell 常用的算术运算符。

表 10-3　Shell 常用的算术运算符

| 运 算 符 | 说　明 |
| --- | --- |
| +、-、*、/ | 四则运算符 |
| **、% | 幂运算符、模运算符（整除取余） |
| ++、-- | 自增/自减运算符 |
| =、+=、-=、*=、/=、%= | 赋值运算符 |
| <、>、<=、>=、==、!= | 比较运算符 |
| &&、‖、! | 逻辑运算符（与、或、非） |

**操作步骤 10.4**　Shell 算术运算符举例

```
$ ((a=2+3**2-1001%5))          # ** 是幂运算；% 是模运算
$ echo $a                      # 显示变量 a 的值
10
$ a=$((2+3**2-1001%5))         # 可以将计算结果赋给变量，但要使用置换形式
$ echo $((2+3**2-1001%5))      # 可以直接输出计算结果，但要使用置换形式
10
$ echo $((a+=2))               # 可以使用 C 语言的+=等类似的赋值运算符
12
$ echo $((a++))                # 可以使用 C 语言的自增/自减运算符
12
$ echo $((++a))                # 注意 a++和++a 的区别
14
$ echo $((2+3**2>1001%5))      # 可以进行关系、逻辑运算，真为 1，假为 0
1
$ echo $((2+3**2<1001%5&&a))
0
```

**4．Shell 变量的输入**

Shell 变量除了可以直接赋值之外，其值还可以使用内置的 read 命令从标准输入获得。read 命令的格式如下：

```
read [-p <Prompt String>] [<变量名> ...]
```

选项-p 用于为指定输入进行提示。变量名也可以省略，省略时将用户输入的内容存入环境变量$REPLY 中。

**操作步骤 10.5**　从标准输入读取变量的值

```
$ echo -n "What is your name? "                      # 使用 echo 指定输入提示
$ read name
$ echo "Hello $name"
$ read -p "yes or no? "                              # 未指定变量名，结果存入$REPLY
$ echo "Your answer is $REPLY."
$ read -p "Please input 3 numbers: " n1 n2 n3        # 提示输入 3 个变量的值
Please input 3 numbers: 1 22 333
$ echo $n1 $n2 $n3                                   # 显示这 3 个变量的值
1 22 333
$ read -p "Please input 2 strings: " s1 s2           # 提示输入两个变量的值
Please input 2 strings: centos ubuntu
$ echo $s1 $s2                                       # 显示这两个变量的值
centos ubuntu
$ read -p "Please input a line: " myline             # 提示输入一行字符串
```

```
Please input a line: I love Linux and all FLOSS.
$ echo $myline                        # 显示这个变量的值
I love Linux and all FLOSS.
```

### 10.1.3 Shell 的特殊变量和简单脚本举例

#### 1. Shell 特殊变量

前面在 2.3.1 节中已经介绍了环境变量和用户自定义变量，本节重点介绍在 Shell 脚本中经常使用的特殊变量。特殊变量通常是只读的，即用户只能使用其值而不能使用赋值语句改写其值。在 Shell 脚本中通常会使用条件测试与这些特殊变量结合进行判断，再根据判断结果进行不同的操作。

Shell 特殊变量主要包括如下两类。

（1）位置参数（Positional Parameters）

- 通过命令行给命令或脚本传递执行参数。
- 在调用 shell 函数时为其传递参数。
- 可用 shift 命令实现位置参数的迁移。

（2）专用参数（Special Parameters）

- bash 预定义的与进程状态相关的特殊变量。
- 用户不能修改其值。

提示

命令 shift [n] 用于将位置参量列表依次左移 n 次，默认为左移一次。一旦位置参量列表被移动，最左端的那个参数就会从列表中删除。命令 shift 经常与循环结构语句一起使用，以遍历每一个位置参数。

表 10-4 中列出了 Shell 的位置参数，表 10-5 中列出了 Shell 进程状态相关的特殊变量。

**表 10-4　Shell 的位置参数（位置变量）**

| 位 置 参 数 | 说　明 |
|---|---|
| $0 | 脚本名称 |
| $n | n 是大于或等于 1 的整数，表示第 n 个位置参数。当 n>9 时，要使用${n}的形式进行引用 |
| $# | 位置参数的个数 |
| $@、"$@" | 将每个位置参量看成单独的字符串（以空格间隔） |
| $* | 将所有位置参量看成一个字符串（以空格间隔） |
| "$*" | 将所有位置参量看成一个字符串（以 $IFS 间隔） |

**表 10-5　Shell 的进程状态特殊变量**

| 特 殊 变 量 | 说　明 |
|---|---|
| $$ | 当前进程的 PID |
| $! | 运行在后台的最后一个作业的 PID |
| $? | 在此之前执行的命令或脚本的返回值，0 表示成功，非 0 表示不同原因的失败 |
| $_ | 在此之前执行的命令或脚本的最后一个参数 |

**操作步骤 10.6**　Shell 特殊变量使用举例

请见下载文档“Shell 特殊变量使用举例”。

注意

每个命令都会返回一个退出状态码（也称返回状态）。成功的命令返回 0，而不成功的命令返回非零值。非零值通常都被解释成一个错误码。行为良好的 Linux 命令、程序和工具，都会返回 0 作为退出码以表示成功。

同样地，脚本中的函数和脚本本身也会返回退出状态码。在脚本或者是脚本函数中执行的最后的命令决定退出状态码。在脚本中，exit *n* 命令将会把退出状态码（*n*）传递给父 Shell（*n* 必须是十进制数，范围是 0～255)。

常用的错误码有：1 表示通用错误，如 0 作为除数等；126 表示命令或脚本没有执行权限；127 表示命令没有找到。

**2．简单脚本举例**

例 1：合理设置文件和目录的权限。

用户经常会遇到这样的问题，下载并解压一个 Zip 包文件后，发现其中的文件和目录不符合 Linux 的权限设置习惯。使用下面的脚本可以将某目录及其子目录的权限改为 755；将所有文件的权限改为 644。注意变量扩展${:?}的使用。

```
#!/bin/bash
# filename:  chmodall

USAGE="Usage: $0 <directory>"
DIR=${1:?"Error. $USAGE. You must specify a directory."}
find $DIR -type d -exec chmod 755 {} \;
find $DIR -type f -exec chmod 644 {} \;
```

例 2：编制一个脚本实现最小化安装后的基本配置。

下面的脚本用于最小化安装 CentOS 7 之后的基本配置。脚本虽长，但它是顺序结构，依次完成一系列的配置任务。注意脚本中使用 sed 替换及输出重定向修改配置文件的方法。

请见下载文档“简单脚本举例”。

### 10.1.4　Shell 脚本跟踪与调试

**1．使用 bash 参数调试脚本**

在 bash 命令行中使用参数，可以在脚本运行之前检查其语法是否正确，也可以在脚本运行时跟踪其运行过程。表 10-6 中列出了使用 bash 参数调试脚本的命令。

**表 10-6　使用 bash 参数调试脚本**

| 命　令 | 说　明 |
|---|---|
| bash **-n** <script_name> | 对脚本进行语法检查，通常在执行脚本之前先检查其语法是否正确 |
| bash **-v** <script_name> | 显示脚本中每个原始命令行及其执行结果 |
| bash **-x** <script_name> | 以调试模式执行脚本。对脚本中每条命令的处理过程为：先执行替换，然后显示，再执行命令 |

**2．在脚本中使用 set 命令调试脚本**

当脚本文件较长时，可以使用 set 命令指定调试一段脚本。在脚本中使用 set -x 命令开启调试模式；使用 set +x 命令关闭调试模式。例如：

```
#!/bin/bash
# Scriptname: greetings.sh
echo -e "Hello $LOGNAME, \c"
echo    "it's nice talking to you."
```

```
echo -n "Your present working directory is: " $(pwd)
set -x          ### 开启调试模式 （调试结束可注释此行）###
read -p "What is your name? "  name
echo "Hello $name"
set +x          ### 关闭调试模式（调试结束可注释此行） ###
echo -e "The time is `date +%T`!. \nBye"
echo
```

## 10.2 条件测试和分支结构

### 10.2.1 条件测试

**1. 测试语句**

在 bash 的各种流程控制结构中通常要进行各种测试，然后再根据测试结果执行不同的操作。测试语句语法如下：

```
格式 1：  test <测试表达式>
格式 2：  [ <测试表达式> ]
格式 3：  [[ <测试表达式> ]]
```

使用条件测试可以判断命令成功或失败、表达式为真或假。bash 中没有布尔类型，使用测试语句的退出状态码表示真假：0 表示命令成功或表达式为真；非 0 则表示命令失败或表达式为假。

提示

1. 格式 1 和格式 2 是等价的；格式 3 是扩展的 test 命令。
2. 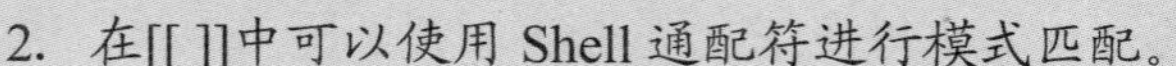在[[ ]]中可以使用 Shell 通配符进行模式匹配。
3. &&，||，<和>操作符能够正常存在于[[ ]]中，但不能在[]中出现。
4. [和[[之后的字符必须为空格，]和]]之前的字符必须为空格。
5. 要对整数进行关系运算，可以使用 Shell 的算术运算符(())进行测试。

**2. 文件测试操作符**

在书写测试表达式时，可以使用表 10-7 中的文件测试操作符。

表 10-7 文件测试操作符

| 操 作 符 | 说 明 | 操 作 符 | 说 明 |
|---|---|---|---|
| -e file | 文件是否存在 | -x file | 是否为可执行文件 |
| -f file | 是否为普通文件 | -O file | 测试者是否为文件的属主 |
| -d file | 是否为目录文件 | -G file | 测试者是否为文件的同组人 |
| -L file | 是否为符号链接文件 | -u file | 是否为设置了 SUID 的文件 |
| -b file | 是否为块设备文件 | -g file | 是否为设置了 SGID 的文件 |
| -c file | 是否为字符设备文件 | -k file | 是否为设置了粘贴位的文件 |
| -s file | 文件长度不为 0（非空文件） | file1 -nt file2 | file1 是否比 file2 新 |
| -r file | 是否为只读文件 | file1 -ot file2 | file1 是否比 file2 旧 |
| -w file | 是否为可写文件 | file1 -ef file2 | file1 是否与 file2 共用相同的 i-node（链接） |

### 3. 字符串测试操作符

在书写测试表达式时，还可以使用表 10-8 中的字符串测试操作符。

表 10-8　字符串测试操作符

| 操 作 符 | 说　　明 | 操 作 符 | 说　　明 |
|---|---|---|---|
| -z string | 测试字符串是否为空串 | string1 == string2 | 测试两个字符串是否相同 |
| -n string | 测试字符串是否为非空串 | string1 != string2 | 测试两个字符串是否不同 |

### 4. 整数二元比较操作符

在书写测试表达式时，还可以使用表 10-9 中的整数二元比较操作符。

表 10-9　整数二元比较操作符

| 操作符功能 | 相　　等 | 不　　等 | 大　　于 | 大于或等于 | 小　　于 | 小于或等于 |
|---|---|---|---|---|---|---|
| 在[]中使用 | -eq | -ne | -gt | -ge | -lt | -le |
| 在(())中使用 | == | != | > | >= | < | <= |

### 5. 使用逻辑操作符

使用表 10-10 中的逻辑连接符能实现复杂的条件测试。

表 10-10　逻辑连接符

| 操作符功能 | 实现"与"逻辑 | 实现"或"逻辑 | 实现"非"逻辑 |
|---|---|---|---|
| 在[]中使用 | -a | -o | ! |
| 在[[]]中使用 | && | \|\| | ! |

### 6. 条件测试操作符使用举例

下面的脚本使用 lftp 命令同步名为 iredmail 的 YUM 仓库。

```
#!/bin/bash
## Script Name: sync_iredmail_yum_repo.sh
USAGE="Usage: $0  5|6|[7] "
// 若位置参数的个数大于 1，则显示用法并退出
[ $# -gt 1 ]  && { echo $USAGE ; exit 1 ;}
DIST=${1:-7}                    # 若未输入命令行参数，则设置 DIST 变量的值为 7
# 若 DIST 的值不等于 5,6,7，则显示用法并退出
 (( $DIST= =5 || $DIST= =6 || $DIST= =7 )) || { echo $USAGE ; exit 2 ;}
# 设置同步源地址和本地目标目录
#SRC=http://iredmail.org/yum/rpms/$DIST/
SRC=http://106.187.51.47/yum/rpms/$DIST/
DST=/var/ftp/mirrors/iredmail/$DIST/
[ ! -e $DST ] && mkdir -p $DST    # 若目标目录不存在，则创建

EXCLUDE_ARCH="i386"
EXCLUDES="\"(${EXCLUDE_ARCH})|(repodata)\""

cd $DST
# 若使用 lftp 命令镜像失败，则显示错误信息并退出，lftp 的输出写入日志文件
lftp -e "set mirror:exclude-regex  $EXCLUDES   \
  && mirror  --delete  --only-newer  --verbose  && exit"  $SRC \
  &> /var/log/lftp_sync_iredmail_yum_repo.$(date +%F) \
 || { echo lftp mirror failed. ; exit 3;}
# 若名为 createrepo 的 RPM 包还未安装则将其安装
```

```
rpm -q createrepo &> /dev/null || yum -y install createrepo
# 若 createrepo 命令执行失败，则显示错误信息并退出
createrepo . > /dev/null || { echo createrepo failed. ; exit 4;}
cd -
```

## 10.2.2 if 语句

### 1. if 语句语法

if 语句实现一种分支结构，其语法如下：

```
if < condition1>             # 如果条件测试 condition 1 为真（返回值为 0）
then                         # 那么
   < commands 1>             # 执行语句块 commands 1
[elif < condition 2>         # 若条件测试 condition 1 不为真，而条件测试 condition 2 为真
then                         # 那么
   < commands 2>             # 执行语句块 commands 2
   ...              ]        # 可以有多个 elif ... then ... 语句块，也可以一个都没有
[else                        # else 语句块最多只能有一个，是最后的默认分支，也可以省略
   < commands n>  ]          # 执行语句块 commands n
fi                           # if 语句必须以 fi 终止
```

提示

1. elif 语句块可以有多个（0 个或多个）。
2. else 语句块最多只能有一个（0 个或 1 个）。
3. 条件测试可以是表达式，其值为 0 时表示条件测试为真，非 0 时为假。
4. 条件测试也可以是多个命令，以最后一个命令的退出状态为其值，0 时为真，非 0 时为假。
5. 语句块可以是一条命令、多条命令，也可以是空命令“:”（即冒号，该命令不做任何事，只返回一个退出状态 0）。

### 2. if 语句使用举例

例 1：本例对用户的输入内容判断并输出信息。

```
#!/bin/bash
## filename: areyouok.sh
echo "Are you OK ?"
read answer
# 在 if 的条件判断部分使用扩展的 test 语句 [[...]]
# 在 [[]] 中可以使用 Shell 的通配符进行条件匹配
if  [[ $answer = = [Yy]* || $answer = = [Mm]aybe ]]
then  echo "Glad to hear it."
fi
```

例 2：本例用于判断与特定主机（$1）的连通性。

```
#!/bin/bash
## filename: test-host-up-or-down.sh
if [ $1 -ne 1 ]
then
    echo "Usage: $0 <Hostname or IPaddr>"
    exit 1
fi
```

```
# if 的条件部分除了使用 test 语句，还可以使用普通的命令进行测试
# 当该命令正确执行（$?=0）返回真，否则（$?<>0）返回假
if  ping -c1 -w2 $1 &>/dev/null ;  then
    echo "$1 is UP."
else
    echo "$1 is DOWN."
fi
```

例 3：本例对用户输入的年龄进行判断并对不同的年龄段输出相应的信息。

```
#!/bin/bash
## filename: ask-age.sh
read  -p "How old are you?  "  age
# 使用 Shell 算术运算符(())进行条件测试
if ((age<0||age>120)); then
     echo "Out of range !"
     exit 1
fi
# 使用多分支 if 语句
if ((age>=0&&age<13)); then
     echo "Child !"
elif ((age>=13&&age<20)); then
     echo "Callan !"
elif ((age>=20&&age<30)); then
     echo "P III !"
elif ((age>=30&&age<40)); then
     echo "P IV !"
else
     echo "Sorry I asked."
fi
```

例 4：本例用于判断$1 是否与自己登录在同一台主机上。

```
#!/bin/bash
## filename: useronline.sh
# if 语句可以嵌套使用
if  [ $# -eq 1 ]  # 或 test $# -eq 1 或 [[ $#= =1 ]] 或 (($#= =1))
then
  if  who | grep ^$1 > /dev/null
  then   echo "$1 is active. "
  else   echo "$1 is not active. "
  fi
else
   echo "Usage: $0 <username>"
   exit
fi
```

### 10.2.3　case 语句

#### 1．case 语句语法

case 语句实现一种分支结构，其语法如下：

```
case expr in            # expr 为表达式，关键字 in 不要忘
  pattern1)             # 若 expr 与 pattern1 匹配，注意括号
    commands1           # 执行语句块 commands1
    ;;                  # 跳出 case 结构
  pattern2)             # 若 expr 与 pattern2 匹配
    commands2           # 执行语句块 commands2
    ;;                  # 跳出 case 结构
  ...                   # 可以有任意多个模式匹配块
  *)                    # 若 expr 与上面的模式都不匹配
    commands            # 执行语句块 commands
    ;;                  # 跳出 case 结构
esac                    #  case 语句必须以 esac 终止
```

提示

1. 表达式 expr 按顺序匹配每个模式，一旦有一个模式匹配成功，则执行该模式后面的所有命令，然后退出 case。

2. 如果 expr 没有找到匹配的模式，则执行默认值“ *) ”后面的命令块（类似于 if 语句中的 else 块）；“ *) 块”可以不出现。

3. 所给的匹配模式“patter?”中可以含有通配符和逻辑或“ | ”。

4. 除非特殊需要，否则每个命令块的最后必须有一个双分号“;;”（与 C 语言中 switch 分支结构的 break 语句功能一致），可以独占一行，或放在语句块最后一个命令的后面。

**2. case 语句使用举例**

例 1：根据用户的选择显示不同信息。

```
#!/bin/bash
## filename: what-lang-do-you-like.sh
echo "What is your preferred scripting language? "
read -p "1) bash 2) perl 3) python 4) ruby : "  lang
case $lang in
    1)   echo "You selected bash"      ;;
    2)   echo "You selected perl"      ;;
    3)   echo "You selected python"    ;;
    4)   echo "You selected ruby"      ;;
    *)   echo "I do not know !         ;;
esac
```

例 2：根据用户的选择显示不同信息（在 case 的匹配模式中使用通配符和逻辑或）。

```
#!/bin/bash
## filename: which-pi-do-you-like.sh
echo "Which is your preferred PI?
read -p "Arduino, pcDuino, RaspberryPi, Cubieboard, OrangePi, BananaPi:  " pi
case $pi in
    [Aa]*| [Pp]*)         echo "You selected Arduino/pcDuino ."                     ;;
    [Bb]*| [Cc]* |[Oo]*)  echo "You selected Cubieboard/Banana Pi/Orange Pi ."      ;;
    [Rr]*)                echo "You selected Raspberry Pi . "                       ;;
    *)                    echo “I don’t know which PI you like.”                    ;;
esac
```

# 10.3　循环结构

## 10.3.1　while 和 until 语句

### 1．while 和 until 语句语法

| 当型循环 | | 直到型循环 | |
|---|---|---|---|
| **while** condition<br>**do**<br>commands<br>**done** | 当条件测试 condition 为真（其退出码 $? 为 0）时执行循环体 commands，否则退出循环 | **until** condition<br>**do**<br>commands<br>**done** | 当条件测试 condition 为真（其退出码 $? 为 0）时结束循环，否则继续执行循环体 commands |

### 2．while 和 until 使用举例

例 1：计算 1～100 的和。

| 类　型 | 使用 Shell 传统语句 | 使用((...))实现 C 语言风格的表达式 |
|---|---|---|
| while 循环 | #!/bin/bash<br># filename: sum1to100_while_v1.sh<br>i=0 ; s=0<br>while [ $i -lt 100 ]<br>do<br>let "i = $i + 1" ; let "s = $s + $i"<br>done<br>echo 'sum(1..100)=' $s | #!/bin/bash<br># filename: sum1to100_while_v2.sh<br>((i=0,s=0))<br>while ((i<100))<br>do<br>((i++,s+=i))<br>done<br>echo 'sum(1..100)=' $s |
| until 循环 | #!/bin/bash<br>## filename: sum1to100_until_v1.sh<br>i=0 ; s=0<br>until [ $i -eq 100 ]<br>do<br>let "i = $i + 1" ; let "s = $s + $i"<br>done<br>echo 'sum(1..100)=' $s | #!/bin/bash<br>## filename: sum1to100_until_v2.sh<br>((i=0,s=0))<br>until ((i==100))<br>do<br>((i++,s+=i))<br>done<br>echo 'sum(1..100)=' $s |

例 2：本例是一个猜数程序，直至猜中才退出。

```
#!/bin/bash
## filename: guess_number.sh
# 对被猜的数 num 进行赋值
# $RANDOM 是一个系统随机数的环境变量，模 100 运算用于生成 1～100 的随机整数
num=$((RANDOM%100))
# 使用永真循环、条件退出的方式接收用户的猜测并进行判断
while [ 1 ]        # 或 (( 1 )) 或空语句 :
do
    read  -p  "Please input a number [1..100]: "  user_num
    if [ $user_num -lt $num ]; then
        echo "The number you inputed is less then my NUMBER."
    elif [ $user_num -gt $num ]; then
        echo "The number you inputed is greater then my NUMBER."
    elif [ $user_num -eq $num ]; then
        echo "Congratulate: my NUMBER is $num."
        break
    fi
done
```

注意

bash 提供了两个循环控制语句。

- break：用来跳出循环，继续执行 done 之后的语句。
- continue：只会跳过本次循环，忽略本次循环剩余的代码，进入循环的下一次迭代。

例3：为指定用户发送在线消息。若用户不在线（未登录系统），则每隔 10 分钟试一次，直至用户登录系统后再发送消息。用户名和消息通过位置参数传递给脚本。

```
#!/bin/bash
## filename: until-user_online_to_write.sh
username=$1
if [ $# -lt 1 ] ; then
  echo "Usage: `basename $0`  <username>  [<message>]"
  exit 1
fi
if grep "^$username:" /etc/passwd > /dev/null ; then   :
else
  echo "$username is not a user on this system."
  exit 2
fi
until who|grep "$username" > /dev/null ; do
    echo "$username is not logged on."
    sleep 600
done
shift ; msg=$*
[[ X"$msg" = = "X" ]] && msg="Hello, $username"
echo "$msg" | write $username
```

例 4：使用 while 循环处理文本文件。

在 Shell 编程中经常要逐行处理文本文件，对每一行内容实施循环处理，可以使用 while 循环配合 read 语句做循环条件来实现。每当 read 语句读到按〈Enter〉键就执行一次循环体，当 read 语句读到文件尾后会读到“空”，使 read 语句的状态返回码为非 0，从而结束循环。

| 处 理 方 式 | 对 while 语句使用输入重定向读取文本文件 | 将文本文件的内容通过管道传给 while 语句 |
|---|---|---|
| 整行处理 | while **read** line<br>do<br>    echo $line<br>done < **filename** | **cat filename** \| while **read** line<br>do<br>    echo $line<br>done |
| 区分字段处理 | while **read** field1 filed2 filed3<br>do<br>    echo $field1 , $filed2 , $filed3<br>done < **filename** | **cat filename** \|while **read** field1 filed2 filed3<br>do<br>    echo $field1 , $filed2 , $filed3<br>done |

下面的脚本从文本文件/root/users 读取用户名和 E-mail 地址，为每个用户设置 samba 用户口令，然后为其发送 E-mail 通知，同时生成一个包含用户口令的文件/root/pws 以备管理员日后查询。

```
# cat /root/users
dingyi dingyige@163.com
#wanger wang2@tom.com
zhangshan zhs@126.com
lisi li4@msn.com
#!/bin/bash
```

```
## filename: chsmbpasswd.sh
cp /dev/null /root/pws                              # 清空文件 /root/pws
rpm -q pwgen &> /dev/null || yum -y install pwgen   # 若 pwgen 包未安装就将其安装
grep -v "^#" /root/users | while read user email
do
    pass=${pwgen -1 12}                        # 生成一个 12 个字符的随机口令
    grep ^$user /etc/passwd &> /dev/null || useradd $user
                                               # 与 samba 用户同名的系统用户不存在就创建
    (echo $pass; echo $pass ) | smbpasswd -s -a $user  # 设置用户的 samba 口令
    ( echo "Hello $user ,"                     # 为用户发送提醒邮件
     echo "  Your samba passwd has changed to $pass ."
     echo "  on \"$(hostname)\" as on \"$(date +%F_%T)\"."
    )| mail -s "Alert: Your Samba Passwd Has Changed." $email
    echo $user $mail $pass >> /root/pws
done
chmod 600 /root/pws
```

## 10.3.2 for 语句

### 1. for 语句语法

| foreach 型循环 | | C 语言型 for 循环 | |
|---|---|---|---|
| **for** variable in List<br>**do**<br>commands<br>**done** | 先将列表 list 的第 1 个值赋给变量 variable 后执行循环体 commands；再将列表 list 的第 2 个值赋给变量 variable 后执行循环体 commands；如此循环，直到 list 中的所有列表元素值都已用完终止循环 | **for** (( expr1; expr2; expr3 ))<br>**do**<br>commands<br>**done** | 首先仅执行一次 expr1。执行 expr2，其值为假时，终止循环；其值为真时执行循环体 commands，执行一次 expr3，进入下一次循环 |
| （1）循环执行的次数取决于列表 list 中元素的个数<br>（2）此结构中 in List 可省略，省略时相当于 in "$@" | | 此结构用于计数型循环时最方便 | |

### 2. for 语句使用举例

例 1：使用字面常量列表作为 List。

```
#!/bin/bash
## filename: for1--constant_as_list.sh
# 使用字面列表作为 List
for x in centos ubuntu gentoo opensuse
do
  echo "$x"
done
# 若列表项中包含空格则必须使用引号括起来
for x in Linux "Gnu Hurd" FreeBSD "Mac OS X" ; do  echo "$x" ; done

for x in ls "df -Ph" "du -sh"
do  echo "= =$x= =" ; eval $x ;  done
```

例 2：使用变量列表作为 List。

```
#!/bin/bash
## filename: for2--variable_as_list.sh
# 使用变量作为 List
i=1; weekdays="Mon Tue Wed Thu Fri"
```

```
for day in $weekdays ; do
  echo "Weekday $((i++)) : $day"
done
```

例 3：使用位置参数$@作为 List。

```
#!/bin/bash
## filename: for3--pp_as_list.sh
# 使用位置参数变量 $@ 作为 List, in $@可以省略
i=1
for day ; do
  echo -n "Positional parameter $((i++)): $day "
  case $day in
    [Mm]on|[Tt]ue|[Ww]ed|[Tt]hu|[Ff]ri)     echo " (weekday)" ;;
    [Ss]at|[Ss]un)                          echo " (WEEKEND)" ;;
    *)                                      echo " (Invalid weekday)" ;;
  esac
done
```

执行如下命令测试脚本：

```
$ ./for3--pp_as_list.sh  Mon Tue wed Thu Fri sat Sun lundi
```

例 4：使用文件名作为 List。

```
#!/bin/bash
# filename: for4--filenames_as_list.sh
# 功能：成批修改文件扩展名
# 将当前目录下所有以（$1）为后缀的文件改为以（$2）为后缀的文件
if [ $# -eq 2 ]; then
  for fn in *.$1 ; do
    mv "$fn" "${fn%${1}}${2}"            # 或 mv "$fn" "${fn/%.${1}/.${2}}"
  done
else
 echo "Usage: $0 <SUFFIX1> <SUFFIX2>"
 echo "Exmaple: $0 txt doc"
fi
```

例 5：使用命令的执行结果作为 List。

```
#!/bin/bash
## filename: for5--command_output_as_list.sh
# 使用命令的执行结果作为 List
i=1
for username in `awk -F: '{print $1}' /etc/passwd`
do  echo "Username $((i++)) : $username"  ; done

for line in $(egrep -v "^$|^#" files.txt) ; do  echo "$line"  ; done

for suffix in $(seq 254) ; do ping -c 1 "192.168.0.${suffix}"  ; done
```

如要生成序列，可以使用 seq 语句或大括号表达式，使用方法如表 10-11 所示。

表 10-11　seq 语句与大括号表达式

| | 语　法 | 举　例 | 说　明 |
|---|---|---|---|
| seq 语句 | seq n | seq 10 | 生成序列 [1..n]，步长为 1 |
| | seq m n | seq 0 9 | 生成序列 [m..n]，步长为 1 |
| | seq m s n | seq 10 3 20 | 生成序列 [m..n]，步长为 s |
| 大括号表达式 | {m..n} | {1..10}、{a..h}<br>{10..1}、{h..a} | 生成序列 [m..n]，若 m>n 步长为 1<br>生成序列 [m..n]，若 n>m 步长为 -1 |
| | {m..n..s} | {1..10..3}、{a..h..3}<br>{10..1..3}、{h..a..3} | 生成序列 [m..n]，若 m>n 步长为 s<br>生成序列 [m..n]，若 n>m 步长为 -s |

提示

使用大括号表达式生成序列比 seq 语句提供了更多功能：
- 大括号表达式能生成字符序列，而 seq 不能。
- 大括号表达式能生成逆序序列，而 seq 不能。

例 6：成批添加 50 个用户，使用 foreach 语言风格的 for 语句。

```
#!/bin/bash
## filename: addusers_foreach.sh
for x in 0{1..9} {10..50} ; do
    useradd user${x}
    echo "centos"|passwd --stdin user${x}
    chage -d 0  user${x}
done
```

例 7：成批添加 50 个用户，使用 C 语言风格的 for 语句。

```
#!/bin/bash
## filename: addusers_cfor.sh
for (( num=1; num<=50; num++ )) ; do
    if ((num<10));  then  st="st0$num" ;  else st="st$num"  ; fi
    useradd $st
    echo "centos"|passwd --stdin  $st
    chage -d 0  $st
done
```

例 8：查看哪些 systemd 的目标可以使用 systemctl isolate 命令进行隔离。

```
#!/bin/bash
## filename: list-can-isolate-targets.sh
## 可将整个循环语句块看作一个整体，将其处理结果通过管道传递给其他命令继续处理
for tg in $(systemctl list-unit-files -t target|fgrep .target|awk '{print $1}')
do
   echo "$tg = => $(systemctl show --property "AllowIsolate" $tg)"
done |grep 'AllowIsolate=yes'
```

例 9：测试当前主机与 192.168.0/24 内每台主机的连通性。

```
#!/bin/bash
## filename: test-localnet-host_up-or-down.sh
for ipsuffix  in $(seq 254) ;  do
    ip=192.168.0.${ipsuffix}
        if  ping -c1 -w2  $ip &>/dev/null
        then  echo "$ip is UP."
        else  echo "$ip is DOWN."
```

```
    fi
done
```

例 10：使用嵌套循环收集 3 个网段内所有在线主机的公钥。

```
#!/bin/bash
## filename: for--ssh-keyscan_from_ips.sh
# for 语句可嵌套
for i in 0 1 2 ; do
  for suffix in {1..254} ; do
    ip=192.168.$i.${suffix}
    if  ping -c1 -w2  $ip &>/dev/null
    then
       ssh-keyscan -t rsa,ecdsa,ed25519  $ip >> ~/.ssh/known_hosts
    else
       echo "Host ($ip) is DOWN."
    fi
  done
done
```

### 10.3.3 select 语句

**1．select 语句语法**

select 语句实现一种菜单循环结构，其语法如下：

```
select variable in List    # 将列表中的每一个菜单项之前添加一个从 1 开始的序号依次呈现给用户
     # 显示环境变量 PS3 的值 （其中存放了引导用户输入的提示信息），让用户选择菜单项
     # 用户选择的菜单序号存在变量 RELAY 中，对应的 List 菜单项的内容存放在 variable 变量中
do                   # 用户每选择了一个菜单项之后会进入循环体
   <commands >       # 执行语句块 commands
done                 # 本次循环结束，重新进入下一次菜单选择循环
```

提示

1. List 列表的菜单项间隔符由环境变量 IFS 决定。
2. 按数值顺序排列的菜单项会显示到标准错误输出（默认为显示器）。
3. 用户直接按〈Enter〉键将重新显示菜单。
4. 与 for 循环类似，省略 in list 时等价于 in "$*"。
5. select 语句是个无限循环，通常要配合 case 语句处理不同的选单及退出。可以按〈Ctrl+C〉键退出 select 循环，也可以在循环体内用 break 命令退出循环或用 exit 命令终止脚本执行。

**2．select 语句使用举例**

例 1：在 select 循环体内根据菜单项内容处理菜单。

```
#!/bin/bash
## filename: what-lang-do-you-like_menu_select.sh
clear
PS3="What is your preferred scripting language?  "
select s in bash perl python ruby '(quit)'
do
  case $s in
    bash|perl|python|ruby)     echo "You selected $s ."  ;;
          '(quit)')            break              ;;
```

```
            *)              echo "You selected error , retry …"  ;;
  esac
done
```

例 2：在 select 循环体内根据菜单项序号处理菜单。

```
#!/bin/bash
## filename: what-vpn-do-you-want.sh
clear
PS3="What VPN do you want ? "
IFS='|'
vpn="IPsec VPN|SSL VPN|PPTP VPN|Quit"
software="libreswan openvpn pptpd"
select type in $vpn
do
  case $REPLY in
    1|2|3)     echo "You selected $type, please install \"$(echo $software |cut -d' ' -f $REPLY) \"."  ;;
        *)     exit ;;
  esac
done
```

## 10.4　函数

### 10.4.1　函数的概念

**1．函数及其用途**

bash 提供了子程序调用的功能，即函数。通常在如下情况使用函数。

- 简化程序代码，实现脚本代码重用。一次定义多次调用。
- 实现结构化编程，将一个大型脚本的动作划分为多个组，每个组定义为一个函数，从而增强脚本的可读性。
- 为了加快任务的运行，管理员可以将常用的功能定义为多个函数，并将其保存在一个文件中（类似其他语言的“模块”），然后在~/bashrc 或在命令行使用 source（.）命令调用这个文件，这样所定义的函数就被调入内存，从而加快运行速度。

**2．函数的定义和调用**

使用函数之前必须先定义，函数的定义语法如下。

```
[function] name() {         # function 关键字可以省略， name 为函数名
    commands                # 函数体
}                           # 函数体用{ }括起来
```

提示

函数和调用它的主程序可以保存在同一个文件中，函数的定义必须出现在调用之前；函数和调用它的主程序也可以保存在不同的文件中，保存函数的文件必须先使用 source 命令执行，之后才能调用其中的函数。

执行函数的方法与执行 Shell 命令无异，即直接调用函数名 name 即可。

```
name [参数 1] [参数 2] [参数 n]                # 参数可以省略
```

任何传递至函数的参数可以加在 name 的后面，既可以在 Shell 脚本中调用（函数需

先定义而后调用）；也可以在命令行上直接调用（定义函数的文件需先使用 source 命令加载）。

> 提示
> 1. 调用函数时，使用位置参数的形式为函数传递参数。
> 2. 函数内的$1-${n}、$* 和 $@ 表示其接收的参数。
> 3. 函数调用结束后，位置参数 $1～${n}、$* 和 $@ 将被重置为调用函数之前的值。
> 4. 在主程序和函数中，$0 始终代表脚本名。

下面是两个定义和调用函数的例子。

例 1：计算若干正整数的最大值。

| 使用全局变量返回函数值 | 通过标准输出返回函数值 |
| --- | --- |
| #!/bin/bash<br>## filename: function_max_v1.sh<br># User define Function (UDF)<br>usage () {<br>  echo "List MAX of the positive integers in command line. "<br>  echo "Usage: \`basename $0\` <n1> <n2> [ <n3> ... ]"<br>  exit<br>}<br>max () {<br>  [[ -z $1 \|\| -z $2 ]] && usage<br>  largest=0<br>  for i ; do   ((i>largest)) && largest=$i ; done<br>}<br>### Main script starts here ###<br>max "$@"<br>echo "The largest of the numbers is $largest." | #!/bin/bash<br>## filename: function_max_v2.sh<br># User define Function (UDF)<br>usage () {<br>  echo "List MAX of the positive integers in command line. "<br>  echo "Usage: \`basename $0\` <n1> <n2> [ <n3> ... ]"<br>  exit<br>}<br>max () {<br>  [[ -z $1 \|\| -z $2 ]] && usage<br>  largest=0<br>  for i ; do   ((i>largest)) && largest=$i ; done<br>  echo $largest<br>}<br>### Main script starts here ###<br>echo "The largest of the numbers is ${max "$@"}." |

运行脚本进行测试：

```
$ chmod +x function_max_v{1,2}.sh
$ ./function_max_v1.sh  12 345 78 987
$ ./function_max_v2.sh  12 345 78 987
```

> 提示
> 1. 在版本 v1 的脚本中，变量 largest 未声明为局部变量，所以其作用域为当前脚本（调用函数的主程序）和 max 函数，即在主程序和 max 函数中操作的是同一个 largest 变量（其变量地址相同），所以在主程序中也可以使用函数中定义的 largest 变量值。
> 2. 在版本 v2 的脚本中，max 函数最后使用 echo 命令将变量 largest 的值送到标准输出，在主程序中使用命令替换${max "$@"}获取函数的值。

例 2：编写登录系统后便可使用的用户自定义函数。

首先编辑存储用户自定义函数的文件 /root/bin/_function。

```
servicectl_usage () {
  echo "Usage: servicectl <service-name> <start|stop|restart|reload|status>" ; return 1
}

chk_centos_ver () {
  grep "CentOS.*release 7." /etc/centos-release &> /dev/null && echo "7"
  grep "CentOS.*release 6." /etc/centos-release &> /dev/null && echo "6"
  grep "CentOS.*release 5." /etc/centos-release &> /dev/null && echo "5"
}
```

```
servicectl () {
  [[ -z $1 || -z $2 ]] && servicectl_usage
  [ $(chk_centos_ver) = = "7" ] && systemctl $2 ${1}.service || service $1 $2
}
```

然后执行如下命令在当前 Shell 中加载可执行的函数文件 /root/bin/_function。

```
# chmod +x /root/bin/_function
# source /root/bin/_function
```

执行如下命令测试函数。

```
# servicectl crond stop
# servicectl crond start
```

为了在每次登录时都能使用用户自定义的函数，需执行如下命令。

```
# echo 'source /root/bin/_function' >> ~/.bashrc
```

提示

当函数的最后一条命令执行结束后函数即结束。函数的返回值就是最后一条命令的退出状态码，其返回值被保存在系统变量$?中。

用户可以使用 return 或 exit 命令显式地结束函数，区别在于 return 命令结束函数的执行，而 exit 命令会中断当前函数及调用它的 Shell 的执行。return 和 exit 命令还可以使用一个参数指定返回值，如 return 1。

### 10.4.2　函数使用举例

下面的脚本用于收集系统信息，并以菜单形式供用户选择显示哪类信息。
请见下载文档“函数使用举例”。

## 10.5　思考与实验

**1．思考**

（1）Shell 脚本的成分有哪些？通常在何种情况下使用函数？
（2）试比较 []、[[]]、(()) 在条件测试中的异同。
（3）什么是位置参数？shift 命令的功能有哪些？
（4）循环控制语句 break 和 continue 的功能是什么？

**2．实验**

（1）学会使用 Shell 提供的各种流程控制语句。
（2）录入、运行并调试本章的例程。

**3．进一步学习**

参考如下网址，学习、运行并调试其中的例子。
（1）Bash Guide for Beginners（http://tldp.org/LDP/Bash-Beginners-Guide/html/）。
（2）Advanced Bash-Scripting Guide（http://tldp.org/LDP/abs/html/）。
（3）Linux Shell Scripting Tutorial (LSST) v2.0　（http://bash.cyberciti.biz/guide/）。

# 第3篇　网络服务篇

# 第 11 章 DHCP 服务和 DNS 服务

本章首先介绍 DHCP 的相关概念，接着介绍 DHCP 服务和 DHCP 中继代理的配置方法，然后介绍 DNS 的相关概念，再介绍 BIND 的安装和配置语法，最后分别介绍唯高速缓存服务器、主域名服务器、辅助域名服务器和 DNS 转发器的配置方法。

## 11.1 DHCP 服务

### 11.1.1 DHCP 简介

**1. 什么是 DHCP**

DHCP（Dynamic Host Configuration Protocol）动态主机配置协议是 TCP/IP 协议簇中的一种，主要是用来给网络客户机分配动态的 IP 地址。DHCP 是由因特网工程任务组（IETF）设计的，详尽的协议内容可参考 RFC2131 和 RFC1541。DHCP 的前身是 BOOTP（引导协议）。BOOTP 原本是用于无磁盘主机连接的网络上，网络主机使用 BOOT ROM 而不是磁盘启动并连接网络，BOOTP 则可以自动地为那些主机设定 TCP/IP 环境。但 BOOTP 有一个缺点：在设定前须事先获得客户端的硬件地址，而且与 IP 的对应是静态的。因此，BOOTP 非常缺乏“动态性”，若在有限的 IP 资源环境中，BOOTP 的一对一对应会造成非常可观的 IP 浪费。DHCP 可以说是 BOOTP 的增强版本，由服务器端和客户端两部分组成。所有的 IP 网络参数（包括 IP 地址、网关和 DNS 服务器地址等）都由 DHCP 服务器集中管理，并负责处理客户端的 DHCP 要求；而客户端则会使用从服务器分配的 IP 网络参数。与 BOOTP 相比，DHCP 透过“租约”的概念，有效且动态地分配客户端的 IP 网络参数。而且，考虑到兼容性，DHCP 也完全照顾了 BOOTP 客户的需求。

使用 DHCP 管理基于 TCP/IP 网络的好处如下。

1）DHCP 避免了由于需要手动在每个计算机上输入值而引起的配置错误。DHCP 还有助于防止由于在网络上配置新的计算机时重新使用以前已分配的 IP 地址而引起的地址冲突。

2）使用 DHCP 服务器可以大大降低用于配置和重新配置网上计算机的时间。可以配置服务器以在分配地址租约时提供全部的其他配置值（如网关地址、DNS 服务器的地址等）。这些值是使用 DHCP 选项分配的。

3）DHCP 租约续订过程有助于确保客户端计算机配置需要经常更新的情况（如使用移动或便携式计算机频繁更改位置的用户），通过客户端计算机直接与 DHCP 服务器通信可以高效、自动地进行这些更改。

**2．DHCP 的相关概念**

本质上，DHCP 负责管理两种基本数据：租用地址（已分配的 IP 地址）和地址池中的地址（可用的 IP 地址）。下面介绍几个相关概念。

1）DHCP 客户：是指一台通过 DHCP 服务器获得网络配置参数的主机，通常是不同的客户机或工作站。

2）DHCP 服务器：是指提供网络配置参数给 DHCP 客户的主机。

3）作用域：是指一个网络中的所有可分配的 IP 地址的连续范围。作用域主要用来定义网络中单一的物理子网的 IP 地址范围。作用域是服务器用来管理分配给网络客户的 IP 地址的主要手段。

4）超级作用域：是指一组作用域的集合，用来实现同一个物理子网中包含多个逻辑 IP 子网的情况。在超级作用域中只包含一个成员作用域或子作用域的列表。然而超级作用域并不用于设置具体的范围。子作用域的各种属性需要单独设置。

5）排除范围：是指作用域内从 DHCP 服务中排除的有限 IP 地址序列。排除范围确保在这些范围内的任何地址都不由 DHCP 服务器分配给 DHCP 客户机。

6）地址池：定义 DHCP 作用域并应用排除范围之后，剩余的地址在作用域内形成可用地址池。地址池内的地址由 DHCP 服务器在网络上动态指派给 DHCP 客户机。

7）保留：指通过 DHCP 服务器的永久地址租约指派。保留确保了子网上指定的硬件设备始终可使用相同的 IP 地址。

8）租用：是指 DHCP 客户从 DHCP 服务器上获得并临时占用某 IP 地址的过程。

9）租约：是指客户机可使用的被 DHCP 服务器指派的 IP 地址的时间长度，在这个时间范围内客户机可以使用所获得的 IP 地址。当客户机获得 IP 地址时租约被激活。在租约过期之前，客户机一般需要通过服务器更新其地址租约。当租约期满或在服务器上删除时租约停止。租约期限决定租约何时期满以及客户需要用服务器更新的次数。

10）DHCP 中继代理：是指在 DHCP 服务器和 DHCP 客户之间转发 DHCP 消息的主机或路由器。若要使用 DHCP 服务器支持跨越多重路由的子网，则路由器可能需要硬件升级。路由器必须支持 RFC1533、RFC1534、RFC1541 和 RFC1542。

**3．DHCP 的工作过程**

（1）DHCP 客户首次获得 IP 租约

DHCP 客户首次获得 IP 租约，需要经过 4 个阶段与 DHCP 服务器建立联系，如图 11-1 所示。

1）IP 租用请求：DHCP 客户机启动计算机后，通过 UDP 端口 67 广播一个 DHCPDISCOVER 信息包，向网络上的任意一个 DHCP 服务器请求提供 IP 租约。

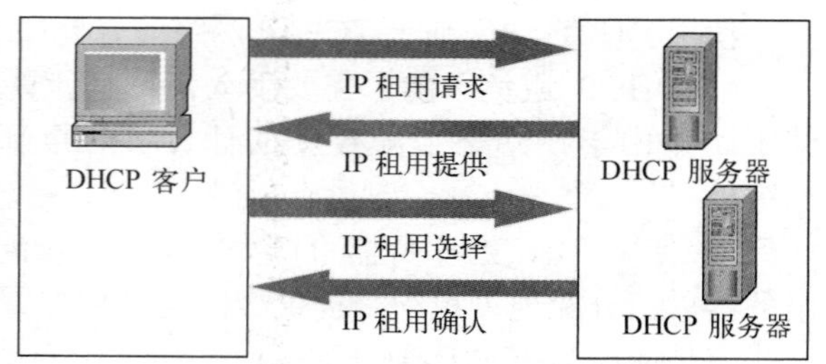

图 11-1　DHCP 的工作过程

2）IP 租用提供：网络上所有的 DHCP 服务器均会收到此信息包，每台 DHCP 服务器通过 UDP 端口 68 给 DHCP 客户机回应一个 DHCPOFFER 广播包，提供一个 IP 地址。

3）IP 租用选择：客户机从不止一台 DHCP 服务器接收到提供之后，会选择第一个收到的 DHCPOFFER 包，并向网络中广播一个 DHCPREQUEST 消息包，表明自己已经接受了一个 DHCP 服务器提供的 IP 地址。该广播包中包含所接受的 IP 地址和服务器的 IP 地址。

4）IP 租用确认：被客户机选择的 DHCP 服务器在收到 DHCPREQUEST 广播后，会广播返回给客户机一个 DHCPACK 消息包，表明已经接受客户机的选择，并将这一 IP 地址的合法租用以及其他的配置信息都放入该广播包发给客户机。

客户机在收到 DHCPACK 包后，会使用该广播包中的信息来配置自己的 TCP/IP，则租用过程完成，客户机可以在网络中通信。

（2）DHCP 客户进行 IP 租约更新

取得 IP 租约后，DHCP 客户机必须定期更新租约，否则当租约到期，就不能再使用此 IP 地址。按照 RFC 的默认规定，每当租用时间超过租约的 50%和 87.5%时，客户机就必须发出 DHCPREQUEST 信息包，向 DHCP 服务器请求更新租约。在更新租约时，DHCP 客户机是以单点传送方式发出 DHCPREQUEST 信息包，不再进行广播。

具体过程如下。

1）在当前租期已过去 50%时，DHCP 客户机直接向为其提供 IP 地址的 DHCP 服务器发送 DHCPREQUEST 消息包。如果客户机接收到该服务器回应的 DHCPACK 消息包，客户机就根据包中所提供的新的租期以及其他已经更新的 TCP/IP 参数，更新自己的配置，IP 租用更新完成。如果没收到该服务器的回复，则客户机继续使用现有的 IP 地址，因为当前租期还有 50%。

2）如果在租期过去 50%时未能成功更新，则客户机将在当前租期过去 87.5%时再次联系向其提供 IP 地址的 DHCP。如果联系不成功，则重新开始 IP 租用过程。

3）DHCP 客户机重新启动时，将尝试更新上次关机时拥有的 IP 租用。如果更新未能成功，客户机将尝试联系现有 IP 租用中列出的默认网关。如果联系成功且租用尚未到期，客户机则认为自己仍然位于与它获得现有 IP 租用时相同的子网上（没有被移走）继续使用现有 IP 地址。如果未能与默认网关联系成功，客户机则认为自己已经被移到不同的子网上，则 DHCP 客户机将失去 TCP/IP 网络功能。此后，DHCP 客户机将每隔 5 分钟尝试一次重新开始新一轮的 IP 租用过程。

### 11.1.2　CentOS 7 的 DHCP 服务

#### 1．安装 DHCP 服务

RHEL/CentOS 7 中提供了与 DHCP 服务相关的 RPM 包，若当前系统中还未安装，可以使用如下命令安装。

```
# yum install dhcp
```

#### 2．与 DHCP 服务相关的文件

表 11-1 中列出了与 DHCP 服务相关的文件。

表 11-1　与 DHCP 服务相关的文件

| 分　类 | 文　件 | 说　明 |
|---|---|---|
| 守护进程 | /usr/sbin/dhcpd | DHCP 服务守护进程 |
| | /usr/sbin/dhcrelay | DHCP 中继代理守护进程 |

（续）

| 分　类 | 文　件 | 说　明 |
|---|---|---|
| systemd 的服务配置单元 | /usr/lib/systemd/system/dhcpd.service | dhcpd 服务单元配置文件 |
| | /usr/lib/systemd/system/dhcpd6.service | dhcpd6 服务单元配置文件 |
| | /usr/lib/systemd/system/dhcrelay.service | dhcrelay 服务单元配置文件 |
| 配置文件 | /etc/dhcp/dhcpd.conf | 主配置文件（IPv4） |
| | /etc/dhcp/dhcpd6.conf | 主配置文件（IPv6） |
| 租约文件 | /var/lib/dhcpd/dhcpd.leases | DHCP 的租约文件（IPv4） |
| | /var/lib/dhcpd/dhcpd6.leases | DHCP 的租约文件（IPv6） |
| 文档 | /usr/share/doc/dhcp-4.2.5/dhcpd.conf.example | 主配置文件模板（IPv4） |
| | /usr/share/doc/dhcp-4.2.5/dhcpd6.conf.example | 主配置文件模板（IPv6） |
| | /usr/share/doc/dhcp-common-4.2.5/References.txt | ISC DHCP References Collection |

### 11.1.3　DHCP 服务的配置

**1．DHCP 服务配置文件中的 3 类陈述**

- 声明：描述网络的布局，描述客户，提供客户的地址，或把一组参数应用到一组声明中。
- 参数：表明如何执行任务，是否要执行任务，或将哪些网络配置选项发送给客户。
- 选项：配置 DHCP 的可选参数，以 option 关键字开头。

**2．DHCP 服务配置文件中的声明**

表 11-2 中列出了 DHCP 配置文件中常用的声明及其解释。

**表 11-2　DHCP 配置文件中的声明**

| 声　明 | 语　法 | 说　明 |
|---|---|---|
| shared-network | shared-network name {<br>[ parameters ]<br>[ declarations ]<br>} | 用于告知 DHCP 服务器某些 IP 子网其实是共享同一个物理网络，在此声明中可以使用多个 subnet 声明多个逻辑子网络 |
| subnet | subnet subnet-number netmask netmask {<br>[ parameters ]<br>[ declarations ]<br>} | 用于提供足够的信息来阐明一个 IP 地址是否属于该子网 |
| range | range [ dynamic-bootp ] low-address [ high-address]; | 在任何一个需要动态分配 IP 地址的 subnet 语句里，至少要有一个 range 语句，用于说明要分配的 IP 地址范围 |
| host | host hostname {<br>[ parameters ]<br>[ declarations ]<br>} | 为特定的 DHCP 客户机提供 IP 网络参数 |
| group | group {<br>[ parameters ]<br>[ declarations ]<br>} | 为一组参数提供声明 |
| class | class "class-name" {<br>match if <conditional evaluation> ;<br>[ parameters ]<br>} | 为满足条件测试的一类 DHCP 客户命名兼或配置 |

**3．DHCP 服务配置文件中的参数**

表 11-3 中列出了 DHCP 配置文件中常用的参数及其解释。

表 11-3 DHCP 配置文件中的参数

| 参　数 | 语　法 | 说　明 |
| --- | --- | --- |
| ddns-update-style | ddns-update-style <ad-hoc\|interim\|none>; | 配置 DHCP-DNS 互动更新模式 |
| default-lease-time | default-lease-time <time>; | 指定默认地址租期（单位为秒） |
| max-lease-time | max-lease-time <time>; | 指定最长的地址租期（单位为秒） |
| hardware | hardware <hardware-type> <hardware-address>; | 指定硬件接口类型及硬件地址 |
| fixed-address | fixed-address <address>; | 为 DHCP 客户指定 IP 地址 |
| filename | filename <"filename">; | 指定启动时载入的初始启动文件 |
| next-server | next-server <name or ip> ; | 指定初始启动文件存放的主机 |

### 4. DHCP 服务配置文件中的选项

表 11-4 中列出了常用的选项及其解释。

表 11-4 DHCP 配置文件中的选项

| 选　项 | 语　法 | 说　明 |
| --- | --- | --- |
| domain-name | option domain-name string; | 为客户指明 DNS 名字 |
| domain-name-servers | option domain-name-servers ip-address [, ip-address... ]; | 为客户指明 DNS 服务器的 IP 地址 |
| host-name | option host-name string; | 为客户指定主机名 |
| time-offset | option time-offset int32; | 为客户设置与格林威治时间的偏移（秒） |
| ntp-servers | option ntp-servers ip-address [, ip-address... ]; | 为客户设置网络时间服务器的 IP 地址 |
| routers | option routers ip-address [, ip-address... ]; | 为客户设置默认网关 |
| subnet-mask | option subnet-mask ip-address; | 为客户设置子网掩码 |
| broadcast-address | option broadcast-address ip-address; | 为客户设置广播地址 |

提示

选项既可以出现在不同的声明（除了 range）之中，也可以出现在声明之外作为 DHCP 服务器的默认选项。当在不同的范围内使用了相同的选项且配置值不同时，作用范围越小的优先级越高。

### 5. 基本的 DHCP 服务器配置举例

下面的操作步骤配置用于在局域网中提供 DHCP 服务，要求实现如下功能：

- 默认租约时间为 18 000 秒；最大租约时间为 36 000 秒。
- 局域网内所有主机的域名为 olabs.lan。
- 客户机使用的 DNS 服务器的 IP 地址是 192.168.0.1 和 192.168.0.251。
- 在子网 192.168.0.0/24 中用于动态分配的 IP 地址范围从 192.168.0.100～192.168.0.199，所分配的 IP 地址的子网掩码是 255.255.255.0，默认网关地址是 192.168.0.1。
- 在子网 192.168.0.0/24 中有名为 cent7h2 的服务器主机，需要固定分配 IP 地址 192.168.0.250，该服务器网络接口的 MAC 地址是 00:A0:78:8E:9E:AA，cent7h2 主机的其他配置内容使用所在子网的默认配置。
- 在子网 192.168.0.0/24 中有一台提供 TFTP 服务的服务器 192.168.0.252，且 PXE 的启动引导器为 linux-install/pxelinux.0。

**操作步骤 11.1** DHCP 服务器配置举例

```
// 1. 创建 DHCP 服务配置文件
# vi /etc/dhcp/dhcpd.conf
ddns-update-style none;
```

```
ignore client-updates;
default-lease-time    18000;
max-lease-time        36000;
subnet 192.168.0.0 netmask 255.255.255.0 {
        option routers              192.168.0.1;
        option subnet-mask          255.255.255.0;
        option domain-name              "olabs.lan";
        option domain-name-servers  192.168.0.1,192.168.0.252;
#       option ntp-servers          192.168.0.1;

        range dynamic-bootp 192.168.0.100 192.168.0.199;

        class "pxeclients" {
            match if substring(option vendor-class-identifier, 0 , 9) = "PXEClient";
            next-server 192.168.0.252;
            filename "linux-install/pxelinux.0";
        }

        host cent7h2 {
           hardware ethernet 00:A0:78:8E:9E:AA;
            fixed-address 192.168.0.250;
        }
}
// 2. 检查配置文件语法的正确性
# dhcpd -t
// 3. 启动 dhcpd 服务并设置开机启动
# systemctl enable dhcpd.service
# systemctl start dhcpd.service
// 4. 检查 dhcpd 监听的端口
# ss -lun4| grep 67
UNCONN     0      0                    *:67                          *:*
// 5. 开启防火墙
# firewall-cmd --add-service=dhcp
# firewall-cmd --list-services
dhcp dhcpv6-client ssh
# firewall-cmd --add-service=dhcp --permanent
# firewall-cmd --list-services  --permanent
dhcp dhcpv6-client ssh
// 6. 在使用此 DHCP 服务的 CentOS 客户端执行 dhclient -r <interface> 获取 IP
# dhclient -r eno16777736
```

### 11.1.4 大型网络的 DHCP 部署

在大型网络中通常会由路由器划分为多个物理子网，路由器的最主要功能是屏蔽各子网之间的广播，减少带宽占用，提高网络性能。前面在 11.1.1 节中介绍了 DHCP 客户机是通过广播来获得 IP 地址的，因此，如果某个子网中没有 DHCP 服务器，而客户机的广播又无法通过路由器转发到其他子网中，该子网的 DHCP 客户机就无法获得 IP 地址，解决这个问题可采用如下方法。

● 每个子网中至少设置一个 DHCP 服务器。这种方法对于有很多个子网的大型网络来讲无疑会增加管理员的工作量。

- 使用多个网络接口的 DHCP 服务器同时为多个子网分配 IP 地址参数。
- 使用与 RFC1542 兼容的路由器可转发 DHCP 广播到不同的子网，对其他类型的广播仍不予转发。
- 在 DHCP 服务器所在子网之外的每个子网都设置一台计算机作为 DHCP 中继代理。网络中的主机将 IP 地址的请求发给中继代理，由中继代理与 DHCP 服务器联系，将获得的 IP 地址再发给请求的主机。

**1．在有多个网络接口的服务器上实现 DHCP 多作用域管理**

对于多作用域的配置，必须保证 DHCP 服务器能侦听到所有子网内客户机的 DHCP 请求信息。可以为 DHCP 服务器设置多个网络接口，IP 地址配置的网段要与 DHCP 服务器发布的作用域一一对应。例如，DHCP 服务器有两个网络接口，其 IP 分别为 192.168.0.1 和 192.168.1.1，分别作用在 192.168.0.0 网络及 192.168.1.0 网络内。设置模式如下：

```
…
subnet 192.168.1.0 netmask  255.255.255.0  {
   …
}
subnet 192.168.0.0 netmask  255.255.255.0  {
   …
}
```

**2．使用 DHCP 超级作用域实现多作用域管理**

超级作用域是 DHCP 服务器的一种管理功能，使用超级作用域可以将多个作用域组合为单个管理实体，进行统一的管理操作。在多子网的 DHCP 配置中，可以使用 DHCP 超级作用域来组合并激活网络上使用的 IP 地址的单独作用域范围。通过这种方式，DHCP 服务器可为单个物理网络上的客户端激活并提供来自多个作用域的租约。例如，在某企业内部建立 DHCP 服务器（IP 为 192.168.0.254），网络规划采用单作用域的结构，使用 192.168.0.0/24 网段，现在扩展网络，新的作用域为 192.168.1.0/24。为了使用 DHCP 超级作用域实现多作用域管理，设置模式如下：

```
…
shared-nework mynetwork{
   …
   subnet 192.168.0.0 netmask 255.255.255.0 {
      …
   }
   subnet 192.168.1.0 netmask 255.255.255.0 {
      …
   }
}
```

**3．设置 DHCP 中继代理**

当 DHCP 服务器的 IP 地址与要分配的 IP 地址不在一个子网时，要么需要支持 DHCP 请求转发的硬件路由器，要么在没有 DHCP 服务器的子网上架设 DHCP 中继代理。

DHCP 的中继代理（Dhcrelay）将无 DHCP 服务器的子网内的 DHCP 和 BOOTP 请求转发给其他子网内的一个或多个 DHCP 服务器。当某个 DHCP 客户发出请求信息时，DHCP 中继代理把该请求转发给 DHCP 中继代理启动时所指定的一系列 DHCP 服务器，当某个

DHCP 服务器返回一个回应时，该回应以广播或单播方式发送给最初请求的子网。

除非在/etc/sysconfig/dhcrelay 文件中使用 INTERFACES 指令指定了网络接口，否则 DHCP 中继代理将监听所有网络接口上的 DHCP 请求。

以上面的 DHCP 超级作用域管理为例，DHCP 服务器只有一个网络接口为 eth0（IP 为 192.168.0.254），为了使子网 192.168.1.0/24 上的主机从此 DHCP 服务器获取动态 IP 地址，可以在子网 192.168.1.0/24 上选一台主机设置 DHCP 中继代理，此 DHCP 中继代理为子网 192.168.1.0/24 内的所有客户机向 DHCP 服务器（192.168.0.254）转发 DHCP 请求。下面是在 192.168.1.254 上设置 DHCP 中继代理（中继代理本身要有静态 IP 地址）的操作。

**操作步骤 11.2**　设置 DHCP 中继代理

```
// 1. 在 192.168.1.254 上安装 dhcp 软件包（此包同时包含 DHCP 服务和 DHCP 中继代理服务）
# yum install dhcp
// 2. 开启内核路由转发
# sysctl -w net.ipv4.ip_forward=1
# echo 'net.ipv4.ip_forward=1' > /etc/sysctl.d/ipv4.ip_forward
// 3. 配置自定义的 dhcrealy.service 单元配置文件
# cp /usr/lib/systemd/system/dhcrelay.service /etc/systemd/system/
# vi /etc/systemd/system/dhcrelay.service
// 将如下配置行
ExecStart=/usr/sbin/dhcrelay -d --no-pid
// 修改为如下行（指定网络接口和上游 DHCP 服务器）
ExecStart=/usr/sbin/dhcrelay -d --no-pid -i eno16777736 192.168.0.254
// 修改后保存退出 vi
// 重新加载 systemd 的单元配置文件
# systemctl daemon-reload
// 查看 systemd 的单元配置文件的改变
# systemd-delta
 [OVERRIDDEN] /etc/systemd/system/dhcrelay.service → /usr/lib/systemd/system/
dhcrelay.service

--- /usr/lib/systemd/system/dhcrelay.service   2015-11-20 05:40:00.000000000 +0800
+++ /etc/systemd/system/dhcrelay.service       2015-12-20 01:07:54.257278332 +0800
@@ -6,7 +6,8 @@

 [Service]
 Type=notify
-ExecStart=/usr/sbin/dhcrelay -d --no-pid
+ExecStart=/usr/sbin/dhcrelay -d --no-pid -i eno16777736 192.168.0.254

 [Install]
 WantedBy=multi-user.target
// 4. 启动 DHCP 中继代理
# systemctl start dhcrealy.service
# systemctl enable dhcrealy.service
ln -s '/etc/systemd/system/dhcrelay.service' '/etc/systemd/system/multi-user.target.
wants/ dhcrelay.service'
```

# 11.2　DNS 与 BIND

## 11.2.1　DNS 系统与域名空间

### 1．DNS 系统的组成

DNS 是基于客户/服务器模型而设计的。本质上，整个域名系统以一个大的分布式数据库的方式工作。大多数具有 Internet 连接的组织都有一个域名服务器。每个服务器包含指向其他域名服务器的信息，结果是这些服务器形成一个大的协调工作的域名数据库。

每当一个应用需要将域名解析为 IP 地址时，这个应用便成为域名系统的一个客户。这个客户将待解析的域名放在一个 DNS 请求信息中，并将这个请求发给域名空间中的 DNS 服务器。服务器从请求中取出域名，将它解析为对应的 IP 地址，然后在一个回答信息中将结果地址返回给应用。

因此，在概念上可以将 DNS 分为以下 3 个部分。

（1）域名空间

这是标识一组主机并提供相关信息的树结构的详细说明。树上的每一个节点都有其控制下的主机相关信息的数据库。查询命令试图从这个数据库中提取适当的信息。这些信息是域名、IP 地址、邮件别名等在 DNS 系统中能找到的内容。

（2）域名服务器

它们是保持和维护域名空间中数据的程序。由于域名服务是分布式的，每一个域名服务器含有一个域名空间自己的完整信息，并保存其他有关部分的信息。一个域名服务器拥有其控制范围内的完整信息。其控制范围称为区（Zone），对于本区内的请求，由负责本区的域名服务器实现域名解析；对于其他区的请求，将由本区的域名服务器联系其他区的域名服务器实现域名解析。

（3）解析器

解析器是简单的程序或子程序库，它从服务器中提取信息以响应对域名空间中主机的查询，用于 DNS 客户。

DNS 在 Internet 上通过一组略显复杂的权威根域名服务器来组织，它的其余部分则由较小规模的域名服务器组成，这些服务器提供少量的域名解析服务，并对域名信息进行缓存。RFC1034（DNS 概念和工具）和 RFC1035（DNS 实现及其标准）定义了 DNS 的基本协议。

### 2．DNS 域名空间

在域名系统中，每台计算机的域名由一系列用点分开的字母数字段组成。例如，某台计算机的 FQDN（Full Qualified Domain Name）为 www.osmond.cn，其具有的域名为 osmond.cn；另一台计算机的 FQDN 为 www.ubuntu.org.cn，其具有的域名为 ubuntu.org.cn。域名空间是层次结构的，域名中最重要的部分位于右边。FQDN 中最左边的段（上例中的 www）是单台计算机的主机名或主机别名。DNS 域名空间的分层结构如图 11-2 所示。

在 Internet 的 DNS 域名空间中，域是其层次结构的基本单位，任何一个域最多属于一个上级域，但可以有多个或没有下级域。在同一个域下不能有相同的域名或主机名，但在不同的域中则可以有相同的域名或主机名。

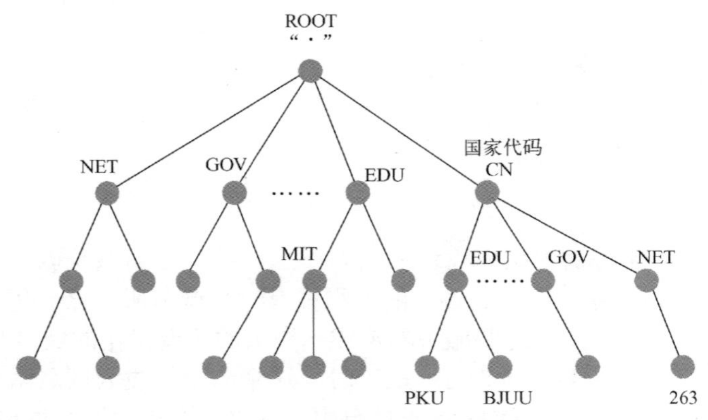


图 11-2　DNS 域名空间的分层结构

（1）根域（Root Domain）

在 DNS 域名空间中，根域只有一个，它没有上级域，以圆点“.”来表示。在 Internet 中，根域是默认的，一般都不需要表示出来。全世界的 IP 地址和 DNS 域名空间都是由位于美国的 InterNIC（Internet Network Information Center，因特网信息管理中心）负责管理或进行授权管理。目前全世界有 13 台根域服务器，这些根域服务器也位于美国，并由 InterNIC 管理。

在根域服务器中并没有保存全世界的所有 Internet 网址，其中只保存着顶级域的“DNS 服务器－IP 地址”的对应数据。在域名空间的各个层次中都是这样，每一层的 DNS 服务器只负责管理其下一层的“DNS 服务器－IP 地址”的对应数据，全世界的 DNS 便是这样一个巨大的分布式数据库。这一点很重要，它可以使一台 DNS 服务器不至于管理过多的主机名，从而达到均衡网络负荷、方便查询和加快查询速度的目的。

（2）顶级域（Top-Level Domain，TLD）

在根域之下的第一级域便是顶级域，它以根域为上级域，其数目有限且不能轻易变动。顶级域是由 InterNIC 统一管理的。在 FQDN 中，各级域之间都以原点“.”分隔，顶级域位于最右边。例如，在 www.osmond.cn 中的 cn 便是顶级域；又如 www.ubuntu.com 中的 com 也是顶级域。顶级域有两种：普通顶级域和国家顶级域。表 11-5 中列出了一些常见的普通顶级域和国家顶级域。

**表 11-5　常见的普通顶级域和国家顶级域**

| 普通顶级域 | | | | 国家顶级域 | | | |
|---|---|---|---|---|---|---|---|
| 域 | 用　途 | 域 | 用　途 | 域 | 说　明 | 域 | 说　明 |
| com | 商业组织 | cc | 商业公司 | CN | 中国 | US | 美国 |
| edu | 教育组织 | biz | 商业 | CA | 加拿大 | UK | 英国 |
| net | 网络支持组织 | coop | 企业 | FR | 法国 | JP | 日本 |
| mil | 美国军事机构 | info | 不限用途 | IT | 意大利 | KR | 韩国 |
| gov | 美国政府机构 | name | 个人 | DE | 德国 | AU | 澳大利亚 |
| org | 非商业性组织 | pro | 会计、律师等 | CH | 瑞士 | RU | 俄联邦 |
| int | 国际组织 | tv | 宽频新服务 | SG | 新加坡 | | |
| museum | 博物馆 | arpa | IP 地址树 | | | | |

（3）各级子域（Subdomain）

在 DNS 域名空间中，除了根域和顶级域之外，其他域都称为子域，子域是上级域的域，一个域可以有许多层子域。在已经申请成功的域名下，一般都可以按自己的需要来设置一层或多层子域。在 Internet 网址中，除了最右边的顶级域外其余的域都是子域。另外，子域也是相对而言的。如 www.ubuntu.org.cn，ubuntu.org 是 cn 的子域，ubuntu 是 org.cn 的子域。

（4）反向域（in-addr.arpa）

为了完成反向解析过程，需要使用到另外一个概念，即反向域（in-addr.arpa），通过它来将一个 IP 地址解析为相应的全域名。这里的 in-addr-arpa 域的结构如图 11-3 所示。

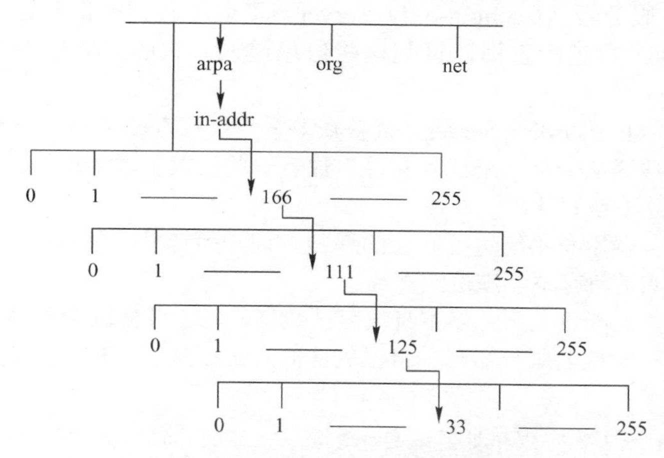


图 11-3　in-addr.arpa 域的结构图

in-addr.arpa 是为了响应反向解析请求所提供的一种非常有效的工作机制。反向域使用一个 IP 地址的一个字节值来代表一个子域。这样根域 in-addr.arpa 就被划分为 256 个子域，每个子域代表该字节的一个可能值（0～255），同样的道理，又可以将每一个子域进一步划分为 256 个子域。根据这种方法，可以对每个子域继续进行划分，直到全部的地址空间都在反向域中表示出来。

正是因为有反向域的存在，所以一个服务器实际上至少要负责管理两个域，即本地域和相应的反向域。例如，对于 xyz 公司，如果加入 Internet，它所获得的管理域将包括两个：xyz.com 域和 in-addr.arpa 反向域。若 xyz 公司所获得的 IP 地址为 C 类地址 199.34.51.0，则其域名服务器将负责管理反向域 51.34.199.in-addr.arpa。

反向域中 IP 地址的各个字节的顺序，与正向的 IP 地址顺序刚好是相反的。

## 11.2.2　DNS 服务器类型与域管理

### 1．DNS 服务器类型

（1）权威性

权威性服务器是一个区的正式代表。

- 主域名服务器（Primary Name Server）是区数据的最根本的来源，是从本地硬盘文件中读取域的数据，是所有辅域名服务器进行域传输的源。

- 辅域名服务器（Secondary Name Server）通过“区传输（Zone Transfer）”从主服务器复制区数据，辅域名服务器可以提供必需的冗余服务。所有的辅域名服务器都应该写在这个域的 NS 记录中。
- 残根域名服务器（Stub Name Server）与辅域名服务器类似，但只复制 NS 记录而不复制主机数据。
- 秘密域名服务器（Stealth Name Server）并没有列在这个域的 NS 记录里，仅对于知道其 IP 地址的人可见。

（2）非权威性

非权威性服务器用本地缓存数据应答查询请求，不知数据是否仍然有效。

- 唯高速缓存服务器（Caching-only Server）可以将收到的信息存储下来，并再将其提供给其他用户进行查询，直到这些信息过期。它的配置中没有任何本地授权域的配置信息。
- 转发服务器（Forwarding Server）代替众多客户执行查询并创建一个大的缓存。

唯高速缓存服务器从一个“根线索文件”加载一些根服务器的地址，并缓存这些由根服务器解析的结果但并不断累计。

唯高速缓存服务器本身不能进行完全的递归查询，而转发服务器能从缓存向其他的缓存服务器转发一部分或是所有不能满足的查询。

唯高速缓存服务器和转发服务器本身没有区数据，对于任何区都不是权威的。

主域名服务器和辅域名服务器对于自己的区而言是权威的，但对于缓存的其他域的信息却不具有权威性。

提示

多数服务器可以根据网络实际需要将上述的几种服务器结合，进行合理配置。

1. 所有的服务器均设置高速缓冲服务器来提供名字的解答。
2. 一些域的主服务器可以是另外一些域的辅助域名服务器。
3. 一个域只能创建一个主域名服务器，它是该域的权威性信息源，另外至少应该创建两个辅助域名服务器，其中一台应该位于本网络之外，而本网络之内的辅助域名服务器，应该位于不同的网络和不同的电源线路上。
4. 在网络上设置高速缓冲服务器可以减少主服务器和辅助域名服务器的装载量，以此来减少网络传输。可以考虑在每个子网上放置一台高速缓冲服务器。
5. 转发服务器一般用于用户不希望站点内的服务器直接和外部服务器通信的情况下。一个特定的情形是许多 DNS 服务器和一个网络防火墙。服务器不能穿过防火墙传送信息，它就会转发给可以传送信息的服务器，那台服务器就会代表内部服务器询问因特网 DNS 服务器。使用转发功能的另一个好处是，中心服务器得到了所有用户都可以利用的更加完全的信息缓冲。

**2. 域名的委托管理机制**

DNS 服务的管理不是集中的，它的层次结构允许将整个管理任务分成多份，分别由每个子域自行管理，也就是说，DNS 允许将子域授权给其他组织进行管理。这样，被委托的子域必须有自己的域名服务器，该子域的域名服务器维护属于该子域的所有主机信息，并负责回答所有的相关查询。一个组织一旦被赋予管理自己的域的责任，就可以将自己的域分成更小的域，并将其中的某些子域委托出去。将子域的管理委托给其他组织，实际上是将 DNS 数据库中属于这些子域的信息存放到各自的域名服务器上。此时，父域名服务器上不再保留子域的所有信息，而只保留指向子域的指针。即当查询属于某个域的相关信息时，父域的服务器不能直接回答查询的信息，但知道该由谁来回答。

采用委托管理的优越性，主要表现在：

- 工作负载分散。将 DNS 数据库分配到各个子域的域名服务器上，大幅度降低了上级或顶级域名服务器进行名字查询的负载。
- 提高了域名服务器的响应速度。负担共享使得查询的时间大幅度缩减。
- 提高了网络带宽的利用率。由于数据库的分散性使得服务器与本地接近，减小了带宽资源的浪费。

**3. DNS 区域（Zone）**

为了便于根据实际情况分散域名管理工作的负荷，可将 DNS 域名空间划分为区域来进行管理。区域是 DNS 服务器的管辖范围，是由单个域或具有上下隶属关系的紧密相邻的多个子域组成的一个管理单位。DNS 服务器便是以区域为单位来管理域名空间的，而不是以域为单位。

一台 DNS 服务器可以管理一个或多个区域，而一个区域也可以有多台 DNS 服务器来管理。DNS 允许 DNS 域名空间分成几个区域（Zone），它存储着有关一个或多个 DNS 域的名称信息。在 DNS 服务器中必须先建立区域，再在区域中建立子域，以及在区域或子域中添加主机等各种记录。

注意

区域（Zone）与域（Domain）的关系：

区域（Zone，区）包含了域（Domain）中除了代理给别处的子域（Subdomain）外所含有的所有域名和数据。如果域的子域没有被代理出去，则该区包含该子域名和子域中的数据。

**4. 域名注册**

当子网需要连接 Internet 并且需要由自己管理这个域时，就需要进行域名注册。

提示

可以访问主页 http://www.cnnic.org.cn 来获得有关域名和域名注册的信息，并进行域名注册。

DNS 的组织方式允许服务器成为根域名，服务器的下属机构控制一个域。例如，当某个人或公司向 IneterNIC 注册域名（www.companyx.com）后，此域名及其所对应的 IP 地址信息就被存入 NIC 的主、辅 DNS 服务器。IneterNIC 会把相应信息放进.com 域的服务器上，使其传播。

注意

DNS 服务器周期性地和其他 DNS 服务器上的各种数据库同步，并检查其他服务器上的新表项。这个过程通常称为传播。域名注册过程不是瞬时完成的，但是一个新域名会在 3～4 天内完成传播，能在世界各地获得相关信息。

### 11.2.3　DNS 查询模式与解析过程

**1. DNS 查询模式**

（1）递归查询（Recursive Query）

当收到 DNS 工作站的查询请求后，本地 DNS 服务器只会向 DNS 工作站返回两种信息：要么是在该 DNS 服务器上查到的结果，要么是查询失败。当在本地名字服务器中找不到名字时，该 DNS 服务器不会主动地告诉 DNS 工作站另外的 DNS 服务器的地址，而是由域名服务器系统自行完成名字和 IP 地址转换，即利用服务器上的软件来请求下一个服务器。如果其他名字服务器解析该查询失败，就告知客户查询失败。当本地名字服务器利用服务器上的软件来请求下一个服务器时，使用“递归”算法进行继续查询，因此而得名。一般由 DNS 工作站向 DNS 服务器提出的查询请求属于递归查询。

（2）迭代查询（Iterative Query）

当收到 DNS 工作站的查询请求后，如果在 DNS 服务器中没有查到所需数据，该 DNS 服务器便会告诉 DNS 工作站另外一台 DNS 服务器的 IP 地址，然后，再由 DNS 工作站自行向此 DNS 服务器查询，以此类推一直到查到所需数据为止。如果到最后一台 DNS 服务器都没有查到所需数据，则通知 DNS 工作站查询失败。“迭代”的意思就是，若在某地查不到，该地就会告诉你其他地方的地址，让你转到其他地方去查。一般在 DNS 服务器之间的查询请求便属于迭代查询（DNS 服务器也可以充当 DNS 工作站的角色）。

下面举例说明迭代查询的过程。当客户需要获得域名为 anchor.cs.stanford.edu 的主机的 IP 地址时，该客户程序首先与本地服务器联系，将域名交给其解析。若本地的域名服务器中没有该域的信息，则进行如图 11-4 所示的迭代查询过程。

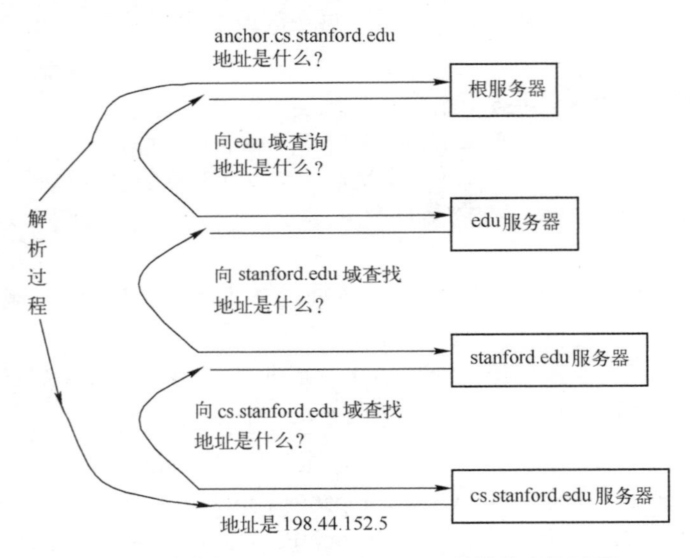


图 11-4　域名 anchor.cs.stanford.edu 的迭代查询过程

**2．域名解析过程**

为了将一个名字解析成一个 IP 地址，客户应用程序调用一个称为解析器的库程序，将名字作为参数传递给它，形成 DNS 客户；然后 DNS 客户发送查询请求给本地域名服务器，服务器首先在其管辖区域内查找名字，名字找到后，把对应的 IP 地址返回给 DNS 客户。完整的名字解析过程如图 11-5 所示。

一般而言，域名解析分为本域解析和跨域解析两种。当实施跨域解析时，一般本地的域名服务器会直接向根域名服务器发出查询，这样的操作流程会保证比较高的查询效率。

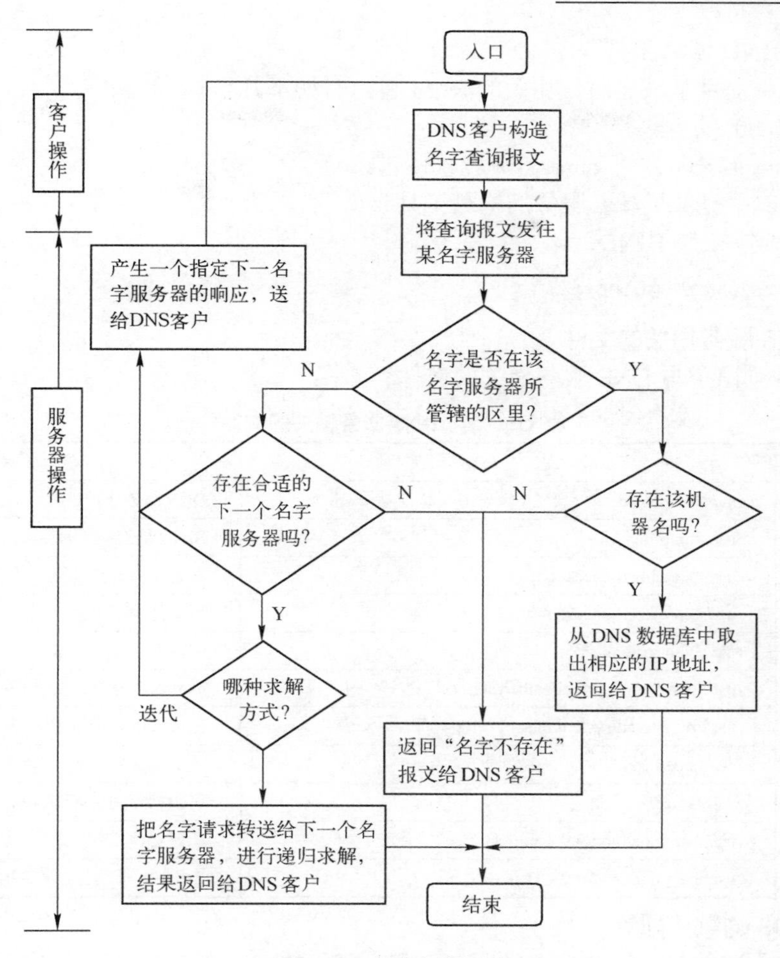


图 11-5　域名解析过程

### 11.2.4　CentOS 下的 BIND

**1．BIND 简介**

BIND 的全称是 Berkeley Internet Name Domain，是美国加利福尼亚大学伯克利分校开发的一个域名服务器软件包，Linux 使用这个软件包来提供域名服务。BIND 的服务器端软件是被称作 named 的守护进程。BIND 的主页是 http://www.isc.org。BIND 的组成如下。

1）BIND 的服务器端软件是被称为 named 的守护进程，其主要功能如下。

- 若查询的主机名与本地区域信息中相应的资源记录匹配，则使用该信息来解析主机名并为客户机做出应答（UDP:53）。
- 若本地区域信息中没有要查询的主机名，默认会以递归方式查询其他 DNS 服务器并将其响应结果缓存于本地。
- 执行“区传输（zone transfer）”，在服务器之间复制 zone 数据（TCP:53）。

2）解析器库程序，联系 DNS 服务器实现域名解析。

3）DNS 的命令行接口包括 nslookup、host 和 dig。

### 2. 安装 BIND 域名服务

CentOS 7 中提供了域名服务相关的 RPM 包，有如下几个。

- bind：bind 的主包。
- bind-chroot：bind 的 chroot 环境软件包。
- bind-utils：提供了域名服务的检测工具。

使用如下命令安装 BIND：

```
# yum install bind bind-utils
```

### 3. 与 DNS 服务相关的文件

表 11-6 中列出了与 DNS 服务相关的文件。

表 11-6 与 DNS 服务相关的文件

| 分 类 | 文 件 | 说 明 |
|---|---|---|
| 守护进程 | /usr/sbin/named | DNS 服务守护进程 |
| 管理工具 | /usr/sbin/rndc | BIND 的控制工具 |
| | /usr/sbin/named-checkconf | 配置文件语法检查工具 |
| | /usr/sbin/named-checkzone | 区文件检查工具 |
| | /usr/sbin/arpaname | 生成 IP 地址的 ARPA 域 |
| systemd 的服务配置单元 | /usr/lib/systemd/system/named.service | named 服务单元配置文件 |
| | /usr/lib/systemd/system/named-setup-rndc.service | 生成 rndc 所需密钥的单元配置文件 |
| 配置文件 | /etc/named.conf | 主配置文件 |
| | /var/named/ | 区数据库文件存储目录 |
| 文档 | /usr/share/doc/bind-9.9.4/sample/ | 配置文件模板目录 |
| | /usr/share/doc/bind-9.9.4/Bv9ARM.html | BIND 9 管理员参考手册 |

### 4. CentOS 的默认配置

CentOS 7 安装的 BIND 默认提供一个仅本机可用的唯高速缓存服务器的配置，默认的配置文件和区数据库文件如表 11-7 所示。

表 11-7 CentOS 下 BIND 的默认配置

| 分 类 | 文 件 | 说 明 |
|---|---|---|
| 配置文件 | /etc/named.conf | 主配置文件 |
| | /etc/named.rfc1912.zones | 被主配置文件包含的符合 rfc1912 区声明文件 |
| 密钥文件 | /etc/rndc.key | 被 rndc 使用的 key 文件。若没有 rndc.conf 文件（默认没有），rndc 命令将使用此文件中的 key |
| | /etc/named.root.key | 包含根区的 DNSSEC key |
| | /etc/named.iscdlv.key | 包含 ISC DLV（dlv.isc.org）的 DNSSEC key |
| 区数据库文件 | /var/named/named.ca | 根服务器线索文件 |
| | /var/named/named.localhost | localdomain 正向区数据库文件，用于将名字 localhost.localdomain 转换为本地回送 IPv4 地址 127.0.0.1 |
| | /var/named/named.loopback | 反向区数据库文件，用于将本地回送 IPV4 地址 127.0.0.1 转换为名字 localhost |
| | /var/named/named.empty | 广播地址的反向区数据库文件 |

### 5. 控制和管理 named 服务

BIND 的守护进程名是 named，可以使用 systemctl 命令管理：

```
# systemctl {start|stop|status|restart|reload} named
# systemctl {enable|disable} named
```

用户还可以使用 RNDC（Remote Name Daemon Control）管理 BIND。

RNDC 与 BIND 的通信是利用基于共享加密的数字签名技术来实现的，所以要让 RNDC 控制 BIND，必须配置验证密钥。验证密钥存在于配置文件中，提供了两种配置方法。

- 方法 1：让 RNDC 和 BIND 都参考同一个配置文件中指定的密钥，在 CentOS 中这个文件默认为 /etc/rndc.key。
- 方法 2：分别在 BIND 的主配置文件（默认为 /etc/named.conf）和 RNDC 的配置文件（默认为 /etc/rndc.conf）中指定密钥。

提示

CentOS 中的 BIND 默认使用方法 1，/etc/rndc.key 文件由 named 服务所依赖的 named-setup-rndc 服务生成。

方法 2 相对复杂，但是当 BIND 和 RNDC 运行在不同的计算机上时，就必须这样配置。

RNDC 可以完成如下的任务。

- 重新加载配置文件。
- 查看 named 当前运行状态。
- 转储服务器缓存信息。
- 将服务器转入调试模式等。

RNDC 工具支持的常用子命令如表 11-8 所示。

表 11-8　RNDC 工具支持的常用子命令

| 子 命 令 | 说　明 |
|---|---|
| status | 显示当前运行的 named 的状态 |
| reload | 重新加载主配置文件和所有区文件 |
| stop | 停止 named 服务且保存未做完的更新 |
| flush | 清除域名服务器缓存中的内容 |
| retransfer <zone> | 重新从主服务器传输指定的区 |
| stats | 将统计信息写入统计文件 /var/named/data/named.stats.txt 中 |
| dumpdb | 将服务器缓存中的信息转储到 /var/named/data/cache_dump.db 中 |
| trace | 将 named 的调试等级加 1 |
| trace <level> | 直接设置 named 的调试等级 |
| notrace | 将 named 的调试等级设为 0，即关闭调试 |

## 11.3　使用 BIND 配置 DNS 服务

### 11.3.1　域名服务器的配置语法

**1. 主配置文件 named.conf**

主配置文件 named.conf 可以使用以下 3 种风格的注释。

- /* C 语言风格的注释 */。
- // C++ 语言风格的注释。
- # Shell 语言风格的注释。

（1）named.conf 的配置语句

表 11-9 中列出了一些 named.conf 可用的配置语句。

**表 11-9　主配置文件 named.conf 可用的配置语句**

| 配 置 语 句 | 说　明 |
|---|---|
| acl | 定义 IP 地址的访问控制列表 |
| controls | 定义 RNDC 命令使用的控制通道 |
| include | 将其他文件包含到本配置文件中 |
| key | 定义授权的安全密钥 |
| logging | 定义日志的记录规范 |
| options | 定义全局配置选项 |
| server | 定义远程服务器的特征 |
| trusted-keys | 为服务器定义 DNSSEC 加密密钥 |
| zone | 定义一个区声明 |

（2）全局配置语句 options

named.conf 文件的全局配置语句的语法如下：

```
options (
          配置子句;
          配置子句;
);
```

表 11-10 中列出了一些常用的全局配置子句。

**表 11-10　主配置文件 named.conf 常用的全局配置子句**

| 子　句 | 说　明 |
|---|---|
| listen-on | 指定服务监听的 IPv4 网络接口，默认监听本机所有 IPv4 网络接口 |
| listen-on-v6 | 指定服务监听的 IPv6 网络接口，默认监听本机所有 IPv6 网络接口 |
| recursion yes\|no | 是否使用递归式 DNS 服务器，默认为 yes |
| dnssec-enable yes\|no | 是否返回 DNSSEC 相关的资源记录 |
| dnssec-validation yes\|no | 指定确保资源记录是经过 DNSSEC 验证为可信的，默认为 yes |
| max-cache-size | 指定服务器缓存可以使用的最大内存，默认值为 32MB |
| directory “path” | 定义服务器区配置文件的工作目录，默认为/var/named |
| forwarders {IPaddr} | 定义转发器，指定上游 DNS 服务器列表 |
| forward only\|first | 指定如何使用转发器。first 表示优先使用 forwarders 指定的 DNS 服务器做域名解析，如果查询不到再使用本地 DNS 服务器做域名解析；only 表示只使用 forwarders 指定的 DNS 服务器做域名解析，如果查询不到则返回 DNS 客户端查询失败 |

（3）区（Zone）声明

区声明是配置文件中最重要的部分。Zone 语句的格式如下：

```
zone  "zone-name" IN (
          type 子句;
          file 子句;
          其他子句;
);
```

区声明需要说明域名、服务器的类型和域信息源。表 11-11 中列出了主配置文件 named.conf

常用的区声明子句。

表 11-11 主配置文件 named.conf 常用的区声明子句

| 子 句 | 说 明 |
|---|---|
| type master\|hint\|slave | 说明一个区的类型：<br>master 说明一个区为主域名服务器<br>hint 说明一个区为启动时初始化高速缓存的域名服务器<br>slave 说明一个区为辅助域名服务器 |
| file "filename" | 说明一个区域的信息源数据库信息文件名 |
| masters | 对于 slave 服务器，指定 master 服务器的地址 |

（4）定义和使用 ACL

访问控制列表（ACL）就是一个被命名的地址匹配列表。使用访问控制列表可以使配置简单而清晰，一次定义之后可以多处使用，不会使配置文件因为大量的 IP 地址而变得混乱。要定义访问控制列表，可以使用 acl 语句来实现。acl 语句的语法如下：

```
acl  acl_name {
   address_match_list;          // 用分号间隔的 IP 地址或 CIDR
};
```

提示

1. acl 是 named.conf 中的顶级语句，不能将其嵌入其他语句。

2. 要使用用户自己定义的访问控制列表，必须在使用之前定义。因为可以在 options 语句里使用访问控制列表，所以定义访问控制列表的 acl 语句应该位于 options 语句之前。

3. 为了便于维护管理员定义的访问控制列表，可以将所有定义 acl 的语句存放在单独的文件/etc/named/named.acls 中，然后在主配置文件 /etc/named.conf 的开始处添加 include "/etc/named/named.acls"; 配置行。

定义了 ACL 之后，可以在如表 11-12 的语句中使用。在这些语句中可以直接指定 IP 地址或 CIDR 形式的网络地址，也可以引用已定义的 ACL。

表 11-12 可以使用 ACL 的配置语句

| 语 句 | 适用范围 | 说 明 |
|---|---|---|
| allow-query | options,zone | 指定哪些主机或网络可以查询本服务器上的权威资源记录，默认允许所有主机查询 |
| allow-query-cache | options,zone | 指定哪些主机或网络可以查询本服务器上的非权威资源记录（经过递归查询获取的资源记录），默认允许 localhost 和 localnets 查询 |
| allow-transfer | options,zone | 指定哪些主机允许和本地服务器进行域传输，默认值是允许和所有主机进行域传输 |
| allow-update | zone | 指定哪些主机允许为主域名服务器提交动态 DNS 更新。默认为拒绝任何主机进行更新 |
| blackhole | options | 指定不接收来自哪些主机的查询请求和地址解析。默认值是 none |

注意

1. 表 11-12 中列出的一些配置子句既可以出现在全局配置 options 语句里，又可以出现在 Zone 声明语句里，当在两处同时出现时，Zone 声明语句中的配置将会覆盖全局配置 options 语句中的配置。

2. BIND 里默认预定义了 4 个名称的地址匹配列表，分别为：any（所有主机）、localhost（本地主机）、localnets（本地网络上的所有主机）、none（不匹配任何主机）。它们可以直接使用，无须用户使用 ACL 语句定义。

### 2．区文件

区文件定义了一个区的域名信息，通常也称域名数据库文件。区文件保存在 BIND 的工作目录 /var/named 中，表 11-13 中列出了 BIND 工作目录/var/named 的布局。

**表 11-13　BIND 的工作目录 /var/named 的布局**

| 目　录 | 说　明 |
| --- | --- |
| /var/named | named 服务的工作目录。存放本地服务器的权威区数据库文件。在 named 运行期间不能写此目录 |
| /var/named/slaves | 存放由主服务器传输而来的辅助服务器的区数据库文件。在 named 运行期间能写此目录 |
| /var/named/dynamic | 存放动态数据，如动态 DNS 区文件或 DNSSEC 密钥文件。在 named 运行期间能写此目录 |
| /var/named/data | 存放各种状态文件和调试文件。在 named 运行期间能写此目录 |
| /var/named/chroot | BIND 的 chroot jail 环境根目录 |

每个区文件都是由若干个资源记录（Resource Records，RR）和区文件指令所组成。

（1）资源记录

每个区文件都是由 SOA RR 开始，同时包括 NS RR。对于正向解析文件还包括 A RR、MX RR、CNAME RR 等；而对于反向解析文件还包括 PTR RR。

RR 具有基本的格式。标准资源记录的基本格式如下：

```
[name]        [ttl]        IN        type      rdata
```

各个字段之间由空格或制表符分隔。表 11-14 中列出了这些字段的含义。

**表 11-14　标准资源记录中的字段**

<table>
<tr><th>字　段</th><th colspan="2">说　明</th></tr>
<tr><td rowspan="6">name</td><td colspan="2">资源记录引用的域对象名，可以是一台单独的主机也可以是整个域</td></tr>
<tr><td>取值</td><td>说明</td></tr>
<tr><td>.</td><td>根域</td></tr>
<tr><td>@</td><td>默认域，可以在文件中使用$ORIGIN domain 来说明默认域</td></tr>
<tr><td>标准域名</td><td>全域名必须以“.”结束，或是针对默认域@的相对域名</td></tr>
<tr><td>空</td><td>该记录使用最后一个带有名字的域对象</td></tr>
<tr><td>ttl(time tolive)</td><td colspan="2">寿命字段。它以秒为单位定义该资源记录中的信息存放在高速缓存中的时间长度<br>省略此字段表示使用$TTL 指令指定的值</td></tr>
<tr><td>IN</td><td colspan="2">将该记录标识为一个 Internet DNS 资源记录</td></tr>
<tr><td>type</td><td colspan="2">指定资源记录类型</td></tr>
<tr><td>rdata</td><td colspan="2">指定与这个资源记录有关的数据，数据字段的内容取决于类型字段</td></tr>
</table>

表 11-15 中列出了常见的标准资源记录类型。

**表 11-15　常见的标准资源记录类型**

| | 类　型 | 说　明 |
| --- | --- | --- |
| 区记录 | SOA (Start Of Authority) | SOA 记录标示一个授权区定义的开始<br>SOA 记录后的所有信息是控制这个区的 |
| | NS (Name Server) | 标识区的域名服务器以及授权子域 |
| 基本记录 | A (Address) | 用于将主机名转换为 IPv4 地址 |
| | AAAA (Address IPv6) | 用于将主机名转换为 IPv6 地址 |
| | PTR (PoinTeR) | 将 IP 地址转换为主机名 |
| | MX (Mail eXchanger) | 邮件交换记录。控制邮件的路由 |
| 安全记录 | KEY (Public Key) | 储存一个关于 DNS 名称的公钥 |
| | NXT (Next) | 与 DNSSEC 一起使用，用于指出一个特定名称不在域中 |
| | SIG (Signatrue) | 指出带签名和身份认证的区信息，细节见 RFC 2535 |

（续）

| 类　型 | | 说　明 |
|---|---|---|
| 可选记录 | CNAME (Canonical NAME) | 给定主机的别名，主机的规范名在 A 记录中给出 |
| | SRV (Services) | 描述知名网络服务的信息 |
| | TXT (Text) | 注释或非关键的信息 |

表 11-16 中描述了常见的资源记录。

**表 11-16　常见的资源记录**

| 语　法 | 举　例 |
|---|---|
| @　IN　SOA　Primary-name-server　Contact-email (<br>SerialNumber；当前区配置数据的序列号<br>time-to-Refresh；辅助域名服务器多长时间更新数据库<br>time-to-Retry；若辅助域名服务器更新数据失败则多长时间再试<br>time-to-Expire；若辅助域名服务器无法从主服务器更新数据则现有数据何时失效<br>minimum-TTL )；设置被缓存的否定回答的存活时间 | @　IN　SOA　dns1.example.com.<br>hostmaster.example.com. (<br>2015122501<br>6H<br>1H<br>1W<br>1D ) |
| @　[ttl]　IN　NS　nameserver-name | @　IN　NS　dns1 |
| @　[ttl]　IN　MX　preference-value　email-server-name | @　IN　MX　10　mail |
| hostname　[ttl]　IN　A　IP-Address | server1　IN　A　10.0.1.5 |
| last-IP-digit　[ttl]　IN　PTR　FQDN | 5 IN PTR server1.example.com. |
| alias-name　[ttl]　IN　CNAME　real-name | www　IN　CNAME　server1 |

提示

SOA 记录说明：

1. Contact-email 字段：因为@在文件中有特殊含义，所以邮件地址 hostmaster@example.com 写为 hostmaster.example.com。

2. SerialNumber 字段：可以是 32 位的任何整数，每当更新区文件时都应该增加此序列号的值，否则 named 将不会把区的更新数据传送到从服务器。

3. 时间字段 Refresh、Retry、Expire、Minimum 默认单位为秒，还可以使用时间单位字符 M、H、D、W 分别表示分钟、小时、天、周。

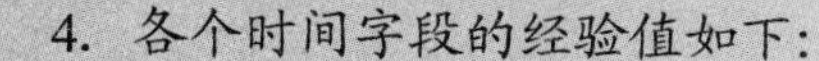

4. 各个时间字段的经验值如下：

Refresh 使用 1～6 小时。

Retry 使用 20～60 分钟。

Expire 使用 1 周～1 月。

Minimum 使用 1～3 小时。

5. Minimum-TTL 字段：设置被缓存的否定回答的存活时间，而肯定回答（即真实记录）的默认值是在区文件开始处用$TTL 语句设置的。

（2）区文件指令

表 11-17 中列出了可以在区文件中使用的 4 个区文件指令。

**表 11-17　区文件指令**

| 用　途 | 区文件指令 | 说　明 |
|---|---|---|
| 简化区文件结构 | $INCLUDE | 读取一个外部文件并包含它 |
| | $GENERATE | 用来创建一组 NS、CNAME 或 PTR 类型的 RR |
| 由资源记录使用的值 | $ORIGIN | 设置管辖源 |
| | $TTL | 为没有定义精确生存期的 RR 定义默认的 TTL 值 |

## 11.3.2　配置域名服务器

### 1. 配置唯高速缓存服务器

由 /etc/named.conf 文件的如下配置行可知，CentOS 7 安装的 BIND 默认提供一个仅本机可用的唯高速缓存服务器的配置。

```
options {
        listen-on port 53 { 127.0.0.1; };
        listen-on-v6 port 53 { ::1; };
        allow-query     { localhost; };
        recursion yes;
        …
};
zone "." IN {
        type hint;
        file "named.ca";
};
include "/etc/named.rfc1912.zones";
```

为了使服务器服务于本地网络，需做如下配置。

**操作步骤 11.3**　配置唯高速缓存服务器

```
// 1. 编辑主配置文件
# vi /etc/named.conf
// 添加自定义 ACL 配置
acl "my-networks" {
    127.0.0.1;
    localhost;
    localnets;
    192.168.0.0/24;
    192.168.17.0/24;
    192.168.85.0/24;
};
options {
        // 使 named 监听所有网络接口
        #listen-on port 53 { 127.0.0.1; };
        listen-on port 53 { any; };
        // 若不提供基于 IPv6 的 DNS 服务，请修改如下行
        #listen-on-v6 port 53 { ::1; };
        listen-on-v6 { none; };
        // 设置允许查询的客户（权威记录）
        allow-query { my-networks; };
        // 设置允许查询的客户（非权威记录）
        allow-query-cache { my-networks; };
};
// 2. 检查配置文件语法的正确性（无输出表示语法正确）
# named-checkconf
// 3. 启动 named 服务并设置开机启动
# systemctl start named
# systemctl enable named
// 4. 检查 named 监听的端口
# ss -lu4n|grep ':53'
```

```
UNCONN    0      0         192.168.85.128:53                    *:*
UNCONN    0      0           192.168.0.1:53                     *:*
UNCONN    0      0         192.168.17.131:53                    *:*
UNCONN    0      0             127.0.0.1:53                     *:*
// 5. 配置防火墙
# firewall-cmd --add-service=dns --permanent
# firewall-cmd -reload
# firewall-cmd --list-services
dhcp dhcpv6-client dns ssh
# iptables -nL|grep -w 'dpt:53'
ACCEPT     tcp  --  0.0.0.0/0           0.0.0.0/0           tcp dpt:53 ctstate NEW
ACCEPT     udp  --  0.0.0.0/0           0.0.0.0/0           udp dpt:53 ctstate NEW
// 6. 使用本 DNS 服务器进行测试
# dig www.baidu.com @192.168.0.1 |grep  'Query time'
;; Query time: 3351 msec
# dig www.baidu.com @192.168.0.1 |grep 'Query time'
// DNS 缓存已生效
;; Query time: 6 msec
// 7. 配置 CentOS 客户使用本 DNS 服务器
# nmcli con modify eno16777736 ipv4.dns "192.168.0.1"
# nmcli dev disc eno16777736
# nmcli con up eno16777736
```

### 2. 配置主域名服务器

下面将配置 olabs.lan 域的主域名服务器。下面的操作步骤 11.4 基于操作步骤 11.3。

**操作步骤 11.4**　配置主域名服务器

```
// 1. 修改主配置文件，使用与主配置文件分离的区声明文件
# echo 'include "/etc/named/named.conf.zones";' >> /etc/named.conf
// 2. 在主配置文件包含的 /etc/named/named.conf.zones 文件中添加区声明
# vi  /etc/named/named.conf.zones
// 添加正向进行区声明
zone "olabs.lan" {
        type master; // 指定 master 类型，即主域名服务器的类型
        file "olabs.lan.hosts";
        // 指定允许传输 olabs.lan 的辅助域名服务器的 IP
        allow-transfer {  192.168.0.251;  };
};
// 添加反向进行区声明
zone "0.168.192.in-addr.arpa" {
        type master; // 指定 master 类型，即主域名服务器的类型
        file "192.168.0.rev";
        // 指定允许传输 olabs.lan 的辅助域名服务器的 IP
        allow-transfer {  192.168.0.251;   };
};
// 3. 配置正向解析区数据库文件
# vi /var/named/olabs.lan.hosts
$ORIGIN olabs.lan.          ; 定义默认的 ORIGIN
$ttl 1D                     ; 定义默认的 TTL
// 设置起始授权记录
@       IN      SOA    cent7h1.olabs.lan.  root.cent7h1.olabs.lan. (
```

```
                    2015122001  ; serial number
                    3H          ; refresh slave
                    15M         ; retry query
                    1W          ; expire
                    1D)         ; negative TTL
             IN     A      192.168.0.1          ; 为域名设置 IP 地址
             IN     NS     cent7h1.olabs.lan.   ; 设置域名服务记录
             IN     NS     cent7h2.olabs.lan.
             IN     MX  5  mail.olabs.lan.      ; 设置当前域的邮件交换记录
; 设置地址记录
cent7h1      IN     A      192.168.0.1
mail         IN     A      192.168.0.1
cent7h2      IN     A      192.168.0.251
win01        IN     A      192.168.0.177
; 设置别名记录
www          IN     CNAME  cent7h1.olabs.lan.
ftp          IN     CNAME  cent7h1
; 映射 station{100-199} 到 192.168.0.{100-199}
$GENERATE 100-199  station$  A  192.168.0.$
; 映射 server{1-5} 到 192.168.0.{201-205}
$GENERATE 1-5    server$   A  192.168.0.${+200,0,d}
// 4. 配置反向解析区数据库文件
# vi /var/named/192.168.0.rev
$ORIGIN 0.168.192.IN-ADDR.ARPA.     ; 定义默认的 ORIGIN
$ttl 1D                             ; 定义默认的 TTL
; 设置起始授权记录
@      IN     SOA    cent7h1.olabs.lan. root.cent7h1.olabs.lan. (
                     2015122001   ; serial number
                     3H           ; refresh slave
                     15M          ; retry query
                     1W           ; expire
                     1D)          ; negative TTL
; 设置域名服务记录
                     IN      NS      cent7h1.olabs.lan.
                     IN      NS      cent7h2.olabs.lan.
; 设置反向地址指针记录
1               IN     PTR     cent7h1.olabs.lan.
1               IN     PTR     mail.olabs.lan.
251             IN     PTR     cent7h2.olabs.lan.
177             IN     PTR     win01.olabs.lan.
; 成批生成 PTR 记录
$GENERATE  100-199  $           PTR     station$.olabs.lan.
$GENERATE  1-5   ${+200,0,d}    PTR     server$.olabs.lan.
// 5. 检测配置文件和区文件语法的正确性
# named-checkconf
# named-checkzone olabs.lan. /var/named/olabs.lan.hosts
zone olabs.lan/IN: loaded serial 2015122001
OK
# named-checkzone 0.168.192.IN-ADDR.ARPA. /var/named/192.168.0.rev
zone 0.168.192.IN-ADDR.ARPA/IN: loaded serial 2015122001
```

```
OK
// 6. 重新启动 named 服务
# systemctl restart named
```

**操作步骤 11.5**　使用 host 命令测试 DNS

```
// 1. 测试并显示域配置信息
# host -a olabs.lan 192.168.0.1
Trying "olabs.lan"
Using domain server:
Name: 192.168.0.1
Address: 192.168.0.1#53
Aliases:

;; ->>HEADER<<- opcode: QUERY, status: NOERROR, id: 58896
;; flags: qr aa rd ra; QUERY: 1, ANSWER: 5, AUTHORITY: 0, ADDITIONAL: 3

;; QUESTION SECTION:
;olabs.lan.                    IN      ANY

;; ANSWER SECTION:
olabs.lan.           86400   IN     SOA    cent7h1.olabs.lan. root.cent7h1.olabs.lan.
2015122001 10800 900 604800 86400
olabs.lan.           86400   IN      A       192.168.0.1
olabs.lan.                86400   IN      NS      cent7h1.olabs.lan.
olabs.lan.                86400   IN      NS      cent7h2.olabs.lan.
olabs.lan.                86400   IN      MX      5 mail.olabs.lan.

;; ADDITIONAL SECTION:
cent7h1.olabs.lan.        86400   IN      A       192.168.0.1
cent7h2.olabs.lan.        86400   IN      A       192.168.0.251
mail.olabs.lan.           86400   IN      A       192.168.0.1

Received 197 bytes from 192.168.0.1#53 in 1 ms
// 2. 正向查询主机地址
# host server3.olabs.lan 192.168.0.1
server3.olabs.lan has address 192.168.0.203
# host station188
station188.olabs.lan has address 192.168.0.188
// 3. 反向查询域名
# host 192.168.0.203 192.168.0.1
203.0.168.192.in-addr.arpa domain name pointer server3.olabs.lan.
# host 192.168.0.188 192.168.0.1
188.0.168.192.in-addr.arpa domain name pointer station188.olabs.lan.
// 4. 查询不同类型的资源记录配置
# host -t NS olabs.lan  192.168.0.1
olabs.lan name server cent7h1.olabs.lan.
olabs.lan name server cent7h2.olabs.lan.
# host -t SOA olabs.lan  192.168.0.1
olabs.lan  has  SOA  record  cent7h1.olabs.lan.  root.cent7h1.olabs.lan.  2015122001
10800 900 604800 86400
# host -t MX olabs.lan 192.168.0.1
```

```
olabs.lan mail is handled by 5 mail.olabs.lan.
```

提示　若用户已经配置好了 Linux 的 DNS 客户，则上面的 host 命令可以省略最后的指定 DNS 服务器的选项 192.168.0.1。

**3．配置 DNS 作简单负载均衡**

利用 DNS 轮询可以实现简单的负载均衡。这是通过对单个 FQDN 设置多个 IP 地址实现的。例如，服务器对 cent7h1.olabs.lan 配置 3 个 IP 地址，分别为 192.168.0.1、192.168.0.231 和 192.168.0.232。当客户首次对 cent7h1.olabs.lan 进行查询时，返回地址 192.168.0.1，第二次查询时返回地址 192.168.0.231，第三次查询时返回地址 192.168.0.232，第四次查询时又返回地址 192.168.0.1，从而实现简单负载均衡。

**操作步骤 11.6**　为实现简单负载均衡进行配置

```
// 1. 修改正向区文件
# vi /var/named/olabs.lan.hosts
//添加如下两行
cent7h1          IN     A      192.168.0.231
cent7h1          IN     A      192.168.0.232
// 2. 修改反向区文件
#  vi /var/named/192.168.0.rev
//添加如下两行
231             IN     PTR    cent7h1.olabs.lan.
232             IN     PTR    cent7h1.olabs.lan.
// 3. 重新加载配置文件
# rndc reload
server reload successful
// 4. 对配置进行检测
# host cent7h1.olabs.lan
cent7h1.olabs.lan has address 192.168.0.1
cent7h1.olabs.lan has address 192.168.0.231
cent7h1.olabs.lan has address 192.168.0.232
# host cent7h1.olabs.lan
cent7h1.olabs.lan has address 192.168.0.231
cent7h1.olabs.lan has address 192.168.0.232
cent7h1.olabs.lan has address 192.168.0.1
# host cent7h1.olabs.lan
cent7h1.olabs.lan has address 192.168.0.232
cent7h1.olabs.lan has address 192.168.0.1
cent7h1.olabs.lan has address 192.168.0.231
# host cent7h1.olabs.lan
cent7h1.olabs.lan has address 192.168.0.1
cent7h1.olabs.lan has address 192.168.0.231
cent7h1.olabs.lan has address 192.168.0.232
```

**4．配置辅助域名服务器**

配置辅助域名服务器相对简单，在要配置辅助域名服务器的 Linux 计算机上，只需对主配置文件进行配置，无须配置区数据库文件，区数据库文件将从主域名服务器自动获得。

注意　不能在同一台计算机上同时配置同一个域的主域名服务器和辅助域名服务器。以下操作步骤将在另一台计算机 cent7h2（192.168.0.251）上进行。

**操作步骤 11.7** 配置辅助域名服务器

```
// 1. 主配置文件与 cent7h1（192.168.0.1）一致
// 2. 修改 /etc/named.conf.zones
# vi /etc/named.conf.zones
// 添加正向解析区声明
zone "olabs.lan" {
        type slave;                     //指定 slave 类型，即辅助域名服务器的类型
        file "slaves/olabs.lan.hosts"
        masters { 192.168.0.1 ; };      //指定主 DNS 的 IP 地址
        };
// 添加反向解析区声明
zone "0.168.192.in-addr.arpa" {
        type slave;                     //指定 slave 类型，即辅助域名服务器的类型
        file "slaves/192.168.0.rev";
        masters { 192.168.0.1 ; };      //指定主 DNS 的 IP 地址
        };
#
// 3. 检查配置文件语法的正确性（无输出表示语法正确）
# named-checkconf
// 4. 启动 named 服务并设置开机启动
# systemctl start named
# systemctl enable named
// 5. 检查 named 监听的端口
# ss -lu4n|grep ':53'
// 6. 配置防火墙
# firewall-cmd --add-service=dns --permanent
# firewall-cmd –reload
// 7. 测试辅助域名服务器
# host -a olabs.lan 192.168.0.251
```

**5. 配置域名转发服务器**

当 DNS 客户端向指定的 DNS 服务器要求进行域名解析时，若此域名服务器无法解析，将用缓存中的信息帮助定位能解析的其他服务器，通常会找到一个根域服务器进行递归查询。为了减少根域服务器的负担，可以设置域名转发器（Forwarder）。

当定义了域名转发器后，本地域名服务器将使用域名转发器清单中的 DNS 服务器，取代缓存中的根域服务器来响应客户的查询请求。配置了域名转发器清单的域名服务器会把不能直接从自己缓存响应的请求发送给转发器中定义的服务器。

下面的操作步骤 11.8 基于操作步骤 11.3。

**操作步骤 11.8** 配置域名转发服务器

```
// 1. 编辑主配置文件
# vi /etc/named.conf
options {
       recursion yes;                                  // 执行服务器递归查询
       forwarders { 114.114.114.114;  8.8.8.8;  };     // 设置转发地址
       forward only;                                   // 仅执行转发操作
       ....                                            // 其他全局配置
};
// 2. 检查配置文件语法的正确性（无输出表示语法正确）
# named-checkconf
```

```
// 3. 重新加载 named 服务的配置
# rndc reload
```

## 11.4 思考与实验

**1. 思考**

（1）简述 DHCP 的工作过程。

（2）简述如何在大型网络中部署 DHCP 服务。

（3）简述 DNS 系统的组成、DNS 服务器的类型。

（4）简述 DNS 的查询模式、DNS 解析过程。

（5）什么是域名转发？

（6）简述 BIND 的配置文件族。

（7）简述资源记录的类型。

**2. 实验**

（1）学会配置单作用域的 DHCP 服务器。

（2）学会配置 DHCP 中继代理。

（3）学会配置主域名服务器。

（4）学会配置辅助域名服务器。

（5）学会配置唯高速缓存器和域名转发器。

（6）学会使用 host、nslookup 和 dig 检测 DNS 配置。

**3. 进一步学习**

（1）学习 DHCP 超级作用域的配置。

（2）学习配置 DNS 的区域委派。

（3）学习使用 view 语句配置分离式（Split）DNS。

（4）安装 bind-chroot 包，学习将 BIND 运行在 chroot jail 环境下。

（5）学习 BIND 的基于公钥技术的签名技术。

（6）学习使用 dnsmasq 配置 DHCP 服务、TFTP 服务和 DNS 转发器的方法。

（7）学习使用 Cobbler（https://fedorahosted.org/cobbler/）。

# 第 12 章 FTP 服务和 NFS 服务

本章首先介绍 FTP 的相关概念，接着介绍基于 vsftpd 的各种 FTP 服务的配置方法，然后介绍 NFS 和 RPC 的相关概念，再介绍 NFS 服务的安装和配置共享目录的方法，最后介绍 NFS 客户端挂装远程文件系统的方法。

## 12.1 FTP 服务

### 12.1.1 FTP 的相关概念

**1．FTP 服务和 FTP 协议**

FTP 服务是 Internet 上最早应用于主机之间进行数据传输的基本服务之一。FTP 服务的一个非常重要的特点是其实现可以独立于平台，也就是说在 Linux、Mac、Windows 等操作系统中都可以实现 FTP 的客户端和服务器。尽管目前已经普遍采用 HTTP 方式传送文件，但 FTP 仍然是跨平台直接传送文件的主要方式。

文件传输协议（File Transfer Protocol，FTP）标准是在 RFC959 中说明的。该协议定义了一个在远程计算机系统和本地计算机系统之间传输文件的标准。FTP 运行在 OSI 模型的应用层，并利用传输控制协议 TCP 在不同的主机之间提供可靠的数据传输。TCP 是一种面向连接的、可靠的传输协议，正是这种可靠性保证了 FTP 文件传输的可靠性。在实际的传输中，FTP 靠 TCP 来保证数据传输的正确性并在发生错误的情况下，对错误进行相应的修正。FTP 在文件传输中还具有一个重要的特点，就是支持断点续传功能，这样做可以大幅度地减小 CPU 和网络带宽的开销。

**2．FTP 的工作原理**

与大多数的 Internet 服务一样，FTP 协议也是一个客户机/服务器系统。用户通过一个支持 FTP 协议的客户机程序，连接到远程主机上的 FTP 服务器程序。用户通过客户机程序向服务器程序发出命令，服务器程序执行用户所发出的命令，并将执行结果返回给客户机。

一个 FTP 会话通常要包括 5 个软件元素的交互。表 12-1 中列出了这 5 个软件元素。图 12-1 描述了 FTP 协议的模型。

**表 12-1 FTP 会话包括的 5 个软件元素**

| 软件要素 | 说明 |
|---|---|
| 用户接口（UI） | 提供了一个用户接口并使用客户端协议解释器的服务 |
| 客户端协议解释器（CPI） | 向远程服务器协议机发送命令并且驱动客户数据传输过程 |

（续）

| 软 件 要 素 | 说　明 |
|---|---|
| 服务器端协议解释器（SPI） | 响应客户协议机发出的命令并驱动服务器端数据传输过程 |
| 客户端数据传输协议（CDTP） | 负责完成和服务器数据传输过程及客户端本地文件系统的通信 |
| 服务器端数据传输协议（SDTP） | 负责完成和客户数据传输过程及服务器端文件系统的通信 |

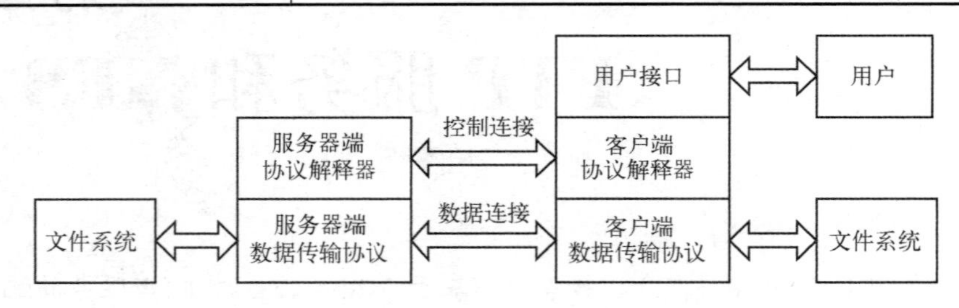

图 12-1　FTP 协议模型

大多数的 TCP 应用协议使用单个的连接，一般是客户向服务器的一个知名端口发起连接，然后使用这个连接进行通信。但是，FTP 协议却有所不同，FTP 协议在运作时要使用两个 TCP 连接。

在 FTP 会话中，会存在两个独立的 TCP 连接，一个是由 CPI 和 SPI 使用的，被称为控制连接（Control Connection）；另一个是由 CDTP 和 SDTP 使用的，被称为数据连接（Data Connection）。

FTP 独特的双端口连接结构的优点在于，两个连接可以选择不同的合适的服务质量。如对控制连接来说需要更小的延迟时间，对数据连接来说需要更大的数据吞吐量；而且可以避免实现数据流中的命令的透明性及逃逸。

控制连接主要用来传送在实际通信过程中需要执行的 FTP 命令以及命令的响应。控制连接是在执行 FTP 命令时由客户端发起的通往 FTP 服务器的连接。控制连接并不传输数据，只用来传输控制数据传输的 FTP 命令集及其响应。因此，控制连接只需要很小的网络带宽。通常情况下，FTP 服务器监听端口号 21 来等待控制连接建立请求。控制连接建立以后并不立即建立数据连接，而是服务器通过一定的方式来验证客户的身份，以决定是否可以建立数据传输。

在 FTP 连接期间，控制连接始终保持通畅的连接状态；而数据连接是等到要目录列表、传输文件时才临时建立的，并且每次客户端使用不同的端口号建立数据连接。一旦传输完毕，就中断这条临时的数据连接。

数据连接用来传输用户的数据。在客户端要求进行目录列表、上传和下载等操作时，客户和服务器将建立一条数据连接。这里的数据连接是全双工的，允许同时进行双向的数据传输，即客户和服务器都可能是数据发送者。

特别指出，在数据连接存在的时间内，控制连接肯定是存在的；一旦控制连接断开，数据连接会自动关闭。

**3．FTP 的数据传输模式**

按照数据连接建立连接的方式不同，可以把 FTP 分成两种模式：主动模式（Active FTP）和被动模式（Passive FTP），如图 12-2 所示。

在主动模式下，FTP 客户端随机开启一个大于 1024 的端口 N 向服务器的 21 号端口发起连接，然后开放 N+1 号端口进行监听，并向服务器发出 PORT N+1 指令。服务器接收到指令后，会用其本地的 FTP 数据端口（默认是 20）来连接客户端指定的端口 N+1，进行数据传输。在主动传输模式下，FTP 的数据连接和控制连接的方向是相反的，也就是说，是服务器向客户端发起一个用于数据传输的连接。客户端的连接端口是由服务器端和客户端通过协商确定的。

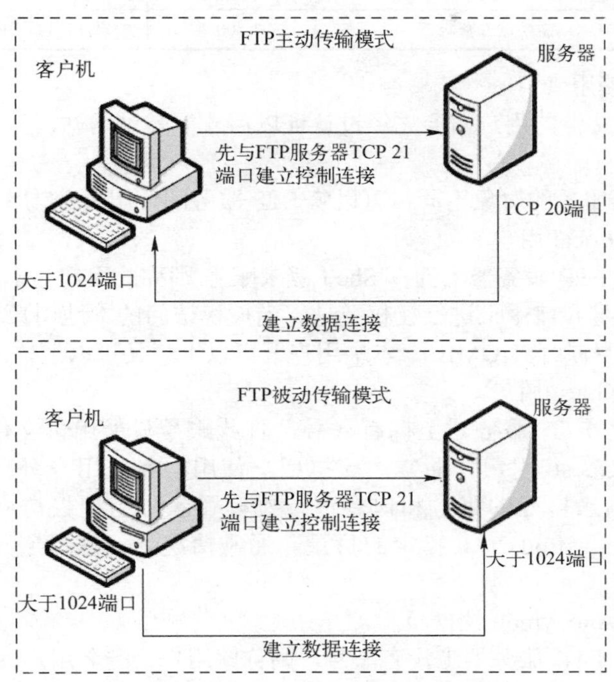


图 12-2　主动传输模式和被动传输模式

在被动模式下，FTP 客户端随机开启一个大于 1024 的端口 N 向服务器的 21 号端口发起连接，同时会开启 N+1 号端口。然后向服务器发送 PASV 指令，通知服务器自己处于被动模式。服务器收到指令后，会开放一个大于 1024 的端口 P 进行监听，然后用 PORT P 指令通知客户端自己的数据端口是 P。客户端收到指令后，会通过 N+1 号端口连接服务器的端口 P，然后在两个端口之间进行数据传输。在被动传输模式下，FTP 的数据连接和控制连接的方向是一致的，也就是说，是客户端向服务器发起一个用于数据传输的连接。客户端的连接端口是发起这个数据连接请求时使用的端口号。

提示

被动模式的 FTP 通常用在处于防火墙之后的 FTP 客户访问外界 FTP 服务器的情况，因为在这种情况下，防火墙通常配置为不允许外界访问防火墙之后的主机，只允许由防火墙之后的主机发起的连接请求通过。因此，在这种情况下不能使用主动模式的 FTP 传输，而被动模式的 FTP 可以很好地工作。

**4．FTP 的典型消息**

在用于 FTP 客户程序与 FTP 服务器进行通信时，经常会看到一些由 FTP 服务器发送的消息，这些消息是 FTP 协议所定义的。表 12-2 中列出了一些典型的 FTP 消息。

表 12-2　FTP 协议中定义的典型消息

| 消息号 | 含　义 | 消息号 | 含　义 |
|---|---|---|---|
| 125 | 数据连接打开，传输开始 | 425 | 不能打开数据连接 |
| 200 | 命令 OK | 426 | 数据连接被关闭，传输被中断 |
| 226 | 数据传输完毕 | 452 | 错误写文件 |
| 331 | 用户名 OK，需要输入密码 | 500 | 语法错误，不可识别的命令 |

**5．FTP 服务的使用者**

一般来说，传输文件的用户需要先经过认证以后才能登录网站，然后方能访问、传输在远程服务器的文件。

根据 FTP 服务器服务的对象不同，可以将 FTP 服务的使用者分为 3 类。

（1）本地用户（Local 用户）

如果用户在远程 FTP 服务器上拥有 Shell 登录账号,则称此用户为本地用户。本地用户可以通过输入自己的账号和口令来进行授权登录。当授权访问的本地用户登录系统后，其登录目录为用户自己的家目录（$HOME），本地用户既可以下载又可以上传。

（2）虚拟用户（Guest 用户）

如果用户在远程 FTP 服务器上拥有账号，且此账号只能用于文件传输服务，则称此用户为虚拟用户或 Guest 用户。通常，虚拟用户使用与系统用户分离的用户认证文件。虚拟用户可以通过输入自己的账号和口令进行授权登录。当授权访问的虚拟用户登录系统后，其登录目录是 vsftpd 为其指定的目录。通常情况下，虚拟用户既可以下载又可以上传。

（3）匿名用户（Anonymous 用户）

如果用户在远程 FTP 服务器上没有账号，则称此用户为匿名用户。若 FTP 服务器提供匿名访问功能，则匿名用户可以通过输入账号（Anonymous 或 ftp）和口令（用户自己的 E-mail 地址）进行登录。当匿名用户登录系统后，其登录目录为匿名 FTP 服务器的根目录（默认为 /var/ftp），一般情况下匿名 FTP 服务器只提供下载功能，不提供上传服务或者使上传受到一定的限制。

**6．Linux 环境下的 FTP 服务软件**

如表 12-3 所示，Linux 环境下常用的 FTP 服务软件有 vsftpd、proftpd 和 pure-ftpd。

表 12-3　Linux 环境下的 FTP 服务软件

| 软　件 | 主　页 | YUM 仓库 |
|---|---|---|
| vsftpd | http://vsftpd.beasts.org | CentOS 官方 |
| proftpd | http://www.proftpd.org | EPEL |
| pure-ftpd | http://www.pureftpd.org | EPEL |

本章将介绍 CentOS 官方仓库提供的 vsftpd 的配置和使用。

### 12.1.2　CentOS 下的 vsftpd 服务

**1．安装 vsftpd**

使用下面的命令安装 vsftpd。

```
# yum install vsftpd
```

### 2．与 vsftpd 服务相关的文件

表 12-4 中列出了与 vsftpd 服务相关的文件和说明。

表 12-4　与 vsftpd 服务相关的文件和说明

| 分　类 | 文　件 | 说　明 |
| --- | --- | --- |
| 守护进程 | /usr/sbin/vsftpd | vsftpd 服务守护进程 |
| systemd 的服务配置单元 | /usr/lib/systemd/system/vsftpd.service | 使用默认配置文件的 vsftpd 服务单元配置文件 |
| | /usr/lib/systemd/system/vsftpd@.service | 使用非默认配置文件的 vsftpd 服务单元配置文件 |
| | /usr/lib/systemd/system/vsftpd.target | vsftpd 目标单元配置文件，同时启用不同配置文件的多个服务 |
| 配置文件 | /etc/vsftpd/vsftpd.conf | vsftpd 的主配置文件 |
| | /etc/pam.d/vsftpd | vsftpd 用于用户认证的 PAM 配置文件 |
| | /etc/vsftpd/ftpusers | 指定不能登录 vsftpd 的用户 |
| | /etc/vsftpd/user_list | 限制用户登录 vsftpd 的配置文件 |
| 数据目录 | /var/ftp/ | 匿名用户主目录 |
| | /var/ftp/pub | 匿名用户下载目录 |
| 文档 | /usr/share/doc/vsftpd-3.0.2/EXAMPLE/ | 配置文件模板及说明 |

### 3．管理 vsftpd 服务

CentOS 7 下的 vsftpd 服务由 systemd 启动，可以使用如下 systemctl 命令管理。

```
# systemctl {start|stop|status|restart} vsftpd
# systemctl {enable|disable} vsftpd
```

对于使用非默认配置文件的 vsftpd，可以使用如下 systemctl 命令管理。

```
# systemctl { start|stop|status|restart } vsftpd@<config-filename-without-extension>
[.service]
```

使用如下命令可以同时管理基于不同配置文件的多个 vsftpd 服务。

```
# systemctl {start|stop|status|restart} vsftpd.target
```

### 4．vsftpd 的主配置文件的常用参数

vsftpd 的主配置文件 /etc/vsftpd/vsftpd.conf 的每一行都具有如下的形式：

```
配置语句=值
```

表 12-5 中列出了 vsftpd 主配置文件中常用的配置语句及其说明。

表 12-5　vsftpd 主配置文件中常用的配置语句及其说明

| 语　句 | 说　明 |
| --- | --- |
| background=<YES/NO> | 是否运行在后台监听模式，默认值为 YES |
| listen=<YES/NO> | 设置为 YES 时 vsftpd 以独立运行方式启动；设置为 NO 时以 xinetd 方式启动 |
| listen_port=< port > | 设置控制连接的监听端口号，默认为 21 |
| listen_address=< IPAddress > | 绑定到指定的 IP 地址上运行 |
| connect_from_port_20=<YES/NO> | 若设为 YES，则强迫 ftp-data 的数据传送使用 port 20。默认值为 YES |
| pasv_enable=<YES/NO> | 是否使用被动模式的数据连接 |
| pasv_min_port=<*n*><br>pasv_max_port=<*m*> | 设置被动模式的数据连接的端口范围为 *n*～*m* 之间 |
| message_file=<filename> | 设置使用者进入某个目录时显示的文件内容，默认为.message |

（续）

| 语　句 | 说　明 |
|---|---|
| dirmessage_enable=<YES/NO> | 设置当使用者进入某个目录时是否显示由 message_file 指定的文件内容 |
| ftpd_banner=<message> | 设置用户连接服务器后的显示信息 |
| banner_file=<filename> | 设置用户连接服务器后的显示信息，信息存放在指定的 filename 文件中 |
| connect_timeout=<n> | 如果客户尝试连接 vsftpd 服务器超过 $n$ 秒，则强制断线。默认为 60 |
| accept_timeout=<n> | 当使用者以被动模式进行数据传输时，如果服务器发出 passive port 指令后等待客户超过 $n$ 秒就强制断线。默认为 60 |
| data_connection_timeout=<n> | 设置空闲的数据连接在 $n$ 秒后中断。默认为 120 |
| idle_session_timeout=<n> | 设置空闲的用户会话在 $n$ 秒后中断。默认为 300 |
| max_clients=<n> | 在独立启动时限制服务器的连接数，0 表示无限制 |
| max_per_ip=<n> | 在独立启动时限制客户每 IP 的连接数，0 表示无限制 |
| local_enable=<YES/NO> | 设置是否支持本地用户账号访问 |
| guest_enable=<YES/NO> | 当设置为 YES 时，所有非匿名用户都被视为虚拟用户 |
| write_enable=<YES/NO> | 是否开放本地用户的写权限 |
| local_umask=<nnn> | 设置本地用户上传的文件的生成掩码，默认值为 077 |
| local_max_rate=<n> | 设置本地用户的最大传输速率，单位为 B/s，值为 0 表示不限制 |
| chroot_local_user=<YES/NO> | 当 chroot_local_user 的值设为 YES 时，所有的本地用户将执行 chroot |
| chroot_list_enable=<YES/NO><br>chroot_list_file=<filename> | 当 chroot_local_user=NO 且 chroot_list_enable=YES 时，只有 filename 文件中指定的用户才可以执行 chroot，chroot_list_file 的默认值为/etc/vsftpd.chroot_list |
| anonymous_enable=<YES/NO> | 设置是否支持匿名用户账号访问 |
| anon_max_rate=<n> | 设置匿名用户的最大传输速率，单位为 B/s，值为 0 表示不限制 |
| anon_upload_enable=<YES/NO> | 用于设置是否允许匿名用户上传 |
| anon_mkdir_write_enable=<YES/NO> | 用于设置是否允许匿名用户创建目录 |
| anon_other_write_enable=<YES/NO> | 用于设置是否允许匿名用户的其他写权限 |
| anon_umask=<nnn> | 设置匿名用户上传的文件生成掩码，默认值为 077 |
| ascii_download_enable=<YES/NO><br>ascii_upload_enable=<YES/NO> | 一般来说，由于启动了这个设定项目可能会导致 DoS 攻击，因此预设是 NO |
| hide_ids=<YES/NO> | 如果启动这项功能，所有档案的拥有者与群组都为 FTP，也就是使用者登入使用 ls -al 之类的指令，所看到的档案拥有者和群组均为 FTP。默认值为关闭 |
| ls_recurse_enable=<YES/NO> | 若是启动此功能，则允许登入者使用 ls -R 这个指令。默认值为 NO |
| tcp_wrappers=<YES/NO> | 设置服务器是否支持 tcp_wrappers |
| pam_service_name=vsftpd | 设置 PAM 模块的名称，放置在/etc/pam.d/vsftpd |
| xferlog_enable=<YES/NO> | 是否启用 FTP 的上传和下载日志 |
| xferlog_file=/var/log/vsftpd.log | 设置日志记录文件的名称 |
| xferlog_std_format=<YES/NO> | 当设置为 YES 时，将使用与 Wu-FTPd 相同的日志记录格式 |

### 5. CentOS 7 中 vsftpd 默认的主配置文件

**操作步骤 12.1**　查看默认配置并启动 vsftpd 服务

```
// 1. 查看 vsftpd 的默认主配置文件
# grep -v "#"  /etc/vsftpd/vsftpd.conf
//允许匿名登录
anonymous_enable=YES
//允许本地用户登录
local_enable=YES
//开放本地用户的写权限
write_enable=YES
//设置本地用户的文件生成掩码为 022，默认值为 077
local_umask=022
```

```
//当切换到目录时，显示该目录下的.message 隐含文件的内容
//这是由于默认情况下有 message_file=.message 的设置
dirmessage_enable=YES
//启用上传和下载日志
xferlog_enable=YES
//启用 FTP 数据端口的连接请求
connect_from_port_20=YES
//使用标准的 ftpd 传输日志格式
xferlog_std_format=YES
//关闭 vsftpd 的独立启动模式，使用默认的后台监听模式
listen=NO
//同时监听本机的 IPv4 和 IPv6 地址
listen_ipv6=YES
//设置 PAM 认证服务的配置文件名称，该文件存放在/etc/pam.d/目录下
pam_service_name=vsftpd
//激活 vsftpd 检查 userlist_file 指定的用户是否可以访问 vsftpd 服务器
//userlist_file 的默认值是/etc/vsftpd/user_list
//由于默认情况下 userlist_deny=YES，所以/etc/vsftpd/user_list
//文件中所列的用户均不能登录此 vsftpd 服务器
userlist_enable=YES
//使用 tcp_wrappers 作为主机访问控制方式
tcp_wrappers=YES
// 2. 启动 vsftpd 并确保其开机启动
# systemctl start vsftpd
# systemctl enable vsftpd
// 3. 查看 FTP 的监听端口
# ss -ltn|grep 21
LISTEN     0      32                         :::21                        :::*
// 4. 为 FTP 服务开启防火墙
# firewall-cmd --add-service=ftp --permanent
# firewall-cmd --reload
```

提示

CentOS 7 下 vsftpd 提供的默认设置如下。

（1）允许匿名用户和本地用户登录。

（2）匿名用户的登录名为 ftp 或 anonymous，口令为一个 E-mail 地址。

（3）匿名用户不能离开匿名服务器目录/var/ftp，且只能下载不能上传。

（4）本地用户的登录名为本地用户名，口令为此本地用户的口令。

（5）本地用户可以离开自家目录切换至有权访问的其他目录，并在权限允许的情况下进行上传/下载。

（6）写在文件/etc/vsftpd/ftpusers 和/etc/vsftpd/user_list 中的本地用户禁止登录。

（7）要使用户在下载文件时能够续传文件，必须保证文件对其他用户有读的权限。否则，当续传时不能读取已传的服务器上的文件。

### 12.1.3　配置 vsftpd 服务器

**1．配置高安全级别的匿名服务器**

**操作步骤 12.2**　配置高安全级别的匿名服务器

```
// 1. 备份默认配置文件
# mv /etc/vsftpd/vsftpd.conf{,.orig}
```

```
// 2. 复制vsftpd软件包中的匿名用户 FTP 配置文件
# cp /usr/share/doc/vsftpd-3.0.2/EXAMPLE/INTERNET_SITE_NOINETD/vsftpd.conf  /etc/vsftpd/
// 3. 重新启动vsftpd
# systemctl restart vsftpd
```

提示　vsftpd 推荐使用这种安全配置，如果用户只想架设匿名 FTP 下载服务器，出于安全性的考虑，可参考使用这种配置。

### 2. 配置允许匿名用户上传的 FTP 服务器

为了使匿名用户能够上传，需要在/etc/vsftpd 中使用 anon*配置语句。

**操作步骤 12.3**　配置 vsftpd 允许匿名用户上传

```
// 1. 备份主配置文件
# cd /etc/vsftpd/
# cp vsftpd.conf vsftpd.conf.anon_readonly
// 2. 修改仅允许匿名下载的vsftpd的主配置文件
# vi vsftpd.conf
//将如下的配置行
write_enable=NO
anon_upload_enable=NO
anon_mkdir_write_enable=NO
anon_other_write_enable=NO
//修改为
write_enable=YES                    #允许执行写操作
anon_upload_enable=YES              #允许匿名用户上传
anon_mkdir_write_enable=YES         #开启匿名用户的写和创建目录的权限
anon_other_write_enable=YES         #同时开放了文件更名、删除文件等权限
//修改后存盘退出vi
// 3. 创建匿名上传目录
# mkdir /var/ftp/incoming
# 修改上传目录的权限
# chown ftp /var/ftp/incoming/
# ll /var/ftp
drwxr-xr-x 2 ftp  root  4096 03-18 04:16 incoming
drwxr-xr-x 9 root root  4096 01-14 10:29 pub
drwxr-xr-x 6 root root  4096 03-09 13:44 mirrors
// 4. 重新启动vsftpd
# systemctl restart vsftpd
// 5. 测试
# cd
# lftp ftp://localhost/incoming
cd 成功, 当前目录=/incoming
lftp localhost:/incoming> put install.log.syslog
3978 bytes transferred
lftp localhost:/incoming> mkdir moi
mkdir 成功, 建立 'moi'
lftp localhost:/incoming> ls
-rw-------    1 ftp      ftp          3978 Mar 17 20:50 install.log.syslog
drwx------    2 ftp      ftp          4096 Mar 17 20:50 moi
lftp localhost:/incoming> mv install.log.syslog install.log
重命名成功
```

```
lftp localhost:/incoming> rm install.log
rm 成功，删除 'install.log'
lftp localhost:/incoming> quit
#
```

注意

由于 anon_other_write_enable=YES 同时开放了文件更名、删除文件等权限，所以，关于是否使用此配置语句需要管理员做出权衡。vsftpd 官方不建议使用 anon_other_write_enable=YES 的配置。折中方案是使用 anon_other_write_enable=YES 的配置，并随时对 FTP 站点进行维护，即将 incoming 目录中有用的文件移向 pub 目录。

**3．将本地用户限制在其自家目录中**

在默认配置中，本地用户可以切换到自家目录以外的目录中进行浏览，并在权限许可的范围内进行下载和上传。这样的设置对于 FTP 服务器来说是不安全的。如果希望用户登录后不能切换到自家目录以外的目录，则需要设置 chroot 选项。

下面的操作步骤仅允许/etc/vsftpd/chroot_list 文件中列出的用户切换到自家目录以外的目录，其他用户都被限制在其自家目录中。

**操作步骤 12.4**　将本地用户限制在其自家目录中

```
// 1. 修改 vsftpd 的主配置文件
# vi vsftpd.conf
// 添加如下配置行
chroot_local_user=YES
chroot_list_enable=YES
chroot_list_file=/etc/vsftpd/chroot_list
// 保存并退出 vi
// 2. 创建文件 /etc/vsftpd/chroot_list，并添加非 chroot 的用户
# cat <<_END_>> /etc/vsftpd/chroot_list
fanny
jason
_END_
// 3. 重新启动 vsftpd
# systemctl restart vsftpd
```

**4．不同的本地用户实施不同的配置**

vsftpd 的配置比较灵活，可以对不同的本地用户实施不同的配置。下例用于实现如下配置。

- 本地用户 user1 的最大传输速率为 250KB/s。
- 本地用户 user2 的最大传输速率为 500KB/s。
- 其他本地用户的配置均遵从主配置文件，即除了 user1 和 user2 之外的本地用户的最大传输速率为 50KB/s，匿名用户的最大传输速率为 30KB/s。将指明每个客户机的最大连接数为 5。

**操作步骤 12.5**　对不同的本地用户实施不同的配置

```
// 1. 备份当前的主配置文件
# cd /etc/vsftpd/
# mv vsftpd.conf vsftpd.conf.anon_incoming
// 恢复备份的默认配置文件
# cp vsftpd.conf.orig vsftpd.conf
```

```
// 2. 修改 vsftpd 的主配置文件
# vi vsftpd.conf
// 添加如下配置行
local_max_rate=50000
anon_max_rate=30000
max_per_ip=5
user_config_dir=/etc/vsftpd/userconf
// 保存并退出 vi
// 备份当前的主配置文件
# cp vsftpd.conf{,.max_rate-and-per_ip}
// 3. 添加两个新用户 user1 和 user2 并设置口令
# useradd user1
# passwd user1
# useradd user2
# passwd user2
// 4. 创建用户的配置文件
// 创建目录/etc/vsftpd/userconf
# mkdir /etc/vsftpd/userconf
// 创建 user1 的配置文件/etc/vsftpd/userconf/user1
# echo local_max_rate=250000 > /etc/vsftpd/userconf/user1
// 创建 user2 的配置文件/etc/vsftpd/userconf/user2
# cat <<_END_>> /etc/vsftpd/userconf/user2
local_max_rate=500000
use_localtime=YES
_END_
// 5. 重新启动 vsftpd
# systemctl restart vsftpd
```

注意

并非所有配置选项都可以应用在基于每个用户的配置文件中。因为许多设置在用户会话开始之前就已生效了，如 listen_address、banner_file、max_per_ip、max_clients、xferlog_file 等。

**5. 配置基于本地用户的访问控制**

有如下两种方法限制本地用户的访问控制。

1）限制指定的本地用户不能访问，而其他本地用户可访问。例如下面的设置：

```
userlist_enable=YES
userlist_deny=YES
userlist_file= /etc/vsftpd/user_list
```

使文件/etc/vsftpd/user_list 中指定的本地用户不能访问 FTP 服务器，而其他本地用户可访问 FTP 服务器。

2）限制指定的本地用户可以访问，而其他本地用户不可访问。例如下面的设置：

```
userlist_enable= YES
userlist_deny= NO
userlist_file= /etc/vsftpd/user_list
```

使文件/etc/vsftpd/user_list 中指定的本地用户可以访问 FTP 服务器，而其他本地用户不可以访问 FTP 服务器。

注意

对于 userlist_enable 可以这样理解：如果 userlist_enable=YES，表示 vsftpd 将从 userlist_file 选项给出的文件名中装载一个含有用户名的清单。然后再读取 userlist_deny 的值来确定 vsftpd.user_list 中的用户是否允许访问 FTP 服务器。如果用户不能访问，将在输入用户口令前被拒绝。

**6．配置基于主机的访问控制**

vsftpd 从版本 1.1.3 以后内置了对 TCP_wrappers 的支持，为独立启动的 vsftpd 提供了基于主机访问控制的配置。TCP wrappers 使用/etc/hosts.allow 和/etc/hosts.deny 两个配置文件实现访问控制。有关 TCP Wrappers 的配置参见 8.4 节。

**7．对不同的主机或网络地址的访问实施不同的配置**

使用 TCP Wrappers 的扩展语法还可以对不同的主机或网络实施不同的配置，为此，在书写 /etc/hosts.allow 时可以使用如下的语法形式。

```
vsftpd: 主机表: setenv VSFTPD_LOAD_CONF <配置文件名>
```

其中：setenv VSFTPD_LOAD_CONF <配置文件名>表示当遇到主机表中的主机访问本 FTP 服务器时，修改环境变量 VSFTPD_LOAD_CONF 的值为指定的配置文件名。其意图是让 vsftpd 守护进程读取新的配置文件中的配置项，来覆盖主配置文件中的配置。

下面是一个配置主机访问控制的例子。在本例中要实现下述功能：

- 拒绝 192.168.2.0/24 访问。
- 对域 smartraing.com 和 192.168.1.0/24 内的所有主机不做连接数限制和最大传输速率限制。
- 对其他主机的访问限制每 IP 的连接数为 1，最大传输速率限制为 10KB/s。

为实现此功能，可以将主配置文件配置为每 IP 的连接数是 1 及最大传输速率限制是 10KB/s，再在 smartraing.com 和 192.168.1.0/24 的附加配置文件中不做连接限制。

**操作步骤 12.6**　对不同的网络地址的访问实施不同的配置

```
// 1. 恢复默认的配置文件
# cd /etc/vsftpd/
# cp -f vsftpd.conf.orig vsftpd.conf
// 2. 查看主配置文件中是否有 tcp_wrappers=YES 的配置
# cat /etc/vsftpd/vsftpd.conf|grep tcp_wrappers
tcp_wrappers=YES
// 3. 修改 vsftpd 的主配置文件
# cat <<_END_>>/etc/vsftpd/vsftpd.conf
local_max_rate=10000
anon_max_rate=10000
max_per_ip=1
_END_
#
// 4. 编辑/etc/hosts.allow
# cat <<_END_ >>/etc/hosts.allow
> vsftpd: .smartraining.com,192.168.1.0/24 \
> : setenv VSFTPD_LOAD_CONF /etc/vsftpd/tcp_wrappers/192.168.1.0.conf
> vsftpd: 192.168.2.0/24: DENY
> _END_
#
// 5. 编辑 /etc/vsftpd/tcp_wrappers/192.168.1.0.conf
```

```
# mkdir /etc/vsftpd/tcp_wrappers
# cat <<_END_>> /etc/vsftpd/tcp_wrappers/192.168.1.0.conf
local_max_rate=0
anon_max_rate=0
max_per_ip=0
_END_
// 6. 重新启动vsftpd
# systemctl restart vsftpd
```

当 vsftpd 启动时，守护进程首先读取主配置文件/etc/vsftpd/vsftpd.conf，当列在/etc/hosts.allow 文件中的主机访问时，再用此类主机单独的配置文件中的配置，覆盖主配置文件中的配置。如在上例中，当对域 smartraing.com 和 192.168.1.0/24 内的所有主机访问时，读取文件/etc/vsftpd/tcp_wrappers/192.168.1.0.conf 中的配置覆盖主配置文件中的配置。

提示

使用这种基于 tcp_wrappers 的配置，可以灵活地为不同的主机提供不同的服务。例如，还可以配置为一部分主机可以使用本地用户登录，而另一部分主机只能匿名登录等。

**8．配置使用虚拟用户的 FTP 服务器**

vsftpd 的虚拟用户使用独立于系统用户账号的用户认证，为此，vsftp 使用单独的口令数据库，并由可插拔认证模块 pam_userdb.so 进行用户认证。这样可以使用户登录系统（SSH）和登录 FTP 时可以使用不同的口令，从而提高系统安全性。

表 12-6 中对 vsftp 的 3 类用户，即本地用户、虚拟用户和匿名用户进行了比较。

**表 12-6　比较 vsftpd 中的 3 类用户**

| | 本 地 用 户 | 虚 拟 用 户 | 匿 名 用 户 |
|---|---|---|---|
| 激活用户选项 | local_enable=YES | guest_enable=YES | anonymous_enable=YES |
| 登录用户名 | 本地用户名 | 虚拟用户口令库中的用户名 | Anonymous 或 ftp |
| 用户口令 | 本地用户的口令 | 虚拟用户口令库中指定的口令 | E-mail 地址 |
| 口令的认证方式 | 基于 pam_unix.so 的系统用户口令认证 | 基于 pam_userdb.so 的 DB 数据库的用户口令认证 | 由 vsftpd 认证 |
| 登录映射的本地用户名 | 本地用户名 | guest_username 指定的本地用户，默认为空 | ftp_username 所指定的本地用户，默认为 ftp |
| 登录后进入的目录 | 本地用户的自家目录 | guest_username 对应的本地用户的自家目录或 locale_root 所指定的目录 | ftp_username 所指定的目录，默认为/var/ftp |
| 对登录后的目录是否可浏览 | 可以 | anon_world_readable_only=NO 时可以 | anon_world_readable_only=NO 时可以 |
| 对登录后的目录是否可上传 | write_enable=YES 时可以 | write_enable=YES，同时 anon_upload_enable=YES 时可以 | write_enable=YES，同时 anon_upload_enable=YES 时可以 |
| 对登录后的目录是否可创建目录 | write_enable=YES 时可以 | write_enable=YES，同时 anon_mkdir_write_enable=YES 时可以 | write_enable=YES，同时 anon_mkdir_write_enable=YES 时可以 |
| 对登录后的目录是否可改名和删除 | write_enable=YES 时可以 | write_enable=YES，同时 anon_other_write_ enable=YES 时可以 | write_enable=YES，同时 anon_other_write_enable=YES 时可以 |
| 是否能切换到登录目录以外的目录 | chroot_local_user=NO 时能，其值为 YES 时不能 | 不能，即默认设置 chroot_local_user=YES | 不能 |

**操作步骤 12.7**　配置使用虚拟用户的 FTP 服务器

```
// 1. 恢复默认的配置文件
# cd /etc/vsftpd/
# cp -f vsftpd.conf.orig vsftpd.conf
// 2. 编辑主配置文件 /etc/vsftpd/vsftpd.conf
# vi /etc/vsftpd/vsftpd.conf
// 修改并添加配置
guest_enable=YES                            // 启用虚拟用户
pam_service_name=vsftpd.vu                  // 指定虚拟用户登录验证使用的 PAM 配置文件
guest_username=vuftp                        // 将虚拟用户映射到名为 vuftp 的本地用户
user_config_dir=/etc/vsftpd/vuserconf       // 指定每个虚拟用户配置文件的目录
chroot_local_user=YES
allow_writeable_chroot=YES
// 修改后退出 vi
// 3. 创建虚拟用户映射的本地用户 vuftp
# useradd -d /srv/ftp/virtual vuftp
// 4. 创建虚拟用户登录验证使用的 PAM 配置文件
# cat <<_END_>> /etc/pam.d/vsftpd.vu
auth     required  pam_listfile.so item=user sense=deny file=/etc/vsftpd/ftpusers
onerr=succeed
auth    required  pam_userdb.so db=/etc/vsftpd/logins
account required  pam_userdb.so db=/etc/vsftpd/logins
_END_
// 5. 创建虚拟用户口令文件（单数行为用户名，偶数行为口令）并生成 DB 数据库
# cat <<_END_>> logins.txt
osmond
P4ssW0rd
jason
P455W0rd
_END_
# db_load -T -t hash -f /etc/vsftpd/logins.txt /etc/vsftpd/logins.db
# chmod 600 /etc/vsftpd/logins.*
// 6. 创建虚拟用户的登录目录
# su - vuftp -c 'mkdir osmond'
# su - vuftp -c 'mkdir jason'
// 7. 创建虚拟用户 osmond 的配置文件
# mkdir /etc/vsftpd/vuserconf
# cat <<_END_>> /etc/vsftpd/vuserconf/osmond
local_root=/srv/ftp/virtual/osmond
anon_world_readable_only=NO
anon_upload_enable=YES
anon_mkdir_write_enable=YES
anon_other_write_enable=YES
_END_
// 8. 建虚拟用户 jason 的配置文件
# cat <<_END_>> /etc/vsftpd/vuserconf/jason
local_root=/srv/ftp/virtual/jason
anon_world_readable_only=NO
anon_upload_enable=YES
_END_
// 9. 重新启动 vsftpd
# systemctl restart vsftpd
// 10. 测试
// 创建可下载的测试文件
```

```
# touch /srv/ftp/virtual/{osmond,jason}/test
// 使用虚拟用户 osmond 登录进行测试
# cd
# lftp osmond@localhost
口令:
lftp osmond@localhost:~> ls
-rw-------    1 1002     1004            0 Dec 26 21:14 test
lftp osmond@localhost:/> get test
lftp osmond@localhost:/> !ls test
test
lftp osmond@localhost:/> put anaconda-ks.cfg
1368 bytes transferred
lftp osmond@localhost:/> ls
-rw-------    1 1002     1004            1368 Dec 26 21:19 anaconda-ks.cfg
-rw-------    1 1002     1004            0 Dec 26 21:14 test
lftp osmond@localhost:/> quit
```

**9．配置基于 SSL 的 FTP 服务**

在 RFC 4217 中定义了使用 STARTTLS 对纯文本 FTP 协议的扩展，这提供了一种将纯文本连接升级为加密连接（TLS/SSL）的方式，而不是使用另外端口 ftps(990)/ftps-data(989)做 FTP 加密通信，从而简化了防火墙配置。vsftpd 默认支持基于 STARTTLS 的 TLS/SSL。

表 12-7 中列出了 vsftpd 与 TLS/SSL 相关的配置语句及其说明。

表 12-7　vsftpd 与 TLS/SSL 相关的配置语句及其说明

| 语　句 | 说　明 |
| --- | --- |
| ssl_enable=<YES/NO> | 指定是否开启 SSL 连接支持 |
| validate_cert=<YES/NO> | 若设置为 YES，要求接收的所有 SSL 客户端证书必须经过验证 |
| rsa_cert_file=<filename> | 指定 RSA 证书文件位置 |
| rsa_private_key_file=<filename> | 指定 RSA 私钥文件位置 |
| ssl_sslv2=<YES/NO> | 指定是否使用 SSL V2 版本的协议，默认为 NO |
| ssl_sslv3=<YES/NO> | 指定是否使用 SSL V3 版本的协议，默认为 NO |
| ssl_tlsv1=<YES/NO> | 指定是否使用 TLS V1 版本的协议，默认为 YES |
| allow_anon_ssl=<YES/NO> | 指定是否为匿名用户启用 SSL 连接，默认为 NO |
| force_anon_logins_ssl=<YES/NO> | 若设置为 YES，所有匿名用户登录都强制使用 SSL 安全连接发送用户口令 |
| force_anon_data_ssl=<YES/NO> | 若设置为 YES，所有匿名用户登录都强制使用 SSL 安全连接发送和接收数据 |
| force_local_logins_ssl=<YES/NO> | 若设置为 YES，所有本地用户登录都强制使用 SSL 安全连接发送用户口令 |
| force_local_data_ssl=<YES/NO> | 若设置为 YES，所有本地用户登录都强制使用 SSL 安全连接发送和接收数据 |
| require_cert=<YES/NO> | 若设置为 YES，要求所有 SSL 客户端连接都要提供客户端证书 |
| ca_certs_file=<filename> | 指定 CA 证书文件位置 |

下面给出一个支持 TLS/SSL 连接的 vsftpd 服务配置例子。

要求 1：匿名用户无须 SSL 支持；要求 2：本地用户的登录和数据传输均启用 SSL。

操作步骤 12.8 基于操作步骤 8.5 创建的服务器证书和私钥文件。

**操作步骤 12.8**　配置基于 SSL 协议的 FTP 服务器

```
// 1. 查看当前安装的 vsftpd 是否支持 OpenSSL
# ldd /usr/sbin/vsftpd | grep libssl
        libssl.so.10 => /lib64/libssl.so.10 (0x00007f3ab3415000)
// 2. 配置 vsftpd 支持 SSL/TLS 协议
# cat <<EOT>> /etc/vsftpd/vsftpd.conf
# SSL Configuration for vsfpd
ssl_enable=YES
ssl_tlsv1=YES
allow_anon_ssl=NO
force_local_data_ssl=YES
force_local_logins_ssl=YES
require_ssl_reuse=NO
ssl_ciphers=HIGH
rsa_cert_file=/etc/pki/tls/certs/ftp.olabs.lan.crt
rsa_private_key_file=/etc/pki/tls/private/ftp.olabs.lan.key
EOT
// 3. 重新启动 vsftpd
# systemctl restart vsftpd
// 4. 测试
// 配置 lftp
# cat <<_EOF_>> ~/.lftprc
# create new set for lftp
set ftp:ssl-auth TLS
set ftp:ssl-force true
set ftp:ssl-protect-list yes
set ftp:ssl-protect-data yes
set ftp:ssl-protect-fxp yes
set ssl:verify-certificate no
_EOF_
// 测试连接
# lftp  ftp://osmond@ftp.olabs.lan
// 在 Windows 环境下，您可以安装支持 SSL 的 FTP 客户端，如 FileZilla 等。
```

## 12.2 NFS 服务

### 12.2.1 NFS 的相关概念

#### 1. NFS 简介

网络文件系统（Network File System, NFS）采用客户/服务器工作模型，是分布式计算系统的一个组成部分，可实现在网络上共享和装配远程文件系统，如图 12-3 所示。

NFS 提供了一种在类 UNIX 系统上共享文件的方法。在 NFS 的服务器端共享文件系统；在客户端可以将 NFS 服务器端共享的文件系统挂载到自己的系统中，在客户端看来使用 NFS 的远端文件就像是在使用本地文件一样，只要具有相应的权限就可以使用各种文件操作命令（如 cp、cd、mv 和 rm 等）对共享的文件进行相应的操作。Linux 操作系统既可以作为 NFS 服务器也可以作为 NFS 客户，这就意味着它可以把文件系统共享给其他系统，也可以挂载从其他系统上共享的文件系统。

NFS 除了可以实现基本的文件系统共享，还可以结合远程网络启动实现无盘工作站

（PXE 启动系统，所有数据均在服务器的磁盘阵列上）或瘦客户工作站（本地启动系统，本地磁盘存储了常用的系统工具，而所有/home 目录的用户数据被放在 NFS 服务器上并且在网络上处处可用）。

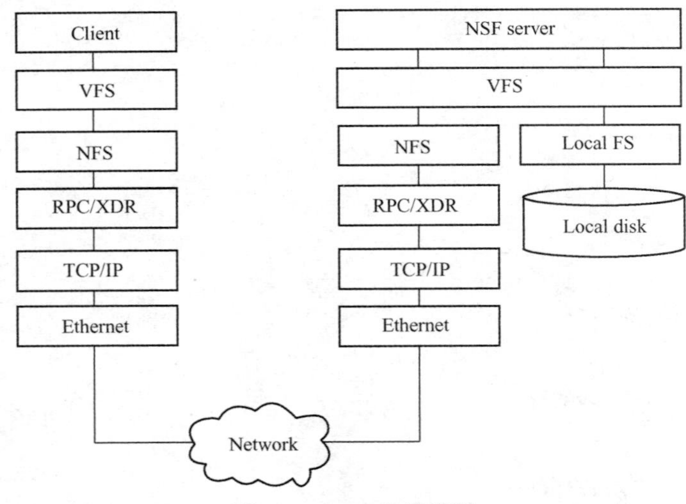


图 12-3　NFS 协议模型

NFS 协议有多个版本，表 12-8 中列出了 NFS 的不同协议版本及其说明。

**表 12-8　NFS 的协议版本**

| 协议版本 | 说　明 | 与 RPC 协同 | 传输协议 | RPC 标准 |
|---|---|---|---|---|
| NFS V2 | 诞生于 20 世纪 80 年代的协议标准 | 需要 | UDP | RFC1094 |
| NFS V3 | 具有更好的可扩展性、支持大文件（超过 2GB）、异步写入以及使用 TCP 传输协议 | 需要 | TCP/UDP | RFC1813 |
| NFS V4 | 内置了远程挂装和文件锁定协议支持，支持通过 kerberos 进行安全用户身份验证 | 不需要 | TCP | RFC 3530 |
| NFS V4.1 | 支持更高扩展性和更高性能的并行 NFS（pNFS） | 不需要 | TCP | RFC 5661 |

RHEL /CentOS 7 支持 NFS V3、NFS V4 和 NFS V4.1 客户端，默认使用 NFS V4 协议。

NFS V3 协议只是一种远程文件系统规范，本身并没有网络传输功能，而是基于远程过程调用（Remote Procedure Call，RPC）协议实现的。.

**2．RPC 和 XDR**

RPC 最初由 Sun 公司提出，提供了一个面向过程的远程服务的接口。它可以通过网络从远程主机程序上请求服务，而不需要了解底层网络技术的协议，RPC 工作在 OSI 模型的会话层（第 5 层），可以为遵从 RPC 协议的应用层协议提供端口注册功能。

RPC 协议也是基于客户/服务器工作模型的，如图 12-4 所示。

RPC 服务首先要开启一个 Portmapper 服务（在 RHEL/CentOS 中是 rpcbind），负责为其他基于 RPC 的服务注册端口，即将 RPC 程序编号转换为互联网上使用的通用地址。

基于 RPC 的服务程序有许多，典型的是 NFS 和 NIS。用户可以在 /etc/rpc 文件中看到这些基于 RPC 的服务程序。

为了独立于不同类型的机器，基于 RPC 服务和客户端交换的所有数据都会在发送端转换为外部数据表示格式（External Data Representation format，XDR），并在接收端再将数据转换回数据的本机表示。XDR 工作在 OSI 模型的表示层（第 6 层）。RPC 依赖于标准的 UDP

和 TCP 套接字将 XDR 格式数据传输到远程主机。

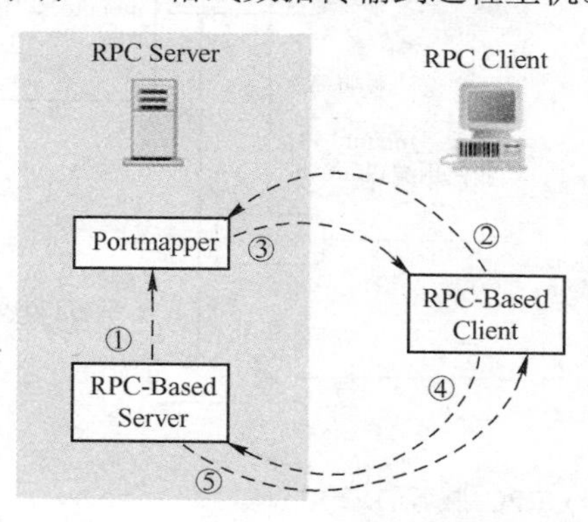


图 12-4　RPC 协议模型

### 3. RPC 与 NFS v3

NFS v3 使用多种基于 RPC 的守护进程提供网络文件系统共享服务。这些基于 RPC 的守护进程启动时会主动向 RPC 的 Portmapper 注册端口，Portmapper 监听在 111 端口，为客户端请求返回基于 RPC 服务的正确端口号。表 12-9 中列出了与 NFS v3 相关的 RPC 服务。

表 12-9　与 NFS v3 相关的 RPC 服务

| 服　务 | 说　明 | 端　口　号 |
|---|---|---|
| rpcbind | 提供 Portmapper 服务，用于将基于 RPC 的服务程序编号映射到端口的守护进程 | 111 |
| rpc.nfsd | 实现了用户级别的 NFS 服务，主要功能仍由内核的 nfsd 模块处理。用户级别的 rpc.nfsd 仅指定内核服务监听的套接字、NFS 协议版本以及可以使用多少内核线程等 | 2049 |
| rpc.mountd | 实现服务器端 NFS 挂装协议，提供 NFS 的一种辅助服务用于满足 NFS 客户端的挂装请求 | 20048 |
| rpc.statd | 实现了网络状态监控（Network Status Monitor，NSM）RPC 协议，当 NFS 服务器意外宕机或重启时通知 NFS 客户。rpc.statd 由 nfslock 服务自动启动，无须用户配置 | 随机 |

提示

NFS v3 还涉及如下 3 项服务。

（1）nfslock：使用 RPC 进程允许 NFS 客户锁定 NFS 服务器上的文件。

（2）lockd：是一个同时运行于客户端和服务器端的内核线程，实现了网络锁管理器（Network Lock Manager，NLM）协议，允许 NFS v3 客户锁定服务器上的文件。当 rpc.nfsd 运行时，会自动启动无须用户干预。

（3）rpc.rquotad：为远程用户提供用户配额信息。当 nfsd 服务启动时 rpc.rquotad 会自动启动，无须用户配置。

图 12-5 展示了 NFS v3 与 RPC 服务的工作过程。

首先在 NFS 服务器端需要启动如下必需的服务。

1）启动 Portmapper 服务（rpcbind）并监听在 111 端口。

2）启动 rpc.mountd 服务，rpc.mountd 向 Portmapper 注册其使用的端口 20048。

3）启动 rpc.nfsd 服务，rpc.nfsd 向 Portmapper 注册其使用的端口 2049。

当客户端有 NFS 文件存取需求时，向服务器端请求文件过程如下。

4）客户端向服务器端的 Portmapper（端口 111）咨询 rpc.mountd 使用的端口号，Portmapper 查找端口映射表并找到对应的已注册的 rpc.mountd 守护进程端口后，返回其使用的端口号 20048 给客户端。

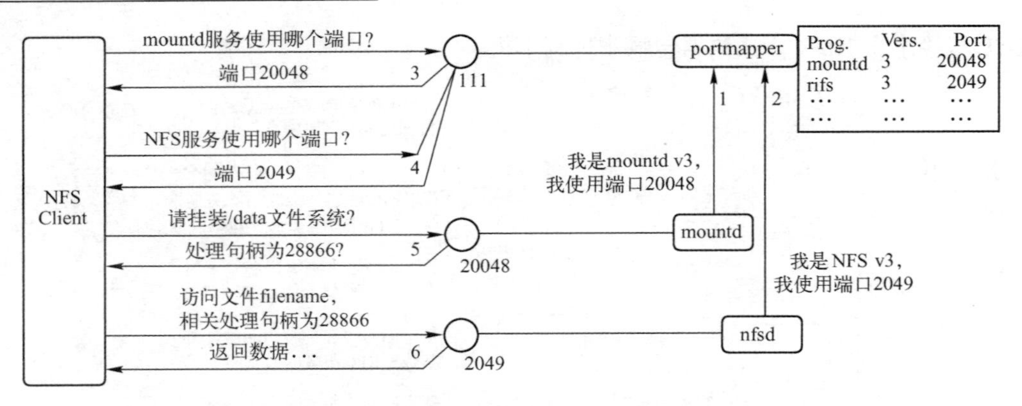


图 12-5　NFS v3 与 RPC 服务的工作过程

5）客户端向服务器端的 Portmapper（端口 111）咨询 rpc.nfsd 使用的端口号，Portmapper 查找端口映射表并找到对应的已注册的 rpc.nfsd 守护进程端口后，返回其使用的端口号 2049 给客户端。

6）客户端通过已获取的端口号 20048 向服务器端的 rpc.mountd 提起挂装文件系统的请求，服务器端返回文件系统处理句柄。

7）客户端通过已获取的端口号 2049 向服务器端的 rpc.nfsd 提起文件访问请求，服务器端返回相应的数据。

**4. NFS v4 简介**

NFS v4 内置了远程挂装和文件锁定等协议支持，因此 NFS v4 不再需要与 rpcbind、rpc.mountd、rpc.statd 和 lockd 互动。但是，当 NFS 服务器端使用 exportfs 命令时仍然需要 rpc.mountd 守护进程，但不参与跨越线路的操作。NFS v4 的 NFS 服务仍然监听 tcp:2049 端口。

提示

NFS v4 还涉及可选的 rpc.idmapd 服务：用于映射跨越线路的 NFS v4 名称（形式为 user@domain）和本地 UID/GID。要使 NFS v4 的 idmapd 起作用，需要配置 /etc/idmapd.conf 文件，至少应该通过 Domain 参数指定 NFS v4 映射域，若不指定则表示 NFS v4 映射域与 DNS 域一致。

## 12.2.2　CentOS 下的 NFS

**1. 安装 NFS 的相关组件**

NFS 组件由与 NFS 相关的内核模块、NFS 用户空间工具和 RPC 相关服务组成。主要由如下两个 RPM 包提供。

- nfs-utils：包含 NFS 服务器端守护进程和 NFS 客户端相关工具。
- rpcbind：提供 RPC 的端口映射的守护进程及其相关文档、执行文件等。

若系统上还没有安装 NFS 的相关组件，可以使用如下命令安装。

```
# yum install nfs-utils rpcbind
```

**2. 与 NFS 服务相关的文件**

表 12-10 中列出了与 NFS 服务相关的文件。

表 12-10　与 NFS 服务相关的文件

| 分　类 | 文　件 | 说　明 |
| --- | --- | --- |
| 守护进程 | /usr/sbin/rpc.nfsd | NFS 服务守护进程 |
| | /usr/sbin/rpc.mountd | rpc.mountd 服务守护进程 |
| | /usr/sbin/rpc.idmapd | rpc.idmapd 服务守护进程 |
| | /usr/sbin/rpc.statd | rpc.statd 服务守护进程 |
| | /usr/sbin/rpcbind | rpcbind 服务守护进程 |
| systemd 的服务配置单元 | /usr/lib/systemd/system/nfs-server.service 或/usr/lib/systemd/system/nfs.service | NFS 服务单元配置文件 |
| | /usr/lib/systemd/system/nfs-mountd.service | nfs-mountd 服务单元配置文件 |
| | /usr/lib/systemd/system/nfs-lock.service | nfs-lock 服务单元配置文件 |
| | /usr/lib/systemd/system/nfs-idmapd.service | nfs-idmapd 服务单元配置文件 |
| | /usr/lib/systemd/system/nfs-config.service | nfs-config 服务单元配置文件（NFS 依赖的服务单元，用于执行/etc/sysconfig/nfs 设置相关守护进程的启动参数） |
| | /usr/lib/systemd/system/rpcbind.service | rpcbind 服务单元配置文件 |
| 服务器端配置文件 | /etc/sysconfig/nfs | 用于配置与 NFS 相关的各种守护进程的启动参数 |
| | /etc/exports | 用于配置共享目录资源的配置文件 |
| 客户端配置文件 | /etc/nfsmount.conf | 用于配置 NFS 挂装参数 |
| 服务器端工具 | /usr/sbin/exportfs | 用于重新共享 /etc/exports 变更的目录资源 |
| | /usr/sbin/nfsstat | 显示 NFS 的状态统计信息 |
| | /usr/sbin/nfsiostat | 显示 NFS 输入/输出统计信息 |
| | /usr/sbin/rpcinfo | 显示由 RPC 维护的端口映射以及已注册的 RPC 服务列表 |
| 客户端工具 | /usr/sbin/showmount | 查看 NFS 服务器共享出来的目录资源 |
| | /sbin/mount.nfs{,4} | NFS 文件系统挂装工具 |
| | /sbin/umount.nfs{,4} | NFS 文件系统卸载工具 |
| NFS 信息文件 | /var/lib/nfs/etab | 记录了 NFS 所共享出来的目录的完整权限值 |
| | /var/lib/nfs/xtab | 记录曾经连接到此 NFS 服务器的相关客户端信息 |

**3．启动 NFS 服务**

使用如下命令启动 NFS 的相关服务，并配置开机启动。

```
# systemctl start rpcbind
# systemctl start nfs
# systemctl enable rpcbind
# systemctl enable nfs-server
```

### 12.2.3　配置 NFS 服务

**1．共享资源配置文件 /etc/exports**

NFS 服务使用 /etc/exports 定义需要共享的目录及访问对象的控制，NFS 在默认情况下不共享任何目录（/etc/exports 文件为空），当需要共享目录时管理员需要手动设置。

/etc/exports 文件中每一行的格式为：

```
共享目录    [ 主机表 1(参数项) ]  [ 主机表 2(参数项) ]
```

行首是要共享的目录，然后这个目录可以依照不同的权限共享给不同的客户端主机名，客户端主机名后面的小括号“()”设定参数项，若参数项不止一个，以逗号“,”间隔。客户端主机名与小括号是连在一起的，如：

```
/share      192.168.1.0/24(ro)   localhost(rw)   *.olabs.lan(ro,sync)
```

1）共享目录：在 NFS 服务器上需要共享给客户端的目录路径，此路径为绝对路径。

2）主机表：其书写方式与 TCP Wrappers 的书写方式一致。

3）参数项：控制共享目录的访问权限和用户映射等。表 12-11 中列出了一些常用参数。

**表 12-11　/etc/exports 中的常用参数**

| 参　数 | 说　明 |
|---|---|
| ro | read-only，设置共享目录为只读的权限 |
| rw | read-write，设置共享目录为可读写的权限 |
| sync | 数据同步写入内存与硬盘中，可能导致效率降低 |
| async | 数据先暂存于内存中，而不是直接保存在硬盘中 |
| root_squash | 将 root 用户或其所属组映射成匿名用户或组（nfsnobody），这是默认值 |
| no_root_squash | 将 root 用户或其所属组映射成匿名用户或组，这样设置很不安全不建议使用 |
| all_squash | 将所有远程访问的普通用户或组都映像成匿名用户或组，适合公用目录 |
| no_all_squash | 不将所有远程访问的普通用户或组都映像成匿名用户或组，这是默认值 |
| anonuid=<UID> | 将所有远程访问的用户都映像成匿名用户并指定该匿名账户为本地用户 ID |
| anongid=<GID> | 将所有远程访问的组都映像成匿名用户组并指定该匿名组为本地组 ID |
| secure | 限制客户端只能从 1024 以下的 TCP 端口连接 NFS 服务器，这是默认值 |
| insecure | 允许客户端从 1024 以上的端口连接 NFS 服务器 |
| wdelay | 多个用户要写入 NFS 共享目录时，归组写入（默认） |
| no_wdelay | 与 no_wdelay 相对应，多个用户要写入 NFS 共享目录时，立即写入，当使用 async 时，无须此设置 |
| subtree_check | 共享/usr/bin 之类的子目录时，强制 NFS 检查父目录的权限，这是默认值 |
| no_subtree_check | 与 subtree_check 相对应，不检查父目录权限 |

提示

在/etc/exports 文件中，如下两个配置行的含义不同。
/data www.olabs.lan(rw)
/data www.olabs.lan (rw)

第 1 行表示仅允许用户从 www.olabs.lan 主机以读写方式挂装本地导出的/data 目录；第 2 行表示允许用户从 www.olabs.lan 只读挂装/data 目录（默认为只读挂装）；而允许其他主机以读写方式挂装本地导出的/data 目录。

因此，为了避免配置错误，注意“主机表(参数项)”之间不要添加空格。

**2．NFS 服务配置实例**

**操作步骤 12.9**　NFS 服务器配置实例

```
// 1. 编辑主配置文件/etc/exports
# vi /etc/exports
// 为所有网络客户设置只读共享
/var/ftp/pub    *(ro)
// 为指定的一个或若干网段设置只读共享
/var/ftp/yum    192.168.0.0/24(ro) 192.168.1.0/24(ro)
/kickstart/centos      192.168.0.0/24(ro)
// 为指定的网段设置读写共享，全部访问者均映射为服务器本地的 FTP 用户和 FTP 组
// $ id ftp
```

```
// uid=14(ftp) gid=50(ftp) 组=50(ftp)
/var/ftp/incoming    192.168.0.0/24(rw,all_squash,anonuid=14,anongid=50)
// 为指定的主机设置只读共享（如 www1.olabs.lan、www2.olabs.lan 等）
/srv/www   www?.olabs.lan(ro)
// 为指定网段设置读写共享，其余的所有访问均设置为只读共享
/srv/public  192.168.1.0/24(rw)    *(ro)
// 为指定网段设置读写共享，且 root 用户可以以 root 权限访问而不是默认的 nfsnobody 用户权限
/backup  192.168.1.0/24(rw,no_root_squash)
// 编辑后保存退出
// 2. 创建共享目录
# mkdir /srv/{www,public}    /backup  /kickstart
// 3. 重新启动 NFS 服务
# systemctl restart nfs
```

### 3．维护 NFS 服务的共享

exportfs 命令用于维护 NFS 共享的目录列表。当修改了/etc/exports 之后，无须重新启动 NFS 服务，可以使用 exportfs 命令使改动立刻生效。如重新读取配置文件中的内容，停止共享某个指定的共享目录等。exportfs 命令格式如下。

```
exportfs  [-aruv]
```

常用参数如下。

- -a：导出 /etc/exports 配置文件中设置的全部共享目录。
- -r：重新导出 /etc/exports 中的设置，同步更新 /var/lib/nfs/xtab 的内容。
- -u：卸载已导出的共享目录。
- -v：在显示输出列表同时，显示设定参数。

例如：

```
# exportfs -rv           // 重新导出全部共享
exporting 192.168.0.0/24:/var/ftp/incoming
exporting 192.168.0.0/24:/kickstart/centos
exporting 192.168.0.0/24:/var/ftp/yum
exporting 192.168.1.0/24:/var/ftp/yum
exporting 192.168.1.0/24:/srv/public
exporting 192.168.1.0/24:/backup
exporting www?.olabs.lan:/srv/www
exporting *:/var/ftp/pub
exporting *:/srv/public
# exportfs -ua           // 卸载已导出的全部共享
```

### 4．查看共享目录参数

当重新启动 NFS 服务或使用 exportfs 命令重新挂载共享之后，可以通过查看/var/lib/nfs/etab 文件来了解共享目录的详细访问参数情况。

```
# cat  /var/lib/nfs/etab
```

### 5．NFS 服务与防火墙

对于 NFS v4 服务，仅开启对 tcp:2049 端口即可。

```
# firewall-cmd --add-service=nfs --permanent
# firewall-cmd -reload
```

对于 NFS v3 服务，除了 rpcbind、rpc.nfsd 和 rpc.mountd 之外，与 NFS 相关的其他基于

RPC 的服务每次启动时其相应端口号会随机生成，然后向 RPC 注册这些端口，RPC 记录着 NFS 的端口信息，所以客户端访问 NFS 服务器时即使端口发生变化，通过 rpcbind 依然可以正常访问共享资源。这为服务器配置防火墙的 NFS 规则带来了困难。为了解决这个问题，需要配置 NFS 相关的守护进程使用固定端口。当配置 NFS 使用固定端口之后，防火墙就可以针对这些指定的端口设置 NFS 的防火墙规则。

NFS 服务在启动时会执行依赖 nfs-config 服务，该服务通过脚本/usr/lib/systemd/scripts/nfs-utils_env.sh 执行 /etc/sysconfig/nfs 文件中的端口设置，因此修改/etc/sysconfig/nfs 文件便可强制 NFS 服务使用固定端口。

**操作步骤 12.10** 配置 NFS v3 服务的防火墙

```
// 1. 修改/etc/sysconfig/nfs 文件
# vi /etc/sysconfig/nfs
// 自定义下列端口号
RPCRQUOTADOPTS="-p 30001"
LOCKD_TCPPORT=30002
LOCKD_UDPPORT=30002
RPCMOUNTDOPTS="-p 30003"
STATDARG="-p 30004"
// 修改后退出 vi
// 2. 重新启动 NFS 服务
# for s in rpcbind nfs-server nfs-lock nfs-idmap ; do  systemctl restart $s ; done
// 3. 配置防火墙
# firewall-cmd --add-port=111/udp --permanent
# firewall-cmd --add-port=2049/tcp --permanent
# firewall-cmd --add-port=30001/tcp --permanent
# firewall-cmd --add-port=30001/udp --permanent
# firewall-cmd --add-port=30002/tcp --permanent
# firewall-cmd --add-port=30002/udp --permanent
# firewall-cmd --add-port=30003/tcp --permanent
# firewall-cmd --add-port=30003/udp --permanent
# firewall-cmd --add-port=30004/tcp --permanent
# firewall-cmd --add-port=30004/udp --permanent
# firewall-cmd -reload
```

### 12.2.4 NFS 客户端

#### 1. 查看 NFS 服务器共享目录

客户端通过 showmount 命令可以查看 NFS 服务器上所有的共享目录，以便可能挂载这些共享目录，其命令格式如下。

```
showmount  -e  [<Hostname> | <IP>]
```

省略主机名或 IP 时，显示本机共享的所有目录。例如：

```
# showmount -e 192.168.0.1
Export list for 192.168.0.1:
/var/ftp/pub       *
/srv/www           www?.olabs.lan
/backup            192.168.1.0/24
/srv/public        (everyone)
/var/ftp/yum       192.168.1.0/24,192.168.0.0/24
```

```
/var/ftp/incoming 192.168.0.0/24
```

此外还可以使用 showmount 命令查看服务器上哪些共享目录已经被客户端挂载，其命令格式如下。

```
showmount  -d  [<Hostname> | <IP>]
```

省略主机名或 IP 时，显示本机被客户端挂载的所有目录。例如：

```
# showmount -d 192.168.0.251
Directories on cent7h2.olabs.lan:
/var/ftp/incoming
```

**2．NFS 文件系统挂载与卸载**

（1）客户端操作步骤

客户端挂载 NFS 服务器所发布的共享目录的操作步骤如下。

1）确认本地端已经启动了 rpcbind 和 NFS 服务。

2）使用 showmount 查看 NFS 服务器共享的目录有哪些。

3）使用 mkdir 在本地端建立要挂载的挂载点目录（若其不存在）。

4）利用 mount 命令将远程 NFS 服务器主机直接挂载到本地挂载点目录。

（2）手工挂载/卸载 NFS 文件系统

使用 mount 挂载 NFS 文件系统的命令格式如下。

```
mount -t  nfs  [-o 参数]  NFS服务器地址:/共享目录  /本机挂载点目录
```

例如，将服务器（192.168.0.252）的共享目录/backup 挂载到本地的/backup 的命令如下。

```
# mount -t nfs 192.168.0.252:/backup  /backup
```

在挂装 NFS 文件系统时，还可以使用如表 12-12 所示的一些与 NFS 相关的 mount 命令挂载参数。

**表 12-12　与 NFS 相关的 mount 命令挂载参数**

| 参　数 | 说　明 |
| --- | --- |
| fg | 在前台执行 mount 操作，这是默认值 |
| bg | 执行 mount 时如果无法顺利 mount 时，系统会将 mount 的操作转移到后台并继续尝试 mount，直到 mount 成功为止。如果网络联机不稳定，或服务器常需要开/关机，建议使用 bg。另外，通常在设定/etc/fstab 文件时应该使用 bg，以避免可能 mount 不成功而影响启动速度 |
| hard | 当服务器和客户两者之间有任何一部主机离线时，RPC 会持续呼叫，直到对方恢复联机为止 |
| soft | 在前台尝试与 SERVER 的连接，是默认的连接方式。当服务器和客户两者之间有任何一部主机离线时，在收到错误信息后终止 mount 尝试，并给出相关信息 |
| intr | 当使用 hard 方式挂载时，若设置 intr 参数，则当 RPC 持续呼叫过程中可以被中断。当服务器没有应答需要放弃的时有用处 |
| rsize | 设置客户端与服务器端传输数据缓冲区读出的区块大小 |
| wsize | 设置客户端与服务器端传输数据缓冲区写入的区块大小 |
| nfsvers=*n* | 指定挂装远程文件系统时使用的 NFS 协议版本，与 vers=*n* 的含义相同 |

通常在网络连接线路不稳定、客户端与服务器端使用的 NFS 版本不同，或对 NFS 进行调优时使用上述挂装参数。

卸载 NFS 文件系统可以使用 umount 命令，命令格式如下。

```
umount  /本机挂载点目录
```

例如：

```
# umount /backup
```

（3）在启动时挂载 NFS 文件系统

如果要在每次启动时挂载 NFS 服务器上的共享目录，可以编辑/etc/fstab 文件。例如：

```
192.168.0.252:/backup        /backup         nfs    hard, intr     0   0
192.168.0.252:/var/ftp/pub    / var/ftp/pub    nfs    hard, intr     0   0
```

## 12.3 思考与实验

**1. 思考**

（1）简述 FTP 的数据传输模式及使用场合。

（2）FTP 的使用者分为哪几类？

（3）vsftpd 在 RHEL/CentOS 7 中的默认配置提供了哪些功能？

（4）简述 NFS 与 RPC 的关系。

（5）NFS 的常用工具有哪些？简述其用途和使用方法。

**2. 实验**

（1）学会配置 vsftpd 的高安全级别的匿名 FTP 服务器。

（2）学会配置 vsftpd 的允许匿名用户上传的 FTP 服务器。

（3）学会配置 vsftpd 的最大传输速率限制和每客户的连接数限制。

（4）学会配置 vsftpd 的基于本地用户的访问控制。

（5）学会配置 vsftpd 的基于主机的访问控制。

（6）学会配置 vsftpd 对不同的主机或网络地址的访问实施不同的配置。

（7）学会配置 vsftpd 基于虚拟用户的 FTP 服务。

（8）学会配置 NFS 的共享目录。

（9）学会使用 mount 命令挂装 NFS 共享目录。

（10）学会通过修改 /etc/fstab 文件在启动时挂装 NFS 文件系统。

**3. 进一步学习**

（1）学习基于 vsftpd 的虚拟用户的 FTP 服务器配置。

（2）了解、学习另一种 Linux 下常用的 FTP 服务器 pure-ftpd 的配置方法。

（3）学习 autofs 守护进程的功能和用途，学会配置 autofs 自动挂装 NFS 文件系统。

（4）学习使用跨平台的 FTP 客户工具 Filezilla（http://filezilla-project.org/）。

# 第 13 章 Samba 服务

本章首先介绍 SMB/CIFS 协议以及 Linux 环境下的 Samba 实现，然后介绍 Samba 的配置语法和常用配置参数，接着介绍各种文件共享的配置方法，最后介绍使用 Linux 下的 Samba 客户端 smbclient 访问 SMB 共享的方法以及 CIFS 文件系统的挂装方法。

## 13.1 SMB/CIFS 协议和 Samba 简介

### 13.1.1 SMB/CIFS 协议

**1．SMB 协议的历史**

在个人计算机和局域网发展的早期，为了在个人计算机上实现网络能力，Microsoft 和 IBM 合作开发了一套称为网络基本输入/输出系统（NetWork Basic Input/Output System，NetBIOS）的协议。随后 Microsoft 就使用 NetBIOS 接口开发网络服务器及相应的客户软件。而 IBM 也在令牌环（Token Ring）和以太网（Ethernet）上直接实现了 NetBIOS 驱动，从而实现了 NetBIOS 和物理网络层之间的各种具体接口，这些程序遵循的标准被称为 NetBIOS 用户扩展接口（NetBIOS Extend User Interface，NetBEUI）。

NetBIOS 协议工作在 OSI RM 的会话层。NetBIOS 本身并没有对下层使用的协议进行限制，因此除了可以在 NetBEUI 支持下运行之外，也可以在其他协议支持下运行。其他的网络开发者在另外的一些协议的基础上也实现了 NetBIOS 接口，例如 TCP/IP、IPX 以及 Decnet 等。

在 NetBIOS 出现之后，Microsoft 就使用 NetBIOS 实现了一个网络文件共享/打印服务系统，这个系统基于 NetBIOS 设定了一套文件共享协议，Microsoft 称之为服务信息块（Server Message Block，SMB）协议。这个协议被 Microsoft 用于 LAN Manager 和 Windows NT 服务器系统中，而 Windows 系统均包括这个协议的客户软件，因而这个协议在局域网系统中影响很广。

图 13-1 展示了 SMB 协议与 OSI 模型以及 TCP/IP 模型的关系。

**2．Microsoft 的 SMB 协议及其版本**

SMB 协议一直是与 Microsoft 的 Windows 操作系统混在一起开发的，因此协议中包含了大量的 Windows 操作系统中的概念以及 Microsoft 定义的协议。

1996 年，大约在 Sun 公司推出 WebNFS 的同时，Microsoft 提出将 SMB 改称为通用互联网文件系统（Common Internet File System，CIFS）。此外 Microsoft 还加入了许多新的功

能，如符号链接、硬链接、提高文件的大小。Microsoft 还试图支持直接联系，不依靠 NetBIOS，但这些还处于尝试阶段，并需要继续完善。Microsoft 向互联网工程工作小组（Internet Engineering Task Force，IETF）提出了部分定义作为互联网草案，但这些提案现在均已过期。

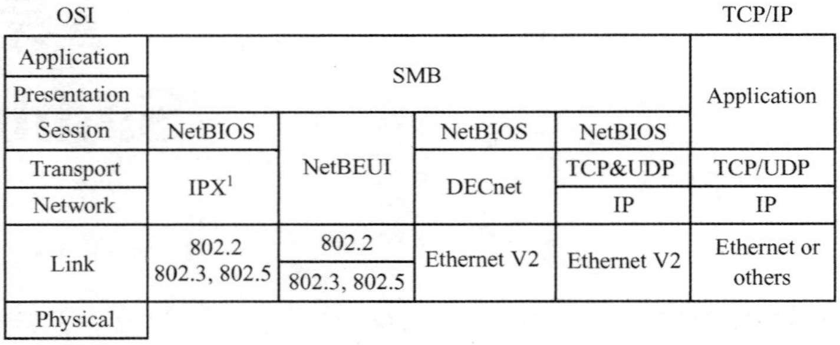

<table>
<tr><th>OSI</th><th colspan="4"></th><th>TCP/IP</th></tr>
<tr><td>Application</td><td colspan="4" rowspan="2">SMB</td><td rowspan="3">Application</td></tr>
<tr><td>Presentation</td></tr>
<tr><td>Session</td><td>NetBIOS</td><td rowspan="3">NetBEUI</td><td>NetBIOS</td><td>NetBIOS</td></tr>
<tr><td>Transport</td><td rowspan="2">IPX[1]</td><td rowspan="2">DECnet</td><td>TCP&UDP</td><td>TCP/UDP</td></tr>
<tr><td>Network</td><td>IP</td><td>IP</td></tr>
<tr><td>Link</td><td>802.2<br>802.3, 802.5</td><td>802.2<br>802.3, 802.5</td><td>Ethernet V2</td><td>Ethernet V2</td><td>Ethernet or others</td></tr>
<tr><td>Physical</td><td colspan="5"></td></tr>
</table>

图 13-1 SMB 协议与网络模型的关系

尽管这些提案已过期，但 Microsoft 还在不断地充实扩展 SMB/CIFS 协议。例如，SMB 一开始的设计是在 NetBIOS 协议上运行的（而 NetBIOS 本身可运行在 NetBEUI、IPX/SPX 或 TCP/IP 协议上），Windows 2000 引入了不依靠 NetBIOS 将 SMB 直接运行在 TCP/IP 上的功能，并使用 DNS 服务实现计算机的名称解析而不是使用 NetBIOS 的名字解析。表 13-1 中列出了不同版本的 Windows 系统支持的 SMB 协议版本。

**表 13-1 Windows 系统支持的 SMB 协议版本**

| Windows 版本 | | 支持的 SMB 协议版本 |
|---|---|---|
| Windows 95/98/XP、Windows Server NT 4.0/2000/2003 | | SMB/CIFS |
| Windows Vista SP1、Windows Server 2008 | ① | SMB 2.0.2 |
| Windows 7、Windows Server 2008 R2 | ① | SMB 2.1, SMB 2.0.2 |
| Windows 8、Windows Server 2012 | ② | SMB 3.0, SMB 2.1, SMB 2.0.2 |
| Windows 8.1、Windows Server 2012 R2 | ③ | SMB 3.0.2, SMB 3.0, SMB 2.1, SMB 2.0.2 |
| Windows 10、Windows Server 2016 | | SMB 3.1.1, SMB 3.0.2, SMB 3.0, SMB 2.1, SMB 2.0.2 |

① https://technet.microsoft.com/zh-cn/library/ff625695(v=ws.10).aspx

② https://technet.microsoft.com/zh-cn/library/hh831795.aspx

③ https://technet.microsoft.com/zh-cn/library/hh831474.aspx

有关 Microsoft 定义的 SMB 和 CIFS 协议标准，可以参考 Microsoft 的如下技术文档。

- [MS-CIFS]：https://msdn.microsoft.com/en-us/library/ee442092.aspx。
- [MS-SMB]：https://msdn.microsoft.com/en-us/library/cc246231.aspx。
- [MS-SMB2]：https://msdn.microsoft.com/en-us/library/cc246482.aspx。

### 13.1.2 Samba 及其功能

**1. Samba 简介**

Samba 是使 Linux 支持 SMB/CIFS 协议的一组软件包。SMB/CIFS 协议是 Windows 网络文件和打印共享的基础，负责处理和使用远程文件和资源。正是由于 Samba 的存在，使得 Windows 和 Linux 可以集成并互相通信。安装了 Samba 后，就可以直接而方便地在 Linux 和 Windows 之间共享资源，免去了之前必须使用 FTP 的麻烦。

Samba 目前已经成为各种 Linux 发行版本中的一个基本的软件包。Samba 于 1991 年由澳大利亚人 Andrew Tridgell 研发，最初是为了代替 PC-NFS 而开发的，几年来经过 Samba 小组（http://www.samba.org）的共同努力，现在已经成为了一个功能非常强大的软件包。Samba 可以在几乎所有的类 UNIX 平台上运行，当然也包括 Linux。Samba 基于 GPL 发行。

Samba 提供了用于 SMB/CIFS 的 4 项服务：文件和打印服务、授权与被授权、名字解析、浏览服务。前两项服务由 smbd 守护进程提供，后两项服务则由 nmbd 守护进程提供。

smbd 监听 TCP:139（NetBIOS over TCP/IP）和 TCP:445（SMBoverTCP/CIFS）端口。

nmbd 监听 UDP:137（NetBIOS-ns）和 UDP:138（NetBIOS-dgm）端口。

**2．Samba 的版本**

Samba 软件的版本更新速度很快，当前的最新版本是 4.3.3 版。CentOS 7 中的版本为 4.2.3。表 13-2 中列出了 Samba 软件的主要版本。有关 Samba 发布版本的详细信息，可参考 https://wiki.samba.org/index.php/Samba_Release_Planning。

表 13-2 Samba 软件的主要版本

| 版本 | 发布时间 | 说明 |
|---|---|---|
| 3.0 | 2003/09/23 | 提供文件和打印共享服务，并整合 Windows NT 4.0 的域，既可是主域控制器（PDC）也可是域成员 |
| 3.6 | 2011/08/09 | 支持 SMB2 协议 |
| 4.1 | 2013/10/10 | 支持 SMB3 协议，可以作为活动目录域控制器（Active Directory domain controller）或其成员 |
| 4.3 | 2015/09/08 | 支持 SMB3.1.1 协议 |

**3．Samba 的功能**

Samba 软件主要提供了如下功能。

- 通过对 Windows 系统的逆向工程实现了 UNIX/Linux 下的 NetBIOS over TCP/IP（NBT）、SMB/CIFS、DCE/RPC、MSRPC 等协议。
- 使 Linux 主机成为 Windows 网络中的一分子，与 Windows 系统相互分享资源。使用 Windows 系统共享的文件和打印机。
- 使 Linux 主机成为文件服务器或打印服务器，为 Linux/Windows 客户端提供文件共享服务和远程打印服务。
- 使 Linux 主机担任 Windows NT 的域控制器和 Windows 成员服务器（Samba 3）；担任 Windows 活动目录域控制器（ADS）或其成员（Samba 4）。
- 使 Linux 主机担任 WINS 名字服务器，提供 NetBIOS Name Server（NBNS）等服务。
- 使用安全账户管理（Security Accounts Manager，SAM）数据库提供本地安全授权（Local Security Authority，LSA）服务。
- 为域用户提供身份认证功能（NTLM、NTLMv2、Kerberos、LDAP）。

**4．Samba 的应用**

可以将运行 Samba 的 Linux 主机：

- 运行在 Windows 工作组网络并提供文件和打印共享服务，如图 13-2 所示。
- 加入 Windows 活动目录并成为其成员，如图 13-3 所示。
- 作为活动目录域控制器（ADS），需配合 Kerberos 服务和 LDAP 服务。

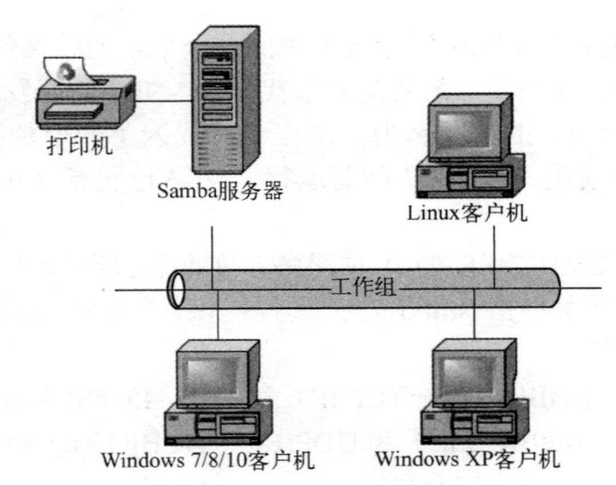


图 13-2　将 Samba 运行在工作组网络并提供文件和打印共享服务

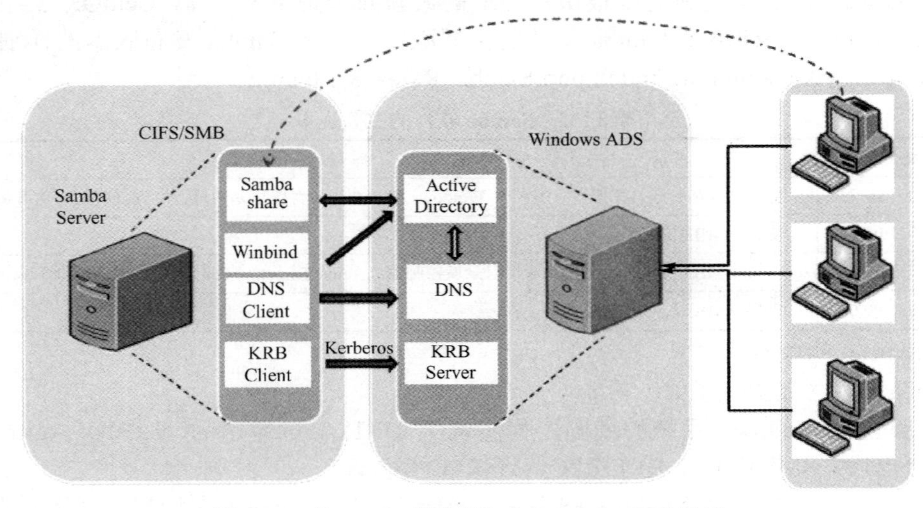


图 13-3　将 Samba 服务器加入 Windows 活动目录

本章重点讲解将 Samba 运行在工作组模式的配置方法，有关如何将 Linux 主机加入 Windows 活动目录作为成员服务器，以及如何配置 Linux 主机作为活动目录域控制器的内容，可参考其他相关资料。

## 13.2　CentOS 7 中的 Samba

### 13.2.1　安装和管理 Samba 服务

**1．安装 Samba**

CentOS 7 中提供了 Samba 的 RPM 包，主要包括如下几个。

- samba-common：包括 Samba 服务器和客户均需要的文件。
- samba：Samba 服务器端软件。
- samba-winbind：可选的 winbind 服务。
- samba-client：Samba 客户端工具。
- cifs-utils：挂装和管理 CIFS 文件系统的工具。

可以使用如下命令安装 Samba 服务器端软件。

```
# yum install samba
```

为了在客户端挂装 CIFS 文件系统或使用 Samba 客户端工具，需要安装：

```
# yum install samba-client cifs-utils
```

**2. Samba 的相关文件**

表 13-3 中列出了与 Samba 服务相关的文件。

**表 13-3　与 Samba 服务相关的文件**

| 分　类 | 文　件 | 说　明 |
|---|---|---|
| 守护进程 | /usr/sbin/smbd | 提供访问授权和文件共享及打印服务的守护进程 |
| | /usr/sbin/nmbd | 提供 NetBIOS 名字解析和浏览服务的守护进程 |
| | /usr/sbin/winbindd | 使 Linux 成为 Windows 域成员并使用 Windows 的用户和组账号 |
| systemd 的服务配置单元 | /usr/lib/systemd/system/smb.service | smb 服务单元配置文件 |
| | /usr/lib/systemd/system/nmb.service | nmb 服务单元配置文件 |
| | /usr/lib/systemd/system/winbind.service | winbind 服务单元配置文件 |
| 配置文件 | /etc/samba/smb.conf | Samba 的主配置文件 |
| | /etc/sysconfig/samba | 用于设置守护进程的启动参数 |
| | /etc/pam.d/samba | Samba 的 PAM 配置文件 |
| | /etc/samba/smbusers | 用于映射 Linux 用户和 Windows 用户 |
| | /etc/samba/lmhosts | 用于映射 NetBIOS 名字与 IP 地址 |
| 服务器端工具 | /usr/bin/pdbedit | 用于管理 SAM 账号数据库 |
| | /usr/bin/smbpasswd | 用于设置 Samba 用户账号及口令，是 pdbedit 的前端工具 |
| | /usr/bin/testparm | 用于检测配置文件的正确性 |
| | /usr/bin/smbstatus | 用于显示 Samba 的连接状态 |
| | /usr/bin/net | 管理 Samba 和远程 CIFS FS 的工具，与 Windows 的 net 类似 |
| 客户端工具 | /usr/bin/smbclient | Linux 下的类似于 FTP 的 Samba 客户端工具 |
| | /usr/bin/findsmb | 用于查找网络中的运行 SMB 协议的服务器 |
| | /usr/bin/smbget | 基于 SMB/CIFS 协议的类似于 wget 的下载工具 |
| | /usr/bin/smbtar | 基于 SMB/CIFS 协议的类似于 GNU tar 的归档工具 |
| 文档 | /usr/share/doc/samba-4.2.3/ | Samba 文档目录 |

**3. 管理 Samba 服务**

CentOS 7 下的 Samba 相关的服务由 systemd 启动，可以使用如下 systemctl 命令管理。

```
# systemctl {start|stop|status|restart} smb nmb
# systemctl {enable|disable} smb nmb
```

提示

1. 若需要响应 NetBIOS 名字服务请求，则需要启动 nmb 服务。这项服务用于老旧的 Windows 客户（如 Windows 95/98/Me）。Windows 2000/XP 客户还可以利用此服务实现 Microsoft 的网络浏览协议。

2. 若希望将 Samba 服务器加入 Windows 域，还需要域客户端工具（如 samba-winbind 或 sssd-common）。

为 Samba 服务开启防火墙可以使用如下命令。

```
# firewall-cmd --permanent --add-service=samba
# firewall-cmd –reload
```

**操作步骤 13.1** 启动 Samba 并设置防火墙

```
// 1. 启动 smb 服务，并设置开机启动
# systemctl enable smb nmb
# chkconfig start smb nmb
// 2. 查看其监听的端口
# ss -lunt4|egrep '137|138|139|445'
udp    UNCONN     0      0      192.168.0.255:137              *:*
udp    UNCONN     0      0      192.168.0.1:137                *:*
udp    UNCONN     0      0          *:137                      *:*
udp    UNCONN     0      0      192.168.0.255:138              *:*
udp    UNCONN     0      0      192.168.0.1:138                *:*
udp    UNCONN     0      0          *:138                      *:*
tcp     LISTEN    0      50         *:139                      *:*
tcp     LISTEN    0      50         *:445                      *:*
// 3. 为 Samba 服务开启防火墙
# firewall-cmd --permanent --add-service=samba
# firewall-cmd --reload
# firewall-cmd --list-services
dhcp dhcpv6-client dns ftp samba ssh
```

### 13.2.2 服务器角色与 Samba 账户数据库

**1. Samba 服务器角色与安全等级**

Samba 服务器有 3 种服务器角色，可以使用 server role 参数进行指定，分别如下。

- standalone：独立服务器模式。在此模式下，用户验证由本机负责，登录用户的口令数据库存储在本机。
- member server：成员服务器模式。在此模式下，用户验证由 Windows 或 Samba 域控制器负责。
- domain controller：域控制器模式。在此模式下，本机为 Windows 和 Samba 客户提供登录验证服务。

Samba 有 3 种安全等级，可以使用 security 参数进行指定，分别如下。

- user：由本机负责验证用户及口令（是 Samba 默认的安全等级）。
- domain：验证账户及口令的工作由其他的 Windows 或 Samba 域控制器负责。需要使用 password server 指令指定验证服务器。
- ads：验证账户及口令的工作由支持 Kerberos 验证的 Windows 活动目录服务器负责。需要使用 realm 指令指定 Kerberos 领域。

提示

1. 参数 server role 的默认值为 auto，表示使用 security 参数的设置。
2. 参数 security 的默认值为 user。若 security 参数未重新指定，则 server role 参数默认使用 standalone 工作模式。本章主要讲解此模式的 Samba 服务器配置。

### 2．Samba 账户数据库

当设置了 user 的安全等级后（此为默认设置），将由本地系统对访问 Samba 共享资源的用户进行认证。Samba 使用的账户数据库是与系统账户文件分离的。要通过 Samba 服务器本身进行用户认证，需要 Samba 的账户数据库，默认使用 TDB 格式的口令数据库，初始情况下账户数据库文件并不存在。为了创建 Samba 的口令数据库文件，管理员可以在添加 Samba 账户的同时进行创建。

使用 smbpasswd 命令可以配置 Samba 账号并设置其口令。smbpasswd 命令的格式如下。

```
smbpasswd [options] [username]
```

其中：

- username：为指定用户 username 设置 Samba 口令，仅超级用户可用。
- 选项 -a：添加 Samba 用户。
- 选项 -d：冻结 Samba 用户，即这个用户不能再登录了。
- 选项 -e：解冻 Samba 用户，让冻结的用户可以再登录。
- 选项 -x：删除 Samba 用户。
- 选项 -s：非交互模式，从标准输入读取口令，一般用于 Shell 脚本中。
- 选项 -r MACHINE：指定远程 Samba 服务器的主机名或 IP。
- 选项 -U USER：指定 Samba 用户名，省略时默认为当前登录用户。

管理员可以使用如下脚本将当前系统中所有普通用户（UID>=1000）导入 Samba 账号数据库，并设置每个 Samba 账户的初始口令为 centos。

```
#!/bin/bash
## filename: /root/bin/set-users-smb-init-passwd.sh
for username in $(awk -F ':'  '$3 >= 1000 {print $1}'  /etc/passwd) ;do
   (echo "centos"; echo "centos" ) | smbpasswd -s -a $username
Done
```

而后，每个登录 Samba 服务器的普通用户都可以使用不带任何参数的 smbpasswd 命令修改自己的 Samba 账户口令。当然，管理员也可以使用带有用户参数的 smbpasswd 命令重新设置指定用户的 Samba 账户口令，或者冻结、解冻、删除 Samba 账户。

**操作步骤 13.2　管理 Samba 账户**

```
// 1. 将当前系统中所有普通用户导入 Samba 数据库并设置 Samba 账户的初始口令为 centos
# chmod +x /root/bin/set-users-smb-init-passwd.sh
# set-users-smb-init-passwd.sh
Added user osmond.
Added user jason.
Added user vuftp.
Added user nfsnobody.
// 2. 普通用户可以登录 Samba 服务器重新修改自己的 Samba 口令
//（切换为普通用户 osmond 或切换虚拟控制台重新以 osmond 登录）
# su - osmond
$ smbpasswd
Old SMB password:
New SMB password:
Retype new SMB password:
Password changed for user osmond
$ exit
```

```
// 3. 普通用户可以登录网络中的任何一台客户机重新修改自己的 Samba 口令
// 用于普通用户在 Samba 服务器上没有登录 Shell 的情况
// （可以直接在客户机上登录，以下为了测试，远程登录另一台客户机）
# ssh osmond@192.168.0.200
// 连接 Samba 服务器修改 osmond 的 Samba 账户口令
$ smbpasswd -r 192.168.0.252 -U osmond
Old SMB password:
New SMB password:
Retype new SMB password:
Password changed for user osmond on 192.168.0.252.
$ logout
// 4. 超级用户可以重新设置任何一个普通用户的口令
# smbpasswd nfsnobody
New SMB password:
Retype new SMB password:
// 5. 超级用户可以删除指定的已经存在的 Samba 账户
# smbpasswd -x nfsnobody
Deleted user nfsnobody.
#
// 6. 超级用户可以为新建的系统用户设置 Samba 账户并设置初始口令
# useradd jasonxie
# smbpasswd -a jasonxie
New SMB password:
Retype new SMB password:
Added user jasonxie.
// 7. 超级用户也可以为 root 用户自己设置 Samba 账户并设置口令
# smbpasswd -a
New SMB password:
Retype new SMB password:
Added user root.
```

注意

1. 使用 smbpasswd 命令添加 Samba 用户口令之前，同名的系统用户账号必须已经存在。同名的本地系统用户账号不存在时应使用 useradd 命令添加。

2. 普通用户使用 smbpasswd 命令修改自己的口令时，smb 服务必须已经启动。

3. TDB 格式的账户数据库默认存放在/var/lib/samba/private/目录下，用户可以使用 pdbedit -Lv 命令查看 Samba 口令数据库的内容。

### 13.2.3 测试 CentOS 7 中的默认配置

**1. CentOS 7 中 Samba 的默认配置**

执行下面的操作，可查看 CentOS 7 中 Samba 的默认配置。

**操作步骤 13.3** 查看 Samba 的默认配置文件

```
// 显示/etc/samba/smb.conf，忽略注释（即以#和;开头）的配置语句行和空行
# egrep -v "#|^;|^$"  /etc/samba/smb.conf
// 设置全局参数
[global]
        // 设置工作组名称
        workgroup = MYGROUP
        // 设置 Samba 服务器名称
```

```
        server string = Samba Server Version %v
        // 设置 Samba 的日志文件
        log file = /var/log/samba/log.%m
        // 设置 Samba 日志文件的最大尺寸，超过则进行日志滚动
        max log size = 50
        // 设置 user 安全等级
        security = user
        // 指定口令数据库的后台，可取值：smbpasswd（文本文件）、tdbsam（TDB 数据库）、
        ldapsam（LDAP）
        passdb backend = tdbsam
        // 允许共享打印机
        load printers = yes
        // 定义 CPUS 参数
        cups options = raw
// 设置每个用户的主目录共享
[homes]
        comment = Home Directories
        browseable = no
        writable = yes
// 设置全部打印机共享
[printers]
        comment = All Printers
        path = /var/spool/samba
        browseable = no
        guest ok = no
        writable = no
        printable = yes
```

提示

CentOS 7 下 Samba 提供的默认设置如下。
（1）工作在工作组模式（workgroup = MYGROUP）。
（2）使用的安全等级为用户级别（security = user）。
（3）使用 TDB 格式的 SAM 数据库（passdb backend = tdbsam）存储用户账号。
（4）共享了每个系统用户的主目录。
（5）共享了所有本地 CUPS 打印机。

**2. 检查配置文件的正确性**

若用户对配置文件进行了修改，可以使用 testparm 命令检查配置文件的正确性。

**操作步骤 13.4** 检查 Samba 配置文件的正确性

```
// 检查配置文件，显示用户的配置
# testparm
Load smb config files from /etc/samba/smb.conf
rlimit_max: increasing rlimit_max (1024) to minimum Windows limit (16384)
Processing section "[homes]"
Processing section "[printers]"
Loaded services file OK.
Server role: ROLE_STANDALONE

Press enter to see a dump of your service definitions
…
// 检查配置文件，显示用户的配置和所有 Samba 的默认配置语句
```

```
# testparm -v
```

**3. 在 Windows 环境下访问 Samba 共享**

在 Windows 环境下访问 Samba 共享有 4 种方法。

（1）使用网上邻居

打开网上邻居，查找 Samba 服务器，双击 Samba 服务器后进行用户验证，输入 Samba 用户和口令即可以看到 Samba 服务器为该用户提供的共享（若当前 Windows 的登录用户及其口令，与在 Samba 服务器上设置的 Samba 账户及口令一致时，无须认证即可看到 Samba 共享）。默认情况下只有登录用户的主目录共享和打印机共享（若 Samba 服务器上配置了本地打印机）。

（2）使用 UNC 路径

在资源管理器的地址栏里输入如下 UNC 路径，直接访问 Samba 服务器或其共享。

- \\Samba 服务器主机名或 IP，如\\192.168.0.252。
- \\Samba 服务器主机名或 IP\共享目录名，如\\centos1\osmond。

（3）映射网络驱动器

在共享资源上右击，在弹出的快捷菜单中选择“映射网络驱动器”命令，在弹出的窗口中设置驱动器。当映射了网络驱动器之后，即可在资源管理器中通过驱动器访问共享资源。

（4）使用 net 命令行

在 Windows 的 cmd 窗口中可以使用命令访问、设置 Samab 共享。例如：

```
// 以当前用户身份将 Samba 服务器（192.168.0.252）的共享目录 osmond 映射为 Y:驱动器
C:\>net use Y: \\192.168.0.252\osmond
// 查看当前的网络驱动器映射
C:\>net use
// 删除映射驱动器 Y:
C:\>net use Y: /delete
```

**4. 在 Linux 环境下检查 Samba 共享**

（1）检查 Samba 服务器所共享的资源

用户可以在 Linux 环境下使用 smbclient 命令检查 Samba 服务器所共享的资源（类似于在 NFS 客户端上使用的 showmount 命令）。

**操作步骤 13.5** 在 Linux 环境下检查 Samba 共享

```
// 1. 使用匿名用户检查 Samba 服务器所共享的资源
$ smbclient -L //192.168.0.252
Password:    //直接按〈Enter〉键
Anonymous login successful
Domain=[MYGROUP] OS=[Windows 6.1] Server=[Samba 4.2.3]

        Sharename       Type      Comment
        ---------       ----      -------
        IPC$            IPC      IPC Service (Samba Server Version 4.2.3)
Anonymous login successful
Domain=[MYGROUP] OS=[Windows 6.1] Server=[Samba 4.2.3]

        Server               Comment
        ---------            -------
```

```
        CENT7H1              Samba Server Version 4.2.3

        Workgroup            Master
        ---------            -------
        MYGROUP              CENT7H1
        WORKGROUP            OSMOND-MSI
// 2. 使用 Samba 用户查看 Samba 服务器所共享的资源
$  smbclient -L //192.168.0.252 -U osmond
Password:    //输入 osmond 的 Samba 账户口令
Enter osmond's password:
Domain=[MYGROUP] OS=[Windows 6.1] Server=[Samba 4.2.3]

        Sharename       Type      Comment
        ---------       ----      -------
        IPC$            IPC       IPC Service (Samba Server Version 4.2.3)
        osmond          Disk      Home Directories
Domain=[MYGROUP] OS=[Windows 6.1] Server=[Samba 4.2.3]

        Server               Comment
        ---------            -------
        CENT7H1              Samba Server Version 4.2.3

        Workgroup            Master
        ---------            -------
        MYGROUP              CENT7H1
        WORKGROUP            OSMOND-MSI
```

（2）列出 Samba 的资源使用情况

用户可以在 Linux 下使用下面命令查看 Samba 服务器资源的使用情况。例如：

```
// 查看较详细的使用信息（包括进程、共享服务和锁文件等）
$ smbstatus
// 查看简要的使用信息
$ smbstatus -b
```

# 13.3 Samba 的主配置文件

## 13.3.1 Samba 配置基础

### 1. smb.conf 文件的结构

/etc/samba/smb.conf 文件采用了分节的结构，其基本格式和 Windows 中的.INI 文件类似。一般，smb.conf 文件由 3 个标准节和若干个用户自定义共享节所组成，如表 13-4 所示。

表 13-4　smb.conf 文件中的节

| 名　称 | 说　明 |
| --- | --- |
| [Global] | 用于定义全局参数和默认值 |
| [Homes] | 用于定义用户的 Home 目录共享 |
| [Printers] | 用于定义打印机共享 |
| [Userdefined_ShareName] | 用户自定义共享（可有多个） |

**2．smb.conf 文件的语法**

（1）语法元素

smb.conf 文件的语法元素如表 13-5 所示。

**表 13-5　smb.conf 文件的语法元素**

<table>
<tr><th>语 法 元 素</th><th colspan="2">说　明</th></tr>
<tr><td>#或;</td><td colspan="2">注释</td></tr>
<tr><td>[Name]</td><td colspan="2">节名称</td></tr>
<tr><td>\</td><td colspan="2">续行符</td></tr>
<tr><td>%</td><td colspan="2">变量名前缀</td></tr>
<tr><td rowspan="3">参数=值</td><td colspan="2">一个配置选项，值可以有两种数据类型</td></tr>
<tr><td>字符串</td><td>可以不用引号定界字符串</td></tr>
<tr><td>布尔值</td><td>1/0 或 yes/no 或 true/false</td></tr>
</table>

（2）变量（宏）

smb.conf 文件中常用的变量如表 13-6 所示。

**表 13-6　smb.conf 文件常用的变量**

<table>
<tr><th>客户端变量</th><th>说　明</th><th>服务器端变量</th><th>说　明</th></tr>
<tr><td>%M</td><td>客户机的主机名</td><td>%h</td><td>Samba 服务机器的主机名</td></tr>
<tr><td>%m</td><td>客户机的 NetBIOS 名</td><td>%L</td><td>Samba 服务器的 NetBIOS 名称</td></tr>
<tr><td>%I</td><td>客户机的 IP</td><td>%v</td><td>Samba 服务的版本号</td></tr>
<tr><td>%U</td><td>当前与服务器对话的用户名</td><td>%d</td><td>当前服务的 PID</td></tr>
<tr><td>%G</td><td>%U 所在的主工作组</td><td>%u</td><td>当前的用户名</td></tr>
<tr><td rowspan="5">%a</td><td rowspan="5">客户机的体系，可以是 Samba、CIFSFS、OS2、OSX、WfWg、Win95、WinNT、Win2K、WinXP、WinXP64、Win2K3、Vista、UNKNOWN</td><td>%g</td><td>%u 所在的主工作组</td></tr>
<tr><td>%H</td><td>当前用户的 $Home 目录</td></tr>
<tr><td>%S</td><td>当前的共享名</td></tr>
<tr><td>%P</td><td>当前共享的根目录</td></tr>
<tr><td>%T</td><td>当前日期和时间</td></tr>
</table>

## 13.3.2　全局参数的设置

**1．基本全局参数**

表 13-7 中列出了一些常用的基本全局参数。

**表 13-7　smb.conf 文件中常用的基本全局参数**

| 参　数 | 说　明 | 举　例 |
|---|---|---|
| workgroup | 设置 Samba 要加入的工作组 | workgroup = WorkGroup |
| netbios name | 设置 Samba 的 NetBIOS 名字 | netbios name = mysmb |
| server string | 指定浏览列表里的机器描述 | server string = SmbSvr %v at %h |
| unix charset | 指定服务器使用的字符集 | unix charset = UTF-8 |
| max protocol | 指定服务器使用的最大协议版本 | max protocol = SMB2 |
| include | 为特定的访问包含另外的文件 | Include = /etc/samba/%U.smb.conf |
| config file | 为特定的访问指定用于覆盖主配置的另外的文件 | config file = /etc/samba/smb.conf.%m |

**2．安全全局参数**

表 13-8 中列出了一些常用的安全全局参数。

表 13-8 smb.conf 文件中常用的安全全局参数

| 参数 | 说明 | 举例 |
|---|---|---|
| interfaces | 指定 Samba 监听的网络端口 | interfaces = lo eth0 |
| server role | 指定 Samba 服务器的角色 | server role = standalone |
| security | 指定 Samba 服务器的安全级别 | security = User |
| unix extensions | 指定是否支持 CIFS UNIX 扩展 | unix extensions = no |
| passdb backend | 指定口令数据库的后台 | passdb backend= tdbsam |
| map to guest | 指定如何处理 Guest 用户账号的访问 | map to guest = Bad User |
| guest account | 指定 Guest 用户账号映射的本地用户账号 | guest account= nobody |
| idmap config | 指定 Windows 的 SIDs 与 POSIX 的 UID/GID 的映射机制 | idmap config * : backend = tdb |
| username map | 指定映射 Linux 用户与 Windows 用户的文件路径 | username map = /etc/samba/smbusers |
| hosts allow | 指定可以访问 Samba 的主机列表 | hosts allow =192.168.1. cent.mynet.com |
| hosts deny | 指定不可以访问 Samba 的主机列表 | hosts deny =192.168.2. |

**3．日志全局参数**

表 13-9 中列出了一些常用的日志全局参数。

表 13-9 smb.conf 文件中常用的日志全局参数

| 参数 | 说明 | 举例 |
|---|---|---|
| log file | 指定日志文件的名称 | log file = /var/log/samba/%m.log |
| log level | 指定日志等级（0～10，数值越大越详细） | log level = 5 |
| max log size | 指定日志文件的最大尺寸（KB） | max log size = 5000 |

### 13.3.3 设置共享资源参数

**1．基本参数**

表 13-10 中列出了一些常用的共享资源基本参数。

表 13-10 smb.conf 文件常用的共享资源基本参数

| 参数 | 说明 | 举例 |
|---|---|---|
| comment | 指定对共享的描述 | comment = my share |
| path | 指定共享服务的路径 | path = /tmp |

**2．文件系统控制参数**

表 13-11 中列出了一些常用的文件系统控制参数。

表 13-11 smb.conf 文件常用的文件系统控制参数

| 参数 | 说明 | 举例 |
|---|---|---|
| dont descend | 指定内容不可见的子目录列表 | dont descend = private, /proc,/dev |
| hide files | 指定含有特定关键字的文件的可见性 | hide files = /*.tmp/ |
| veto files | 指定含有特定关键字的文件的可见性和可访问性 | veto files = /*Security*/*root*/ |
| hide dot files | 指定是否将 Linux 的隐藏文件对 Windows 也隐藏 | hide dot files = Yes |
| follow symlinks | 是否跟随符号链接 | follow symlinks = Yes |
| wide links | 是否跟随连接到共享目录之外的符号链接 | wide links = Yes |

**3．访问控制参数**

表 13-12 中列出了一些常用的共享资源访问控制参数。

表 13-12　smb.conf 文件常用的共享资源访问控制参数

| 参　数 | 说　明 | 举　例 |
|---|---|---|
| writable | 指定共享的路径是否可写 | writable = yes |
| read only | 指定共享的路径是否为只读 | read only = yes |
| browseable | 指定共享的路径是否可浏览（默认为可以） | browseable = no |
| guest ok | 指定是否可以允许 guest 账户访问 | guest ok = yes |
| guest only | 指定是否只允许 guest 账户访问 | guest only = yes |
| read list | 设置只读访问用户列表 | read list = tom，@stuff |
| write list | 设置读写访问用户列表 | write list = tom，@stuff |
| valid users | 指定允许使用服务的用户列表 | valid users = tom，@stuff |
| invalid users | 指定不允许使用服务的用户列表 | invalid users = tom，@stuff |
| admin users | 为指定的共享设置管理员 | admin users = osmond |
| force user | 强制写入的文件具有指定的属主 | force user = ftp |
| force group | 强制写入的文件具有指定的组 | force group = ftp |
| hosts allow | 指定可以访问共享资源的主机列表 | hosts allow =192.168.1. |
| hosts deny | 指定不可以访问共享资源的主机列表 | hosts deny =192.168.2. |
| max connections | 设置同时访问共享资源的客户数量（0 表示不限制） | max connections = 100 |

# 13.4　Samba 共享配置举例

## 13.4.1　Samba 共享的基本配置

### 1. 修改 CentOS 7 默认的全局配置参数

通过如下步骤修改 CentOS 7 默认的全局配置参数。

**操作步骤 13.6**　修改 CentOS 7 中 Samba 服务默认的全局配置参数

```
// 1. 备份并修改主配置文件
# cp /etc/samba/smb.conf{,.orig}
# vi /etc/samba/smb.conf
// 修改工作组名称
workgroup = WORKGROUP
// 修改服务器的描述字符串
server string = Samba Server %v at %h
// 设置 Samba 监听的网络接口，指定的网络或 IP 地址的访问
   interfaces = lo eno16777736 192.168.0.252/24
// 若 Samba 服务器安装了多块网卡，可以限制 Samba 只响应来自内网的用户请求
bind interfaces only = Yes
// 修改允许访问 Samba 服务器的网段
hosts deny = ALL
hosts allow = 127. 192.168.0. 192.168.1.
  // 将不存在用户访问视为 Guest 账号访问，已存在的用户必须使用正确的口令访问
  map to guest = Bad User
 // 指定可以使用 SMB2 协议
  max protocol = SMB2
// 修改后保存退出 vi
// 2. 重新启动 Samba
# systemctl restart smb
```

### 2．使用符号链接组织本地共享资源

允许访问共享资源之外的符号链接需要对指定资源设置 wide links = yes。由于在默认配置中有 unix extensions = Yes 的配置，与 wide links = yes 冲突，为此需要在[global] 配置段设置 unix extensions = No。

**操作步骤 13.7**　使用符号链接组织本地共享资源

```
// 1. 修改主配置文件
# vi /etc/samba/smb.conf
[global]
// 在 [global] 段添加如下配置
    unix extensions = no
// 添加 Resource 共享
[Resource]
    comment = Local Resource
    path = /srv/samba/resource
    guest ok = yes
    read only = yes
    wide links = yes
// 修改后保存退出 vi
// 2. 重新启动 Samba
# systemctl restart smb
// 3. 创建共享目录及符号链接
// 创建/srv/samba/resource 目录
# mkdir -p /srv/samba/resource
// 进入/srv/samba/resource 目录
# cd /srv/samba/resource
// 创建符号链接文件
# ln -s /usr/share/doc doc
# ln -s /var/ftp/pub pub
```

### 3．配置 FTP 用户的上传共享

**操作步骤 13.8**　配置 FTP 用户的上传共享

```
// 1. 修改主配置文件
# vi /etc/samba/smb.conf
// 添加如下共享
[incoming]
     comment = FTP incoming Share
     path = /var/ftp/incoming
     writable = yes
     guest ok = yes
     # 使向共享目录写入的文件具有 ftp 的属主及组
     force user = ftp
     force group = ftp
// 修改后保存退出 vi
// 2. 重新启动 Samba
# systemctl restart smb
// 3. 测试共享
# smbclient -L //localhost -U osmond
Enter osmond's password: // 输入 osmond 用户的 samba 口令
Domain=[WORKGROUP] OS=[Windows 6.1] Server=[Samba 4.2.3]
// 可以看到 Resource、incoming 以及用户目录 osmond 共享
```

```
        Sharename       Type      Comment
        ---------       ----      -------
        Resource        Disk      Local Resource
        incoming        Disk      FTP incoming Share
        osmond          Disk      Home Directories
        IPC$            IPC       IPC Service (Samba Server Version 4.2.3)
# smbclient -L //localhost/incoming
Enter root's password: //直接按〈Enter〉键，等同于以 guest 账号访问
Domain=[WORKGROUP] OS=[Windows 6.1] Server=[Samba 4.2.3]
// 仅能看到 Guest 用户可访问的 Resource、incoming 共享
        Sharename       Type      Comment
        ---------       ----      -------
        Resource        Disk      Local Resource
        incoming        Disk      FTP incoming Share
        IPC$            IPC       IPC Service (Samba Server Version 4.2.3)
```

### 13.4.2 为用户和组配置共享

**1．为所有用户配置只读共享和读写共享**

为了配置对所有用户的只读共享，被共享目录的本地文件系统上应该具有其他人的可读权限；为了配置对所有用户的读写共享，被共享目录的本地文件系统上应该具有其他人的读写权限。

> 注意
>
> **文件系统权限和共享权限**
>
> Samba 服务器要将本地文件系统共享给 Samba 用户，涉及本机文件系统权限和 Samba 权限。当 Samba 用户访问共享时，最终的权限将是这两种权限中最严格的权限。例如，如果在 smb.conf 中对用户设置了写权限，但用户对共享的 Linux 文件系统本身不具有写权限，结果就是用户对共享不具有写权限。

下面以/media/cdrom 目录的只读共享和/tmp 目录的读写共享为例进行配置。

**操作步骤 13.9** 为所有用户配置 Samba 的只读共享和读写共享

```
// 1. 修改主配置文件
# vi /etc/samba/smb.conf
// 添加 tmp 的读写共享
[tmp]
    comment = Temporary file space
    path = /tmp
    read only = no
// 添加 cdrom 的只读共享
[cdrom]
    comment = CDROM
    path = /media/cdrom
    read only = yes
// 修改后保存退出 vi
// 2. 重新启动 Samba
# systemctl restart smb
```

**2．为指定用户配置读写共享**

**操作步骤 13.10** 为指定用户配置 Samba 读写共享

```
// 1. 创建本地用户账号和 Samba 账号
```

```
# useradd fred
# passwd fred          // 若 fred 用户无须本机 Shell 登录，可以省略此步骤
# echo -e "centos\ncentos"|smbpasswd -s -a fred
// 2. 创建本地共享目录并更改目录属主
# mkdir /srv/samba/fred
# chown fred.fred /srv/samba/fred
// 3. 修改配置文件
# vi /etc/samba/smb.conf
// 为用户 fred 添加读写共享
[fredsdir]
    comment = Fred's Service
    path = /srv/samba/fred
    valid users = fred
    writable = yes
// 修改后保存退出 vi
// 4. 重新启动 Samba
# systemctl restart smb
```

**操作步骤 13.11**　为多个用户配置 Samba 读写共享

```
// 1. 创建本地用户账号和 Samba 账号
# useradd tom; useradd ben
# echo -e "centos\ncentos"|smbpasswd -s -a tom
# echo -e "centos\ncentos"|smbpasswd -s -a ben
// 2. 创建本地共享目录并设置权限
# mkdir /srv/samba/tomben
# setfacl -R -m d:u:tom:rwx /srv/samba/tomben
# setfacl -R -m d:u:ben:rwx /srv/samba/tomben
# setfacl -R -m u:tom:rwx /srv/samba/tomben
# setfacl -R -m u:ben:rwx /srv/samba/tomben
// 3. 修改配置文件
# vi /etc/samba/smb.conf
// 为用户 tom 和 ben 添加读写共享
[TomBen]
   comment = Tom's and Ben's Share
   path = /srv/samba/tomben
   valid users = tom ben
   writable = yes
// 修改后保存退出 vi
// 4. 重新启动 Samba
# systemctl restart smb
```

### 3．为指定组配置读写共享

**操作步骤 13.12**　为指定组配置 Samba 读写共享（1）

```
// 要求：staff 组中的所有成员均具有读写权限
// 1. 创建本地组及属于该组的用户账号以及 Samba 用户账号
# groupadd staff
# useradd -G staff smbuser1
# useradd -G staff smbuser2
# useradd -G staff smbuser3
# echo -e "centos\ncentos"|smbpasswd -s -a smbuser1
# echo -e "centos\ncentos"|smbpasswd -s -a smbuser2
# echo -e "centos\ncentos"|smbpasswd -s -a smbuser3
```

```
// 2. 创建本地共享目录并设置权限
# mkdir -p /srv/samba/staff
# chown .staff /srv/samba/staff
# chmod 2770 /srv/samba/staff
// 3. 修改配置文件
# vi /etc/samba/smb.conf
// 为 staff 组添加读写共享
[staff]
    comment = Public Stuff
    path = /srv/samba/staff
    writable = yes
    write list = @staff
// 修改后保存退出 vi
// 4. 重新启动 Samba
# systemctl restart smb
```

**操作步骤 13.13** 为指定组配置 Samba 读写共享（2）

```
// 要求：smbuser1 具有全部权限，stuff 组中其他成员为只读权限
// 下面的操作基于上面的操作步骤 13.12
// 修改共享目录的文件系统权限
# chown smbuser1.staff /srv/samba/staff
# chmod 2750 /srv/samba/staff
// 可以不修改 Samba 配置文件
// 因为虽然在上面的配置文件中允许 staff 组的所有成员写，但文件系统的权限设置不允许
// staff 中的其他成员写，因此最终 smbuser2 和 smbuser3 也不能写共享目录
```

**操作步骤 13.14** 为指定组配置 Samba 读写共享（3）

```
// 要求：osmond 用户和 smbuser1 用户具有全部权限，stuff 组中其他成员为只读权限
//  下面的操作基于上面的操作步骤 13.13
// 1. 若 osmond 用户不存在，首先创建，然后添加 Samba 账号
# useradd osmond
# smbpasswd -a osmond
// 2. 修改共享目录的文件系统权限，使用 ACL 为其设置 osmond 用户的读写权限
# setfacl -R -m d:u:osmond:rwx /srv/samba/staff
# setfacl -R -m u:osmond:rwx /srv/samba/staff
// 3. 修改配置文件
# vi /etc/samba/smb.conf
[staff]
    comment = Public Stuff
    path = /srv/samba/staff
    public = no
    writable = yes
    write list = smbuser1, osmond
// 修改后保存退出 vi
// 4. 重新启动 Samba
# systemctl restart smb
```

注意

虽然可以通过设置共享目录的文件系统权限为 777，实现不在一个组中的多个用户对共享目录的写权限，但是为了提高本地文件系统的安全性，尽量不要使用这种对世界开放的权限设置，而应该使用文件系统的 ACL 权限设置。

类似地，要配置多个组对同一个共享目录均具有写权限，也可以通过配置

> 文件系统上的 ACL 权限来实现。
> 总之，一般情况下不要在文件系统上开放对其他人员的写权限。

为了在 Windows 下测试各个用户的权限，可以使用 CMD 窗口中的 net 命令实现。

假如当前 Windows 的登录用户为 osmond，且使用 \\192.168.0.252 访问了 192.168.0.252 上的 Samba 共享，由于资源管理器的缓存问题，无法使用 smbuser1 用户进行测试。为了解决这个问题，可以打开 cmd 窗口，执行如下命令。

```
// 以 smbuser1 身份映射网络驱动器
C:> net use M: \\192.168.0.252\staff  /user:smbuser1
输入 'smbuser1' 的密码来连接到 '192.168.0.252':  //请在此提示后输入 smbuser1 的密码
命令成功完成。
C:>
// 使用资源管理器对 M 盘进行读写测试
// 测试之后断开网络驱动器
C:> net use M: /delete
// 断开之后重新以 smbuser2 身份映射网络驱动器
C:> net use M: \\192.168.0.252\staff  /user:smbuser2
// 使用资源管理器对 M 盘进行读写测试
// 测试之后断开网络驱动器
C:> net use M: /delete
```

### 13.4.3 Samba 的其他配置

**1．用户映射**

全局参数 username map 用来控制用户映射，允许管理员指定一个映射文件，该文件包含了 Linux 和 Windows 之间进行用户映射的信息。两个系统拥有不同的用户账号，用户映射的目的是将不同的用户映射成为同一个用户，便于共享文件。

为了启用用户映射配置文件，需要在配置文件/etc/samba/smb.conf 中的[global]配置节添加如下配置行，然后重新启动 SMB 服务。

```
username map=/etc/samba/smbusers
```

下面是用户映射文件/etc/samba/smbusers 的例子：

```
# Unix_name = SMB_name1 SMB_name2 ...
root = administrator admin
nobody = guest pcguest smbguest
```

等号左边是单独的 Linux 用户账号，等号右边是要映射的 Windows/SMB 用户账号列表。服务器逐行分析用户映射文件，如果提供的账号和某行有右侧列表中的账号匹配，就替换为等号左边的账号。例如，从上面的配置可知，Windows 的 guest 账号被映射为 Linux 的 nobody 账号。管理员可以向该文件添加其他用户映射。

**2．配置 Samba 的隐藏共享**

为了使客户端无法看到某共享目录，但可以直接通过 UNC 路径访问，可以在该共享配置段中添加如下配置行。

```
browseable = no
```

**3．限制文件共享类型**

可以通过 veto files 属性设置来实现 Samba 限制共享的文件类型。veto files 选项将文件说明与斜线字符（/）区别开，并支持标准通配符，即星号（*）及问号（?）。

例如，若不允许共享 EXE 文件、COM 文件或 DLL 文件，则可以将一个 veto 文件属性设置如下：

```
veto files = /*.exe/*.com/*.dll/
```

此方法可以有效阻止 Samba 服务器传播各种类型的 Windows 病毒，有效地排除被病毒感染的文件。

**4．主机访问控制**

可以使用主机名、域名或 IP 地址限制对 Samba 的访问。通过 host allow 和 hosts deny 配置语句控制 Samba 访问，可以在 /etc/samba/smb.conf 配置文件中添加这两个配置语句实现控制。这两个配置语句既可以放在[global]节中用于实现全局的主机访问控制，也可以放在用户定义的共享节中用于实现该共享的主机访问控制。当两处同时出现主机访问控制的配置时，用户定义的共享节中的配置优先。

在 host allow 和 hosts deny 中，也可以使用 ALL 和 EXCEPT 关键字，主机表的书写形式与 TCP Wappers 类似，此处不再赘述。

**5．用户访问控制**

可以使用 valid users 配置语句实现用户访问控制。此配置语句既可以放在[global]节中用于实现全局的用户访问控制，也可以放在用户定义的共享节中用于实现该共享的用户访问控制。当两处同时出现用户访问控制的配置时，用户定义的共享节中的配置优先。

**6．对不同主机或用户的访问实施不同的配置**

在 Samba 的全局配置中提供了用于分割配置任务的两个配置语句 include 和 config file，两者的不同在于：include 语句将其指定的配置文件包含进主配置文件来实施不同的配置；config file 配置语句则用其指定的配置文件覆盖主配置文件。

为了对不同主机的访问实施不同的配置，可以使用如下形式（%I：客户机的 IP 地址）。

- include = /etc/samba/%I.smb.conf。
- config file = /etc/samba/%I.smb.conf。

为了对不同用户的访问实施不同的配置，可以使用如下形式（%U：当前会话的用户名）。

- include = /etc/samba/%U.smb.conf。
- config file = /etc/samba/%U.smb.conf。

为了对不同用户在不同主机的访问实施不同的配置，可以使用如下形式。

- include = /etc/samba/%I-%U.smb.conf。
- config file = /etc/samba/%I-%U.smb.conf。

例如，若要对 IP 地址为 192.168.0.222 的客户实施不同的配置，可以将其配置写入配置文件/etc/samba/192.168.0.222.smb.conf 中；若要对 osmond 用户实施不同的配置，可以将其配置写入配置文件/etc/samba/osmond.smb.conf 中；若要对 osmond 用户在 192.168.0.222 上的访问实施不同的配置，可以将其配置写入配置文件/etc/samba/192.168.0.222 -osmond.smb.conf 中。

# 13.5　在 Linux 环境下访问 Samba 共享

## 13.5.1　使用 smbclient

### 1．smbclient 命令

Samba 提供了一个类似 FTP 客户程序的 Samba 客户程序 smbclient，用以访问 Windows 共享或 Linux 提供的 Samba 共享。smbclient 命令的常用格式如下：

```
（1）smbclient  -L  NetBIOS 名或 IP 地址
（2）smbclient  //NetBIOS 名或 IP 地址/共享名 -U 用户名
```

- 格式（1）用于显示指定主机提供的共享。
- 格式（2）用于访问指定主机的指定共享，-U 用户名参数表示以指定用户名的身份访问共享。

注意

（1）当访问 Windows 共享时，smbclient 命令的 -U 参数后所指定的用户名是所访问的 Windows 计算机中的用户账户，验证口令是 Windows 计算机中的用户账户的口令。

（2）当访问 Linux 提供的 Samba 共享时，smbclient 命令的 -U 参数后所指定的用户名是所访问的 Linux 计算机中的 Samba 用户账户，验证口令是 Samba 用户账户的口令。

### 2．smbclient 命令举例

**操作步骤 13.15**　使用 smbclient 命令查看并访问共享

```
// 若客户端还未安装 samba-client，则先安装
# yum -y install samba-client
// 查看 win01 计算机提供的共享（win01 是可解析的主机名）
$ smbclient -L win01
// 以 osmond 用户身份访问 win01 计算机的 tools 共享
$ smbclient //win01/tools -U osmond
// 输入 osmond 用户在 win01 上的口令
Password:
//显示 smbclient 可用的子命令
smb: \> ?
?             altname       archive       blocksize     cancel
cd            chmod         chown         del           dir
du            exit          get           help          history
lcd           link          lowercase     ls            mask
md            mget          mkdir         more          mput
newer         open          print         printmode     prompt
put           pwd           q             queue         quit
rd            recurse       rename        rm            rmdir
setmode       symlink       tar           tarmode       translate
!
//接下来就可以用像使用 FTP 客户的方法使用 smbclient

smb: \> quit
$
// 以 smbuser1 用户身份访问 Linux(192.168.0.252)上的 public 共享
```

```
$ smbclient //192.168.0.252/Public -U smbuser1
// 输入 smbclient 用户在 192.168.0.252 上的 Samba 账号口令
Password:
smb: \> quit
```

### 13.5.2 挂装 Samba 共享

**1. 手动挂装 Windows/Samba 共享**

在 Linux 环境下使用共享资源的另一种方法是使用远程挂载方法将远程共享挂载到本地，类似于在 Windows 环境下映射网络驱动器。使用远程挂载方法访问共享可以使用 mount.cifs 命令。若客户端还未安装 cifs-utils，则要先安装。

```
# yum -y install cifs-utils
```

mount.cifs 命令的格式如下：

```
mount.cifs  <UNC 资源名>  <本地挂装目录>  [-o 挂装参数列表]
```

表 13-13 中列出了 mount.cifs 命令的常用挂装参数。

表 13-13　mount.cifs 命令的常用挂装参数

| 参　数 | 说　明 |
| --- | --- |
| username=<用户名> | 指定连接 CIFS 的用户名，默认为环境变量 $USER 的值 |
| password=<口令> | 指定连接 CIFS 的用户口令，省略时提示用户输入口令 |
| guest | 指定使用 GUEST 账号连接，无须提供口令 |
| domain=<域> | 指定连接 CIFS 的域 |
| credentials=<文件名> | 指定凭据文件的路径，此文件应包含 username、password 和 domain |
| uid=<UID> | 指定挂装的所有文件和目录的属主，默认为 0（即 root 用户） |
| gid=<GID> | 指定挂装的所有文件和目录的组，默认为 0（即 root 组） |
| file_mode=<权限模式> | 若服务器不支持 CIFS UNIX 扩展，则使用指定的文件权限 |
| dir_mode=<权限模式> | 若服务器不支持 CIFS UNIX 扩展，则使用指定的目录权限 |
| iocharset | 将本地路径名转换为 Unicode 字符集 |

例 1：以 osmond 用户身份挂载 Linux 系统（192.168.0.252）上的 staff 共享。

```
# mkdir -p /mnt/smb/cent7h1/staff
# mount.cifs //192.168.0.252/staff  /mnt/smb/cent7h1/staff  -o user=osmond
// 输入 osmond 用户在 192.168.0.252 上的 Samba 账户口令即可挂装
```

例 2：以 guest 用户挂载 Linux 系统（192.168.0.252）上的 Resource 共享。

```
# mkdir -p /mnt/smb/cent7h1/resource
# mount -t cifs //192.168.0.252/Resource  /mnt/smb/cent7h1/resource  -o guest
```

例 3：以 osmond 用户挂载 Windows 系统（win01）上的 //win01/tools 共享。

```
# mkdir -p /mnt/smb/win01/tools
# mount -t cifs //win01/tools  /mnt/smb/win01/tools  -o user=osmond, password=PA55W0rd
```

例 4：以 guest 用户挂载 Windows 系统（win01）上的 //win01/soft 共享。

```
# mkdir -p /mnt/smb/win01/soft
# mount //win01/soft/mnt/smb/win01/soft-o user=guest,guest,iocharset,uid=osmond, gid=
statt,dir_mode=0775,
```

```
    file_mode=0775
```

要卸载 Samba 共享，可以使用 umount 命令，例如：

```
# umount  /mnt/smb/win01/tools
# umount  /mnt/smb/cent7h1/staff
```

**2．开机自动挂装 Windows/Samba 共享**

要在开机时自动挂装 Windows/Samba 共享，可以修改/etc/fstab 文件。如下操作将实现与上述手动挂载功能相同的开机自动挂载。

**操作步骤 13.16** 在开机时自动挂装 Windows/Samba 共享

```
// 1. 修改 /etc/fstab
# vi  /etc/fstab
## 添加如下两行配置，挂装参数 credentials 用于指定包含有 Samba 用户及其口令的文件
//win01/tools /mnt/smb/win01/tools  cifs  credentials=/etc/samba/cred1.txt  0  0
//192.168.0.252/staff  /mnt/smb/cent7h1/staff  cifs  credentials=/etc/samba/cred2.txt 0 0
// 2. 创建 credentials 文件
# cat <<_END_> /etc/samba/cred1.txt
## osmond@win01
username=osmond
password=passwd-on-win01
domain=WORKGROUP
_END_
# cat <<_END_> /etc/samba/cred2.txt
## osmond@192.168.0.252
username=osmond
password=passwd-on-cent7h1
domain=WORKGROUP
_END_
# 修改 credentials 文件的权限，由于文件包含口令敏感信息，所以仅对 root 具有读写权限
# chmod 0600 /etc/samba/cred{1,2}.txt
// 3. 重新挂装 /etc/fstab 中所有的文件系统
# mount -a
```

## 13.6 思考与实验

**1．思考**

（1）什么是 SMB/CIFS？什么是 Samba？

（2）Samba 有几种服务器角色和安全等级？

（3）如何设置 Samba 用户口令？

（4）如何检验 Samba 配置文件参数的正确性？

（5）如何在 Linux 下访问 Windows 的共享资源？

**2．实验**

（1）学会设置 Samba 用户口令。

（2）学会配置 Samba 的各种文件共享。

（3）学会使用 smbclient 命令访问 Windows/Linux 共享。

（4）学会使用 mount.cifs 命令挂装远程 CIFS 文件系统。

**3．进一步学习**

（1）学习 Christopher R. Hertel 所著的《Implementing CIFS: The Common Internet File System》（http://www.ubiqx.org/cifs/）。

（2）学习 Timothy D Evans 所著的《NetBIOS, NetBEUI, NBF, NBT, NBIPX, SMB, CIFS Networking》（http://timothydevans.me.uk/nbf2cifs/nbf2cifs.pdf）了解与 SMB/CIFS 相关的协议。

（3）学习使用 SWAT 或 Webmin 等 Web 工具配置 Samba。

（4）学习配置 Linux 下的 CUPS 本地打印机。

（5）学习配置 Samba 的打印共享。

（6）学习将 Samba 4 服务器配置为 Windows 活动目录成员的方法。

（7）学习将 Samba 4 服务器配置为活动目录域控制器的方法。

（8）学习如下 NAS 发行版的安装和使用。

- FreeNAS（http://www.freenas.org）。
- Openfiler（http://www.openfiler.com）。
- Rockstor（http://rockstor.com）。
- OpenMediaVault（http://www.openmediavault.org）。

# 第 14 章 Apache 基础

本章首先介绍 WWW 与 HTTP 的相关概念，然后介绍 Apache 和 ASF，并着重介绍 Linux 环境下 Apache 的 3 种运行机制，之后介绍 Apache 的配置文件基本语法、Apache 模块以及基本配置指令和容器配置指令，再接着介绍主机访问控制、别名机制、认证授权以及虚拟主机的配置，最后介绍基于 SSL/TLS 的 Apache 配置。

## 14.1 WWW 与 HTTP 协议

### 14.1.1 WWW 和 Web 服务

**1. Web 简介**

万维网（World Wide Web，WWW）也称 Web，是 Internet 提供的一种信息检索手段，起源于 CERN（欧洲核子中心），其发明者是 Tim Berners-Lee，最初的目的是提供一个统一的接口，使分散于世界各地的科学家能够方便地访问各种形式的信息。

WWW 提供一种交互式图形界面的互联网服务，具有强大的信息连接功能，使成千上万的用户通过简单的图形界面就可以访问各个大学、组织、公司等机构和个人的最新信息和各种服务。Web 具有如下特点：

- Web 是图形化的。
- Web 是易于导航的。
- Web 是动态的。
- Web 是交互的。
- Web 是与平台无关的。
- Web 是分布式的。

**2. Web 相关组件**

Web 系统由多个相关组件组成，表 14-1 中列出了 Web 相关组件。

表 14-1　Web 相关组件

| 组　件 | 说　明 |
| --- | --- |
| 统一资源标识符 URI | URI 用有含义的字符串标识互联网上的资源（RFC 3986），其子集统一资源定位符（Uniform Resource Locator，URL）是描述资源在互联网上位置和访问方法的一种简洁的表示，是互联网上标准资源的地址 |
| Web 客户和 Web 服务器 | Web 系统是基于客户/服务器、请求/响应模式运作的 |

（续）

| 组　件 | 说　明 |
| --- | --- |
| 超文本传输协议 HTTP | 规定了 Web 客户和 Web 服务器之间交换信息的格式和方法 |
| Web 缓存和 Web 代理 | HTTP 协议定义了客户端缓存机制。另外架设 Web 缓存服务器和内容分发网络（Content Delivery Network，CDN）可以加快客户端访问。<br>Web 代理对于 Web 客户来说是服务器，而对于 Web 服务器来说是客户。也就是说代理同时扮演着客户和服务器的双重身份。代理除了可以正常转发客户和服务器之间的交互信息之外，还可以过滤不希望的 Web 请求，实现高速缓存等 |
| Cookie 和 Session 机制 | HTTP 是一个无状态协议，因此当 Web 服务器将 Web 客户请求的响应发送出去后，服务器便不必再保存任何信息<br>Web 服务器可以指示 Web 客户以存储 Cookie 的方式在一系列请求和响应之间维持状态，而服务器端则采用 Session 机制保持状态 |
| Web 内容的构建组件 | 使用 HTML/XHTML（http://www.w3.org/MarkUp/）、CSS、Javascript 构建静态 Web 页面<br>使用 CGI、PHP、Python、Ruby、Java Servlet、Node.js 等技术构建动态 Web 应用<br>使用各种数据发布格式及语言（XML、YAML、JSON、RSS/Atom）交换数据 |

### 3. Web 客户和 Web 服务器

Web 系统是客户/服务器式的，包括 Web 客户和 Web 服务器。最典型的 Web 客户是 Web 浏览器。通常将 Web 客户和 Web 浏览器视为同义语，但严格地讲，可以向 Web 服务器发送 HTTP 请求的程序都是 Web 客户。Web 浏览器只是 Web 客户的一种，其他的 Web 客户还有 wget、curl 等。表 14-2 中列出了 Web 浏览器和 Web 服务器的职责。

**表 14-2　Web 浏览器和 Web 服务器的职责**

| Web 浏览器的职责 | Web 服务器的职责 |
| --- | --- |
| ● 生成 Web 请求（在浏览器地址栏输入 URL 或单击页面链接时生成）<br>● 通过网络将 Web 请求发送给 Web 服务器<br>● 接收从服务器传回的 Web 文档<br>● 解释服务器传来的 Web 文档，并将结果显示在屏幕上 | ● 默认监听 TCP 的 80 端口<br>● 接收 Web 客户请求<br>● 检查请求的合法性，包括安全性屏蔽<br>● 针对请求获取并制作 Web 文档<br>● 将信息发送给提出请求的客户机 |

Web 客户与 Web 服务器的通信过程如图 14-1 所示。

图 14-1　Web 服务器与客户的通信过程

下面的步骤描述了 Web 浏览器与 Web 服务器的通信过程。

1）当用户在浏览器地址栏输入 URL 或单击一个超链接时产生一个 Web 请求。

2）通过网络将 Web 请求发送给 URL 地址中的 Web 服务器。

3）Web 服务器接受请求并进行合法性检查。

4）Web 服务器针对请求获取并制作数据，包括动态脚本处理、为数据设置适当的 MIME 类型来对数据进行前期处理和后期处理。

5）Web 服务器把信息发送给提出请求的客户机。

6）Web 浏览器解释服务器传来的 Web 文档，并把结果显示在屏幕上。

7）Web 浏览器断开与远端 Web 服务器的连接。

## 14.1.2 HTTP 协议

### 1. HTTP 协议简介

超文本传输协议（Hyper Text Transfer Protocol，HTTP）是为分布式、协作的、超媒体信息系统定义的一个应用层协议。HTTP 协议是 Web 数据通信的基础。

超文本（Hyper Text）是结构化的文本，使用含有文本的节点之间的逻辑连接（超链接）。HTTP 是交换或转移超文本的协议。

**2．HTTP 协议特点**

HTTP 协议具有如下特点。

- URI 资源识别：HTTP 依赖于 URI，HTTP 在其一切事务中使用 URI 来识别 Web 上的资源。
- 请求/响应方式：HTTP 请求由客户机发出，服务器用响应消息应答。流向是从客户端到服务器。
- 无状态性：HTTP 是一个无状态协议，当跨越不同的请求和响应时，客户机或服务器不维持任何状态。每一对请求和响应被作为独立的消息交换处理。
- 携带元数据：与资源相关的信息包含在 Web 传输中。元数据是与资源相关的信息，但并不是资源本身的一个组成部分，如资源内容的类型 text/html；资源编码的类型 UTF-8；资源的大小等。

**3．HTTP 协议版本**

HTTP 标准是由互联网工程任务组（Internet Engineering Task Force，IETF）和万维网联盟（World Wide Web Consortium，W3C）协调开发的，最终形成 RFC 标准。

表 14-3 中列出了 HTTP 的几个版本。从 http://www.w3.org/Protocols/ 可获得更多信息。

**表 14-3　HTTP 协议版本**

| 版　本 | 说　明 |
|---|---|
| HTTP/1.0 | 1996 年发布 HTTP/1.0 的标准（RFC 1945） |
| HTTP/1.1 | 当前广泛使用的协议标准。1997 年发布 HTTP/1.1 的标准（RFC2068），1999 年更新为 RFC 2616<br>2007 年 HTTPbis 工作组成立，部分修订和澄清了 HTTP/1.1 的 RFC 2616，并拆分为如下 6 个 RFC<br>● RFC 7230, HTTP/1.1: Message Syntax and Routing<br>● RFC 7231, HTTP/1.1: Semantics and Content<br>● RFC 7232, HTTP/1.1: Conditional Requests<br>● RFC 7233, HTTP/1.1: Range Requests<br>● RFC 7234, HTTP/1.1: Caching<br>● RFC 7235, HTTP/1.1: Authentication |
| HTTP/2 | 2015 年发布 2.0 的标准（RFC 7540） |

**4．HTTP 的连接方式**

HTTP 是一种基于 TCP 协议的应用协议。如图 14-2 所示，在客户端和服务器之间有 3 种不同的 HTTP 通信方式。HTTP/1.0 定义了传统方式；HTTP/1.1 定义了持久连接方式和管线化方式。

- 传统方式：当用户需要访问一个网页或其页面资源文件（如 CSS 文件、图片文件等）时，客户端打开一个连接，发送单个请求给服务器，而后接收从服务器发回的响应，然后关闭此连接。当需要访问另一个网页或其页面资源文件时重新建立连接，周而复始。
- 持久连接（Keep-alive）方式：客户端打开一个连接，可以依次发送多个请求给服务器并接收从服务器发回的多个响应，每接收一个服务器响应之后才会发送下一个请求给服务器。只要任意一端未明确提出断开连接，就会保持 TCP 连接状态。
- 管线化（Pipelining）方式：客户端打开一个连接，可以同时发送多个请求给服务器并接收从服务器发回的多个响应，客户端不必等待获取上一个请求的响应亦可直接发送下一个请求，从而大大加快了处理速度。这是持久连接方式的改进。

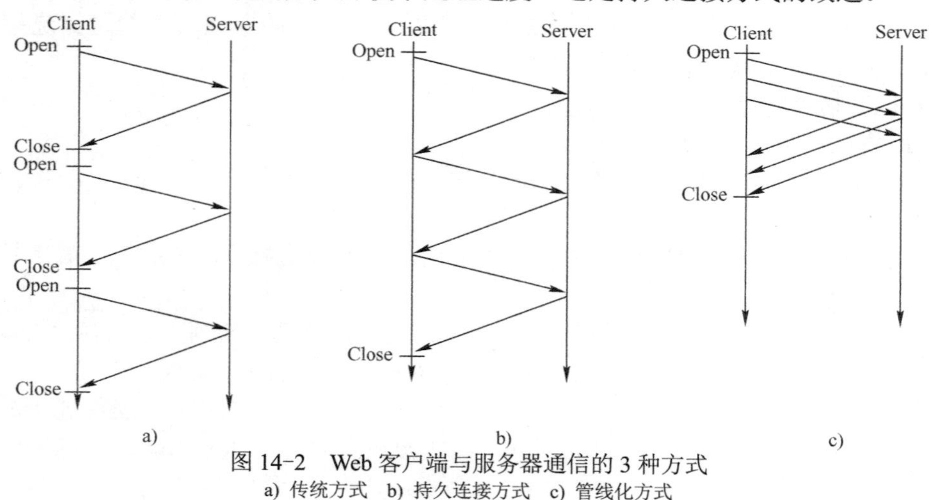


图 14-2　Web 客户端与服务器通信的 3 种方式
a) 传统方式　b) 持久连接方式　c) 管线化方式

**5. HTTP 的协议头**

HTTP 协议头，简称 HTTP 头（HTTP header）是 HTTP 会话请求和响应的一部分，用于客户端和服务器进行 HTTP 协议协商。

操作步骤 14.1 显示了一些常见的 HTTP 头。以“>”开头的行是请求头的一部分；以“<”开头的行是响应头的一部分。例如，User-Agent 是请求头的一部分，指定连接到 Web 服务器的客户软件（由于使用了 curl 命令，所以用户代理为 curl/7.29.0）。类似地，响应头也包含了很多意义明显的项目。例如，Date 是响应头的一部分，列出了日期；又如 HTTP 响应头明确了其使用的版本为 1.1，紧随其后的是响应代码 200。

有关 HTTP 协议头的字段含义详情，可参考：

- Request Header Fields （https://tools.ietf.org/html/rfc7231#section-5）。
- Response Header Fields （https://tools.ietf.org/html/rfc7231#section-7）。

**操作步骤 14.1**　使用 curl 命令获取 HTTP 的协议头

```
# curl -s -I -v www.centos.com | egrep '^>|^<'
* About to connect() to www.centos.com port 80 (#0)
*   Trying 87.106.187.200...
* Connected to www.centos.com (87.106.187.200) port 80 (#0)
> HEAD / HTTP/1.1
> User-Agent: curl/7.29.0
> Host: www.centos.com
> Accept: */*
>
< HTTP/1.1 200 OK
< Date: Tue, 12 Jan 2016 10:42:58 GMT
< Server: Apache
< X-Powered-By: PHP/5.4.45
< P3P: CP="NOI ADM DEV PSAi COM NAV OUR OTRo STP IND DEM"
< Expires: Mon, 1 Jan 2001 00:00:00 GMT
< Cache-Control: no-store, no-cache, must-revalidate, post-check=0, pre-check=0
< Pragma: no-cache
<  Set-Cookie:  18631bdd4499c14a6aa7b570fee2caa5=3b4dc23bf49fd2d18f05ab80915ce8f3;
```

```
path=/
    < Set-Cookie: lang=deleted; expires=Thu, 01-Jan-1970 00:00:01 GMT; path=/
    < Set-Cookie: jfcookie=deleted; expires=Thu, 01-Jan-1970 00:00:01 GMT; path=/
    < Set-Cookie: jfcookie[lang]=deleted; expires=Thu, 01-Jan-1970 00:00:01 GMT;
path=/
    < Last-Modified: Tue, 12 Jan 2016 10:42:58 GMT
    < Content-Type: text/html; charset=utf-8
    <
    * Connection #0 to host www.centos.com left intact
```

### 6. HTTP 的请求方法

HTTP 请求方法简称 HTTP 方法（HTTP method），包含在 HTTP 头中，用于告知服务器客户请求信息的方式。表 14-4 中列出了 HTTP 的 8 种请求方法。

**表 14-4　HTTP 的请求方法**

| 方　法 | 说　明 | 协　议 | 对应的 CRUD 操作 |
|---|---|---|---|
| HEAD | 获取 HTTP 头。用于验证链接、验证可访问性，并检查任何最近的修改 | 1.0、1.1 | — |
| GET | 获取资源。当服务器响应客户请求时会包含一个消息主体 | 1.0、1.1 | Read |
| POST | 将数据上传到服务器 | 1.0、1.1 | Create |
| PUT | 与 POST 类似，区别在于 PUT 支持状态统一性 | 1.0、1.1 | Update |
| DELETE | 使用该请求删除已识别的资源 | 1.0、1.1 | Delete |
| CONNECT | 要求用隧道协议连接代理 | 1.1 | — |
| OPTIONS | 用于从客户端请求通信选项，询问支持的方法 | 1.1 | — |
| TRACE | 跟踪路径，用于诊断和测试 | 1.1 | — |

### 7. HTTP 的响应代码

HTTP 状态码（HTTP Status Code）是响应头的组成部分，用 3 位数字代码表示 Web 服务器的 HTTP 响应状态。表 14-5 中列出了一些常见的 HTTP 响应代码。

**表 14-5　HTTP 的响应代码**

| 分　类 | 说　明 | 响应代码举例 |
|---|---|---|
| 信息 1xx | 表明服务器端接收了客户端请求，客户端继续发送请求 | 100：通知客户端它的部分请求已被服务器接收，服务器希望客户端继续 |
| 成功 2xx | 客户端发送的请求被服务器端成功接收并成功进行了处理 | 200：服务器成功接收并处理了客户端的请求<br>206：服务器已经成功处理了部分 GET 请求，下载工具使用此类响应状态实现断点续传 |
| 重定向 3xx | 服务器端给客户端返回用于重定向的信息 | 301：被请求的资源已永久移动到新位置，并且将来对此资源的引用都使用响应返回的 URI<br>302：请求的资源现在临时从不同的 URI 响应请求<br>304：被请求的资源未发生变化，浏览器可以利用本地缓存展示页面 |
| 客户端错误 4xx | 客户端的请求有非法内容 | 400：客户端请求错误<br>401：未经授权的访问<br>403：客户端请求被服务器所禁止<br>404：客户端所请求的 URL 在服务器不存在 |
| 服务器错误 5xx | 服务器端未能正常处理客户端的请求而出现意外错误 | 500：服务器在处理客户端请求时出现异常<br>501：服务器未实现客户端请求的方法或内容<br>502：中间代理返回给客户端的出错信息，表明服务器返回给代理时出错<br>503：服务器由于负载过高或其他错误而无法正常响应客户端请求<br>504：中间代理返回给客户端的出错信息，表明代理连接服务器出现超时 |

有关 HTTP 响应代码（包括扩展的和非标准的）更详细的信息，可参考：

- Response Status Codes（https://tools.ietf.org/html/rfc7231#section-6）。
- https://en.wikipedia.org/wiki/List_of_HTTP_status_codes。

## 14.2 Apache 初探

### 14.2.1 Apache 简介

**1．最受欢迎的 Web 服务器**

Linux 环境下常用的 Web 服务器软件主要有：

- Apache（http://httpd.apache.org/）。
- Nginx（http://nginx.org/）。
- Lighttpd（http://www.lighttpd.net/）。
- Cherokee（http://www.cherokee-project.com/）。

根据 Netcraft（http:// www.netcraft.com/survey/）提供的最新调查资料，Apache Web 服务器是使用比例最高的 Web 服务器。本书将重点介绍 Apache 的配置和使用。

**2．Apache 的历史**

Apache WWW Server 最初的源码和思想基于最流行的 HTTP 服务器——NCSA httpd 1.3，经过较为完整的代码重写，现已在功能、效率及速度方面居于领先的地位，Apache 项目成立的最初目的是解答公用 HTTP Server 发展中人们所关心的一些问题，例如，如何在现有的 HTTP 标准下提供更为安全、有效、易于扩展的服务器。

Apache 的开发人员全部为志愿者，不含任何商业行为。其名称 Apache 意为 A Patchy Server，即是基于现存的代码和一系列的 Patch 文件。1995 年 12 月 Apache 1.0 版发行，在随后的 20 多年中，Apache 不断改进，现已成为使用最广泛的 WWW 服务器。Apache 的简单发展历史如表 14-6 所示。

**表 14-6 Apache 的发展历史和不同版本**

| 时　间 | 事　件 | 不同版本 |
| --- | --- | --- |
| 1998-06 | Apache 1.3 版发行 | 1.3.42（2010-02-03）（已弃用） |
| 2002-04 | Apache 2.0 版发行 | 2.0.65（2013-07-10）（已弃用） |
| 2005-12 | Apache 2.2 版发行 | 2.2.31（2015-07-17） |
| 2012-02 | Apache 2.4 版发行 | 2.4.18（2015-12-14） |

**3．ASF 简介**

早期的 Apache 服务器由 Apache Group 来维护，直到 1999 年 6 月 Apache Group 在美国德拉瓦市成立了非营利性组织的公司，即 Apache 软件基金会（Apache Software Foundation，ASF）。ASF 的网址是http://www.apache.org。ASF 现在维护着 270 多个开源项目，用户可以在http://projects.apache.org/查看完整项目列表。表 14-7中列出了一些知名项目。

**表 14-7 ASF 维护的知名开源项目**

| 项　目 | 网　址 | 功　能 |
| --- | --- | --- |
| Apache HTTP Server | https://httpd.apache.org/ | 最流行的 HTTP 服务器软件之一 |
| Apache Traffic Server | https://trafficserver.apache.org/ | 高性能的、模块化的 HTTP 代理和缓存服务器 |
| Apache Tomcat | https://tomcat.apache.org/ | Java Servlet、JSP 和 Java WebSocket 的开源实现 |
| Apache Hadoop | https://hadoop.apache.org/ | 一个分布式系统基础架构 |
| Apache CouchDB | https://couchdb.apache.org/ | 非关系数据库（存储 JSON 文档） |

（续）

| 项　目 | 网　址 | 功　能 |
|---|---|---|
| Apache CloudStack | http://cloudstack.apache.org | 基础设施即服务（IaaS）云计算平台 |
| Apache Maven | http://maven.apache.org | 一个项目开发管理综合工具 |
| Apache Subversion | http://subversion.apache.org | 集中式的版本控制系统 |

**4．Apache 的特性**

选择 Web 服务器时，其功能和运行性能是最重要的因素。Apache 的众多特性保证了其可以高效而且稳定地运行。其特性主要表现在如下几个方面。

- 开放源代码、跨平台应用。
- 模块化设计 、运行稳定、良好的安全性。
- 为不同平台设计了提高性能的不同多处理模块（MPM）。
- 实现了动态共享对象（DSO），允许在运行时动态装载功能模块。
- 支持最新的 HTTP 1.1 协议。
- 支持虚拟主机、支持 HTTP 认证、集成了代理服务、支持安全 Socket 层（SSL）。
- 使用简单而强有力的基于文本的配置文件，具有可定制的服务器日志。
- 支持通用网关接口 CGI、FastCGI、服务器端包含命令（SSI）。
- 支持 PHP、Perl、Python、Ruby、Java Servlets 等脚本编程语言。
- 支持第三方软件开发商提供的大量功能模块。

可参考 http://httpd.apache.org/docs/2.4/new_features_2_4.html 查看 Apache 2.4 版的新特性。

**5．Apache 的结构**

如图 14-3 所示，Apache 由内核、标准模块和第三方提供的模块 3 个层次组成。

通常 Apache 在默认安装时，只安装图中的 1、2 两部分。根据用户需要，用户可以通过修改配置去掉一些默认安装的标准模块；也可以通过修改配置安装一些默认不安装的模块。同时，如果用户需要，也可以安装一些第三方提供的模块。用户可以连接 http://modules.apache.org 查看有关第三方模块的信息。

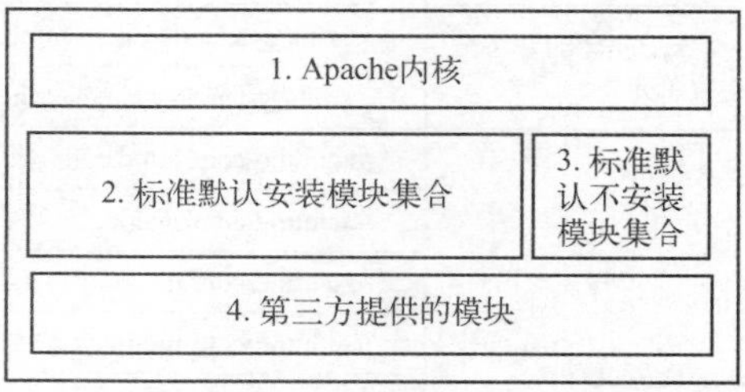

1. Apache内核

2. 标准默认安装模块集合

3. 标准默认不安装模块集合

4. 第三方提供的模块

图 14-3　Apache 的结构

**6．Apache 的运行模式**

Apache 2.4 使用新的多处理模块（Multi-Processing Module，MPM），使用此类模块会在服务器处理多个请求时，控制 Apache 的运行方式。表 14-8 中列出了 Linux 环境下 Apache 可以使用的 3 种 MPM 运行模式。

表 14-8　Linux 环境下 Apache 可以使用的 3 种 MPM 模式

| | Profork MPM | Worker MPM | Event MPM |
|---|---|---|---|
| 类型 | 多进程模型 | 多进程多线程混合模型 | 多进程多线程混合模型 |
| 工作方式 | 由 Apache 的主控进程同时创建多个子进程，每个子进程只用一个线程处理一个连接请求 | 由 Apache 的主控进程同时创建多个子进程，每个子进程再创建固定数量的线程和一个监听线程，由监听线程监听接入请求并将其传递给服务线程处理和应答 | 是 Worker 模式的变种，它把服务进程从连接中分离出来，使用专门的线程来管理这些 keepalive 类型的线程，当有真实请求时，会停止一些 keepalive 类型的线程从而释放一些线程资源以接受更多连接请求 |

（续）

| | Profork MPM | Worker MPM | Event MPM |
|---|---|---|---|
| 优点 | 成熟稳定，兼容所有新老模块，是线程安全的（每个子进程只用一个线程） | 每个子进程中的线程通常会共享内存空间，从而减少了内存的占用；<br>高并发下比 Profork MPM 表现更优秀 | 解决了 keepalive 场景下，长期被占用的线程的资源浪费问题，比 Worker MPM 可以处理更多的并发进程 |
| 缺点 | 连接数比较大时非常消耗内存，不擅长处理高并发请求；<br>使用 keepalive 连接时，某个子进程会一直被占据，也许中间几乎没有请求，需要一直等待到超时才会被释放，过多的子进程占据会导致在高并发场景下的无服务进程可用 | 子进程内的多个线程共享内存会带来线程安全隐患；<br>使用 keepalive 连接时，某个线程会一直被占据，也许中间几乎没有请求，需要一直等待到超时才会被释放，过多的线程占据，会导致在高并发场景下无服务线程可用 | 子进程内的多个线程共享内存会带来线程安全隐患；<br>在遇到某些不兼容的模块时会失效，将会回退到 Worker 模式 |

## 14.2.2 CentOS 下的 Apache

### 1. 安装 Apache

CentOS 7 提供了 Apache 2.4.6。使用如下命令安装 Apache 2.4 及其 HTML 手册。

```
# yum install httpd httpd-tools httpd-manual
```

### 2. Apache 的相关文件

表 14-9 中列出了与 Apache 相关的文件。

**表 14-9　与 Apache 相关的文件**

| 分　类 | 文　件 | 说　明 |
|---|---|---|
| 守护进程 | /usr/sbin/httpd | Apache 的守护进程 |
| | /usr/sbin/htcacheclean | 清理由 mod_disk_cache 模块使用的磁盘缓存 |
| systemd 的服务配置单元 | /usr/lib/systemd/system/httpd.service | httpd 服务单元配置文件 |
| | /usr/lib/systemd/system/htcacheclean.service | htcacheclean 服务单元配置文件 |
| 配置文件 | /etc/httpd/conf/httpd.conf | Apache 的主配置文件 |
| | /etc/httpd/conf/magic | 模块 mod_mime_magic 使用的 Magic 数据，无须配置 |
| | /etc/httpd/conf.d/*.conf | 被主配置文件包含的配置文件 |
| | /etc/httpd/conf.modules.d/*.conf | Apache 模块的配置文件 |
| | /etc/httpd/conf.modules.d/00-mpm.conf | 配置 Apache 的运行模式 |
| | /etc/logrotate.d/httpd | Apache 的日志滚动配置文件 |
| | /etc/sysconfig/httpd | httpd 守护进程的启动配置文件 |
| | /etc/sysconfig/htcacheclean | htcacheclean 守护进程的启动配置文件 |
| 模块文件 | /usr/lib64/httpd/modules/*.so | Apache 的模块文件 |
| 管理工具 | /usr/sbin/apachectl | Apache 的控制程序，类似于 BIND 的 rndc |
| | /usr/sbin/suexec | 在执行 CGI 脚本之前切换为指定的用户 |
| | /usr/sbin/fcgistarter | 用于启动 FastCGI 程序 |
| | /usr/sbin/rotatelogs | 滚动 Apache 日志而无须终止服务器 |
| | /usr/bin/ab | HTTP 服务的性能测试工具 |
| | /usr/sbin/httxt2dbm | 将基于文本的认证数据库转换为 DBM 数据库 |
| | /usr/bin/htdbm | 管理基本认证的 DBM 数据库形式的口令文件 |

（续）

| 分　类 | 文　件 | 说　明 |
|---|---|---|
| 管理工具 | /usr/bin/htpasswd | 建立和更新基本认证口令文件 |
| | /usr/bin/htdigest | 建立和更新摘要认证口令文件 |
| | /usr/bin/logresolve | 将 Apache 日志文件中的 IP 地址解析为主机名 |
| 默认的 Web 文档 | /var/www/html/ | 默认的根文档目录 |
| | /var/www/cgi-bin/ | CGI 程序目录 |
| | /usr/share/httpd/error/ | 存放 Apache 的错误响应页面的目录 |
| | /usr/share/httpd/icons/ | 存放内容协商所使用的图片的目录 |
| | /usr/share/httpd/noindex/ | 当 index 页面不存在时显示此目录中的页面 |
| 默认的日志文件 | /var/log/httpd/access_log | 访问日志文件 |
| | /var/log/httpd/error_log | 错误日志文件 |
| 文档 | /usr/share/doc/httpd-2.4.6/*.conf/ | Apache 的配置文件模板 |
| | /usr/share/httpd/manual/ | Apache 的 HTML 版本的手册 |

**3．控制和管理 Apache**

1）使用 systemctl 命令管理 Apache 的 httpd 服务。

```
# systemctl {start|stop|status|restart|reload} httpd
# systemctl {enable|disable} httpd
```

2）使用 apachectl 命令控制 Apache。

表 14-10 中列出了 apachectl 命令控制和管理 Apache 的说明。

**表 14-10　使用 apachectl 命令控制和管理 Apache 的说明**

| 命　令 | 说　明 | 命　令 | 说　明 |
|---|---|---|---|
| apachectl start | 启动 Aapche 服务 | apachectl -V 或 httpd -V | 显示 Apache 的编译参数 |
| apachectl stop | 停止 Aapche 服务 | apachectl -l 或 httpd -l | 查看 Apache 已经编译的模块 |
| apachectl graceful | 重新启动 Apache 服务 | apachectl -M 或 httpd -M | 列出所有模块，包括动态加载的 |
| apachectl status | 使用 systemd 显示 httpd 状态 | apachectl -t 或 httpd -t | 检查 Apache 配置文件的正确性 |
| apachectl fullstatus | 显示 mod_status 模块的输出 | apachectl -S 或 httpd -S | 检查虚拟主机配置的正确性 |

### 14.2.3　Apache 的配置文件

**1．主配置文件和 Include 指令**

Apache 的主配置文件是 httpd.conf，为了按逻辑分割配置，可以用 Include 或 IncludeOptional 指令和通配符附加许多其他配置文件。

在 CentOS 7 的 Apache 主配置文件里包含了如下的配置：

```
Include conf.modules.d/*.conf
IncludeOptional conf.d/*.conf
```

也就是说，/etc/httpd/conf.modules.d/和/etc/httpd/conf.d/目录下的所有以.conf 为后缀的文件，都被包含进了主配置文件，通常用于添加对主服务或可由各个虚拟主机继承的额外配置。

Include 和 IncludeOptional 的区别在于：Include 包含的文件必须存在，否则会报错；而 IncludeOptional 包含的文件可以不存在。

管理员可以在/etc/httpd/conf.d/目录下添加自己的配置文件。

**2．基于目录的配置文件**

Apache 除了使用主配置文件，还可以使用分布在整个网站目录树中的特殊文件来进行分散配置。这样的特殊配置文件称为基于目录的配置文件，这些特殊的文件名默认为 .htaccess ，但是也可以用 AccessFileName 指令来改变其名字。

**3．配置文件的基本语法**

- 每一行包含一个指令，可以在行尾使用反斜杠“\”表示续行。
- 配置文件中的指令不区分大小写，但是指令的参数（Argument）通常区分大小写。
- 以“#”开头的行被视为注解并在读取时被忽略。注解不能出现在指令的后边。
- 空白行和指令前的空白字符将在读取时被忽略，因此可以采用缩进以保持配置层次的清晰。

无论是主配置文件还是用 Include 语句包含的配置文件以及.htaccess 配置文件，都应该遵从 Apache 的配置语法。

**4．获得 Apache 配置的帮助**

1）显示 Apache 的指令列表（包含提供指令的模块和指令作用域）。

```
# httpd -L 或 apachectl –L
```

2）显示 HTML 格式的手册（需安装 httpd-manual 软件包）

```
# elinks http://localhost/manual/
```

3）查看官方在线文档。

```
# elinks http://http://httpd.apache.org/docs/2.4/
```

### 14.2.4 Apache 的模块

**1．Apache 的两种编译方式**

Apache 是模块化的服务器，有两种编译方式。

1）静态编译：将核心模块和所需要的模块一次性编译。

- 优点：运行速度快。
- 缺点：要增加或删除模块必须重新编译整个 Apache。

2）动态编译：只编译核心模块和 DSO （动态共享对象）模块 mod_so。

- 优点：各模块可以独立编译，并可随时用 LoadModule 指令加载，用于特定模块的指令可以用 <IfModule> 指令包含起来，使之有条件地生效。
- 缺点：运行速度稍慢。

**2．CentOS 中 Apache 的模块**

由如下命令的输出可知，CentOS 7 中的 Apache 只有 3 个模块是静态编译的，其他可用模块都是动态编译的。

```
# httpd -l
Compiled in modules:
  core.c
  http_core.c
  mod_so.c
```

被编译的模块中包含 mod_so.c，表示当前的 Apache 支持 Dynamic Shared Objects（DSO），即用户可以在不重新编译 Apache 的情况下使用 APache eXtenSion（apxs）编译 Apache 的其他模块（也包括第三方模块）。

所有动态编译的模块，在使用时需要使用 LoadModule 指令加载。在 CentOS 7 中所有动态编译模块的加载都存放在/etc/httpd/conf.modules.d/目录下的配置文件中。

例如，配置文件/etc/httpd/conf.modules.d/00-base.conf 中加载重写模块的配置行如下：

```
LoadModule rewrite_module modules/mod_rewrite.so
```

# 14.3　Apache 配置基础

## 14.3.1　Apache 的基本配置指令

### 1．Apache 的服务器标识指令

表 14-11 中列出了服务器标识指令。

表 14-11　Apache 的服务器标识指令

| 指　令 | 说　明 |
|---|---|
| ServerName | 服务器用于辨识自己的主机名和端口号 |
| ServerAdmin | 服务器返回给客户端的错误信息中包含的管理员邮件地址 |
| ServerSignature | 配置服务器生成页面（内部错误页面、目录列表、mod_status 和 mod_info 的输出）的页脚的信息（服务器版本，虚拟主机名等） |
| ServerTokens | 控制了服务器回应给客户端的 Server：应答头是否包含关于服务器操作系统类型和 Apache 编译的模块描述信息 |
| UseCanonicalName | 决定 Apache 如何构造 URL 中 SERVER_NAME 和 SERVER_PORT 的指令 |

### 2．Apache 的文件定位指令

表 14-12 中列出了文件定位指令。

表 14-12　Apache 的文件定位指令

| 指　令 | 说　明 | 指　令 | 说　明 |
|---|---|---|---|
| ServerRoot | 指定服务器安装的基础目录 | DocumentRoot | 组成网络上可见的主文档树的根目录 |
| CustomLog | 访问日志文件的位置 | LockFile | Apache 使用的锁文件的位置 |
| ErrorLog | 存放错误日志的位置 | PidFile | 设置服务器用于记录父进程（监控进程）PID 的文件 |

### 3．Apache 中与 MPM 模式相关的指令

表 14-13 中列出了与 MPM 模式相关的指令。

表 14-13　Apache 中与 MPM 模式相关的指令

| 指　令 | Profork 模式说明 | Worker/Event 模式说明 |
|---|---|---|
| StartServers | 初始时服务器启动的子进程数 | 初始时服务器启动的子进程数 |
| MinSpareServers | 保有的备用子进程的最小数 | — |
| MaxSpareServers | 保有的备用子进程的最大数 | — |
| MinSpareThreads | — | 保有的备用线程的最小数 |
| MaxSpareThreads | — | 保有的备用线程的最大数 |

（续）

| 指　令 | Profork 模式说明 | Worker/Event 模式说明 |
| --- | --- | --- |
| ThreadsPerChild | — | 每个子进程创建的线程数 |
| MaxRequestWorkers | 允许启动的最大子进程数 | 接受请求的最大线程数 |
| MaxRequestsPerChild | 每个子进程在其生存期内可处理的最大请求数 | 每个子进程在其生存期内可处理的最大请求数 |

#### 4. Apache 常用的全局配置指令

表 14-14 中列出了一些 Apache 常用的全局配置指令。

**表 14-14　Apache 常用的全局配置指令**

| 指　令 | 说　明 | 指　令 | 说　明 |
| --- | --- | --- | --- |
| Listen | 监听的 IP 地址、端口号，默认为 80 | KeepAlive | 是否保持连接，默认为 On |
| User | 运行服务的用户名，默认为 apache | KeepAliveTimeout | 保持连接时的超时时间，默认为 5ms |
| Group | 运行服务的组名，默认为 apache | MaxKeepAliveRequests | 保持连接时每次连接最多请求数，默认为 100 |
| LogLevel | 错误日志的记录级别，默认为 warn | DirectoryIndex | 指定默认的索引页文件，默认为 index.html |

### 14.3.2　Apache 的配置容器和指令作用域

#### 1. Apache 的配置容器

表 14-15 中列出了 Apche 的常用配置容器（也称配置段）。

**表 14-15　Apache 的常用配置容器**

| 配置容器 | 说　明 |
| --- | --- |
| <Directory></Directory> | 用于对指定的目录（可使用 Shell 通配符）实施额外的配置 |
| <DirectoryMatch></DirectoryMatch> | 功能与上同，只是在描述目录时可以使用正则表达式 |
| <Files></Files> | 用于对指定的文件（可使用 Shell 通配符）实施额外的配置 |
| <FilesMatch></FilesMatch> | 功能与上同，只是在描述文件时可以使用正则表达式 |
| <Location></Location> | 用于对指定的 URL （可使用 Shell 通配符）实施额外的配置 |
| <LocationMatch></LocationMatch> | 功能与上同，只是在描述 URL 时可以使用正则表达式 |
| <Limit></Limit> | 用于对指定的 HTTP 方法实施额外的配置 |
| <LimitExcept></LimitExcept> | 用于对指定的 HTTP 方法之外的方法实施额外的配置 |
| <VirtualHost></VirtualHost> | 用于对虚拟主机实施额外的配置（一台计算机支持多个站点的能力） |

#### 2. Apache 的指令作用域

在 Apache 的配置文件中，有些指令的作用范围是全局的，有些指令则只能在容器（配置段）中出现。要查询一个指令可以被应用于哪些配置段中，可以在 Apache 手册中查看该指令的作用域（Context）项。

关于指令作用域的取值及含义如下。

- **server config**：指令可以用于服务器配置文件（httpd.conf），但不能用于任何<VirtualHost>或<Directory>段以及.htaccess 文件中。
- **virtual host**：指令可以用于服务器配置文件的<VirtualHost>段中。
- **directory**：指令可以用于服务器配置文件<Directory>、<Location>、<Files>、

<Proxy>段中，并服从配置段的限制。

- **htaccess**：指令可以用于针对单个目录及其子目录的.htaccess 文件中，但可能会因 overrides 的设置而不起作用。

**3．查看 CentOS 7 中 Apache 的配置**

**操作步骤 14.2**　查看 CentOS 中 Apache 的默认配置并启动 Apache

```
// 1. 查看 CentOS 7 中 Apache 的主配置文件
# egrep -v '#|^$' /etc/httpd/conf/httpd.conf
ServerRoot "/etc/httpd"                    // Apache 根目录为 /etc/httpd
Listen 80                                  // Apache 监听本机所有网络接口的 80 端口
Include conf.modules.d/*.conf              // 包含动态模块加载配置文件
User apache                                // 以 apache 用户执行服务进程/线程
Group apache                               // 以 apache 组执行服务进程/线程
ServerAdmin root@localhost                 // Apache 管理员 E-mail 为 root@localhost
<Directory />                              // 设置对 ServerRoot 目录的访问控制
    AllowOverride none                     // 禁止使用基于目录的配置文件
    Require all denied                     // 拒绝一切客户访问 ServerRoot 目录
</Directory>
DocumentRoot "/var/www/html"               // 主服务器的文档根目录为 /var/www/html
<Directory "/var/www">                     // 设置对 /var/www 目录的访问控制
    AllowOverride None                     // 禁止使用基于目录的配置文件
    Require all granted                    // 拒绝一切客户访问 /var/www 目录
</Directory>
<Directory "/var/www/html">                // 设置对 /var/www/html 目录的访问控制
    Options Indexes FollowSymLinks         // 允许为此目录生成文件列表，允许符号链接跟随
    AllowOverride None                     // 禁止使用基于目录的配置文件
    Require all granted                    // 允许一切客户访问 /var/www/html 目录
</Directory>
<IfModule dir_module>
    DirectoryIndex index.html              // 指定目录的主页文件为 index.html
</IfModule>
<Files ".ht*">
    Require all denied                     // 拒绝一切客户访问 ".ht*" 文件
</Files>
ErrorLog "logs/error_log"                  // 指定错误日志文件的位置
LogLevel warn                              // 指定记录高于 warn 级别的错误日志
<IfModule log_config_module>               // 定义访问日志格式并为其命名
    LogFormat "%h %l %u %t \"%r\" %>s %b \"%{Referer}i\" \"%{User-Agent}i\""
combined
    LogFormat "%h %l %u %t \"%r\" %>s %b" common
    <IfModule logio_module>
     LogFormat "%h %l %u %t \"%r\" %>s %b \"%{Referer}i\" \"%{User-Agent}i\" %I %O"
combinedio
    </IfModule>
    CustomLog "logs/access_log" combined     // 指定访问日志文件的位置和格式
</IfModule>
AddDefaultCharset UTF-8                        // 指定默认的字符集
…
EnableSendfile on                              // 启用 Sendfile 机制以提高 Aapche 性能
IncludeOptional conf.d/*.conf                  // 包含 conf.d/*.conf 目录下的配置文件
```

```
// 2. 启动 Apache 并设置开机启动
# systemctl atart httpd
# systemctl enable httpd
# apachectl
httpd (pid 3351) already running
// 3. 为 Apache 开启防火墙
# firewall-cmd --add-service=http --permanent
# firewall-cmd --reload
// 4. 测试
# elinks http://localhost
# elinks http://localhost/manual
```

### 4. 修改 CentOS 7 中 Apache 的默认配置以提高安全性

**操作步骤 14.3** 修改 CentOS 中 Apache 的默认配置以提高安全性

```
// 1. 生成默认主站的 index.html 文件
# echo '<H1>It Works!</H1>' > /var/www/html/index.html
// 2. 避免显示测试页面而暴露系统信息
// 将 /etc/httpd/conf.d/welcome.conf 改名为非.conf 扩展名的文件
# mv /etc/httpd/conf.d/welcome.conf /etc/httpd/conf.d/welcome
// 3. 设置服务器名和管理员 E-mail（请根据实际情况修改）
# cd /etc/httpd/conf/
# sed -i '/^ServerAdmin/ s/root@localhost/webmaster@olabs.lan/' httpd.conf
# sed -i '/^#ServerName/ s/^S/\nServerName www.olabs.lan\:80/' httpd.conf
// 4. 为了避免服务器信息外泄带来安全隐患，创建被主配置文件包含的 security.conf 文件
# cat <<_END_> /etc/httpd/conf.d/security.conf
ServerTokens Prod
ServerSignature Off
TraceEnable Off
_END_
// 5. 创建被主配置文件包含的 mpm.conf 文件，设置 MPM 参数
// 提示：CentOS 7 中的 Apache 默认加载 prefork 模块（注意，3 种模式互斥，只能启用 1 种模式）
// 若希望使用 worker 或 event 模式请修改 /etc/httpd/conf.modules.d/00-mpm.conf
# grep ^LoadModule /etc/httpd/conf.modules.d/00-mpm.conf
LoadModule mpm_prefork_module modules/mod_mpm_prefork.so
// 若希望修改 MPM 的默认参数，可以参考文档 /usr/share/doc/httpd-2.4.6/httpd-mpm.conf
// 管理员可以根据系统硬件性能适当修改响应参数的值
# cat <<_END_> /etc/httpd/conf.d/mpm.conf
<IfModule mpm_prefork_module>
    StartServers            5
    MinSpareServers         5
    MaxSpareServers        10
    MaxRequestWorkers     250
    MaxConnectionsPerChild  0
</IfModule>
_END_
// 6. 检查配置文件语法并重新启动 Apache
# apachectl -t
Syntax OK
# apachectl graceful
```

# 14.4　Apache 的基本配置

## 14.4.1　主机访问控制和别名机制

### 1．访问控制

在 Apache 中可以根据访问者的 IP 地址或域名来决定是否为之提供资源。在 Apache 2.4 版本中，访问控制的功能由 mod_authz_core 和 mod_authz_host 模块提供，并使用 Require 指令实现访问控制。Require 指令的语法如下：

```
Require all granted                         // 表示允许所有主机访问
Require all denied                          // 表示拒绝所有主机访问
Require local                               // 表示仅允许本地主机访问
Require [not] host <主机名或域名列表>        // 表示允许或[禁止]指定的主机或域访问
Require [not] ip <IP 地址或网段列表>         // 表示允许或[禁止]指定 IP 地址的访问
```

表 14-16 中列出了一些使用 Require 指令实现访问控制的例子。

**表 14-16　使用 Require 指令实现访问控制**

| 语　法 | 举　例 | 说　明 |
| --- | --- | --- |
| 使用完整 IP 地址 | Require ip 10.1.2.3 | 允许 IP 为 10.1.2.3 的主机访问 |
| 使用部分 IP 地址 | Require ip 10 172.20 192.168.2 | 允许 IP 地址前缀为 10 172.20 和 192.168.2 的主机访问 |
| 使用网络地址/子网掩码 | Require ip 10.1.0.0/255.255.0.0 | 允许 10.1.0.0/255.255.0.0 网段访问 |
| 使用 CIDR 规范 | Require ip 10.1.0.0/16 192.168.1.0/24 | 允许 10.1.0.0/16 和 192.168.1.0/24 网段访问 |
| 使用 FQDN | Require host server1.example.org | 允许主机名为 server1.example.org 的主机访问 |
| 使用域名 | Require host example.org abc.net | 允许 example.org 域和 abc.net 域内的主机访问 |
| 使用部分域名 | Require host .net .example.edu | 允许.net 域和.example.edu 域内的主机访问 |
| 使用 not 禁止访问 | <RequireAll><br>Require all granted<br>Require not ip 10.252.46.165<br></RequireAll> | 允许除了 IP 为 10.252.46.165 之外的所有主机访问。<br>使用 not 禁止访问时，要将其置于<RequireAll></RequireAll>容器中，并在容器中同时指定非逻辑子集的全集 |
| 使用 not 禁止访问 | <RequireAll><br>Require ip 10.252.46.0/24<br>Require **not** ip 10.252.46.165<br></RequireAll> | 允许 10.252.46.0/24 网络中的所有主机访问，但禁止 IP 为 10.252.46.165 的主机访问 |

提示

1. Require 可用在<Location>、<Directory>、<Files> 和<Limit>容器中。
2. Require 既可以用在主配置文件或其包含的配置文件中，也可以用在.htaccess 配置文件中。
3. Require 可以放在“主配置”部分用于控制主服务器；也可以放在<VirtualHost>容器中用于控制虚拟主机。
4. 为了提高服务器性能，尽量不要在 Require 的访问列表中使用域名而应该使用 IP 或 IP 网段。使用域名时 Apache 要做正、反两次域名查询解析。
5. 默认情况下，多个不带 not 的 Require 指令之间是或者的关系，即任意一条 Require 指令满足条件均可以访问，这相当于将这些 Require 指令置于<RequireAny></RequireAny>容器中，且<RequireAny></RequireAny>可省略。

**2. 别名**

使用别名（Alias）机制可以将文档根目录（/var/www/html）以外的内容加入站点。配置别名可以使用 Alias 指令。使用 Alias 指令可以映射 URL 到文件系统。其格式如下。

```
格式 1：Alias /URL-path/ "/path/to/other/directory/"
格式 2：Alias /URL-path-filename "/path/to/other/directory/filename"
```

例 1：配置文件/etc/httpd/conf.d/autoindex.conf 中定义的 Alias。

```
# grep -w ^Alias /etc/httpd/conf.d/autoindex.conf
Alias /icons/  "/usr/share/httpd/icons/"
```

例 1 中的配置会将 http://localhost/icons/的访问映射到文件系统的/usr/share/httpd/icons/目录，例如，对 http://localhost/icons/script.png 的请求会访问文件 /usr/share/httpd/icons/ script.png。

例 2：配置文件/etc/httpd/conf.d/welcome.conf 中定义的 Alias。

```
# grep -w ^Alias /etc/httpd/conf.d/welcome.conf|tail -1
Alias  /images/poweredby.png  /usr/share/httpd/noindex/images/poweredby.png
```

例 2 中的配置会将 http://localhost/images/poweredby.png 的访问映射到文件/usr/share/httpd/noindex/images/poweredby.png。

提示

1. 为目录设置别名后，应该使用<Directory>容器为别名映射的目录设置访问控制。

2. 为文件设置别名后，应该使用<File>容器为别名映射的文件设置访问控制，或者使用<Directory>容器为别名映射的文件所在的目录设置访问控制。

**3. Options 指令**

Options 指令控制了在特定目录中将使用哪些服务器特性。通常出现在<Directory>、<Location>容器中或.htaccess 配置文件中。表 14-17 中列出了 Options 指令的常用选项。

**表 14-17 Options 指令的常用选项**

| 选 项 | 说 明 |
|---|---|
| All | 除 MultiViews 之外的所有特性，是默认设置 |
| None | 将不启用任何额外特性 |
| ExecCGI | 允许使用 mod_cgi 执行 CGI 脚本 |
| FollowSymLinks | 服务器允许在此目录中使用符号链接 |
| SymLinksIfOwnerMatch | 服务器仅在符号链接与其目的目录或文件的拥有者具有相同的 uid 时才使用 |
| Indexes | 若一个映射到目录的 URL 被请求，而此目录中又没有 DirectoryIndex 指定的文件（例如 index.html），则服务器会返回由 mod_autoindex 模块生成的一个格式化后的目录列表 |
| MultiViews | 允许使用 mod_negotiation 提供内容协商的“多重视图” |

显然，FollowSymLinks 和 SymLinksIfOwnerMatch 选项不能出现在<Location>容器中。

在目录容器中直接使用这些 Options 指令的选项，表示直接赋予某种特性。除了 All 和 None 之外，还可以在这些选项之前添加加号（+）表示添加此特性；之前添加减号（-）表示去掉此特性。

注意

为了提高 Apache 服务器的性能，建议不要修改 Apache 默认对符号链接跟随的配置，因为如果取消了对符号链接的跟随，服务器在每收到一个请求时都要判断其是否为符号链接，从而影响服务器的性能。但是启用符号链接跟随将带来安全隐患，因此需要管理员在性能和安全两方面做出权衡。

#### 4. IndexOptions 指令

当在 Options 指令的选项中指定了 Indexes 时，Apache 会调用 mod_autoindex 模块生成的一个格式化后的目录列表。可以使用 IndexOptions 指令配置目录列表的显示特性。表 14-18 中列出了 IndexOptions 指令的常用选项。

表 14-18 IndexOptions 指令的常用选项

| 选 项 | 说 明 | 选 项 | 说 明 |
| --- | --- | --- | --- |
| FancyIndexing | 使用华丽的目录列表 | NameWidth=[*n*\|*] | 指定文件名列的宽度，*表示自适应（*n* 为西文字符个数） |
| FoldersFirst | 将目录列在前面 | DescriptionWidth=[*n*\|*] | 指定描述宽度，*表示自适应（*n* 为西文字符个数） |
| HTMLTable | 用表格展示目录列表 | XHTML | 生成 XHTML 1.0 页面而非 HTML 3.2 |
| VersionSort | 以文件版本号排序 | IgnoreCase | 列表排序时忽略大小写 |

如下是 CentOS 7 的 IndexOptions 默认配置。

```
# grep ^IndexOptions /etc/httpd/conf.d/autoindex.conf
IndexOptions FancyIndexing HTMLTable VersionSort、
```

与 Options 类似，IndexOptions 指令中的选项前也可添加（+）和（-），与 Options 的含义相同。

#### 5. 配置举例

**操作步骤 14.4** 使用别名配置对 YUM 仓库和 Kickstart 的访问

```
// 1. 创建并编辑被主配置文件包含的 /etc/httpd/conf.d/pxeinstall.conf
# vi /etc/httpd/conf.d/pxeinstall.conf
// 添加如下配置
Alias /mirrors /var/ftp/mirrors
<Directory /var/ftp/mirrors>
       Options Indexes FollowSymlinks
       IndexOptions +DescriptionWidth=* +FoldersFirst
       Require local
       Require ip 192.168.0.0/24 192.168.85.0/24 192.168.17.0/24
</Directory>

Alias  /centos        /var/ftp/mirrors/centos/
Alias  /epel          /var/ftp/mirrors/epel/
Alias  /custom        /var/ftp/mirrors/custom/

Alias /ks /kickstart
<Directory /kickstart>
       Options Indexes FollowSymlinks
       IndexOptions +DescriptionWidth=* +FoldersFirst
       Require local
       Require ip 192.168.0.0/24 192.168.85.0/24 192.168.17.0/24
</Directory>
// 2. 测试语法正确性并重新启动 Apache
# apachectl -t
Syntax OK
# apachectl graceful
// 3. 测试
# elinks http://localhost/mirrors
# elinks http://192.168.0.252/ks
```

```
# elinks http://www.olabs.lan/centos
```

注意

上面的功能也可以通过在文档根目录（/var/www/html）下创建符号链接来实现，当然文档根目录必须有 Options FollowSymLinks 配置（默认存在）。但是，使用符号链接的缺点是不容易追踪这些在文档根目录之外的目录。便于管理员维护的做法是在配置文件中明确使用 Alias 指令，添加不包含在文档根目录之内的资源，并根据需要设置访问控制。

### 14.4.2 认证授权

**1．认证**

认证和授权是 Apache 允许指定用户使用用户名和口令访问特定资源的一种方式。认证（Authentication）是指任何识别用户身份的过程。

（1）两种认证类型

在 RFC 2617 中定义了两种认证方式，分别为基本（Basic）认证和摘要（Digest）认证。表 14-19 中列出了两种认证的比较。

表 14-19　基本认证和摘要认证

| 比较项目 | 基本认证 | 摘要认证 |
|---|---|---|
| Apache 认证类型模块 | mod_auth_basic | mod_auth_digest |
| Apache 口令证书管理程序 | htpasswd | htdigest |
| 浏览器支持情况 | 所有浏览器均支持 | 大多数浏览器支持 |
| 特点 | 可用于任何认证领域 | 只用于指定的认证领域 |
| | 在网络中传输 Base64 编码的明文口令，不安全 | 在网络中只传输质询码和摘要信息，不传输口令，更安全 |

在 Apache 2.4 中提供了以下多种不同的口令证书存储机制的认证模块。

- 纯文本文件：mod_authn_file。
- DBM 数据库文件：mod_authn_dbm。
- 关系数据库：mod_authn_dbd。
- LDAP：mod_authnz_ldap。

默认使用纯文本文件存储认证口令证书。当需要认证的用户数较多时，为了加快用户检索可以使用 DBM 数据库，为了与其他应用集成可以使用关系数据库或 LDAP 存储。本节仅介绍使用纯文本文件存储认证口令证书的情况。

（2）认证的配置指令

所有的认证配置指令既可以出现在主配置文件的<Directory>或<Location>容器中，也可以出现在./htaccess 文件中。表 14-20 中列出了可用的认证配置指令。

表 14-20　Apache 可用的认证配置指令

| 指令 | 指令语法 | 认证类型 | 说明 |
|---|---|---|---|
| AuthName | AuthName <认证领域名称> | Basic 或 Digest | 定义受保护领域的名称 |
| AuthType | AuthType Basic 或 Digest | Basic 或 Digest | 定义使用的认证方式 |
| AuthGroupFile | AuthGroupFile <文件名> | Basic 或 Digest | 指定认证组文件的位置 |
| AuthUserFile | AuthUserFile <文件名> | Basic 或 Digest | 指定认证口令文件的位置 |
| AuthDigestDomain | AuthDigestDomain URI [URI] … | Digest | 指定摘需要认证的 URI |

**2．授权**

授权（Authorization）是允许特定用户访问特定区域或信息的过程。在 Apache 2.4 中提供了以下不同证书存储机制的授权模块。

- 纯文本文件：mod_authz_user 和 mod_authz_groupfile。
- DBM 文件：mod_authz_dbm。
- LDAP：mod_authnz_ldap。

当使用认证指令配置了认证之后，还需要为指定的用户或组进行授权。

可以使用 Require 指令为用户或组进行授权，用于授权的 Require 指令可以使用如表 14-21 所示的 3 种使用格式。

**表 14-21　使用 Require 指令为用户或组进行授权的格式**

| 指令语法格式 | 说　明 |
|---|---|
| Require user 用户名 [用户名] … | 授权给指定的一个或多个用户 |
| Require group 组名 [组名] … | 授权给指定的一个或多个组 |
| Require valid-user | 授权给认证口令文件中的所有用户 |

**3．管理认证口令文件和认证组文件**

认证证书实际上是存储了用户名及其口令的纯文本文件、数据库文件或 LDAP 目录等。本节仅讨论纯文本文件的认证证书。

基于纯文本文件的基本认证的认证证书管理需要使用 htpasswd 命令，摘要认证的认证证书管理需要使用 htdigest 命令。表 14-22 中列出了这两个命令的使用方法。

**表 14-22　htpasswd 和 htdigest 命令的使用方法**

| 功　能 | htpasswd | htdigest |
|---|---|---|
| 添加一个认证用户的同时创建认证口令文件 | htpasswd -c <认证文件名> <用户名> | htdigest -c <认证文件名> <认证领域> <用户名> |
| 向现存的口令文件中添加用户或修改已存在用户的口令 | htpasswd <认证文件名> <用户名> | htdigest <认证文件名> <认证领域> <用户名> |
| 从认证口令文件中删除用户及其口令 | htpasswd -D <认证文件名> <用户名> | 无此功能，需要直接编辑认证口令文件 |

htpasswd 命令默认使用 MD5 算法的加密口令。htpasswd 命令还提供了-b 参数用于在命令行上直接指定用户名及其口令，而非交互模式。

除了用户认证口令文件之外，Apache 还支持认证组文件。但 Apache 没有提供创建认证组文件的命令，它只是一个文本文件，可以使用任何的文本编辑器创建并修改此文件。该文件中每一行的格式如下：

```
组名:用户名 用户名 …
```

在认证组文件中指定的用户名，必须先使用 htpasswd 或 htdigest 命令添加到认证口令文件中。

注意

基于安全因素的考虑，认证口令文件和认证组文件不应该存放在 DocumentRoot 指令指定的目录或其子目录下。

由于 CentOS 的 Apache 的子进程/线程以 apache 用户运行，所以必须保证 apache 用户能进入认证口令文件和认证组文件所在的目录，并且能被 apache 子进程在认证过程中读取这两个文件的内容。

#### 4．认证和授权配置举例

下面给出一个在<Location>容器中使用基本认证的例子。

**操作步骤 14.5** 在主配置文件中配置对/server-status 访问的基本认证

```
// 1. 创建被主配置文件包含的配置文件
# vi /etc/httpd/conf.d/server-status.conf
// 添加如下的配置行
#ExtendedStatus On
<Location /server-status>
    // 由 mod_status 模块生成服务器状态信息
    SetHandler server-status

    // 指定使用基本认证方式
    AuthType Basic
    // 指定认证领域名称
    AuthName "Server Status"
    // 指定认证口令文件的存放位置
    AuthUserFile /etc/httpd/passwd/jamond
    // 授权给认证口令文件中的所有用户
    Require valid-user

    // 允许本地主机访问
    Require local
</Location>
// 2. 创建认证口令文件，并添加两个用户，并将认证口令文件的属主改为 Apache
# mkdir /etc/httpd/passwd
# htpasswd -bc /etc/httpd/passwd/jamond osmond osmondspasswd
# htpasswd -b /etc/httpd/passwd/jamond jason jasonspasswd
# chown apache /etc/httpd/passwd/jamond
// 3. 检测配置文件的正确性并重新启动 httpd
# httpd -t
# apachectl graceful
// 4. 在客户端使用浏览器检测配置
// 4.1 通过 localhost 访问无须用户认证
# elinks http://localhost/server-status
# apachectl fullstatus
// 4.2 不匹配 Require local 的访问需要用户认证
# elinks http://www.olabs.lan/server-status
// 输入用户名 osmond 及其口令 osmondspasswd 之后，即可显示服务器的状态信息页面。
// 也可以使用用户名 jason 及其口令 jasonspasswd 进行访问测试。
```

## 14.5 Apache 的虚拟主机

### 14.5.1 虚拟主机简介

#### 1．虚拟主机及其实现

Apache 的虚拟主机主要应用于 HTTP 服务，将一台主机虚拟成多台 Web 服务器。举个例子来说，一家公司想从事提供主机代管服务，为其他企业提供 Web 服务，那么该公司肯定不是为每家企业都各准备一台物理服务器，而是用一台功能较强大的服务器，然后用虚拟主机的形式，提供多个企业的 Web 服务。虽然所有的 Web 服务都是这台服务器提供的，但是让访问者看起来却像是在不同的服务器上获得 Web 服务一样。举例来说，可以利用虚拟主机服务将两个不同公司 www.company1.com 与 www.company2.com 的 Web 内容存放在同一台主机的不同目录下，而访问者只需输入公司各自的域名就可以访问到想得到的主页内容。

用 Apache 设置虚拟主机服务通常可以采用两种方案。

- 基于 IP 地址的虚拟主机：每个网站拥有不同的 IP 地址。
- 基于名字的虚拟主机：主机只有一个 IP 地址，可以使用不同的域名来访问不同的网站。 这是最常用的虚拟主机。

提示

1. 若主机只有一个 IP 地址，也可以使用不同的端口号来访问不同的网站，称为“基于端口的虚拟主机”。通常用于临时测试环境。

2. 在一台主机上配置基于 IP 的虚拟主机时，既可以安装配置多个网络接口，也可以为一个网络接口绑定多个 IP 地址。

3. 可以在一台主机上混合配置不同方式的虚拟主机。

4. 无论哪一种虚拟主机，都应该配置域名解析。只有基于 IP 的虚拟主机可以使用 IP 地址和域名访问；而基于域名的虚拟主机只能使用域名访问。

5. 配置域名解析时可以使用如下方法：

- 在实际环境中需要配置 BIND，修改区文件添加 A 等资源记录配置。
- 若局域网中有 Dnsmasq 服务器，且局域网中的所有主机的 DNS 解析均指向此 Dnsmasq 服务器，则仅需修改 Dnsmasq 服务器中的/etc/hosts，或在其配置中添加 address 语句实现泛域名解析配置，之后重启 dnsmasq 服务即可。
- 若局域网中无 Dnsmasq 服务器，为了方便测试虚拟主机，也可以直接配置测试主机上的静态解析 hosts 表文件。Linux 中的配置文件为/etc/hosts；Windows 下为 C:\WINDOWS\System32\drivers\etc\hosts。为了方便实验，本章采用此方法。

**2．虚拟主机配置指令**

无论配置基于 IP 的虚拟主机还是配置基于域名的虚拟主机，都需要使用<VirtualHost>容器，下面是 Apache 的配置文件中给出的虚拟主机配置样例。

```
<VirtualHost *:80>
    ServerAdmin   webmaster@dummy-host.example.com
    DocumentRoot  /www/docs/dummy-host.example.com
    ServerName    dummy-host.example.com
    ServerAlias   dummy-aliashost.example.com
    ErrorLog      logs/dummy-host.example.com-error_log
    CustomLog     logs/dummy-host.example.com-access_log common
</VirtualHost>
```

其中：

- ServerAdmin：用于指定当前虚拟主机的管理员 E-mail 地址。
- DocumentRoot：用于指定当前虚拟主机的根文档目录。
- ServerName：用于指定当前虚拟主机的名称。
- ServerAlias：用于指定当前虚拟主机的别名。
- ErrorLog：用于指定当前虚拟主机的错误日志存放路径。

- CustomLog：用于指定当前虚拟主机的访问日志存放路径。

提示

1. 在 <VirtualHost> 容器中还可以放入其他指令。大部分的 Apache 指令都可以放入 <VirtualHost> 容器中，以改变相应虚拟主机配置。例如，可以在 <VirtualHost> 容器中使用 <Directory>、<Location> 等容器，设置访问控制等。若想了解某指令是否可以放入 <VirtualHost> 容器，可参见 Apache 手册中指令的作用域。

2. 若在虚拟主机的<VirtualHost>容器之内没有配置日志指令，则每个虚拟主机将继承使用主配置文件中<VirtualHost>容器之外的日志配置。若希望将不同虚拟主机的日志文件分离放置于不同的文件中，需在<VirtualHost>容器之内使用 ErrorLog 和 CustomLog 语句指定本虚拟主机单独使用的日志文件，并配置基于 logrotate 实现的日志滚动。

3. 当同时存在大量虚拟主机时，若将不同虚拟主机的日志文件分离放置于不同的文件中，可能会造成因为打开文件数过多而影响系统性能的问题，此时可以将所有虚拟主机的访问日志存放在单一文件中，然后使用日志分隔工具根据不同的虚拟主机进行离线分隔；也可以使用管道日志方式进行在线分隔。

表 14-23 中列出了 3 种虚拟主机使用的配置指令举例。

表 14-23　3 种 Apache 虚拟主机使用的配置指令举例

| 基于 IP 的虚拟主机 | 基于 PORT 的虚拟主机 | 基于 NAME 的虚拟主机 |
|---|---|---|
| <VirtualHost 192.168.1.250:80><br>ServerAdmin webmaster@du-h.me<br>ServerName www.du-h.me<br>DocumentRoot /srv/www/du-h.me<br>ErrorLog logs/du-h.me-error_log<br>CustomLog logs/du-h.me-access_log<br><Directory /srv/www/du-h.me><br>Options Indexes FollowSymLinks<br>AllowOverride None<br>Require all granted<br></Directory><br></VirtualHost><br><VirtualHost 192.168.2.250:80><br>ServerAdmin webmaster@df-h.me<br>ServerName www.df-h.me<br>DocumentRoot /srv/www/df-h.me<br>ErrorLog logs/df-h.me-error_log<br>CustomLog logs/df-h.me-access_log<br><Directory /srv/www/df-h.me><br>Options Indexes FollowSymLinks<br>AllowOverride None<br>Require all granted<br></Directory><br></VirtualHost> | <VirtualHost 192.168.0.1:8848><br>ServerAdmin webmaster@olabs.lan<br>ServerName www.olabs.lan:8848<br>DocumentRoot /srv/www/olabs.lan-8848<br>ErrorLog logs/olabs.lan-8848-error_log<br>CustomLog logs/olabs.lan-8848-access_log<br><Directory /srv/www/olabs.lan-8848><br>Options Indexes FollowSymLinks<br>AllowOverride None<br>Require all granted<br></Directory><br></VirtualHost><br><VirtualHost 192.168.0.1:8888><br>ServerAdmin webmaster@olabs.lan<br>ServerName www.olabs.lan:8888<br>DocumentRoot /srv/www/olabs.lan-8888<br>ErrorLog logs/olabs.lan-8888-error_log<br>CustomLog logs/olabs.lan-8888-access_log<br><Directory /srv/www/olabs.lan-8888><br>Options Indexes FollowSymLinks<br>AllowOverride None<br>Require all granted<br></Directory><br></VirtualHost><br>Listen 8848<br>Listen 8888 | <VirtualHost *:80><br>ServerAdmin webmaster@ls-l.me<br>ServerName www.ls-l.me<br>DocumentRoot /srv/www/ls-l.me<br>ErrorLog logs/ls-l.me-error_log<br>CustomLog logs/ls-l.me-access_log<br><Directory /srv/www/ls-l.me><br>Options Indexes FollowSymLinks<br>AllowOverride None<br>Require all granted<br></Directory><br></VirtualHost><br><VirtualHost *:80><br>ServerAdmin webmaster@rm-f.me<br>ServerName www.rm-f.me<br>DocumentRoot /srv/www/rm-f.me<br>ErrorLog logs/rm-f.me-error_log<br>CustomLog logs/rm-f.me-access_log<br><Directory /srv/www.rm-f.me><br>Options Indexes FollowSymLinks<br>AllowOverride None<br>Require all granted<br></Directory><br></VirtualHost> |

### 3．主服务器配置与虚拟主机配置的关系

（1）覆盖性

主服务器（Main Server）范围内的配置指令（在所有 <VirtualHost> 容器之外的指令，包括主配置文件使用 Include 包含的配置文件中的指令） 仅在它们没有被虚拟主机的配置覆盖时才起作用。换句话说，<VirtualHost> 容器中的指令会覆盖主服务器范围内同名的配置指令。

（2）继承性

每个虚拟主机都会从主服务器配置继承相关的配置。例如，当在 <VirtualHost> 容器中没有使用 DirectoryIndex 配置指令时，因为在主服务器配置中已经出现如下配置语句：

```
DirectoryIndex index.html
```

所以当访问虚拟主机时，能够显示 index.html 页面。

**4．使用虚拟主机配置文件**

配置虚拟主机时可以在主配置文件中进行。但是为了方便维护虚拟主机的配置，通常为某个虚拟主机或某组虚拟主机使用单独的配置文件。为此，首先修改主配置文件 /etc/htpd/conf/httpd.conf，在文件尾部添加如下配置行：

```
IncludeOptional vhosts.d/*.conf
```

然后使用如下命令创建存放虚拟主机配置文件的目录。

```
# mkdir /etc/httpd/vhosts.d
```

如此配置之后，即可在/etc/httpd/vhost.d 目录下创建虚拟主机配置文件了。

## 14.5.2　配置虚拟主机举例

**1．编写创建 Apache 虚拟主机的 Shell 脚本**

下面给出一个用于创建 Apache 虚拟主机的 Shell 脚本。

**操作步骤 14.6**　编制创建 Apache 虚拟主机的 Shell 脚本

请见下载文档“配置虚拟主机举例”。

**2．基于 IP 的虚拟主机的配置举例**

在一台计算机上配置多个 IP 地址有两种方法。

- 安装多块物理网卡，对每块网卡配置不同的 IP 地址。
- 在一块网卡上绑定多个 IP 地址。为了方便实验，本节采用此方法。

下面举例说明在 192.168.0.111 的 80 端口上创建一个基于 IP 的虚拟主机，以及在 192.168.0.1 的 8848 端口上创建一个基于端口号的虚拟主机的配置过程。

**操作步骤 14.7**　配置 Apache 基于 IP 和端口号的虚拟主机

```
// 1. 配置虚拟网络接口
# ip addr add 192.168.0.111/24 dev eno16777736
// 上面的配置是临时的，重启主机后将失效。要实现永久配置需要执行如下命令
# nmcli c m eno16777736 +ipv4.addr "192.168.0.111/24"
# nmcli d d eno16777736
# nmcli c up eno16777736
// 2. 配置静态域名解析用于在本机测试虚拟主机
# echo "192.168.0.111 www.ipvhost.lan" >> /etc/hosts
# echo "192.168.0.111 ipvhost.lan" >> /etc/hosts
// 3. 显示脚本 mkvhost.apache 的用法
# mkvhost.apache
Usage: mkvhost.apache <HostName> [-a <ServerAliasName>] [-4 <IPv4Address>] [-p <Port>] [-f]
  Example 1. Make a NAME-based Virtual Host :
    # mkvhost.apache www.abc.com
  Example 2. Make a NAME-based Virtual Host with an ServerAliasName :
    # mkvhost.apache wiki.abc.com -a docs.abc.com
```

```
    Example 3. Make a IP-based Virtual Host :
      # mkvhost.apache www.abc.com -4 192.168.0.250
    Example 4. Make a Port-based Virtual Host :
      # mkvhost.apache www.abc.com -4 192.168.0.250 -p 8888
    Example 5. Make a NAME-based Virtual Host (Overwrite exist config) :
      # mkvhost.apache www.abc.com -f
// 4. 执行脚本创建基于 IP 的虚拟主机
# mkvhost.apache www.ipvhost.lan -4 192.168.0.111
// 5. 执行脚本创建基于 PORT 的虚拟主机
# mkvhost.apache www.olabs.lan -4 192.168.0.1 –p 8848
// 6. 检测虚拟主机配置并重新启动 Apache
# apachectl -S
# apachectl graceful
// 7. 修改防火墙开启 8848 端口以便在其他主机上进行网络测试
# firewall-cmd --add-port=8848/tcp --permanent
# firewall-cmd --reload
// 8. 使用 Web 客户进行测试
# curl http://192.168.0.111
This is a website for www.ipvhost.lan:80
# curl http://www.ipvhost.lan
This is a website for www.ipvhost.lan:80
# curl -L http://ipvhost.lan
This is a website for www.ipvhost.lan:80
# curl http://192.168.0.1:8848
This is a website for www.olabs.lan:8848
# curl http://www.olabs.lan:8848
This is a website for www.olabs.lan:8848
```

### 3．基于域名的虚拟主机的配置举例

Apache 主服务器的 IP 地址为 192.168.0.1、域名为www.olabs.lan。下面举例说明在此服务器上创建 www.olabs.net 和 wiki.olabs.net 两个基于域名（这两个域名也解析到 IP 地址 192.168.0.1）的虚拟主机的配置过程。

**操作步骤 14.8** 配置 Apache 基于域名的虚拟主机

```
// 1. 配置静态域名解析用于在本机测试虚拟主机
# echo "192.168.0.1    www.olabs.net"   >> /etc/hosts
# echo "192.168.0.1    olabs.net"        >> /etc/hosts
# echo "192.168.0.1    wiki.olabs.net"  >> /etc/hosts
# echo "192.168.0.1    docs.olabs.net"  >> /etc/hosts
// 若启用了 Dnsmasq 服务，也可以在其配置文件中添加如下的泛域名解析配置行并重启
address=/olabs.net/192.168.0.1
// 2. 执行脚本创建基于域名的虚拟主机
# mkvhost.apache www.olabs.net
# mkvhost.apache wiki.olabs.net -a docs.olabs.net
// 3. 检测虚拟主机配置并重新启动 Apache
# httpd -S
*:80                   is a NameVirtualHost
        default server wiki.olabs.net (/etc/httpd/vhosts.d/wiki.olabs.net.conf:2)
        port 80 namevhost wiki.olabs.net (/etc/httpd/vhosts.d/wiki.olabs.net.conf:2)
                alias docs.olabs.net
        port 80 namevhost www.olabs.net (/etc/httpd/vhosts.d/www.olabs.net.conf:2)
        port 80 namevhost olabs.net (/etc/httpd/vhosts.d/www.olabs.net.conf:18)
```

```
# apachectl graceful
// 4. 测试基于域名的虚拟主机
# curl http://www.olabs.net
This is a website for www.olabs.net:80
# curl -IL http://olabs.net
HTTP/1.1 301 Moved Permanently
Date: Sat, 16 Jan 2016 09:11:33 GMT
Server: Apache
Location: http://www.olabs.net
Content-Type: text/html; charset=iso-8859-1

HTTP/1.1 200 OK
Date: Sat, 16 Jan 2016 09:11:33 GMT
Server: Apache
Last-Modified: Sat, 16 Jan 2016 09:05:28 GMT
ETag: "37-5296fd231d711"
Accept-Ranges: bytes
Content-Length: 55
Content-Type: text/html; charset=UTF-8
# curl http://wiki.olabs.net
This is a website for wiki.olabs.net:80
# curl http://docs.olabs.net
This is a website for wiki.olabs.net:80
// 5. 为原来的主服务器配置虚拟主机
// 当在同一个 IP（如 192.168.0.1）上配置了基于域名的虚拟主机后，原来的主服务器将失效
// 从 https -S 命令的输出可知
# httpd -S
…
*:80                   is a NameVirtualHost
         default server wiki.olabs.net (/etc/httpd/vhosts.d/wiki.olabs.net.conf:2)
…
// 当前默认的服务器是第一个基于域名的虚拟主机 wiki.olabs.net
// 因此针对原来主服务的访问都指向了 http://wiki.olabs.net
# curl http://www.olabs.lan
This is a website for wiki.olabs.net:80
# curl http://192.168.0.1
This is a website for wiki.olabs.net:80
// 解决此问题的方法是为原来的主服务器再配置一个虚拟主机，并配置其为默认虚拟主机以便能用 IP 访问
# echo '
<VirtualHost _default_:80>
    DocumentRoot /var/www/html
    ServerName www.olabs.lan
</VirtualHost>
' > /etc/httpd/vhosts.d/default-main.conf
// 检测虚拟主机配置，重启 Apache 服务并测试
# httpd -S
*:80                   is a NameVirtualHost
         default server www.olabs.lan (/etc/httpd/vhosts.d/default-main.conf:2)
# apachectl graceful
# elinks -dump http://www.olabs.lan
                              It Works!
# elinks -dump http://192.168.0.1
                              It Works!
```

# 14.6 Apache 与 SSL/TLS

## 14.6.1 基于 SSL/TLS 的 Apache

**1．Apache 的 SSL/TLS 支持**

Apache HTTP 服务器模块 mod_ssl 提供了与 OpenSSL 的接口，它使用安全套接字层和传输层安全协议（SSL/TLS）提供了强加密。mod_ssl 模块基于 Ralf S. Engelschall 的 mod_ssl（http://www.modssl.org/）项目。

使用 mod_ssl 模块之后，Apache 可以支持 HTTPS 协议（监听 443 端口），可以基于 SSL/TLS 通过服务器证书实现对 HTTP 协议的加密，并且可以通过用户证书实现身份认证。

**2．安装 Apache 的 mod_ssl 模块**

执行如下命令安装 Apache 的 mod_ssl 模块。

```
# yum -y install mod_ssl
```

mod_ssl 模块安装了被 Apache 主配置文件包含的配置文件/etc/httpd/conf.d/ssl.conf，同时还生成了名为/etc/pki/tls/private/localhost.key 的服务器私钥文件，以及名为/etc/pki/tls/certs/localhost.crt 的自签名证书文件。可以使用如下命令查看生成这两个文件的脚本。

```
# rpm -q --scripts mod_ssl
```

可以使用如下命令查看私钥和自签名证书的结构信息。

```
# openssl rsa -text -in /etc/pki/tls/private/localhost.key
# openssl x509 -text -in /etc/pki/tls/certs/localhost.crt
```

**3．CentOS 7 下 mod_ssl 的默认配置**

基于 SSL/TLS 的 HTTPS 协议在 443 端口监听，而 Apache 的主服务器已经在 80 端口监听。因此，除了配置 Apache 的 SSL 全局参数之外，若要支持 HTTPS 协议，还必须配置基于 443 端口的虚拟主机（可以是基于 IP 的也可以是基于域名的）。

**操作步骤 14.9** 查看 mod_ssl 的默认配置

```
// 1. 查看 CentOS 7 下 mod_ssl 的默认配置
# egrep -v '^#|^$' /etc/httpd/conf.d/ssl.conf
// 指定监听 HTTPS 协议的监听端口号 443
Listen 443 https
// 配置 SSL 全局参数（<VirtualHost>容器之外的配置指令适用于所有基于 SSL 的虚拟主机）
SSLPassPhraseDialog exec:/usr/libexec/httpd-ssl-pass-dialog
SSLSessionCache         shmcb:/run/httpd/sslcache(512000)
SSLSessionCacheTimeout  300
SSLRandomSeed startup file:/dev/urandom  256
SSLRandomSeed connect builtin
SSLCryptoDevice builtin
// 配置默认的基于 443 端口的（_default_:443）虚拟主机
// 用户可以使用 https://<服务器的 IP 地址> 或 https://<服务器的 FQDN> 访问此虚拟主机
<VirtualHost _default_:443>
    ErrorLog logs/ssl_error_log
    TransferLog logs/ssl_access_log
    LogLevel warn
    // 在虚拟主机中启用 SSL 引擎
```

```
        SSLEngine on
        SSLProtocol all -SSLv2
        SSLCipherSuite HIGH:MEDIUM:!aNULL:!MD5:!SEED:!IDEA
        // 指定当前服务器的证书文件和私钥文件的位置（安装 mod_ssl 时已生成）
        // 若用户已有由 CA 签署的证书和私钥文件，请修改这两个文件的位置和文件名
        SSLCertificateFile /etc/pki/tls/certs/localhost.crt
        SSLCertificateKeyFile /etc/pki/tls/private/localhost.key
        <Files ~ "\.(cgi|shtml|phtml|php3?)$">
            SSLOptions +StdEnvVars
        </Files>
        <Directory "/var/www/cgi-bin">
            SSLOptions +StdEnvVars
        </Directory>
        BrowserMatch "MSIE [2-5]" \
                nokeepalive ssl-unclean-shutdown \
                downgrade-1.0 force-response-1.0
        CustomLog logs/ssl_request_log \
                "%t %h %{SSL_PROTOCOL}x %{SSL_CIPHER}x \"%r\" %b"
    </VirtualHost>
    // 2. 重新启动 Apache
    # apachectl graceful
    // 3 为 HTTPS 开启防火墙
    # firewall-cmd --add-service=https --permanent
    # firewall-cmd --reload
    // 4. 测试基于 SSL 的主服务器
    // 因为使用了自签名证书，在使用 curl 测试时请使用 -k|--insecure 参数关闭证书验证，否则将
报错
    # curl -k https://192.168.0.1
    <H1>It Works!</H1>
    # curl --insecure https://www.olabs.lan
    <H1>It Works!</H1>
```

提示

在 Windows 环境下，可以使用 IE、FireFox、Chrome 等浏览器测试；若 Linux 上安装了图形环境，也可以使用 FireFox 浏览器进行测试。无论使用何种浏览器，由于此证书是自签名证书，所以都会显示证书不可信的信息，在测试环境中，可以添加对此证书的额外信任从而浏览站点内容。

## 14.6.2　配置基于 SSL/TLS 的 Apache

### 1. 与 SSL 相关的 Apache 配置指令

表 14-24 中列出了 Apache 中常用的与 SSL 相关的配置指令及其说明。

表 14-24　Apache 中常用的与 SSL 相关的配置指令及其说明

| 指　令 | 说　明 |
| --- | --- |
| SSLEngine | 用于开启或关闭 SSL/TLS 协议引擎，一般用于<VirtualHost>段中针对特定的虚拟主机开启 SSL/TLS 引擎。默认值为 off，要开启 SSL 引擎需将其设置为 on |
| SSLProtocol | 用于控制 mod_ssl 允许使用哪些版本的 SSL/TLS 协议，通过握手协商客户端只能使用被允许的协议。可取值为 SSLv2、SSLv3、TLSv1、TLSv1.1、TLSv1.2 以及 ALL（等价于+SSLv2 +SSLv3 +TLSv1 +TLSv1.1 +TLSv1.2） |

（续）

| 指　令 | 说　明 |
| --- | --- |
| SSLCipherSuite | 用于在 SSL 握手过程中进行加密算法协商时告诉客户端允许使用哪些加密算法。取值是一个冒号分隔的 OpenSSL 加密算法套件字符串。CentOS 的 ssl.conf 中的值为 ALL:!ADH:!EXPORT:!SSLv2:RC4+RSA:+HIGH:+MEDIUM:+LOW |
| SSLHonorCipherOrder | 用于指定是否强制使用服务器端的加密算法套件优先级顺序。在 SSL/TLS 握手阶段，服务器通常优先尊重客户端给出的加密算法套件优先级顺序。但是，如果将此指令设为"on"，那么将优先使用服务器端的优先级顺序 |
| SSLStrictSNIVHostCheck | 指定是否允许不支持 TLS-SNI（Server Name Indication）的客户端访问基于域名的 SSL 虚拟主机。该指令的默认值为 off，即允许不支持 TLS-SNI 的客户端访问基于域名的 SSL 虚拟主机。若在非默认的基于域名的虚拟主机里设置为 on，则不支持 SNI 的客户端不允许访问此特定的虚拟主机。若在默认的基于域名的虚拟主机里设置为 on，则不支持 SNI 的客户端不允许访问任何属于该 IP /端口组合的基于域名的虚拟主机 |
| SSLRequire | 其值是一个布尔表达式。根据这个布尔表达式的值实现基于每个目录的访问控制，只有当布尔表达式的值为真时才允许 SSL 访问。这是一个非常强大的指令，因为其后所跟的表达式可以非常复杂。在布尔表达式中可以使用标准 CGI/1.0 和 Apache 变量、SSL 相关的变量实现逻辑判断 |
| SSLCertificateFile | 用于指定服务器证书文件（PEM 编码格式的 X.509 证书）的位置 |
| SSLCertificateKeyFile | 用于指定服务器私钥文件（PEM 编码格式）的位置 |
| SSLCACertificateFile | 用于客户端认证。此指令指定了一个多合一的 CA 证书（PEM 编码格式），只有持有这些 CA 所签发证书的客户端才允许访问 |
| SSLVerifyClient | 用于客户端认证。此指令指定对客户端证书的验证级别。取值 none 表示根本不要求客户端持有证书（默认值）；取值 require 表示客户端必须持有一个有效的证书 |
| SSLVerifyDepth | 用于客户端认证。此指令指定验证客户端证书有效性时允许的最大证书链深度，所谓的“最大深度”其实是指证书链上中间 CA 的最大个数。0 表示仅接受自签名证书。默认值 1 表示只接受自签名证书和已知 CA 直接签名的证书 |

### 2．配置 Apache 基于域名的 SSL 虚拟主机

一般地，一个证书的 DN（Distinguished Name）中包含一个唯一的 CN（common name），当证书的 CN 与 Apache 所配置的 SSL/TLS 虚拟主机的域名一致时，才能访问此虚拟主机。

如何在相同的 IP 地址 443 端口上创建多个 SSL/TLS 的基于域名的虚拟主机，一直是被广泛探讨和研究的课题。之所以探讨这个课题，究其原因是由于基于 SSL/TLS 的 HTTPS 协议的限制所导致的。HTTPS 协议的过程是：服务器首先与客户端之间进行服务器身份验证并协商安全会话，然后客户端向服务器发送 HTTP 请求。因此，在客户端开始发送 HTTP 请求之前，服务器就已经把证书发给了客户端（客户端根据本地的根证书去验证证书链等）。在这个过程中，客户端所访问的域名所处的地位是“被告知”的地位。若 SSL/TLS 协商之后客户端发出的 Host: 请求头中的域名，恰巧与 SSL/TLS 协商过程中发来的证书的 CN 一致，则基于该域名的 HTTPS 站点可以被访问，否则不能被访问。对于 Apache 来说，在 SSL/TLS 协商过程中发送给客户端的证书是基于 IP:Port 上配置的第一个虚拟主机所指定的证书，即使配置了多个虚拟主机使用了不同的证书，在 SSL/TLS 协商过程中也只发送第一个虚拟主机所指定的证书，从而造成其他虚拟主机不可访问（因为证书的 CN 与请求头中的域名不一致）。

解决这个问题，通常有 3 种方法：

- 方法 1：在一个证书中支持泛域名（*.domain.tld）。
- 方法 2：在一个证书中支持多个域名（这些域名可以不属于同一个子域）。
- 方法 3：客户端在 SSL/TLS 握手之初先向服务器端指出所要访问的主机域名，服务器端根据客户端所指定的域名来决定发送哪个证书。

前两种方法的实现是证书制作范畴，通过 SAN（Subject Alternative Name，主体备用名称）的 X.509 扩展实现（RFC 2459），即使用 SubjectAltName 指定多个域名，既可以分别指

定多个域名，也可以使用通配符的泛域名或两者混用。

第三种方法是通过 TLS 协议的 SNI（Server Name Indication，服务器名称指示）扩展实现的（RFC 6066）。OpenSSL 从版本 0.9.8k 开始已经默认支持 TLS-SNI 扩展，Apache 从版本 2.2.12 开始其 mod_ssl 模块已经支持 TLS-SNI 扩展。这就意味着在 CentOS 7 中，可以在同一 IP 的 443 端口上创建多个 SSL/TLS 的基于域名的虚拟主机，且每个虚拟主机可以分别使用各自的证书。

当今，几乎所有的主流浏览器都支持 X509 的 SAN 扩展和 TLS 的 SNI 扩展。Firefox 从 2.0 版本开始支持；Microsoft 从 IE 7 开始支持，但一些移动设备上的浏览器对上述扩展的支持仍有盲点。

因为 CentOS 7 中的 Apache 支持 TLS-SNI 扩展，所以在同一 IP 的 443 端口上创建多个 SSL/TLS 的基于域名的虚拟主机的配置相对简单，只需在不同的基于域名的<VirtualHost>容器中指定此虚拟主机域名对应的证书和私钥即可。

**3．Apache 的 SSL/TLS 虚拟主机配置举例**

下面配置 www.olabs.net（别名 olabs.net）、wiki.olabs.net（别名 docs.olabs.net）基于 HTTPS 协议访问的虚拟主机。下面的操作步骤使用了第 8 章操作步骤 8.6 所生成的支持 SAN 扩展的 X509 证书（SAN 证书）。

**操作步骤 14.10** 配置 Apache 的 SSL/TLS 虚拟主机

```
// 1. 配置被 Apache 主配置文件包含的虚拟主机配置文件
// 1.1 创建 https://www.olabs.net 所需的配置文件
# vi /etc/httpd/vhosts.d/www.olabs.net_ssl.conf
// 添加如下配置行
<VirtualHost *:443>
     ServerAdmin webmaster@olabs.net
     ServerName www.olabs.net
     ServerAlias olabs.net

     SSLEngine on
     SSLProtocol all -SSLv2
     SSLCipherSuite HIGH:MEDIUM:!aNULL:!MD5:!SEED:!IDEA

     SSLCertificateFile        /etc/pki/tls/certs/olabs.net.crt
     SSLCertificateKeyFile /etc/pki/tls/private/olabs.net.key

     LogLevel warn
     ErrorLog /var/www/vhosts/www.olabs.net/logs/error_ssl_log
     CustomLog /var/www/vhosts/www.olabs.net/logs/access_ssl_log common
     LogFormat "%t %h %{SSL_PROTOCOL}x %{SSL_CIPHER}x \"%r\" %b" ssl_request
     CustomLog /var/www/vhosts/www.olabs.net/logs/ssl_request_log ssl_request

     // 提示：本例使用了与 HTTP 协议（80 端口）虚拟主机一致的根文档目录
     //因为是有别于 80 端口的另一个虚拟主机，所以完全可以指定另外的根文档目录
     DocumentRoot /var/www/vhosts/www.olabs.net/htdocs/
    <Directory /var/www/vhosts/www.olabs.net/htdocs/>
       Options Indexes FollowSymLinks
       AllowOverride None
       Require all granted
    </Directory>
</VirtualHost>
```

```
// 1.2 创建 https://wiki.olabs.net 所需的配置文件
# cp /etc/httpd/vhosts.d/{www,wiki}.olabs.net_ssl.conf
# sed -i 's/www.olabs/wiki.olabs/' /etc/httpd/vhosts.d/wiki.olabs.net_ssl.conf
# sed -i 's/ServerAlias olabs.net/ServerAlias docs.olabs.net/' \
/etc/httpd/vhosts.d/wiki.olabs.net_ssl.conf
// 无须修改私钥和证书文件，因为这是一张 SAN 证书
// 2. 检测虚拟主机配置并重新启动
# httpd -S
# apachectl graceful
// 3. 测试基于域名的 SSL/TLS 虚拟主机
# curl -k https://www.olabs.net
# curl -k https://olabs.net
# curl -k https://wiki.olabs.net
# curl -k https://docs.olabs.net

// 4. 配置主服务器使用的证书和私钥文件
// 因为操作步骤 8.6 所生成的 SAN 证书中，使用 subjectAltName 同时还指定了 www.olabs.lan
// 所以主服务器也可以使用这个 SAN 证书，执行如下命令即可替换证书和私钥
# sed -i 's/localhost.crt/olabs.net.crt/' /etc/httpd/conf.d/ssl.conf
# sed -i 's/localhost.key/olabs.net.key/' /etc/httpd/conf.d/ssl.conf
# apachectl graceful
# curl -k https://www.olabs.lan
```

提示

基于同一 IP 和 443 端口号的多个虚拟主机都可以使用一张多域名的 SAN 证书，不论其是基于 IP 的虚拟主机还是基于域名的虚拟主机。

**4. 将 HTTP 的访问重定向到 HTTPS**

有些情况下，只希望通过 HTTPS 协议访问某网站，为了方便用户不使用 https:// 协议前缀的 URL 就能访问 HTTPS 协议的站点，例如，当用户在浏览器的地址栏中输入 http://github.com 时，会自动跳转到 https://github.com。为了实现此功能，可以配置监听此域名的 80 端口的虚拟主机，使用 Redirect 或 Rewrite 对站点根目录的访问重定向到 HTTPS 协议的 URL 即可。

下面举例说明对 wiki.olabs.net 和 docs.olabs.net 的 HTTP 协议的访问，重定向到 HTTPS 协议的配置过程。

**操作步骤 14.11** 将 HTTP 的访问重定向到 HTTPS

```
// 1. 备份原来的监听 80 端口的配置文件
# cp /etc/httpd/vhosts.d/wiki.olabs.net.{conf,bak}
// 2. 修改配置文件 /etc/httpd/vhosts.d/wiki.olabs.net.conf
# vi /etc/httpd/vhosts.d/wiki.olabs.net.conf
// 只保留如下的配置行即可
<VirtualHost *:80>
    ServerName wiki.olabs.net
    ServerAlias docs.olabs.net
    RedirectPermanent /      https://wiki.olabs.net/
</VirtualHost>
// 3. 检测虚拟主机配置并重新启动
# httpd -S
# apachectl graceful
// 4. 测试 HTTP 到 HTTPS 的跳转
```

```
# curl -L http://wiki.olabs.net
# curl -IL http://docs.olabs.net
```

## 14.7　思考与实验

**1．思考**

（1）什么是 Apache？简述其特点。ASF 的知名项目有哪些？
（2）如何配置 CentOS 默认的 Apache 以提高安全性？
（3）如何设置基于主机的访问控制？如何设置基于用户的访问控制？
（4）Apache 有哪几种日志？Apache 的日志指令有哪些？
（5）什么是虚拟主机？Apache 支持几种类型的虚拟主机？
（6）如何配置 SSL/TLS 的 Apache 基于域名的虚拟主机？
（7）什么是 SAN 证书？TLS 的 SNI 扩展的作用？

**2．实验**

（1）学会使用符号链接和别名管理站点。
（2）学会开启 server-info 和 server-status 并配置访问控制、用户认证和授权。
（3）学会配置基于 IP 和基于域名的虚拟主机。
（4）学会查看 Apache 的日志文件。
（5）学会配置虚拟主机的分离日志及其日志滚动。
（6）学会配置 SSL/TLS 的 Apache 基于域名的虚拟主机。
（7）修改本章的 mkvhost.apache 脚本，使之同时支持 SSL 虚拟主机。

**3．进一步学习**

（1）查看 Apache 手册，了解各个模块的作用，学习常用指令的配置语法。

- 学习使用 mod_rewrite 模块配置伪静态访问。
- 学习使用 expires_module 模块配置静态文件缓存。
- 学习使用 mod_deflate 模块配置压缩数据传输。
- 学习使用 mod_userdir 模块配置每个用户的 Web 站点。

（2）学习使用.htaccess 文件实现基于目录的访问控制。
（3）学习配置 httpd-itk 的 MPM 运行模式。
（4）学习使用 ab 命令测试 Apache 服务器的性能。
（5）学习使用 rotatelogs 和 cronolog（http://cronolog.org/）实现日志滚动。
（6）学习配置 SSL 双向认证（包括客户端）的 Apache 虚拟主机。
（7）学习安装和配置 mod-evasive 和 mod-qos 模块以提高 Apache 的安全性。

# 第 15 章 Apache 进阶

本章首先介绍 Web 编程语言与数据库，其中着重介绍 MySQL 数据库以及键值缓存系统 Memcached 和 Redis 的安装与配置，然后介绍 CGI 的相关概念和 Apache 的 CGI 配置方法及其应用，随后介绍 PHP 的安装和配置以及 LAMP 的应用，最后介绍 Tomcat 的安装配置以及如何使用 Apache 反向代理 Tomcat 的配置方法。

## 15.1 Web 编程语言与数据库

### 15.1.1 Web 编程语言简介

**1. Linux 下的脚本语言**

Linux 环境下常用的脚本语言包括：PHP（PHP: Hypertext Preprocessor，超文本预处理器）、Perl（Practical Extraction and Report Language）、Python 和 Ruby。

有人给这 4 种语言的特性做了 4 句评价 “PHP 简明单纯，Perl 凝练晦涩，Python 优雅明晰，Ruby 精巧灵动”。

**2. 在 CentOS 7 下安装 Perl/Python/PHP/Ruby**

表 15-1 中列出了 Linux 环境下常用的脚本语言。通常 Perl 和 Python 是默认安装的，要安装 PHP 和 Ruby 只要使用 yum 命令即可。

**表 15-1 Linux 环境下常用的脚本语言**

| 语　言 | 主　页 | 官方 YUM 仓库 | SCLo YUM 仓库 |
| --- | --- | --- | --- |
| PHP | http://www.php.net/ | 提供了 5.4.16 版 | 提供了 5.5 版 |
| Perl | http://www.perl.org/ | 提供了 5.16.3 版 | 提供了 5.20 版 |
| Python | http://www.python.org/ | 提供了 2.7.5 版 | 提供了 3.3 版 和 3.4 版 |
| Ruby | http://www.ruby-lang.org/ | 提供了 2.0.0.598 版 | 提供了 2.2 版 |

**3. CentOS 下的脚本语言的模块管理**

每一种脚本语言都为方便用户编程提供了众多模块，这些模块存放在各自的仓库中。CentOS 将这些仓库中常用的模块制作成了 RPM 包，存在 YUM 的官方仓库或第三方 YUM 仓库中，方便用户使用 yum 命令安装和更新。

安装和管理这些模块的另一种方法是使用每种脚本语言各自提供的模块管理工具。表 15-2

中列出了常用脚本语言的管理工具。

表 15-2 脚本语言的库/模块/包的管理工具

| 语言 | 管理工具 | 库/模块/包 仓库的 URL |
|---|---|---|
| PHP | pear、pecl | http://pear.php.net 和 http://pecl.php.net |
| Perl | cpan | http://www.cpan.org/ |
| Python | pip 或 easy_install | http://pypi.python.org/ |
| Ruby | gem | http://rubygems.org/ |

本书不再赘述这些工具的详细使用方法，可以在命令行后加 –h/--help 参数学习它们的使用。总体来说，这些工具的使用与 YUM 类似，通常在安装或更新过程中也能解决依赖关系，只是从每种脚本语言各自的仓库中获取包而非 YUM 仓库。

**4．脚本语言的应用**

在类 UNIX 世界里，可以说脚本语言无所不用，每一种脚本语言都有自己最擅长的领域，对于不同的应用应该选择最合适的脚本语言，当然还存在个人使用偏好问题。

总体来说，这些脚本语言主要有两方面用途：系统管理和动态 Web 编程。

表 15-3 中列出了一些脚本语言的常见应用，这些应用均无须关系数据库的支持。

表 15-3 脚本语言的常见应用

| 类别 | 名称 | 网址 | 类别 | 名称 | 网址 |
|---|---|---|---|---|---|
| Wiki | DokuWiki | http://dokuwiki.org | Forum | MyUPB | http://www.myupb.com/ |
| | MoinMoin | http://moinmo.in/ | | E-Blah | http://www.eblah.com/ |
| | Oddmuse | http://oddmuse.org/ | BLOG | FlatPress | http://flatpress.org/ |
| | TWiki | http://twiki.org/ | Static Site Generator | Jekyll | http://jekyllrb.com/ |
| | FOSWiki | http://foswiki.org/ | | hyde | http://hyde.github.com/ |
| | gitwiki | http://gitwiki.org/ | Documentation Generator | Sphinx | http://sphinx.pocoo.org/ |
| | ikiwiki | http://ikiwiki.info/ | | AsciiDoc | http://www.methods.co.nz/asciidoc/ |

随着 MVC 和 ORM 等概念的流行，基于各种脚本语言的 Web 框架应运而生。表 15-4 中列出了一些使用各种脚本语言的知名 Web 框架。

表 15-4 基于脚本语言的知名 Web 框架

| 语言 | Web 框架 | 主页 | 语言 | Web 框架 | 主页 |
|---|---|---|---|---|---|
| PHP | Laravel | https://laravel.com/ | Python | Django | http://www.djangoproject.com/ |
| | symfony | http://symfony.com/ | | Pyramid | https://trypyramid.com/ |
| | Phalcon | https://phalconphp.com/ | | Tornado | http://www.tornadoweb.org/ |
| | Zend | http://framework.zend.com/ | | Grok | http://grok.zope.org/ |
| | CakePHP | http://cakephp.org/ | | Flask | http://flask.pocoo.org/ |
| | weiPHP | http://www.weiphp.cn | | web2py | http://www.web2py.com/ |
| Perl | Catalyst | http://www.catalystframework.org/ | JavaScript | AngularJS | https://angularjs.org/ |
| Ruby | Ruby on Rails | http://www.rubyonrails.org/ | | Meteor | https://www.meteor.com/ |

如果 Web 应用中动态页面较少或业务逻辑不复杂，则 Web 框架的价值并不大。一旦业

务逻辑变得复杂，开发人员增多，则手工作坊式编程开始捉襟见肘，引入框架这个流水生产线来提高生产力便是大势所趋。

### 15.1.2 关系数据库系统

**1. Linux 下常用的关系数据库**

动态 Web 站点并非一定要有数据库支持（例如，DokuWiki 将其所有数据存在文件系统中而不是像 MediaWiki 那样将数据存到关系数据库中），但大多数应用需要数据库支持。虽然当前有些动态网站已经开始使用非关系数据库，如 MongoDB（http://www.mongodb.org）等，但大多数的应用仍在使用关系型数据库。表 15-5 中列出了 Linux 下常用的关系数据库。

**表 15-5 Linux 下常用的关系数据库**

| 数 据 库 | 主　　页 | YUM 仓库 |
| --- | --- | --- |
| MariaDB | http://mariadb.org | CentOS 7 官方仓库提供了 5.5.44 版，http://yum.mariadb.org/ 提供了最新版本 |
| MySQL | http://www.mysql.com | SCLo 仓库提供了 5.5 版和 5.6 版，http://repo.mysql.com/yum/提供了最新版本 |
| PostgreSQL | http://www.postgresql.org/ | CentOS 7 官方仓库提供 9.2.14 版，http://yum.postgresql.org/ 提供了最新版本 |
| SQLite | http://sqlite.org/ | CentOS 7 官方仓库提供了 3.7.17 版、EPEL 仓库提供了 2.8.17 版 |

下面重点介绍 MariaDB 的安装配置。有关关系型数据库系统对比的介绍内容，可参考：http://en.wikipedia.org/wiki/Comparison_of_relational_database_management_systems。

**2. MySQL/MariaDB 数据库简介**

MySQL 是一个多用户多线程的关系型数据库管理系统，是一个客户机/服务器结构的系统，由一个服务器守护程序 mysqld 和很多不同的客户程序和库组成。MySQL 支持 FreeBSD、Linux、Mac、Windows 等多种操作系统平台，具有如下特点。

- 可以同时处理几乎不限数量的用户。
- 可以处理拥有上千万条记录的大型数据。
- 简单有效的用户特权系统。
- 支持常见的 SQL 语句规范。
- 可移植性高，安装简单，小巧。
- 良好的运行效率，有丰富信息的网络支持。
- 相对其他大型数据库而言调试、管理、优化简单。
- 提供多种存储引擎支持（如 MyISAM、InnoDB 等）。MySQL 5.5 默认使用高效的事务引擎 InnoDB。
- 支持复制功能（Replication）功能，为高可用的 MySQL 系统提供了可靠方案。

MySQL 的原始开发者为瑞典 MySQL AB 公司，现在已经被 Oracle 公司收购。

MariaDB 是一个采用 Maria 存储引擎的 MySQL 分支版本，开发这个分支的原因之一是：Oracle 公司收购了 MySQL 后，有将 MySQL 闭源的潜在风险，因此社区采用分支的方式来避开这个风险。与 MySQL 相比较，MariaDB 更强的地方在于，二者支持不同的引擎。通常可以通过 show engines 命令来查看两种数据库服务器支持的不同引擎。

MariaDB 是由原来 MySQL 的作者 Michael Widenius 创办的公司，所开发的免费开源的数据库服务器。在开源世界里，MariaDB 有望取代 MySQL。CentOS 7 已默认提供了

MariaDB 而非 MySQL。

**3．安装和配置 MariaDB 服务**

**操作步骤 15.1**　安装和配置 MariaDB 服务

```
// 1. 安装 MariaDB 服务
# yum install mariadb mariadb-server
// 2. 简单配置 MariaDB 服务
// 2.1 编辑主配置文件 /etc/my.cnf
# vi /etc/my.cnf
[mysqld]
# 指定 MySQL 的数据库目录和 Socket 文件的位置
datadir=/var/lib/mysql
socket=/var/lib/mysql/mysql.sock
# 推荐禁用符号链接以预防各类安全隐患
symbolic-links=0
## 在 [mysqld] 添加配置
## 指定服务器默认字符集
character-set-server=utf8
collation-server=utf8_general_ci
## 设置最大并发连接数（默认值为 100）
max_connections = 150
// 2.2 编辑客户端配置文件 /etc/my.cnf.d/client.cnf
# vi /etc/my.cnf.d/client.cnf
[client]
##  在 [client] 配置段添加默认字符集定义
default-character-set =    utf8
// 3. 启动 MariaDB 服务，并设置开机启动
# systemctl start mariadb
# systemctl enable mariadb
// 4. 配置 MariaDB 服务的 root 用户口令
# yum install pwgen
// 生成一个 20 位的大小写字母和数字混用的口令
# pwgen -1 20
Aed7ahBuu7ru2Wooyohg
// 用 pwgen 生成的口令作为 MySQL 的 root 口令
# mysqladmin -u root password 'Aed7ahBuu7ru2Wooyohg'
// 5. 安装 EPEL 仓库的 MySQLTuner （http://mysqltuner.com/）并获取更多的配置建议
# yum install mysqltuner
# mysqltuner
```

提示

1. 在生产环境，管理员应该运行 /usr/bin/mysql_secure_installation，此 bash 脚本在设置 MySQL 的 root 账户口令的同时还配置了其他的安全设置。

2. 有关 MariaDB/MySQL 服务的更多配置，可参考其官方文档。

## 15.1.3　键值缓存系统

**1．为什么使用键值缓存系统**

为了加快 Web 站点的响应速度，通常可以使用基于内存的键值缓存系统，用于：

- 缓存经常被访问的静态 HTML 页面、CSS、JavaScript、图片。

- 缓存用于生成动态页面的、渲染后的网页模板（Renderred Templates）。
- 缓存登录 Cookie/Session、购物车。
- 缓存动态热点数据（从数据库获得的查询结果）等。

在动态网站中，内存键值缓存系统通常与数据库（如 MySQL）相结合使用，通过在内存中缓存数据和对象来减少读取关系数据库的次数，从而提高了动态数据库驱动的网站速度。若被访问的对象已在缓存中，则直接读取缓存中的数据返还给浏览器；若未在缓存中，则访问后端数据库查询获取数据并返还给浏览器，同时将查询结果置于缓存系统中，以便加快后续访问。

键值缓存系统通常占用固定大小的内存来运行，当内存中的缓存被占满后会使用最近最少用（LRU）算法自动移除一些缓存对象。

内存键值缓存系统通常是基于 C/S 模型设计的，即包含服务器端和客户端。服务器端是以守护进程形式运行的，而为了方便 Web 程序员处理缓存对象，每种键值缓存系统都提供了基于不同语言（如 PHP、Python、Ruby、Java 等）的多种客户端。

Linux 系统管理员应该掌握键值缓存系统的服务器端安装配置，及基于各种语言的客户端的安装。具体如何操作键值缓存系统（如何读写缓存等）则是 Web 程序员的工作。

**2．Linux 下常用的键值缓存系统**

表 15-6 中列出了 Linux 下常用的键值缓存系统（服务器端）。

**表 15-6　Linux 下常用的键值缓存系统**

| 缓存系统 | 主　页 | YUM 仓库 |
|---|---|---|
| Memcached | http://www.memcached.org/ | CentOS 7 官方仓库提供了 1.4.15 版 |
| Redis | http://redis.io | EPEL 仓库提供 2.8.19 版 |

表 15-7 中列出了 Memcached 与 Redis 的对比说明。

**表 15-7　Memcached 与 Redis 的比较**

| 缓存系统 | 类　型 | 数据存储 | 操作方法 | 其他特性 |
|---|---|---|---|---|
| Memcached | 内存键值缓存 | 将键直接映射为值 | 创建、读取，更新、删除等 | 使用多线程为服务器提供额外的性能 |
| Redis | 内存非关系数据库 | 将键映射为字符串（String）、散列（Map）、列表（list）、集合（sets）和有序集合（sorted sets）等类型的值 | 提供了对于每种数据类型的通用访问模式，为每种数据类型的处理提供大量命令（http: //redis .io/commands），以及部分事务支持 | 发布/订阅、主/从复制、持久性（disk-backed）、脚本（存储过程） |

Memcached 的键值缓存仅存于内存中，一旦重启服务或关机则其缓存即被清空；Redis 在一定程度上弥补了 Memcached 的这一缺陷，具有持久性，即可以将内存的缓存写入磁盘。尽管 Redis 有许多优于 Memcached 的特性，也可以完全取代 Memcached，但在许多现有项目中仍在使用 Memcached，因此系统管理员要掌握这两种系统的安装配置方法。

**3．Memcached 的安装配置**

**操作步骤 15.2**　安装配置 Memcached

```
// 1. 安装 Memcached
# yum install memcached
// 2. 配置 Memcached
// 与其他服务不同，Memcached 守护进程运行时不读取自己的配置文件，只接受命令行参数
// 按照 RHEL/CentOS 的配置风格，修改守护进程的命令行参数应该编辑 /etc/sysconfig/
```

```
// 目录下的与守护进程同名的配置文件，对 Memcached 来说是 /etc/sysconfig/memcached
# vi /etc/sysconfig/memcached
PORT="11211"            # 定义监听端口变量，作为 -p 参数的值使用
USER="memcached"        # 定义守护进程的执行用户变量，作为 -u 参数的值使用
MAXCONN="5000"          # 定义最大并行连接数变量，作为 -c 参数的值使用
CACHESIZE="1024"        # 定义缓存最大尺寸的变量，作为 -m 参数的值使用（单位为 MB）
OPTIONS=""              # 定义其他 Memcached 命令行上可用的参数及其值
// 作为单机使用时，通常只需要修改 MAXCONN 和 CACHESIZE 的值即可
// 3. 启动 Memcached
# systemctl start memcached
# systemctl enable memcached
// 4. 使用 Memcached 的管理工具
# man memcached-tool
// 显示服务器的当前信息
# memcached-tool 127.0.0.1:11211
  #  Item_Size  Max_age   Pages   Count   Full?  Evicted Evict_Time OOM
# memcached-tool 127.0.0.1:11211 stats
```

#### 4. Redis 的安装配置

**操作步骤 15.3** 安装配置 Redis

```
// 1. 安装 Redis
# yum install redis
// 2. 配置 Redis
# cp /etc/redis.conf{,.orig}
// 编辑 Redis 的配置文件
# vi /etc/redis.conf
port 6379                    # 指定监听端口
bind 127.0.0.1 192.168.0.1   # 若 Web 应用服务器与 Redis 服务器分离安装在不同的主机上
                             # 需添加 Redis 监听的网络接口地址
maxclients 5000              # 指定最大并行连接数
maxmemory 1gb                # 指定缓存最大尺寸
maxmemory-policy allkeys-lru # 指定缓存满后的剔除策略
// 3. 启动 Redis
# systemctl start redis
# systemctl enable redis
// 另外，Redis 的 RPM 包还提供了 redis-sentinel 服务，它是 Redis 的集群管理工具
// 提供 3 大功能：监测、通知、自动故障恢复。在无 Redis 集群的单机环境下无须启动
// 4. 使用 Redis 工具
// 查看 Redis 的当前状态信息
// 提示：访问本机的默认 6379 端口时，下面的参数“-h localhost -p 6379”可以省略
# redis-cli -h localhost -p 6379 info
// 监视 Redis 的读写操作（<Ctrl+C>退出）
# redis-cli -h localhost -p 6379 monitor
// 性能测试（100 个并发连接，10000 个请求）
# redis-benchmark -h localhost -p 6379 -c 100 -n 10000
```

提示

1. 上面的例子只介绍了 CentOS 下 Memcached 和 Redis 的配置方法和基本配置参数，更多深入的配置参数请参考其官方网站文档或手册。

2. 若 Web 应用服务器与键值缓存服务器是分离的主机，应该开启键值缓存服务器上的主机防火墙，允许 Web 应用服务器访问键值缓存服务器。默认地，对于 Memcached 来说是 tcp:11211，对于 Redis 来说是 tcp:6379。

## 15.2 Apache 与 CGI

### 15.2.1 CGI 技术

**1. CGI 简介**

CGI（Common Gateway Interface，通用网关接口） 是一个连接外部应用程序到 HTTP 服务器的标准（RFC3875）。CGI 定义了 Web 服务器与外部内容生成程序（通常称为 CGI 脚本或 CGI 程序）之间交互的方法，即一种基于浏览器的输入、在 Web 服务器上运行的程序方法，从而实现动态 Web 的功能。

**2. CGI 的优缺点**

CGI 是一种在网站上实现动态页面的技术，优点如下。

- 简单：CGI 很容易理解。
- 语言独立性：CGI 程序可以用任何一种语言编写，只要这种语言具有标准输入、标准输出和环境变量支持。例如，Perl、python、Ruby、PHP、bash、C 等。
- 进程隔离性：CGI 程序运行在独立的进程中，CGI 程序的错误不能使 Web 服务器崩溃，CGI 程序也不能访问 Web 服务器的内部状态。
- 开放的标准：CGI 已经在几乎所有的 Web 服务器上实现（如 Apache、IIS 等）。
- 架构独立：CGI 不依赖于任何特定的服务器体系结构（类 UNIX/Windows；单线程/多线程等）。

虽然 CGI 技术简单，但也有如下缺点。

- 每个 CGI 请求均产生一个进程进行处理，完成后结束进程，一个 CGI 程序的 CGI 的处理进程可能被反复加载，且不同的 CGI 请求无法共享内存或其他上下文信息。
- 每启动一个 CGI 进程都会消耗系统资源，服务器上大量的 CGI 并发进程的初始化所用的时间成为网站性能的瓶颈。特别是和数据库这样的应用程序连接时，初始化所用的时间较长。

**3. CGI 的处理过程**

CGI 程序与 Web 服务器的通信过程，如图 15-1 所示。

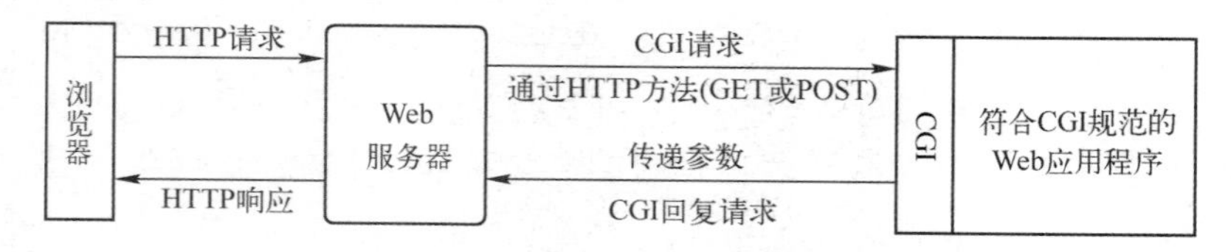


图 15-1 CGI 程序与 Web 服务器的通信过程

1）Web 客户端通过 Internet 把用户请求送到服务器。

2）Web 服务器接收用户的 CGI 请求后，执行如下处理。

- Web 服务器为 CGI 程序创建一个新的进程并对其初始化。
- Web 服务器通过环境变量向 CGI 程序传递请求信息（如远程主机、用户名、HTTP 标头等）。
- Web 服务器以标准输入向 CGI 程序发送客户端输入的信息（如用户从 HTML 表单中输入的字段值）。

- 执行 CGI 程序，输出信息以标准输出返回给 Web 服务器，错误信息写入标准错误（由 Web 服务器记入日志）。
- 当 CGI 程序运行结束，CGI 进程退出，系统收回 CGI 进程资源。

3）Web 服务器把 CGI 程序的执行结果送回到 Web 客户端。

### 15.2.2 Apache 的 CGI 配置

**1. Apache 的 CGI 模块**

Apache 默认提供了两个 CGI 模块来支持 CGI。

- mod_cgi：用于基于进程（prefork）MPM 模型运行的 Apache。
- mod_cgid：用于基于线程（worker/event）MPM 模型运行的 Apache。

通过查看 Apache 的配置文件 /etc/httpd/conf.modules.d/01-cgi.conf 可以获知，Apache 会根据当前的 MPM 模型动态加载相应的模块。

```
<IfModule mpm_worker_module>
   LoadModule cgid_module modules/mod_cgid.so
</IfModule>
<IfModule mpm_event_module>
   LoadModule cgid_module modules/mod_cgid.so
</IfModule>
<IfModule mpm_prefork_module>
   LoadModule cgi_module modules/mod_cgi.so
</IfModule>
```

**2. Apache 中 CGI 的配置方法**

配置 Apache 允许执行 CGI 程序有两种方法。

- 将所有的 CGI 程序放在指定的目录中，并使用 ScriptAlias 指令声明。
- ScriptAlias 目录之外的 CGI 程序，可以使用 AddHandler 指令声明。

**3. 使用 ScriptAlias 配置 CGI**

使用 ScriptAlias 指令允许 Apache 执行一个特定目录中的 CGI 程序。当客户端请求此特定目录中的资源时，Apache 假定其中所有的文件都是 CGI 程序并试图运行。例如，在 CentOS 7 的 Apache 主配置文件 /etc/httpd/conf/httpd.conf 里有如下的配置段：

```
ScriptAlias /cgi-bin/ "/var/www/cgi-bin/"
<Directory "/var/www/cgi-bin">
    AllowOverride None
    Options None
    Require all granted
</Directory>
```

在此配置中，任何以 /cgi-bin/ 开头的资源都将映射到 /var/www/cgi-bin/ 目录中，且视之为 CGI 程序。如果有 URL 为 http://www.olabs.lan/cgi-bin/test.pl 的请求，Apache 会试图执行/var/www/cgi-bin/test.pl 文件并返回其输出。当然，这个文件必须存在而且可执行，并以特定的 HTTP 方法产生输出，否则 Apache 返回一个出错消息。另外，还在<Directory>容器中设置了对 CGI 目录 /var/www/cgi-bin 的访问控制。

由于上面的 ScriptAlias 指令是全局配置，所以每个虚拟主机都继承了这个配置，均可获得浏览结果。若希望对某个虚拟主机配置 CGI 目录，仅需将 ScriptAlias 配置指令放在相应的<VirtualHost>容器中，使用虚拟主机自己的CGI 目录覆盖主配置中的ScriptAlias 指令的目录即可。

**操作步骤 15.4** 使用 ScriptAlias 配置并执行 CGI 程序

```
// 1. 使用 /var/www/cgi-bin 目录下的 CGI 脚本
// 1.1 创建脚本文件 /var/www/cgi-bin/test.pl，并为其添加可执行权限
# cat <<_END_ >/var/www/cgi-bin/test.pl
#!/usr/bin/perl
print "Content-type: text/html\n\n";
print "Hello, World. Perl\n";
_END_
# chmod +x /var/www/cgi-bin/test.pl
// 1.2 测试
# curl http://www.olabs.lan/cgi-bin/test.pl
Hello, World. Perl
# curl http://www.olabs.net/cgi-bin/test.pl
Hello, World. Perl
// 2. 为指定的虚拟机 www.olabs.net 配置 ScriptAlias
// 2.1 编辑虚拟主机的配置文件并重启 Apache 服务
# vi /etc/httpd/vhosts.d/www.olabs.net.conf
<VirtualHost *:80>
    ServerName www.olabs.net:80
    …
    // 添加如下配置
    ScriptAlias /cgi-bin/ "/var/www/vhosts/www.olabs.net/cgi-bin/"
    <Directory "/var/www/vhosts/www.olabs.net/cgi-bin">
        AllowOverride None
        Options None
        Require all granted
    </Directory>
</VirtualHost>
# apachectl  graceful
// 2.2 创建脚本文件 /var/www/vhosts/www.olabs.net/cgi-bin/test.pl，并为其添加可执行
权限
# cat  <<_END_ >/var/www/vhosts/www.olabs.net/cgi-bin/test.pl
#!/usr/bin/perl
print "Content-type: text/html\n\n";
print "Hello, www.olabs.net. \n";
_END_
# chmod +x /var/www/vhosts/www.olabs.net/cgi-bin/test.pl
// 2.3 测试
# curl http://www.olabs.lan/cgi-bin/test.pl
Hello, World. Perl
# curl http://www.olabs.net/cgi-bin/test.pl
Hello www.olabs.net.
```

**4．使用 AddHandler 配置 CGI**

由于安全原因，CGI 程序通常被限制在 ScriptAlias 指定的目录中，这样，管理员就可以严格控制谁可以使用 CGI 程序。但是，如果采取了恰当的安全措施，也可以允许运行其他目录中的 CGI 程序，这种配置更加灵活。允许 CGI 在任意目录执行需要以下两个步骤。

● 用 AddHandler 或 SetHandler 指令激活 cgi-script 处理器，用于在文件扩展名与特

定的处理器之间建立映射，即告诉服务器哪些文件是 CGI 程序文件。

- 使用 Options 指令启用 ExecCGI 选项，显式地告知服务器可以执行 CGI 脚本。

如下的配置首先使用 AddHandler 指令告诉服务器/var/www/vhosts/www.olabs.net/htdocs 目录下所有带有 cgi 或 pl 后缀的文件是 CGI 程序，然后使用 Options 指令显式地允许/var/www/vhosts/www.olabs.net/htdocs 目录中 CGI 程序的执行。

```
<Directory /var/www/vhosts/www.olabs.net/htdocs>
  AddHandler cgi-script .cgi .pl
  Options +ExecCGI
</Directory>
```

下面介绍 Gitweb 的安装配置过程。Gitweb 是 git 版本控制仓库的 Web 前端，它是由 Perl 语言编写的一个 CGI 程序。CentOS 7 的官方仓库提供了其 RPM 包。

**操作步骤 15.5**　安装配置 Gitweb

```
// 1. 安装 Gitweb
# yum -y install gitweb
// 2. 查看 gitweb 的 Apache CGI 配置
// 默认的 git.conf 至于 conf.d/目录，其配置是全局的，每个虚拟主机都能继承这个配置
# cat /etc/httpd/conf.d/git.conf
Alias /git /var/www/git              # 为 /git 设置别名访问
<Directory /var/www/git>             # 为 /var/www/git 目录设置权限
  Options +ExecCGI                   # 添加可执行 CGI 的目录选项
  AddHandler cgi-script .cgi         # 将本目录的.cgi 文件视为 CGI 程序
  DirectoryIndex gitweb.cgi          # 设置目录的 Index 文件为 gitweb.cgi
</Directory>
// 3. 修改 Gitweb 的配置文件
# vi /etc/gitweb.conf
// 将如下行
#our $projectroot = "/var/lib/git";
// 取消注释并设置为所有 git 仓库的父目录
our $projectroot = "/home/git-repos";
// 4. 准备可被 Web 浏览的仓库
# mkdir /home/git-repos
# cd /home/git-repos
# git clone --bare https://github.com/Umkus/nginx-boilerplate.git
# git clone --bare https://github.com/sinosmond/puppet-27-cookbook-CN.git
//     puppet-27-cookbook-CN 的 HTML 版在 http://down.51cto.com/data/393507
// 5. 重新加载 Apache 的配置
# apachectl  graceful
// 6. 浏览测试
# elinks http://www.olabs.lan/git
# elinks http://www.olabs.net/git
```

### 15.2.3　访问日志分析统计

#### 1．什么是 AWStats

AWStats（Advanced Web Statistics）是一个免费的功能强大的服务器日志分析工具。AWStats 通过对 Web 服务器访问日志的分析可以提供如下 Web 统计数据。

- 提供访问量、访问次数、访问者 IP、访问者国家或地区、页面浏览量、点击数、高峰时段、访客持续时间、数据流量等。

- 提供精确到每月、每日、每小时的统计数据。
- 提供访客操作系统、浏览器版本的统计信息。
- 提供 Robots/Spiders 机械访问的统计、无效连接等。
- 搜索引擎、关键字，以及对不同文件类型的统计信息。

**2．AWStats 的特点**

AWStats 具有如下特点。

- 具有友好的用户界面：多语言支持，如简体中文。
- 良好的跨平台支持：AWStats 基于 Perl，可运行在 GNU/Linux 或 Windows 上。对大型站点，具有多台 Web 服务器甚至混合 GNU/Linux/Apache 和 Windows/IIS 的情况也可实现由一套系统统一分析。
- 功能扩展性：AWStats 支持插件，并可以在其配置文件中指定是否启用这些插件功能。其中最有用的是地理信息插件（GeoIP 和 City_Maxmind 等）。
- 配置简单灵活：对熟练用户来说，系统提供了非常灵活的配置手段；而对入门用户而言，其默认配置相当合理，安装完成后只需改动三四项即可，易于上手。
- 统计分析更为准确：AWStats 面向精确的 Human visits，即只统计真正的访问用户，其过滤机制可以保证将搜索引擎的 spider 访问与用户访问区别开，其他如自身的访问也可过滤，这样就能够提供更准确的分析结果。
- 提供了很多扩展的参数统计功能：在配置文件中使用 ExtraSection*系列配置指令，可以生成针对具体应用的参数分析会对产品分析非常有用。
- AWStats 还支持对 FTP 和 Mail 服务的日志分析。

**3．AWStats 的运行模式**

运行 awstats.pl 将日志统计结果归档到一个 AWStats 的数据库（纯文本）中。输出日志分析结果，分两种形式：

- 一种是通过 CGI 程序读取统计结果数据库生成 HTML 输出。
- 一种是运行后台 cron 脚本将读取统计结果数据库导出成静态 HTML 文件。

**4．在 CentOS 上安装 AWStats**

可以使用如下命令安装 AWStats 及其所需的 Perl 库（请配置好 EPEL 仓库）。

```
# yum install awstats
# rpm -q awstats
awstats-7.3-2.el7.noarch
```

AWStats 安装的重要文件说明如下：

```
/etc/awstats/awstats.model.conf           # 配置文件模板
/etc/awstats/awstats.*.conf               # 每个虚拟主机的配置文件（*为虚拟主机名）
/etc/cron.hourly/awstats                  # 每小时生成一次 AWStats 数据库的 cron 脚本
/etc/httpd/conf.d/awstats.conf            # 用于执行 awstats.pl 的 Apache 的 CGI 配置文件
/usr/share/awstats/lib/*.pm               # AWStats 引用的 Perl 库
/usr/share/awstats/plugins/*.pm           # AWStats 插件的 Perl 库
/usr/share/awstats/tools/awstats_updateall.pl   # 对所有配置文件生成 AWStats 数据库
/usr/share/awstats/wwwroot/               # AWStats 的 Web 根文档目录
/usr/share/awstats/wwwroot/cgi-bin/awstats.pl   # AWStats 的 CGI 执行脚本
/usr/share/doc/awstats-7.0/               # AWStats 的文档目录
/var/lib/awstats                          # 存放 AWStats 数据库的目录
```

**5．AWStats 的配置文件**

AWStats 在生成其统计数据库时需要其配置文件。AWStats 为不同的站点使用不同的配置文件。AWStats 配置文件的命名规则为 awstats.SITENAME.conf，若站点名为 mysite.net，则配置文件名为 awstats.mysite.net.conf。

使用 YUM 安装了 AWStats 之后，在其配置文件目录/etc/awstats 下有 3 个配置文件：

```
# ls -1 /etc/awstats
awstats.cent7h1.olabs.lan.conf      # 当前主机名的配置文件 awstats.$(hostname).conf
awstats.localhost.localdomain.conf # localhost.localdomain 站点配置文件
awstats.model.conf                  # 配置文件模板
```

AWStats 配置文件的可用配置可以查看配置文件模板中的说明。要生成一个新虚拟主机的配置文件，可以复制配置文件模板，通常只需要修改如下几个配置行即可。

```
SiteDomain=
HostAliases=
LogFile=
```

**6．更新 AWStats 的统计数据库**

要生成指定站点的日志统计数据库，可使用如下的命令：

```
# /usr/share/awstats/wwwroot/cgi-bin/awstats.pl -config=SITENAME
```

请用用户自己的站点名称替换 SITENAME。

另外，AWStats 还提供了脚本 /usr/share/awstats/tools/awstats_updateall.pl，用于对指定配置文件目录下的每个配置文件（除了配置模板文件 awstats.model.conf）生成 AWStats 的统计数据库。例如，AWStats 的 cron 脚本中就使用了 awstats_updateall.pl。

```
# cat /etc/cron.hourly/awstats
#!/bin/bash
exec /usr/share/awstats/tools/awstats_updateall.pl now -configdir="/etc/awstats"-
awstatsprog="/usr/share/awstats/wwwroot/cgi-bin/awstats.pl" >/dev/null
exit 0
```

**7．AWStats 的 Apache 配置文件**

安装了 AWStats 之后，在/etc/httpd/conf.d/目录下生成了 awstats.conf 配置文件，此配置文件是被 Apache 主配置文件包含的，是全局配置，所有的虚拟主机都将继承这个配置。

```
// 设置对 AWStats 的资产文件（包括类库、CSS、图片）访问的若干别名
Alias /awstatsclasses "/usr/share/awstats/wwwroot/classes/"
Alias /awstatscss "/usr/share/awstats/wwwroot/css/"
Alias /awstatsicons "/usr/share/awstats/wwwroot/icon/"
// 设置对/awstats/的访问映射到文件系统的 /usr/share/awstats/wwwroot/cgi-bin/目录
// 并且将此目录的所有文件均视为可执行的 CGI 程序
ScriptAlias /awstats/ "/usr/share/awstats/wwwroot/cgi-bin/"
// 设置对 AWStats 的 Web 根文档目录的访问控制（默认仅允许本地主机访问）
<Directory "/usr/share/awstats/wwwroot">
    Options None
    AllowOverride None
    Require local
</Directory>
# 为 CGI 程序的执行设置环境变量指定库文件路径
<IfModule mod_env.c>
```

```
    SetEnv PERL5LIB /usr/share/awstats/lib:/usr/share/awstats/plugins
</IfModule>
```

**8．初始测试**

```
// 执行 cron 脚本生成 AWStats 的统计数据库
# /etc/cron.hourly/awstats
// 通过使用“?config=localhost.localdomain” URL 参数访问 CGI 脚本获得统计输出
# elinks http://localhost/awstats/awstats.pl?config=localhost.localdomain
# cd /etc/awstats
# cp  awstats.localhost.localdomain.conf  awstats.localhost.conf
// 当未指定 URL 参数访问 CGI 脚本时，将默认查找 URL 中主机名的配置文件
// 此例中将查找 awstats.localhost.conf 配置文件
# elinks http://localhost/awstats/awstats.pl
```

**9．为虚拟主机配置 AWStats 举例**

下面给出一个为 www.olabs.net 虚拟主机配置 AWStats 的例子。如下操作基于第 14 章的操作步骤 14.8。

**操作步骤 15.6**　为 www.olabs.net 虚拟主机配置 AWStats

```
// 1. 修改 Apache 配置虚拟主机的配置文件
# vi /etc/httpd/vhosts.d/www.olabs.net.conf
<VirtualHost *:80>
    ServerName www.olabs.net
    …
    // 由于日志分析包含了站点的敏感信息，通常要配置用户授权访问
    //添加如下的基于用户的摘要认证配置
    <Directory "/usr/share/awstats/wwwroot">
        AuthType Digest
        AuthName "awstats"
        AuthDigestDomain /awstats/
        AuthUserFile /var/www/vhosts/www.olabs.net/conf/digest_passwd
        Require valid-user

        Require local
        Require ip 192.168.0.77
    </Directory>
    // 其他的配置（如 Alias 等）已无须配置
    // 会继承 /etc/httpd/conf.d/awstats.conf 的配置，因为 conf.d/下的配置是全局的
</VirtualHost>
#
// 2. 创建摘要认证口令文件并添加用户
# cd /var/www/vhosts/www.olabs.net/conf/
# htdigest -c digest_passwd awstats osmond
Adding password for osmond in realm awstats.
New password:
Re-type new password:
# chown apache digest_passwd
// 3. 检测 Apache 虚拟主机配置并重新启动 Apache
# httpd -S
# apachectl  graceful
```

```
// 4. 生成虚拟主机 www.olabs.net 的 AWStats 配置文件
# vi /etc/awstats/awstats.www.olabs.net.conf
// 包含 AWStatas 的模板配置文件
Include "awstats.model.conf"
// 添加如下的配置行，覆盖模板文件的同名配置指令的值
SiteDomain="www.olabs.net"
// 若此虚拟主机设置了别名，可以在此指定
HostAliases="olabs.net"
// 若虚拟主机使用与主服务器分离的访问日志，需指定此虚拟主机使用的访问日志路径
LogFile="/var/www/vhosts/www.olabs.net/logs/access_log"
// 5. 更新指定配置文件的 AWStats 的统计数据库
# /usr/share/awstats/wwwroot/cgi-bin/awstats.pl -config=www.olabs.net
// 6. 访问 CGI 脚本查看 AWStats 的统计输出
// 在本地或 IP 为 192.168.0.77 的主机上使用 elinks 进行测试
# elinks http://www.olabs.net/awstats/awstats.pl
# elinks http://www.olabs.net/awstats/awstats.pl?config=www.olabs.net
// 在 192.168.0.77 之外的网段使用 Firefox 或 IE 测试用户摘要认证访问
```

## 15.3　LAMP 配置及应用

### 15.3.1　Apache 与 LAMP 环境

**1．LAMP 简介**

LAMP 是开源世界的一盏明灯。LAMP 是首字母缩略语（Acronym），最初代表 Linux+Apache+MySQL+PHP 的组合。后来，随着各种脚本语言在 Web 动态网站上的应用，将 P 解释为 Programming Language，所以，LAMP 代表 Linux+Apache+MySQL/MariaDB+PHP/ Perl/Python/Ruby 的组合。

LAMP 所代表的不仅仅是开放源码，更是开发和实施高性能 Web 应用的重要平台。LAMP 环境作为开源世界的基本解决方案近几年来发展迅速，已经成为 Web 服务器的事实标准。LAMP 不仅可以在互联网上为企业提供对外窗口，也可以在企业内部网络建设中大有作为。作为网络平台，LAMP 以其开放灵活、开发迅速、部署方便、高可配置、安全可靠、成本低廉等特色而与 Java 平台和.NET 平台鼎足三分，尤其受中小企业的欢迎。

类似地，还有 LEMP，用于代表 Linux+Nginx+MySQL/MariaDB+PHP/ Perl/Python/Ruby 的组合，其中的 E 表示 Nginx（取其发音 engine x 的首字母）。

**2．Apache 的脚本语言模块**

使 Web 具有动态功能的最初方法是使用 CGI 规范，但 CGI 的处理效率较低。正是为了解决 CGI 的低效率，又由于 PHP/Perl/Python/Ruby 的广泛应用，使得这几种语言的 Apache 模块应运而生。表 15-8 中列出了用于 Apache 的脚本语言模块。这些模块或者出自脚本语言的官方发布（如 php）或者出自既非 Apache 官方又非脚本语言官方的第三方（如 mod_passenger）。使用这些语言的 Apache 模块来解析动态内容大大地提高了运行效率，因为这些模块当 Apache 运行后就常驻内存，不会像 CGI 那样每次请求都要花费时间去初始化 CGI 进程的处理工作。

表 15-8　Apache 的脚本语言模块

| 语　言 | Apache 的模块 | 提 供 者 | YUM 仓库 |
| --- | --- | --- | --- |
| PHP | php | http://www.php.net/ | 官方仓库的 PHP 包提供 5.4.16 版，SCLo 仓库提供了 5.5 版 |
| Perl | mod_perl | http://perl.apache.org/ | 由 EPEL 仓库的 mod_perl 包提供 |
| Python | mod_python | http://www.modpython.org/ | 未提供，被认为已过时 |
| Ruby | mod_passenger | http://www.modrails.com/ | 由 SCLo 仓库的 rh-passenger40-mod_passenger 包提供 |

**3．Apache 与其他动态网站技术**

表 15-9 中列出了用于在 Apache 下实现 FastCGI 和 WSGI 的模块。

表 15-9　Apache 的 FastCGI 和 WSGI 模块

| Apache 的模块 | 提 供 者 | YUM 仓库 |
| --- | --- | --- |
| mod_fcgid | http://httpd.apache.org/mod_fcgid/ | 由官方仓库的 mod_fcgid 包提供 |
| mod_wsgi | http://modwsgi.org | 由官方仓库的 mod_wsgi 包提供 |

配置 Apache 允许执行 FastCGI 程序与允许执行 CGI 程序类似，也有两种方法：

- 将所有的 CGI 程序放在指定的目录中，并使用 ScriptAlias 指令声明。
- ScriptAlias 目录之外的 CGI 程序，可以使用 AddHandler 指令声明。

尽管 Apache 也可以使用 FastCGI 支持各种动态脚本，但通常采用 Apache 的各种语言模块配置 LAMP 环境。而 FastCGI 通常与 Nginx 相结合配置 LEMP 环境。

模块 mod_wsgi 用于为 Python 的 WSGI（Web Server Gateway Interface）规范提供支持，WSGI 的文档在 http://www.python.org/dev/peps/pep-3333/。使用此模块可以运行 Python 的 Web 应用（如基于 Django 框架的 Web 应用），通常其效率高于 mod_python。

## 15.3.2　安装配置 LAMP 环境

**1．安装配置 PHP**

本节着重介绍 LAMP（Apache 的 PHP 模块）环境的配置，这是 Linux 环境下最常见的一种 Web 应用配置。首先参照 15.1.2 节所讲安装配置 MariaDB/MySQL 服务器，介绍 PHP 的安装和 Apache 支持 PHP（Apache 的 PHP 模块）的配置。

与 PHP 官方发布的源码包（tar.gz）不同，YUM 仓库中的 PHP 将其按功能拆分成了多个 RPM 包，可使用 yum list php* 命令查看与 PHP 相关的 RPM 包。表 15-10 中列出了 PHP 常用的 RPM 包（官方仓库和 EPEL 仓库）。

表 15-10　PHP 常用的 RPM 包

| 分　类 | 包　名 | 说　明 | 仓　库 |
| --- | --- | --- | --- |
| 核心 | php | 提供 PHP 的 Apache 模块 | |
| | php-cli | 提供 PHP 的命令行接口 | |
| | php-fpm | 一个用于 PHP 的 FastCGI 进程管理器 | |
| | php-common | 提供 PHP 包和 php-cli 包的公用文件 | |
| | php-pear | 提供 PHP 的包发布工具 PEAR | |
| | php-channel-* | 为 PEAR 添加各种频道，以便使用 pear 更新不同频道内的 PHP 组件 | EPEL |

（续）

| 分　类 | 包　名 | 说　明 | 仓　库 |
|---|---|---|---|
| 常用模块 | php-gd | 提供使用 GD 图形库的 PHP 应用程序模块 | |
| | php-pecl-imagick | 提供使用 ImageMagick 创建或修改图片的 PHP 扩展 | EPEL |
| | php-geshi | 提供对各种语言提供语法加亮的模块 | EPEL |
| | php-mcrypt | 提供了对 mcrypt 库支持的标准 PHP 模块 | EPEL |
| | php-mbstring | 为 PHP 应用程序提供处理多字节（如中文、日文）字符串处理的模块 | |
| | php-intl | 使用著名的 International Components for Unicode (ICU) 库的一个 PHP 包装器用于实现适当的 Unicode 和本地化支持 | |
| | php-xml | 使用 DOM 树处理 XML 文档、对 XML 文档执行 XSL 转换的模块 | |
| | php-pecl-yaml | 使用 libyaml 库处理 YAML（YAML Ain't Markup Language） V1.1 | EPEL |
| | php-imap | 提供 IMAP 协议支持的 PHP 模块 | EPEL |
| | php-ldap | 提供 LDAP 协议支持的 PHP 模块 | |
| | php-snmp | 提供 SNMP 协议支持的 PHP 模块 | |
| | php-xmlrpc | 提供 XML-RPC 协议支持的 PHP 模块 | |
| 数据库 | php-pdo | PHP 应用程序的数据库抽象模块 | |
| | php-mysql | 提供对 MySQL 数据库的支持 | |
| | php-mysqlnd | 提供对 MySQL 数据库的支持（php-mysql 的增强版） | |
| | php-pgsql | 提供对 Postgre 数据库的支持 | |
| 数据缓存 | php-pecl-apcu | PHP 的数据缓存器， APCU（Alternative PHP Cache User） | EPEL |
| | php-pecl-redis | Redis 的 PHP 客户端模块 | EPEL |
| | php-pecl-memcached | Memcached 的 PHP 客户端模块 | EPEL |
| 框架/组件 | php-symfony* | Web 框架 symfony2 的各种组件 | EPEL |
| | php-ZendFramework2* | Web 框架 ZendFramework2 的各种组件 | EPEL |
| | php-pluf | 一个 PHP 的 Web 框架（Indefero 使用此框架） | EPEL |
| | php-phpseclib-* | 纯 PHP 实现的各种加密算法库 | EPEL |
| | php-phpunit-* | PHP 调试工具 phpunit | EPEL |
| | php-doctrine-* | PHP 的一种对象关系映射组件，symfony 默认使用此 ORM | EPEL |
| | php-Smarty | PHP 的模板/展示框架 | EPEL |
| | php-horde-* | 一个基于 PHP 的应用框架及其应用组件 | EPEL |
| 应用程序 | phpMyAdmin | 用于管理 MySQL 的一个 Web 应用 | EPEL |
| | phpPgAdmin | 用于管理 PostgreSQL 的一个 Web 应用 | EPEL |

**操作步骤 15.7　安装配置 PHP**

```
// 1. 安装 PHP 及其相关的软件包
// 请根据需要选择安装更多的软件包，下面仅安装一些最常用的 PHP 相关包
# yum install php php-cli php-pear
# yum install php-pdo php-mysqlnd
# yum install php-mcrypt php-mbstring php-intl php-xml php-pecl-yaml
# yum install php-gd php-pecl-imagick
# yum install php-pecl-apcu php-pecl-memcached php-pecl-redis
// 2. 查看 PHP 的配置
// PHP 的配置文件包含
```

```
//      主配置文件/etc/php.ini 和模块配置文件 /etc/php.d/*.ini
//      每个 PHP 模块在/etc/php.d 目录下都有一个模块配置文件，且包含如下形式的配置行
//      extension=<模块名>.so
//      大多数的模块配置文件无须修改，仅有少数的模块提供了更多的模块配置参数
// 使用如下命令可以查看 PHP 已加载的模块
# php -m
// 使用如下命令可以在终端上显示 phpinfo()的信息输出
# php -i
// 3. 配置 PHP 的主配置文件
# cp /etc/php.ini{,.orig}
# vi /etc/php.ini
[PHP]
# 对于生产平台，应将 display_errors 设置为 Off
display_errors = Off
# 将 log_errors 设置为 On
log_errors = On
# 使用 zlib 库压缩输出并设置压缩级别
zlib.output_compression = On
zlib.output_compression_level = 1
# 不暴露 PHP 被安装在服务器上的事实
expose_php = Off
# 限制一个 PHP 脚本可能消耗的最大内存量，这有助于防止写得不好的脚本消耗服务器上的可用内存
memory_limit = 256M
# 为 POST 方法指定可接受的最大尺寸
post_max_size = 256M
# 设置可上传文件的最大尺寸
upload_max_filesize = 20M
# 不能使用 URL（如 http:// 或 ftp://） 直接打开文件
allow_url_fopen = Off
[Date]
# 为日期函数定义默认时区
date.timezone = Asia/Shanghai
[Session]
# 为 Cookie 添加 httponly 标志，用于禁止浏览器的脚本语言（如 JavaScript）访问 Cookie
session.cookie_httponly = 1
```

**操作步骤 15.8** 配置 PHP 的 APCu 模块

```
// 修改配置文件
# cp /etc/php.d/apcu.ini{,.orig}
# vi /etc/php.d/apcu.ini
# 启用 APC （这是默认配置，1 是启用）
apc.enabled = 1
# 每个共享内存块的大小，（可以使用单位后缀 M/G）
apc.shm_size = 64M
# 缓存条目在缓冲区中允许逗留的秒数。0 表示永不超时。建议值为 7200~36000
apc.ttl =  7200
# 缓存条目在垃圾回收表中能够存在的秒数
```

```
apc.gc_ttl = 3600
# 是否启用脚本更新检查。改变这个指令值要非常小心
#   默认值 On 表示 APC 在每次请求脚本时都检查脚本是否被更新
#   若检查到更新则自动重新编译和缓存编译后的内容
apc.stat=1
// 更多配置参数请参见：http://cn2.php.net/apcu
// 或 http://www.php.net/manual/en/apcu.configuration.php
```

**2．安装配置 PHP 的 Zend Guard Loader 支持**

有些 PHP 应用程序（如 Discuz!）需要 Zend 组件（Zend Optimizer/Zend Guard Loader）的支持。Zend Guard 为独立的软件供应商和 IT 管理者提供保护 PHP 应用程序源代码的能力。Zend Guard Loader 是一个免费的应用程序，运行使用 Zend Guard 编码的文件并提高 PHP 应用程序的整体性能。对于 PHP 5.4 版，要安装 Zend Guard Loader 而不是 Zend Optimizer。

**操作步骤 15.9** 安装配置 PHP 的 Zend Guard Loader 支持

```
// 1. 下载 Zend Guard Loader
// 查看当前安装的 PHP 版本
# php -v
PHP 5.4.16 (cli) (built: Jun 23 2015 21:17:27)
Copyright (c) 1997-2013 The PHP Group
Zend Engine v2.4.0, Copyright (c) 1998-2013 Zend Technologies
// 到 http://www.zend.com/en/products/loader/downloads
// 下载符合$(arch)的用于 Linux 的 PHP 5.4 的最新版本（需要注册）
// 我下载了 ZendGuardLoader-70429-PHP-5.4-linux-glibc23-x86_64.tar.gz
# 2. 解压并将 ZendGuardLoader.so 复制到 PHP 模块目录 /usr/lib64/php/modules/
// 可以复制到任何目录，比如/usr/local/lib64/php/modules/或/root/Zend 等
// 只需修改配置文件/etc/php.d/ZendGuardLoader.ini 的模块路径即可
# tar zxf ZendGuardLoader-70429-PHP-5.4-linux-glibc23-x86_64.tar.gz
# cd ZendGuardLoader-70429-PHP-5.4-linux-glibc23-x86_64/
# cp php-5.4.x/ZendGuardLoader.so /usr/lib64/php/modules/
// 3. 编辑 ZendGuardLoader 的模块配置文件
# vi /etc/php.d/ZendGuardLoader.ini
// 添加如下配置行
zend_extension=/usr/lib64/php/modules/ZendGuardLoader.so
zend_loader.enable=1
# 4. 检测安装
# php -v
PHP 5.4.16 (cli) (built: Jun 23 2015 21:17:27)
Copyright (c) 1997-2013 The PHP Group
Zend Engine v2.4.0, Copyright (c) 1998-2013 Zend Technologies
    with Zend Guard Loader v3.3, Copyright (c) 1998-2013, by Zend Technologies
```

**3．配置 Apache 的 php 模块运行 PHP**

名为 php 的 RPM 包已经安装了 Apache 所需的 PHP 模块。保持默认的配置即可正常工作。下面测试 Apache 对 PHP 的支持。

**操作步骤 15.10** 配置 Apache 使用 PHP 模块

```
// 1. 查看被 Apache 包含的 PHP 配置文件
// 名为 php 的 RPM 包安装了 Apache 所需的 PHP 模块及其配置文件
# grep -v "#"  /etc/httpd/conf.modules.d/10-php.conf
```

```
// 若当前 Apache 以 Prefork MPM 模式运行，则加载 libphp5.so 模块文件
<IfModule prefork.c>
  LoadModule php5_module modules/libphp5.so
</IfModule>
# grep -v "#" /etc/httpd/conf.d/php.conf
// 添加 PHP 处理器并添加 PHP 类型，表示对所有后缀为.php 的文件使用 PHP 解析器处理
<FilesMatch \.php$>
    SetHandler application/x-httpd-php
</FilesMatch>
AddType text/html .php
// 添加目录的 index 文件
DirectoryIndex index.php
// 设置 PHP 变量的值
php_value session.save_handler "files"
php_value session.save_path    "/var/lib/php/session"
// 2. 重新启动 Apache
# systemctl restart httpd
// 3. 在/var/www/html 目录下编写一个测试脚本
# echo '<?php phpinfo()?>' > /var/www/html/info.php
// 4. 使用浏览器进行测试
# elinks http://www.olabs.lan/info.php
```

### 15.3.3 LAMP 的应用举例

**1. LAMP 的应用简介**

LAMP 是一个自由软件的组合应用平台。在自由软件世界中有许多产品是基于 GPL 发布的，可以直接下载、安装使用。表 15-11 列出了一些产品。这仅仅是一小部分，用户可以到 http://sf.net、http://github.com/、http://bitbucket.org/、http://code.google.com/和http://www.osch ina.net/project 上搜索自己需要的开源应用软件。

**表 15-11 常见的 LAMP 应用软件**

| 类　别 | 名　称 | 网　址 | 名　称 | 网　址 |
|---|---|---|---|---|
| Portal CMS | Drupal | http://drupal.org | Joomla | http://joomla.org/ |
| Wiki | MediaWiki | http://mediawiki.org/ | DokuWiki | http://dokuwiki.org |
| BLOG | Wordpress | http://wordpress.org | Dotclear | http://dotclear.org/ |
| Forum | phpBB | http://phpbb.com | Discuz | http://www.discuz.net/ |
|  | PunBB | http://punbb.informer.com | FUDForum | http://fudforum.org/ |
| Q&A | OSQA | http://www.osqa.net/ | Anwsion | http://www.anwsion.com/ |
|  | LampCMS | http://www.lampcms.com | Tipask | http://www.tipask.com/ |
| Groupware | eGroupWare | http://www.egroupware.org/ | Tiki | http://info.tiki.org/ |
| BugTracker | Mantisbt | http://www.mantisbt.org/ | Redmine | http://www.redmine.org/ |
|  | Trac | http://trac.edgewall.org/ | Indefero | http://www.indefero.net/ |
|  | Gforge | http://gforge.org/ | Gitlab | https://www.gitlab.com/ |
| DB admin | Chive | http://www.chive-project.com | phpMyAdmin | http://phpmyadmin.net/ |
| LMS/LCMS | moodle | http://moodle.org/ | Oppia | https://www.oppia.org/ |

安装一个 LAMP 的应用软件，首先必须在 Linux 操作系统下安装好 Apache、PHP 和 MariaDB/MySQL。然后下载应用软件，按照其说明文档安装即可，通常这些软件都提供基于 Web 的安装界面。另外，有许多知名的 LAMP 应用软件在 YUM 仓库中也有提供，可以使用 yum search 命令查找，找到相关的 RPM 包后即可使用 yum install 命令安装。

**2．安装 phpMyAdmin**

MySQL 有一个命令行配置工具 mysqladmin，使用起来不太方便。phpMyAdmin 是一个用 PHP 编写的基于 Web 的 MySQL 管理工具，界面友好，操作简单。

**操作步骤 15.11** phpMyAdmin 的安装和配置

```
// 1. 安装 EPEL 仓库提供的 phpMyAdmin 的 RPM
# yum install phpMyAdmin
# rpm -q phpMyAdmin
phpMyAdmin-4.4.15.2-1.el7.noarch
// 2. 修改 phpMyAdmin 的配置文件
# vi /etc/phpMyAdmin/config.inc.php
// 为 Cookies 认证设置加密口令
// 将 4395275342099225056 替换为任何字符串（注意不要太短）
$cfg['blowfish_secret'] = '4395275342099225056';
// 3. 修改由 Apache 主配置文件包含的配置文件 phpMyAdmin.conf
# vi /etc/httpd/conf.d/phpMyAdmin.conf
Alias /phpMyAdmin /usr/share/phpMyAdmin
Alias /phpmyadmin /usr/share/phpMyAdmin
<Directory /usr/share/phpMyAdmin/>
   <IfModule mod_authz_core.c>
     # Apache 2.4
     Require local
     // 默认只允许本地访问，可以添加自己的基于主机的访问控制规则
     // 注意：基于安全考虑，不建议开启本地之外的基于主机的访问控制
     //        在不开启本地之外的基于主机的访问控制时，本机用户可以通过配置 SSH 隧道来访问
     //        若配置了主机访问控制，建议使用 HTTPS 协议访问
     Require ip 192.168.0.77 192.168.1.0/24
   </IfModule>
   …
</Directory>
#
// 4. 测试 Apache 配置正确性并重新启动 Apache
# httpd -t
# apachectl  graceful
#
// 5. 测试 phpMyAdmin
// 在客户浏览器的地址栏里输入 http://服务器域名或 IP 地址/phpMyAdmin 进行测试
// 由于 phpMyAdmin.conf 是被 Apache 主配置文件包含的全局配置，所以对所有虚拟主机均有效
// 例如：  https://www.olabs.lan/phpmyadmin/
//         https://www.olabs.net/phpmyadmin/
// 在用户认证过程中，输入 MySQL 的用户名及其口令即可进入 phpMyAdmin 的管理界面
```

**3．安装和配置 Moodle**

Moodle 是使用 PHP 编写的面向对象的模块化动态教学环境，是由澳大利亚教师 Martin Dougiamas 基于建构主义教育理论而开发的免费、开源的课程管理系统（Course Management

System，CMS）。它具有内容管理、学习管理和课程管理 3 大功能，包含论坛、测验、资源、投票、问卷、作业、聊天和博客等模块，并具有大量功能丰富的第三方插件，是目前全球范围内应用最广泛的在线教学平台之一。Moodle 为远程教育提供了一种优秀的开源解决方案。利用 Moodle 可迅速而廉价地构建起自主学习平台、远程教育平台、社区教育平台、教学资源库平台和个人知识管理平台等各类系统平台。

可以到 Moodle 的主站下载最新版本而后解压安装。下面给出在虚拟主机 moodle.olabs.net 上安装配置 Moodle 的过程。

**操作步骤 15.12** 安装和配置 Moodle

请见下载文档“安装和配置 Moodle”。

提示

1．有关如何使用 Moodle，如添加新课程等，以及 Moodle 的管理，如备份等，请参考 http://moodle.org 的文档说明。

2．管理员也可以使用命令行工具 moosh（http://moosh-online.com/）管理 Moodle。

3．请参考 14.6 节配置基于 SSL/TLS 的 https://moodle.olabs.net。

## 15.4 JDK 与 Tomcat

### 15.4.1 Linux 下的 Java 运行环境

**1．CentOS 支持的 JDK**

在 CentOS 7 中，既可以安装开源的 OpenJDK（http://openjdk.java.net/），也可以安装 Oracle 的 JavaSE（JDK）。通常 CentOS 7 官方仓库提供的开源的 OpenJDK 对于 Java 应用程序已经够用了，但是国内的开发者通常使用 Windows 平台上的 JavaSE 进行开发，为了保证生产服务器和开发者计算机上的环境相一致，也可以在 Linux 上安装 Oracle 的 JavaSE。

**2．安装 OpenJDK**

CentOS 7 提供了 3 种版本的 OpenJDK，使用 yum 命令直接安装所需的版本即可。

```
# yum search openjdk|grep 'OpenJDK Runtime Environment'
java-1.6.0-openjdk.x86_64 : OpenJDK Runtime Environment
java-1.7.0-openjdk.x86_64 : OpenJDK Runtime Environment
java-1.8.0-openjdk.x86_64 : OpenJDK Runtime Environment
# yum install java-1.7.0-openjdk
# java -version
java version "1.7.0_91"
OpenJDK Runtime Environment (rhel-2.6.2.3.el7-x86_64 u91-b00)
OpenJDK 64-Bit Server VM (build 24.91-b01, mixed mode)
```

**3．安装 Oracle 的 JavaSE（JDK）**

首先到 http://www.oracle.com/technetwork/java/javase/downloads/index.html 下载最新版的 JavaSE。

**操作步骤 15.13** 安装 Oracle 的 JavaSE（JDK）

```
// 1. 下载 JDK
// 方法 1：单线程下载
# curl -LO -H "Cookie: oraclelicense=accept-securebackup-cookie" \
```

```
    http://download.oracle.com/otn-pub/java/jdk/8u65-b17/jdk-8u65-linux-x64.rpm
// 方法 2：多线程下载
# yum install aria2
# aria2c --header="Cookie: oraclelicense=accept-securebackup-cookie" \
    http://download.oracle.com/otn-pub/java/jdk/8u65-b17/jdk-8u65-linux-x64.rpm
// 2. 安装 JDK
# yum install javapackages-tools
# rpm -ivh jdk-8u65-linux-x64.rpm
Unpacking JAR files...
        tools.jar...
        plugin.jar...
        javaws.jar...
        deploy.jar...
        rt.jar...
        jsse.jar...
        charsets.jar...
        localedata.jar...
        jfxrt.jar...
// 3. 显示当前 Java 版本
# java -version
// 若已经安装了 OpenJDK，将会显示如下信息
java version "1.7.0_91"
OpenJDK Runtime Environment (rhel-2.6.2.3.el7-x86_64 u91-b00)
OpenJDK 64-Bit Server VM (build 24.91-b01, mixed mode)
// 4. 配置使用 Oracle 的 JavaSE
// 方法 1：使用 alternatives 命令管理 java、javac 和 jar 的符号链接
# alternatives --install /usr/bin/java java /usr/java/jdk1.8.0_65/bin/java 2000000
# alternatives --install /usr/bin/javac javac /usr/java/jdk1.8.0_65/bin/javac 2000000
# alternatives --install /usr/bin/javaws javaws /usr/java/jdk1.8.0_65/jre/bin/javaws 
2000000
# alternatives --install /usr/bin/jar jar /usr/java/jdk1.8.0_65/bin/jar 2000000
# java -version
java version "1.8.0_65"
Java(TM) SE Runtime Environment (build 1.8.0_65-b17)
Java HotSpot(TM) 64-Bit Server VM (build 25.65-b01, mixed mode)
# javac -version
javac 1.8.0_65
// 方法 2：配置被/etc/profile 文件包含的 Java 的环境变量设置文件/etc/profile.d/java.sh
// 用于开机生效的 Java 相关环境变量配置，对所有用户均有效
// 若用户需要使用其他的 Java 环境可以编辑 $HOME/.bash_profile 文件进行设置
# echo '
export JAVA_HOME=/usr/java/default
export PATH=$JAVA_HOME/bin:$JAVA_HOME/jre/bin:$PATH
export CLASSPATH=.:$JAVA_HOME/jre/lib:$JAVA_HOME/lib:$JAVA_HOME/lib/tools.jar:
$CLASSPA TH
' > /etc/profile.d/java.sh
# chmod +x /etc/profile.d/java.sh
// 在当前 bash 环境下执行/etc/profile.d/java.sh
# . /etc/profile.d/java.sh
# java -version
java version "1.8.0_65"
Java(TM) SE Runtime Environment (build 1.8.0_65-b17)
```

```
Java HotSpot(TM) 64-Bit Server VM (build 25.65-b01, mixed mode)
# javac -version
javac 1.8.0_65
```

## 15.4.2 Tomcat 服务

### 1. Tomcat 简介

Tomcat 是一个免费、开源的 JSP 和 Servlet 的运行平台，是 Apache 基金会的 Jakarta 项目中的一个核心项目，由 Apache、Sun/Oracle 和其他一些公司及个人共同开发而成。由于有了 Sun 的参与和支持，最新的 Servlet 和 JSP 规范总能在 Tomcat 中得到体现。因为 Tomcat 技术先进、性能稳定而且免费，因而深受 Java 爱好者的喜爱并得到了部分软件开发商的认可，成为目前比较流行的 Web 应用服务器。

Tomcat 不仅仅是一个 Servlet 容器，同时也具有传统的 Web 服务器的功能：处理 HTML 页面。但是与 Apache/Nginx 相比，其处理静态 HTML 的能力不如 Apache/Nginx。通常可以将 Tomcat 和 Apache/Nginx 集成到一起，让 Apache/Nginx 处理静态 HTML，而让 Tomcat 处理 JSP 和 Servlet。

Tomcat 的官方网站为 http://tomcat.apache.org，最新版本为 Tomcat 8.0.30。但当前广泛使用的版本是 Tomcat 7，实现了对 Servlet 3.0、JSP 2.2 和 EL 2.2 等特性的支持。

### 2. CentOS 下的 Tomcat

CentOS 7 的官方仓库中提供了 Tomcat 7 的 RPM 包。与 Tomcat 官方发布的二进制包（tar.gz）不同，CentOS 7 仓库中的 Tomcat 将其按功能拆分成了多个 RPM 包，可使用 yum list tomcat* 命令查看与 Tomcat 相关的 RPM 包。表 15-12 中列出了与 Tomcat 7 相关的 RPM 包。

**表 15-12 与 Tomcat 7 相关的 RPM 包**

| 包　名 | 说　明 |
|---|---|
| tomcat | Apache Tomcat 的 Servlet/JSP 引擎，以及 Servlet 3.0/JSP 2.2 的 API |
| tomcat-lib | 运行 Tomcat Web 容器所需的库文件 |
| tomcat-el | Tomcat 的表达式语言（Expression Language v1.0 API） |
| tomcat-servlet-3.0-api | Apache Tomcat Servlet API 的类实现 |
| tomcat-jsp-2.2-api | Apache Tomcat JSP API 的类实现 |
| tomcat-jsvc.noarch | 以 jsvc 方式运行 Apache Tomcat 的系统服务和包裹脚本 |
| tomcat-admin-webapps | Apache Tomcat 的 Web 应用（host-manager 和 manager） |
| tomcat-webapps | Apache Tomcat 的 Web 应用（ROOT 和 examples） |
| tomcat-docs-webapp | Apache Tomcat 的 Web 应用（docs） |
| tomcat-javadoc | 由 Java 文档工具 Javadoc 生成的 Tomcat 的 API 文档 |
| tomcat-native | 为了提升 Tomcat 的性能实现的一套本地化 Socket, Thread, I/O 组件库（EPEL 仓库） |
| tomcatjss | 基于 NSS 安全模型实现的 Java 安全套接字扩展（Java Secure Socket Extension，JSSE），与 tomcat-native 使用的 OpenSSL 安全模型冲突，不可共存，二者只能择其一 |

使用如下命令可以安装 Tomcat 7 及其依赖的软件包。

```
# yum install tomcat
```

使用如下命令可以安装 Tomcat 7 的默认 Web 应用和管理应用。

```
# yum install tomcat-webapps tomcat-admin-webapps
```

使用如下命令可以安装 Tomcat 7 的在线文档。

```
# yum install tomcat-docs-webapp tomcat-javadoc
```

### 3. Tomcat 的相关文件

表 15-13 中列出了与 Tomcat 相关的文件。

表 15-13 与 Tomcat 相关的文件

| 分　类 | 文　件 | 说　明 |
| --- | --- | --- |
| 管理脚本 | /usr/libexec/tomcat/server | 支持多实例的 Tomcat 服务管理脚本 |
| systemd 的服务配置单元 | /usr/lib/systemd/system/tomcat.service | 默认实例的 Tomcat 服务 Systemd 单元配置文件 |
| | /usr/lib/systemd/system/tomcat@.service | 多实例的 Tomcat 服务 Systemd 单元配置文件 |
| 公共环境配置文件 | /etc/tomcat/tomcat.conf | 为所有 Tomcat 实例提供公共环境配置的文件 |
| 库文件 | /usr/share/java/tomcat | Tomcat 的库文件目录 |
| 默认实例配置文件 | /etc/sysconfig/tomcat | 默认实例的环境配置文件 |
| | /etc/tomcat/server.xml | 默认实例的服务器配置文件 |
| 默认实例目录 | /var/lib/tomcat/webapps | Web 应用根目录 |
| | /var/cache/tomcat/work | Web 应用工作目录 |
| | /var/cache/tomcat/temp | Web 应用临时目录 |
| | /var/log/tomcat | 日志目录 |
| 文档 | /usr/share/tomcat/webapps/docs/ | Tomcat 的手册文档目录 |
| | /usr/share/javadoc/tomcat/ | Tomcat 的 API 文档目录 |

### 4. 管理 Tomcat 服务

CentOS 7 下的 Tomcat 服务由 Systemd 启动，并支持多实例管理。

对于默认的 Tomcat 实例，可以使用如下 systemctl 命令管理。

```
# systemctl {start|stop|status|restart} tomcat
# systemctl {enable|disable} tomcat
```

若已经创建了第二个 Tomcat 实例，其配置文件名为 /etc/sysconfig/tomcat@NAME2 且其 CATALINA_BASE 目录为 /var/lib/tomcats/NAME2，则可以使用如下 systemctl 命令管理第二个 Tomcat 实例。

```
# systemctl {start|stop|status|restart} tomcat@NAME2
# systemctl {enable|disable} tomcat@NAME2
```

### 5. 安装和配置默认的 Tomcat 实例

**操作步骤 15.14**　安装配置 Tomcat 7

```
// 1. 安装 Tomcat 7
# yum install tomcat log4j tomcat-native
// 2. 查看 CentOS 下 Tomcat 默认的安装
# ll /usr/share/tomcat/
drwxr-xr-x 2 root root   73 1月  19 02:45 bin
lrwxrwxrwx 1 root tomcat 11 1月  19 02:45 conf -> /etc/tomcat
lrwxrwxrwx 1 root tomcat 22 1月  19 02:45 lib -> /usr/share/java/tomcat
lrwxrwxrwx 1 root tomcat 15 1月  19 02:45 logs -> /var/log/tomcat
lrwxrwxrwx 1 root tomcat 22 1月  19 02:45 temp -> /var/cache/tomcat/temp
lrwxrwxrwx 1 root tomcat 23 1月  19 02:45 webapps -> /var/lib/tomcat/webapps
```

```
lrwxrwxrwx 1 root tomcat 22 1月  19 02:45 work -> /var/cache/tomcat/work
// 从上面的输出可知除了 bin 目录之外，其他目录都按 Linux 的文件系统布局规范
// 以符号链接方式链接到了系统的相应目录，例如 conf 目录链接到了 /etc/tomcat
// 3. 配置所有 Tomcat 实例的工作环境（包括默认实例）
//     配置文件 /etc/tomcat/tomcat.conf 用于设置所有 Tomcat 实例运行时使用的环境变量
//     以便在 Systemd 的服务单元配置文件/usr/lib/systemd/system/tomcat{,@}.service 中引用
# cp /etc/tomcat/tomcat.conf{,.orig}
# vi /etc/tomcat/tomcat.conf
// 若用户使用 OpenJDK，则保持 JAVA_HOME 的默认设置即可
JAVA_HOME="/usr/lib/jvm/jre"
// 若用户使用 Oracle 的 JavaSE（JDK），需要修改环境变量 JAVA_HOME
JAVA_HOME="/usr/java/default"
// 修改环境变量 JAVA_OPTS
// JVM 的堆（Heap）和非堆（Non-heap）内存：
//      堆内存：JVM 具有一个堆，堆是运行时数据区域，所有类实例和数组的内存均从此处分配
//      非堆内存：JVM 为永久生成对象（Permanent generation）
//                如：class 对象、方法对象这些可反射（reflective）对象分配的内存
// -Xms 用于设置 JVM 分配的堆内存的最小值，初始分配
// -Xmx 用于设置 JVM 分配的堆内存的最大值，按需分配
//  若-Xmx 不指定或者指定偏小，应用可能会导致 java.lang.OutOfMemory 错误
// -XX:PermSize 用于设置 JVM 分配的非堆内存的最小值，初始分配
// -XX:MaxPermSize 用于设置 JVM 分配的非堆内存的最大值，按需分配
//  使用-server 选项运行 Java，默认的 MaxPermSize 为 64m
//  使用-client 选项运行 Java，默认的 MaxPermSize 为 32m
//  若 MaxPermSize 过小会导致 java.lang.OutOfMemoryError: PermGen space 错误
//  根据系统内存大小和 Java 应用程序的需要设置这 4 个 Java 参数
// 在生产环境上，一般将 Xms 和 Xmx 两个值，以及 PermSize 和 MaxPermSize 设为相同
// 以减少运行期间系统在内存申请上所花的开销
JAVA_OPTS="-Xms2048m -Xmx2048m -XX:PermSize=512m -XX:MaxPermSize=512m"
// 4. 配置 Tomcat 默认实例的 server.xml 文件
# cp /etc/tomcat/server.xml /etc/tomcat/server.xml.orig
# vi /etc/tomcat/server.xml
//     用户可以根据需要修改 server.xml 文件，此处不再赘述，请参考 Tomcat 的官方文档学习配置方法
// 5. 启动 Tomcat 服务（默认实例），并设置开机启动
# systemctl start tomcat
# systemctl enable tomcat
// 6. 配置防火墙开启 8080 端口以便在其他主机上进行网络测试
# firewall-cmd --add-port=8080/tcp --permanent
# firewall-cmd --reload
// 7. 测试 Tomcat
// 7.1 安装 Tomcat 的 Web 应用和文档案例以便测试
# yum install tomcat-webapps tomcat-docs-webapp tomcat-javadoc
# ll /var/lib/tomcat/webapps/
drwxr-xr-x 14 root   root   4096 1月  20 00:19 docs
drwxr-xr-x 8 tomcat tomcat  120 1月  20 00:19 examples
drwxr-xr-x 3 tomcat tomcat 4096 1月  20 00:19 ROOT
drwxr-xr-x 5 tomcat tomcat   81  1月  20 00:19 sample
// 7.2 测试 Tomcat 默认站点
# elinks http://localhost:8080
# elinks http://www.olabs.lan:8080
// 8. 部署 Tomcat 应用
// 测试结束后即可删除 Tomcat 的 Web 应用案例和文档
# yum remove tomcat-webapps
```

```
// 然后将自己的 Web 应用的 war 文件或已解压的文件部署在/var/lib/tomcat/webapps 目录即可
// 当然也可以部署到其他目录，但需要适当修改/etc/tomcat/server.xml 配置文件
```

**操作步骤 15.15** 安装配置 Tomcat 7 用于在线管理的 Web 应用

```
// Tomcat 提供了一个在线管理的 Web 应用，需要用户名和口令访问
// 1. 安装 Tomcat 7 用于管理 Web 应用
# yum install tomcat-admin-webapps
# ll -d /var/lib/tomcat/webapps/*manager*
drwxr-xr-x 5 root tomcat 82 1月  20 03:16 host-manager
drwxr-xr-x 5 root tomcat 97 1月  20 03:16 manager
// 2. 配置允许访问管理界面的角色、用户和口令
# vi /etc/tomcat/tomcat-users.xml
<tomcat-users>
    <!-- 用户 jason 只能访问 manager 部分 -->
    <role rolename="manager-gui" />
    <user username="jason" password="P4SSwOrd" roles="manager-gui" />

    <!-- 用户 osmond 既可以访问 manager 也可以访问 admin 部分 -->
    <role rolename="admin-gui" />
    <user username="osmond" password="PA55W0rd" roles="manager-gui,admin-gui" />
</tomcat-users>
// 3. 重启 Tomcat 服务
# systemctl restart tomcat
// 4. 管理界面访问测试
//  分别使用 osmond 和 jason 用户测试如下 URL（在验证窗口中输入用户名和口令）
# elinks http://olabs.lan:8080/host-manager/html
# elinks http://olabs.lan:8080/manager/html
# elinks http://olabs.lan:8080/manager/status
// 在状态页面里，可以随时查看内存的使用情况，以便调整 JAVA_OPTS 的参数
```

### 6. 安装和配置第二个 Tomcat 实例

**操作步骤 15.16** 安装和配置第二个 Tomcat 实例

```
// 1. 创建第二个 Tomcat 实例的根目录以及 webapps 子目录并设置权限
# mkdir -p /var/lib/tomcats/instance2/webapps
# chown -R tomcat.tomcat /var/lib/tomcats/instance2/
// 2. 创建第二个 Tomcat 实例的环境变量配置文件
# cp -p /etc/sysconfig/tomcat{,@instance2}
# cat <<_END_>> /etc/sysconfig/tomcat@instance2
CATALINA_BASE="/var/lib/tomcats/instance2"
CATALINA_HOME="/var/lib/tomcats/instance2"
CATALINA_TMPDIR="/var/lib/tomcats/instance2/temp"
_END_
// 3. 为第二个 Tomcat 实例配置 server.xml 文件
# rsync -a /etc/tomcat/ /etc/tomcat@instance2/
// 因为第二个实例与默认实例要同时运行，所以两个实例不能使用相同的 TCP 端口
# sed -i 's/"8005"/"28005"/g' /etc/tomcat@instance2/server.xml
# sed -i 's/"8080"/"28080"/g' /etc/tomcat@instance2/server.xml
# sed -i 's/"8009"/"28009"/g' /etc/tomcat@instance2/server.xml
# sed -i 's/"8443"/"28443"/g' /etc/tomcat@instance2/server.xml
// 4. 为第二个 Tomcat 实例配置 bin、lib、conf 目录
# cd /var/lib/tomcats/instance2/
# ln -s /usr/share/tomcat/bin   bin
```

```
# ln -s /usr/share/java/tomcat lib
# ln -s /etc/tomcat@instance2  conf
# ll
lrwxrwxrwx 1 root   root      21 1月  20 00:39 bin -> /usr/share/tomcat/bin
lrwxrwxrwx 1 root   root      21 1月  20 00:06 conf -> /etc/tomcat@instance2
lrwxrwxrwx 1 root   root      22 1月  20 00:39 lib -> /usr/share/java/tomcat
drwxr-xr-x 3 tomcat tomcat   32 1月  20 00:11 webapps
// 5. 为第二个 Tomcat 实例安排测试应用
# cd /var/lib/tomcats/instance2/webapps
# aria2c  http://apache.fayea.com/jspwiki/2.10.1/binaries/JSPWiki.war
// 6. 为第二个 Tomcat 实例启动服务，并设置开机启动
# systemctl start tomcat@instance2
# systemctl enable tomcat@instance2
// 7. 配置防火墙开启 28080 端口以便在其他主机上进行网络测试
# firewall-cmd --add-port=28080/tcp --permanent
# firewall-cmd --reload
// 8. 打开浏览器进行测试
// 进入 JSPWiki 的安装页面进行测试
// 有关 JSPWiki 配置和进一步的使用方法请参考 https://jspwiki-wiki.apache.org
# elinks http://localhost:28080/JSPWiki/Install.jsp
# elinks http://www.olabs.lan:28080/JSPWiki/Install.jsp
```

## 15.5 Apache 与代理

### 15.5.1 Apache 与反向代理

**1．反向代理简介**

通常的代理，也称正向代理（Forward Proxy）服务器，用于代理内部网络（可以是办公内网也可以是机房内网等）对 Internet 的连接请求，客户机必须指定代理服务器，并将本来要直接发送到 Web 服务器上的 HTTP 请求发送到代理服务器，然后由代理服务器请求 Internet 上的 Web 服务器。当 Web 服务器收到请求后将响应发送给客户端指定的代理服务器，再由代理服务器将响应发给客户机，如图 15-2a 所示。

反向代理（Reverse Proxy）服务器是指用代理服务器来接受来自 Internet 上的连接请求，然后将请求转发给内部网络上的应用服务器（HTTP/FTP/FCGI/Redis 服务器等）；并将从应用服务器上得到的响应结果返回给请求连接的客户端。当一个代理服务器能够代理外部网络上的请求，访问服务器内部网络时，这种代理服务的方式称为反向代理服务。此时代理服务器对客户来说就表现为一个应用服务器。若使用反向代理服务，必须将原来指向应用服务器的 DNS 解析指向反向代理服务器，而客户端无须做任何配置，即反向代理对于客户端是透明的，如图 15-2b 所示。

**2．反向代理 Web 服务的处理步骤**

1）客户端发送 Web 请求，由于 Web 服务器 DNS 解析到了反向代理服务器，所以 Web 客户端的 Web 请求发送给了反向代理服务器。

2）反向代理服务器接到客户端的请求后，将其转发给后端的 Web 应用服务器。大多数反向代理服务器具有缓存功能。若反向代理服务器启用了缓存功能，则反向代理服务器接到客户端的请求后，首先在自己的缓存中查找是否缓存过与之对应的响应，若找到相应的缓存对象且对象未失效则直接将其返回给客户端；否则将请求转发给后端的 Web 应用服务器。

3）后端 Web 应用服务器接到反向代理服务器的 Web 请求，Web 服务器经过处理将响应发送给反向代理服务器。

4）反向代理服务器接到后端的 Web 应用服务器发来的响应后，将其发送给客户端。若反向代理服务器启用了缓存功能，同时还会在其自己的缓存中保留一份响应结果，以加快相同请求的后续访问。

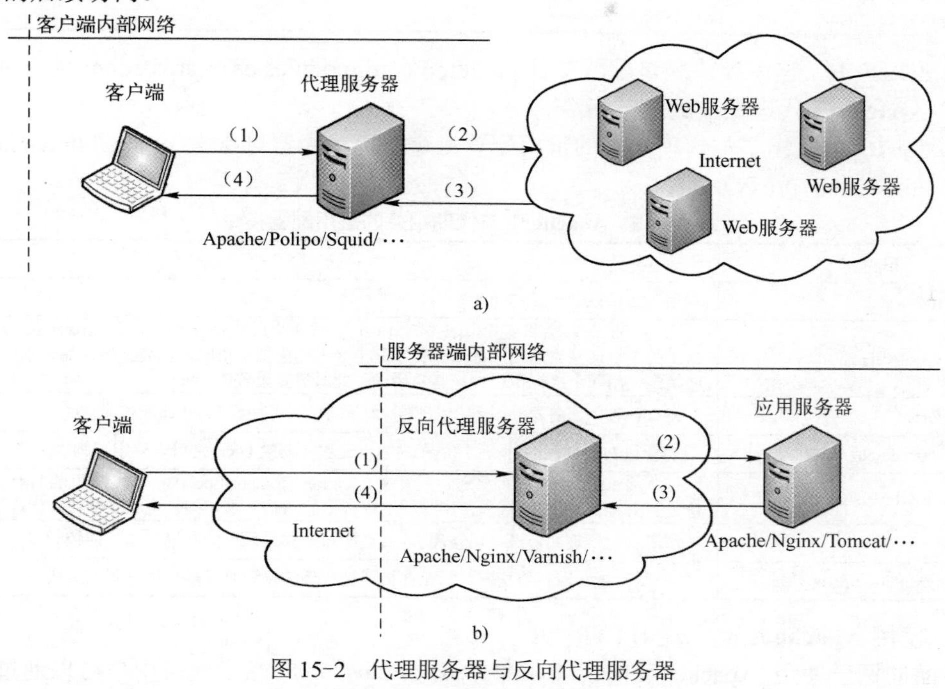


图 15-2　代理服务器与反向代理服务器

a) 代理服务器　b) 反向代理服务器

**3．反向代理的优缺点**

使用反向代理的最大优点是，反向代理作为后台应用服务器的替身，大大地提高了安全性，保护了敏感信息不外泄。因为通常反向代理服务器拥有两个网络接口，其一为 Internet 公网地址（负责接收客户端请求），另一个为私网地址（负责连接后端的应用服务器）。由于后端应用服务器只有能连接反向代理的私网地址接口，因此客户端不能直接访问反向代理后端的应用服务器，从而提高了安全性。

使用反向代理的缺点是，反向代理作为后台应用服务器的替身，一旦其宕机便无法对外提供服务。为了避免反向代理成为单点故障，通常的做法是架设两台或两台以上的反向代理服务器，使用高可用技术（如 Keepalive、Heartbeat 等）实现故障切换。

**4．Apache 的代理支持**

Apache 通过 mod_proxy 模块提供代理支持，它既支持正向代理也支持反向代理，并通过表 15-14 中列出的模块实现各种协议/方案的代理功能。

表 15-14　Apache 中与代理相关的模块

| 模　块 | 说　明 |
|---|---|
| mod_proxy_http | 支持 HTTP 协议 |
| mod_proxy_connect | 支持 HTTP 协议的 CONNECT 方法，用于 SSL 请求 |
| mod_proxy_ftp | 支持 FTP 协议 |

（续）

| 模 块 | 说 明 |
| --- | --- |
| mod_proxy_ajp | 支持 AJP13（Apache JServe Protocol version 1.3）协议 |
| mod_proxy_fcgi | 支持 FastCGI |
| mod_proxy_scgi | 支持 SCGI |
| mod_proxy_wstunnel | 支持 WebSocket 协议 |

CentOS 7 中，这些模块通过配置文件/etc/httpd/conf.modules.d/00-proxy.conf 动态加载。

#### 5．Apache 与代理相关的配置指令

表 15-15 中列出了与代理相关的常用配置指令，更多配置可参考 https://httpd.apache.org/docs/2.4/mod/mod_proxy.html。

表 15-15　Apache 中与代理相关的常用配置指令

| 指 令 | 说 明 |
| --- | --- |
| ProxyRequests | 用于启用或禁用正向代理 |
| ProxyPreserveHost | 当为 On 时，会将客户请求头的 Host 值传递给后端服务器而不是 ProxyPass 指令行中指定的主机名。当后端服务器配置了基于名字的虚拟主机时，需要使用原始请求中的 Host 值决定使用哪个虚拟主机响应客户请求，此时需要设置为 On |
| ProxyPass | 将被代理的服务器映射到本地服务器的 URL（可使用 Shell 通配符）空间 |
| ProxyPassMatch | 功能与 ProxyPass 相同，只是在描述本地服务器的 URL 时可以使用正则表达式 |
| ProxyPassReverse | 使 Apache 调整 HTTP 重定向应答中 Location, Content-Location, URI 头里的 URL，从而避免 Apache 作为反向代理使用时后端服务器的 HTTP 重定向，造成绕过反向代理的问题 |
| <Proxy> </Proxy> | 用于为被代理的资源（可使用 Shell 通配符）实施额外的配置（如访问控制等） |
| < ProxyMatch> </ProxyMatch> | 功能与<Proxy>容器相同，只是在描述被代理的资源时可以使用正则表达式 |

#### 6．使用 Apache 反向代理 HTTP

下面的例子使用 Apache 反向代理 http://www.olabs.lan:8848，使得用户可以通过 http://www.olabs.lan/8848 访问原来 8848 端口上的虚拟主机，从而可以关闭防火墙上的 8848 端口。下面的操作步骤基于第 14 章操作步骤 14.7 配置的基于端口的虚拟主机。

**操作步骤 15.17**　使用 Apache 反向代理 HTTP

```
// 1. 编辑虚拟主机 www.olabs.lan 的 Apache 配置文件
# vi /etc/httpd/vhosts.d/default-main.conf
<VirtualHost _default_:80>
    DocumentRoot /var/www/html
    ServerName www.olabs.lan

    ProxyRequests Off                      // 关闭正向代理
    ProxyPreserveHost On
    <Proxy http://www.olabs.lan>           // 允许对 http://www.olabs.lan 的访问使用代理
        AllowOverride None
        Require all granted
    </Proxy>
    ProxyPass /8848/ http://www.olabs.lan:8848/
    ProxyPassReverse /8848/ http://www.olabs.lan:8848/
</VirtualHost>
// 2. 检测虚拟主机配置并重新启动 Apache
# httpd -S
# apachectl graceful
// 3. 测试
# curl http://www.olabs.lan:8848
This is a website for www.olabs.lan:8848
```

```
# curl http://www.olabs.lan/8848
This is a website for www.olabs.lan:8848
// 4. 关闭防火墙的 8848 端口
# firewall-cmd --remove-port=8848/tcp --permanent
# firewall-cmd -reload
```

**7. 使用 Apache 反向代理 Tomcat**

下面的例子使用 Apache 反向代理本机运行的 Tomcat 默认实例（http://localhost:8080），使得用户可以通过 http://www.olabs.lan 访问原来的 Tomcat 默认实例，从而可以关闭防火墙上的 8080 端口。下面的操作步骤基于操作步骤 15.14 配置的 Tomcat 默认实例。

**操作步骤 15.18**　使用 Apache 反向代理 Tomcat

```
// 1. 编辑虚拟主机 www.olabs.lan 的 Apache 配置文件
# vi /etc/httpd/vhosts.d/default-main.conf
<VirtualHost _default_:80>
    DocumentRoot /var/www/html
    ServerName www.olabs.lan
…
// 配置由 Apache 直接处理用户对 Tomcat 手册的访问（即/docs 下的静态页面不通过 Tomcat 处理）
   Alias /docs /usr/share/tomcat/webapps/docs
   <Directory /usr/share/tomcat/webapps/docs>
       Options Indexes FollowSymlinks
       Require all granted
    </Directory>
    ProxyRequests Off
    ProxyPass /docs !                      // 不对 /docs 的 URI 访问进行反向代理
    ProxyPass / ajp://localhost:8009/      // 使用 AJP 协议反向代理 Tomcat 的默认实例
    ProxyPassReverse / ajp://localhost:8009/    // 避免 Tomcat 内的地址重定向绕过代
理服务器
    ### 除了使用 AJP 协议之外，还可以使用 HTTP 协议反向代理 Tomcat，但执行效率不如 AJP 协议高
    #ProxyPass / http://localhost:8080/
    #ProxyPassReverse / http://localhost:8080/

    ### 也可以反向代理 Tomcat 实例的部分页面而不是整个 tomcat 实例，例如：
    #ProxyPass /examples/ ajp://localhost:8009/examples/
    #ProxyPassReverse /examples/  ajp://localhost:8009/examples/
    ### 还可以通过指定的 URI 虚拟路径前缀反向代理 Tomcat 的整个实例，例如：
    #ProxyPass /tomcat/ ajp://localhost:8009/
    #ProxyPassReverse /tomcat/  ajp://localhost:8009/
</VirtualHost>
// 2. 检测虚拟主机配置并重新启动 Apache
# httpd -S
# apachectl graceful
// 3. 测试
# elinks http://www.olabs.lan
// 4. 关闭防火墙的 8080 端口
# firewall-cmd --remove-port=8080/tcp --permanent
# firewall-cmd -reload
```

## 15.5.2　Apache 与负载均衡

**1. 负载均衡简介**

随着业务量的提高，访问量和数据流量的快速增长，网络服务器处理能力和计算强度也相应地增大，使得现有的单一服务器设备根本无法承担。

一种做法是升级硬件设备。但是，如果扔掉现有设备去做大量的硬件升级，这样将造成现有资源的浪费，而且如果再面临下一次业务量的提升时，又将导致再一次硬件升级的高额成本投入，甚至性能再卓越的设备也不能满足当前业务量增长的需求。

另一种更科学的做法是使用一组服务器设备同时承担一项业务，且在这一组设备前端添加一个或多个设备负责分发客户请求，每次请求根据特定的负载均衡算法分发到一组服务器设备之一，这种设备称为负载均衡设备或负载均衡器。

负载均衡设备不是基础网络设备，而是一种性能优化设备。对于网络应用而言，并不是一开始就需要负载均衡，当网络应用的访问量不断增长，单个处理单元无法满足负载需求时，网络应用流量将要出现瓶颈时，负载均衡才会起到作用。

负载均衡（Load Balancing）建立在现有网络结构之上，提供了一种廉价、有效、透明的方法扩展网络设备和服务器的带宽，增加吞吐量，加强网络数据处理能力，提高网络的灵活性和可用性。

**2．负载均衡的分类**

按照使用的基本技术不同，负载均衡可以分为以下几种。

- **DNS 负载均衡：** 在 DNS 中为多个地址配置同一个名字，因而查询这个名字的客户机将得到其中一个地址，从而使得不同的客户访问不同的服务器，达到负载均衡的目的。DNS 负载均衡是最早使用的负载均衡技术，是一种简单而有效的方法，但是其不能区分服务器的差异，也不能反映服务器的当前运行状态。
- **NAT 负载均衡：** 将一个外部 IP 地址通过网络地址转换映射为多个内部 IP 地址，对每次连接请求动态使用其中一个内部地址，达到负载均衡的目的。
- **反向代理负载均衡：** 将来自 Internet 上的连接请求以反向代理的方式动态地转发给内部网络上的多台服务器进行处理，从而达到负载均衡的目的。

在实际环境中，根据不同的网络情况可能会综合使用各种负载均衡技术。

按照 ISO 网络模型的不同层次，负载均衡可以分为以下几种。

- **第二层负载均衡：** 将多条物理链路当作一条单一的聚合逻辑链路使用，这就是链路聚合（Trunking）技术，它不是一种独立的设备，而是交换机等网络设备的常用技术。
- **第四层负载均衡：** 将一个 Internet 上合法注册的 IP 地址映射为多个内部服务器的 IP 地址，对每次 TCP 连接请求根据指定的均衡算法动态使用其中一个内部 IP 地址，达到负载均衡的目的。
- **第七层负载均衡：** 也称应用层负载均衡。提供了一种对访问流量的高层控制方式，如根据报头内的信息来执行负载均衡任务等。

按照软/硬件的不同，负载均衡可以分为以下几种。

- **软件负载均衡：** 在一台或多台服务器相应的操作系统上安装一个或多个附加软件来实现负载均衡，优点是基于特定环境，配置简单，使用灵活，成本低廉，可以满足一般的负载均衡需求。在 Linux 世界里，常用的开源负载均衡软件包括 LVS（4 层实现）、Nginx（7 层实现）。
- **硬件负载均衡：** 使用专门的负载均衡设备，这种设备通常称为负载均衡器，由于专门的设备完成专门的任务，独立于操作系统，整体性能得到大量提高，加上多样化的负载均衡策略，智能化的流量管理，可达到最佳的负载均衡需求。硬件负载均衡在功能、性能上优于软件方式，不过成本昂贵。知名的负载均衡设备有 F5 BIG-IP 负载均衡器、Radware 的 AppDirector 系列产品等。

**3．基于 Apache 的负载均衡**

Apache 实现了基于应用层的反向代理负载均衡。Apache 本身具有反向代理功能，基于此实现负载均衡也就顺理成章了。Apache 提供了 mod_proxy_balancer 模块用于配置反向代理的上游服务器组。图 15-3 展示了使用 Apache 负载均衡的基本拓扑结构。

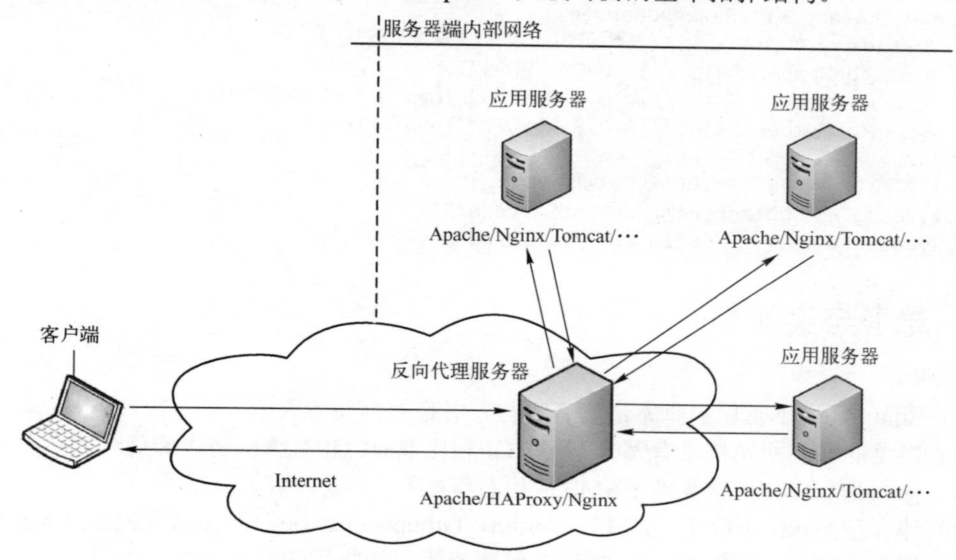


图 15-3　使用 Apache 做反向代理负载均衡器

Apache 的 mod_proxy_balancer 模块实现了 HTTP、FTP 和 AJP13 这 3 种协议的负载均衡。也就是说，被代理的一组上游服务器可以是 HTTP/FTP/AJP 应用服务器。

Apache 的 mod_proxy_balancer 模块支持以下 3 种负载均衡调度算法（可以通过 lbmethod 参数指定）。

- byrequests：加权请求计数（Weighted Request Counting）。
- bytraffic：加权流量计数（Weighted Traffic Counting）。
- bybusyness：等待请求计数（Pending Request Counting）。

当 Apache 接收客户端请求后，默认使用加权请求计数（Byrequests）负载均衡算法将请求分发给后端的一台服务器。在 Apache 中使用 BalancerMember 指令定义每个后台服务器，可以使用 loadfactor 参数指定每个后台服务器的负载系数（权值）。

Apache 的 mod_proxy_balancer 模块支持连接黏着（Stickyness），也就是说当一个用户请求按照负载均衡算法发送到一台选定的后端服务器后，相同用户的后续连接请求也同样发送到相同的后端服务器。

**4．使用 Apache 配置反向代理负载均衡**

有关使用 Apache 配置反向代理负载均衡的详细信息，请参考https://httpd.apache.org/docs/2.4/mod/mod_proxy_balancer.html，下面仅给出一个简单的配置片段。

```
## 1.1 使用 Proxy 容器声明一个负载均衡器，并定义一个后台服务器池（HTTP 协议）
<Proxy "balancer://mycluster">
    # 在 Proxy 容器内分别定义每个可用的后台服务器
    BalancerMember  "http://192.168.1.50:80"
    BalancerMember  "http://192.168.1.51:80"
</Proxy>
```

```
## 1.2 在 ProxyPass 和 ProxyPassReverse 指令中引用
ProxyPass "/test"  "balancer://mycluster"
ProxyPassReverse  "/test"  "balancer://mycluster"

## 2.1 使用 Proxy 容器声明一个负载均衡器，并定义一个后台服务器池（AJP 协议）
<Proxy "balancer://BackendServers">
    # 在 Proxy 容器内分别定义每个可用的后台服务器及其权值
    BalancerMember "ajp://10.0.0.1:8009"
    BalancerMember "ajp://10.0.0.2:8009" loadfactor=10
    BalancerMember "ajp://10.0.0.3:8009" loadfactor=5
</Proxy>
## 2.2 在 ProxyPass 和 ProxyPassReverse 指令中引用之
ProxyPass  /  "balancer://BackendServers/"
ProxyPassReverse  /  "balancer://BackendServers/"
```

## 15.6　思考与实验

**1．思考**

（1）Linux 环境下常用的脚本语言有哪些？各自有何特点？

（2）常见的动态网站技术有哪些？与 CGI 相比 FastCGI 有哪些特点和优势？

（3）什么是 LAMP？常见的 LAMP 应用有哪些？

（4）什么是 Wiki、BLOG、CMS、Forum、Groupware、BugTracker、LMS/LCMS？

（5）什么是反向代理？Apache 的反向代理能代理哪些后端服务？

（6）什么是负载均衡？如何分类？Apache 使用哪种负载均衡技术和算法？

**2．实验**

（1）学会在 Apache 上安装和配置 AWStats 访问日志统计。

（2）学会配置基于 Apache 动态语言模块的 LAMP 环境。

（3）学会在 Apache 上安装和配置常见的 LAMP 应用软件，如 Drupal、Joomla、MediaWiki、Wordpress、phpBB 和 Moodle 等。

（4）学会在 Apache 上安装和配置常见的国产 LAMP 应用软件，如康盛公司（http://www.comsenz.com/）的 SupeSite、Discuz!X 等产品。

（5）学会配置 Tomcat 的默认实例和第二实例。

（6）学会使用 Apache 反向代理 Tomcat。

**3．进一步学习**

（1）安装 extras 仓库提供的 RPM 包 centos-release-scl，使用 sclo 仓库安装 PHP 5.5。

（2）学习配置基于 Python+WSGI+Apache 的 Django 应用（如 OSQA）。

（3）学习基于 Ruby+Apache 的 Redmine 或 Gitlab 的安装、配置和使用。

（4）学习基于 PHP 的 ISPConfig（http://www.ispconfig.org/）的安装、配置和使用。

（5）学习使用 ownCloud（https://owncloud.org/）搭建自己的私有云存储平台。

（6）学习下载 Tomcat 8 的二进制包并配置 Tomcat 8 服务的方法。

（7）参考 Tomcat 的官方文档进一步学习 server.xml 文件的配置。

（8）参考 https://github.com/terrancesnyder/tomcat 部署基于二进制包的多实例 Tomcat。

（9）学习配置基于 Nginx+FastCGI 的 LEMP 环境。

（10）学习使用 Nginx 配置反向代理和负载均衡。

（11）学习使用 HAproxy 配置反向代理和负载均衡。

# 第 16 章 E-mail 服务

本章首先介绍电子邮件系统和邮件协议的相关概念，接着介绍 Postfix 系统的设计特点及其体系结构，如何使用 Postfix 配置基于系统用户账号的 SMTP 协议服务器，以及 Postfix 映射表的配置和使用，随后介绍如何使用 Dovecot 配置基于系统用户账号的 POP/IMAP 协议服务器，最后分别介绍 SASL 和基于 TLS 协议的邮件系统配置方法。

## 16.1 邮件系统与邮件协议

### 16.1.1 电子邮件系统

**1. 电子邮件系统组成**

电子邮件系统由 6 部分组成，如图 16-1 所示。有关邮件系统架构的详细信息，可参考 http://tools.ietf.org/html/rfc5598。

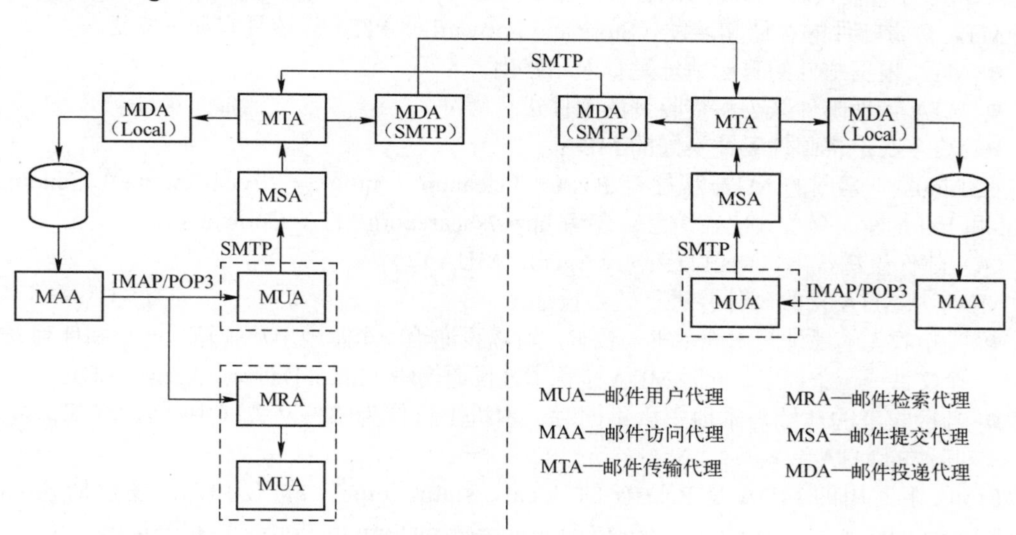


图 16-1 电子邮件系统的组成

（1）邮件用户代理（Mail User Agent，MUA）

MUA 是一个邮件系统的客户端程序，提供了阅读、发送和接收电子邮件的用户接口。MUA 是邮件系统中与用户交互较多的部分。一个好的 MUA 将向用户隐藏整个邮件系统的复杂性。通常，MUA 使用 SMTP 协议向 MTA 发送邮件，并读取由 MDA 递送的或由 MRA 检索的邮件。

MUA 具有如下功能。

- 读写邮件：提供给用户方便的信件编辑环境，方便用户阅读信件。
- 处理邮件：提供处理邮件的能力，如删除、存盘、打印、转发、整理等。

最常用的 MUA 有：Mozilla Thunderbird，Microsoft Outlook Express 等。

（2）邮件检索代理（Mail Retrieval Agent，MRA）

MRA 从 MAA 检索或获取邮件，与 MDA 协同工作将邮件投递到本地或远程的邮箱（MailBox），为 MUA 读取邮件做好准备。

MRA 可以是独立的应用程序，如 fetchmail 和 getmail；也可以构建到 MUA 中，如在 Mozilla Thunderbird 中整合的 MSA 功能。

（3）邮件访问代理（Mail Access Agent，MAA）

MAA 用于将用户连接到系统邮件库，为 MUA 提供用户认证，为 MUA 使用 POP 或 IMAP 协议从用户邮箱读取邮件做好准备。

Linux 下常用的 MAA 包括 Dovecot、Cyrus-IMAP、COURIER-IMAP、UW-IMAP 等。

（4）邮件提交代理（Mail Submission Agent，MSA）

MSA 负责消息由 MTA 发送之前必须完成的所有准备工作和错误检测。MSA 就像在 MUA 和 MTA 之间插入了一个头脑清醒的检测员，对所有的主机名、从 MUA 得到的信息头等进行检测。在 RFC2476 引入之前，所有的 MSA 的工作都由 MTA 完成，也就是说大多数的 MTA 还担当着 MSA 的角色。RFC2476 引入之后，建议将 MSA 从 MTA 中分离出来，从而分担工作负荷、获得最佳性能并提高邮件系统的安全性。MSA 通常是由 MTA 运行在特定端口（587）上实现的。

Linux 下的 MSA 主要有 Postfix 的 postdrop+pickup 和 Sendmail 的 sendmail-msa。

（5）邮件传输代理（Mail Transfer Agent，MTA）

MTA 负责邮件的存储和转发（Store and Forward）。MTA 应该具有如下职责。

- MTA 根据邮件的目标地址进行入站路由。
- MTA 管理邮件队列将接收到的邮件进行缓冲。
- MTA 决定将邮件发往不同的 MDA。

在 Linux 下常用的 MTA 程序有 Postfix（cleanup + qmgr + trivial-rewrite）、Sendmail、qmail 和 Exim 等。有关其比较信息可参考 http://shearer.org/MTA_Comparison。

（6）邮件投递代理（Mail Delivery Agent，MDA）

MDA 从 MTA 接收邮件并进行适当投递：

- 当接收者的地址与本地主机一致时，可以投递给一个本地用户邮箱、一个邮件列表、一个文件或一个程序。此时 MDA 也称本地投递代理（Local Delivery Agent，LDA）。
- 当接收者的地址与本地主机不同时，本机主机作为邮件网关（中继），将邮件投递给其他的 MTA。

Linux 下常用的 MDA 是 Postfix 的 local、smtp、pipe。常用的 LDA 还包括 procmail（www.procmail.org）、maildrop（http://www.courier-mta.org/maildrop/）和 Sieve（http://wiki.dove cot.org/LDA/Sieve）以及 Sendmail 提供的 mail.local 和 smrsh 等。

**2．邮件消息的传输流程**

（1）撰写新邮件。

使用 MUA 撰写邮件。

将撰写的邮件提交给 MSA。

（2）MSA 接收邮件消息（Message）。

- MSA 验证用户。
- MSA 允许授权用户提交邮件消息。
- MSA 根据需要重写消息头。
- MSA 将消息提交给 MTA。
- MSA 向 MUA 发送成功报告。

（3）MTA 接收邮件消息

- MTA 检查邮件的发送者（Sender）和接收者（Recipient）是否有效以及是否被允许。
- MTA 检查邮件内容是否有效以及是否被允许。
- MTA 可能会运行邮件内容过滤。
- MTA 根据需要重写消息头。
- MTA 根据邮件头决定提交给哪个 MDA（smtp、local 等）。
- MTA 提交给适当的 MDA。
- 若提交失败，MTA 将其放入适当的邮件队列以便稍后重新提交。

（4）MDA 接收邮件消息

MDA 使用 SMTP 协议发送邮件到远程 MTA，实现邮件中继（Relay）。

（5）远程 MTA 接收邮件消息

- 操作流程与（3）相同。
- 邮件消息提交给 LDA。

（6）LDA 接收邮件消息

- LDA 可能会执行邮件过滤规则。
- LDA 将邮件消息投递到本地用户邮箱。

（7）MAA 检测新邮件消息

- MAA 接受 MUA 的用户认证授权。
- MUA 通过 MAA 索取邮件消息。

（8）阅读邮件消息

MUA 将邮件消息展示给用户。

### 16.1.2　电子邮件协议

**1．SMTP/ESMTP 协议**

RFC 5321 中定义了 SMTP（Simple Mail Transfer Protocol，简单邮件传输协议）和扩展的 SMTP 协议（Extended SMTP，ESMTP）。

SMTP/ESMTP 是目前 Internet 上传输电子邮件的标准协议。通常用于将电子邮件从客户端传输到 SMTP 服务器；或者从某一服务器传输到另一个服务器，主机与主机之间交换邮件大部分都用此协议来传输。工作方式是连接远程主机的 25 端口，然后以 SMTP/ESMTP 命令发送邮件。

**2．POP3 协议**

RFC1939 定义了 POP3 协议，RFC2449 定义了其扩展，RFC5034 定义了其认证机制。POP3（Post Office Protocol，邮局协议，目前为第 3 版本）是关于接收电子邮件的客户机/服务器协议。工作方式是客户端程序连接远程主机的 110 端口，然后以 POP 命令下载服务器上的邮件到本地硬盘，然后在本主机就可以在离线状态下阅读信件。POP3 是从 Internet 上传输电子邮件到本地主机的第一个标准协议。

**3．IMAP 协议**

RFC3501 定义了 IMAP 协议。IMAP（Internet Message Access Protocol，网际消息访问协议，目前为第 4 版本）主要是通过 Internet 获取信息的一种协议。它像 POP3 一样提供了方便的邮件下载服务，让用户能进行离线阅读，并且支持 POP3 的全部功能。但 IMAP 能完成的却远远不止这些。IMAP 提供的摘要浏览功能可以让用户在阅读完所有的邮件到达时间、主题、发件人、大小等信息后才做出是否下载的决定。当用户通过慢速电话线访问 Internet 和接收电子邮件时，由于 IMAP 比 POP3 有更高的传输效率，因此表现更为出色。

**4．MIME 协议**

MIME（Multipurpose Internet Mail Extension，多用途互联网邮件扩充）是为了帮助协调和统一为发送二进制数据而发明的多种编码方案，定义在 RFC2045、RFC2046、RFC2047、RFC4288、RFC4289 和 RFC2049 中。在没有 MIME 之前，电子邮件系统只能处理纯文本。

MIME 并不指定一种二进制数据的编码标准，而是允许发送方和接收方选择方便的编码方法。在使用 MIME 时，发送方在头部包含一些附加行说明信息遵循 MIME 格式，以及在主体中增加一些附加行说明数据类型和编码。

除了在发送方和接收方之间提供一致的编码方式外，MIME 还允许发送方将信息分成几个部分，并对每个部分指定不同的编码方法。这样，用户就可以在同一个信息中既发送普通文本又附加图像。当接收者查看消息时，电子邮件系统显示出文本消息，然后询问用户如何处理附加的图像（即在磁盘上保存一个副本或在屏幕上显示副本）。当用户决定了如何处理附件时，MIME 软件自动解码附件的数据。

## 16.2 Postfix 及其工作原理

### 16.2.1 Postfix 简介

**1．Postfix 的起源**

由于 Sendmail 配置复杂且其不甚高的安全性等原因，在 Wietse Zweitze Venema 博士（http://www.porcupine.org/wietse）到 IBM 公司的 T. J. Watson 研究中心（T. J. Watson Research Center）做学术休假的 1998 年里，启动了 Postfix 项目计划：设计一个可以取代 Sendmail 的软件，可以为网站管理员提供一个更快速、更安全而且完全兼容于 Sendmail 的邮件服务器软件。

起初，Postfix 是以 VMailer 这个名字发布的，后来改名为 Postfix。Postfix 项目一直由 IBM 资助并成为开源的自由软件项目，其主页为 http://www.postfix.org。

**2．Postfix 的设计目标**

（1）高性能

Postfix 比同类的服务器产品速度快 3 倍以上，一个安装 Postfix 的台式机一天可以收发百万封信件。Postfix 设计中采用了 Web 服务器的设计技巧以减少创建进程的开销，并且采用了其他一些文件访问优化技术以提高效率，同时保证了软件的可靠性。

（2）兼容性

Postfix 设计时考虑了保持 Sendmail 的兼容性问题，以使移植变得更加容易。例如，Postfix 的 aliases 和.forward 文件与 sendmail 的对应文件在格式和语义上都相同，然而 Postfix

为保证管理的简单性，没有使用 Sendmail 的晦涩难懂的配置文件 sendmail.cf。

（3）健壮性

Postfix 设计上实现了程序在过量负载情况下仍然保证程序的可靠性。当出现本地文件系统没有可用空间或没有可用内存的情况时，Postfix 就会自动放弃，而不是重试使情况变得更糟。

（4）灵活性

Postfix 结构上由十多个小的子模块组成，每个子模块完成特定的任务，如通过 SMTP 协议接收一个消息，发送一个消息，本地传递一个消息，重写一个地址等。当出现特定的需求时，可以用新版本的模块来替代老的模块，而不需要更新整个程序。而且其很容易实现关闭某个功能。

（5）安全性

Postfix 使用多层防护措施防范攻击者来保护本地系统，几乎每一个 Postfix 守护进程都能运行在低权限的 chroot 之下，在网络和安全敏感的本地投递程序之间没有直接的路径（一个攻击者必须首先突破若干个其他的程序，才有可能访问本地系统）。Postfix 甚至不信任自己的队列文件或 IPC 消息中的内容以防止被欺骗。Postfix 在输出发送者提供的消息之前会首先过滤消息，而且 Postfix 程序没有 Set-UID。

（6）开放性

Postfix 遵从 IBM 的开放源代码版权许可证，用户可以自由地分发该软件，进行二次开发。其唯一的限制就是必须将对 Postfix 做的修改返回给 IBM 公司。因为 IBM 资助了 Postfix 的项目开发。

**3．Postfix 的特点**

（1）配置简单

配置一个基本的 SMTP 服务器，只需要修改配置文件的几个参数。

（2）虚拟域支持

在大多数通用情况下，增加对一个虚拟域的支持仅需要改变一个 Postfix 查找信息表。其他的邮件服务器则通常需要多个级别的别名或重定向，来获得这样的效果。

（3）UCE（Unsolicited Commercial Email）控制

Postfix 能限制哪个主机允许通过自身转发邮件，并且支持限定什么邮件允许接收。Postfix 实现通常的控制功能：黑名单列表、RBL 查找、HELO/发送者 DNS 核实。实现了邮件头和邮件内容过滤，Postfix 利用正则表达式模式映射表提供了高效的过滤电子邮件功能，默认使用 POSIX 风格的正则表达式，若配合使用 PCRE（兼容 Perl 的正则表达式）库匹配效率更佳。

（4）表查询

Postfix 没有实现 Sendmail 那样的地址重写语言，而是使用了一种扩展的表查询来实现地址重写功能。被查询表可以是本地的纯文件、Berkeley DB、dbm 等格式的文件或 LDAP、NIS、NetInfo 以及 SQL 关系数据库。

### 16.2.2 Postfix 的体系结构

Postfix 的体系结构如图 16-2 所示。

**1．多进程协同工作**

Postfix 是基于模块化（modular）的互操作的多进程体系结构设计的，每个独立的进程完成如发送或接收网络邮件消息，在本地递交邮件等不同的任务。这些独立的进程称为组件

（component）。Postfix 的组件之间没有任何特定的进程衍生关系（父子关系）。表 16-1 中列出了 Postfix 协同工作的一些重要进程组件。这种多个独立进程的工作模式带来如下好处：

- 相对于 Sendmail 那样的一个守护进程处理所有任务的程序具有更好的隔离性。

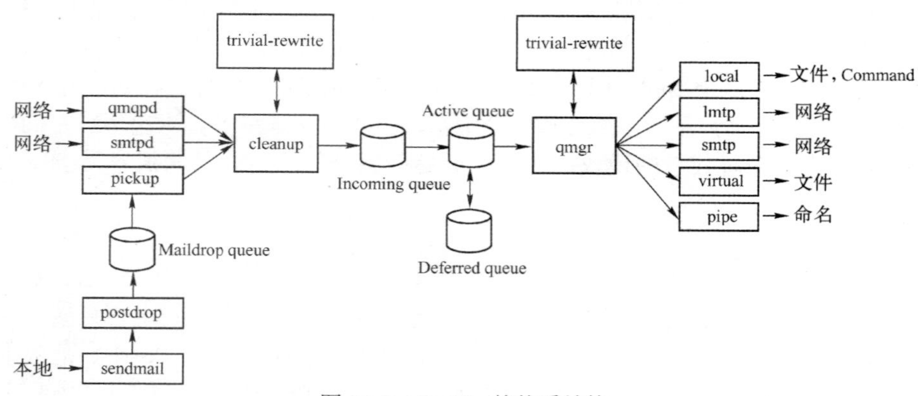


图 16-2　Postfix 的体系结构

- 每个任务由一个单独的程序来执行使审计和排错变得更容易。
- 对于每项处理，如地址重写等都能被任何一个 Postfix 组件所使用，无须进程创建等开销，仅需要重写一个地址。

**表 16-1　Postfix 协同工作的一些重要进程组件**

| 进　　程 | 功　　能 |
|---|---|
| pickup | 从 maildrop 邮件队列（存储由 postdrop 提交的邮件）中取得邮件，并将邮件传递给 cleanup |
| smtpd | 从网络中获取邮件，并将邮件传递给 cleanup |
| qmqpd | 使用兼容于 Qmail 的 QMQP 协议从网络中获取邮件，并将邮件传递给 cleanup |
| cleanup | 处理入站邮件，为其补足遗漏的信息头字段之后放入 incoming 邮件队列，并通知 qmgr |
| trivial-rewrite | 根据 canonical 和 virtual 映射表（如果存在）为入站邮件改写地址，同时负责出站邮件的路由抉择 |
| qmgr | 邮件队列管理器，负责将 Active 邮件队列中的邮件分发给适合的 MDA 处理，实际的路由决策委托给 trivial-rewrite 处理 |
| local | Postfix 的 LDA。首先查询别名表并递归地替换任何匹配项，然后从收件人主目录的.forward 文件并按照这个文件的指示处理邮件。若邮件是被转发给另一个地址，则传给 cleanup 重新处理，否则就将邮件保存在用户的邮箱目录中 |
| lmtp | 使用 LMTP 协议（RFC 2022）投递邮件。主要用于将邮件交给特殊的 POP/IMAP 服务器，以便使用特殊的邮箱格式来存储邮件 |
| smtp | 负责通过 SMTP 协议把邮件投递到远程主机，及 Postfix 的 smtp 客户程序 |
| virtual | 负责将邮件投递到“虚拟邮箱”，也就是和本地的 Linux 账号没有关系的邮箱，但仍然代表有效的邮件目的地 |
| pipe | 通过外部程序投递邮件。经常被用来将邮件传给外部的内容过滤程序（例如，病毒扫描系统、垃圾邮件分析程序）或其他通信介质（如传真机） |

Postfix 的组件的运行方式既可以是常驻内存的守护进程，也可以半驻留方式运行，即每隔一段时间执行一次。Postfix 的组件由一个常驻内存的主服务守护进程（Master）通过其配置文件（master.cf）控制，它主导邮件的处理流程，同时是 Postfix 其他组件的总管。例如，配置每一个组件的进程数目等。当 Postfix 的组件以半驻留方式运行时，当进程空闲时间到达配置参数指定的限度时会自动消亡。这种方法明显地降低了进程创建开销，同时每个进程之间仍然保持了良好的隔离性。

Postfix 的组件之间是通过 UNIX 的 Socket 或受保护的目录下的先入先出命名管道

（FIFO）进行通信。Postfix 的组件之间传递的数据量是有限制的。在很多情况下，Postfix 的组件之间交换的数据信息只有队列文件名和接收者列表，或某些状态信息。

只有主服务守护进程是以 root 身份运行的，而真正负责邮件处理的 Postfix 组件（通常是半驻留守护进程）是以 postfix 用户身份运行，该用户可以访问特定的队列目录（/var/spool/postfix）。而且可以通过修改主服务守护进程的配置文件（master.cf）很容易地配置各个组件运行于 chroot 环境，使半驻留进程禁锢在邮件队列目录下。

**2．邮件队列管理器**

Postfix 的各个组件之间是通过队列管理器（Queue Manager，qmgr）交换邮件的。等候投递的邮件由 qmgr 控制，这个队列管理器管理着如表 16-2 所示的 5 个队列。

**表 16-2　由 qmgr 管理的邮件队列**

| 队 列 名 | 用　途 |
| --- | --- |
| Incoming（收件队列） | 存储由 cleanup 清理过的入站邮件 |
| Active（活动队列） | 存储正在投递的邮件 |
| Deferred（延迟队列） | 存储暂时无法送出的需要延迟一段时间之后再发送的邮件 |
| Corrupt（故障队列） | 存储受损的或无法解读的邮件 |
| Hold（保留队列） | 存储被阻止发送的邮件（此队列不是由 qmqr 自动维护，而是由管理员手动控制） |

若系统资源空闲，队列管理器便将 Incoming 队列中的邮件移入 Active 队列。之后选择适当的 Postfix 的 MDA/LDA 投递邮件，当 MDA/LDA 投递失败时，邮件将被移入 Deferred 队列以便延时后再次发送。

当发现邮件在延迟队列（Deferred）中超过时限，或被判定无法送达（进入故障队列）时，将在 Postfix 邮件队列目录/var/spool/postfix/的子目录 bounce 和 defer 子目录下写入相应的状态信息，解释特定邮件为何被耽搁或为何无法递送。之后 Postfix 的 bounce 或 defer 组件就会利用 bounce 或 defer 目录下的状态信息产生退信函。退信函会交给 cleanup 组件，由其进行例行的清理程序之后再排入 Incoming 队列，由队列管理器 qmgr 接手处理。

## 16.2.3　Postfix 邮件传输流程

在本节将以图 16-3 所示的情况为例，解释 Postfix 的邮件传输流程。本例中有两个域：其一为 ls-al.me 域，负责管理这个域的邮件服务器里存在着 osmond 和 jason 两个用户账号；另一个域为 example.com，这个域的邮件主机里存在着 tina 用户账号。

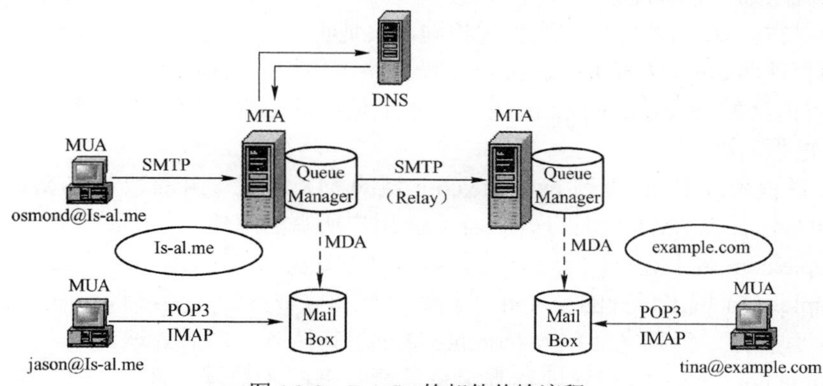


图 16-3　Postfix 的邮件传输流程

为了体现邮件收发的完整流程，图中除了画出了 MTA 之外还顺带画出了 MUA，并假定两个域中的 MTA 均使用 Postfix，且运行 POP3/ IMAP 协议的 MAA 与 MTA 在同一台服务器上。下面分别解释同一域内的邮件收发流程和不同域的邮件收发流程。

**1．同一域内的邮件收发流程**

1）Postfix 接收用户邮件。

这可以分为两种情况，一种是在 MTA 本机上发信，一种是在用户自己的主机上发信。

在 MTA 本机上发信：

① osmond 用户用其惯用的 MUA 撰写邮件，然后调用 Postfix 的 sendmail 程序给 ls-al.me 域内的 jason 用户发送邮件。

② Postfix 的 sendmail 程序从 osmond 的 MUA 中收下邮件，之后放入 maildrop 队列所在的目录（/var/spool/postfix/maildrop/）下。

③ Postfix 的 pickup 进程从 maildrop 队列中取出邮件并交给 cleanup 进程处理。

在用户自己的主机上发信：

① osmond 用户用其惯用的 MUA 撰写邮件，之后使用 SMTP 协议发送给 ls-al.me 上的 MTA。

② ls-al.me 上 Postfix 的 smtpd 进程收取 MUA 上发送的邮件。

③ Postfix 的 smtpd 进程当确认应该收取此邮件后，将其交给 cleanup 进程处理。

2）cleanup 进程运行必要的清理程序。例如，若 osmond 的 MUA 没有提供 FROM 地址或该地址没有使用完整的主机名称，则 cleanup 会主动补齐不足的信息以确保邮件格式符合标准。当 cleanup 完成清理工作之后，将邮件存入 incoming 队列，并通知队列管理器 qmgr 使其知晓有一封新邮件正在等待投递。

3）若系统资源空闲，qmgr 已经准备好处理新邮件，会将此邮件从 Incoming 队列移入 Active 队列。

4）队列管理器 qmgr 委托 trivial-rewrite 做出路由决策，它检查收件者的邮件地址，检查结果发现这封信是属于本地域的信件，因此队列管理器将邮件交由 LDA（local 进程）处理。

5）LDA 将信件放入 jason 的用户邮箱中，并等待 jason 收信。

6）当 jason 打开自己惯用的 MUA 收信时，MUA 就会使用 POP3 或 IMAP 协议从 MAA 上 jason 用户的邮箱中读取邮件（之前会先验证账号密码是否匹配）。

**2．不同域的邮件收发流程**

1）～3）与同一域内的邮件收发流程相同，只是收件者变为了 tina@example.com。

4）队列管理器 qmgr 委托 trivial-rewrite 做出路由决策，它检查收件者的邮件地址，检查结果发现这封信是发往 example.com 域（非本地域）的信件，因此队列管理器将邮件交由 MDA（smtp 进程）处理。

5）smtp 进程通过 DNS 查询 example.com 域的 MX 记录，并获取对方 MTA 的 IP 地址之后与该主机接洽，以 SMTP 协议送出 osmond 用户所写的邮件。

6）example.com 域上运行的 smtpd 进程收取从发送方 MDA（smtp）上发送的邮件。

7）example.com 域上运行的 smtpd 进程确认应该收取此邮件后，将其交给 cleanup 进程运行必要的清理程序，清理之后放入 Icoming 队列等待队列管理器处理。

8）example.com 域上队列管理器判定是其所管辖的本地域邮件，交由 LDA（local 进程）处理，并将邮件存入 tina 的用户邮箱（若 example.com 的 MTA 担任的是邮件网关的角色，则会再把信件 Relay 给另一台指定的 MTA），之后 tina 便可使用 MUA 连接 MAA 读取邮件了。

**3. 邮件中继**

当邮件向目的地址传输时，一旦源地址和目的地址都不是本地系统，就会发生中继（Relay）。例如，名为 mail.ls-al.me 的服务器收到 station.ls-al.me 的邮件，而该邮件是发往 example.com 域的，那么 mail.ls-al.me 得到此邮件后又将邮件发送给 example.com 域的主邮件交换服务器，此时 mail.ls-al.me 就起到了中继作用。

## 16.2.4 MTA 与 DNS、LDA 与用户邮箱

**1. MTA 与 DNS**

当 Postfix 的邮件队列管理器在得到一封待发送的邮件时，需要根据邮件目标地址决定邮件路由，确定将信件投递给哪一个服务器，这是通过查询 DNS 服务实现的。

在 DNS 数据库中，有一种很重要的记录，就是邮件交换（Mail Exchange，MX）记录。MX 记录用于告知 MTA 将邮件传递到何处。MX 记录中包含了出现在电子邮件地址中的主机名。例如，下面两个 MX 记录定义了 olabs.lan 域的邮件服务器。

```
olabs.lan.          IN   MX       5    mail.olabs.lan.
olabs.lan.          IN   MX       10   rhel7h1.olabs.lan.
```

MX 记录可以使得整个子域内的用户使用相同的邮件主机和传输代理，从而避免管理员维护网域内的每个工作站上运行的 MTA。如果邮件发送给 someone@olabs.lan，那么 Postfix 将查询 DNS，邮件将被送往 MX 记录所指定的邮件交换服务器（Mail Exchanger）。若在 DNS 查询中没有发现 MX 记录，Postfix 将查询 olabs.lan 的 A 记录，将邮件直接发往 A 记录指定的主机。

可以在一个域中指定不止一个 MX 记录，分别设置不同的优先数，如上面的第一条 MX 记录的优先数为 5，第二条 MX 记录的优先数为 10。优先数越小优先权越高。在上面的例子中，olabs.lan 域优先使用 mail.olabs.lan 作为邮件服务器，称为主邮件交换服务器，而 rhel7h1.olabs.lan 被视为备份邮件交换服务器。

备份邮件交换服务器只有当主邮件交换服务器宕机或离线时才起作用。备份邮件交换服务器的职责是保存邮件，并且定期检查主邮件交换服务器的状态，若主邮件交换服务器恢复正常，备份邮件交换服务器会将由它中转的全部邮件送还给主邮件交换服务器，备份邮件交换服务器至此完成其使命。也就是说，备份邮件交换服务器从来不直接负责邮件的接收，只是在主邮件交换服务器宕机时对发送给主邮件交换服务器的邮件进行缓存。

在 DNS 中配置 MX 记录时应该遵循如下原则：

- 根据 RFC974 规范，MX 记录必须指向主机名称，而非 IP 地址。
- 每个 MX 主机都必须有合法的 A 记录，以便 MTA 查找其 IP 地址从而发送邮件。
- MX 记录所指向的主机名不应该是由 CNAME 记录设置的别名。
- 在 MX 记录中需指定明确的优先值，从而避免引发非必要的不确定性。

**2. LDA 与用户邮箱**

当邮件的终点是 Postfix 的 mydestination 参数指定的网域之一时，Postfix 由本地投递代理（local 进程）将邮件投递到服务器上用户的邮箱。用户邮箱主要有两种格式：传统的 mbox 格式和新型的 maildir 格式。Postfix 默认的配置使用 mbox 格式。

表 16-3 中列出了 mbox 和 maildir 两种邮箱存储格式的比较说明。

**表 16-3　mbox 和 maildir 邮箱存储格式比较**

| 比 较 项 | mbox | maildir |
| --- | --- | --- |
| 邮件存储目录 | /var/spool/mail | $HOME/mail |
| 存储特点 | 一个用户的所有邮件都存放在一个与用户同名的文件里。邮件之间以特定的标记分隔 | 每一封邮件保存成一个文件，每个文件名称一般有一定的规律，如会包含时间戳、pid 及 inode 节点号等 |
| 可靠性 | 所有邮件使用单一文件存储，一旦出问题，所有邮件都将损毁。可靠性低 | 每一封邮件保存成一个文件，一封邮件损坏不会影响其他邮件。可靠性高 |
| 邮件搜索速度 | 单一文件，搜索速度快 | 多文件，搜索速度较慢 |
| 邮件更新速度 | 删除/增加邮件速度慢 | 删除/增加邮件速度快 |
| 并发访问能力 | 多个进程同时访问用户邮箱，当投递代理向单一邮箱文件执行写操作时需要锁机制，这将阻塞其他进程的访问 | 由于不同的邮件写入不同的文件，所以对邮箱写入邮件无须锁机制，并发能力强 |
| 文件系统依赖 | 无文件系统依赖问题 | 依赖文件系统对目录的索引能力。用 ReiserFS 会比较快，对于超大型的邮箱，读写性能将受到考验 |
| 扩充能力 | 对 GB 级的大容量邮箱已力不从心 | 对 GB 级容量的邮箱支持比较好 |

# 16.3　Postfix 配置基础

## 16.3.1　CentOS 7 下的 Postfix

**1．安装 Postfix**

CentOS 7 默认安装了 2.10.1 版本的 Postfix。可以使用 yum 命令安装或更新。

```
# yum install postfix
```

**2．Postfix 的相关文件**

表 16-4 中列出了与 Postfix 服务相关的文件。

**表 16-4　与 Postfix 服务相关的文件**

| 分　类 | 文　件 | 说　明 |
| --- | --- | --- |
| 守护进程 | /usr/libexec/postfix/master | Postfix 常驻内存的主控守护进程 |
| | /usr/libexec/postfix/* | 被 Postfix 主守护进程控制的其他组件进程 |
| systemd 的服务配置单元 | /usr/lib/systemd/system/postfix.service | Postfix 服务单元配置文件 |
| 配置文件 | /etc/postfix/master.cf | 主控守护进程配置文件 |
| | /etc/postfix/main.cf | 主配置文件 |
| | /etc/pam.d/smtp.postfix | Postfix 的 PAM 配置文件 |
| Postfix 的管理工具 | /usr/sbin/postfix | Postfix 的控制程序，类似于 Apache 的 apachectl |
| | /usr/sbin/postconf | 显示和编辑 /etc/postfix/main.cf 的配置工具 |
| | /usr/sbin/postalias | 构造、修改和查询别名表 |
| | /usr/sbin/postmap | 构造、修改或者查询映射表 |
| | /usr/sbin/postcat | 打印队列文件的内容 |
| | /usr/sbin/postqueue | 邮件队列管理工具 |
| | /usr/sbin/postsuper | 系统管理员的邮件队列管理工具 |
| | /usr/sbin/postlog | 向邮件日志直接写入信息的工具 |

（续）

| 分　类 | 文　件 | 说　明 |
| --- | --- | --- |
| 与 Sendmail 兼容的工具 | /usr/sbin/sendmail | 与 Sendmail 兼容的邮件发送替代工具 |
| | /usr/bin/newaliases | 与 Sendmail 兼容的别名数据库生成替代工具 |
| | /usr/bin/mailq | 与 Sendmail 兼容的邮件队列查询替代工具 |
| 邮件队列目录 | /var/spool/postfix/ | Postfix 的邮件队列目录 |
| 用户邮箱目录 | /var/ spool/mail/ | mdir 风格的用户邮箱目录 |
| 文档 | /usr/share/doc/postfix-2.10.1/ | Postfix 的文档目录 |

### 3．控制和管理 Postfix

1）使用 systemctl 命令管理 Postfix 服务。

```
# systemctl {start|stop|status|restart|reload} postfix
# systemctl {enable|disable} postfix
```

2）使用 postfix 命令控制 Postfix。

表 16-5 中列出了使用 Postfix 命令控制 Postfix 的说明。

**表 16-5　使用 postfix 命令控制 Postfix**

| 命　令 | 说　明 | 命　令 | 说　明 |
| --- | --- | --- | --- |
| postfix start | 启动 Postfix 邮件系统 | postfix status | 显示 Postfix 的运行状态 |
| postfix stop | 停止 Postfix 邮件系统 | postfix flush | 刷新邮件队列，强制将目前正在邮件队列的邮件寄出 |
| postfix reload | 重新加载 Postfix 的配置文件 | postfix check | 检查 Postfix 的目录及文件的权限并创建丢失的目录 |

### 4．管理 Postfix 的邮件队列

可以使用如下命令查看延期投递的邮件。

```
# postqueue -p
```

也可以使用如下命令查看发送期投递的邮件。

```
# postqueue -f
```

### 5．使用 Postfix 的配置工具

Postfix 提供了名为 postconf 的配置工具，用来显示配置或更新配置文件，如表 16-6 所示。

**表 16-6　Postfix 的配置工具 postconf**

| 命　令 | 说　明 | 命　令 | 说　明 |
| --- | --- | --- | --- |
| postconf -df | 显示所有参数的默认值 | postconf -nf | 显示在 main.cf 中明确指定的非默认值 |
| postconf -dfx | 显示所有参数的默认值，并替换变量的值 | postconf -nfx | 显示在 main.cf 中明确指定的非默认值，并替换变量的值 |
| postconf -df <参数> | 显示指定参数的默认值 | postconf -f <参数> | 显示指定参数的当前值 |
| postconf -e <参数=值> | 编辑 main.cf 中指定的参数 | postconf -Mf | 显示 master.cf 中的所有服务设置 |
| postconf -# <参数> | 将指定的参数设置为 Postfix 编译时使用的默认值 | postconf -Mf <类型> | 显示 master.cf 中指定类型（inet、unix、fifo、pass）的服务设置 |
| postconf -m | 显示支持的映射表类型 | postconf -l | 显示支持的邮箱锁机制类型 |
| postconf -t | 显示内置的投递状态通知消息 | postconf -a | 显示支持的 SASL 服务插件类型 |
| postconf -b | 显示内置的投递状态通知消息，并替换模板中变量的值 | postconf -A | 显示支持的 SASL 客户插件类型 |

## 16.3.2 Postfix 的默认配置及测试

### 1. Postfix 的默认配置

**操作步骤 16.1** 查看 Postfix 的默认配置并学会使用 postconf

```
// 1. 查看 Postfix 当前启动的相关守护进程
# ps -ef|grep postfix
root        3208        1  0 1月06 ?        00:00:00   /usr/libexec/postfix/master -w
postfix     3210     3208  0 1月06 ?        00:00:00     qmgr -l -t unix -u
postfix    15783     3208  0 22:49 ?        00:00:00     pickup -l -t unix -u
// 2. 查看 Postfix 的关键设置
# postconf inet_interfaces           //查看 Postfix 监听的网络接口
inet_interfaces = localhost
# postconf mydestination             //查看 Postfix 允许接收发往哪些域的邮件
mydestination = $myhostname, localhost.$mydomain, localhost
# postconf -x mydestination
mydestination = cent7h1.olabs.lan, localhost.olabs.lan, localhost
# postconf mynetworks relay_domains     //查看 Postfix 开放的中继
mynetworks = 127.0.0.0/8 [::1]/128
relay_domains = $mydestination
// 3. 使用 postconf 修改配置
// 下面配置自定义的投递状态通知（delivery status notification，DSN）消息模板
# postconf -t > /etc/postfix/bounce.template
# vi /etc/postfix/bounce.template
# postconf -e 'bounce_template_file = /etc/postfix/bounce.template'
# tail -1 /etc/postfix/main.cf
bounce_template_file = /etc/postfix/bounce.template
// 4. 重新加载配置文件（Postfix 默认已被启动）
# postfix reload
postfix/postfix-script: refreshing the Postfix mail system
// 5. 查看 Postfix 默认监听的端口
# ss -lnt|grep :25
tcp     LISTEN     0      100              127.0.0.1:25             *:*
tcp     LISTEN     0      100              ::1:25                   :::*
```

提示

默认的 Postfix 仅监听在本机的 25 号端口。为了避免本机成为垃圾邮件的中转站，默认的 Postfix 服务器仅转发本机上的所有用户发往本机的邮件。

### 2. 使用测试工具测试 MTA

发送邮件的测试可以使用 Linux 环境下的邮件客户端 mail 或 mutt，这些邮件客户程序对 SMTP 协议是透明的。要了解 SMTP 详细的通信过程，可以使用 nc 或 telent 命令。例如，使用如下命令均可连接本地 MTA 的 25 号端口。

```
# nc localhost 25
# telnet localhost 25
```

使用 telent 或 nc 命令测试时，需要用户熟悉 SMTP/ESMTP 命令，SMTP/ESMTP 命令是 SMTP/ESMTP 协议的一部分。

Swaks（Swiss Army Knife SMTP）是一个用 Perl 语言编写的专门的 SMTP/ESMTP 自动化测试工具，其主页在 http://www.jetmore.org/john/code/swaks/。EPEL 仓库里提供了其 RPM

包，可以使用 yum 命令安装 Swaks 及其所依赖的 Perl 库。

```
# yum install swaks
```

可以查看 Swaks 的 man 手册获得其使用帮助。下面是一个使用 Swaks 的测试输出。

**操作步骤 16.2** 使用 Swaks 测试 SMTP 服务器

```
// 以当前的 root 用户向本机的 osmond 用户发送测试邮件
# swaks --to osmond@localhost
=== Trying localhost:25...                    //Swaks 连接本机的 25 号端口
=== Connected to localhost.
<-  220 cent7h1.olabs.lan ESMTP Postfix       //服务器告知客户其主机名及支持的 ESMTP 协议
 -> EHLO cent7h1.olabs.lan                    //客户向服务器发送 SMTP 命令 EHLO 开始 SMTP 会话
<-  250-cent7h1.olabs.lan                     //服务器用其自身的身份（FQDN）
<-  250-PIPELINING                            //和一系列可用的功能列表作为回应
<-  250-SIZE 10240000
<-  250-VRFY
<-  250-ETRN
<-  250-ENHANCEDSTATUSCODES
<-  250-8BITMIME
<-  250 DSN
 -> MAIL FROM:root@cent7h1.olabs.lan          //客户使用 SMTP 命令 MAIL FROM 告知源邮件地址
<-  250 2.1.0 Ok
 -> RCPT TO:<osmond@localhost>                //客户使用 SMTP 命令 RCPT TO 告知目的邮件地址
<-  250 2.1.5 Ok
 -> DATA                                      //客户使用 SMTP 命令 DATA 告知服务器邮件正文开始
<-  354 End data with <CR><LF>.<CR><LF>  //服务器回应邮件内容以“.”按〈Enter〉键结
束的提示
 -> Date: Date: Fri, 08 Jan 2016 03:24:03 +0800
 -> To: osmond@localhost
 -> From: root@cent7h1.olabs.lan
 -> Subject: test Fri, 08 Jan 2016 03:24:03 +0800    //客户开始输入邮件标题和邮件正文
 -> X-Mailer: swaks v20130209.0 jetmore.org/john/code/swaks/
 ->
 -> This is a test mailing
 ->
 -> .
<-  250 2.0.0 Ok: queued as 697F3C0FC1A0
 -> QUIT                                   //客户输入 SMTP 命令 QUIT 结束 SMTP 会话
<-  221 2.0.0 Bye
=== Connection closed with remote host.
```

提示 以上所有加粗的内容都是 Swaks 自动输入的。若用户使用 telnet 或 nc 命令测试时，所有加粗的内容都应该在交互界面中输入。

SMTP 服务器的每一次回应均以 SMTP/ESMTP 协议的响应码开始，例如上面的 250、221、354 等。在这些响应码中，以 2 开始的 2XX 表示成功，以 5 开始的 5XX 表示失败。

有关 SMTP/ESMTP 协议响应代码的完整说明，请参考 http://www.answersthatwork.com/Download_Area/ATW_Library/Networking/Network__3-SMTP_Server_Status_Codes_and_SMTP_Error_Codes.pdf。

**3．本地接收邮件测试**

**操作步骤 16.3** 本地接收邮件测试

```
// 1. 在本地系统的邮件存储目录下发现与用户同名的邮箱文件
# ll /var/spool/mail/osmond
-rw-rw----. 1 osmond mail 630 1月   8 03:24 /var/spool/mail/osmond
// 2. 使用 mail 命令可以查看 osmond 用户收到的测试邮件
# mail -u osmond
Heirloom Mail version 12.5 7/5/10.  Type ? for help.
"/var/mail/osmond": 1 message 1 new
>N  1 root@cent7h1.olabs.l  Fri Jan  8 03:24  17/630   "test Fri, 08 Jan 2016
03:24:03 +0"
& q
Held 1 message in /var/mail/Osmond
```

**4. Postfix 的日志文件**

/var/log/maillog 记录了 Postfix 服务的邮件传递等过程信息。

可以使用如下命令动态跟踪日志变化。

```
# tail -f /var/log/maillog
```

也可以使用如下命令对日志文件进行关键词搜索。

```
# egrep '(reject|warning|error|fatal|panic):' /var/log/maillog
```

例如：如下列出了与上述 Swaks 发送测试邮件的相关日志条目。

```
# cat  /var/log/maillog |grep 697F3C0FC1A0
Jan  8 03:24:04 cent7h1 postfix/smtpd[17699]: 697F3C0FC1A0: client=localhost[::1]
Jan  8 03:24:04 cent7h1 postfix/cleanup[17702]: 697F3C0FC1A0: message-id=<20160107192
404.697F3C0FC1A0@cent7h1.olabs.lan>
Jan  8 03:24:04 cent7h1 postfix/qmgr[17583]: 697F3C0FC1A0: from=root@cent7h1.
olabs.lan ,
size=476, nrcpt=1 (queue active)
Jan  8 03:24:04 cent7h1 postfix/local[17703]: 697F3C0FC1A0: to=<osmond@localhost.
olabs.
lan>,orig_to=<osmond@localhost>, relay=local, delay=0.09, delays=0.02/0.01/0/0.06,
dsn=2.0.0,
status=sent (delivered to mailbox)
Jan  8 03:24:04 cent7h1 postfix/qmgr[17583]: 697F3C0FC1A0: removed
Postfix 中提供了一个向邮件日志直接写入信息的工具 postlog，例如：
# postlog ======== This is a test BEGIN ========
# swaks --to osmond@localhost
# postlog ======== This is a test END ========
```

上面的示例在使用 Swaks 发送测试邮件之前和之后分别向邮件日志文件写入了类似下面的信息，从而方便管理员查看相关的邮件日志信息。

```
# tail /var/log/maillog
Jan  8 03:35:28 cent7h1 postfix/postlog[18184]: ======== This is a test BEGIN ========
…
Jan  8 03:35:53 cent7h1 postfix/postlog[18194]: ======== This is a test END ========
```

### 16.3.3 Postfix 的基本配置

Postfix 有两个配置文件：

- 用于控制 master 主控守护进程的配置文件 /etc/postfix/master.cf。

● 用于设置 Postfix 配置参数的主配置文件 /etc/postfix/main.cf。

这两个配置文件均遵从如下基本语法。

● 以#开始的行为注释行。

● 以空格开始的文字行是前一行的延续。

**1．主控配置文件 /etc/postfix/master.cf**

master.cf 文件配置主控守护进程 master 所控制的其他 Postfix 组件的进程。

如下为 master.cf 文件的节选。

```
# ==========================================================================
# service   type  private   unpriv   chroot   wakeup   maxproc    command + args
#                 (yes)     (yes)    (yes)    (never)  (100)
# ==========================================================================
smtp      inet    n         -        n        -        -          smtpd
qmgr      fifo    n         -        n        300      1          qmgr
flush      unix   n         -        n        1000?    0          flush
local      unix   -         n        n        -        -          local
```

除了注释与空白行之外，此文件的每一行各描述一种服务的工作参数，每一栏代表一个配置选项。表 16-7 中列出了每一栏的含义。“-”代表该栏为默认值。某些默认值是由 main.cf 配置文件里的参数决定的。

表 16-7　master.cf 配置文件中各栏的含义

| 栏　目 | 说　明 |
|---|---|
| service | 服务器组件的名称。实际的命名规则，随该服务的传送类型（第二栏）而定 |
| type | 指定服务传输消息时所用的通信方法。有效的传送方式包括：inet（网络套接字）、unix（UNIX 套接字）和 fifo（命名管道） |
| private | 若值为 y（默认值），表示此服务仅供 Postfix 系统内部访问，不允许 Postfix 之外的其他软件使用；若值为 n 表示开放公共访问。inet 类型的组件必须设置为 n，否则外界将无法访问该服务 |
| unpriv | 若设置为 y（默认值），表示该服务组件运行时仅使用由 main.cf 中 mail_owner 参数指定的非特权账户（默认为 postfix）访问。对于需要 root 特权用户访问的服务组件需要设置为 n |
| chroot | 指定是否要改变组件的工作根目录，借此提升额外的安全性。工作根目录的位置由 main.cf 的 queue_directory 参数指定（默认值为/var/spool/postfix）。此栏的默认值为 y，但标准的安装方式是让所有组件都在非 chroot 环境下运行 |
| wakeup | 某些组件必须每隔一段时间被唤醒一次，定期执行它们的任务。例如，队列管理器 qmgr 每隔 300 秒被 master 守护进程唤醒一次执行队列调度工作。在时间值之后尾随一个问号表示只有在需要该组件时才被唤醒，0 表示从不唤醒（此为默认值） |
| maxproc | 指定可以同时运行该组件的最大进程数目。该数值由 main.cf 的 default_process_limit 参数指定（默认值为 100）。若不限制最大进程数则设置为 0 |
| command | 运行服务的实际命令及其参数。每个服务组件可使用的参数详见其命令手册 |

默认的 master.cf 文件即可良好地工作，通常无须修改。一般地，只有当 Postfix 需要配合 Postfix 组件或其他软件协同工作时才需要修改。

**2．主配置文件 /etc/postfix/main.cf**

Postfix 的主要配置参数都集中在 main.cf 配置文件中。该文件每一行指定一个参数的值，其格式为：

```
parameter = value1 [value2] [value3] [……]
```

说明：

● 等号左右两端紧跟的空格不是必需的。

● 当一个参数要指定多个值时，多个值之间以空格间隔或以逗号和空格作为间隔。

- 每个参数的值必须直接书写，不要使用单引号或双引号将其括起。
- 不要在参数行后使用#号添加注释，所有以#号开始的注释行必须单独成行。
- 可以在等号右边的参数名前加$字符引用此参数的值。
- 若重复设定某一参数的值，则以最后出现的设定值为准。
- 当某参数（如 mynetworks、mydestination 和 relay_domains）的值太多时，可将参数值写在另一个文本文件中，并把文件名提供给参数，任何以 / 字符开始的字符串都会被视为文件名。

在 main.cf 中，Postfix 提供了 816 个（postconf -d|wc -l）可供配置的参数，但通常只要根据需要修改少许参数，对其他参数保持默认设置即可。可以使用 man 5 postconf 命令查看配置参数的详细信息，表 16-8 中仅列出了 main.cf 配置文件中的常用参数及其含义。

**表 16-8 main.cf 配置文件中的常用参数及其含义**

| 参　数 | 说　明 |
|---|---|
| inet_interfaces | 指定 Postfix 监听的网络接口。CentOS 的默认值为 localhost 表明只能在本地主机上发信； all 表示能在本地主机的所有网络接口上使用 Postfix 服务器发信 |
| inet_protocols | 指定 Postfix 监听的 IP 协议类型。默认值为 all 表示 IPv4 和 IPv6，若仅使用 IPv4 地址可设置为 IPv4 |
| myhostname | 指定运行 Postfix 服务的邮件主机名称（FQDN 名） |
| mydomain | 指定运行 Postfix 服务的邮件主机的域名 |
| myorigin | 指定由本台邮件主机寄出的每封邮件的邮件头中 mail from 的地址 |
| mydestination | 指定可接收邮件的主机名或域名，只有当发来的邮件的收件人地址与该参数值相匹配时，Postfix 才会将该邮件接收下来 |
| mynetworks | 指定可信任的 SMTP 邮件客户可以来自哪些主机或网段，也就是说 Postfix 可以为这些主机实现邮件中继 |
| relay_domains | 指定 Postfix 可以为哪些域实现邮件中继，默认值为$mydestination |
| home_mailbox | 指定信箱相对用户根目录的路径，以及采用的信箱格式（以斜线结尾为 Maildir 格式，否则为 mbox 格式） |

### 3. Postfix 的邮件中继（转发）策略

邮件服务器只应该为可信的客户机转发邮件。如果邮件服务器将不认识的客户机发来的邮件转发给其他服务器，那么就称为开放中继（Open Relay）。Postfix 默认配置相当严格（不会做开放中继），从而避免自己的邮件服务器成为广告邮件或垃圾邮件的中转站。Postfix 默认可以转发如下的邮件。

- 客户 IP 地址能匹配 $mynetworks 的发往任意目标地址的邮件。
- 目标地址域能匹配 $relay_domains （默认值为$mydestination）所指定的域及其子域的邮件。

因为 Postfix 的默认配置严格，所以在实际应用中更有可能的配置是要放开中继而不是紧缩中继。通过设置 mynetworks、relay_domains 参数，可以开放所信任的网段或网域。

另外，还可以使用如下方法实现中继控制。

- 使用 access 映射表实现中继控制，参见 16.3.4 节。
- 使用 SMTP 认证机制实现用户级别的邮件中继控制，参见 16.5.1 节。

### 4. 配置基本功能的 MTA

**操作步骤 16.4** 配置基本功能的 MTA（SMTP 服务）

```
// 1. 备份默认配置文件
# cp /etc/postfix/main.cf{,.orig}
```

```
// 2. 修改基本的配置参数
# vi /etc/postfix/main.cf
myhostname = cent7h1.olabs.lan
mydomain = olabs.lan
inet_interfaces = all
mydestination = $myhostname, localhost.$mydomain, localhost
www.$mydomain, mail.$mydomain, $mydomain
mynetworks = 127.0.0.0/8 192.168.0.0/24
home_mailbox = Maildir/
# 设置 SMTP 220 响应码的欢迎词（取消默认值中包含的 Postfix 信息）
smtpd_banner = $myhostname ESMTP
# 限制每封邮件的最大尺寸为 100MB
message_size_limit = 104857600
# 限制用户邮箱的最大尺寸 10GB
mailbox_size_limit = 10737418240
// 3. 重新加载配置文件
# postfix reload
// 4. 为 Postfix 服务开启防火墙
# firewall-cmd --add-service=smtp --permanent
# firewall-cmd --reload
# firewall-cmd --list-services
dhcp dhcpv6-client dns ftp http https samba smtp ssh
// 5. 进行邮件发送测试
# swaks --to osmond@cent7h1.olabs.lan
# swaks --to osmond@olabs.lan
```

提示

1. 用户可以在 olabs.lan 域上的其他 Windows/Linux 主机上使用熟悉的 MUA（如 Outlook、Thunderbird 等）进行测试。

2. 在进行邮件测试之前，请确保客户机的 DNS 解析指向邮件服务器。

### 16.3.4　Postfix 的映射表及其应用

#### 1．Postfix 的映射表

映射表（Maps）是 Postfix 用于查询信息的文件和数据库。映射表可被用于多种不同的用途。Postfix 使用映射表查询来实现各种地址重写功能。

Postfix 支持多种不同的映射类型，可用的格式依赖于 Postfix 在用户系统上的编译情况。可以使用 postconf -m 命令查看 Postfix 支持哪些类型的映射。

Postfix 支持如下 3 大类映射表。

- 索引映射表（Indexed Maps）：是从普通文本文件通过 postmap/postalias/newaliases 工具生成的二进制数据库。这种键值数据库可以加快 Postfix 通过键来查找其对应值的速度。常用的映射类型为 hash（Postfix 默认的映射类型）、btree、dbm。
- 线性映射表（Linear Maps）：线性映射表是常规的文本文件。与索引映射表不同，无须也无法生成线性映射表对应的二进制文件。常用的映射类型为 pcre、regexp、cidr。
- 数据库（Databases）：Postfix 对待数据库的处理类似于索引映射表。常用的映射类型为 LDAP、MySQL、PostgreSQL。

表 16-9 中列出了 Postfix 重要的映射表。

**表 16-9　Postfix 重要的映射表**

| 映射表名称 | 常 用 类 型 | 用　　途 | 相关的 Postfix 进程 |
|---|---|---|---|
| access | hash | SMTP 存取控制映射表 | smtpd |
| aliases | hash | 别名映射表 | local |
| canonical | hash | 对传入的邮件进行地址改写的映射表 | cleanup |
| generic | hash | 对传出的邮件进行地址改写的映射表 | trivial-rewrite |
| relocated | hash | 对已迁移的用户邮件地址改写的映射表 | trivial-rewrite |
| transport | hash | 邮件传输路由映射表 | trivial-rewrite |
| virtual | hash | 虚拟别名映射表 | cleanup |
| header_checks | pcre | 过滤邮件头使用的映射表 | cleanup |
| body_checks | pcre | 过滤邮件内容使用的映射表 | cleanup |

### 2．access 映射表

除了可以使用 mynetworks、relay_domains 参数，开放一些可信任的网段或网域的中继之外，还可以使用 Postfix 的 access 映射表实现中继控制。Postfix 的 access 映射表通常是索引映射表（Indexed Maps），这就意味着管理员可以编辑纯文本文件，之后通过 postmap 工具生成其散列数据库文件。纯文本文件的每一行格式如下。

```
<地址> <动作>
```

地址和动作中间以空格作为分隔符。access 映射表的地址字段常用格式说明如表 16-10 所示；access 映射表的常用动作字段说明如表 16-11 所示。

**表 16-10　access 映射表的地址字段常用格式说明**

| 格　　式 | 举　　例 | 说　　明 |
|---|---|---|
| Domain | yourdomain.com | *.yourdomain.com，即域内所有主机 |
| | .yourdomain.com | 域内所有主机，包括子域在内 |
| ip address | 192.168.12 | 192.168.12.*，即网段内的所有主机 |
| | 192.168.11.11 | 特定的主机 |
| username@domain | someone@somedomain.com | 一个特定的邮件地址 |
| username@ | someone@ | 用户名为 someone 的邮件 |

**表 16-11　access 映射表的常用动作字段说明**

| 动　　作 | 说　　明 | 动　　作 | 说　　明 |
|---|---|---|---|
| OK | 无条件接收或发送 | REJECT | 拒绝接受并发布错误信息 |
| HOLD | 把邮件阻止在队列中 | DISCARD | 丢弃邮件，无错误信息发布 |
| REDIRECT　address | 将邮件转发到一个指定的地址 | 4nn　text | 返回临时错误码 4nn 及消息 |
| WARN　message | 在日志里加入给定的警告消息 | 5nn　text | 返回临时错误码 5nn 及消息 |

Postfix 中可以在如表 16-12 所示的 smtpd_*_restrictions 配置语句中使用 access 映射表。

**表 16-12 使用 access 映射表的 Postfix 配置语句**

| 配 置 语 句 | 配 置 参 数 | 说 明 |
| --- | --- | --- |
| smtpd_client_restrictions | check_client_access | 用于 SMTP 建立连接请求的阶段 |
| smtpd_helo_restrictions | check_helo_access | 用于 SMTP 启动会话的 HELO/EHLO 命令阶段 |
| smtpd_sender_restrictions | check_sender_access | 用于 SMTP 发件人说明的 MAIL FROM 命令阶段 |
| smtpd_recipient_restrictions | check_recipient_access | 用于 SMTP 收件人说明的 RCPT TO 命令阶段 |

如下的配置步骤使用 access 映射表限制向 Postfix 发起 SMTP 连接的客户端。

**操作步骤 16.5** 使用 access 映射表限制向 Postfix 发起 SMTP 连接的客户端

```
// 1. 修改 Postfix 的 main.cf
# postconf -e 'smtpd_client_restrictions = check_client_access
 hash:/etc/postfix/client_access'
// 2. 编辑 /etc/postfix/client_access
# vi /etc/postfix/client_access
// 添加如下配置行
rm-rf.me      OK
192.168.1.1OK
192.168.1        REJECT
// 3. 使用 postmap 工具生成其散列数据库文件
# postmap /etc/postfix/client_access
// 4. 重新启动 Postfix
# systemctl restart postfix
```

**操作步骤 16.6** 使用 access 映射表通过收件人地址限制 Postfix 的转发

```
// 1. 修改 Postfix 的 main.cf
# vi /etc/postfix/main.cf
// 修改如下配置参数
smtpd_recipient_restrictions =
  permit_sasl_authenticated,
  check_recipient_access hash:/etc/postfix/recipient_access,
  permit_mynetworks, reject_unauth_destination
// 编辑后，保存退出 vi
// 2. 编辑 /etc/postfix/recipient_access
# vi /etc/postfix/recipient_access
// 添加如下配置行
126.com                          OK
osmond@                          OK
192.168.10                       OK
202.202.202.202                  REJECT
postmaster@                      REJECT
someone@somedomain.com           REJECT
// 编辑后，保存退出 vi
// 3. 使用 postmap 工具生成其散列数据库文件
# postmap /etc/postfix/recipient_access
// 4. 重新启动 Postfix
# systemctl restart postfix
```

**3．aliases 映射表**

邮件别名是 Postfix 最重要的功能之一，它的使用虽然简单，但能发挥强大的功能。为了与 Sendmail 的别名兼容，CentOS 下 Postfix 的别名被定义在/etc/aliases 文件中。

```
# postconf |grep aliases
alias_database = hash:/etc/aliases
alias_maps = hash:/etc/aliases
newaliases_path = /usr/bin/newaliases.postfix
```

aliases 是一个文本文件，每一行格式如下：

```
alias: recipient [, recipient, …]
```

其中，alias 为邮件地址中的用户名，而 recipient（收信人）是实际接收该邮件的用户。

修改/etc/aliases 文件之后可以使用如下命令之一生成其散列数据库。

```
# postalias /etc/aliases
# newaliases
```

**操作步骤 16.7**　配置 aliases 映射表

```
// 1. 修改 /etc/aliases 文件
# vi /etc/aliases
// 在文件尾添加配置行
// 1.1 将发给本地域用户 lrj 的邮件发送给同一域的 osmond 用户
lrj:osmond
// 1.2 将发给本地域用户 abc 的邮件转发到其他域的 abc@yyy.com.cn
abc:abc@yyy.com.cn
// 1.3 发给用户 john 的邮件不会被转发到新地址 john@otherserver.com
//   而是被退回给寄信人，同时通知他此用户地址已经转移，新的地址为 john@otherserver.com
john:john@otherserver.com.REDIRECT
// 1.4 实现邮件列表，将发往 net_group 的邮件同时发送给同一域的多个用户（确保这些系统用户已存在）
net_group:osmond, tom, stillman, patrcko
//    指定由 tom 负责维护 net_group 这个邮件列表
//    若在传输信件给 net_group 时发生错误，会将有关的错误信息发送给 tom
owner-net_group:tom
// 1.5 如果设置别名的用户很多，可以使用将用户名都写入一个文件中，让 Postfix 从这个文件中读取用户
list:         :include:/etc/postfix/mailinglist
// 编辑后，保存退出 vi
// 2. 使用 postalias 工具生成其散列数据库文件
# postalias /etc/aliases
// 3. 重新启动 Postfix
# systemctl restart postfix
// 4. 测试
# swaks -t lrj@olabs.lan
# swaks -t net_group@olabs.lan
```

注意

在使用别名时，必须注意的是不要造成循环，例如 user1 转发给 user2，user2 又将其转发给 user1……如此循环。

另外，/etc/aliases 数据库影响整个系统，必须由管理员设置并维护。类似于通过 aliases 文件进行邮件转发，用户也可以使用自己的转发文件，例如，某个用户 user1 想让发送给自己的邮件全部转发到 user2@domain.com中，但是又不希望建立全局的用户别名文件，那么

可以在自己的宿主目录下建立一个.forward 文件，添加如下一行内容即可。

```
user2@domain.com
```

这种技术可以让每个用户管理自己的邮件别名。

## 16.4　安装和配置 Dovecot

### 16.4.1　Dovecot 简介

**1．什么是 Dococot**

Dovecot 是一个 MAA，它实现了从邮件服务器中读取邮件时使用的 POP/POPS、IMAP/IMAPS 协议。Dovecot 由 Timo Sirainen 开发，最初发布于 2002 年 7 月，其将安全性考虑在第一位，所以 Dovecot 在安全性方面比较出众。

**2．Dococot 的特点**

- 采用模块化设计。
- 完全兼容 UW IMAP 和 Courier IMAP。
- 包含内置的 LDA 和 LMTP 服务，并提供可选的 Sieve 过滤支持。
- 支持标准的 mbox、Maildir 及其自己开发的高性能的 dbox 邮箱格式。
- 支持对 IMAP 和 POP 的多种验证模式，如 CRAM-MD5 和 DIGEST-MD5 等。
- 支持多种账户存储方式，如口令文件、PAM、SQL、LDAP 等。
- 支持 SASL 和 TLS。

**3．Dococot 的系统结构**

与 Postfix 类似，Dococot 也是基于模块化（Modular）设计的系统。Dococot 系统由多个进程组件协同工作，表 16-13 中列出了 Dovecot 的一些重要进程组件。

表 16-13　Dovecot 协同工作的一些重要进程组件

| 进　程 | 功　能 |
| --- | --- |
| dovecot | Dovecot 常驻内存的主守护进程 |
| anvil | 用于跟踪用户的连接 |
| log | 为除了主守护进程之外的所有进程组件记录日志至日志文件 |
| config | 解析配置文件并为其他进程组件发送配置 |
| auth | 用于处理所有认证 |
| auth -w | 用于处理后台数据库（如 MySQL）验证的“认证工作者”进程，这样的进程会随需要创建更多 |
| imap-login/ pop3-login | 在用户登录之前处理新的 IMAP/ POP3 连接，甚至会在登录之后处理代理的 SSL 连接 |
| imap/pop3 | 在用户登录后处理 IMAP/POP3 连接 |

### 16.4.2　CentOS 7 下的 Dovecot

**1．安装 Dovecot**

CentOS 7 中提供了 2.2.10 版本的 Dovecot。默认未安装，可以使用 yum 命令安装。

```
# yum install dovecot
```

**2．Dovecot 的相关文件**

表 16-14 中列出了与 Dovecot 服务相关的文件。

表 16-14　与 Dovecot 服务相关的文件

| 分　类 | 文　件 | 说　明 |
|---|---|---|
| 守护进程 | /usr/sbin/dovecot | 主控守护进程 |
| | /usr/libexec/dovecot/{pop3,imap}-login | 登录进程 |
| | /usr/libexec/dovecot/auth | 验证进程 |
| | /usr/libexec/dovecot/{pop3,imap} | 登录后的邮件处理进程 |
| systemd 的服务配置单元 | /usr/lib/systemd/system/dovecot.service | Dovecot 服务单元配置文件 |
| 配置文件 | /etc/dovecot/dovecot.conf | Dovecot 的主配置文件 |
| | /etc/dovecot/conf.d/??-*.conf | 不同进程组件的配置文件 |
| | /etc/dovecot/conf.d/auth-*.conf.ext | 不同验证模块的配置文件 |
| | /etc/pam.d/dovecot | Dovecot 的 PAM 配置文件 |
| 管理工具 | /usr/bin/doveadm | Dovecot 的控制程序，类似于 Postfix 的 postfix |
| | /usr/bin/doveconf | 显示 Dovecot 的配置选项 |
| | /usr/bin/dsync | Dovecot 的邮箱同步工具 |
| 文档 | /usr/share/doc/dovecot-2.2.10/wiki/ | Dovecot 的 WIKI 文档目录 |
| | /usr/share/doc/dovecot-2.2.10/example-config/ | Dovecot 的配置文件模板目录 |

**3．控制和管理 Dovecot**

1）使用 systemctl 命令管理 Dovecot 服务。

```
# systemctl {start|stop|status|restart|reload} dovecot
# systemctl {enable|disable} dovecot
```

2）使用 doveadm 命令控制 Dovecot。

```
# doveadm stop|reload
```

doveadm 还提供了用于管理主控进程、认证和邮箱的诸多子命令。有关 doveadm 命令的详细使用说明，可参考其命令手册。

**4．使用 doveconf 显示 Dovecot 的配置**

使用 doveconf 命令可以显示 Dovecot 的配置显示工具，如表 16-15 所示。

表 16-15　Dovecot 的配置显示工具 doveconf

| 命　令 | 说　明 | 命　令 | 说　明 |
|---|---|---|---|
| doveconf -d | 显示所有参数的默认值 | doveconf -d <parameter> | 显示指定参数的默认值 |
| doveconf -a | 显示所有参数的当前值 | doveconf <parameter> | 显示指定参数的当前值 |
| doveconf -n | 显示所有修改了默认值的参数 | doveconf -N | 显示所有修改了默认值的参数以及明确设置了默认值的参数 |

### 16.4.3　Dovecot 的基本配置

**1．Dovecot 的配置文件**

Dovecot 的配置文件包括：

1）主配置文件 /etc/dovecot/dovecot.conf 用于设置全局配置参数。

2）配置文件 /etc/dovecot/conf.d/10-master.conf 用于配置以下参数。

- 主控守护进程的参数。
- 以 service <ServiceName> { } 段形式配置指定服务进程（如 imap-login、pop3-login、lmtp、imap、pop3、auth、auth-worker、dict）的参数。

3）配置文件 /etc/dovecot/conf.d/[129][05]-*conf 用于配置模块参数。

4）被 /etc/dovecot/conf.d/10-auth.conf 包含的 /etc/dovecot/conf.d/auth-*.conf.ext 文件为不同的认证模块提供配置参数。

Dovecot 提供了许多可供配置的参数，但通常只要根据需要修改少许参数，对其他参数保持默认设置即可。表 16-16 中列出了 Dovecot 配置文件中的常用参数及其含义。

表 16-16　Dovecot 配置文件中的常用参数及其含义

| 参　数 | 说　明 |
| --- | --- |
| protocols | 指定 Dovecot 启用的协议 |
| listen | 指定 Dovecot 监听的网络接口 |
| disable_plaintext_auth | 指定 Dovecot 是否禁用 POP/IMAP 的不加密 plain 认证 |
| auth_mechanisms | 指定 Dovecot 可用的 POP/IMAP 认证机制 |
| mail_location | 指定 Dovecot 使用的邮箱类型及其位置 |

## 2. 配置 POP/IMAP 服务

**操作步骤 16.8**　使用 Dovecot 配置基本的 POP/IMAP 服务

```
// 1. 修改 Dovecot 的配置文件
// 1.1 修改主配置文件
# vi /etc/dovecot/dovecot.conf
// 取消如下行的注释
protocols = imap pop3 lmtp
// 取消如下行的注释（若不监听 IPv6 地址则删除 ::）
listen = *
// 1.2 编辑认证模块配置文件
# vi /etc/dovecot/conf.d/10-auth.conf
// 取消如下行的注释并设置为 no (若允许 plain 认证)
disable_plaintext_auth = no
// 编辑如下行设置认证机制
auth_mechanisms = plain login
// 确保如下行存在（默认使用基于系统用户的 PAM 认证）
!include auth-system.conf.ext
// 1.3 编辑邮箱模块配置文件
# vi /etc/dovecot/conf.d/10-mail.conf
# 取消如下行的注释并设置为 Maildir 邮箱格式（与 Postfix 的配置保持一致）
mail_location = maildir:~/Maildir
// 1.4 编辑 ssl 默认配置文件
# vi /etc/dovecot/conf.d/10-ssl.conf
// 禁用 ssl
ssl = no
// 2. 启动 Dovecot 并设置开机启动
# systemctl start dovecot
# systemctl enable dovecot
```

```
// 3. 查看 Dovecot 监听的网络端口
# netstat -lnpt|grep dovecot
tcp      0       0 0.0.0.0:110    0.0.0.0:*         LISTEN      28646/dovecot
tcp      0       0 0.0.0.0:143    0.0.0.0:*         LISTEN      28646/dovecot
// 4. 为 POP/IMAP 服务开启防火墙
# firewall-cmd --add-port=110/tcp --add-port=143/tcp --permanent
# firewall-cmd --reload
# firewall-cmd --list-ports
110/tcp 143/tcp
// 5. 为系统用户 osmond 检测 POP3/IMAP 认证
# doveadm auth test -x service=pop3 -x service=imap osmond osmond-s-password
passdb: osmond auth succeeded
extra fields:
  user=osmond
// 6. 邮件发送和接收测试
// 6.1 为系统用户 osmond 发送测试邮件
# swaks -t osmond@cent7h1.olabs.lan
# swaks -t osmond@olabs.lan
// 6.2 使用 mutt 命令以 osmond 用户进行邮件接收测试
# mutt -f  pop://osmond@cent7h1.olabs.lan
# mutt -f  imap://osmond@olabs.lan
```

提示

1. 用户可以在其他 Windows/Linux 主机上使用熟悉的 MUA（如 Outlook、Thunderbird 等）进行测试。

2. 在进行邮件测试之前请确保客户机的 DNS 解析指向邮件服务器。

## 16.5 SASL 与 TLS

### 16.5.1 配置 SMTP 认证

**1. SASL 简介**

简单认证与安全层（Simple Authentication and Security Layer，SASL）是一种用来扩充 C/S 模式验证能力的机制，其标准定义在 RFC4422 中。

SASL 很像 PAM，它允许使用多种类型的身份验证隐藏在 SASL 协议的后端，从而使 SMTP/POP/IMAP 服务器可以检查多种后端服务，以验证用户使之能发送/接收邮件，而无须理解这些服务究竟是如何工作的。实现验证的后端服务可以是基于 PAM、DB 口令数据库、LDAP 服务、SQL 服务等。

**2. SMTP 认证**

在 Postfix 中，通过配置 mynetworks、relay_domains 可以实现基于 IP 地址和域名的中继控制。对于移动用户来说，因为其 IP 地址不固定，所以无法通过这样的配置实现中继控制。为了解决这个问题，可以通过 SMTP 认证实现基于用户的中继控制。只有用户通过了身份验证，Postfix 才能接收该用户寄来的邮件并进行投递。SMTP 认证强制来自一个不信任位置的用户使用用户名和密码进行身份认证。

SMTP 认证（RFC 4954）是通过 SASL 实现的。Postfix 支持用于实现 SMTP 认证的 SASL，但其本身并没有内置 SASL 库程序，需要使用其他程序提供的 SASL 功能。使用 postconf -a 命令可以获知 Postfix 可以使用 cyrus 和 dovecot 提供的 SASL 功能。

### 3．配置 Postfix 启用 SMTP 认证

下面介绍使用 Dovecot SASL 实现 Postfix 的 SMTP 认证的配置方法。

当 Postfix 要使用 SMTP 认证时会与 Dovecot SASL 进行通信，发起验证请求并实现用户认证。为实现此功能需要两个配置步骤。

1）配置 Dovecot 实现 SMTP 认证的监听进程（可以是 UNIX 套接字或 TCP 端口）。

2）配置 Postfix 启用基于 Dovecot 的 SASL 并设置与 SASL 相关的配置参数，如表 16-17 所示。

**表 16-17　配置 Postfix 启用基于 Dovecot 的 SASL 实现 SMTP 认证**

| 配置文件 | 使用 UNIX 套接字通信的配置<br>（用于 Postfix 和 Dovecot 安装在相同主机的情况） | 使用 TCP 通信的配置<br>（用于 Postfix 和 Dovecot 安装在不同主机的情况） |
| --- | --- | --- |
| /etc/dovecot/conf.d<br>/10-master.conf | service auth {<br>  unix_listener /var/spool/postfix/**private/auth** {<br>    mode = 0660　　# 指定套接字文件权限<br>    user = postfix　　# 指定套接字文件的属主<br>    group = postfix　　# 指定套接字文件的组<br>  }<br>  ...<br>} | service auth {<br>  inet_listener {<br>    port = 12345　　# 指定监听的 TCP 端口<br>  }<br>  ...<br>} |
| /etc/postfix/main.cf | smtpd_sasl_auth_enable = yes<br>smtpd_sasl_type = dovecot<br>smtpd_sasl_path = **private/auth** | smtpd_sasl_auth_enable = yes<br>smtpd_sasl_type = dovecot<br>smtpd_sasl_path = **inet:**dovecot.example.com:**12345** |

### 4．Postfix 中与 SASL 相关的配置参数

表 16-18 中列出了 Postfix 中与 SASL 相关的配置参数及其含义。

**表 16-18　Postfix 中与 SASL 相关的配置参数及其含义**

| 参　数 | 说　明 |
| --- | --- |
| smtpd_sasl_auth_enable | 指定是否启用 SASL 作为 SMTP 认证方式 |
| smtpd_sasl_type | 指定 SASL 插件类型，默认为 cyrus |
| smtpd_sasl_path | 指定 SASL 监听的 TCP 端口或 UNIX 套接字路径 |
| smtpd_sasl_security_options | 指定 SMTP 支持的 SASL 认证策略选项。常用选项包括：<br>● noanonymous：禁止使用匿名登录<br>● noplaintext：禁止发送未加密的用户名和口令信息<br>● nodictionary：禁止发送易受到字典攻击的口令信息 |
| smtpd_sasl_local_domain | 用于指定 Postfix 服务器的本地 SASL 认证领域名称 |
| broken_sasl_auth_clients | 指定是否兼容非标准的 SMTP 认证。用于 Microsoft 早期的一些 SMTP 客户端 |
| smtpd_relay_restrictions | 通过检查邮件的收件人地址，对 Postfix SMTP 服务器实施中继控制。这项检查发生在 smtpd_recipient_restrictions 检查之前，对于小于 2.10 的 Postfix 版本可以使用 smtpd_recipient_restrictions 对 Postfix SMTP 服务器实施中继控制。<br>常用选项包括：<br>permit_mynetworks：只要邮件收件人地址位于 mynetworks 参数指定的网段就可以被转发<br>permit_sasl_authenticated：允许转发通过 SASL 认证的邮件<br>reject_unauth_destination：拒绝转发含未信任目标地址的邮件 |

### 5．配置并检测 Postfix 的 SMTP 认证

**操作步骤 16.9**　配置并检测 Postfix 的 SMTP 认证

```
// 1. 编辑 Dovecot 的主控进程配置文件
# vi /etc/dovecot/conf.d/10-master.conf
// 添加如下配置行
service auth {
    unix_listener /var/spool/postfix/private/auth {
        mode = 0660         # 指定套接字文件权限
        user = postfix      # 指定套接字文件的属主
        group = postfix     # 指定套接字文件的组
```

```
        }
        ...
    }
    // 2. 编辑 Postfix 的主配置文件
    # vi /etc/postfix/main.cf
    // 添加或修改如下配置参数
    smtpd_sasl_auth_enable = yes
    smtpd_sasl_type = dovecot
    smtpd_sasl_path = private/auth
    smtpd_sasl_security_options = noanonymous
    smtpd_sasl_local_domain = $myhostname
    #broken_sasl_auth_clients = yes
    smtpd_relay_restrictions =
      permit_mynetworks,
      permit_sasl_authenticated,
      reject_unauth_destination
    // 3. 重新加载 Postfix 和 Dovecot 的配置
    # postfix reload
    # doveadm reload
    // 4. 为系统用户 osmond 检测基于 SASL 的 SMTP 认证
    # doveadm auth test -x service=smtp -a /var/spool/postfix/private/auth osmond
osmond-s-password
    passdb: osmond auth succeeded
    extra fields:
      user=osmond
    // 5. 使用 Swaks 测试基于 SASL 的 SMTP 身份认证
    # swaks -a -au osmond -ap osmond-s-passwd -t root@olabs.lan -f osmond@olabs.lan
    === Trying mail.olabs.lan:25...
    === Connected to mail.olabs.lan.
    <-  220 cent7h1.olabs.lan ESMTP Postfix
     -> EHLO cent7h1.olabs.lan
    <-  250-cent7h1.olabs.lan
    <-  250-PIPELINING
    <-  250-SIZE 10240000
    <-  250-VRFY
    <-  250-ETRN
    <-  250-AUTH LOGIN PLAIN
    <-  250-AUTH=LOGIN PLAIN
    <-  250-ENHANCEDSTATUSCODES
    <-  250-8BITMIME
    <-  250 DSN
    -> AUTH LOGIN
    <-  334 VXNlcm5hbWU6
     -> b3Ntb25k
    <-  334 UGFzc3dvcmQ6
     -> d2xseXNobWxq
    <-  235 2.7.0 Authentication successful
    …
```

对于基于 GUI 的不同 MUA 如何配置 SMTP 身份认证请参考相关软件的文档。

### 16.5.2　基于 TLS/SSL 的邮件服务

#### 1．邮件服务与 TLS/SSL

Postfix 和 Dovecot 使用 OpenSSL 提供的库实现基于 TLS/SSL 的连接。使用基于 TLS/SSL 的连接可以提供如下功能。

- 对通信数据进行加密（对于支持 PLAIN 认证的邮件服务器尤其需要加密通信）。
- 实现基于用户 TLS 证书的认证。

本节仅介绍使用基于服务器证书的 TLS/SSL 连接对数据进行加密的配置，有关如何使用用户 TLS 证书实施用户认证的内容，可查阅相关资料。

邮件协议 SMTP/POP3/IMAP4 支持如表 16-19 所示的两种 TLS/SSL 连接。

- SMTP/POP3/IMAP4 over TLS 使用与 SMTP/POP3/IMAP4 独立的端口作为加密连接。客户端连接 465/995/993 端口直接进行加密传输。
- 通过 STARTTLS 将纯文本协议 SMTP/POP3/IMAP4 连接升级为 TLS/SSL 加密连接。客户端连接 25/110/143 端口，直到服务器发送 STARTTLS 指令后，若客户端支持 STARTTLS 经过协商后才开始进行加密通信。

**表 16-19　邮件协议与 TLS/SSL 支持**

| 协　议 | 端　口 | 说　明 | 协　议 | 端　口 | 说　明 | RPC |
|---|---|---|---|---|---|---|
| SMTPS | 465/tcp | SMTP over TLS | SMTP | 25/tcp | 通过 SMTP 协议的扩展指令 STARTTLS 实现 | RFC 3207 |
| POP3S | 995/tcp | POP3 over TLS | POP3 | 110/tcp | 通过 POP3 协议的扩展指令 STLS 实现 | RFC 2595 |
| IMAPS | 993/tcp | IMAP4 over TLS | IMAP4 | 143/tcp | 通过 IMAP4 协议的扩展指令 STARTTLS 实现 | RFC 2595 |

#### 2．配置基于 TLS 的 Postfix

表 16-20 中列出了 Postfix 中与 TLS 相关的重要配置参数。

**表 16-20　Postfix 中与 TLS 相关的重要配置参数及其含义**

| 参　数 | 说　明 |
|---|---|
| smtpd_tls_security_level | 指定 Postfix 服务器的 SMTP TLS 安全级别。当此参数不为空时将覆盖过时的参数 smtpd_use_tls；当 smtpd_tls_wrappermode = yes 时此参数将被忽略。可用的安全级别如下。<br>● none：不启用 TLS<br>● may：向远程 SMTP 客户端宣布 STARTTLS 支持，但不要求客户端使用 TLS 加密<br>● encrypt：向远程 SMTP 客户端宣布 STARTTLS 支持，并要求客户端使用 TLS 加密 |
| smtpd_tls_protocols | 指定 Postfix 服务器使用的 SSL/TLS 协议版本 |
| smtpd_tls_auth_only | 当设置为 Yes 时，对 SASL 认证强制使用 TLS 加密。默认值为 No |
| smtpd_tls_cert_file | 指定服务器证书（RSA）文件的位置 |
| smtpd_tls_key_file | 指定服务器私钥（RSA）文件的位置 |
| smtpd_tls_session_cache_database | 指定 TLS 会话缓存数据库的位置 |

**操作步骤 16.10**　配置并检测基于 TLS 的 Postfix

请见下载文档“配置并检测基于 TLS 的 Postfix”。

对于基于 GUI 的不同 MUA 如何配置 TLS 连接，可参考相关软件的文档。

#### 3．配置基于 TLS 的 Dovecot

表 16-21 中列出了 Dovecot 中与 TLS 相关的重要配置参数。

表 16-21　Dovecot 中与 TLS 相关的重要配置参数及其含义

| 参　数 | 说　明 | 参　数 | 说　明 |
|---|---|---|---|
| ssl | 指定是否启用 SSL/TLS | ssl_cert | 指定服务器证书（RSA）文件的位置 |
| ssl_protocols | 指定服务器使用的 SSL/TLS 协议版本 | ssl_key | 指定服务器私钥（RSA）文件的位置 |

**操作步骤 16.11**　配置并检测基于 TLS 的 Dovecot

```
// 1. 编辑 Dovecot 的 SSL 模块配置文件
# vi /etc/dovecot/conf.d/10-ssl.conf
// 修改如下配置行
ssl = yes
// 使用操作步骤 16.9 创建的服务器自签名证书和私钥文件
ssl_cert = </etc/pki/tls/certs/mail.olabs.lan.crt
ssl_key = </etc/pki/tls/private/mail.olabs.lan.key
ssl_protocols = !SSLv2 !SSLv3
// 2. 重新加载 Dovecot 的配置
# doveadm reload
// 3. 查看 Dovecot 监听的网络端口
# netstat -ltp|grep dovecot
tcp     0     0 0.0.0.0:pop3          0.0.0.0:*          LISTEN     2012/dovecot
tcp     0     0 0.0.0.0:imap          0.0.0.0:*          LISTEN     2012/dovecot
tcp     0     0 0.0.0.0:imaps         0.0.0.0:*          LISTEN     2012/dovecot
tcp     0     0 0.0.0.0:pop3s         0.0.0.0:*          LISTEN     2012/dovecot
// 4. 为 POP/IMAP 服务配置防火墙
// 4.1 关闭不加密的端口 110,143
# firewall-cmd --remove-port=110/tcp --remove-port=143/tcp --permanent
// 4.2 开启 pop3s 和 imaps 服务器端口
# firewall-cmd --add-service pop3s --add-service imaps --permanent
// 4.3 将默认配置加载为当前配置
# firewall-cmd --reload
# iptables -nL |grep :99
ACCEPT    tcp  --  0.0.0.0/0          0.0.0.0/0          tcp dpt:993 ctstate NEW
ACCEPT    tcp  --  0.0.0.0/0          0.0.0.0/0          tcp dpt:995 ctstate NEW
// 5. 邮件发送和接收测试
// 5.1 为系统用户 osmond 发送测试邮件
# swaks -t osmond@olabs.lan
# swaks -a -au root -ap root-s-passwd -t osmond@olabs.lan --protocol SSMTP
// 5.2 使用 mutt 命令以 osmond 用户使用加密协议进行邮件接收测试
# mutt -f pops://osmond@cent7h1.olabs.lan
# mutt -f imaps://osmond@olabs.lan
```

## 16.6　思考与实验

**1. 思考**

（1）简述电子邮件系统的组成。简述几种电子邮件协议。

（2）什么是邮件中继？MTA 与 DNS 是如何协同工作的？

（3）简述 Postfix 的工作原理。Postfix 如何实现 SMTP 认证？

**2．实验**

（1）学会配置带 SMTP 认证的邮件服务器。

（2）学会配置 Postfix 的各种映射表。

（3）学会配置基于 SSL/TLS 协议的邮件服务器。

**3．进一步学习**

（1）学习配置 Postfix+MySQL+Dovecot 实现的虚拟用户邮件服务器。

（2）学习配置 Postfix+LDAP+Dovecot 实现的虚拟用户邮件服务器。

（3）学习 Anti-Spam 和 Anti-Virus 的相关概念及技术。相关资源如下。

- 中国互联网协会反垃圾邮件中心（http://www.anti-spam.cn/）。
- 中国反垃圾邮件联盟（http://anti-spam.org.cn/）。
- SpamAssassin（http://spamassassin.apache.org/）。

（4）学习 Postfix 的内容过滤的相关配置。

（5）学习 Postfix+Clamav+Amavisd 实现病毒扫描的相关概念及实现。

（6）学习如下与邮件系统相关软件的安装、配置和使用。

| 功　能 | 软　件 | 主　页 | YUM 仓库 |
|---|---|---|---|
| 邮件日志分析 | pflogsumm | http://www.postfix.org | base 仓库的 postfix-perl-scripts |
| | Awstats | http://awstats.sourceforge.net | epel 仓库的 awstats |
| Webmail | RoundCube | http://roundcube.net | epel 仓库的 roundcubemail |
| | RainLoop | http://www.rainloop.net | — |
| | SquirrelMail | http://squirrelmail.org | epel 仓库的 squirrelmail |
| 邮件系统解决方案 | iRedMail | http://www.iredmail.org | — |
| | ExtMail | http://www.extmail.org | — |
| GroupWare 协作系统 | Zimbra | https://www.zimbra.com | — |
| | Zarafa | http://www.zarafa.com | — |
| | Mattermost | http://www.mattermost.org | — |

# 参 考 文 献

[1] 梁如军. Linux 基础及应用教程：基于 CentOS 7[M]. 2 版. 北京：机械工业出版社，2016.
[2] 梁如军. Linux 应用基础教程 [M]. 北京：机械工业出版社，2015.
[3] 梁如军. CentOS 5 系统管理[M]. 北京：电子工业出版社，2008.
[4] 梁如军. Red Hat Linux 9 应用基础教程[M]. 北京：机械工业出版社，2005.
[5] 鸟哥. 鸟哥的 Linux 私房菜：基础学习篇[M]. 3 版. 北京：人民邮电出版社，2010.
[6] 鸟哥. 鸟哥的 Linux 私房菜：服务器架设篇[M]. 3 版. 北京：机械工业出版社，2012.
[7] Product Documentation for Red Hat Enterprise Linux[OL]. https://access.redhat.com/documentation/en/red-hat-enterprise-linux/.